中国轻工业“十三五”规划教材
北京市高等教育精品教材立项项目

功能食品教程

（第二版）

陈　文　主编
金宗濂　主审

中国轻工业出版社

图书在版编目（CIP）数据

功能食品教程/陈文主编. —2 版. —北京：中国轻工业出版社，2024.1

中国轻工业“十三五”规划立项教材

北京市高等教育精品教材立项项目

ISBN 978-7-5184-2105-3

Ⅰ. ①功… Ⅱ. ①陈… Ⅲ. ①疗效食品—高等学校—教材 Ⅳ. ①TS218

中国版本图书馆 CIP 数据核字（2018）第 212060 号

责任编辑：伊双双　罗晓航　　责任终审：劳国强　　整体设计：锋尚设计

策划编辑：伊双双　　　　　　责任校对：吴大朋　　责任监印：张　可

出版发行：中国轻工业出版社（北京鲁谷东街 5 号，邮编：100040）

印　　刷：北京君升印刷有限公司

经　　销：各地新华书店

版　　次：2024 年 1 月第 2 版第 2 次印刷

开　　本：787×1092　1/16　印张：26

字　　数：560 千字

书　　号：ISBN 978-7-5184-2105-3　定价：58.00 元

邮购电话：010-85119873

发行电话：010-85119832　010-85119912

网　　址：http://www.chlip.com.cn

Email：club@chlip.com.cn

240261J1C202ZBW

本书编审人员及编写分工

主　　编　陈　文：第一章，第二章第一、二节，第七章第一、二、三节，第八章，与常平、孙雅煊合编第二章第七节。

编　　者　张　波：第三章。

李　东、王　磊：第五章。

潘兴昌：第六章。

周　俭：第四章第三、四节。

魏　涛：第二章第十、十二节，第七章第四、五节。

郭俊霞：第二章第三、六、十一、十三节。

赵晓红：第二章第九、十四节。

何　梅、王学敏：第四章第一节。

王少甲：第四章第二节。

米生权：第二章第四节。

张艳贞：第二章第五节。

赵江燕：第二章第八节。

主　　审　金宗濂

第二版前言 | Preface

本教材第一版自2005年出版至今已有十多年了，在这十年的教学实践过程中取得了较好的评价。近年来，由于全球功能食品产业发展迅猛，研究深度和广度不断拓展，功能食品已逐渐发展成为有别于传统的食品科学与营养学的新的综合性学科，需要生理学、生物化学、营养学、预防医学、食品科学与工程等学科的共同支撑。并且世界各国对功能食品的管理政策与法规也在不断调整，特别是我国在《中华人民共和国食品安全法》实施后，功能食品的相关管理办法在修订与制订中，功能食品的原料目录与功能目录在研究与陆续发布中，27个功能项目在讨论调整中，部分功能项目的评价方法也在梳理与完善中。因此，本教材需补充功能食品研究与管理的新内容，以更好地适应当前功能食品教学的要求。

在本教材第一版主编金宗濂教授的大力支持下，编者对本教材进行了修订。将原教材的十二章调整为八章，运用辩证唯物主义方法，从功能食品的概念与发展历程、功效性评价、安全性评价、原材料及其功效成分、生产加工技术、营养素补充剂、管理体制以及未来发展趋势等方面论述功能食品。具体修订内容如下：

（1）将原第二章“与增强体质促进健康有关的保健功能”、原第三章“与降低疾病风险有关的保健功能”、原第四章“与保护外源性有害因子有关的保健功能”这三章内容整合为一章“功能食品的保健功能”，分为十四节，每一节都结合现行的功能项目与评价方法进行了改动，并详细阐述功能评价的生理生化基础。

（2）删除了原第七章“营养与功效成分检测”与原第十一章“与功能食品研究开发有关的动物实验与人体试食研究”，这两章内容更适合用于实验教材。

（3）原第八章“功能食品加工过程中分离技术”调整为“功能食品的制备技术”一章，分为“功能成分的分离技术”和“功能食品的生产加工技术”两节。

（4）将原第十章“各国（地区）对功能食品的管理体制”变更为“世界各国对功能食品的管理”一章，删除了原第四节“台湾地区健康食品管理体制及市场”，增加了“加拿大的健康食品及其管理”“欧盟的健康食品及其管理”两节。

本教材在每一章的内容上都进行了修改与更新，把近年来功能食品的功效研究、安全性研究、原料与活性成分研究、管理制度与战略研究等国内外研究成果整合于本教材中，适用于高等院校食品类专业本科生和研究生教学。

由于编者的学术水平有限，难免存在不足和错误之处，敬请读者批评指正。

编　者

2018年10月

第一版前言 Preface

本书是北京市教委统一规划编写的北京市精品建设教材，适用于研究生和本科生教学使用。

自 1995 年以来，编者曾主编过两本有关功能食品的专著：《功能食品评价原理及方法》（北京大学出版社，1995）及《保健食品的功能评价与开发》（中国轻工业出版社，2001）。这两部书实际上是我们科学研究工作的总结，并不适合作教材，因为它们不能反映“功能食品学科”的发展全貌。

编者在功能食品领域内辛勤工作 20 余载，不仅从事教学、科研，也参与了我国保健食品的一些管理工作。从编者 10 余年“功能食品”授课过程中深感需要一本适合本科生与研究生使用的教材和教学参考书，这是编者编写本书的初衷。

功能食品（functional food）在我国也可称之保健食品（health food）。至今，国际上通用“功能食品”一词，故本书仍称《功能食品教程》。

由于编者及其所在单位 20 余年来主要从事保健食品的功能评价及功能因子即生物活性物质的研究工作，在这方面有较多的积累，因而在编写本书时，上述两方面的内容安排较多。这也可算作本书的一个特色。而在功能食品的原料、安全评价及加工、检测等方面的章节，由于不太熟悉，故特邀了中国疾病预防控制中心杨月欣教授和北京中医药大学周俭副教授、翁维健教授和原轻工业部尤新参加编写工作。在编写过程中，张波教授、惠伯棣副教授已调入我校，因而本书是我国众多专家、学者对保健食品产业的共同奉献。

当前我国保健食品大体有下列几个学科方向，即保健食品功能、安全性评价，保健食品的理化及卫生学检测，保健食品原辅材料，保健食品的加工技术及保健食品的管理体制等，为此我们安排了本书各个章节。考虑到今后采用本书的多数是农学院和工学院的学生，因而我们还刻意编写了第十一章，作为这些学生今后从事有关科研开发工作的参考。至今我国国家食品药品监督管理局（CFDA）受理的保健功能有 27 项。每章主要根据我国 SFDA 编写的《保健食品检验与评价技术规范》（简称《规范》），从各项功能检测指标出发，叙述了该检测项指标的原理和基础知识。至于具体检测方法，限于篇幅从略。读者需要时可查阅《规范》有关章节。其他如功能食品安全性评价、营养和功能食品检测等章节的情况也大致如此。我国常用的保健食品原料大致有 300 ~ 400 种，不能一一叙述。好在这方面的专著已有不少，读者需要时可自行查阅。

本书编写过程中，常平还协助做了大量的资料整理工作，张馨如也参加部分资料收集工作，在此一并深表谢意。

由于参与本书编写的作者多达 10 余人，加之本人水平有限，时间匆忙，错误和不足之处难免，敬请广大读者批评指正。

金宗濂

2004 年 5 月

目录 | Contents

CHAPTER 1

第一章 功能食品概述

内容提要

本章主要介绍功能食品的基本概念、分类、与食品药品的区别以及发展简况。

学习目标

掌握功能食品的基本概念与定位；了解功能食品的发展简况。

重要概念与名词

功能食品、特定保健用食品、膳食补充剂。

第一节 功能食品的基本概念

一、功能食品的定义

功能食品（functional food）指具有调节人体生理功能、适宜特定人群食用，又不以治疗疾病为目的的一类食品。这类食品除了具有一般食品皆具备的营养和感官功能（色、香、味、形），还具有一般食品所没有的或不强调的食品的第三种功能，即调节人体生理活动的功能，故称之为“功能食品”。

苏联学者贝克曼教授认为，在人体的健康态和疾病态之间存在一种第三态或称诱发病态，在我国也称“亚健康态”。当机体第三态积累到一定程度时，就会产生各种疾病。功能食品作用于人体第三态，促使机体向健康态转化，达到增进健康的目的。

“功能食品”的概念，早在20世纪80年代由日本率先提出。1991年日本厚生省修改了

《营养改善法》的部分条款，颁布了《特定保健用食品许可指南及处理要点》等法规性文件，正式将功能食品定名为“特定保健用食品”。此后，美国（1994 年）、中国（1995 年）、韩国（2000 年）、澳大利亚（1989 年）等国纷纷立法，对这类产品进行管理。

目前国际上尚无统一的功能食品定义，各国的管理标准亦不相同。虽然功能食品的概念在世界各国有所不同，但一般认为它应具有以下几个基本条件：①具有明确的保健功能；②含有已被阐明化学结构的功能因子（functional factor）；③功能因子在食品中稳定存在，并有特定的形态和含量；④经口服摄取有效；⑤安全性高；⑥作为食品为消费者所接受。

（一）我国的“保健食品”

2005 年，我国在《保健食品注册管理办法（试行）》中将保健食品定义为：“保健食品是指声称具有特定保健功能或者以补充维生素、矿物质为目的的食品，即适宜于特定人群食用，具有调节机体功能，不以治疗疾病为目的，并且对人体不产生任何急性、亚急性或者慢性危害的食品”。在我国，功能食品和保健食品同属于一个概念，以一套法规予以管理，并赋予保健食品标志及保健食品批准文号。

2016 年 2 月 27 日国家食品药品监督管理总局颁布了《保健食品注册与备案管理办法》，并已于同年 7 月 1 日起实施。

（二）美国功能食品的范畴

目前，美国并无“功能食品”的法律定义，市场上的功能食品是通过现有的食品法规框架进行监管的。根据美国现有食品法律和法规框架，功能食品主要包括下述五大类产品：带有特定声称的常规食品（conventional foods with claims）、膳食补充剂（dietary supplements）、强化食品（fortified，enriched or enhanced foods）、特殊膳食食品（foods for special dietary use）和疗效食品（medical foods）。这些产品一般都在标签上声称食品（或食物成分）与健康的关系，其中，与我国的功能食品类似的是膳食补充剂。

膳食补充剂是“一种旨在补充膳食的产品（而非烟草），可能含有一种或多种如下膳食成分：维生素、矿物质、草本（草药）或其他植物、氨基酸、以增加每日总摄入量而补充的膳食成分，或是以上成分的浓缩品、代谢物、提取物或组合产品等”。纳入 1994 年批准的《膳食补充剂健康与教育法案（DSHEA）》管理。产品标签上需要标注“膳食补充剂”，可以丸剂、胶囊、片剂或液态等形态口服，但不能代替普通食物或作为膳食的替代品。

（三）日本功能食品的范畴

1991 年，日本修改了《营养改善法》，提出了“特定保健用食品”（foods for specified health uses，FOSHU）。其定义：在日常饮食生活中因特定保健目的而摄取，摄取后能够达到该保健目的并加以标示的食品。这类食品应具备以下特征：食品中的某种成分具有特定的保健作用；食品中的致敏物质已被去除；无论是添加了功效成分，还是去除了致敏物质的食品都必须经过科学论证；产品的功效声称经过厚生省批准（现改为经消费者厅批准）；同时产品不得有健康和卫生方面的危险。

2001 年，日本又提出了“营养素功能食品”（food with nutrient function claims，FNFC），并将其和 FOSHU 一并纳入保健功能食品制度内管理。到目前为止，FNFC 包括了十二种维生素和五种矿物元素。

二、功能食品与一般食品和药品的区别

根据我国现行的食品和药品的管理体制，可将食品和药品分为：一般食品、保健食品及

药品三类（表1－1）。

表1－1　我国食品和药品的一般分类

名称	分类
食品	新资源食品
	普通食品
保健食品	第三代保健食品
	第二代保健食品
	营养素补充剂
药品	处方药
	非处方药

（一）新资源食品

新资源食品指在我国无食用习惯的动物、植物和微生物；或从动物、植物、微生物中分离的在我国无食用习惯的食品原料；或在食品加工过程中使用的微生物新品种；或因采用新工艺生产导致原有成分或者结构发生改变的食品原料。新资源食品应当符合《中华人民共和国食品安全法》及有关法规、规章、标准的规定，对人体不得产生任何急性、亚急性、慢性或其他潜在性健康危害。一部分新资源食品经过保健功能检测后，已申报批准为功能食品。

（二）营养素补充剂

营养素补充剂指单纯以一种或数种经化学合成或从天然动植物中提取的营养素为原料加工制成的食品。它们与特殊膳食用食品的差异：①不一定要求以食品作载体；②补充的营养素是其每日营养素供给量（RDA）的1/3～2/3，其中水溶性维生素可达一个RDA。

为了加强对营养素补充剂的管理，已明确我国的营养素补充剂仅局限在补充维生素和矿物质，不得以提供能量为目的。以膳食纤维、蛋白质和氨基酸等营养素为原料的产品，符合普通食品要求的，按普通食品管理，不得声称其保健功能。如声称具有保健功能的，按保健食品有关规定管理。营养素补充剂所加入的营养素即每日推荐摄入量，应在“营养素补充剂中营养素名称及用量表”规定的范围内。

（三）第二、三代保健食品

第二、三代保健食品是真正意义上的功能食品，以声称具有保健功能而区别于一般食品。但功能食品又不同于药品，不以治疗疾病为目的（表1－2，图1－1）。需要从适宜人群方面来认识功能食品的定位，其与普通食品以及药品的定位有区别。普通食品为一般人群所服用，人体从中摄取各类营养素，并满足色、香、味、形等感官需求；药物为病人所服用，以达到治疗疾病的目的；而功能食品通过调节人体生理功能，促使机体由亚健康状态向健康状态，达到增进健康的目的。

图1－1　食品、保健食品与药品的关系

表1-2 保健食品与药品的比较

项目	保健食品	药品
目的	调节生理功能，增进健康	治疗疾病
有效成分	单一或复合+未知物质	单一、已知
摄取决定	消费者	医生
摄取时间	随时（多次）	生病时
摄取量	较随意（推荐量）	医生决定
摄取方式	口服	口服、注射、涂抹等
毒性	一般无毒	几乎都有，程度不同
量效关系	不太严格	严密
制品规格	不太严格	严密

在保健食品的研发中，以下几点需要注意：

（1）有明确毒副作用的药物不可作为开发功能食品的原料。原卫生部曾公布87种《既是食品又是药品的物品名单》、114种《可用于保健食品的物品名单》、59种《保健食品禁用物品名单》，禁用名单主要是具有较大毒性的中草药资源。对于在名单外的物品，如要作为功能食品的原料，要按新资源食品对待，必须单独进行食品安全性毒理学评价。

（2）经中药管理部门批准的中成药或已受国家保护的中药配方不能用来开发为保健食品。

（3）保健食品的原料如含有中药材，其用量应控制在临床用量的1/2以下。

三、功能食品的分类

功能食品因其原料和功能因子的多样性，使其产品类型多样而丰富，在人体生理机能的调节作用、产品生产工艺、产品形态等方面表现各不相同。因此，功能食品的分类有多种方法，我国多是按调节人体机能的作用来分类的。

（一）按原料的不同分类

功能食品按所选用的原料不同，可分为植物类、动物类和微生物（益生菌）类。除普通食品外，可选用原料的种类主要在原卫生部曾公布的《既是食品又是药品的物品名单》《可用于保健食品的物品名单》和《可用于保健食品的益生菌菌种名单》中选择。

（二）按功能因子种类的不同分类

功能食品按功能因子种类的不同，可分为多糖类、功能性低聚糖类、功能性油脂类、自由基清除剂类、维生素类、肽与蛋白质类、益生菌类、微量元素类以及其他（如植物甾醇、皂苷）类功能食品。

（三）按产品形态的不同分类

功能食品按产品形态的不同，可分为饮料类、口服液类、酒类、冲剂类、片剂类、胶囊类和微胶囊类等。目前，我国市场上的功能食品，有的具有传统的食品属性，以保健酒、保健茶等形式呈现，但大部分是以口服液、胶囊、片剂等药品属性呈现。

（四）按保健作用的不同分类

2003 年 4 月卫生部颁发了《保健食品功能学评价程序与检验方法规范》。这一规范，明确了从 2003 年 5 月 1 日起，保健食品的保健功能分为 27 项。这 27 项保健功能大体可分为两种类型，如图 1－2 所示。

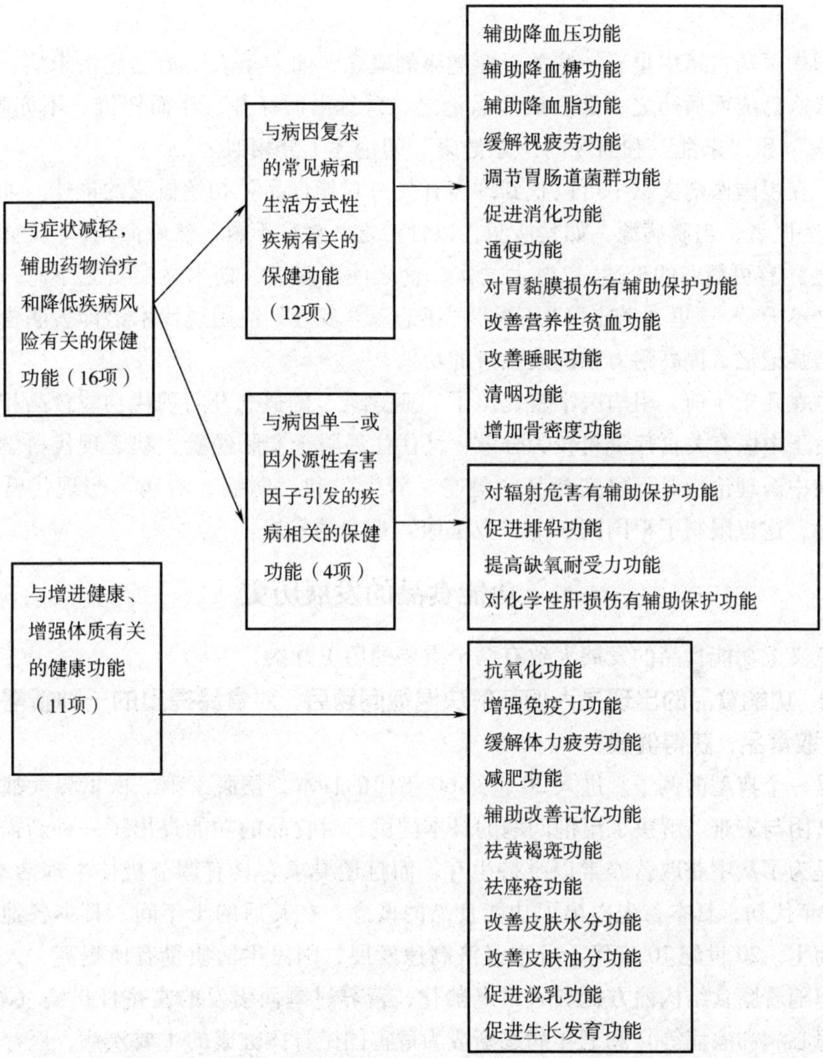

图 1－2　保健功能的分类

第一种类型：与某些疾病的“预防”“症状减轻”及“辅助药物治疗”有关的保健功能，有 16 项。这一类保健功能还可以细分为两类：一类属于与病因较复杂的常见病和生活方式性疾病有关的保健功能；另一类属于病因较简单的由外源性有害因子作用于机体造成的疾病的保健功能，如电离辐射、缺氧及有害元素或化合物等对人体的损伤，功能食品对这类损伤有一定辅助保护作用。

第二种类型：与增强体质和增进健康有关的保健功能，有 11 项。

2016 年 2 月 27 日国家食品药品监督管理总局颁布的《保健食品注册与备案管理办法》已

于同年7月1日起实施，目前正在讨论保健食品的功能目录，将对以上27项功能进行调整。

第二节　功能食品发展历程

在我国中医药古籍中早有一些关于亚健康的概念，如“圣人不治已病治未病，不治已乱治未乱。未病已成而后药之，乱已成而后治之。譬犹渴而穿井，斗而铸锥，不亦晚乎”。这里的“未病”和“未乱”和当今的“亚健康”的论述十分相似。

此外，在祖国医药文献中可以找到许多有关“功能食品”初始概念的论述。如唐代孙思邈提出：“为医者，当晓病源，如其所犯，以食治之，食疗不愈，然后命药。”又如春秋战国的《山海经》有更精辟的论述：“櫰木之实，食之使人多力，枥木之实食之不忘，狌食之善走，狠服之不夭。”这里“善走”“不夭”“不忘”“多力”换用现代术语即表明食物具有延年益寿、增强记忆、提高耐力和抗疲强身的功效。

可见早在几千年前，祖国医学就提出了“亚健康”的概念及与现代功能食品相类似的构想。只是由于中医有关食疗资料较为分散，又往往局限于实际经验，缺乏现代科学实验分析和论证。在中医理论指导下研究食品“健身、养生”和“防病、治病”与现代营养学存在较大的差距，这也限制了祖国医学中“亚健康”概念的发展。

一、功能食品的发展历史

现代意义上功能食品的发展大致有两个重要的历史背景。

（一）功能食品的出现是人们在解决温饱问题后，对食品提出的一种新需求，人们期望 “摄取食品，获得健康”

日本是一个典型的例子。进入20世纪60年代的日本，摆脱了第二次世界大战给日本国民带来的贫困与灾难。解决了温饱问题的日本国民，对食品的功能提出了一种新需求：摄取食品不仅是为了从中获取营养素以维持生存，而且还要求它具有调节机体生理活动的功能。20世纪60年代初，日本首先提出了功能食品的概念。在其后的十年间，日本各地功能食品产业应运而生。20世纪70年代，日本经济高速发展，国民生活质量有所提高，人均寿命得以延长。但随着膳食结构西方化和人口老龄化，营养过剩而引发的富裕性疾病（如糖尿病、脑卒中、冠心病和癌症等）和老年病逐渐成为危害国民身体健康的主要疾病，医疗费用呈现急剧上升的态势。在这一形势下，日本的厚生省及时提出了改变药物保健为食物保健的新思路，并修改了药品管理的一些具体规定。进入20世纪80年代，在政府这些变革措施的推动下，日本的功能食品蓬勃发展。

（二）采用严格的科学实验充分证明食品的保健功能是功能食品得以蓬勃发展的另一个历史背景

美国是一个典型的例子。1984年以前，美国食品与药物管理局（FDA）对食品有益于人体健康、强调其对人体生理活动的调节一般持反对态度。1984年某企业开发出高纤维“全麸”食品，并在包装上声称全麸食品中的膳食纤维有助于预防直肠癌。其后美国开始研究食品和健康的关系。在许多事实证明下，1987年FDA承认了食品可有益健康，并修改了《食品标签管理条例》，明确了食品中某些成分有益人体健康。1994 年美国国会又通过了《膳食补充剂健康与教育法案》。膳食补充剂虽不能明确声称某项保健功能，但服用该类产品确实对身体健康有所裨益。从此，美国对这类食品有了明确的法规，促进了这类食品在美国的蓬勃发展。

二、 功能食品的发展阶段

早在 20 世纪 80 年代，功能食品作为一个现代产业，随着生理学、生物化学、营养学、生物工程、生物制药、植物化学、食品科学与工程等学科的发展以及人们经济收入和健康意识的提高，逐步发展起来，至今已有三十多年的历史。

纵观我国功能食品的发展历史，大体经历了三个阶段，也可称为三代产品。

第一代功能食品，包括各类强化食品，是最原始的功能性食品。仅根据食品中的各类营养素或强化的营养素功能来推断该食品的生理调节功能，但并未对这些功能进行实验予以证实，产品所列功能难以相符，充其量只能算是营养品。目前各发达国家仅将此类食品列入一般食品。我国在《保健食品管理办法》实施后，也不允许这类产品以功能食品的名号在市场出现。

第二代功能食品必须经过人体及动物实验过程，证明该食品对人体具有某种生理调节功能，即美国、日本等国强调的真实性与科学性，但往往不知其功效成分及检测数据。目前此代产品在我国市场上占绝大多数。

第三代功能食品，不仅需要经过人体及动物实验过程，证明该产品具有某项保健功能，还需确定明晰其具有某项保健功能的功能因子的结构、含量及其作用机理，并要求功能因子在食品中应有稳定形态。目前，美国、日本等发达国家只承认该代产品为“功能食品”。而这类产品在我国市场上仅占少数，并且我国也相对缺乏系统的有关功能因子的技术研究资料。

第三节 功能食品的作用

无论是作为一类食品管理，还是以标注“健康声称”的形式管理，近年来功能食品不仅在发达国家得以快速发展，也正成为我国等发展中国家和地区的新的经济增长点。从发展趋势看，功能食品产业在国民经济中的地位将越来越重要。

（一） 促进健康， 有助于降低医疗费用

近二十年来，由于膳食结构不尽合理，致使我国亚健康人群群体扩大，非传染性的慢性疾病（血脂异常、高血压、肥胖、糖尿病等）人数剧增。2012 年 5 月卫生部发布的《中国慢性病防治工作规划（2012—2015 年）》中指出，伴随工业化、城镇化、老龄化进程的加快，我国慢性病发病人数快速上升，现有确诊患者 2.6 亿人，是重大的公共卫生问题。慢性病病程长、范围广、费用贵、致残致死率高。慢性病导致的死亡人数已经占到我国总死亡人数的 85%，导致的疾病负担已占总疾病负担的 70%，是群众因病致贫返贫的重要原因，若不及时有效对其控制，将带来严重的社会经济问题。

目前，国民健康状况在很大程度上已经成为国际社会衡量一个国家社会进步的标志，也

是反映社会经济状况满意程度的标尺。当今人类医学模式的发展，已由临床医学发展到预防医学和康复医学，人们的医疗观念也由“病后治疗”向“预防保健”转变。因此，发展功能食品对于提高人民身体健康水平、节约医疗费开支具有重要意义。

（二）有利于带动其他产业的发展

国家发改委、工信部共同发布的《食品工业“十二五”发展规划》中首次将“营养与保健食品制造业”列入了重点发展行业目录。我国可以通过保健食品制造业实现以健康为切入点，通过功能食品产业的发展、带动其他产业，形成一个以功能食品产业为龙头、其他产业良性循环的产业辐射效应。如功能食品的原材料可以是大宗农产品及农产品加工的剩余资源，可充分合理地利用农产品资源。因此，功能食品产业在农产品加工领域中最具潜力，最有可能实现农产品价值的大幅度增加，带动农业发展，促进农村经济和新农村建设。

思考题

1. 试述功能食品与食品和药品的区别。
2. 试述功能食品发展的主要背景。

参考文献

1 金宗濂．功能食品教程［M］．北京：中国轻工业出版社，2005.

2 陈文，秦菲，魏涛，金宗濂．日本对功能食品的管理［J］．食品工业科技，2009，30（8）：306-308.

3 陈文，魏涛，秦菲，金宗濂．美国对功能食品的管理［J］．食品工业科技，2009，30（7）：297-300.

CHAPTER 2

第二章 功能食品的保健功能

内容提要

本章主要论述血脂、血糖、血压、疲劳、免疫力、肥胖、氧化损伤和抗氧化、学习和记忆、肠道菌群和消化功能、营养与贫血、骨健康、睡眠等的正常生理功能以及相关代谢、功能异常状态，在此基础上介绍相应功能的评价原理。

学习目标

1. 掌握辅助降血脂、辅助降血糖、缓解体力疲劳、免疫调节、抗氧化等保健功能的评价原理，以及相应动物模型的制备原理与方法；
2. 熟悉减肥、辅助降血压、改善缺铁性贫血等保健功能的评价原理；
3. 了解改善胃肠功能、改善记忆、改善睡眠、增加骨密度、清咽、促进排铅等保健功能的评价原理。

重要概念与名词

血脂、高脂血症、低密度脂蛋白（LDL）、高密度脂蛋白（HDL）、糖尿病、空腹血糖、糖耐量、血糖生成指数、收缩压、舒张压、高血压、疲劳、体力疲劳、抗原、抗体、非特异性免疫、特异性免疫、肥胖、中心性肥胖、体质指数（BMI）、自由基、活性氧（ROS）、氧化损伤、超氧化物歧化酶（SOD）、益生菌、益生元、缺铁性贫血、骨质疏松症、骨密度、学习、记忆、遗忘、昼夜节律、慢波睡眠、异相睡眠、睡眠障碍、排铅机制。

第一节　辅助降血脂功能

一、高血脂概述

心血管疾病是循环系统的疾病，主要包括心脏、血管，一般都与动脉粥样硬化相关。随着我国社会经济的发展，国民生活方式发生了深刻的变化，加上人口老龄化及城镇化进程的加速，我国心血管病危险因素呈上升趋势，心血管病的发病人数持续增加，心血管病死亡人数占居民疾病死亡总人数的40%以上，居各类疾病首位，高于肿瘤及其他疾病。今后十年，我国心血管病患病人数仍将快速增长，国家心血管病负担日渐加重。

高脂血症是造成心血管病的主要危险因素之一。2002年中国健康和营养调查数据、2010年中国慢性肾病工作组调查结果、《中国居民营养与慢性病状况调查报告（2015年）》显示，中国≥18岁人群血脂异常患病率分别为18.6%、34.0%和40.4%，十多年间中国成人血脂异常患病率大幅上升。因此，研究降低血脂有十分重要的经济和社会意义。

（一）血脂的正常值

血浆中的脂类统称为血脂，主要包括甘油三酯（triglyceride）、磷脂（phospholipid）、游离脂肪酸（free fatty acid，FFA）、胆固醇（cholesterol，C）及胆固醇酯。血脂虽然只占机体脂类的极少部分，但在代谢过程中却非常活跃，在一定程度上反映了机体脂质代谢的状况，有利于疾病的诊断及一些疾病易患性的评估。因此，血脂测定广泛地应用于临床检测。

脂质生理功能的完成有赖于其在血液中的运转，但脂质不溶于水，主要和载脂蛋白结合形成可溶性的生物大分子血浆脂蛋白而运输。因此高脂血症实际上是高脂蛋白血症。

临床上的高脂血症可表现为高胆固醇血症、高甘油三酯血症或两者兼有之（混合高脂血症），血浆中高密度脂蛋白降低也是一种脂质代谢紊乱。上述各种脂质代谢的紊乱统称血脂异常。目前认为中国人血清中总胆固醇（TC）＜5.20mmol/L（200mg/dL）、总甘油三酯（TG）＜1.70mmol/L（150mg/dL）为合适范围；高密度脂蛋白胆固醇（HDL－C）＞1.04mmol/L（40mg/dL）为合适范围，＜0.91mmol/L（35mg/dL）为减低；低密度脂蛋白胆固醇（LDL－C）＜3.12mmol/L（120mg/dL）为合适范围。

（二）血脂异常与动脉粥样硬化

在正常情况下，人体脂质的合成与分解保持着一个动态平衡，在一定范围内会有波动。如果血脂过多，容易造成“血稠”，血脂块在血管壁上沉积，逐渐形成斑块即“动脉粥样硬化（atherosclerosis，AS）”，这些斑块增多、增大，会逐渐堵塞血管，使血流变慢，严重时血流会被中断。这种情况如果发生在心脏冠脉血管中，即引起冠心病；发生在大脑血管中，即出现脑卒中；如果堵塞眼底血管，将导致视力下降，甚至失明；如果发生在肾脏血管中，会引起肾动脉硬化，肾功能衰竭。

流行病学调查显示，大多数动脉粥样硬化患者血中胆固醇水平比正常人高，而AS的严重程度会随血浆 TC 水平升高而严重。动脉粥样硬化的发生率与低密度脂质白（LDL）和极低密度脂蛋白（VLDL）水平持续升高及高密度脂蛋白（HDL）水平降低呈正相关。另外，血浆胆固醇浓度和冠心病死亡率和危险程度呈正相关。

关于动脉粥样硬化，有多种学说从不同角度进行了阐述，如脂肪浸润学说、血栓形成和血小板聚集学说、损伤反应学说等。其基本病变是动脉内膜的脂质沉积、内膜灶状纤维化、粥样斑块的形成，导致管壁变硬、管腔狭窄，并引起一系列继发性病灶。可以认为，动脉粥样硬化是动脉壁的细胞、细胞外基质、血液成分、局部血流动力学、环境和遗传等诸因素间一系列复杂作用的结果。虽然动脉粥样硬化的确切病因目前尚不清楚，但高脂血症被视为是引发动脉粥样硬化的主要危害因素。

动脉粥样硬化基本病变（图 2－1）包括以下几点。

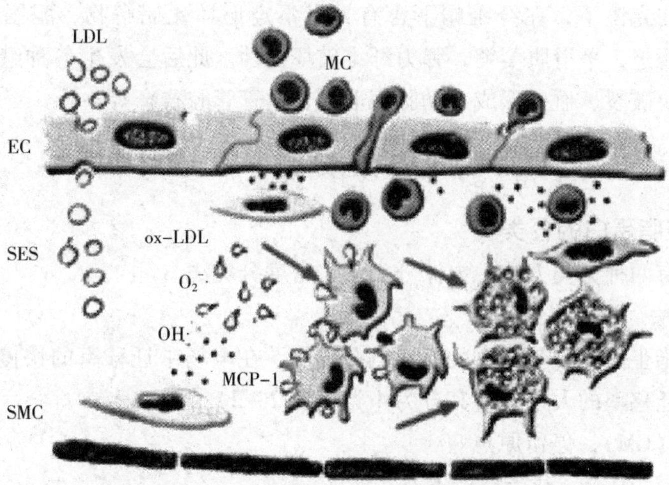

图 2－1　单核细胞迁入内膜及泡沫细胞形成模式图

注：LDL 深入内皮下间隙（SES），被氧自由基氧化修饰；单核细胞趋化蛋白－1（MCP－1）释放，单核细胞（MC）迁入内膜；氧化型低密度脂蛋白（ox－LDL）与巨噬细胞表面的清道夫受体结合而被摄取，泡沫细胞形成。EC：内皮细胞；SMC：平滑肌细胞。

1. 血管内膜水肿及脂纹（fatty streak）

血管内膜水肿是最早出现的病变。血管内皮细胞上有 LDL 受体，高血脂病人血浆中大量 LDL 与受体结合进入血管内皮细胞，被自由基氧化修饰形成氧化型低密度脂蛋白（ox－LDL）。后者被认为是损伤血管内皮和血管平滑肌细胞的最主要的因子，是重要的血管粥样硬化因子。被修饰的 ox－LDL 进入内皮下间隙，使间隙变宽。血液中的单核－巨噬细胞经过内皮间隙进入内皮下间隙，血管表面出现胶冻样扁平隆起即为脂纹。ox－LDL 不能被 LDL 受体识别，而被巨噬细胞表面的清道夫受体识别而被快速摄取，形成了巨噬细胞源性泡沫细胞。此时，脂纹表面内皮细胞收缩，内皮细胞间的连接开放，使内皮下间隙的巨噬细胞和胶原纤维暴露于血液中。内皮细胞脱落，致使血小板黏附、聚集及形成附壁血栓。内皮细胞、巨噬细胞及血小板均可产生生长因子，如损伤的内皮细胞分泌的单核细胞趋化蛋白－1（MPC－1）和血小板源生长因子（PDGF）。后者吸引单核细胞聚集，黏附于内皮并潜入内皮下隙。使巨噬细胞源的泡沫细胞形成加快。同时激活中膜中的平滑肌细胞增生并进入内膜。平滑肌细胞增生，转化并分泌细胞因子并合成细胞外基质。其表面有 LDL 受体，LDL 受体大量摄取 LDL 而转为肌源性泡沫细胞。由此可见，ox－LDL 在血管粥样病变中起着重要作用。

2. 纤维斑块（fibrous plaque）

纤维斑块由脂纹发展而来，是在隆起的内膜表面的一种黄色斑块。颜色可从浅黄、灰黄变为瓷白色。在光镜下，病灶表层为大量胶原纤维和平滑肌纤维。由于平滑肌细胞分泌大量细胞外基质（胶原纤维和蛋白多糖），因此形成了一个平滑肌纤维、胶原纤维和细胞外基质组成的纤维帽。在纤维帽之下，可见数量不等的泡沫细胞、平滑肌细胞、细胞外基质及炎细胞。

3. 粥样斑块（atheromatous plaque）亦称粥瘤（atheroma）

粥样斑块由纤维斑块深部细胞坏死发展而来。肉眼可见，内膜面有灰黄色斑块即向内膜隆起，又向深部发展压迫中膜。从切面看，斑块面向血管腔面为白色硬组织，深部为黄色或黄白色粥状物。在光镜下，在纤维帽下含有大量不定形坏死崩解物，胆固醇结晶和钙盐沉淀。中膜因斑块压迫，平滑肌萎缩，弹力纤维破坏变性。此后会发生各种继发性病变，包括斑块内出血、斑块破裂、血栓形成、动脉瘤形成、血管管腔狭窄等。

二、血浆脂蛋白的分类、组成和功能

（一）血浆脂蛋白的分类

血浆脂蛋白有两种分类方法：电泳分类法、密度分类法。

1. 电泳分类法

不同密度的脂蛋白所含蛋白质的表面电荷不同，在电场中迁移率的快慢不同，根据血浆脂蛋白在电泳时迁移率的大小，将其分为 4 类（图 2－2）。

①乳糜微粒（CM），停留原点。

② α－脂蛋白，在 α_1－球蛋白位置。

③ β－脂蛋白，在 β－球蛋白位置。

④前 β－脂蛋白，在 β－脂蛋白前，α_2－球蛋白位置。

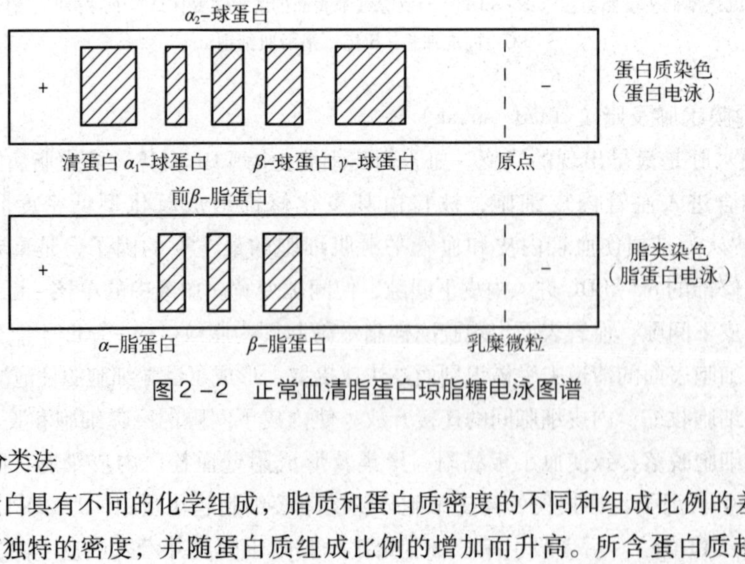

图 2－2　正常血清脂蛋白琼脂糖电泳图谱

2. 密度分类法

各类脂蛋白具有不同的化学组成，脂质和蛋白质密度的不同和组成比例的差异，使得不同脂蛋白具有独特的密度，并随蛋白质组成比例的增加而升高。所含蛋白质越多，密度越大。在不同密度的盐溶液中血浆经过超速离心，脂蛋白可按密度大小漂浮于盐溶液中。应用超速离心法可将血浆脂蛋白按其分子密度分为4类。

①乳糜微粒（CM）密度（g/mL）<0.95。

②极低密度脂蛋白（VLDL）密度（g/mL）=0.95~1.006。

③低密度脂蛋白（LDL）密度（g/mL）=1.006~1.063。

④高密度脂蛋白（HDL）密度（g/mL）=1.063~1.210。

两种分类方法的对应关系及各类脂蛋白的基本特征如表2-1所示。

表2-1 血浆脂蛋白的分类和平均大小 单位：nm

密度分类法	电泳相当位置	主要载脂蛋白	颗粒直径
CM	原点	ApoB、ApoA	86~500
VLDL	前β-脂蛋白	ApoB	30~80
LDL	β-脂蛋白	ApoB	20~30
HDL	α-脂蛋白	ApoAⅠ、ApoAⅡ、ApoC	9~12

（二）血浆脂蛋白组成

血浆脂蛋白主要由蛋白质（载脂蛋白，有的含有少量糖类）、甘油三酯、胆固醇及其酯和磷脂组成。各类脂蛋白都含有这4类成分，但各类成分的比例大不相同（表2-2）。

表2-2 血浆脂蛋白的组成 单位:%(质量分数)

脂蛋白	蛋白质	甘油三酯	游离胆固醇	胆固醇酯	磷脂	非酯化脂肪酸	糖类
CM	2	86	1	3	8	0~1	<1
VLDL	10	55	10	4	20	1~3	<1
LDL	25	12	9	35	18	1	~1
HDL	50	5	3	15	25	2~6	<1

1. 载脂蛋白

血浆脂蛋白的蛋白质部分称为载脂蛋白（apolipoprotein，Apo），多具有双性α螺旋结构，沿着螺旋轴存在亲脂的非极性面和亲水的极性面。这种结构有利于载脂蛋白结合脂质，稳定脂蛋白的结构，完成其结合和转运脂质的功能。

目前，已发现载脂蛋白有20多种，可分为A、B、C、D、E等几大类，有的又可分为若干亚类。如ApoA可分为AⅠ、AⅡ、AⅣ；ApoB可分为B-48、B-100；ApoC可分为CⅠ、CⅡ、CⅢ；ApoE可分为E-2、E-3等（表2-3）。

表2-3 人主要载脂蛋白的功能

Apo	相对分子质量 $\times10^3$	血浆浓度/（g/L）	所载的主要脂蛋白	合成部位	功能
AⅠ	28.3	1.00~1.50	HDL	肠、肝	激活LCAT，运送胆固醇
AⅡ	17.4	0.35~0.50	HDL_2、HDL_3	肠、肝	抑制LCAT

续表

Apo	相对分子质量 ×10³	血浆浓度 /（g/L）	所载的主要脂蛋白	合成部位	功能
AⅣ	46.0	0.13～0.16	HDL、CM	肠、肝	激活LCAT，运送胆固醇
B-48	200.0	0.03～0.05	CM	肠	运转肠CM、受体结合
B-100	400.0	0.80～1.00	VLDL、LDL	肝	受体结合
CⅠ	6.3	0.04～0.06	CM、VLDL、HDL	肝	激活LCAT
CⅡ	8.8	0.03～0.05	CM、VLDL、LDL	肝	激活LPL
CⅢ	8.8	0.12～0.14	CM、VLDL、LDL	肝	抑制LPL
D	22.0	—	HDL	肝	转移脂蛋白中的胆固醇酯
E	37.0	0.03～0.05	CM、CLDL、HDL	肝、巨噬细胞、脑、周围组织	受体结合

载脂蛋白除了具有脂质载体的功能外，还有其他功能。如ApoAⅠ可激活磷脂酰胆碱-胆固醇酰基转移酶（lecithin - cholesterol acyltransferase，LCAT）；ApoCⅡ可激活脂蛋白酯酶（lipoprotein lipase，LPL）；ApoB、ApoE可促进脂蛋白与细胞膜表面受体结合。所有载脂蛋白均可在肝脏合成，小肠黏膜细胞可合成ApoAⅠ、ApoAⅡ。

2. 脂类

血浆脂蛋白中的脂类主要是甘油三酯、胆固醇及其酯、磷脂三类，此外还有少量游离脂肪酸。各类脂蛋白中脂类的种类及其含量均有差异（表2-2）。

在CM中，甘油三酯占了绝大部分，达86%。它在小肠黏膜上皮细胞中合成，是来自食物的外源性甘油三酯。

VLDL主要在肝脏内合成。其中甘油三酯占55%，胆固醇及其酯仅占14%。它与CM不同的是运送的甘油三酯是肝脏细胞合成的，故是内源性甘油三酯。

LDL中，胆固醇及其酯占44%，甘油三酯仅占12%。因而它是血浆内运输胆固醇的工具。

不同脂蛋白间脂质组成主要是量的不同，较少有质的差异。而不同脂蛋白间载脂蛋白不仅有量的不同，更具有质的差异。正是载脂蛋白组成的差异导致不同脂蛋白代谢途径和生理功能的不同。

（三）血浆脂蛋白的结构

一般认为血浆脂蛋白具有类似的结构：呈球状，在颗粒表面是极性分子（如蛋白质和磷脂），故具亲水性，非极性分子（如甘油三酯、胆固醇及其酯）则隐藏于内部。磷脂极性部分可和蛋白质结合，非极性部分可和脂类结合，作为连接蛋白质和其他脂类的桥梁，如图2-3所示。

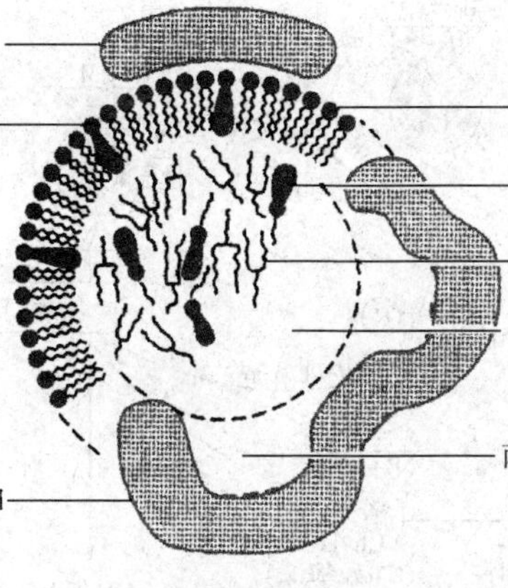

图2-3　脂蛋白结构图

三、血浆脂蛋白的代谢

脂蛋白是血液中脂质的运输形式，与细胞膜受体结合被摄入细胞内进行代谢。其代谢是一个相当复杂的生化过程，不仅涉及到脂蛋白分子本身，还涉及参与脂蛋白代谢的酶类和脂蛋白受体等。各类血浆脂蛋白的代谢也不是彼此孤立的，而是相互关联的，如脂蛋白之间载脂蛋白和脂质成分的穿梭和交换。

（一）乳糜微粒（CM）的代谢

CM 由小肠黏膜细胞合成，是机体转运膳食甘油三酯的主要形式。小肠黏膜细胞自膳食中吸收摄取的甘油三酯、磷脂和胆固醇与细胞核糖体合成的 ApoB-48 等组装成新生的 CM，还含有少量的 ApoA Ⅰ、ApoA Ⅱ。新生的 CM 经淋巴系统进入血液循环。在血液循环中，CM 载脂蛋白的组分迅速改变。CM 从 HDL 获得转运来的 ApoC 和 ApoE，ApoC Ⅱ激活末梢血管内皮细胞表面的脂蛋白脂肪酶（LPL），将 CM 中的 TG 逐步水解成甘油和游离脂肪酸，供组织摄取利用。随着 LPL 的反复作用和甘油三酯的水解、释放，CM 颗粒明显变小，胆固醇和胆固醇酯的含量逐渐增加，其外层的 ApoC 和 ApoA 离开 CM 转至 HDL，而 ApoE 和 ApoB-48 仍然保留于 CM，CM 转变成 CM 残粒。CM 残粒与肝细胞表面的 ApoE 受体结合，被肝细胞摄取并代谢利用。

CM 进入体循环后迅速被代谢，半衰期不足半小时。可见，CM 的主要作用是运送外源性甘油三酯（来源于饮食）至肝脏和脂肪组织。在运送途中逐步释放出脂肪酸。其残余部分富含胆固醇，被肝脏所摄取，使肝内胆固醇增加，可抑制新的胆固醇合成（因反馈性抑制 β-羟-β-甲戊二酰辅酶 A 还原酶——胆固醇合成限速酶的活性）。由于 CM 颗粒较大，不能进入动脉壁，一般不会导致动脉粥样硬化。

LPL 是由肝外组织细胞合成的，通过氨基多糖锚定于毛细血管内皮细胞的血管腔面。CM 的代谢如图 2-4 所示。

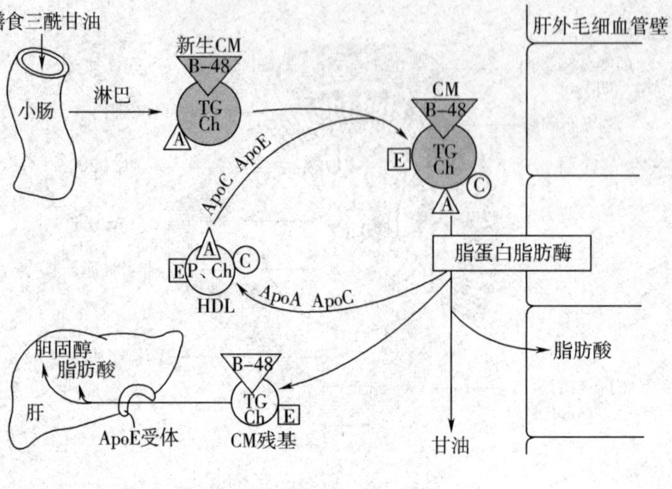

图2-4 CM的代谢

（二）极低密度脂蛋白（VLDL）的代谢

VLDL在肝脏合成，是机体转运内源性三酰甘油的主要形式。肝细胞利用自身合成的ApoB-100和ApoE与三酰甘油、磷脂及胆固醇组装成新生的VLDL，直接进入循环系统。

新生的VLDL接受来自HDL的ApoCⅡ，后者是LPL的激活剂。在LPL作用下，甘油三酯被水解成脂肪酸，后者被组织摄取利用。随着甘油三酯的不断释放，VLDL颗粒变小，载脂蛋白、磷脂和胆固醇的含量会逐渐增加，颗粒密度加大，由VLDL转变为中间脂蛋白（IDL），一部分IDL通过ApoE介导的受体代谢途径被肝细胞摄取利用，另一部分IDL进一步受LPL的作用，转变为密度更大且仅含一个ApoB-100分子的LDL。

VLDL颗粒较CM小，为30~80nm，密度较CM高。其中甘油三酯由肝脏利用脂肪酸和葡萄糖合成，故为内源性甘油三酯。

VLDL的功能是将内源性甘油三酯运送至肝外组织，它是LDL的前体。其中ApoB含量恒定。ApoC和ApoE又被送至HDL，其含量逐渐减少。VLDL的半衰期为6~12h。血浆中VLDL水平升高是冠心病的危险因素。VLDL的代谢如图2-5所示。

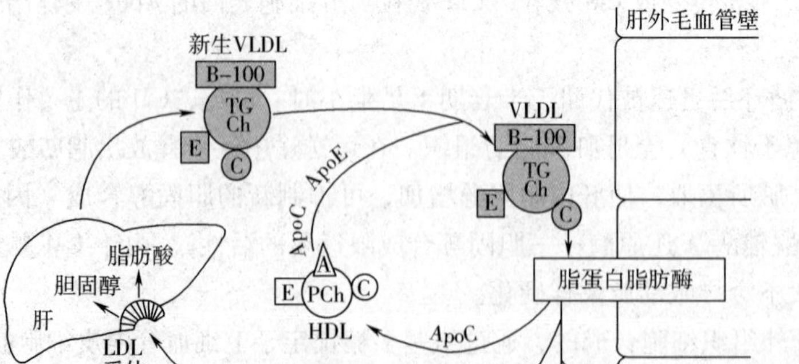

图2-5 VLDL的代谢

（三）低密度脂蛋白（LDL）的代谢

LDL是由VLDL转变来的，其颗粒较VLDL更小，为20～30nm，密度较VLDL高。主要含有内源性胆固醇，ApoB－100占蛋白质的95%。LDL是血浆运送胆固醇及胆固醇酯到全身组织的主要载体。虽然全身的组织细胞都能自身合成胆固醇，但多数仍不同程度地需要肝脏合成的胆固醇供给和补充。LDL的半衰期为2～4d，其主要功能是转运肝内胆固醇到肝外组织。

受体介导途径是LDL代谢的主要途径。组织细胞膜上有LDL受体，是一种糖蛋白。LDL与其受体通过结合和内吞进入细胞。与细胞内溶酶体融合，经过溶酶体内水解酶的作用，使蛋白质水解为氨基酸，为细胞所利用。胆固醇酯水解为脂肪酸和胆固醇，首先，胆固醇可供细胞利用，并且反馈性地抑制β－羟基－β－甲戊二酰辅酶A还原酶的活性，从而抑制细胞内胆固醇合成，使机体胆固醇总体水平不至过高；其次，激活胆固醇酰基转移酶（Cholesterol acyl transferase，ACAT），促使胆固醇本身再酯化，使过剩的胆固醇以酯的形式储存；第三，在转录水平上抑制细胞LDL受体蛋白的合成，减少细胞对LDL的结合与内吞，从而减少细胞对胆固醇的摄取和利用。另外，约1/3的胆固醇是通过巨噬细胞等非受体途径进入细胞的。

临床上，血浆LDL水平升高与心血管疾病患病率和死亡率升高有关。LDL由于颗粒小而密度高，更易进入动脉壁，沉积于动脉或潴留于动脉壁细胞外基质，而且容易氧化成ox－LDL，后者是导致动脉粥样硬化的主要因子，如图2－6所示。

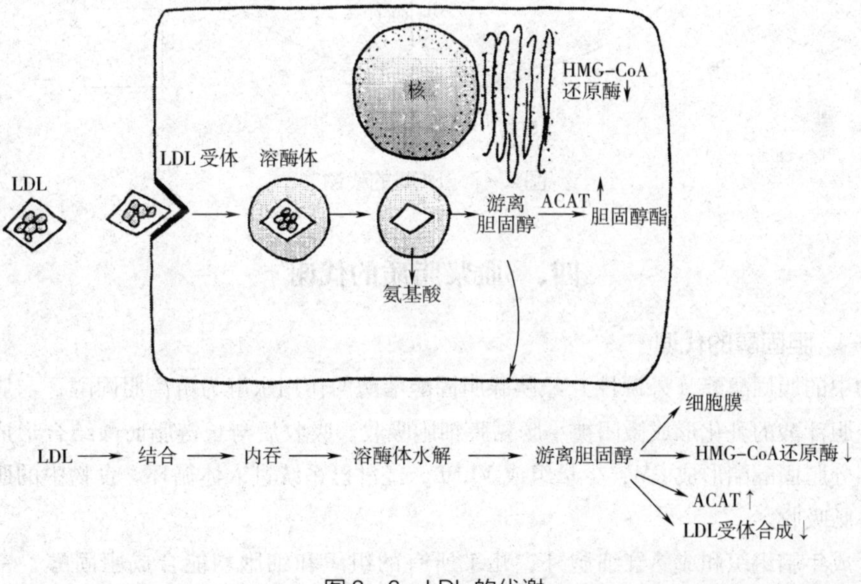

图2－6 LDL的代谢

（四）高密度脂蛋白（HDL）的代谢

HDL主要由肝脏合成，小肠也能少量合成。HDL颗粒最小，为9～12nm，密度最高，在血浆中的半衰期为3～5d。新生的HDL呈盘状，主要含ApoA和游离胆固醇的磷脂双层构成，其中ApoAⅠ可激活LCAT。

HDL进行血液循环后，在LCAT的作用下胆固醇接受磷脂酰胆碱第2位上的酰基，变成胆固醇酯。胆固醇酯因失去极性而移入 HDL 的非极性脂质核心，形成 HDL 和外周组织间游离胆固醇的浓度梯度，促进外周组织中的游离胆固醇向 HDL 的流动。随着 LCAT 的反复作用，进入 HDL 内部的胆固醇酯增多，盘状的 HDL 逐渐转化为成熟的球状 HDL。成熟的 HDL 可被肝细胞的 ApoA Ⅰ受体结合和摄取，将其内部的胆固醇及胆固醇酯带至肝脏，由肝脏代谢清除。与 LDL 转运胆固醇的方向相反，HDL 是将胆固醇由肝外组织运回肝脏，因此称之为胆固醇的逆向转运。

血液中 LDL 和 HDL 的水平常用胆固醇含量表示，称为 LDL - C 和 HDL - C。HDL - C 的水平越高，表示机体逆向转运胆固醇的能力越强，动脉血管壁等外周组织胆固醇蓄积的可能性就越小。因此，HDL 被认为是抗动脉粥样硬化因子。HDL 的代谢如图 2 - 7 所示。

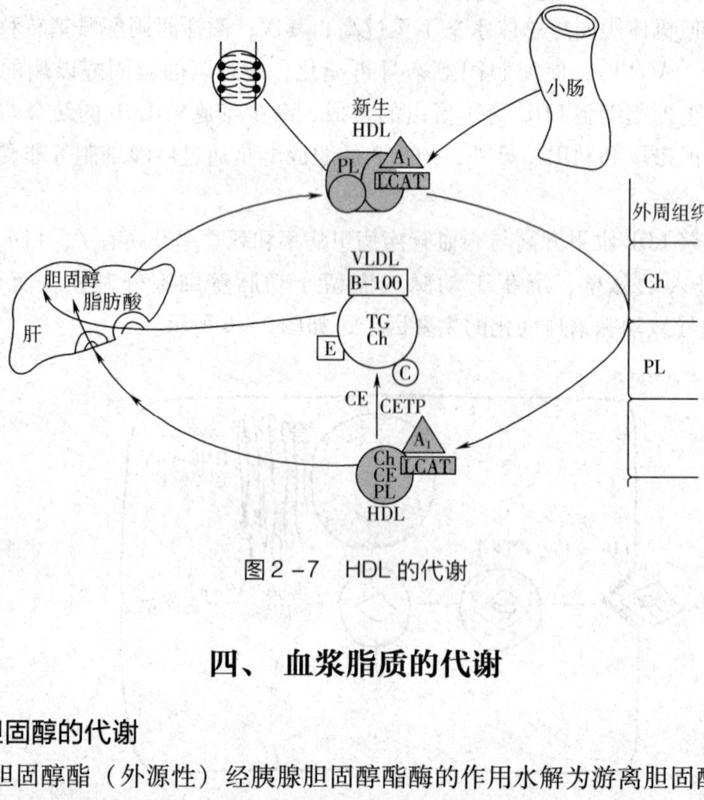

图 2 - 7 HDL 的代谢

四、血浆脂质的代谢

（一）胆固醇的代谢

食物中的胆固醇酯（外源性）经胰腺胆固醇酯酶的作用水解为游离胆固醇，与脂肪和磷脂共同经胆汁酸的乳化形成微团被小肠黏膜细胞吸收。吸收后与长链脂肪酸结合形成胆固醇酯。大部分胆固醇酯形成 CM，少量组成 VLDL，经淋巴系统进入体循环。食物中的胆固醇约 40% 被小肠吸收。

除了成年脑组织和成熟红细胞外，几乎所有的组织和细胞均能合成胆固醇。一般情况下，内源性胆固醇的合成是机体胆固醇的主要来源，约占机体胆固醇总量的 2/3。由碳水化合物、氨基酸、脂肪酸代谢产生的乙酰辅酶 A（CoA）是合成胆固醇的基质，合成过程受羟甲基戊二酰辅酶 A（HMG - CoA）还原酶催化。生成的内源性胆固醇亦以脂蛋白形式进入体循环。

胆固醇的去路包括构成细胞膜，生成类固醇激素、维生素 D、胆酸盐等。未被吸收的胆固醇在小肠下端转化为类固醇随粪便排出。排入肠腔的胆固醇和胆酸盐可被再吸收，经肠肝循环回收到肝脏内被再利用。胆固醇形成胆固醇酯是以血浆中的 HDL 为底物在磷脂酰胆碱胆固醇酰基转移酶（LCAT）催化下进行的。血浆胆固醇浓度受多种因素调节，高热量、高脂、高饱和脂肪酸饮食会促进胆固醇合成，使其血浓度升高。饥饿、低热量饮食或肝吸收胆固醇较多的情况会抑制 HMG－CoA 还原酶活性，从而减少胆固醇的合成。饮食中含丰富不饱和脂肪酸可促进磷脂酰胆碱的合成，提高 LCAT 活性，生成较多胆固醇酯，使血浆胆固醇降低。此外，食物中的纤维素可减少胆固醇的吸收，阻止胆酸盐肝肠循环的药物均可降低血浆胆固醇。

（二）甘油三酯的代谢

机体甘油三酯的来源主要有以下两种：一种是从膳食摄入的脂肪经消化吸收而进入血液的外源性甘油三酯；另一种是由肝脏等器官自身合成的或由脂肪组织所释放的内源性甘油三酯。甘油三酯在各种脂肪酶的作用下水解为甘油与脂肪酸。甘油经甘油激酶作用活化为磷酸甘油，再脱氢氧化为磷酸二羟丙酮，随后进入葡萄糖代谢途径。而甘油三酯分解代谢的关键是脂肪酸的氧化分解。脂肪酸首先要在胞液中活化形成脂酰 CoA，再与肉碱反应形成脂酰肉碱并在移位酶作用下进入线粒体。因此，脂酰肉碱的生成是脂肪酸分解代谢的关键调控点。进入线粒体的脂酰 CoA 经 β－氧化成乙酰 CoA，再经三羧酸循环完全氧化成 CO_2，在肝脏内也可生成酮体。

进食后 LPL 活性增高，血中 CM 和 VLDL 向肌肉组织供应能量并在脂肪组织中储存，使血浆甘油三酯水平下降。而在脂肪动员过程中，脂肪被组织细胞内的组织脂肪酶水解成为游离脂肪酸和甘油，进入循环后供其他组织利用。组织脂肪酶受激素调节，故又被称为激素敏感性酯酶。空腹时，激素敏感性酯酶活性增高，使脂肪中甘油三酯分解成游离脂肪酸及甘油向血循环、肝脏和肌肉供给能量。任何甘油三酯来源过多（包括进食和自身合成）或分解代谢障碍又或两者兼有的情况均可引起高甘油三酯血症。

（三）磷脂的代谢

磷脂广泛分布于机体各组织细胞中，是生物膜的重要组成成分，对脂肪的吸收、运转、储存起重要作用，是维持 CM 结构稳定的因素。全身各组织细胞都能合成磷脂，但以肝、肾及肠等组织最为活跃。

合成甘油磷脂以甘油、脂肪酸、磷酸盐、胆碱、丝氨酸、肌醇等为原料。甘油、脂肪酸主要由糖经代谢转变而来，但分子中与甘油第 2 位羟基成酯的一般是多不饱和脂肪酸，主要是必需脂肪酸，需靠食物供给。胆碱、乙醇胺可由丝氨酸在体内转变生成，也可从食物中摄取。

磷脂在生物体内可经各种磷脂酶作用水解为甘油、脂肪酸、磷酸和各种氨基醇（如胆碱、乙醇胺、丝氨酸等）。甘油可以转变为磷酸二羟丙酮，参加糖代谢。脂肪酸可经 β－氧化作用而分解。磷酸是体内各种物质代谢不可缺少的物质。各种氨基醇可以参与体内磷脂的再合成，胆碱还可以通过转甲基作用转变为其他物质。

（四）游离脂肪酸（FFA）的代谢

FFA 是供给机体能量的主要来源之一。储存于脂肪组织细胞中的甘油三酯经脂肪酶分解提供大量 FFA。其代谢途径一是供肌肉细胞利用；二是被肝细胞摄取，再合成甘油三酯，组成 VLDL 或氧化或为乙酰辅酶 A。FFA 的半衰期为 4～8min。

五、脂蛋白代谢中主要的酶

（一）脂蛋白脂肪酶（LPL）

对富含甘油三酯的脂蛋白（如CM和VLDL）的清除来说，LPL是一个重要的组织酶。在LPL催化下，甘油三酯在毛细血管和组织之间的界面上水解，产生的脂肪酸供组织摄取。ApoC Ⅱ是LPL的激活剂，ApoC Ⅲ是抑制剂。正常情况下，血液中无LPL，注射肝素后，LPL释放入血，并可测定。由于肝脂肪酶也可在注射肝素后释放入血，这两种使甘油三酯分解的酶应分别测定。

（二）磷脂酰胆碱胆固醇酰基转移酶（LCAT）

LCAT由肝合成后分泌入血液。在此酶的催化下，磷脂酰胆碱分子中甘油第2位上的脂肪酸转移到胆固醇上，形成胆固醇酯和溶血脂酰胆碱（图2-8）。其作用底物是新生HDL。ApoA Ⅰ和ApoC Ⅰ激活LCAT，ApoA Ⅱ则对其抑制。

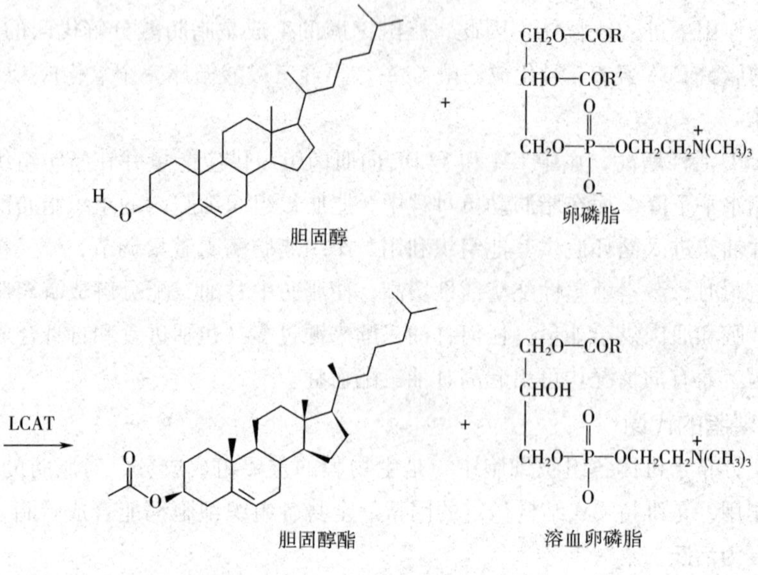

图2-8 胆固醇的酯化

六、辅助降血脂功能的评价指标

高脂蛋白血症是血浆中CM、VLDL、IDL、LDL脂蛋白，有一类或几类浓度过高。一般根据血清外观、血清TC、血清TG及血清脂蛋白电泳区带的定性、定量观察，将其分成5类。根据我国各地报告，高脂蛋白血症病人除了极少数外，基本上归属Ⅱ型和Ⅳ型。

Ⅱ型高脂蛋白血症病人血浆中LDL量明显增加，即胆固醇含量增加。$Ⅱ_a$和$Ⅱ_b$型的区别是后者尚伴有甘油三酯增加。原发型Ⅱ型高脂蛋白血症可能是由于细胞膜上缺乏LDL受体，以致LDL分解和胆固醇合成的反馈性抑制受阻。Ⅱ型也可由长期饮食过量引起。

Ⅳ型高脂蛋白血症患者的血浆中VLDL量明显增加，也即血浆中甘油三酯增加。患有此症的患者若进食高糖膳食常诱发血浆VLDL明显增加，这是因为糖类转化为内源性甘油三酯，增加了VLDL的合成。

所以评价降血脂功能食品可采用下列指标：

①血清总胆固醇（TC）含量。

②血清总甘油三酯（TG）含量。

③动脉硬化指数：（TC－HDL－C）/ HDL－C、LDL－C / HDL－C。

动脉硬化指数升高意味着血液内 LDL 相对浓度增高，而 HDL 相对浓度下降，患者患动脉粥样硬化的危险增加。

④磷脂酰胆碱胆固醇酰基转移酶（LCAT）活性：LCAT 活性升高，显示血清中胆固醇加速进入了高密度脂蛋白表层，进而酯化变成胆固醇酯。由于后者相对分子质量大不易侵入血管内膜，可使得患动脉粥样硬化危险降低。同时，在高密度脂蛋白表层的胆固醇变为胆固醇酯，向内层移动进而被高密度脂蛋白带至肝脏排出，加速了胆固醇的清除。

⑤HDL－C 含量。

⑥LDL－C 含量。

可见一个降血脂食品，应能降低血清中 TC 和 TG 含量，增加 HDL－C 含量，降低LDL－C 含量，降低动脉硬化指数，提高 LCAT 的活性。

七、评价实例

某功能食品辅助降血脂作用的动物实验结果如表 2－4、表 2－5、表 2－6 所示。

表 2－4　　某功能食品对小鼠实验性高血脂预防作用（$\bar{X} \pm SD$）

组别	动物数/只	t/d	TC /（mmol/L）	HDL－C /（mmol/L）	HDL－C /TC	（TC－HDL－C）/HDL－C
正常饲料	10	0	3.56 ± 0.25	1.73 ± 0.38	0.49 ± 0.14	1.16 ± 0.54
		60	3.57 ± 0.12	1.76 ± 0.33	0.49 ± 0.09	1.09 ± 0.34
高脂饲料	10	0	3.44 ± 0.37	1.68 ± 0.40	0.50 ± 0.15	1.14 ± 0.49
		60	5.24 ± 0.48$^{\triangle\triangle}$	1.55 ± 0.30	0.30 ± 0.05$^{\triangle\triangle}$	2.45 ± 0.58$^{\triangle\triangle}$
高脂饲料＋	10	0	3.43 ± 0.35	1.69 ± 0.36	0.50 ± 0.10	1.10 ± 0.48
某功能食品		60	3.83 ± 0.54^{*+}	1.79 ± 0.26^{*+}	0.53 ± 0.13*	0.98 ± 0.37*

注：* 与高脂组相比差异有统计学意义（$p < 0.01$）。

△△与正常组相比差异有统计学意义（$p < 0.01$）。

＋与第 0 天自身对照相比差异有统计学意义（$p < 0.05$）。

表 2－5　　某功能食品对高血脂人群的辅助降血脂效应（$\bar{X} \pm SD$）

组别	样品数/份	t/d	TC/（mmol/L）	TG/（mmol/L）	HDL /（mmol/L）
对照组	40	0	7.40 ± 1.17	2.71 ± 0.78	1.59 ± 0.42
		60	7.02 ± 0.95	2.62 ± 0.69	1.63 ± 0.35
某功能食品组	43	0	7.32 ± 1.14	2.75 ± 0.91	1.57 ± 0.48
		60	6.55 ± 1.12^{*+}	2.25 ± 0.84*	1.80 ± 0.30^{*+}

续表

组别	样品数/份	t/d	LDL/（mmol/L）	LDL－C/HDL－C	（TC－HDL－C）/HDL－C
对照组	40	0	5.21±1.56	3.20±0.86	3.65±0.96
		60	4.87±1.65	2.89±1.20	3.31±1.11
某功能食品组	43	0	5.20±1.77	3.15±1.05	3.76±2.15
		60	3.44±1.48*+	2.19±1.17*+	2.68±1.57*+

注：* 与对照组相比差异有统计学意义（$p<0.05$）。

\+ 与第 0 天自身对照相比差异有统计学意义（$p<0.05$）。

表 2－6　某功能食品对高血脂人群血清磷脂酰胆碱胆固醇酰基转移酶相对活性的影响　（$\bar{X}\pm SD$）

组别	样品数/份	t/d	TC/（mmol/L）	游离胆固醇含量/（mmol/L）		LCAT 转移酶	
				0h	6h	LCAT 相对活性	增加比例/%
对照组	14	0	6.94±1.09	1.71±0.57	1.41±0.49	17.5±11.2	—
		60	6.45±1.19	1.69±0.77	1.40±0.69	17.2±18.2	－1.7
某功能食品组	20	0	7.15±1.46	1.83±0.78	1.51±0.36	17.8±14.6	—
		60	6.07±1.25*+	1.73±0.71	1.33±0.54	23.1±10.1*+	29.8

注：* 与对照组相比差异有统计学意义（$p<0.05$）。

\+ 与第 0 天自身对照相比差异有统计学意义（$p<0.05$）。

第二节　辅助降血糖功能

一、糖尿病概述

糖尿病（diabetes mellitus，DM）是一种因部分或完全胰岛素缺失，或细胞胰岛素受体减少，或受体敏感性下降导致的疾病，是由遗传和环境因素共同作用而导致的慢性、全身性代谢疾病。据国际糖尿病联盟（IDF）统计，2015 年全球糖尿病患者约有 4.15 亿人，每 11 个人中就有 1 人患有糖尿病。预测到 2040 年，全球将会有 6.42 亿人患有糖尿病，中国糖尿病患者也将达到 1.51 亿人。糖尿病及其并发症已成为严重危害人类健康的世界性公共卫生问题，引起了世界各国的高度重视。

由于人口基数大、人口老龄化加剧以及饮食结构等因素，我国糖尿病患者人数快速增加。据 IDF 和国家卫生健康委统计，2013 年全球 20～79 岁成年人的糖尿病患病率为 8.3%，而 2012 年我国 18 岁及以上成人糖尿病患病率为 9.7%，2015 年我国有 130 万人死于糖尿病及其并发症，其中 40.8% 的人年龄低于 60 岁，呈现年轻化趋势。

糖尿病是一种终身性疾病，其严重性在于并发症的发生率较高。有研究表明，在患糖尿病 20 年以上的患者中 95% 的人出现视网膜病变，糖尿病患者患心脏病的可能性较正常人高 2～4 倍，患中风的危险高 5 倍，一半以上的老年糖尿病患者死于心血管疾病。糖尿病患者还可能并发肾病、神经病变、消化道疾病、口腔疾病、皮肤和关节疾病以及下肢动脉硬化闭塞症等。糖尿病并发症可以累及全身各个系统，给糖尿病患者精神和肉体上都带来很大的痛苦，而避免和控制糖尿病并发症的最好方法就是控制血糖水平。因此，开发具有降血糖作用的活性物质，配合药物治疗，以有效控制血糖、糖尿病并发症的发生具有重要的经济和社会意义。

二、血糖浓度

糖最主要的生理功能是提供生命活动所需要的能量。虽然脂肪、蛋白质也能供给能量，但人体优先利用糖。糖还是机体重要的碳源，它的中间产物可在体内转变为其他非糖含碳物质，如非必需氨基酸、脂肪和核苷等。吸收进入血液的果糖、半乳糖和甘露糖在体内被带到各组织中，通过转变为糖酵解途径的中间产物而进入糖酵解途径进行代谢。

血液中的葡萄糖称为血糖。血糖是碳水化合物在体内的运输形式，是为人体提供能量的主要物质。一方面，正常人体每天需要糖来为各组织的正常运作提供动力，任何人在任何时间、任何情况下都不能离开血糖。另一方面，血糖既不能高，也不能低，必须维持在一个正常范围内。正常人空腹时血糖浓度较为稳定，为3.89～6.11mmol/L（70～110mg/dL）。血糖浓度保持相对恒定具有重要的生理意义，特别是对脑和红细胞，它们在生理条件下主要靠血糖供能。如果血糖过低，会出现脑功能障碍，甚至出现低血糖昏迷。

血液中葡萄糖的实际浓度是由其来源和去路两方面的动态平衡所决定的，如图2－9所示。肾脏在维持机体内环境相对稳定方面起着重要作用。当循环血液经过肾小球时，血浆中的水和小分子物质被滤过进入肾囊腔而形成原尿。原尿中除含有极少量蛋白质外，各种晶体物质如葡萄糖、氯化物、无机磷酸盐、尿素、尿酸、肌酐等的浓度与血浆中的浓度非常接近。原尿中的葡萄糖与血浆相等，而终尿中却无葡萄糖，这是因为葡萄糖在近球小管被全部重吸收。在近球小管细胞膜上存在转运葡萄糖、Na^+的载体蛋白。当葡萄糖和Na^+载体蛋白形成复合体后，此载体蛋白就能迅速将葡萄糖和Na^+从管腔面转运至细胞内，进入组织液和血液。近球小管对葡萄糖的重吸收是有一定限度的。当血液中葡萄糖水平超过160～180mg/dL浓度范围后，葡萄糖就不能被全部重吸收了，会随尿排出而出现糖尿。尿中开始出现葡萄糖时的最低血糖浓度，被称为肾糖阈。当血糖浓度超过肾糖阈时，人体就开始出现尿糖。

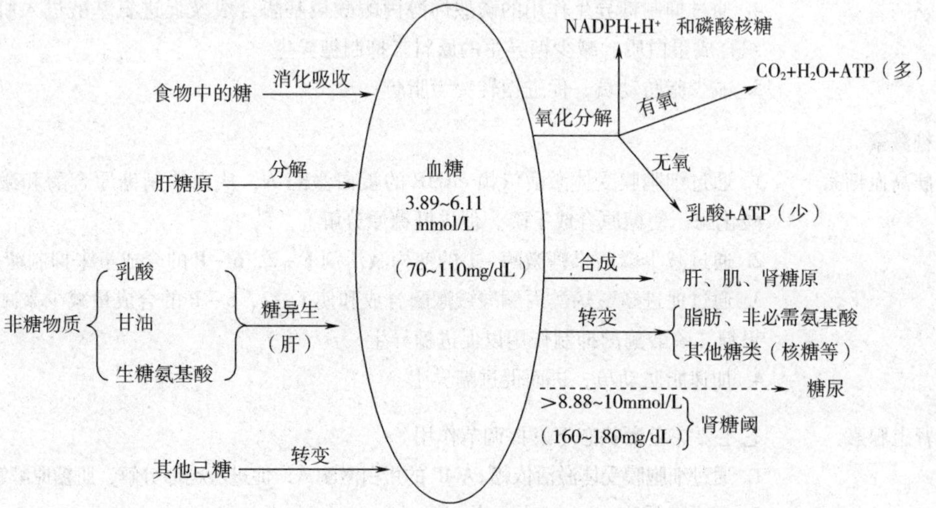

图2－9　血糖的来源与去路

三、血糖浓度的调节

正常情况下，血糖浓度的相对稳定依赖于血糖来源与去路的平衡，这种平衡需要体内多种因素的协同调节，主要有神经、激素、组织器官等多个系统的调节。

（一）神经系统水平的调节

神经系统对血糖的调节属于整体调节，通过对各种促激素或激素分泌的调节，进而影响各代谢中的酶活性或酶含量来完成调节作用，如脑垂体可分泌促肾上腺皮质激素等。情绪激动时，交感神经兴奋，肾上腺素分泌增加，促进糖原分解、肌糖原酵解、糖异生作用，使血糖升高；处于静息状态时，迷走神经兴奋，胰岛素分泌增加，血糖水平降低。正常情况下，机体在多种调节因素的相互作用下，可维持血糖浓度的恒定。

（二）器官水平的调节

肝脏是体内调节血糖浓度的主要器官。通过肝糖原的生成、分解和糖异生作用可维持血糖浓度的恒定。

（三）激素水平的调节

调节血糖的激素有两大类，一类是降血糖激素，即胰岛素；另一类是升血糖激素，主要是胰高血糖素，还有肾上腺素、糖皮质激素和生长素等。这两类激素的作用相互对抗、相互制约，它们通过调节糖原的生成和分解、糖氧化分解、糖异生等途径的关键酶或限速酶的活性或含量来调节血糖浓度的恒定。各种激素调节糖代谢的机制如表 2－7 所示。

表 2－7 激素对血糖浓度的影响

激素	作用机制
降血糖激素	
胰岛素	1. 促进肌肉、脂肪细胞摄取葡萄糖（5 种葡萄糖转运体）*
	2. 诱导酵解的 3 个关键酶合成，激活丙酮酸脱氢酶复合体来促进糖的氧化分解
	3. 通过增强磷酸二酯酶活性，降低环磷酸腺苷（cAMP）水平，从而使糖原合酶活性增加，磷酸化酶活性下降，加速糖原合成，抑制糖原分解
	4. 通过抑制糖异生作用的磷酸烯醇丙酮酸羧基酶合成及促进氨基酸进入肌肉组织合成蛋白质，减少糖异生的原料来抑制糖异生
	5. 减少脂肪动员，促进糖转变为脂肪
升血糖激素	
胰高血糖素	1. 通过细胞膜受体激活依赖 cAMP 的蛋白激酶 A，从而抑制糖原合酶和激活磷酸化酶，使糖原合成下降，促进肝糖原分解
	2. 通过减少磷酸果糖激酶－1 的变构激活剂 F－2，6－P 的合成量来抑制糖酵解
	3. 通过促进磷酸烯醇丙酮酸羧激酶合成和使 F－2，6－P 的合成量减少来减轻对果糖二磷酸酶的抑制作用以促进糖异生
	4. 加速脂肪动员，进而促进糖异生
肾上腺素	它主要在应激状态下发挥调节作用
	1. 通过细胞膜受体激活依赖 cAMP 的蛋白激酶 A，促进肝糖原分解，肌糖原酵解
	2. 促进糖异生

续表

激素	作用机制
糖皮质激素	1. 抑制肌肉及脂肪组织摄取葡萄糖 2. 促进蛋白质和脂肪分解为糖异生原料，促进糖异生（只有糖皮质激素存在时，其他促进脂肪动员的激素才能发挥最大的效果）
生长素	与胰岛素作用相抵抗

注：* 葡萄糖吸收入血后，在体内代谢首先需进入细胞。这依赖于葡萄糖转运体（glucose transporter，GLUT）而实现。现已发现 5 种葡萄糖转运体（GLUT1～5），它们分别在不同的组织细胞中起作用。如 GLUT1 主要存在于红细胞，而 GLUT4 主要存在于脂肪和肌肉细胞。

1. 胰岛素

（1）胰腺及胰岛细胞　胰腺为一长条状腺体，位于胃的后方，横于腹后壁，可分头、体、尾三部分。其头部在十二指肠“C”形凹内，如图 2－10 所示。胰腺有许多分泌胰液的腺泡，腺泡的导管汇成一条贯穿全腺体的胰管，经胰头穿出，与总胆管共同开口于十二指肠。胰腺除分泌胰液的腺泡外，在腺泡之间还存在能分泌激素的内分泌腺组织，即胰岛。胰岛为大小不等、形状不定的细胞群。胰岛在胰腺的分布是不均匀的，在胰尾最多，胰体和胰头部较少。成年人有 180 万～200 万个胰岛，占胰腺总体积的 1%～2%。胰岛细胞释放的激素不是通过导管运输的，而是直接进入周围的毛细血管，通过血液循环作用于靶组织。每个胰岛均有丰富的血液供应，几乎每个细胞都直接和一根毛细血管接触。

人类的胰岛细胞按其染色和形态学特征可分成四种类型，分别称为 A 细胞、B 细胞、D 细胞及 PP 细胞。其中较重要的是 A、B、D 细胞，如图 2－10 所示。这三种细胞有规律地存在于整个胰岛中，B 细胞在胰岛的中央部分，A 细胞在外层，D 细胞似乎穿插在 A 和 B 细胞之间。A 细胞约占胰岛细胞的 20%，分泌胰高血糖素；B 细胞占胰岛细胞的一半以上，分泌胰岛素；D 细胞占胰岛细胞的 1%～8%，分泌生长抑素。

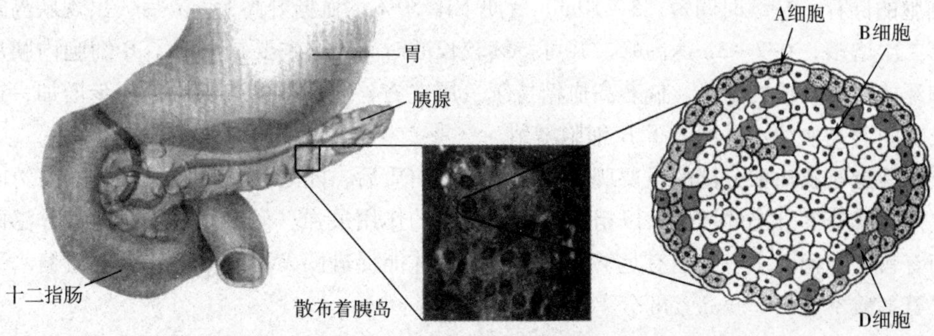

图 2－10　胰腺及胰岛细胞

（2）胰腺素的生理作用　胰岛素是含有 51 个氨基酸残基的小分子蛋白质，相对分子质量为 6000，是由 A 链（21 个氨基酸残基）与 B 链（30 个氨基酸残基）通过两个二硫键结合而成的。1922 年首次成功地从胰脏中将胰岛素提纯，并将之应用于糖尿病的治疗。胰岛素是体内唯一能使血糖降低、调节血糖稳定性的激素，也是唯一能同时促进糖原、脂肪、蛋白质合成的激素，具有调节糖原、脂肪、蛋白质代谢的作用。

对糖代谢的作用：血糖浓度升高，会迅速引起胰岛素的分泌。胰岛素可使全身各组织加速摄取、储存和利用葡萄糖，尤其是肝脏、肌肉和脂肪组织，结果使血糖水平下降。在肝脏中，胰岛素使进食后吸收的葡萄糖转化成糖原储存起来，并促进葡萄糖转变成脂肪酸，后者转运到脂肪组织中被储存。此外它还抑制糖异生。肌肉组织在无胰岛素作用时几乎不能摄取葡萄糖，胰岛素不但可以使葡萄糖迅速转运进入肌细胞，而且还能加速葡萄糖的利用和肌糖原的合成。

对脂肪代谢的作用：胰岛素促进肝脏合成脂肪酶，然后转运到脂肪细胞中储存起来。脂肪细胞本身在胰岛素作用下也可合成少量脂肪酸。胰岛素还促进葡萄糖进入脂肪细胞内，除用于合成脂肪酸外，更重要的是其能转化成 α-磷酸甘油，并与脂肪酸形成甘油三酯储存于脂肪细胞中。同时，胰岛素还抑制了对激素敏感脂肪酶的活性，从而抑制了脂肪的分解。

对蛋白质代谢的作用：胰岛素对蛋白质的合成和储存是不可或缺的。它作用于各个环节，第一，促进氨基酸进入细胞的主动转运过程；第二，直接作用于核糖体，加速翻译过程，促进蛋白质的合成；第三，在胰岛素的长期作用下，可使细胞核内的转录和复制过程加快，增加核糖核酸（RNA）和脱氧核糖核酸（DNA）的生成；第四，抑制蛋白质分解，使细胞尤其是肌细胞释放入血的氨基酸减少；第五，抑制肝脏糖异生，使血中用于糖异生的氨基酸可用于合成蛋白质。

总之，胰岛素是进食-饥饿周期中调节物质代谢的一个极为重要的激素。它的主要作用是促进能源的储存——有利于建立甘油三酯、糖原和蛋白质的储备。

（3）胰腺素分泌的调节　胰岛素可在进食后立即分泌达到最高值，而在饥饿或两餐之间下降。胰岛素的分泌受多种因素的调节。

血糖浓度是调节胰岛素分泌的最重要因素。当血糖升高时，胰岛素的分泌量可达基础水平的10~20倍。而当血糖下降至正常水平时，胰岛素的分泌量可达基本水平。在持续高血糖刺激下，胰岛素的分泌可分为三个阶段：5min内，胰岛素的分泌可增加10倍，主要来源于B细胞的储存，持续时间短，5~10min后便下降50%。血糖升高15min后，出现胰岛素分泌的第二次增多，在2~3h达高峰，并可持续较长的时间，这主要是激活了B细胞内胰岛素合成和释放的酶系统的结果。倘若高血糖持续一周左右，胰岛素的分泌可进一步增加，这是由于长时间的高血糖水平刺激了B细胞增殖。

氨基酸也是胰岛素分泌的重要刺激物。进食蛋白质后，随之会出现血浆氨基酸的暂时升高，并伴有胰岛素分泌的增加，以精氨酸和赖氨酸的作用最强。但氨基酸对胰岛素分泌的刺激作用有赖于血糖的水平。当有足够的血糖水平时才能促进胰岛素的分泌，而当血糖水平过低时，氨基酸不能引起胰岛素的分泌。

血中脂肪酸和酮体大量增加时，也可促进胰岛素的分泌。脂肪酸的动员和此后的酮体形成都依赖于血中低浓度的胰岛素。当这些代谢物在血浆中的浓度变得过高时，引起胰岛素分泌的作用可以防止脂肪酸的过度动员和酮尿的产生。

许多激素可以影响胰岛素的分泌，这些激素可分为两类：①胃肠道激素，如胃泌素、促胰液素、胆囊收缩素和抑胃肽等都在一定程度上具有刺激胰岛素分泌的作用，这使得食物尚在胃肠道中时，胰岛素分泌就已增多，以便为即将从食物中吸收来的糖、脂肪酸和氨基酸的利用作好准备。②胰高血糖素可通过对B细胞的直接作用和升高血糖的间接作用来刺激胰岛素的分泌。生长素和雌激素也可促进胰岛素分泌。必须注意，这些激素中任一激素的长期分泌或临床上的大剂量长时期使用，都有可能使B细胞衰竭而导致糖尿病。

(4) 胰腺素作用的机制　激素在血液中的浓度很低，一般每100mL血液中含纳克（ng）甚至皮克（pg）的激素。这样微小的数量之所以能产生明显的生物学作用，是因为激素可以被靶细胞膜上的受体所识别。

胰岛素作用的第一步是与细胞表面特异性胰岛素受体（insulin receptor，INR）相结合，结合后引起胰岛素受体的酪氨酸磷酸化。同时，胰岛素受体底物-1（insulin receptor substrate-1，IRS-1）的多个酪氨酸残基被磷酸化，引起一系列磷酸化-去磷酸化连锁反应。另一途径是磷酸化的受体β亚单位通过磷酸脂酶C的作用，使细胞膜结合的糖脂水解，产生磷酸肌醇聚糖、葡萄糖胺或二乙酰甘油等“第二信使”，引发一系列的酶活性变化。胰岛素还有一个重要作用，即它与受体结合后，可通过某种环节促进葡萄糖转运蛋白的活性，促进葡萄糖进入细胞。

胰岛素与其受体结合后，将使受体本身和细胞内发生一系列变化。所有细胞的受体与胰岛素结合形成复合物后，均发生复合物的内陷化，形成囊泡进入细胞质中。此时胰岛素与受体离解，胰岛素及一部分胰岛素受体被分解代谢；另一部分受体则再转回细胞膜上，重新发挥作用。同时产生由磷酸化引起的一系列连锁反应。但胰岛素作用的第二信使至今未完全确定，已提出的有胰岛素、钙离子、cAMP、cGMP、H_2O_2、膜蛋白、膜磷酸肌醇聚糖、单价阳离子、受体酪氨酸激酶、IRS-1等。胰岛素和受体结合后，激活β亚单位酪氨酸激酶，使β亚单位自身磷酸化，β亚单位酪氨酸+ATP使IRS-1磷酸化，启动细胞内酶类及活性蛋白质的磷酸化及去磷酸化，代谢酶活性变化及合成增加（或减少），最后导致物质代谢变化，包括细胞生长、分化、增殖及功能变化。

2. 胰高血糖素

胰高血糖素是由胰岛A细胞分泌的、含有29个氨基酸的直链多肽，相对分子质量约为3500。其生物学功能在很多方面与胰岛素相反，是一种促进分解代谢的激素。它是由29个氨基酸组成的直链多肽，分子质量约为3500。

胰高血糖素具有很强的促进糖原分解和糖异生的作用，可使血糖明显升高。1mol/L的激素可使3×10^6mol/L的葡萄糖迅速从糖原中分解出来。胰高血糖素通过cAMP-PK系统激活肝细胞的磷酸化酶，加速糖原分解。胰高血糖素可加快氨基酸进入肝细胞，并激活与糖异生过程有关的酶，从而使糖异生增强。胰高血糖素还可激活脂肪酶，促进脂肪分解，同时又可增强脂肪酸氧化，使酮体生成增多。胰高血糖素产生上述代谢效应的靶器官是肝脏。切除肝脏或阻断肝血流，这些作用便消失。血糖浓度是影响胰高血糖素分泌的重要因素，当血糖降低时，可促进胰高血糖素的分泌，血糖升高时则可抑制其分泌。此作用可能是通过β肾上腺素受体增加cAMP的含量完成的。相反，副交感神经兴奋释放乙酰胆碱可通过M受体抑制胰高血糖素的分泌。

体内胰岛素和胰高血糖素这一对激素是一种很重要的平衡机制。蛋白质和氨基酸可刺激胰岛素的分泌而提高糖类、脂肪及蛋白质的储存；而胰高血糖素的分泌可以对抗胰岛素所造成的血糖过低现象。

四、耐糖现象

正常人摄入葡萄糖后血糖浓度仅暂时升高，经体内血糖调节机制的作用，约2h血糖即可恢复到正常水平，此为耐糖现象。机体处理摄入葡萄糖的能力称为葡萄糖耐量，临床上常用口服葡萄糖耐量实验（oral glucose tolerance test，OGTT）来鉴定机体利用葡萄糖的能力。方法是先测定受试者清晨空腹的血糖浓度，然后一次性进食100g葡萄糖，进食后隔0.5、1、2和3h再分别测定血糖值。以时间为横坐标、血糖浓度为纵坐标绘制的标准曲线称为糖耐量曲线，如图2－11所示。

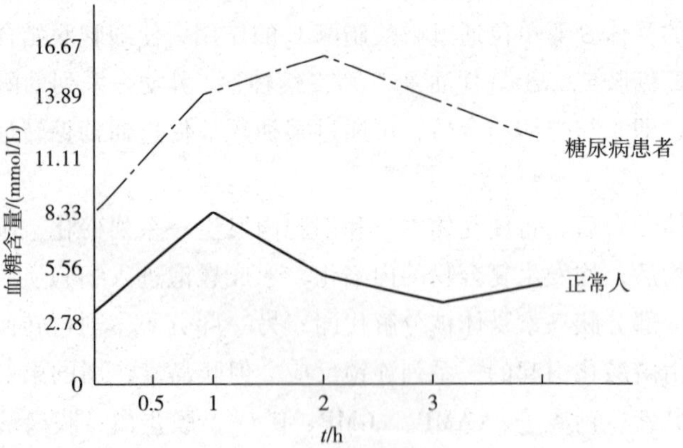

图2－11 糖耐量曲线

正常人的糖耐量曲线：摄入葡萄糖后血糖浓度升高，1h内达到高峰，但不超过肾糖阈（8.88mmol/L或160mg/dL），此后血糖水平迅速降低，在2h内降至正常水平。

糖尿病患者的糖耐量曲线：0、1、2h时的血糖值都高于相应的正常水平。只要有下列其一的表现即可确诊：①空腹血糖浓度较正常值高；②摄入葡萄糖后血糖迅速升高，并可超过肾糖阈；③血糖在进食2h内不能恢复至正常空腹血糖水平。

五、糖尿病的诊断、分类和临床表现

（一）糖尿病的诊断

糖尿病是遗传因素和环境因素长期作用所致的一种慢性、全身性代谢疾病，以持续性高血糖和尿中带葡萄糖为主要特征，以碳水化合物、蛋白质、脂肪代谢紊乱为综合特征。

中华医学会糖尿病分会推荐采用世界卫生组织（WHO）1999年提出的糖尿病诊断标准（三项符合其一）：

①糖尿病症状 + 任意时间血浆葡萄糖（PG）水平≥11.1mmol/L（200mg/dL）。

②空腹血浆葡萄糖（FPG）水平≥7.0mmol/L（126mg/dL）。

③口服葡萄糖耐量实验（OGTT）中，2h PG水平≥11.1mmol/L（200mg/dL）。

其中，空腹指至少8h内无任何热量摄入；任意时间指一日内任何时间，无论上次进餐时间及食物摄入量；OGTT是指以75g无水葡萄糖为负荷量，溶于水内口服。

另外，在2010年美国糖尿病协会（ADA）的标准中，首次将糖化血红蛋白≥6.5%作为诊断糖尿病的标准之一，但这一标准还未被广泛接受。

糖化血红蛋白是人体血液中红细胞内的血红蛋白与血糖结合的产物。在红血球120d左右的生命周期内，葡萄糖分子与血红蛋白会发生糖基化反应，这种结合是不可逆反应，并与血糖浓度成正比。糖化血红蛋白测试通常可以反映患者近8~12周的血糖控制情况。血糖控制较差的糖尿病患者的糖化血红蛋白的数量会大大超过健康人。

（二）糖尿病的分类

根据1997年国际糖尿病联盟（IDF）建议将糖尿病分型为：Ⅰ型、Ⅱ型、其他特异型和妊娠糖尿病四种类型，常见的为Ⅰ型和Ⅱ型。

Ⅰ型糖尿病又称胰岛素依赖型（insulin dependent mellitus，IDDM）糖尿病。Ⅰ型糖尿病是由于胰岛素的绝对缺乏，使葡萄糖无法被利用，造成血糖升高的糖尿病。其发病机制可能是因为病毒感染等因素扰乱了体内抗原，引起胰岛B细胞表面自身抗原结构改变，导致患者体内的T、B淋巴细胞致敏所致。机体自身存在的免疫调控失常，导致了淋巴细胞亚群失衡，B淋巴细胞产生自身抗体，K细胞活性增强，胰岛B细胞受抑制或被破坏，导致胰岛素分泌的减少或缺乏，从而产生胰岛素绝对缺乏的胰岛素依赖型糖尿病。遗传因素也参与Ⅰ型糖尿病的发病，其易感性与人类第6号染色体有关。Ⅰ型糖尿病常发生于儿童和青少年，也可发生在任何年龄。

Ⅱ型糖尿病又称为非胰岛素依赖型（non - Insulin dependent mellitus，NIDDM）糖尿病。其特点是基础胰岛素分泌正常或增高。但B细胞对葡萄糖刺激反应减弱。患者年龄多在40岁以上，常伴有肥胖，故过去称成年型糖尿病。Ⅱ型糖尿病常伴有明显的遗传因素，有些患者伴有遗传缺陷的亚型。在各种环境因素中，肥胖是Ⅱ型糖尿病的重要诱因之一。感染、缺少体力活动、多次妊娠等也是Ⅱ型糖尿病的诱发因素。

研究发现，肥胖者的胰岛素对外周组织葡萄糖利用率的调节强度明显降低，可阻碍周围组织对葡萄糖的氧化、利用。肥胖者存在明显的高胰岛素血症，高胰岛素血症将影响胰岛素与受体的亲和力，使其与受体的亲和力降低，呈现胰岛素的不敏感性。胰岛素作用受阻，产生胰岛素抵抗。因此需要胰岛B细胞合成和分泌更多的胰岛素以代偿胰岛素抵抗，而又进一步引发高胰岛素血症，如此形成一种正反馈。在Ⅱ型糖尿病胰岛素抵抗的初期，胰岛B细胞尚能分泌较多的胰岛素，以维持血糖的稳定。但伴随着胰岛素抵抗的加重，机体可出现空腹和餐后血糖升高、糖耐量减低的情况。久而久之，B细胞分泌胰岛素的功能虽然增大，而高胰岛素血症对靶细胞胰岛素受体的抑制作用也随之增强。这种由于高胰岛素血症而引起的胰岛素受体敏感性下降所导致的胰岛素作用受损称胰岛素相对缺乏。胰岛素B细胞长期的代偿分泌最终导致B细胞功能逐渐降低和胰岛素分泌不足，导致胰岛素缺乏。胰岛素的缺乏和相对缺乏将导致肌糖原和肝糖原合成降低，肝糖原分解增加，糖异生加强，使血糖持续升高，形成糖尿病。

除肥胖因素外，饮食结构不合理和热量摄入过多、缺乏体力活动、吸烟等也是Ⅱ型糖尿病的诱因。

（三）临床表现

糖尿病最常见的临床症状为“三多一少”，即多饮、多食、多尿和体重减轻。不同类型的糖尿病出现这四种症状的时间和顺序可能不同。

1. 多饮、多尿和多食（三多）

人体因渴感而饮水，而排水则主要通过肾脏。破坏下丘脑外侧区，动物会拒水，而刺激该区则可引起动物摄水增多，因此，这一部位被称为饮水中枢。电生理研究观察到，当颈动脉内注入高渗盐水时，下丘脑视上核内某些神经元放电增多，说明视上核有渗透压感受器。当血浆渗透压变动达到 ±2% 时，即可被渗透压感受器感知。视上核的神经元合成和分泌抗利尿激素，当体内体液量减少或血浆渗透压增高时，一方面可刺激饮水中枢使摄水量增加，另一方面可刺激抗利尿激素的释放。抗利尿激素作用于肾小管，可使水的重吸收增加，尿量减少。

无论是哪种类型的糖尿病患者，胰岛素分泌均相对或绝对不足，致使周围组织细胞不能有效地摄取和利用葡萄糖而形成高血糖。若血糖超过肾糖阈，原尿中糖不能被完全重吸收，可造成肾小管液的渗透压增高，肾小管重吸收水减少而出现多尿，即渗透性利尿。机体总水量减少 1% ~2% 时，即引起口渴和饮水增多。

动物的摄食行为有摄食中枢控制，包括下丘脑外侧区的饥饿中枢和内侧区的饱中枢。摄食中枢的有效刺激是血糖的利用率，即动脉与静脉的血糖差值。正常人摄食后葡萄糖被吸收入血，血糖升高，动静脉血中糖的浓度差值较大，此值如果达到 0.829mmol/L 以上，则刺激饱中枢使其兴奋，同时抑制饥饿中枢，摄食要求消失。空腹时动静脉血葡萄糖浓度差值减小，若此值接近于零，则对两中枢产生同饱食后相反的刺激，后者作用于大脑皮层，产生饥饿感，引起摄食增加。

糖尿病时，胰岛素的相对或绝对缺乏可从多个环节影响血糖的利用率：①葡萄糖转运蛋白的功能下降，进入脂肪及肝细胞的葡萄糖减少；②肝细胞中葡萄糖及酶合成减少，葡萄糖的磷酸化减弱；③糖原合成酶的催化作用减弱，肝糖原和肌糖原的储存减少；④磷酸果糖激酶和 L 型丙酮酸激酶的合成减少，糖酵解减弱；⑤ 6 – 磷酸葡萄糖脱氢酶和 6 – 磷酸葡萄糖酸脱氢酶的功能下降，磷酸戊糖通路减弱；⑥影响丙酮酸脱氢酶系及柠檬酸合成酶的活性，使三羧酸循环减弱。以上 6 个环节的共同结果，使血糖利用率降低，从而刺激饥饿中枢，使大脑皮层产生饥饿感而引起多食。

2. 体重减轻（一少）

尽管摄食增加，但由于胰岛素缺乏，使所有合成代谢过程减少和分解代谢过程增强，储存的脂肪动员和利用增加，这间接地引起了血浆中甘油三酯浓度的增加。肝脏消耗脂肪酸的结果是造成酮症。酮体（乙酰乙酸、丙酮等）产生过多，它们被释放入血，引起酮血症。由于酮体很容易从肾小球滤过入肾囊腔中，而肾小管对酮体的吸收量是有限的，因此，血中酮体水平升高可导致酮尿。酮体是有机酸，它可显著降低血液 pH 而产生酸中毒。酸中毒可因渗透性利尿使钠和钾过量排出而加重，严重则产生昏迷状态（糖尿病性昏迷）。

高血糖之所以出现上述一系列变化是由于胰岛素量的绝对或相对不足，严重影响糖、脂肪和蛋白质代谢，结果造成：①葡萄糖利用减少，糖原合成降低，糖异生增加；②脂肪合成减少，脂肪大量动员分解；③肌肉及肝脏的蛋白质合成不足而分解增多，呈负氮平衡，加上尿糖增多、渗透性利尿，使大量水分从尿中排出以致失水等诸多因素导致消瘦。值得注意的是，早期轻症的Ⅱ型糖尿病患者，由于高胰岛素血症的存在，体内合成代谢增加，部分患者可表现为肥胖，直至患者的胰岛素相对不足逐渐加重，“三多”症状出现，患者能量消耗过多时才出现体重减轻，此时患者的血糖已呈中重度升高。

3. 其他症状

由于胰岛素不足，能量代谢障碍，可导致负氮平衡、失水和电解质紊乱以及酮体生成等因素，患者常出现免疫力降低、易感染等现象，中老年患者在生理性骨量丢失的基础上，骨蛋白合成减少，进一步导致或加重了骨质疏松，表现为腰腿酸痛。神经系统的症状为皮肤麻木，针刺样、灼烧样疼痛和皮肤瘙痒症。在植物性神经受累时，可表现为便秘、腹泻、心悸、低位性低血压和出汗等。部分糖尿病患者出现视网膜病变、白内障、青光眼、玻璃体出血、糖尿病肾病、肌肉萎缩、下肢水肿等。

六、 营养与糖尿病

合理的饮食与营养是预防和控制糖尿病及其并发症的重要手段。其中碳水化合物和微量元素与糖尿病之间的关系具有高度的相关性。

（一） 碳水化合物、 脂肪、蛋白质与糖尿病

过去认为，可利用的碳水化合物均能在小肠内全部消化，并以相同的速度吸收，引起的餐后血糖应答一致。因此，糖尿病患者对碳水化合物的摄入受到限制。随着营养学研究的不断发展，人们对碳水化合物有了新的认识。发现餐后血糖水平与碳水化合物的结构有关。1981 年，Jenkins 首先引入血糖生成指数（glycemic index，GI）的概念。GI 是衡量食物引起餐后血糖反应的一项有效指标，它表示含有 50g 可利用碳水化合物的食物与相当量的葡萄糖或面包相比，在一定时间内体内血糖应答水平的百分比值。根据 GI 可将富含碳水化合物的食物分成不同的等级。以葡萄糖或白面包的 GI 为 100%，GI < 55% 为低 GI 食物，55% ~ 70% 的是中 GI 食物，> 70% 是高 GI 食物。研究表明，糖尿病的患者长期进食低 GI 食物，不仅空腹血糖可显著下降，同时血中 TG 亦显著降低，HDL - C 显著增加。我国常见食物的 GI 值如表 2 - 8 所示。

表 2 - 8 中国常见食物 GI 表 单位：%

食物种类	GI	食物种类	GI
谷类食物		鲜桃	28
荞麦面条	59.3	生香蕉	30
荞麦面馒头	66.7	熟香蕉	52
大米饭	80.2	梨	36
含直链淀粉低的半熟大米（煮）	87	苹果	36
白小麦面面包	105.8	柑	43
白小麦面馒头	88.1	葡萄	43
豆类		猕猴桃	52
扁豆	18.5	芒果	55
绿豆	27.2	菠萝	66
冻豆腐	22.3	西瓜	72
豆腐干	23.7	糖	
炖鲜豆腐	31.9	果糖	23
绿豆挂面	33.4	乳糖	46
黄豆挂面	66.6	蔗糖	65
水果		蜂蜜	73
樱桃	22	白糖	83.8
李子	24	葡萄糖	97
柚子	25	麦芽糖	105

增加膳食纤维的含量可改善周围组织对胰岛素的敏感性，降低对胰岛素的要求，从而提高调节血糖的能力。动物研究表明，可溶性纤维能有效降低血糖。高脂肪饮食会使碳水化合物代谢进一步受损害，长期采用高脂肪饮食能增加心血管疾病的发病率，也是当今导致糖尿病患者死亡的首要病因。饮食中过量的蛋白质可能刺激胰高血糖素和生长激素的过度分泌，二者均有升高血糖的作用，从而可抵消胰岛素的作用。因此，各种营养素需平衡。一般碳水化合物应占总能量的55% ~60%，蛋白质占15% ~20%，脂肪占20% ~25%，并使每天的能量摄入和消耗平衡。

（二）微量元素与糖尿病

由于发现葡萄糖耐量因子（glucose tolerance factor，GTF）的活性成分是三价铬，关于必需矿物质元素在糖类代谢中的作用受到重视。葡萄糖耐量减低通常是铬缺乏的最早症候之一。随之而来的是其他葡萄糖和脂肪代谢异常，以及神经系统的紊乱。GTF是一种类激素物质，其化学组成为铬二尼克酸-谷胱甘肽络合物。在影响机体葡萄糖耐量的作用中，GTF是胰岛素的辅助因子。每当血液中的葡萄糖或胰岛素含量明显升高时，GTF可从肝、肾等组织中释放至血液，与胰岛素一起作用，使氨基酸、脂肪酸和糖较易通过细胞膜进入组织细胞，使血糖迅速恢复到正常水平。当GTF缺乏时，要完成这一任务，需要更多的胰岛素。GTF对糖代谢的作用是通过协助胰岛素A链上的硫与细胞膜上胰岛素受体的硫基形成硫键，而促使胰岛素发挥作用的。糖尿病患者缺铬，血清、头发及肝组织中铬含量均降低，降低的水平与糖尿病的严重程度密切相关。在铬缺乏时，组织对胰岛素的剂量反应明显低下。铬可促进细胞对葡萄糖的利用，促进葡萄糖的氧化磷酸化，促进糖原合成，增加或加强胰岛素的活性从而降低血糖。

锌直接参与胰岛素的合成、储存和释放，还可以提高胰岛素与其受体的结合及胰岛素的稳定性。人体缺锌时也可观察到口服葡萄糖耐量值下降，缺锌动物葡萄糖利用下降可导致脂肪分解代谢增加。人体缺锌时呼吸熵下降，提示有较多的脂肪被氧化消耗。另外，糖尿病患者有铜锌代谢障碍，血清锌下降，血清铜升高，血清铜/锌比值增大。肠道铜吸收增强，而锌吸收障碍。血糖越高，肠道锌吸收障碍越重，尿锌排泄越多，血清锌越低，而肠道铜吸收率及血清铜越高。这说明高血糖可能是造成糖尿病患者铜锌障碍的始动因素。因此，给糖尿病患者补锌，改善体内缺锌状态，使血清铜及铜/锌比值下降，恢复铜锌在体内的相对平衡状态，可适当控制糖代谢紊乱。

硒能刺激脂肪细胞膜上葡萄糖载体的转运过程，同时又是谷胱甘肽过氧化物酶的活性成分，通过抗氧化保护胰岛细胞。锰也是人体内对生化代谢极为重要的微量元素，是糖代谢中不可缺少的因子。机体缺锰，则B细胞和胰岛素分泌明显减少，葡萄糖生物利用率降低，糖异生受损。糖尿病患者血清中锰的水平低于正常水平，提示糖尿病的发病率与缺锰密切相关。镁离子是人体内调节能量代谢和多种酶促反应的重要阳离子，镁缺乏及低镁血症不利于体内代谢活动，可引起糖代谢及脂质代谢紊乱。糖尿病患者血清镁比正常人低，尿镁比正常人明显增多，低镁血症是糖尿病的危险因素之一。

七、糖尿病动物模型

在筛选和研究辅助降糖功能食品时，首先要制造高血糖模型动物。目前采用较多的是胰岛损伤高血糖模型和胰岛素抵抗糖/脂代谢紊乱模型两种。

（一）四氧嘧啶致糖尿病模型

四氧嘧啶（alloxan）是一种胰岛B细胞毒剂，可损伤多种动物的胰岛B细胞。注射四氧嘧啶48h后，可引起动物持久的高血糖水平。

四氧嘧啶所致糖尿病的严重程度取决于所用剂量和动物的种类。大剂量的四氧嘧啶可使胰岛B细胞全部被破坏而引起严重糖尿病，并易出现酮症酸中毒而死亡。引起较大部分B细胞破坏的剂量对大鼠和小鼠等啮齿类动物在形成四氧嘧啶糖尿病后可产生自发性缓解，经过一定时间后血糖可自行恢复正常，这可能是由于残留的B细胞代偿增生，或胰腺外分泌部分的管上皮又形成了新的B细胞。

研究发现，给小鼠注射四氧嘧啶后第7天，凡空腹血糖在11～15mmol/L范围内的小鼠，在第21天，血糖会下降而产生自愈；而在第7天血糖值超过30mmol/L的小鼠则容易出现酮症酸中毒而死亡。禁食动物较不禁食动物容易形成糖尿病。研究还发现，对禁食小鼠静脉注射55mg/kg可达到同样效果。四氧嘧啶水溶液在室温下易分解成四氧嘧啶酸而失去活性，故应在临用前配制，并将配制的水溶液置于冰浴中。四氧嘧啶的血浆半衰期仅1～2min，故静脉注射速度也会影响造模结果，速度越快越易诱发糖尿病。

将高血糖模型动物随机分为对照组和实验组，分别给予安慰剂和受试物，经过一定时间的喂养后进行其空腹血糖和葡萄糖耐量实验。如果实验动物为小鼠，在分组前应尽量不用注射四氧嘧啶后第一周血糖值在小于15mmol/L和大于30mmol/L的动物，以免动物发生自愈或由于血糖过高引起酮症酸中毒而死亡。

（二）链脲霉素致糖尿病模型

链脲霉素（streptozotocin）是从无色链霉菌属分离出来的一个广谱抗生素，链脲霉素也能选择性损伤胰岛素B细胞，其组织学改变与四氧嘧啶糖尿病相似，能引起大小鼠、狗和猴等动物出现糖尿病，对四氧嘧啶致糖尿病作用有抵抗的豚鼠亦可出现糖尿病。链脲霉素引起的大鼠糖尿病酮症和血清游离脂肪酸虽然比四氧嘧啶糖尿病缓和得多，但是链脲霉素引起的小鼠糖尿病不表现自发性缓解，引起的高血糖比四氧嘧啶模型更严重。

由于链脲霉素的水溶液不稳定，对小鼠的生物半衰期只有5min左右，因此最好是采取静脉注射的方式给药。对于大鼠，一次静脉注射50mg/kg（禁食12h），可引起动物100%糖尿病，而小鼠对链脲霉素的敏感性较低，通常致糖尿病剂量为175～200mg/kg。总之，链脲霉素致糖尿病的剂量在不同动物之间有较大差别。

（三）地塞米松诱导胰岛素抵抗糖/脂代谢紊乱模型

糖皮质激素具有拮抗胰岛素生物效应的作用，可抑制靶组织对葡萄糖的摄取和利用，有促进蛋白质和脂肪的分解及糖异生作用，可导致糖、脂代谢紊乱，胰岛素抵抗，诱发实验性糖尿病。

（四）四氧嘧啶诱导胰岛素抵抗糖/脂代谢紊乱模型

高热能饲料喂饲基础上，辅以小剂量四氧嘧啶，可造成糖、脂代谢紊乱，胰岛素抵抗，可诱发实验性糖尿病。

八、辅助降血糖功能的评价指标

糖尿病是遗传因素和环境因素长期作用所致的一种慢性、全身性代谢疾病，以持续性高血糖和尿中排出葡萄糖为主要特征。这种代谢障碍不仅限于糖的代谢异常，在脂肪、蛋白质代谢方面也发生障碍。因此，评价降血糖功能食品可采用下列指标：体重、空腹血糖、糖耐量、胰岛素、总胆固醇、甘油三酯和糖化血红蛋白。

九、评价实例

某功能食品辅助降血糖作用的动物实验结果如表 2－9 所示。

表 2－9　某功能食品对高血糖模型小鼠糖耐量的影响（$\overline{X} \pm SD$）

组别	动物数/只	给葡萄糖后血糖水平/(mmol/L)			葡萄糖曲线下面积
		0h	0.5h	2h	
高血糖模型	12	23.4 ± 5.8	39.4 ± 5.9	26.2 ± 7.1	65 ± 12
低剂量组	12	21.7 ± 8.1	36.4 ± 6.7	25.1 ± 9.2	61 ± 15
中剂量组	12	18.3 ± 7.4	31.8 ± 6.3*	20.7 ± 6.3	52 ± 12*
高剂量组	12	19.0 ± 6.1	32.0 ± 5.0*	20.8 ± 6.4	52 ± 10*

注：* 与模型组相比差异有统计学意义（$p < 0.05$）。

经口给予小鼠不同剂量的某功能食品 31d 后，与高血糖模型组比较，中、高剂量组都能降低给葡萄糖后 0.5h 血糖值（$p < 0.05$）、降低给葡萄糖后 2h 血糖曲线下面积（$p < 0.05$）。该受试物对小鼠空腹血糖无不良影响。

第三节　辅助降血压功能

高血压是心脏病、脑卒中、肾脏病和糖尿病发病和死亡的最大的危险因素。心脑血管疾病死亡人数已占我国总死亡人数的 41%，每年有 200 万人的死亡与高血压有关，因此高血压已成为重要的公共卫生问题。我国自 20 世纪 50 年代以来进行了 4 次（1959 年、1979 年、1991 年和 2002 年）较大规模成人血压普查，高血压患病率分别为 5.11%、7.73%、11.88% 和 18.8%，总体呈明显上升趋势，估计我国现有 2 亿高血压患者。

一、血压的定义

遍布于全身的血管是一个连续且相对密闭的管道系统，包括动脉、毛细血管和静脉，它们与心脏构成心血管系统。血液经心脏的泵血作用由心房进入心室，再从心室泵出，依次流经动脉、毛细血管和静脉，然后返回心房，如此循环往复。

（一）血管的功能性分类

血管分为动脉、静脉和毛细血管。各类血管因其在整个循环系统中所处的部位不同而具有不同的功能特点。它们不仅管径和管壁厚度不同，而且构成管壁的内皮、弹性纤维、平滑肌和胶原纤维四种主要成分的相对比例也不相同。

1. 主动脉和大动脉

与心脏相连，其管壁坚厚，富含弹性纤维，有明显的弹性和可扩张性。它能随心脏收缩射血而扩张，在心脏舒张停止射血时弹性回缩，并由此推动其中的血液继续向前流动，故又称其为弹性储器血管。

2. 中动脉

从大动脉以后到分支为小动脉前的动脉管道，管壁较厚，含较丰富的平滑肌，肌间有一些弹性纤维和胶原纤维。主要功能是将血液运输至各器官组织。

3. 小动脉和微动脉

动脉一再分支，口径逐渐变小，延伸为较细的小动脉，而最小的动脉分支称微动脉。小动脉管壁中弹性纤维减少而平滑肌增多，微动脉管壁平滑肌含量丰富。在生理状态下这类血管保持着一定的紧张性收缩，它们的舒缩活动可明显改变血管口径，从而改变对血流的阻力及其所在器官、组织的血流量，对动脉血压的维持有重要意义，又称阻力血管。

4. 毛细血管

位于动静脉之间，分布广泛，相互连通，形成毛细血管网。毛细血管口径较小，一般只能容纳1~2个红细胞通过；管壁薄，仅由单层内皮细胞构成，具有较大的通透性；血液在毛细血管内流速慢。因此是血管内外进行物质交换的主要场所，故又称交换血管。

5. 静脉

毛细血管汇合成小静脉，再逐渐汇合成各级静脉。各级静脉与动脉相比，管壁薄，易扩张。安静状态下循环血量的60%~70%容纳在静脉中，故又称为容量血管。

（二）血压

血管内流动的血液对血管侧壁的压强，即单位面积上的压力，称为血压（blood pressure）。按照国际标准计量单位规定，血压的单位是帕（Pa）或千帕（kPa），习惯上常以毫米汞柱（mmHg）表示，1mmHg = 0.1333kPa。各段血管的血压并不相同，从左心室射出的血液流经外周血管时，血压逐渐降低。通常所说的血压是指动脉血压，且一般指主动脉血压。

二、血压的形成和影响血压的因素

（一）动脉血压的形成

动脉血压的形成条件包括以下四个方面。

1. 心血管系统有足够的血液充盈

这是动脉血压形成的前提条件。循环系统中血液的充盈程度可用循环系统平均充盈压来表示。在动物实验中，使用电刺激造成心室颤动使心脏暂停射血，血流也就暂停，此时在循环系统中各部位所测得的压力都是相同的，这一压力数值即为循环系统平均充盈压。其高低取决于血量和循环系统容积之间的相对关系。若血量增多或循环系统容积变小，则循环系统平均充盈压就增高；相反，若血量减少或循环系统容积增大，则循环系统平均充盈压就降低。

2. 心脏射血

这是动脉血压形成的必要条件。心室收缩时所释放的能量一部分作为血液流动的动能，推动血液向前流动；另一部分则转化为大动脉扩张所储存的势能，即压强能。在心室舒张时，大动脉发生弹性回缩，将储存的势能再转换为动能，继续推动血液向前流动。由于心脏射血是间断的，因此在一次心脏收缩和舒张中动脉血压将发生周期性变化，心室收缩时动脉血压升高，舒张时血压则降低。

3. 外周阻力

主要指小动脉和微动脉对血流的阻力。外周阻力使得心室每次收缩射出的血液只有大约1/3在心室收缩期流到外周，其余的暂时储存于主动脉和大动脉中，因而使得动脉血压升高。如果没有外周阻力，在心室收缩时射入大动脉的血液将全部迅速地流到外周，那么大动脉内的血压也无法维持。

4. 主动脉和大动脉的弹性储器作用

这对减小动脉血压在心脏舒缩周期中的波动幅度具有重要意义。心脏射血时大动脉被动扩张起了缓冲作用，使收缩压不致太高。而心脏舒张停止射血，扩张的大动脉则弹性回缩，推动血液流入外周，从而维持了舒张期血压，使之不会过度降低。

（二）动脉血压的正常值

动脉血压可用收缩压、舒张压、脉压和平均动脉压等数值来表示。收缩压（systolic pressure）是指心室收缩期达到最高值时的血压。舒张压（diastolic pressure）是指心室舒张期动脉血压达到最低值时的血压。脉压（pulse pressure）是指收缩压和舒张压的差值。平均动脉血压则为心脏一次收缩和舒张中每一瞬间动脉血压的平均值。在安静状态下，我国健康青年人的收缩压为100～120mmHg，舒张压为60～80mmHg，脉压为30～40mmHg。

（三）影响动脉血压的因素

在生理情况下，动脉血压的变化是多种因素综合作用的结果。为了便于理解和讨论，在下面单独分析某一因素时，都是假定其他因素恒定不变。

1. 心脏射血

一侧心室一次搏动射出的血量称每搏输出量。一侧心室每分钟所射出的血量称每分输出量，等于每搏输出量乘以心率。

（1）每搏输出量　每搏输出量的改变主要影响收缩压。搏出量增加时，心脏收缩时射入主动脉的血量增多，管壁所受的压强也增大，故收缩压明显升高。由于动脉血压升高，管壁弹性回缩力也升高，血流速度加快，使得在心舒期末存留在大动脉中的血量增加不多，舒张压的升高相对较小，故脉压增大。反之，当搏出量减少时，收缩压的降低比舒张压的降低更显著，故脉压减小。因此，收缩压的高低一般可反映心脏每搏输出量的大小。

（2）心率　心率的变化主要影响舒张压。心率加快时，主要使得心室舒张期明显缩短，在心舒期内流至外周的血液减少，心舒期末存留在主动脉内的血量增多，致舒张压明显升高，脉压减小。同理，心率减慢时，舒张压降低明显，因而脉压增大。

2. 外周阻力

外周阻力以影响舒张压为主。如果外周阻力增大，心舒期血液向外周流动的速度减慢，心舒末期存留在动脉中的血量增多，因此舒张压明显升高。在心缩期，由于动脉血压升高使血流速度加快，因而收缩压的升高不如舒张压的升高明显，脉压也相应变小。反之，外周阻力减小时，舒张压的降低比收缩压的降低明显，脉压加大。因此，在一般情况下，舒张压的高低主要反映外周阻力的大小。

3. 主动脉和大动脉的弹性储器作用

弹性储器作用主要是缓冲动脉血压的变化幅度。老年人由于动脉管壁硬化，管壁中的弹性纤维减少而胶原纤维增多，导致血管可扩张性降低，对血压的缓冲作用减弱，因而收缩压增高而舒张压降低，故脉压增大。

4. 循环血量与血管系统容量的匹配情况

大失血后，循环血量减少，如果血管系统容量变化不大，则体循环平均充盈压将降低，动脉血压会下降。如果血管系统容量明显增大而循环血量不变，也将导致动脉血压下降。

（四）血压的调节

机体主要通过神经调节、体液调节和自身调节方式对心血管活动进行调节，从而在机体内外环境变化时作出相应调整，维持血压正常，以适应代谢活动改变的需要。下面重点讨论前两种方式的调节作用。

1. 神经调节

心血管活动受自主神经系统控制，副交感神经系统调节心脏活动，而交感神经系统对心脏和血管的活动都有重要的调节作用。

（1）交感神经系统　交感神经系统兴奋，释放去甲肾上腺素（norepinephrine，NE），主要作用于心肌β肾上腺素能受体（简称β受体，包括β_1和β_2受体，以β_1受体为主）可使得心脏收缩力增强、心率加快和传导性增加；作用于血管α和β_2两类肾上腺素能受体，与α受体结合可引起血管收缩，而与β_2受体结合则引起血管舒张，但NE与α受体的结合强于β_2受体，故主要效应表现为血管收缩。两方面的综合效应均导致血压升高。

（2）副交感神经系统　副交感神经系统兴奋，释放乙酰胆碱（ACh），作用于心脏M受体，导致心脏收缩力减弱，心率减慢，房室传导减慢。

（3）心血管反射　当生理状态或内外环境发生变化时，机体通过各种心血管反射可使得心血管活动发生改变，以适应机体所处的状态或环境的变化。对血压的调节主要为颈动脉窦和主动脉体压力感受性反射。当动脉血压突然升高时，位于颈动脉窦和主动脉体压力感受器兴奋，通过神经上传至心血管调节中枢，导致心率减慢，心输出量减少，血管舒张，外周阻力减小，血压下降。血压升高时反射活动增强而引起降压效应，血压下降时反射活动减弱甚至停止以促使血压回升，从而使动脉血压保持相对稳定。

2. 体液调节

血液和组织液中的某些化学物质对心肌和血管平滑肌活动具有调节作用，可协调心血管活动和调节血压。

（1）去甲肾上腺素和肾上腺素　循环系统中的肾上腺素（epinephrine，E）和去甲肾上腺素（NE）主要来自肾上腺髓质。在心脏，肾上腺素与β_1受体结合，使心肌收缩力增强，心率加快，心输出量增加，血压升高；在血管，肾上腺素的作用取决于血管上的α和β_2受体分布情况，使得α受体占优势的皮肤、肾和胃肠道血管收缩，而β_2受体占优势的骨骼肌和肝血管舒张。去甲肾上腺素主要与血管的α受体结合，也能与心肌的β_1受体结合，引起全身血管广泛收缩，外周阻力增加，动脉血压升高。

（2）肾素－血管紧张素－醛固酮系统（RAAS）　肾素是由肾脏近球细胞分泌的一种酸性蛋白酶，释放入血后启动RAAS的链式反应（图2－12），反应过程如下：①肾素可将血浆或组织的底物，即肝脏合成的血管紧张素原，水解为血管紧张素Ⅰ（AngⅠ）。②在血浆和组织中，尤其是肺血管内的血管紧张素转换酶（ACE）作用下水解AngⅠ产生血管紧张素Ⅱ（AngⅡ）。③AngⅡ可在氨基肽酶作用下进一步分解为血管紧张素Ⅲ（AngⅢ）。④在不同酶的作用下，AngⅠ、AngⅡ或AngⅢ可形成不同片段的血管紧张素，进一步降解为无活性的小肽片段。血管紧张素中最重要的是AngⅡ，它是一种很强的收缩血管物质，其作用比去甲肾上腺素强40倍以上，从而升高血压。而AngⅡ和AngⅢ还可促使肾上腺皮质分泌醛固酮，后者可促进肾小管对Na^+的重吸收，参与机体的水盐调节，增加循环血量，也可使得血压升高。而血压升高及血管紧张素增多可抑制肾素的分泌，即它们之间存在着相互制约的调节机制，其目的是不使血压长时间超过正常水平。如果这种调节机制在受到破坏而失调时，则可造成慢性高血压。

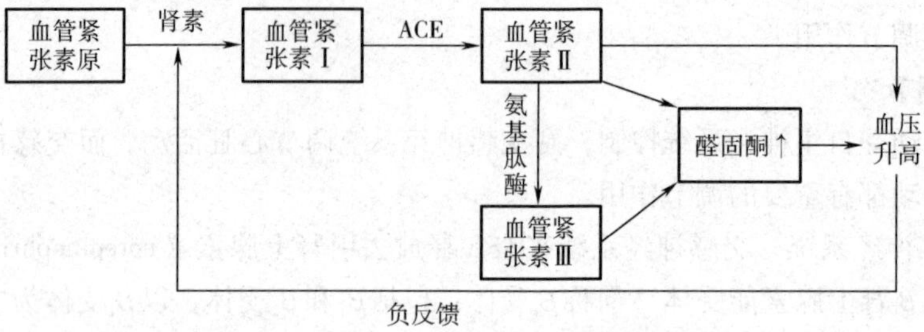

图2-12 肾素-血管紧张素-醛固酮系统

（3）血管升压素 血管升压素（vasopressin，VP）是由下丘脑视上核和室旁核神经元合成的一种激素。血管升压素与肾远曲小管和集合管上皮的V_2受体结合，可促进水的重吸收，起到抗利尿作用；作用于血管平滑肌的V_2受体则引起血管收缩，血压升高。

（4）血管内皮生成的血管活性物质 内皮细胞是衬于血管内表面的单层细胞，能合成与释放多种血管活性物质，调节局部血管的舒缩活动。舒血管物质主要包括一氧化氮（NO）、前列腺环素（prostacyclin，PGI_2）和内皮超极化因子（endothelium - derived hyperpolarizing factor，EDHF）等。缩血管物质主要包括内皮素（endothelin，ET）。

NO的前体是L-精氨酸（L-Arg），L-Arg在一氧化氮合成酶（NOS）的作用下生成NO。内皮细胞在基础状态下释放的NO具有舒张血管的作用，参与维持血管的正常张力。PGI_2是内皮细胞膜在前列环素合成酶的作用下生成的花生四烯酸代谢产物，具有舒张血管的作用。内皮细胞释放的ET则具有强烈的收缩血管效应，而且作用持久，可能参与血压的长期调节。

总之，动脉血压的调节是个复杂的过程，参与机制较多。神经调节一般是快速的、短期内的调节，主要通过对小动脉和微动脉等阻力血管口径及心脏活动的改变来实现。而长期调节则主要是通过体液因素对细胞外液量的调节来实现的。

三、高血压的定义和发病机制

（一）高血压的定义

高血压（hypertension）是以体循环动脉压增高为主要表现的临床综合征。高血压的标准是根据临床及流行病学资料人为界定的。目前，我国高血压诊断标准采用1998年WHO和世界高血压联盟修订的诊断标准：收缩压≥140mmHg和（或）舒张压≥90mmHg。而美国对健康血压的规定更为严格，当收缩压在120~139mmHg或舒张压在80~89mmHg，将被视为高血压前期。

（二）高血压的分类和发病机制

高血压主要分为原发性高血压和继发性高血压。原发性高血压（primary hypertension）

是以血压升高为主要临床表现并伴有或不伴有多种心血管危险因素的综合征，通常简称为高血压。继发性高血压（secondary hypertension）是指由某些确定的疾病或病因引起的血压升高。继发性高血压患者人数约占所有高血压患病人数的5%。继发性高血压尽管所占比例并不高，但绝对人数仍相当多。

高血压的发病机制，即遗传与环境因素通过什么途径和环节升高血压，至今还没有一个完整统一的认识。高血压的血流动力学特征主要是总外周血管阻力相对或绝对增高。从总外周血管阻力增高出发，目前高血压的发病机制集中在以下几个环节。

1. 交感神经系统活性亢进

多种因素使大脑皮层下神经中枢功能发生变化，各种神经递质浓度与活性异常，包括去甲肾上腺素、肾上腺素、多巴胺、血管升压素和肾素－血管紧张素－醛固酮系统等，导致交感神经系统活性亢进，阻力小动脉收缩增强。

2. 肾性水钠潴留

各种原因引起的肾性水钠潴留，通过全身血流自身调节使外周血管阻力和血压升高。这些原因包括很多，例如亢进的交感活性使肾血管阻力增加；肾小球有微小结极病变；肾脏排钠激素（前列腺素、激肽酶、去甲肾上腺素等）分泌减少，或者潴钠激素（醛固酮）释放增多。

3. 肾素－血管紧张素－醛固酮系统（RAAS）激活

AngⅡ是RAAS的主要效应物质，使小动脉平滑肌收缩，刺激肾上腺皮质分泌醛固酮，通过交感神经末梢正反馈使去甲肾上腺素分泌增加。这些作用均可使血压升高，参与高血压发病并使血压维持在较高水平。

4. 动脉弹性功能和结构改变

随着年龄增长以及各种心血管危险因素影响，例如血脂异常、血糖升高、吸烟、高同型半胱氨酸血症等，氧自由基产生增加，NO灭活增强，氧化应激反应等均影响动脉弹性功能和结构。这些因素使得大动脉弹性减退，小动脉结构（血管数目稀少或壁/腔比值增加）和功能（弹性减退和阻力增大）变化，都会导致血压升高。

除此之外，血管平滑肌膜离子转运异常、胰岛素抵抗等都会导致血管阻力增加，血压升高。总之，高血压通常病程较长，发展缓慢，参与因素众多，因此高血压确切的发病机制很难确定。

四、高血压动物模型

高血压人群庞大，病程较长，是多种危及生命的严重疾病的危险因素，患者需要长期服用降压药物。随着各种新型降压药物的不断出现，及时有效地控制高血压已不再是难题，但是常年服用药物往往带来不同程度的各种副作用。因此研发安全的辅助降血压功能食品，有可能延缓高血压的发生，或者减少降压药的服用剂量，从而造福于上亿高血压患者。在实验室评价功能食品是否具有降低血压的作用，首先需要建立实验性高血压动物模型。

实验性高血压是通过各种外科、化学或遗传学的方法，在动物身上引起异常、持久的动脉压升高。目前较为广泛应用的是自发性高血压大鼠（SHR）模型和肾血管性高血压大鼠模型。前者是通过筛选特殊遗传背景大鼠获得的，在一定程度上代表人的原发性高血压；后者可用于研究人的继发性高血压。另外还有盐型高血压大鼠模型、NOS抑制剂建立的高血压大鼠模型等实验性高血压模型。下面重点介绍通过手术或化学方法获得的实验性高血压模型。

（一）肾血管性高血压大鼠模型

肾性高血压模型是通过手术造成动脉狭窄或结扎而形成高血压。常用的方法为肾动脉结扎、两肾一夹、主动脉狭窄和部分肾切除四种类型。它们都具有以下优点：血压升高较明显、持久和恒定；形成高血压所需时间较短。因此肾血管性高血压动物模型尽管与人类高血压有所差别，但仍是进一步研究高血压的发生、发展，特别是降压药或降压功能食品作用机制的理想工具。此处介绍最常使用的“两肾一夹”法，是指保留两侧肾脏，使得一侧肾脏的肾动脉狭窄，从而导致高血压。

通常选用雄性大鼠，麻醉后暴露一侧肾脏，小心分离肾动脉（与肾静脉并行，由于静脉壁薄，需要特别小心，以防静脉破裂），利用特制的内径为0.2mm的U型银夹置于肾动脉根部。继续饲喂4周后，筛选出收缩压≥140mmHg的大鼠作为实验模型。

（二）DOCA-盐型高血压大鼠模型

盐皮质激素与盐型高血压的发生有密切关系。盐皮质激素如醛固酮和脱氧皮质酮对盐的代谢有两方面的作用，既可增加对盐的食欲从而增加NaCl的摄入，又可增加由肾远曲小管对NaCl的重吸收，减少Na^+的排出，从而引起水钠潴留，增加了细胞外液和血浆容量。据此，给予大鼠醋酸脱氧皮质酮（DOCA），同时摘除一侧肾脏并配合高盐饮水，从而建立高血压模型。

通常选用雄性大鼠，麻醉后分离一侧肾脏并摘除。手术后，每周给予大鼠皮下注射DOCA[30mg/kg（bw）]。同时，大鼠自由饮食1.0% NaCl饮用水。饲喂4周后筛选收缩压≥160mmHg的大鼠作为实验性高血压模型。

（三）NOS抑制剂建立的高血压大鼠模型

实验证实大鼠给予一氧化氮合酶（NOS）抑制剂可造成血压升高。常用抑制剂为L-精氨酸（L-NNA），可抑制血管内皮细胞内NOS活性，从而减少NO生成，舒张血管作用减弱；可引起肾血管强烈收缩，肾血流量减少，肾素分泌增加，肾小球滤过率减低，周围血管阻力增加，血压升高。

通常选用雄性大鼠，每日腹腔注射L-NNA[15mg/kg（bw）]，持续15d后，筛选收缩压≥140mmHg为实验性高血压模型大鼠。

五、辅助降血压的功能食品

具有降血压功能的食品或药食两用的中药材种类繁多，如红曲、芹菜、野菊花、山楂等。利用卫生健康委规定的药食两用原料研发辅助降血压的功能食品已成为很多研究的目标。但目前关于辅助降血压功能食品的研究多还处于起步阶段，尤其对降血压的功效因子和作用机制尚无系统的研究结果。仅以其中研究较为深入的红曲为例，介绍辅助降血压的功能食品。

红曲是红曲霉属真菌接种于蒸熟的大米上发酵而成的，我国古往今来一直广泛用作食品着色剂、调味剂、红腐乳制造原料等。毒理学实验表明，用相当于临床用药量500倍的急性毒性实验和相当于临床用药量30倍和60倍的长期毒性实验，证明它几乎没有毒副作用，因此是极其安全的。红曲中的洛伐他汀组分具有抑制胆固醇合成的作用，已经开发上市治疗高脂血症。最近研究发现红曲在原发性高血压大鼠模型、肾血管性高血压大鼠模型、DOCA-

盐型高血压大鼠模型和 NOS 抑制剂建立的高血压大鼠模型上均显示了良好的降压作用。关于红曲降血压的作用机制，目前的研究结果显示为以下两方面：①改善了血管内皮和平滑肌活性物质紊乱，增加了舒张血管物质 NO 的生成，抑制了收缩血管物质 ET 的产生以及抑制血管平滑肌钙通道，使得血管舒张；②使得肺 ACE 酶活下降，从而降了 RAAS 系统活性。通过这两方面的共同作用，红曲实现了降血压的作用。而关于红曲降血压的功效成分目前尚无明确结论，仍需进一步研究。

六、评价实例

某功能食品的辅助降血压功能动物实验结果如表 2 - 10 所示。

表 2 - 10　某功能食品对 SHR 大鼠血压的影响（$\overline{X} \pm SD$）

组别	动物数/只	给予受试物前		给予受试物 1 周		给予受试物 2 周	
		血压	p 值	血压	p 值	血压	p 值
高血压对照组	10	163 ± 13	—	166 ± 10	—	166 ± 10	—
低剂量组	10	162 ± 10	0.997	162 ± 9	0.737	162 ± 13	0.839
中剂量组	10	163 ± 12	0.999	161 ± 8	0.547	161 ± 12	0.622
高剂量组	10	162 ± 10	0.998	157 ± 12	0.171	157 ± 11	0.200

组别	动物数/只	给予受试物 3 周		给予受试物 4 周		停止给予受试物 1 周	
		血压	p 值	血压	p 值	血压	p 值
高血压对照组	10	166 ± 10	—	167 ± 10	—	166 ± 10	—
低剂量组	10	162 ± 15	0.758	161 ± 12	0.536	166 ± 13	1.000
中剂量组	10	157 ± 10	0.197	154 ± 10	0.044	164 ± 11	0.960
高剂量组	10	151 ± 10	0.018	151 ± 14	0.016	166 ± 10	1.000

经口每天给予 SHR 大鼠不同剂量的某功能食品，监测血压和体重。受试物对大鼠体重增长无不良影响。受试物给予前，各组血压差异无统计学意义；至第 3 周，高剂量组大鼠血压明显低于高血压对照组大鼠（$p < 0.05$）；第 4 周，中剂量和高剂量组大鼠血压均显著低于高血压对照组（$p < 0.05$）。根据《保健食品检验与评价技术规范》（2003 版）对辅助降血压功能功能食品的判定标准可判定该功能食品辅助降血压功能动物实验结果为阳性。

第四节　减肥功能

据世界卫生组织（WHO）2014 年公布的数据显示，全球 20 岁及以上的成年人 35% 为超重，11% 为肥胖。目前超过 14 亿的成年人超重，在这些超重的成年人中，有 2 亿男性、3 亿女性肥胖。每年约 340 万人死于超重或肥胖，44% 的糖尿病负担、23% 的缺血性心脏病负担和 7% ~41% 的某些癌症负担是由于超重和肥胖引发的。美国营养与健康调查数据（NHANES）

显示，美国成人肥胖率［体质量指数（BMI）≥30］1971—1974 年为14.1%，到1988—1994 年为22.5%；2010 年男性肥胖率为35.5%，女性为35.8%。英国成年男性肥胖率从1993 年的13%上升到2009 年的22%，女性则从16%上升到24%。

肥胖曾一度被视为是高收入国家的国民问题，然而，随着发展中国家经济的快速发展，居民生活水平大幅提高和生活方式的巨大转变，因肥胖所导致的经济负担和疾病负担也呈现快速上升的趋势，儿童超重和肥胖的增长率已经超过发达国家30%。有研究表明，2008 年中国有2.41 亿人超重或肥胖。1980—2008 年，中国超重或肥胖人数增加了1.6 亿人，成为28 年来超重、肥胖人数增长最多的国家。据《2010 年中国慢病危险因素检测》数据显示，我国18 岁及以上成人超重率为30.6%，肥胖率为12.0%，男性超重率为31.8%、肥胖率为12.1%，女性超重率为29.4%、肥胖率为12.0%。2004—2010 年我国成人超重率平均每年增长速度为4.3%，肥胖率平均每年增长速度为9%。男性超重、肥胖增长速度分别为5.7%和12%，均明显高于女性，农村地区的超重和肥胖率上升速度均快于城市地区。

目前随着对肥胖的认识越来越充分，人们的减肥意识也越来越强。迄今为止，较为常见的预防和治疗肥胖症的方法有药物疗法、饮食疗法、运动疗法、中医疗法和手术疗法五种。具有减肥效果的药物主要为食欲抑制剂、加速代谢的激素、影响消化吸收和脂肪动员的药物等。食欲抑制剂大多是通过儿茶酚胺和5-羟色胺递质的作用调节摄食与饱中枢，降低食欲，从而使体重下降，这类药物主要有苯丙胺及其衍生物氟苯丙胺等；加速代谢的激素及药物大都通过增加生热使代谢率上升，从而达到减肥目的，主要有甲状腺激素、生长激素及拟β-肾上腺素能药物等；影响消化吸收的药物主要是通过延长胃的排空时间，增加饱腹感，减少能量与营养物的吸收等因素使体重下降，包括食用纤维、蔗糖聚酯等；而动员脂肪分解的药物是通过刺激β受体或抑制α_2受体促使脂肪氧化产热以达到减肥目的，如去甲肾上腺素、育享宾碱等。虽然这些药物都具有减肥作用，但大多有一定的副作用，治疗的同时，一般尚需配合低热量饮食以增加减肥效果。事实上，不仅仅是药物疗法，即使是运动疗法和行为疗法也需结合低热量膳食。可见，饮食疗法是最根本、最安全的减肥方法。因此，筛选具有减肥作用的纯天然的食品即成为减肥研究过程中的一个重要课题。

一、肥胖的定义和分类

肥胖是指体内脂肪细胞的体积和细胞数增加，导致体脂占体重的百分比异常增高和（或）某些局部过多脂肪沉积导致的脂肪分布异常。1948 年，WHO 就将肥胖定义为一种疾病，并增加到国际疾病分类（ICD）中。现代医学认为：肥胖不仅是一种多因素引起的慢性代谢性疾病，而且也是一种危险因素。超重和肥胖可导致包括心血管疾病（心脏病、脑卒中）、Ⅱ型糖尿病、肌肉骨骼疾病（骨关节炎等）、消化系统疾病（胆囊疾病）及某些癌症（子宫内膜癌、乳腺癌、结肠癌等）在内的诸多疾病、并发症及过早死亡。

对于是否肥胖，判断标准较多，标准体重、体质量指数（BMI）、腰围、脂肪含量均可作为判断依据，且不同人种、不同国家和地区判断标准不一。一般来说，国际上比较通用的判断标准是BMI，BMI 计算如式（2-1）所示，常见判断标准如表2-11 所示。

$$\text{BMI}=体重(\text{kg})/[身高(\text{m})]^2 \qquad 式(2-1)$$

表 2－11　常见 BMI 判断肥胖的标准

分类	WHO（1998 年）	WHO－WPR 西太平洋地区（2000 年）	中国肥胖问题工作组建议（1990 年）
体重过低	BMI < 18.5	BMI < 18.5	BMI < 18.5
正常	18.5≤BMI < 25	18.5≤BMI < 23	18.5≤BMI < 24
超重	25≤BMI < 30	23≤BMI < 25	24≤BMI < 28
肥胖	BMI≥30	BMI≥25	BMI≥28

也有使用标准体重作为肥胖判断的依据，成人标准体重的计算如式（2－2）所示，体重超过标准体重 10% 者为超重；超过标准体重 20% 且脂肪量超过 30% 者为肥胖；超过标准体重 30%～50% 且脂肪量超过 45% 以上者为重度肥胖。

$$标准体重（kg）=［身高（cm）-100］\times 0.9 \quad 式（2-2）$$

按照肥胖的原因不同，可以把肥胖分为单纯性肥胖和继发性肥胖两种。单纯性肥胖是指体内热量的摄入大于消耗，致使脂肪在体内过多积聚，使体重超常。这种病人无明显的内分泌紊乱现象，亦无代谢性疾病。而继发性肥胖是由于内分泌或代谢性疾病所引起的，也称症状性肥胖，它可随疾病的治愈而消除。各类肥胖症中最常见的是单纯性肥胖，约占肥胖症的 95% 以上。

按照肥胖发展阶段又可把肥胖症分为早期肥胖和晚期肥胖两类。早期肥胖的特征是脂肪细胞数量异常增多，多发生于儿童和青少年期。而晚期肥胖的特征是脂肪细胞数量正常，但细胞肥大，多发生于成年期。早期肥胖一旦发生，异常增多的脂肪细胞会随着年龄的增大而出现细胞肥大的现象。就目前的科技水平来讲，要改变脂肪细胞的大小尚可做到，若要减少脂肪细胞的数目则还无法实现。

二、肥胖的影响因素

超重和肥胖的流行是诸多因素共同作用的结果，主要分为膳食、遗传、代谢、身体活动及社会因素。然而，在近几十年全球范围内肥胖的快速增长中，遗传因素并不明显，主要表现为人群能量摄入水平的增加和或能量消耗的下降。这可归结为人们的生活和经济水平快速提高和现代化发展，导致人们生活方式的急剧转变，同时经济、文化和受教育程度也成为超重和肥胖流行的社会决定因素。

（一）膳食异常因素

正常情况下，人体能量的摄入与消耗保持着相对的平衡，人体的体重也保持着相对的稳定。一旦平衡遭到破坏，摄入的能量多于能量的消耗，则多余的能量在体内以脂肪的形式储存起来，日积月累，最终发生肥胖，即单纯性肥胖。当代经济的快速发展使得食物无论从数量到品种都极大地丰富了，即食品的可得性发生了巨大的变化。这些色、香、味俱全的食品使人食欲大增，进食量增大而导致肥胖。另外，由于生活节奏加快，人们在外就餐机会增多，膳食结构的不合理（如摄入的食物脂肪含量过高）、饮食习惯的不适当（如吃饭过快、睡觉前进食等）等因素也都与肥胖的发生有关。对于正常人来说，可通过非颤抖性生热作用散发掉多余的热量，保持体重的稳定性。但肥胖者的食物生热的能力明显减弱，这可能与其体内棕色脂肪的量不足或棕色脂肪功能障碍有关。因为棕色脂肪细胞的线粒体能氧化局部储存的脂肪，产生热量。当然，并非所有的肥胖者都有这种代谢障碍，大部分患者是摄食过多、活动量较少而造成肥胖的。

然而，当今社会，很多营养不良和肥胖者在同一个国家，同一社区，甚至同一个家庭同时出现，且主要发生在经济落后的低收入和中等收入国家。在这些国家中，孕妇、婴幼儿营养更容易失衡，暴露于高脂肪、高糖、高盐、高能量食品中，使微量营养素缺乏。这些食物价格较低，营养价值较低，成为经济落后人群的主要选择，也因此成为肥胖发生的主要危险因素。

（二） 遗传因素

家系调查发现人类肥胖病为多基因遗传。这类肥胖的遗传因素赋予个体的是发生肥胖症的易感性。据法国学者 Bouchard 等报道，通过双生研究计算出 BMI 及体脂含量的遗传度高达 80%；而寄养关系，即无血缘关系者遗传度仅为 10% ~30%。他认为在肥胖的发生中基因的参与占 25 %，环境占 75 %。当然，家族肥胖的原因并非单一的遗传因素所致，而与其饮食结构（嗜高热量膳食）、生活习惯相同有关。然而，遗传因素可以导致肥胖却是一个不争的事实，截至目前，已明确的肥胖相关基因达 48 种。肥胖相关基因的发现，标志着对肥胖的研究已进入到分子生物学时代。像瘦素（leptin）基因变异和瘦素受体变异那样，该基因异常就必然发生超肥胖。另外，UCP－1 型基因多型者，脂肪酸氧化速度会降低，有研究表明，在人类和小鼠白色脂肪中诱导出 UCP－1 表达，均促进了脂肪酸的氧化，可防止肥胖病的发生。因此，将肥胖基因测定用于治疗的研究也已开始，基于基因诊断的限制型饮食指导已经在日本成功应用实践。例如，具有 β_3－AR 基因多型的女性肥胖者，其安静时代谢量要减低到 837kJ/d，在通常使用的 5024kJ/d 的减肥饮食下难以变瘦，必须把饮食限制在 4186. 8kJ/d。另外，具有 UCP1 型基因多型的肥胖者安静时代谢量应减低到 335kJ/d，在两者合并存在时，代谢量要降低到 1256kJ/d，因此必须把饮食限制在 3768kJ/d。

（三） 身体活动及环境因素

超重和肥胖的根本原因是能源消耗的热量和能量消耗之间的不平衡。当人们身体活动减少，低于日常能量摄入和能量消耗就会出现脂肪堆积。现代生活节奏快，人群在餐馆就餐更为普遍，消费更多快餐和含糖饮料，食物供应充足，价格便宜，方便获取。各种食物琳琅满目，广告铺天盖地，这些因素综合作用，就形成了人们现在的不良饮食习惯。据调查，12 ~ 19 岁的孩子 13% 日常能量摄入来自于含糖饮料。

同时，经济发展，居民生活更为便捷，汽车、电梯等现代化代步工具的出现，大大减少了成年人和孩子们的身体活动。国外一些学校甚至由于地方政府或者州政府预算紧张，已经暂停或者砍掉了体育课。国内一些学校由于过于重视文化课成绩，也减少了学生户外活动时间。其次，城市化进程加快，超大型社区的形成，使得人们在生活上越来越依赖于小汽车和公共汽车，而不是步行或者骑自行车，这些交通工具的转变也反映在社区生活设施的配置上。

另外，久坐的工作方式和生活方式也成为肥胖发生的另一重要行为因素。屏幕时间的增加，包括看电视、玩游戏等都直接关系到儿童和成人肥胖率。在儿童当中，看电视、玩电脑或者玩游戏占用了大量身体活动时间，这也造成了不良饮食习惯。孩子们一边看电视，一边吃零食，还看到很多食品广告。并且，过多的看屏幕时间会影响睡眠质量，睡眠不足常常和肥胖风险增加相关。

（四）生理病变因素

有些肥胖是由于体内某些疾病所引起的，中枢神经、脑垂体、内分泌等病变都会造成继发性肥胖。如甲状腺功能减退症、库欣病、抑郁症都可以引起病理性肥胖。一些药物的使用如抗抑郁药和抗惊厥药也可以导致脂肪在体内的堆积。这些继发性肥胖多是因某种原因损伤了摄食中枢与饱食中枢的联系，二者失去相互制约的机制，便会发生多食而导致神经性肥胖。一些研究表明，下丘脑神经细胞群存在两种对葡萄糖有感受性的神经元，即葡萄糖受体神经元和葡萄糖敏感神经元，前者位于饱中枢，其上有葡萄糖受体；后者位于饥中枢，其上有胰岛素受体。各种化学物质如葡萄糖、二氢丁酸、游离脂肪酸、去甲肾上腺素、胰岛素等可通过对饱中枢和饥饿中枢的作用，引起中枢产生饥饿感或饱胀感。研究显示，肥胖者和正常人相比，往往血浆胰岛素水平呈较高水平，且血中胰岛素水平和肥胖度呈正相关，体重下降后血中胰岛素浓度也会相应回落，肥胖者血中胰岛素浓度较高的主要原因是胰岛素分泌过多。

（五）肠道菌群

自 2004 年 Gordon 发表了关于肠道菌群影响脂肪存储的文章之后，引起了各界学者对肠道菌群与肥胖的关注。之后的研究表明，在肥胖的发生、发展中，肠道菌群作为环境因素发挥了重要作用。有人通过对无菌小鼠定植肠道菌群研究显示，肠道菌群和肥胖之间有直接关系。给予肠道定植正常菌群的小鼠和无菌小鼠摄入相同能量的食物，正常小鼠较无菌小鼠多摄入 42% 的总脂肪，且食物消化量较无菌小鼠少 29%；将正常小鼠肠道菌群定植在无菌小鼠肠道内，与正常小鼠及无菌小鼠于同等条件下喂饲 14d，正常小鼠和定植肠道菌群的无菌小鼠体内脂肪含量比无菌小鼠多 60%，并产生胰岛素抵抗现象。在肠道菌群的协助下，肠道中食物的能量利用率大幅提高，这与体重增加和肥胖的发生直接相关。对肥胖和正常小鼠肠道菌群进行的宏基因组学分析显示，与能量吸收如降解饮食中的多糖、转运合成的单糖、细胞内代谢相关的基因在肥胖小鼠体内大量表达。

肠道菌群可以从能量进出两方面影响机体能量平衡，一方面影响机体从食物中的能量摄取，另一方面影响调控能量储存的基因的表达。产生这一结果有两方面原因：一方面，肠道细菌将食物中不易消化的糖酵解成单糖及短链脂肪酸，增加了能量的摄入；另一方面，肠道菌群能抑制肠道表达禁食诱导因子，而禁食诱导因子可以抑制脂蛋白酯酶的活性，因此禁食诱导因子的减少可使脂蛋白酯酶的活性增加，促使三酰甘油在脂肪组织中积聚。

（六）其他

人群肥胖率还与受教育程度、收入、种族和地域有一定关系。对成年人而言，肥胖率有时与低收入相关，尤其是妇女。高收入的女性一般 BMI 较低；相反，低收入的女性有着高的 BMI。美国白宫的一项肥胖问题报告显示，美国 38% 的非西班牙白裔女性肥胖，这些人中有 26% 生活在贫困线上。也有研究发现，教育程度越高，肥胖率越低，高中以下文化程度的近 35% 成年人肥胖，硕士及以上的只有 21%。

对于儿童，收入和肥胖的关系不像成年女性那样明显，甚至有些方向相反。有研究称只有高收入的白人女孩 BMI 较低，非洲籍美国女孩收入越高肥胖越少。提示，在消除不同种族之间的肥胖时，应当考虑收入和教育程度之外的一些因素，如环境、社会、文化因素和地区差异，例如，美国的中西部和南部肥胖率较高；我国的东部地区和北方人群更易发生肥胖。

三、肥 胖 症

肥胖症是一种全身性代谢疾病，除引起身体外形的改变外，过多的体脂不仅可以带来物理性的负荷，还是各种成人疾病的“培养箱”。据调查，肥胖人群的平均寿命明显低于正常体重的人群。

（一）心血管疾病

肥胖者的脂肪代谢特点主要表现为血浆游离脂肪酸、总胆固醇、甘油三酯和低密度脂蛋白含量的增多，高密度脂蛋白含量的降低。大量的脂肪组织沉积于人体的脏器、血管等部位，影响心脑血管、肝胆消化系统和呼吸系统的功能活动，进而引发高血脂、高血压、动脉粥样硬化、心肌梗死等疾病。随着肥胖程度的加重，体循环和肺循环的血流量增加，心肌需氧量亦增加，心脏负荷可增加40%～190%，这可导致心力衰竭。

（二）糖尿病

据流行病学统计表明，肥胖者患糖尿病的几率要比正常人高3倍以上，这与其胰岛素分泌异常有关。胰岛素是由胰岛B细胞分泌的，对血糖水平有重要的调节作用。胰岛素分泌增多，脂肪合成加强，会导致肥胖，而肥胖又会加重胰岛B细胞的负担。久而久之，致使胰岛功能障碍，胰岛素分泌相对不足，使得血糖水平异常升高而形成糖尿病。

（三）肿瘤

肥胖者体内的微量元素，如血清铁、锌的水平都较正常人低，而这些微量元素又与免疫活性物质有着密切的关系。因此肥胖者的免疫功能下降，肿瘤的发病率上升。有人曾对中度肥胖者进行调查分析，结果为男性患癌几率比正常人高33%，主要为结肠癌、直肠癌和前列腺癌。女性患癌的几率比正常人高55%，主要为子宫内膜癌、卵巢癌、宫颈癌、乳腺癌等。女性乳腺癌与子宫内膜癌的发生均与因肥胖而导致的体内雌激素水平异常升高密切相关。动物实验证明，如果摄食合理、营养恰当而能保持较标准的体重时，动物的癌症发病率降低。可见，肥胖的确能增大患癌的风险。

（四）脂肪肝

肥胖症患者由于脂代谢异常活跃，导致体内产生大量的游离脂肪酸，进入肝脏后，即可合成脂肪，造成脂肪肝，出现肝功能异常。

四、肥胖的评价指标

肥胖导致的危害不仅和脂肪的总量有关，还与脂肪的分布有密切关系。腹部脂肪的过多蓄积可明显增加心血管疾病、Ⅱ型糖尿病等疾病的发病、患病及死亡风险。因此，在肥胖判断方法上不仅包括了脂肪的总量，还有腹部脂肪含量等。大致可分为四类：测量身体脂肪总量的指标、评价中心型肥胖的指标、测量身体脂肪构成的指标和脂肪代谢评价指标。前三种判断指标多作为人群流行病学调查、自我肥胖判断和肥胖诊断的主要指标，脂肪代谢评价指标则主要用于肥胖相关的实验研究。

（一）测量身体脂肪总量的指标

1. 体质量指数

体质量指数（BMI）应用至今已有一百余年，是用于评价肥胖最古老和最经典的指标。由于身高、体重测量简便，变异性小，且BMI评价肥胖的标准对不同性别、年龄的成人都相同，因此在国内外流行病学研究中被广为应用，也是 WHO 推荐的在大规模人群流行病学研究中评价不同年龄、性别、种族等特征的人群超重及肥胖水平和变化趋势的首选指标。BMI 在解释个体或人群的肥胖流行和相关疾病关系、评价个体肥胖程度时有局限性：它只能反映身体的总重量，不能反映身体脂肪的分布及脂肪所占身体成分的比例。如果在运动员、脂肪营养不良综合征患者等肌肉组织含量较高或脂肪组织含量较低的特殊人群中应用 BMI，评价超重、肥胖水平，则会高估肥胖的程度；而在老年人等肌肉组织比例较低的人群中，会低估肥胖的程度。单纯应用 BMI 来诊断肥胖特异度较高，灵敏度不足，会漏掉相当一部分 BMI 正常，但身体脂肪超过正常范围的人。

2. 生物电阻抗分析法

生物电阻抗法是根据人体脂肪组织和其他含水量大的组织电阻抗不同的原理，通过测量身体的导电性或电阻间接估算人体脂肪组织的百分比。这种测量方法的优点是价格相对低廉、快速简便、测量工具便携性好，可用于肥胖的自我管理和评价，如减肥训练中评价体脂随时间变化的情况。但因在不同人群测量值稳定性和可重复性较低，不适用于流行病学调查来比较不同人群。该测量法的影响因素较多，如体位、体温、脱水等，且不能测量局部体脂，目前尚无国际公认标准，所以应用受限。

（二）评价中心型肥胖的指标

1. 腰围

腰围是判断腹部脂肪积累程度的主要方法，测量成本低，方法简单，WHO 推荐用其代替腰臀比（WHR）作为评价中心型肥胖的指标。国际糖尿病联盟也将腰围作为是代谢综合征判断指标之一。由于不同种族、不同性别的人群在相同腰围时，肥胖相关疾病的风险不同，无法在全球范围内制定统一判断标准。因此，中国肥胖问题工作组在 2002 年，根据中国人群肥胖相关疾病的发病、患病及死亡情况建议：中国男性腰围≥85cm 或女性腰围≥80cm 是中心型肥胖的判断切点，并指出腰围控制在此标准以下可防止 47% ~58% 的危险因素聚集。

2. 腰臀比

腰臀比（WHR）是腰围和臀围的比值，是 WHO 最早推荐用于中心型肥胖的指标。臀围的测量方法为臀部的最宽大处所在的水平面的周长。WHO 推荐男性 WHR≥0.90 或女性 WHR≥0.85 作为中心型肥胖的标准，高于此界值患代谢综合征的风险将大大增加。腰围和臀围测量可变性较大，比值误差较大。在现场调查中测量较为复杂并难以保证质量，因此在公共卫生实践和相关研究中，腰臀比逐渐被腰围取代。

（三）测量身体脂肪构成的指标

1. 计算机成像学

计算机断层扫描（CT）和磁共振显像（MRI）这两种方法可以精细地区分腹部皮下脂肪和内脏脂肪，常用作对比性研究的金标准。但 CT 检查成本较高，设备昂贵，受试对象 CT 检查有 X 线辐射风险；MRI 费时，计算复杂，成本过高，且不能应用于特别肥胖的患者。因此这两种测量方法目前主要用于临床及相关研究。

2. 皮褶厚度

皮褶厚度和体脂含量相关，通过皮褶厚度的测量值估计人体体脂含量百分比，从而判定肥胖程度。因此成为推断全身脂肪含量、皮下脂肪分布的重要指标。因其测量简单、成本低、测量工具便宜便于携带，被广泛应用。皮褶厚度测量可用X光、超声、皮褶卡钳等方法测量。应用最广的是皮褶卡钳，但受测量部位、皮肤松紧程度、皮下有无水肿、皮肤厚度及测量者的手法等因素也会影响测量结果。

3. 双能X线吸收法

双能X线吸收法是通过两束能量不同的微弱X线穿过人体，以X线衰减程度的差异间接计算出体内非脂肪组织、脂肪组织和骨矿物质的含量。优点是安全、方便、精确度高。缺点是价格昂贵，不能区分皮下脂肪和内脏脂肪。常用于研究骨密度，许多研究也将此方法作为评价身体脂肪的"金标准"。

（四）脂肪代谢评价指标

1. 血脂含量

血浆脂类含量虽只占全身脂类总量的极小一部分，但外源性和内源性脂类物质都需经进血液运转于各组织之间。因此，血脂含量可以反映体内脂类代谢的情况。通常血脂检测包含甘油三酯、总胆固醇、高密度脂蛋白胆固醇、低密度含量脂蛋白胆固醇等。甘油三酯是人体内脂肪的主要储存形式，是脂类代谢的重要指标之一。胆固醇也是脂类代谢的标志指标之一，与人类的许多疾病有关。血浆中胆固醇或甘油三酯浓度的升高称为高脂血症。肥胖者一般都伴有高脂血症，使得血液黏滞程度增加，极易发生心血管疾病。据报道，肥胖者体重增加10%，血管收缩压就增高6.5mmHg。而HDL－C是逆向转运胆固醇的载体，在限制动脉壁胆固醇的沉积和促使胆固醇的清除方面起着重要的作用，可见，肥胖者的高胆固醇与其HDL－C水平较低有一定的关系。

2. 脂肪酶活性

参与脂肪代谢的相关酶类，也是反映脂质代谢水平的一个重要指标。其中参与甘油三酯代谢的脂肪酶分为三种，一种是甘油三酯脂肪酶，又称胰脂酶，是由胰腺的腺泡细胞合成、分泌于消化道的脂肪酶。十二指肠、小肠中该酶活性很高，血清和脂肪组织中也含有少量。另一种是脂蛋白脂肪酶，主要存在于毛细血管壁和脂肪组织中。第三种是激素敏感性脂肪酶，主要存在于脂肪组织中，该酶活性的大小对脂库的调动有很大影响。

五、减肥与减肥食品

对于肥胖的治疗主要是通过饮食控制、增加身体活动、中医、药物和手术等。一般而言，热量控制是一种最常见的减肥方式。正常人体每天大约需要10048kJ的能量，摄入能量低于4186.8kJ，就能减重。如果每天只摄入3349～6280kJ的总能量，称之为低热量饮食，小于3349kJ称之为极低热量饮食。可以根据肥胖者的自身情况选择适当的能量控制方案，但这些饮食需要保证大量营养素、维生素和矿物质的平衡。其中55%的能量来自碳水化合物，10%来自蛋白质，30%来自的脂肪，总脂肪中10%为饱和脂肪。当机体达到理想体重之后，可以逐渐增加能量摄入，最终保证能量摄入和能量消耗平衡。有规律的体育锻炼可以提高食物利用率，通过固定餐计划可以有效减重。Franz通过meta分析发现，限制能量摄入并运动减肥，6个月后体重平均可减5～8.5kg，48个月后，体重仍可保持在3～6kg的减少量。可以说运动加能量限制是一种非常有效的减肥手段。

但是能量限制和运动需要坚持一定时间才有效果，在这一过程中要抵制美食诱惑，缓解运动的劳累和枯燥。很多人无法坚持，即使坚持了一段时间且有效果，但是在之后仍然没有继续控制膳食能量和运动，会造成体重的反弹。因此，很多人选择了不用节食、不用运动就能减肥的减肥食品。

大多数减肥食品都是从低热能的摄入方面着手的，仍然遵循减肥的基本原则，也就是合理地限制热量的摄入，或者增加其消耗，或者二者兼而有之。因此，减肥食品都是高营养、高膳食纤维、低能量的。

有些减肥食品为了单纯地追求低能量，仅由氨基酸、维生素与微量元素组成，没有碳水化合物，也不含脂肪。这类减肥食品对身体极为有害，因为减肥过程中体内脂肪的分解必须要有葡萄糖的参与。如果没有碳水化合物的补充，则肌肉中的蛋白质会通过糖异生作用产生的葡萄糖来帮助脂肪分解，使体内肌肉含量下降。因此，在采用低能量食品进行减肥时，一定要注意碳水化合物、脂肪、蛋白质这三大营养素的平衡性，三者缺一不可。但限制热量的摄入，会出现饥饿感等问题，所以人们首先考虑到的减肥食品便是富含膳食纤维的食品，如魔芋等，其主要成分为甘露聚糖、蛋白质、果胶及淀粉。魔芋是一种高纤维、低脂肪、低热量的天然减肥食品，其中含有60%左右的甘露聚糖，吸水性很强，吸水后体积膨胀，可填充胃肠，消除饥饿感。魔芋能延缓营养素的消化吸收，降低对单糖的吸收，从而使脂肪酸在体内的合成下降。又因所含热量极低，而可控制体重的增长，达到减肥的目的。

除此之外，还有一类减肥食品是加速脂肪动员，储存在体内的脂肪以皮下、肾周、肠系膜、大网膜和睾周等处储存最多，这些脂肪称为脂库。脂库中的脂肪在激素敏感性脂肪酶的催化下水解为脂肪酸和甘油，并释放出供全身各组织氧化利用的游离脂肪酸，这一过程即为脂肪动员。游离脂肪酸就可以被除大脑、神经系统、成熟红细胞之外的人体内各组织细胞利用。Chen 等研究表明绿茶和红茶均能增加肥胖大鼠肝脏中脂肪的氧化。另有报道表明，茶多酚能够减弱小鼠脂肪形成作用，增强脂质氧化作用，抑制脂肪细胞的增殖、分化，抑制细胞内的脂质积累，减少能量存储，从而达到减肥的目的。

第三，有些减肥食品含有胰脂肪酶抑制剂，可以通过影响肠道内脂肪的乳化过程，抑制脂肪的消化吸收，从而起到降血脂和减肥的作用。如人参皂苷被报道是一种有效的胰脂肪酶抑制剂，有很多研究通过体外、体内实验研究了西洋参总皂苷、单体皂苷、海参皂苷与人参皂苷等，都可以通过抑制胰脂肪酶活性，而达到减肥的目的。

第四，还有一部分减肥食品是通过减少体内脂肪酸合成酶的活性，减少体内脂肪合成，从而防止脂肪堆积。Chiang CT 等在 2005 年报道灌胃普洱茶的大鼠肝脏内脂肪酸合成酶的表达量得到显著抑制，人肝肿瘤 HepG2 细胞在加入普洱茶提取物后，在蛋白和 mRNA 水平上，脂肪酸合成酶表达都得到抑制，其机制可能是通过下调 PI3K/AKt 和 JNK 信号途径来抑制大鼠肝脏内脂肪酸合成酶的表达。

第五，还有一部分减肥食品可以通过其他机制起到减脂的作用，如大蒜的减肥作用可能是因为粗提物中的由多种烯丙基、丙基和甲基组成的硫醚化合物。这些硫醚化合物通过增加棕色脂肪组织和促进肾上腺髓质分泌肾上腺素、去甲肾上腺素提高机体产热所致。L－羟脯氨酸（L－Hyp）能减低脂肪含量，则可能由于血中氨基酸增多而引起生长素分泌增加，生长素促进氨基酸进入细胞，加强 DNA 合成，刺激 RNA 形成，加速蛋白质合成。同时，生长素可促进脂肪分解，组织脂肪量会因此而减少。

有关减肥食品的研究一直是功能食品一个研究热点，也受到广大消费者的欢迎，具有广阔的应用前景。其减肥机制也不仅仅是单纯的一种途径，很多生物活性物质的减肥功效是通过多种途径共同作用的。在其研发上也不能仅仅停留在高营养、高膳食纤维、低热能或微热能方面，还需要从提高激素敏感性脂肪酶活性，加速脂肪动员，促进脂肪酸进入线粒体氧化分解及提高 Na^+、K^+ - ATP 酶活性，促进棕色脂肪线粒体活性以增加产热等方面入手，进行深入的研究，以期开发出更有效的减肥食品。

六、评价实例

某减肥功能食品的人体试验效果评价方法及结果如下所示。

1. 受试对象招募

从自愿报名参加减肥试验的人员中选择经体检无内分泌疾病、无胆囊炎疾病的单纯性肥胖者63人（女性50人、男性13人），体重均超过标准体重20%以上，试验采用自身对照设计。

2. 服用方法

按照该功能食品服用推荐方法，每次1块（50g），饭前1h服用，连续服用35d。

3. 观察指标

血液常规检查：血红蛋白、红细胞计数、白细胞计数。

血液生化指标：血脂（甘油三酯、总胆固醇、高密度脂蛋白）、清蛋白、总蛋白、ALT、血尿酸。

其他指标：心率、血压、心电图、X线胸部透视、B超（肝、胆、脾）、身高、体重、耐力测试，以及测量受试对象的身高、体重、围径和体内脂肪含量，受试者每日记录试食后的自觉症状（食欲、体力等）。

4. 主要结果

主要结果如表2-12、表2-13所示。

表2-12　某减肥功能食品人体试食试验体重、体脂测试结果（$\overline{X} \pm S$）

分组	人数	体重/kg	体脂/kg	体质含量/%
试验前	63	71.10 ± 13.00	23.57 ± 6.66	33.03 ± 5.59
试验后	63	66.77 ± 12.80	19.74 ± 6.57	29.29 ± 5.96
t 值		21.28	25.82	30.13
p 值		<0.01	<0.01	<0.01

表2-13　某减肥功能食品人体试食试验皮下脂肪厚度及围径测量结果（$\overline{X} \pm S$）

分组	人数	三头肌/mm	脐旁/mm	右肩胛下/mm	右髂前上棘/mm	腰围/cm	腹围/cm	臀围/cm
试验前	63	25.1 ± 5.6	30.5 ± 4.8	28.5 ± 5.4	31.6 ± 6.0	87.9 ± 10.6	95.6 ± 7.6	99.6 ± 5.6
试验后	63	20.7 ± 5.5	20.7 ± 5.5	23.9 ± 5.3	24.8 ± 6.0	79.7 ± 10.8	87.6 ± 9.8	97.7 ± 5.6
t 值		12.0	10.4	10.5	14.0	13.1	14.3	10.4
p 值		<0.01	<0.01	<0.01	<0.01	<0.01	<0.01	<0.01

第五节 缓解体力疲劳功能

自19世纪Mosso开始研究疲劳至今，已有100多年的历史了。如今，随着经济发展和社会竞争的日趋激烈，人们的生活节奏日益加快，工作压力日益加大，处于疲劳或过度疲劳等亚健康状态的人群比例不断上升。据世界卫生组织（WHO）统计，全球有35%～50%的人处于亚健康状态。据中国亚健康研讨会公布的数据，我国人口70%属于亚健康。谢雁鸣基于临床流行病学调查分析认为，我国亚健康人群中发生频数及均数最高的症状为疲劳，占78.7%。因此，延缓疲劳发生、促进疲劳恢复已不仅仅是运动科学研究的热点，更是受到预防医学和功能食品研究领域的重视。

一、疲劳的定义和分类

（一）疲劳的定义与本质

疲劳（fatigue）是一种涉及许多生理生化因素的综合性生理过程，是人体脑力或体力活动到一定阶段时必然出现的一种正常生理现象。它既标志着机体原有工作能力的暂时下降，又可能是机体发展到伤病状态的一个先兆。

疲劳的定义曾有很多，目前比较认可的是1982年第五届国际运动生物化学会议所给的定义，该会议认为疲劳是指“机体生理过程不能将其机能维持在一特定水平上和/或不能维持预定的运动强度的一种生理现象”。因此，疲劳的本质是一种生理性的改变，经过适当的休息便可以减轻或恢复。

（二）疲劳的分类

大量研究结果证实，疲劳是机体的一种复杂的生理生化变化过程，可能发生在从大脑皮层到肌肉亚细胞结构这样一个广泛的区域，有人提出“神经-肌肉疲劳链”的概念，认为链中任何一个环节受到破坏或中断，都会造成肌肉力量的下降和输出功率的减少。而链中不同环节的破坏或中断，使疲劳的表现形式、部位、程度和其他伴随症状也会有所不同，疲劳的分类也因依据标准不同而不同。

根据疲劳产生的原因可分为生理性疲劳（含全身性疲劳和局部疲劳）、心因性疲劳（又称精神疲劳）和病理性疲劳；根据疲劳的进程和表现形式可分为急性疲劳、慢性疲劳；根据疲劳的临床表现可分为轻度疲劳、中度疲劳、重度疲劳；根据疲劳发生的部位可分为中枢性疲劳、神经-肌肉接点疲劳、外周疲劳。

也有人将疲劳简单地分为体力疲劳、脑力疲劳、心理疲劳和病理疲劳四大类。

体力疲劳又称躯体性疲劳，是由于人持续长时间、大强度的体力活动或运动时，体内产生了大量的代谢物，如乳酸、二氧化碳、血清尿素氮等，这类物质在体内积聚，刺激人体组织细胞和神经系统，而使人产生的疲劳感。体力疲劳是机体自身为防止发生威胁生命的过度机能衰竭而产生的一种保护性反应。它的产生提醒劳动者应减低工作强度或终止运动以免损伤机体。

脑力疲劳是长时间用脑引起大脑血液和氧气供应不足导致的，可出现注意力不集中、头昏眼花、反应迟钝、四肢乏力或嗜睡等症状，严重的可引起失眠、多梦、恶心、呕吐、性格改变等诸多问题。

心理疲劳是现代生活中最常见和较复杂的一种疲劳，一般认为是由于持续性的紧张和压力造成的。人们长期从事一些单调的机械工作、学习活动，中枢局部神经细胞由于持续紧张而出现抑制，致使人对工作对生活的热情和兴趣明显降低，直至产生厌倦情绪。产生心理疲劳的人，轻者出现厌恶并逃避工作、学习、生活的症状，重者出现抑郁、神经衰弱、强迫行为以及嗜烟、酗酒等生活习惯的改变。

病理疲劳是由于某些疾病所造成的人体虚弱、无力等症状。疲劳可以是疾病的突出表现，也可以是伴随表现。如病毒感染、化学物质作用、药物作用、贫血、缺氧、糖尿病、血液病和癌症等都可使患者感到莫名其妙的疲劳，这种疲劳与体力、脑力和心理性疲劳性质不同，它有三个特点：一是在健康人不应该出现疲劳时出现；二是疲劳的程度严重，消除也慢；三是这种疲劳常伴有其他症状，如低热、全身不适、食欲不振或亢进等。病理性疲劳只有在疾病治愈后才会消除。

二、疲劳的表现和危害

（一）疲劳的表现

疲劳可使工作效率降低，对所有事物的反应均迟钝，学习的效率也下降。当工作能力因疲劳而降低时，中枢神经活动就要加强活动而补偿，逐渐又陷入中枢神经系统的疲劳。自觉的疲劳易受心理因素影响，自觉疲劳增强时可出现头痛、眩晕、恶心、口渴、乏力等感觉。

疲劳的典型表现常常可总结为以下几个字：一、憋。时常气短胸闷、呼吸短促、手足心热或手足冰凉、麻木。晚上睡觉时呼吸急促，醒来后胸闷、喘息、心神不宁甚至抑郁、失眠；白天则总感觉头晕、眼花、心悸，甚至出现幻觉。二、累。体力或心理负荷过重常常引起四肢乏力、腰膝酸软、心跳加快、失眠、出汗过多、全身肌肉软弱无力等不易解除的疲劳现象。眼窝凹陷，眼圈发黑，皮肤弹性下降，皱纹增多，情绪低落，全身倦怠，身体素质和免疫机能全面下降。三、烦。焦躁不安，心烦意乱，常为一点小事发火，情绪非常不稳定；思维混乱，精力无法集中，记忆力持续衰退。尤其是一些经常熬夜的人，避光怕亮，起立时眼前发黑、耳鸣、咽喉有异物感。四、痛。时常感到头昏头痛、肩颈酸痛、胃痛、背痛等种种疼痛现象，伴随咽干、咽痛或喉部有紧缩感，逐渐感觉得到颈部淋巴结肿大或压痛，更广泛地体现为肌肉痛、关节痛、发热、面部干涩、胃部痉挛、颈肩僵硬、膝盖酸痛、肌肉胀痛、乳房肿痛，但是始终找不到病因。

疲劳的表现随时间的延续和疲劳的程度可分为以下四个时期：第一时期，对所从事的工作其工作效率开始减低，但靠暂时的意志还可以使效率回升。第二时期，对所从事的工作不但效率减低，就是对其他工作的效率也减低，动作迟钝，出现疲劳感觉，经过短时间（如1d）的休息，可以得到恢复，但对于身体虚弱的人或老年人，则需要休息数日。第三时期，在第二时期的疲劳状态下继续工作，就会形成难以恢复的疲劳而不能再继续工作，经过数日的休息可以恢复，但会因一些小原因而卧床不起。第四时期，在第三时期疲劳未充分消除的状态下又继续工作，就会陷入慢性疲劳状态，出现贫血、体重减轻、无力、消化不良、食欲不振、失眠多梦、倦怠感及工作效率与判断力减低等精神症状，此时对精神刺激的敏感性增强，有时会很兴奋有时又很沮丧，这时期的疲劳需休息数周后才能消除，有的或需数月甚至数年才能消除。

因此，疲劳常常与抑郁、焦虑在临床症状上表现为一定的“相互重叠”现象。

（二）疲劳的危害

疲劳发生后如果得不到及时消除，将会逐渐积累，损害到全身各个组织器官，甚至出现器质性病变，直至威胁生命。

（1）疲劳对脑组织的损害　出现犯困、头昏、头痛、记忆力下降；长期慢性毒害，可诱发脑神经细胞凋亡。

（2）疲劳对心血管系统的损害　出现胸闷、气短、心慌，导致动脉粥样硬化、冠心病、脑血管硬化，心、脑血管意外可以致命。

（3）疲劳对免疫系统的损害　长期疲劳导致T细胞功能下降，白细胞介素、α-干扰素等免疫因子生成减少，自然杀伤细胞的数目和活性都有所下降。

（4）疲劳对泌尿系统的损害　尿液容易起泡沫，泡沫停留的时间也长。

（5）疲劳对肌肉组织的损害　出现肌肉酸痛、肿胀、疲乏无力等症状。

（6）疲劳对皮肤的损害　会产生脂褐素和蜡样质，可以使皮肤变黑和粗糙，长出老年斑。

（7）疲劳对肝脏的损害　肝脏是人体重要的代谢和解毒器官，肝脏受损，可产生食欲不振、消化不良、体乏无力、恶心呕吐等，继而肝脏解毒能力下降，有毒物质蓄积，进一步毒害或加剧肝、肾功能，甚至可造成器官衰竭。

过度疲劳有可能出现猝然死亡，被称为“过劳死”。究其原因是长期劳累过度，不能及时缓解，精神与内分泌系统紊乱，导致出现积劳成疾、未老先衰、过劳猝死。

日本“过劳死”预防协会提示以下过劳死十大危险信号：①“将军肚”早现，30～50岁的人，大腹便便；②脱发、斑秃、早秃；③频频去洗手间；④性能力下降；⑤记忆力减退；⑥心算能力越来越差；⑦做事经常后悔、易怒、烦躁、悲观，难以控制自己的情绪；⑧集中精力的能力越来越差；⑨睡觉时间越来越短，醒来也不解乏；⑩经常头疼、耳鸣、目眩，检查也没有结果。

具有上述两项或两项以下者，为“黄灯”警告期，目前尚无需担心；3～5项者，为一次警示，已经具备“过劳死”的征兆；6项以上者，为二次警示，可诊定为“综合疲劳征”——“过劳死”的预备军。

三、疲劳的生理本质和机体活动能量代谢特点

疲劳的最主要生理本质是肌肉活动对能量代谢功能的影响。肌肉富含蛋白质，但是肌肉活动的能源却不是由蛋白质分解而来的。肌肉活动时最先发生的反应是三磷酸腺苷（ATP）的分解，一般认为这是肌肉收缩的直接能源。机体的任何活动都需消耗能量，机体内的能量来源于葡萄糖、脂肪和蛋白质等营养物质在细胞的线粒体中和氧结合发生氧化还原反应所释放的能量，这些能量以高能磷酸键的形式储存在ATP中，当ATP生成过多时，则将高能磷酸键转移到肌酸分子上生成磷酸肌酸（CP）并储存，后者可以在ATP不足时再将高能磷酸键转移给二磷酸腺苷（ADP）生成ATP。

在正常情况下，葡萄糖、脂肪等营养物质和氧完全反应，生成二氧化碳和水，通过呼吸或泌尿系统，及时排出体外。当机体进行长时间或高强度的活动时，相应的功能器官就需要

大量的能量来维持这种活动。这时线粒体中生成能量的氧化还原反应速度加快，氧供应相对不足，营养物质不能被完全氧化成二氧化碳和水，而是生成大量的乳酸、氨、尿素和二氧化碳等物质，而且由于疲劳机体清除能力降低，这些物质还会在组织中堆积过多，会使组织细胞中毒，出现肌肉酸痛或头晕、头痛等体、脑疲劳症状。这些物质进入体液，运行于全身，会进一步刺激中枢神经系统，产生全身性疲劳反应。

人在静息时能量消耗较少，由于可以获得充足的氧，是以有氧代谢方式供能的。此时线粒体内氧化脂肪酸的能力大于氧化丙酮酸生成乳酸的能力，因此氧化脂肪的供能量大于氧化糖的供能量，肌肉细胞中 ATP 会保持较高水平。当人由静息状态转为轻度活动或运动时，肌细胞中 ATP、CP 消耗增多，脂肪酸的氧化及肌糖原分解供能速度加快。而肌肉开始运动时，心输出量及毛细血管血流量来不及迅速增加，使得肌细胞中有氧氧化受到暂时影响而无氧糖酵解被启动。因此由安静状态转入轻度运动的开始几分钟，肌细胞内糖无氧酵解产物——乳酸的浓度稍有上升。随着心脏、毛细血管血流量的调整，肌细胞又可获得充足的氧，糖和脂肪酸的有氧代谢仍然占主导地位。

如果机体进行短时间极限强度的运动或劳动（如短跑、举重物等），由于在短时间内对能量的需要量极大，因此只有肌细胞内的磷酸原系统能够承担这样的供能任务。这个系统是以储存在肌肉中的高能磷酸化合物 ATP 及磷酸肌酸释放能量来使肌肉运动的。ATP 和 CP 是通过裂解分子内的高能磷酸键释放能量，输出功率极大，可以实现快速供能。但是人体肌细胞内 ATP 含量很少（24.6mmol/kg 干肌），CP 含量大约是 ATP 的 3 ~ 5 倍（约 80mmol/kg 干肌）。当极限强度的肌肉活动发生后，ATP 立刻分解为 ADP 直接向肌肉供能。随着肌细胞内的 ATP 减少，CP 迅速将高能磷酸键转给 ADP，使之转变为 ATP，继续为肌细胞供能，直到肌肉中 CP 储备不能满足能量需求时，这个供能过程就停止了。肌细胞内磷酸原系统参与供能的比例会随肌肉活动的强度增加而增加，对于极限强度的运动，大约能够连续供能 6 ~ 8s。因此肌肉中 CP 储备和磷酸原系统供能的代谢过程是影响短时间高强度运动或劳动能力的决定因素。

如果剧烈运动或强度极大的劳动时间超过 8s，肌肉中 CP 基本上被耗尽。为了继续再合成 ATP 以保持肌肉的活动能力，储存在肌肉中的糖原便大量分解。此时机体处于剧烈运动之中，尽管呼吸和血液循环加快，但仍不能满足细胞对氧的需要，肌细胞处于高度缺氧状态，所以此时肌糖原是靠无氧酵解（又称糖酵解）产生乳酸的代谢途径供能的。这个供能系统从启动开始 0.5 ~ 1min 可达到最大速率，并可持续供能 2 ~ 3min。3min 后，糖酵解代谢速率明显减慢，甚至停止。这主要是因为糖酵解的产物乳酸大量堆积，使肌肉中 pH 下降，当 pH 下降到 6.4 以下时，糖酵解过程中的磷酸果糖激酶活性受到抑制，从而可降低甚至终止糖酵解过程。糖酵解过程中释放能量的最大输出功率只有磷酸原系统的 1/2，因此当剧烈的肌肉活动持续时间超过 10s 后，活动能力必然要下降，但维持的时间可以比较长。

人们在进行长时间强度较大的活动（如拔草、锄地、推车、行军、3000m 以上长跑、1500m 以上游泳等）时，随着肌肉活动时间的延长，肌细胞需要长时间不间断地获取能量供应。由于运动速度较慢，劳动的强度也不大，经过机体对心脏、脑的血流量的调整，细胞中的氧基本上能够满足能量供应的需求。此时机体主要通过氧化糖和脂肪酸产生的 ATP 来获得能量。糖和脂肪在体内的储存量较多，大强度运动 2h 后，肌糖原才接近耗尽；脂肪的储存量可供长时间的活动，但脂肪的动用受氧的利用率影响较大，只有在强度较低，氧供应特别充足，又有糖分解代谢的产物配合时，脂肪才能大量被利用；另外，脂肪动员还受其他多方面因素的影响，因此尽管机体内脂肪储备量很大，但对强度较大的肌肉活动，机体不能大量调动脂肪供能。糖和脂肪在有氧分解供能时的输出功率都比较低，糖的有氧氧化最大输出功率大约只有糖酵解的1/2，而脂肪有氧氧化的最大输出功率大约只有糖有氧氧化的1/2。因此越是时间长的肌肉活动，其活动的强度就会越低。

从各种活动的能量代谢特点，可以知道增加机体内CP储备量以及CP与ATP相互间的代谢能力，将会使极限强度的肌肉活动能力提高。提高机体糖酵解的能力、减少乳酸在肌肉中的堆积将会使高强度的肌肉活动时间延长。提高呼吸、循环系统功能，增加血红蛋白输氧能力，对糖和脂肪的有氧分解十分有利。若再增加糖原在机体中的储备及提高脂肪酶等有氧分解代谢中限速酶的活性，将会提高机体对负荷的耐力，增长肌肉活动的时间，延缓疲劳的发生。

四、体力疲劳产生的生物化学机制

体力疲劳指体力劳动、活动、运动等带来的疲劳感。体力疲劳是机体内许多生理生化变化的综合反应。关于疲劳发生的机制，目前已有很多学说，但任何一个学说都不能独立解释所有的疲劳现象。根据疲劳发生的部位及各部位的生理活动和物质代谢、能量代谢特点，疲劳的生物化学机制有以下几种。

（一）中枢性疲劳理论

人体活动时，中枢神经细胞“能量消耗”过多而导致机体活动能力下降的现象。大量实验表明，疲劳是大脑皮质保护性抑制的结果。大强度短时间运动时，大脑运动区ATP、CP动用过多，ADP/ATP比值增加，导致神经元的机能活动性降低从而产生疲劳，大脑中的γ-氨基丁酸水平明显降低；而长时间运动引起严重疲劳时，大脑中ATP、CP水平明显减低，γ-氨基丁酸水平明显增高。γ-氨基丁酸是大脑皮层一种抑制性的神经递质，它可阻抑皮层神经元轴-树突触联系，而长时间运动疲劳时γ-氨基丁酸增多，则意味着中枢保护性抑制的发展。

（二）外周疲劳理论

外周疲劳理论指人体运动时，因肌肉能量物质变化而引起外周细胞内外液的改变，从而导致肌肉工作能力下降的现象。

1. 衰竭学说或能量物质消耗学说

这种学说认为，人体运动时，肌肉的能量物质（ATP、CP、糖、脂肪等）大量消耗，肌肉工作能力下降，不能完成预定的运动强度，即出现疲劳。如上所述，不同运动条件下的疲劳，其能量物质的消耗有所不同。短时间极限强度导致的疲劳与ATP、CP的大量消耗有关，在疲劳状态时，肌肉中CP含量仅相当于运动前的20%。中等强度和长时间的运动时，由于血糖水平下降和骨骼肌糖原的减少，可造成大脑皮质和骨骼肌工作能力的下降，这是造成疲劳的直接原因。

最近，还有研究者提出肉毒碱与疲劳的关系。脂类是机体的主要能源物质，尤其是在长时间、低强度的有氧运动中。脂类供能需要组成脂类分子的长链脂肪酸进入线粒体彻底氧化分解。长链脂肪酸在线粒体内进行β-氧化时，必须通过肉毒碱作为载体才能透过线粒体内膜。在强度低、时间长的运动中，肉毒碱在控制脂肪酸进入线粒体氧化供能的作用上十分重要。现已发现运动时尿中的肉毒碱浓度增加。肉毒碱的大量排出，可使体内肉毒碱的量减少，引起脂肪酸的利用减少和运动能力下降，从而导致运动性疲劳。所以，运动时体内肉毒碱的不足可能是引起运动性疲劳的原因。

2. “堵塞”学说或代谢产物堆积学说

该学说认为，人体运动时，因能量代谢活动的增强而导致某些代谢产物堆积过多而又不能及时消除，进而导致肌肉工作能力下降。

乳酸是目前研究最多的致疲劳物质。乳酸是在缺氧条件下糖酵解的产物。机体进行超过10s的剧烈运动时，肌肉得不到足够的氧气，主要靠糖原无氧酵解获得能量，这时肌肉中乳酸可比安静时增加30倍。尽管机体对于堆积的乳酸有三条清除代谢途径，但由于这三条代谢途径起始时都要经过将乳酸氧化成丙酮酸的过程，而这一过程在缺氧时是不能进行的。因此在激烈的运动或劳动中，肌肉中的乳酸将逐渐积累。乳酸的堆积可通过多种途径造成疲劳：乳酸解离生产的 H^+，导致肌肉的 pH 下降，抑制糖酵解过程，造成 ATP 供应的障碍；乳酸解离生成的 H^+ 可竞争性地置换肌钙蛋白中的钙离子，使兴奋－收缩脱偶联，导致肌肉功能下降；另外血乳酸含量的升高，降低了血液 pH，造成脑工作能力下降。

氨是第二种研究比较多的致疲劳物质。肌肉收缩可产生氨，氨主要来源于 AMP，骨骼肌中的各种氨基酸经脱氨作用也可产生少量的氨。在静息状态下，体内氨生成量很少，且会通过尿素循环排出体外；运动时，血氨含量升高，可促发糖酵解过程，使乳酸生成增加，体液 pH 下降，氨和乳酸共同作用，可使整个身体机能下降。另外，氨对中枢神经系统也会产生有毒的抑制作用，Match 等的研究认为，氨可能阻止或破坏神经系统有效的传导与活动，从而导致机体的工作能力下降。

在早期，医学上仅把导致肌肉酸痛的乳酸和二氧化碳称为“疲劳毒素”。随着对疲劳的认识逐渐深入，发现疲劳机体中聚集了各种不同的代谢废物，很多代谢废物对身体有严重的损害作用，如乳酸、氨、氧自由基、过氧化脂质、脂褐素等，统称为“疲劳毒素”。

3. “内环境稳定性失调”学说

该学说认为疲劳是由于 pH 下降，水盐代谢紊乱和血浆渗透压改变等因素引起的。当人体失水达体重的5%时，肌肉工作能力下降20%～30%。美国哈佛大学疲劳研究所曾报道，在高温下作业的工人因泌汗过多，导致不能劳动的严重疲劳，这时给予饮水仍不能缓解，但给予含0.4～1.4g/L NaCl 水溶液会对疲劳有所缓解。

（三）神经－肌肉接点疲劳理论

神经－肌肉接点是传递神经冲动引起肌肉收缩的关键部位。运动终板接点前膜乙酰胆碱减少时，神经冲动就不能通过接点到达肌肉。人体运动疲劳时，肌肉的持续性收缩可导致神经－肌肉接点处的神经递质乙酰胆碱释放减少，或神经递质乙酰胆碱由接点前膜释放后，进入接点间隙，与剧烈运动产生的乳酸发生酸碱中和，使到达肌膜处的乙酰胆碱量减少，从而造成肌肉不能收缩或收缩能力下降，表现出疲劳。

（四）综合性疲劳理论

由于疲劳产生机制的复杂性，疲劳的理论由单一因素理论逐步向多因素相互联系相互影响、多层次多环节综合作用的理论发展。

1. 突变理论

突变理论认为疲劳是由于运动过程的能量消耗、肌肉力量下降及兴奋性丧失三维空间关系改变所致。在综合性因素的作用下，细胞内能量的消耗和兴奋的丧失存在急剧下降的突变峰，兴奋性突然崩溃，以拯救能量储备的进一步下降而产生的灾难性变化，同时伴随着肌肉力量和输出功率的突然衰退，机体表现为疲劳。这一理论改变了以往用单一指标研究运动疲劳的缺陷，并提出肌肉疲劳的控制链。控制链中任何一个环节中断或受阻，均会促使肌肉收缩过程中断，导致疲劳的产生。

2. 外周多层次影响的疲劳理论

该理论提出：机体内存在一个能动性的外周代谢体系——即存在于机体外周的“血液－组织间隙－骨骼肌”之间的各种梯度系统，如 pH 梯度、离子梯度、酶活性梯度、电活动梯度等，疲劳是这个体系中多因素、多部位、多层次的综合性影响的结果。殷劲用自创的骨骼肌组织间液采样方法对剧烈运动导致的疲劳时机体外周代谢组织进行了研究，结果表明血液的乳酸值、钙离子、氯离子浓度升高，并在肌组织、组织间液、血液之间形成浓度梯度；骨骼肌 K^+ 浓度升高，而 Na^+、HPO^{4-} 浓度降低，从而证明了这一理论。

3. 氧自由基－脂质过氧化

运动引起的氧自由基增多和脂质过氧化加强的机制可能是多因素的，运动中耗氧量增加，能量代谢加强、抗氧化酶活性降低、胞浆 Ca^{2+} 浓度升高都可以引起氧自由基增多。自由基不仅可以直接攻击细胞膜对细胞产生破坏，脂质过氧化还可自发分解形成更多的自由基攻击其他双键，引起自由基连锁反应。在长时间持续性运动和递增性力竭运动中，体内脂质过氧化反应加强。氧自由基及其引起的脂质过氧化反应可以攻击细胞及线粒体等生物膜，造成离子、能量代谢紊乱，从而导致疲劳。

4. 离子代谢紊乱

近年来，离子代谢在疲劳中的作用越来越受到重视，运动时离子代谢紊乱可导致运动性骨骼肌疲劳。目前研究最多的与运动疲劳有关的离子有钙、钾和镁。

大量的动物实验表明，线粒体 Ca^{2+} 在有氧运动产生的运动性疲劳中是重要的调控因子。体内钙主要存在于细胞外，细胞内 Ca^{2+} 含量甚微。在疲劳状态下，ATP 大量消耗使肌细胞内的 ATP 减少，胞浆内 Mg^{2+} 增多且外流增加，胞浆内和线粒体内的 Ca^{2+} 浓度增加，细胞氧化磷酸化过程受到抑制，ATP 生成减少；同时，过度增加的 Ca^{2+} 可通过激活磷脂酶 A_2、中性蛋白水解酶和溶酶体酶等多种途径造成骨骼肌结构、功能破坏，从而导致疲劳。

钾是细胞内重要的阳离子，参与形成静息电位、维持细胞内外离子平衡。细胞连续兴奋，胞内 K^+ 流失增多，胞内 Ca^{2+} 的增加也可进一步增加 K^+ 外流。K^+ 对调节骨骼肌糖代谢具有重要意义，K^+ 含量的下降可造成体内葡萄糖利用减少，抑制胰岛素分泌，减少骨骼肌肌糖原储备等，而糖原是肌肉活动的重要能量物质，所以 K^+ 代谢紊乱可导致机体运动能力下降、疲劳产生。

镁主要存在于细胞内。细胞内 Mg^{2+} 是糖、脂质、蛋白质代谢中许多关键酶的辅助因子。运动中细胞 Mg^{2+} 含量逐渐下降，一方面降低许多代谢关键酶活性可导致能量供应障碍，另一方面影响 Ca^{2+} 代谢引起紊乱，二者共同作用，会降低运动能力产生疲劳。

5. 内分泌调节理论

正常的激素调节对保证机体的活动能力有非常重要的作用。目前认为，垂体－肾上腺皮质系统及交感肾上腺髓质系统与体力疲劳有关。

垂体-肾上腺皮质激素包括糖皮质激素、皮质醇等。持续性运动中，垂体前叶分泌促肾上腺皮质激素量增多，导致促肾上腺皮质激素逐渐排空，血液中促肾上腺皮质激素浓度降低又使肾上腺皮质细胞合成及分泌糖皮质激素减少。糖皮质激素参与体内糖、脂质、蛋白质等多种代谢过程，并参与糖异生关键酶、谷丙转氨酶等酶蛋白的合成，其含量下降可抑制体内某些代谢过程，造成能量供应不足、酶活性下降等，从而导致体力活动能力下降，产生疲劳。

肾上腺髓质主要分泌肾上腺素和去甲肾上腺素，在调节糖代谢和心血管系统技能方面发挥着重要作用。长时间运动后期，血液中的肾上腺素含量下降，合成肾上腺素的中间代谢产物——多巴的量也明显低于运动前水平，从而影响到身体机能的下降。

综上所述，不同强度、不同时间及不同运动（活动）形式产生疲劳的机制不同，目前还难于用某一种理论或学说来全面概括和阐述疲劳产生的机制，要真正揭示其奥秘，还有待于大量深入的研究。

五、缓解体力疲劳功能的评价指标

机体感觉到疲劳时，在生物化学上的变化是十分明显的。实际上当人们从事劳动或运动时，在疲劳的感觉出现之前，机体已经发生了各种生化变化。正是由于这些生物化学变化才导致了疲劳感的产生。因此用引起疲劳发生的某些生化变化为指标，观察疲劳的出现及其发展的过程是研究缓解疲劳最有效的方法。

根据运动及体力劳动或活动时机体物质及能量代谢的特点，缓解体力疲劳功效评价中常用的生化指标主要有以下三类：①能量物质的储存及动员情况，如肌糖原、肝糖原、血糖、血液游离脂肪酸和肌肉中的 CP 等；②代谢调节的指标，如酶、激素、维生素等；③劳动或运动时物质代谢的产物，如肌肉或血液中的乳酸、氢离子浓度、丙酮酸、血清尿素氮、尿蛋白等。

在用生化方法评价缓解体力疲劳功能食品的时候应当根据研究对象、研究目的以及具体条件选择相应指标。由于大多数生化指标所用的实验材料不能或很难从人体得到，因此用生化指标评价缓解体力疲劳功能食品主要以动物为实验材料，同时用能够进行的某些人体生化实验（通常以血、尿为实验材料）及生理实验作为进一步的验证与补充。

（一）运动耐力实验

运动耐力的提高是抗疲劳能力加强最直接的一种宏观表现。目前采用小鼠游泳直至衰竭的实验来评价保健食品对此项指标的影响。

实验采用 50cm×40cm×60cm 有机玻璃水槽，注入 25~28℃温水，水深 40cm。将小鼠作好标记，每个水槽中放入 2 只，其中实验组 1 只，对照组 1 只。用秒表记录动物入水至头部全部入水持续 8s 不能浮出水面为止的时间。若实验组小鼠持续游泳时间比对照组显著延长，则可说明摄入的功能食品具有缓解体力疲劳的效果。

该法设备简单，可同时进行多组动物实验，实验结果也较准确。为了缩短实验时间，还可用小动脉夹缠上铅丝（保险丝），夹在小鼠背部使其进行负重游泳。负重量可根据动物月龄选择体重的 2%~5%。

实验应采用同一批动物同时进行，注意不应该将不同批动物、不同时间的实验结果进行比较。

（二）肝糖原含量

食用待测保健食品一段时间后，取动物肝脏测定其肝糖原含量，并与同样实验条件的对照组进行比较，则可了解该功能食品对肝糖原储备的影响。如果实验组肝糖原比对照组明显升高，则说明该功能食品能够通过增加肝糖原储备，维持运动时血糖的水平，从而为机体提供更多的能量来达到缓解疲劳的目的。

（三）肌糖原含量

肌糖原是运动时能量的来源，如果肌糖原储备充足，供应的能量就多，机体耐力就好。

食用待测功能食品一段时间后，取动物同部位同质量的肌肉组织，测定其肌糖原含量。将实验组和对照组进行比较，可以观察待测样品是否具有增加肌糖原储备的作用。如果肌糖原储备确有增加，说明该食品能够为肌肉提供更多的能源物质，当然有助于提高耐力，延缓疲劳的产生。

（四）血乳酸含量

糖酵解是生物体内普遍存在的一种代谢方式。在肌肉收缩初始和在剧烈收缩时，因氧供应有限，必然加速糖酵解的供能过程。由于缺氧，糖酵解过程中的还原型辅酶Ⅰ（$NADH + H^+$）的再氧化受到限制，这样它就与丙酮酸还原成乳酸的反应偶联起来，由此转变为氧化型辅酶Ⅰ（NAD^+）使酵解反应继续进行。所以在无氧情况下，肌肉在通过糖原酵解反应得到能量的同时，也产生了大量的乳酸。乳酸解离生成的氢离子占肌肉中全部酸性物质解离的85%以上。乳酸的增加使肌肉中H^+浓度上升，pH下降，进而引起一系列生化变化。乳酸在肌肉中堆积越多，机体疲劳的程度就越严重。

乳酸在机体中积累的程度取决于乳酸产生与清除的速度。乳酸的清除代谢途径有三条：①在骨骼肌、心肌等组织中氧化成二氧化碳和水；②在肝脏和骨骼肌内经糖异生途径转变为葡萄糖；③在肝内合成脂肪酸、丙酮酸等其他物质。这三条途径中①、②是主要的。三条途径尽管各不相同，但是它们的第一步反应确都是相同的，这就是在乳酸脱氢酶催化下，乳酸氧化成丙酮酸。但这步反应在无氧条件下不能进行，所以乳酸的清除就与有氧代谢紧密联系起来。因此，提高肌肉剧烈活动时有氧代谢在能量代谢中所占比例，将使酵解过程中产生的乳酸不容易在肌肉中积累，从而可延缓疲劳的发生。

有氧代谢能力的加强还可使肌肉在活动停止后的恢复期中，过多的乳酸能够迅速被清除，这意味着能够较快消除疲劳。通过测定动物剧烈运动前后不同时期肌乳酸含量，可以了解其乳酸的代谢情况，并推测机体无氧代谢及有氧代谢的能力，也可进一步对其疲劳程度及恢复情况作出评价。因此可用肌乳酸作为评价抗疲劳功能食品的一项指标。由于肌肉中的乳酸很快渗透进入血液，使血乳酸含量上升，直到肌乳酸与血乳酸之间浓度达到平衡，这个过程大约需要5～15min，因此可将血乳酸水平测定作为评价缓解体力疲劳功能的一种方法。

实验可选用体重18～22g的成年小鼠，实验组食用待测功能食品数日后，眼眶取血0.02mL，通过乙醛、对羟基联苯比色法测定小鼠静息时的血乳酸值。处理采血伤口使其止血后，将小鼠放入水深30cm以上，水温（30±2）℃水中负重（4%体重）游泳30min，停止游泳后静息15和50min后分别取血再次测定血乳酸值。

运动停止后15min时血乳酸值基本上反映运动刚停止时的肌乳酸水平。这个时候血乳酸水平越低，说明运动5～30min期间，有氧代谢在供能中所占比例越高，产生的乳酸越少。

但如果无氧代谢水平低也会造成这种情况，而无氧代谢水平低并不是机体运动机能提高的表现。因此建议不要用这一时刻的单一检测结果对功能食品的功能进行评价。从运动停止到停止后50min期间，机体需大量吸进氧气，靠有氧代谢来偿还剧烈运动中的氧负债。因此，运动停止后50min时的血乳酸水平越低，表明在运动恢复期，乳酸的清除代谢速度越快，有氧代谢能力越高，有利于疲劳的迅速消除。

在评价缓解体力疲劳功能食品功效时，除了可以将实验组与对照组游泳停止后50min的血乳酸值直接比较外，用血乳酸恢复速率作为评价依据更为可靠。用运动停止后15min时的血乳酸值减去运动停止后50min时的血乳酸值，并用这个差值除以35min（50min－15min），所得结果即是运动停止后15min至50min期间血乳酸的恢复速率。恢复速率的数值越大，表明在这期间乳酸清除速度越快。这个指标直接反映了机体有氧代谢情况，可以说明缓解体力疲劳功能食品是否具有加速消除疲劳的功效。

（五）乳酸脱氢酶及其同工酶

乳酸的清除代谢共有三条途径，将剧烈运动后在肌肉中堆积的乳酸转变成为丙酮酸是乳酸清除代谢中的第一步反应，也是乳酸清除代谢三条途径的一段共同道路。这步反应是在乳酸脱氢酶（lactate dehydrogenase，LDH）催化下完成的。LDH有5种同工酶，按照它们在电场中的迁移率快慢，分别将它们依次命名为LDH_1、LDH_2、LDH_3、LDH_4和LDH_5。虽然它们都是催化丙酮酸和乳酸相互转化的，但它们催化这一可逆反应的速度及方向有明显的差异。其中LDH_1主要催化乳酸生成丙酮酸，LDH_5主要催化丙酮酸生成乳酸。LDH_2、LDH_3和LDH_4则是双向作用的，LDH_2催化乳酸向丙酮酸方向的反应能力占双向反应的3/4。LDH_4催化丙酮酸向乳酸方向反应能力占双向反应的3/4。LDH_3则各占1/2。显然，LDH_1和LDH_2活力的升高可以加速肌肉中过多乳酸的清除代谢过程，因而可以减少乳酸在肌肉中的积累，延缓疲劳的发生或加速疲劳的消除。

（六）血尿素

当机体长时间不能通过糖、脂肪分解代谢得到足够的能量时，机体蛋白质与氨基酸的分解代谢随之增强。肌肉中氨基酸经转氨基或脱氨基后，碳链被氧化，氨基与α－酮戊二酸转氨形成丙酮酸和谷氨酸，谷氨酸透过线粒体膜进入线粒体基质，由谷氨脱氢酶将氨基脱下形成游离氨，再经尿素循环生成尿素，使血中尿素含量增加。在激烈运动及强体力劳动时核苷酸代谢也随之加强，核苷酸以及核苷分解时都要脱下氨基而产生氨，再经尿素循环转变成尿素，这也使血尿素含量增高。实验证明当负荷使运动员血尿素含量超过8.3mmol/L时，尽管运动员主观上还没有疲劳的感觉，但此时机体组织的肌肉蛋白质和酶都已开始分解而使机体受到损伤了。可见血尿素对于评价机体在体力负荷时的承受能力是一个非常灵敏的指标。研究表明，机体血尿素含量随劳动及运动负荷的增加而增加，机体对负荷适应能力越差，血尿素的增加就越明显。故可通过血尿素测定来判断机体疲劳程度以及受试功能食品的缓解体力疲劳的能力。

（七）评价延缓疲劳功能食品的其他方法

根据疲劳发生的机制，还有很多生化指标可以用来评价延缓疲劳功能食品的效果。

1. 血液pH

在强体力劳动或剧烈运动时会显著下降。这是机体在运动过程中酸性代谢产物的增加，导致H^+浓度升高的结果。

2. K^+、Na^+浓度

人们还发现剧烈运动导致疲劳时，血液中K^+、Na^+含量的变化也十分显著。如家兔安静时血K^+、Na^+浓度分别为（5.37±0.58）和（145.10±2.28）mmol/L；而运动至疲劳状态时K^+浓度升高到（6.43±0.42）mmol/L，Na^+浓度下降到（135.90±3.54）mmol/L。

3. 碱剩余量

血液缓冲系统维持酸碱平衡的功能与机体抗疲劳能力有一定关系。正常情况下，机体内存在一系列缓冲体系，使体内物质代谢产生的酸性物质进入体液后不会引起pH的显著变化。机体缓冲能力越强，在剧烈运动中维持内环境相对稳定的时间就越长，疲劳也就越不容易发生。

对于那些具有增强机体缓冲能力，增强机体碱储备的抗疲劳功能食品可以通过测定碱剩余量来观察该功能食品的效果。所谓碱剩余量是指全血在38℃、CO_2分压40mmHg、血氧饱和度为100%时，用标准酸滴定1000mL全血至pH为7.40时所消耗的标准酸的毫摩尔（mmol）数。正常机体全血的碱剩余量为（0±3）mmol/L（负值是用碱滴定的量可称为碱欠缺）。碱剩余量不受呼吸因素的影响，可以反映血中缓冲碱量与正常相比增多或减少的量的变化。

4. 血浆蛋白

研究者在实验中发现当机体疲劳时血清蛋白中的α_2-球蛋白和γ-球蛋白数量明显下降，清蛋白和球蛋白比值显著增加，且疲劳程度越高这些变化越明显。因此可以在小鼠游泳疲劳时用电泳的方法分离测定实验组与对照组血浆蛋白的含量，通过血浆蛋白成分的变化情况来评价抗疲劳功能食品的功效。

5. 尿蛋白

正常人静息时尿中排出的蛋白质含量极少，一般100mL尿中蛋白的含量在10mg以下。但在进行大运动量的运动之后尿蛋白量增多。机体对运动负荷的适应性越差，疲劳程度越高，尿蛋白增加越多。食用给定食品一段时间，测定定量负荷运动后尿蛋白的量，就可以了解该食品对身体机能状态的影响情况。

6. 代谢关键酶

糖与脂肪是机体的主要能源物质，当机体激烈活动需要能量时，能源物质经过多种代谢途径氧化分解为机体活动以提供能量。在这些代谢途径中，一些关键酶，比如限速酶活性的变化会对整个代谢过程带来的重大影响。因此检测这些关键酶的活性变化对于延缓疲劳功能食品的客观评价也有一定的意义。如脂肪酸氧化分解的关键酶脂酰肉碱转移酶Ⅰ，负责将脂酰CoA中的脂酰基转移到肉毒碱上形成脂酰肉碱，然后脂酰肉碱在肉碱/脂酰肉碱移位酶的作用下，与游离的肉碱交换后进入线粒体基质后才能彻底氧化，其活性高低直接影响机体利用脂类能源的能力。

7. 脑组织氧饱和度

人的生存靠能量维持，人体细胞为完成其基本功能，需要高能量的化合物。如果人体所储存的能量很快被消耗掉，又来不及补充，人就会感到疲倦。在正常情况下，人体主要器官所需要的能量，主要是由蛋白质、糖、脂肪等物质经氧化反应产生的，因此疲劳的产生跟组织缺氧密切相关。对于抗疲劳的措施或食品来说，通过评价其结果能否维持或提高正常的组织氧含量，可以看作是缓解疲劳是否有效的一种评价手段。吴剑报道了用近红外脑组织血氧仪测定受试者脑组织氧饱和度的变化来评价某抗疲劳胶囊缓解慢性疲劳的作用，该法在缓解体力疲劳的应用上还有待探讨和规范。

总之，用来评价延缓体力疲劳功能食品的方法很多。随着对疲劳产生机制和抗疲劳功能食品的研究工作的不断深入以及仪器分析技术的不断发展，新的实验技术和方法还会不断涌现，在评价延缓疲劳功能食品的功效时，应注意根据该食品的特点、研究的目的及具体条件，选择合适的方法。

六、评价实例

某功能食品缓解体力疲劳的动物实验部分结果如表2－14、表2－15所示。

表2－14　某功能食品对小鼠负重游泳时间、游后血清尿素含量、肝糖原含量的影响（$\bar{X} \pm S$）

组别	动物数/只	负重游泳时间/min	血清尿素含量/（mmol/L）	肝糖原含量/（g/100g肝）
空白对照组	15	3.9±1.6	11.5±1.0	2.7±0.5
低剂量组	15	5.0±2.1	10.5±1.4	3.0±0.7
中剂量组	12	6.1±3.1*	9.9±0.9*	3.4±0.7*
高剂量组	12	6.3±2.8*	9.6±1.4*	3.4±0.6*

注：*与空白对照组相比差异有统计学意义（$p<0.05$）。

表2－15　某功能食品对小鼠游泳后血乳酸值的影响（$\bar{X} \pm S$）

组别	动物数/只	血乳酸值/（mmol/L）			血乳酸曲线下面积
		游泳前	游泳后10min	游泳后20min	
空白对照组	12	3.50±0.89	7.03±1.06	4.46±1.02	168±24
低剂量组	12	3.56±1.02	6.66±1.33	4.43±1.38	162±31
中剂量组	12	3.53±0.79	6.67±1.15	4.18±1.07	160±28
高剂量组	12	3.40±1.09	6.51±1.67	3.92±1.46	154±38

经口给予小鼠不同剂量的某功能食品30d后，与空白对照组比较，中、高剂量受试物都能延长小鼠的负重游泳时间（$p<0.05$），减少疲劳小鼠血清尿素的产生（$p<0.05$），提高小鼠肝糖原含量（$p<0.05$）。该受试物对小鼠体重增长无不良影响。根据《保健食品检验与评价技术规范》（2003版）可判定该功能食品缓解体力疲劳功能动物实验结果为阳性。

第六节 增强免疫功能

人类对免疫功能的认识最早是从与传染性疾病的斗争中开始的。2000 多年前，人类就发现患过某传染病而痊愈的人会对该病有不同程度的抵抗能力，这种现象称为免疫(immunity)。

一、免疫系统的基本功能和特点

机体的免疫功能是通过免疫系统来执行的。免疫系统除了识别和清除外来入侵的抗原(如病原微生物）外，还可识别清除体内突变的细胞、衰老死亡的细胞或其他有害成分。一般情况下，免疫系统对自身组织细胞不产生免疫应答，称为免疫耐受。因此，免疫系统具有区别“自身”和“非己”的能力，对“自身”免疫耐受而对“非己”的识别清除。一旦免疫耐受被打破，免疫调节功能紊乱，会导致自身免疫病或过敏性疾病的发生。

免疫系统将入侵的病原微生物以及机体内突变的细胞和衰老、凋亡细胞认为是“非己”物质。免疫系统这种识别并清除“非己”物质的过程称为免疫应答（immune response)，可分为固有免疫和适应性免疫两大类。固有免疫又称为先天性免疫或非特异性免疫，适应性免疫又称获得性免疫或特异性免疫。

固有免疫是生物在长期进化中形成的，是机体抵御病原体入侵的第一道防线。参与的免疫细胞如单核－巨噬细胞、树突细胞、粒细胞、自然杀伤细胞（NK）和 NKT 细胞。适应性免疫是指体内 T、B 淋巴细胞接受“非己”物质刺激后，自身活化、增殖、分化为效应细胞，产生一系列生物学效应的全过程。固有免疫和适应性免疫是相辅相成、密不可分的。

二、免疫系统的组成

免疫系统（immune system）是由免疫器官和组织、免疫细胞（如淋巴细胞、树突状细胞、NK 细胞、单核－巨噬细胞、粒细胞、肥大细胞等）和免疫分子（如免疫球蛋白、补体、各种膜分子和细胞因子等）组成的，其作用是执行免疫功能。

（一）免疫器官和组织

先来认识免疫器官和组织的结构和功能。免疫组织又称淋巴组织，在人体广泛分布，其中胃肠道、呼吸道、泌尿生殖道等黏膜下含有大量弥散淋巴组织和淋巴小结，在黏膜抗感染免疫中发挥主要作用。骨髓、胸腺、脾脏、淋巴结等属于免疫器官，又称淋巴器官。

免疫器官按功能可分为中枢免疫器官和外周免疫器官，二者通过血液循环和淋巴循环互相联系构成免疫系统的完整网络。中枢免疫器官是免疫细胞发生、分化、发育和成熟的场所。人或其他哺乳动物的中枢免疫器官包括骨髓和胸腺。外周免疫器官是成熟淋巴细胞定居的场所，也是淋巴细胞对外来抗原产生免疫应答的主要部位。外周免疫器官和组织包括淋巴结、脾脏和黏膜相关淋巴组织如图 2－13 所示。

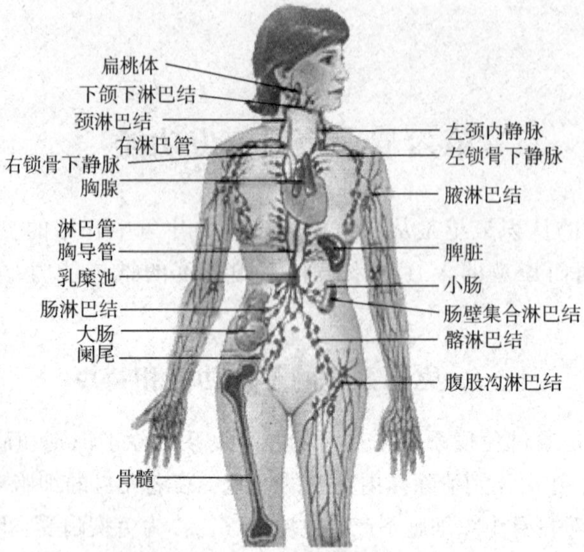

图 2－13　免疫器官和组织的分布

1. 骨髓

骨髓（bone marrow）是各类血细胞（包括免疫细胞）的发源地，也是人类和哺乳动物B细胞发育成熟的场所。骨髓位于骨髓腔中，分为红骨髓和黄骨髓。红骨髓由造血组织和血窦构成，具有活跃的造血功能。造血组织包括造血细胞和基质细胞。基质细胞及其分泌所产生的多种造血生长因子与细胞外基质共同构成了造血细胞生长分化和发育成熟的环境，称为造血诱导微环境。骨髓中的造血干细胞（hematopoietic stem cell，HSC）是造血前体细胞，可分化为所有血细胞。

在造血诱导微环境中，HSC 分化为髓样干细胞和淋巴样干细胞。前者最终分化为粒细胞、单核细胞、红细胞和血小板，后者则分化为祖 B 细胞和祖 T 细胞。祖 B 细胞在骨髓中继续分化为成熟的 B 细胞；祖 T 细胞则经血液循环迁移至胸腺，在胸腺微环境诱导下进一步分化为成熟的 T 细胞。最终，成熟的 B 细胞和 T 细胞离开骨髓或胸腺，经血液循环迁移至外周免疫器官。树突状细胞分别来自髓样干细胞和淋巴样干细胞，如图 2－14 所示。

骨髓也是体液免疫中发生再次免疫应答和产生抗体的主要部位，比外周免疫器官发生的再次免疫应答持续时间更长。

因此当骨髓功能缺陷时，不仅会严重损害机体的造血功能，而且也导致严重的体液免疫和细胞免疫功能缺陷。

2. 胸腺

胸腺（thymus）是 T 细胞分化、发育和成熟的场所。胸腺位于胸腔内胸骨后方，由胸腺细胞和胸腺基质细胞构成。骨髓祖 T 细胞进入胸腺后逐渐分化，这些处于不同分化阶段的 T 细胞统称为胸腺细胞。胸腺基质细胞（包括胸腺上皮细胞、巨噬细胞、树突状细胞和成纤维细胞等）和其分泌的多种活性因子，以及细胞外基质共同构成的胸腺微环境，是诱导 T 细胞分化、增殖和选择性发育的重要条件。

来自骨髓的 T 细胞前体（胸腺细胞）进入胸腺后从皮质逐渐向髓质移行，在胸腺微环境中，经过阳性选择和阴性选择过程，约 90% 以上的胸腺细胞发生凋亡，只有少部分胸腺细胞

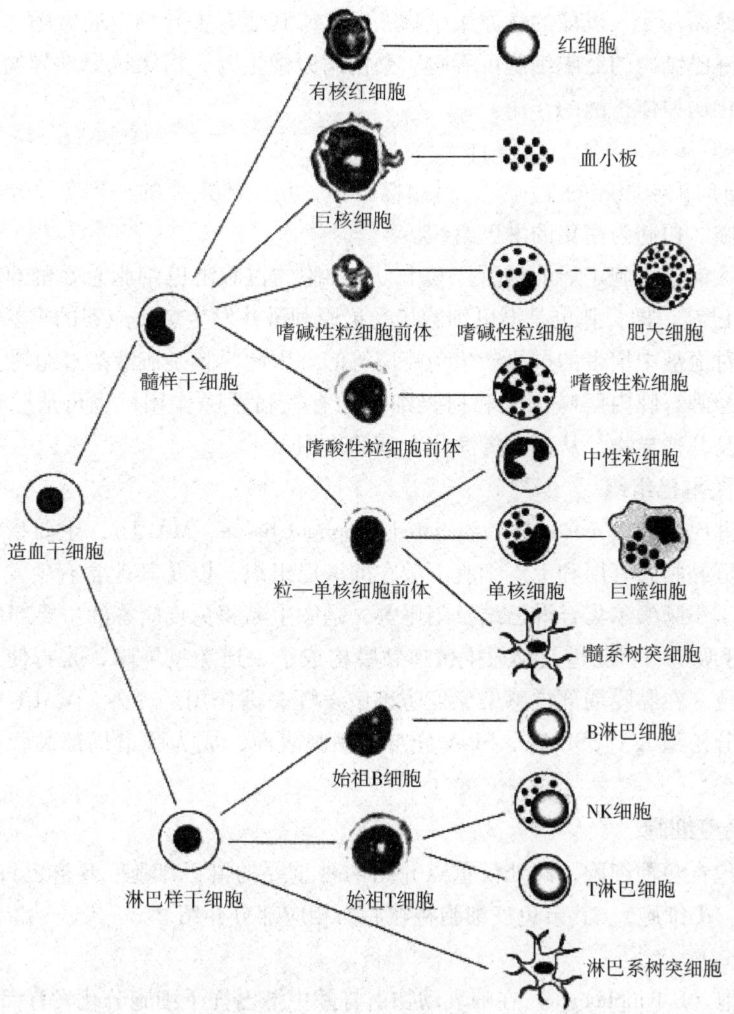

图2－14 骨髓造血干细胞分化发育图谱

获得自身免疫耐受和 MHC 限制性抗原选择能力，发育为成熟的 T 细胞，离开胸腺经血液循环至外周免疫器官。

3. 淋巴结

淋巴结（lymph node）广泛分布于全身非黏膜部位的淋巴通道汇集处，如图 2－14 所示。身体浅表部位的淋巴结常位于凹陷隐蔽处（如颈部、腋窝、腹股沟等）；内脏的淋巴结多成群分布于器官门附近，沿血管干排列。组织或器官的淋巴液均引流至局部淋巴结，局部淋巴结肿大或疼痛通常提示引流区域的器官或组织发生了炎症或其他病变。

首先，淋巴结是成熟的 T 细胞和 B 细胞的主要定居部位。其中，T 细胞约占淋巴结内淋巴细胞总数的 75%，B 细胞约占 25%。其次，淋巴结也是淋巴细胞接受抗原刺激并发生适应性免疫应答的主要部位之一。存在于组织中的游离抗原经淋巴液引流进入局部淋巴结，可被树突状细胞摄取，或者抗原被组织内树突状细胞摄取而迁移至淋巴结，将加工后的抗原肽提呈给T 细胞,使其活化、增殖，分化为效应性 Th 细胞；通过 T－B 细胞间的相互作用，刺激 B 细胞活化、增殖，分化为浆细胞，浆细胞长期而持续性地产生高亲和力抗体。可见，淋巴结是淋巴液的过滤器。侵入机体的病原微生物、毒素或其他有害异物，通常随淋巴液进入局部引流淋巴结。淋巴结内的巨噬细胞可吞噬、杀伤病原微生物，清除抗原性异物，从而起到净化淋巴液、防止病原体扩散的作用。

4. 脾

脾（spleen）位于腹腔的左上方，呈扁椭圆形，是人体最大的外周免疫器官。脾实质可分为白髓和红髓。白髓为密集的淋巴组织。

脾也是成熟淋巴细胞定居的场所。其中，B 细胞约占脾淋巴细胞总数的 60%，T 细胞约占 40%。同淋巴结一样，脾也是淋巴细胞接受抗原刺激并发生免疫应答的重要部位。不同于淋巴结，脾是对血液中携带的抗原产生免疫应答的。因此，脾是血液的过滤器。体内约 90% 的循环血液流经脾，脾内巨噬细胞和树突细胞均有较强吞噬作用，也可清除血液中的病原体、衰老细胞及其他异物，从而发挥净化血液的作用。

5. 黏膜相关淋巴组织

黏膜相关淋巴组织（mucosal - associated lymphoid tissue，MALT），主要指呼吸道、胃肠道及泌尿生殖道黏膜固有层和上皮细胞下散在的淋巴组织，以及其他含有生发中心的淋巴组织，如扁桃体、小肠派尔集合淋巴结及阑尾等，是发生黏膜免疫应答的主要部位。

MALT 在呼吸道、胃肠道及泌尿生殖道黏膜构成了一道免疫屏障，是行使黏膜局部免疫应答的主要部位，在黏膜局部抗感染免疫防御中发挥关键作用。另外，MALT 中的 B 细胞产生的抗体多为分泌型 IgA（SIgA），SIgA 分布至黏膜表面，成为肠道局部黏膜免疫的主要效应分子。

（二）免疫细胞

免疫细胞包含多种细胞，此处仅重点介绍两种重要的淋巴细胞：B 淋巴细胞（B 细胞）和 T 淋巴细胞（T 细胞）。其余免疫细胞将在后面相应部分介绍。

1. B 细胞

B 淋巴细胞（B lymphocyte）在哺乳动物由骨髓中淋巴样干细胞分化发育而来。B 细胞表面有众多膜分子，在 B 细胞识别抗原、活化、增殖，以及产生抗体等过程中发挥作用。

B 细胞表面最重要的膜分子为 B 细胞抗原受体（B cell receptor，BCR）复合物，是由识别和结合抗原的 mIg 和传递抗原刺激信号的 $Ig\alpha/Ig\beta$ 异二聚体组成，如图 2 - 15 所示。mIg 结合抗原后，经 $Ig\alpha/Ig\beta$ 激活胞内下游信号分子，B 细胞最终分化为浆细胞，分泌产生针对该抗原的抗体。

外周成熟的 B 细胞分为 B1 和 B2 两个亚群。B1 细胞约占 B 细胞总数的 5% ~ 10%，主要产生低亲和力的 IgM，参与固有免疫；B2 细胞即通常所指的 B 细胞，是分泌抗体参与体液免疫应答的主要细胞。

2. T 细胞

T 淋巴细胞（T lymphocyte）来源于骨髓淋巴样干细胞，并于胸腺分化成熟，故称 T 细胞。成熟的 T 细胞主要定居于外周免疫器官的胸腺依赖区。当与抗原接触后，最终分化为具有不同功能的效应性 T 细胞亚群、调节性 T 细胞或记忆性 T 细胞。

T 细胞表面的重要膜分子同样参与 T 细胞识别抗原、活化、增殖、分化，以及效应功能的发挥。

T 细胞表面最重要的膜分子包括抗原受体复合物（TCR - CD3）、CD4 和 CD8 以及共刺激

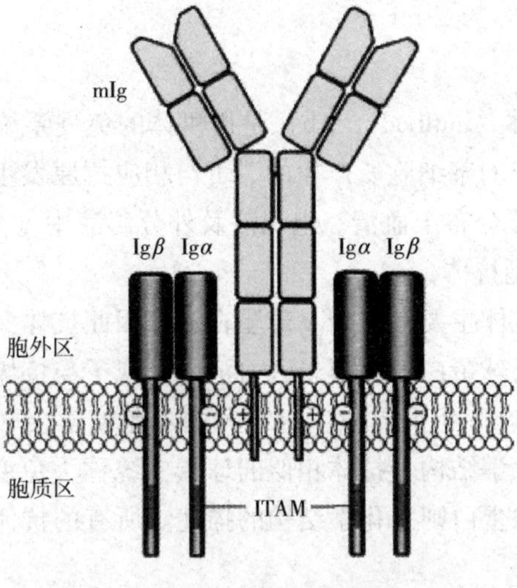

图2－15　B细胞抗原受体复合物

分子等（图2－16）。不同于BCR，T细胞抗原受体（TCR）不能直接识别和结合抗原，只能识别由抗原提呈细胞（APC）提呈的抗原肽－MHC分子复合物；此后CD3分子激活T细胞内信号分子，促进T细胞活化。另外，成熟T细胞只表达CD4或CD8，即$CD4^+$T细胞或$CD8^+$T细胞。CD4和CD8的主要功能是辅助TCR识别抗原和参与T细胞活化信号的转导。

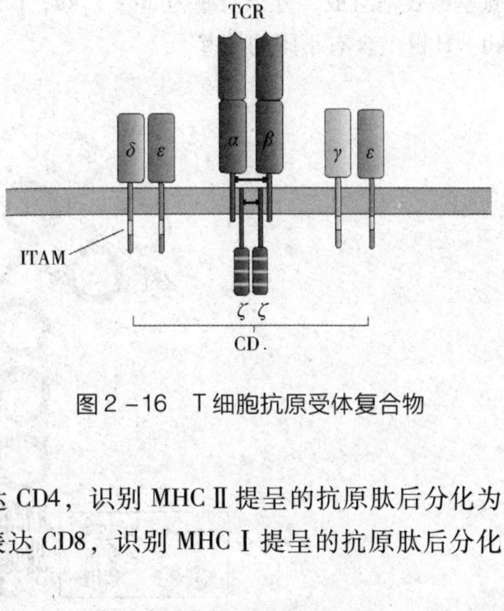

图2－16　T细胞抗原受体复合物

T细胞有多种分类方法，此处重点介绍两种。

（1）根据CD分子T细胞分为$CD4^+$T细胞或$CD8^+$T细胞　60%～65%的T细胞表达CD4，识别MHCⅡ提呈的抗原肽后分化为辅助T细胞（Th）细胞。30%～35%的T细胞表达CD8，识别MHCⅠ提呈的抗原肽后分化为细胞毒性T细胞（CTL）。

（2）根据功能特性T细胞可分为Th细胞、CTL和调节性T细胞　①辅助T细胞（helper T cell，Th）均表达CD4，未受抗原刺激前称为Th0。受抗原性质和细胞因子等因素调控，Th0可分别向Th1和Th2分化。其中Th1主要通过分泌的细胞因子增强细胞介导的抗感染免疫，特别是抗胞内病原体的感染；同时Th1也是迟发型超敏反应的效应T细胞。Th2通过分泌细胞因子辅助B细胞增殖、分化和抗体生成，发挥体液免疫的作用。②细胞毒性T细胞（cytotoxic T lymphocyte，CTL）表达CD8，主要功能是特异性识别内源性抗原肽－MHCⅠ分子复合物，进而杀伤靶细胞（如病毒感染细胞）。③调节性T细胞（regulatory T cell，Rreg），主要通过直接接触抑制靶细胞活化和分泌抑制性细胞因子而负调控免疫应答。

（三）免疫分子

1. 抗体

（1）抗体的概念　抗体（antibody，Ab）是指机体的免疫系统在抗原刺激下，由 B 淋巴细胞或记忆细胞增殖分化成的浆细胞所产生的、可与相应抗原发生特异性结合的免疫球蛋白（immunoglobulin，Ig）。主要分布于血清、组织液及外分泌液中（分泌型抗体，sIg），也可分布于 B 细胞膜上（膜结合型抗体，mIg）。

在电泳分析中，血清抗体主要存在于 γ 球蛋白区，因此抗体又被称为 γ 球蛋白。但随后的研究发现，在骨髓瘤和巨球蛋白血症等患者血清中发现了与抗体有相似结构但不能与抗原结合的球蛋白。1968 年和 1972 年世界卫生组织和国际免疫学会联合会所属专门委员会先后决定，将具有抗体活性或化学结构与抗体相似的球蛋白统称为免疫球蛋白。因此，抗体是生物学功能的描述，而免疫球蛋白则是化学结构的描述。所有的抗体都是免疫球蛋白，但免疫球蛋白不一定都是抗体。

（2）免疫球蛋白的结构　免疫球蛋白是由两条相同的重链（heavy chain，H 链）和两条相同的轻链（light chain，L 链）以二硫键连接的糖蛋白，如图 2－17 所示。H 链由 450～550 个氨基酸残基组成，分子质量为 50～75ku；L 链由约 214 个氨基酸残基组成，分子质量约为 25ku。H 链上含有不同的糖基。

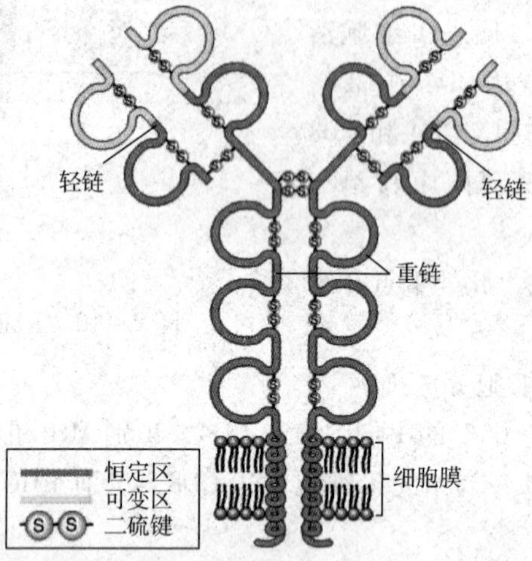

图 2－17　免疫球蛋白结构

根据重链氨基酸序列的差异可将其分为五类，分别为 γ 链、α 链、μ 链、δ 链和 ε 链，由不同的重链与轻链组成完整的抗体分子，分别被称为 IgG、IgA、IgM、IgD 和 IgE。轻链分为 κ 链和 λ 链，据此免疫球蛋白又分两型，即 κ 型和 λ 型。

通过比较同一种属的同一类免疫球蛋白重链和轻链的氨基酸序列，发现其靠近氨基端的约 110 个氨基酸的序列变化很大，其他部分氨基酸序列则相对恒定。在免疫球蛋白多肽链的氨基端（N 端），轻链的 1/2 和重链的 1/4 区域内，氨基酸种类和排列顺序随相对应抗原表位不同而有所变化，因此称为可变区（variable region，V 区），它赋予抗体特异性。近羧基端（C 端）轻链的其余 1/2 和重链的 3/4 的氨基酸种类和排列顺序及糖的含量比较稳定，因此称为恒定区（constant region，C 区）。每一个免疫球蛋白单体分子含有两个 N 端，这是与抗原结合的部位，因而每一抗体单体分子可结合两分子的抗原。

免疫球蛋白分子对蛋白水解酶敏感，两个经典的酶解实验可帮助我们了解免疫球蛋白的基本结构和功能特点。用木瓜蛋白酶水解 IgG，可在重链间二硫键近氨基端裂解重链，得到三个片段，如图 2－18 所示。其中两个片段完全相同，可与抗原结合，称为抗原结合片段（fragment antigen binding，Fab）；另一个片段在低温下可结晶，称为可结晶片段（fragment crystallizable，Fc）。Fc 段是免疫球蛋白与巨噬细胞、补体等相互作用的部位，是抗体生物学活性部位。而胃蛋白酶水解 IgG，则在重链间二硫键羧基端裂解重链，得到一个大分子 F（ab′)$_2$片段和若干小分子多肽碎片 pFc′，如图 2－18 所示。F（ab′)$_2$可与两个抗原决定簇结合，而 pFc′最终被降解并不表现生物学活性。

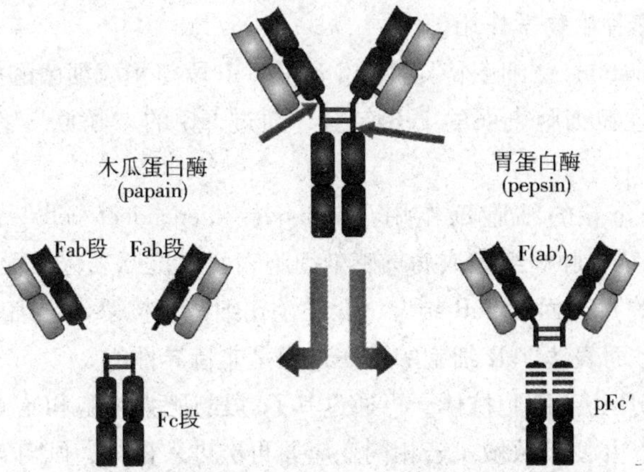

图 2－18　免疫球蛋白的水解片段示意图

（3）抗体的功能　抗体的生物学功能与其结构密切相关，V 区和 C 区表现不同功能特点，如图 2－19 所示。

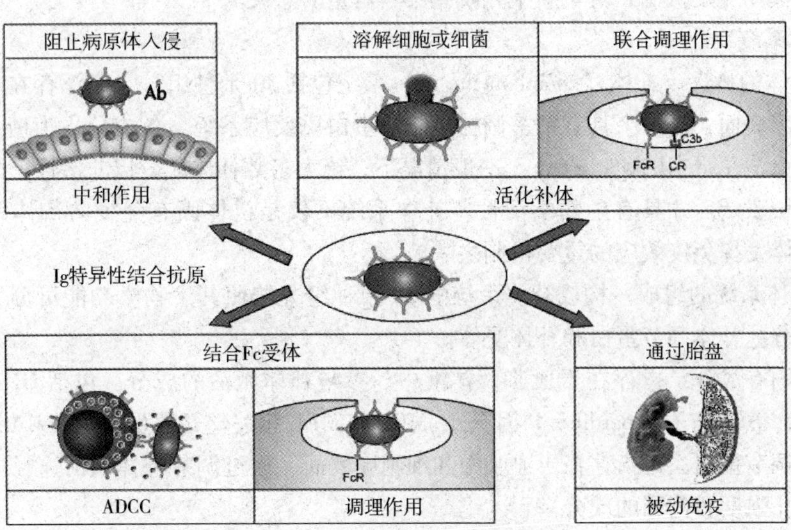

图 2－19　抗体的生物学功能

①结合抗原：识别并特异性结合抗原是抗体分子的主要功能，执行该功能的结构是抗体V区。抗体结合抗原表位的个数称为抗原结合价。单体抗体可结合2个抗原表位，故为双价；分泌型IgA为二聚体，因此为4价；IgM则以五聚体形式存在，为10价，但由于立体构型的空间位阻，一般只能结合5个抗原表位，因此为5价。

抗体V区结合病原微生物或其产物，具有中和毒素、阻断病原入侵等免疫防御功能，但抗体本身并不能清除病原微生物。在体外产生的各种抗原抗体结合反应，有利于抗原或抗体的检测或功能的判断。

②激活补体：抗原抗体结合后，可使得位于抗体Fc段的补体结合位点暴露，从而通过经典途径激活补体系统，产生多种补体效应功能。其中IgM和IgG激活补体能力强，而IgA和IgE则难于激活补体，但形成聚合物后可通过旁路途径激活补体系统。

③结合Fc受体：IgG、IgA和IgE抗体可通过其Fc段与表面具有相应Fc受体（FcR）的细胞结合，产生以下多种生物学作用。

调理作用（opsonization）：细菌特异性IgG以其Fab段与相应细菌的抗原表位结合，以其Fc段与巨噬细胞或中性粒细胞表面的FcR结合，通过IgG的“桥联”作用，促进吞噬细胞对细菌的吞噬。

抗体依赖的细胞介导的细胞毒作用（antibody - dependent cell - mediated cytotoxicity, ADCC）:抗体的Fab段结合肿瘤细胞或病毒感染细胞表面的抗原表位，而其Fc段与杀伤细胞（NK细胞、巨噬细胞等）表面的FcR结合，介导杀伤细胞直接杀伤靶细胞。其中抗体与靶细胞的结合是特异性的，而表达FcR细胞的杀伤作用是非特异性的。

Ⅰ型超敏反应：IgE为亲细胞抗体，可通过其Fc段与肥大细胞和嗜碱性粒细胞表面高亲和力IgE Fc受体结合，并使其致敏。若相同变应原再次进入机体，则可与致敏靶细胞表面特异性IgE结合，即可促使这些细胞合成和释放生物活性物质，引起Ⅰ型超敏反应。

④穿过胎盘：在人类，IgG是唯一能通过胎盘的免疫球蛋白。胎盘母体一侧的滋养层细胞表达一种IgG输送蛋白，称为新生Fc段受体（neonatal FcR，FcRn）。IgG可与FcRn结合，接着将IgG转移到滋养层细胞内，并主动进入胎儿血液循环中。IgG穿过胎盘的作用是一种重要的自然被动免疫机制，对于新生儿抗感染具有重要意义。

2. 补体系统

（1）补体的概念　补体（complement，C）系统包括30余种组分，广泛存在于血清、组织液和细胞膜表面，是一个具有精密调控机制的蛋白质反应系统。各成分均为糖蛋白，血清补体蛋白占血清总蛋白的5%～6%。一般情况下，绝大多数补体成分以非活性形式存在于血清中，仅在被激活后才具有生物学活性。补体系统不仅是机体固有免疫防御体系的重要组分，也是抗体发挥免疫效应的重要机制之一。

（2）补体系统的组成　构成补体系统的30余种组分按照其生物学功能可分为三类，即补体固有成分、补体调节蛋白和补体受体。

①补体固有成分：指存在于血浆及体液中、参与补体激活的成分。包括C1～C9、B因子、D因子、备解素（properdin，P因子）、MBL和MBL相关丝氨酸蛋白酶（MASP）。

②补体调节蛋白：是指存在于血浆中和细胞膜表面、通过调节补体激活途径中关键酶而控制补体活化强度和范围的成分。

③补体受体（complement receptor，CR）：是指存在于细胞膜表面、能与补体激活后的活

性片段结合、介导多种生物效应的受体。

补体成分众多，其命名原则为：参与经典补体激活途径的固有成分按其被发现的先后顺序分别被命名为C1、C2……C9；补体系统其他组分以英文大写字母表示，如B因子、D因子等；补体调节蛋白多以其功能命名，如C1抑制物、C4结合蛋白等；补体激活后的裂解片段以该成分的符号后面附加小写英文字母表示，如C3a、C3b等；灭活的补体片段在其符号前加英文字母i表示，如iC3b。

（3）补体激活途径 补体固有成分以非活化形式存在于体液中，多种微生物成分、抗原-抗体复合物以及其他外源性或内源性物质可经三条途径，通过启动一系列丝氨酸蛋白酶的级联酶解反应而激活补体，所形成的活化产物具有调理吞噬、溶解细胞、清除免疫复合物、调节免疫应答和介导炎症等生物学功能。

①经典途径：指激活物与C1q结合，顺序活化C1r、C1s、C4、C2、C3，形成C3转化酶（C4b2a）和C5转化酶（C4b2a3b）的级联酶促反应过程。这一激活途径的激活物主要是与抗原结合的IgG、IgM分子。

C1q与2个以上Fc段结合即可激活C1另外两组分C1r和C1s，其中活化的C1s依次裂解C4和C2，形成C4b2a复合物，即C3转化酶；C4b2a裂解C3，形成C4b2a3b，即C5转化酶；C4b2a3b裂解C5，C5b随后结合C6、C7和C8形成C5b678复合物并结合于细胞膜，进一步促进若干个C9聚合，形成C5b6789n复合物，此即攻膜复合物（membrane attack complex，MAC），如图2-20所示。插入细胞膜的MAC通过破坏局部磷脂双层而形成“渗漏斑”，或形成穿膜的亲水性空岛，可容许水、离子及可溶性分子等经此孔道自由流动，最终导致细胞逐渐肿胀而破裂（即细胞“溶破”）。

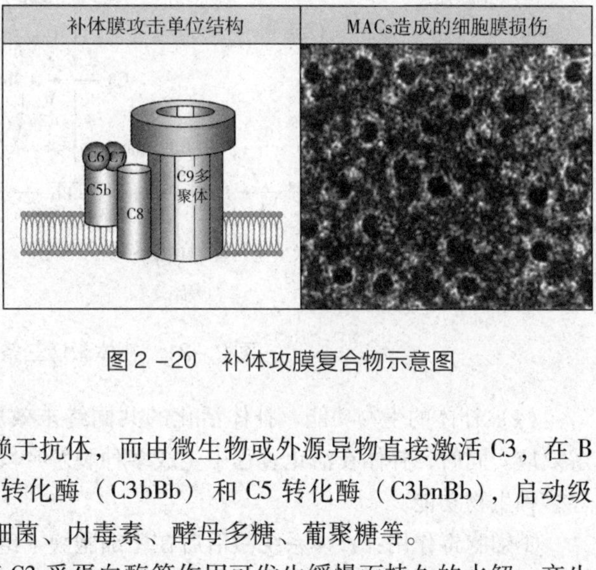

图2-20 补体攻膜复合物示意图

②旁路途径：又称替代途径。不依赖于抗体，而由微生物或外源异物直接激活C3，在B因子、D因子和备解素参与下，形成C3转化酶（C3bBb）和C5转化酶（C3bnBb），启动级联酶促反应过程。此途径激活物为某些细菌、内毒素、酵母多糖、葡聚糖等。

活化从C3开始。生理条件下，血清C3受蛋白酶等作用可发生缓慢而持久的水解，产生低水平C3b。这种自发产生的C3b在液相中快速失活，而少数结合于膜表面的则不被灭活。如果结合于自身细胞表面，C3b可被多种调节蛋白降解和灭活；结合于微生物或异物表面，C3b可与B因子结合，在Mg^{2+}存在下，促进结合的B因子被D因子裂解为Ba和Bb，形成C3bBb复合物，即旁路途径的C3转化酶。另外，备解素可稳定C3转化酶，从而裂解更多C3分子，形成旁路途径的正反馈放大效应。C3b结合于C3bBb形成C3bBb3b，即旁路途径C5转化酶。其后的终末通路与经典途径完全相同。

③凝集素途径：又称MBL途径。指血液中甘露糖结合凝集素（mannose-binding lectin，MBL）或纤维胶原素（ficolin，FCN）等直接识别病原体表面糖结构，依次活化MBL相关丝氨酸蛋白酶（MBL-associated serine protease，MASP）、C4、C2、C3，形成与经典途径相同

的C3转化酶和C5转化酶，启动级联酶促反应。此途径的激活物为病原体表面的甘露糖和甘露糖胺等糖结构。这些糖结构在哺乳动物体内罕见，但是在细菌、真菌及寄生虫细胞表面却为常见成分。MBL和FCN可选择性识别并结合这些甘露糖和甘露糖胺等末端糖基。

MBL或FCN与病原微生物表面糖结构结合后，进一步结合MASP，形成MBL－MASP或FCN－MASP，MBL或FCN发生构象变化，使其中MASP激活。活化的MASP发挥其丝氨酸蛋白酶活性，裂解C4和C2，生成C3转化酶C4b2a，继之裂解C3形成C5转化酶C4b2a3b，进入同经典途径的补体激活末端通路。

三条补体激活途径在生物种系进化中出现的前后顺序为旁路途径→MBL途径→经典途径。前两条途径通常在抗体产生的抗感染早期发挥作用，而经典途径则在抗感染后期才能发挥作用。各途径起点各异，但存在相互交叉，并具有共同的末端通路，共同参与抵御病原体感染机体，如图2－21所示。

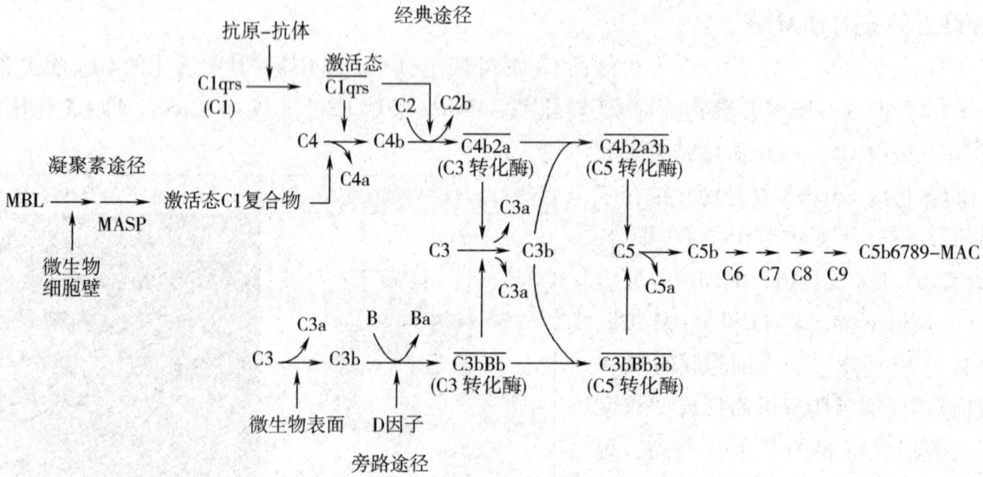

图2－21 补体激活三条途径示意图

（4）补体的生物功能 补体活化的共同终末效应在靶细胞膜上组装MAC，介导细胞溶解效应。同时，补体在活化过程中生成多种裂解片段，通过与机体细胞膜相应受体结合而介导多种生物功能。

①细胞毒作用：补体系统激活后在靶细胞膜上组装MAC，使细胞内外渗透压失衡，导致细胞溶破。靶细胞一般为细菌、病毒、寄生虫或者肿瘤细胞等。因此补体介导的细胞毒作用参与宿主抵御病原微生物机制和抗肿瘤免疫效应机制。

②调理作用：补体活化产生的C3b、C4b等片段可直接结合于细菌或其他颗粒物质表面，通过与吞噬细胞表面相应的补体受体结合而促进吞噬细胞对其的吞噬。这一调理作用同样是参与机体抵御细菌感染和真菌感染的重要机制。

③炎症介质：补体活化产生的C5a、C3a和C4a等小片段具有炎症介质作用，均可与肥大细胞或嗜碱性粒细胞表面响应受体结合，引起局部炎症。

④清除免疫复合物：补体成分参与免疫复合物清除。C3b可与免疫复合物结合，同时可经补体受体黏附于红细胞、血小板，从而经血液循环将免疫复合物运送至脾脏和肝脏，被其中丰富的巨噬细胞吞噬和清除，这一作用称为免疫黏附。

3. 主要组织相容性复合体

主要组织相容性复合体（major histocompatibility complex，MHC）是一组决定移植组织相容性、与免疫应答密切关联、紧密连锁的基因群。哺乳动物都有 MHC。本处以人类 MHC 编码产物 HLA 分子为例，介绍 MHC 的主要生物学功能。

HLA 分子根据其结构和功能分为两大类：HLA Ⅰ类分子和 HLA Ⅱ类分子，他们在结构和功能上各有特点。

（1）HLA 分子的结构　HLA Ⅰ类分子由重链（α 链）和 β_2m 组成，分布于所有有核细胞表面。HLA Ⅱ类分子由 α 链和 β 链组成，仅表达于淋巴组织中一些特定细胞表面，如专职性抗原提呈细胞。HLA Ⅰ类分子和 HLA Ⅱ类分子虽然组成不同，但却形成了相似的空间构象（图 2－22，A 为 HLA Ⅰ类分子，B 为 HLA Ⅱ类分子）。

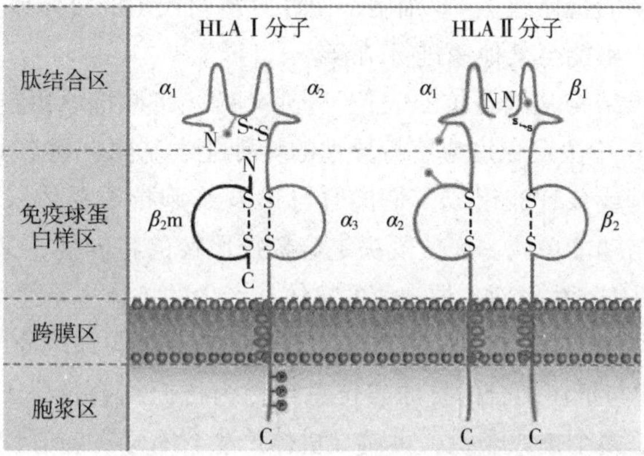

图 2－22　HLA 分子结构示意图

Ⅰ类分子的重链胞外段有 3 个结构域（α_1、α_2 和 α_3）。其中 α_1 和 α_2 构成抗原肽结合槽，接纳 8～10 个氨基酸残基的抗原肽；而 α_3 和 β_2m 属于免疫球蛋白超家族（IgSF）结构域。

HLA Ⅱ类分子的 α 链和 β 链各有两个胞外结构域（α_1、α_2；β_1、β_2），其中 α_1 和 β_1 共同形成抗原结合槽，可容纳 13～17 个氨基酸残基，甚至更长；α_2 和 β_2 为 IgSF 结构域。

（2）HLA 分子的功能　经典的 MHC Ⅰ类分子和 MHC Ⅱ类分子通过提呈抗原肽而激活 T 细胞，参与适应性免疫应答，这是 MHC 分子主要的生物学功能。在这一抗原提呈过程中，非常重要的功能表现之一为 MHC 限制性，它是指 T 细胞以其 TCR 对抗原肽和自身 MHC 分子进行双识别，即 T 细胞只能识别自身 MHC 分子提呈的抗原肽。其中 $CD4^+$ Th 细胞识别Ⅱ类分子提呈的外源性抗原，而 $CD8^+$ CTL 细胞识别Ⅰ类分子提呈的内源性抗原。除此之外，MHC 还参与 T 细胞胸腺内的选择和分化、参与构成种群基因结构的异质性、决定个体疾病的易感性，以及调节固有免疫应答等多方面的生物活性。

三、免疫系统的生理功能

免疫系统只有在识别抗原后才会被激发免疫应答反应，最终达到清除抗原的目的。

（一）抗原

1. 抗原的定义

抗原（antigen，Ag）是指能激活和诱导免疫应答的物质，通常指能被 T、B 细胞表面特异性抗原受体（TCR 或 BCR）识别并结合，激活 T、B 细胞增殖、分化、产生免疫应答效应产物（特异性淋巴细胞或抗体），并与效应产物结合，进而发挥适应性免疫应答效应的物质。抗原须具备两个基本特性：①免疫原性（immunogenicity）指抗原诱导机体产生适应性免疫应答（活化的 T、B 细胞或抗体）的能力；②免疫反应性（immunoreactivity）指抗原与其所诱导产生的免疫应答效应物质（活化的 T、B 细胞或抗体）特异性结合的能力。具备这两种特性的物质，如细菌、病毒、寄生虫、异体蛋白和药物等都是常见的抗原。

2. 抗原表位

在整个免疫过程中，抗原特异性是最重要的特点。特异性（specificity）是指物质之间的相互吻合性或针对性、专一性。抗原特异性不仅表现在免疫原性上，也表现在免疫反应性上。例如，沙门氏菌只能诱导机体产生针对沙门氏菌的抗体或 T、B 细胞表面 TCR 或 BCR，而不能产生针对其他菌的抗体或 T、B 细胞；而针对沙门氏菌的抗体或 T、B 细胞也只能和沙门氏菌发生结合反应，不能与其他菌进行结合。

抗原特异性的分子结构基础是抗原表位（epitope），又称抗原决定基（antigenic determinant）。表位是抗原分子中决定免疫应答特异性的特殊化学基团，通常由 5~15 个氨基酸残基组成，也可由多糖残基或核苷酸组成，是抗原与 T/B 细胞抗原受体（TCR/BCR）或抗体特异性结合的最小结构与功能单位。表位既决定着免疫原性的特异性，又决定着免疫反应性的特异性。如抗原刺激机体产生针对抗原表位的抗体，产生的抗体也是通过与表位结合而参与免疫应答的。而且，T/B 细胞抗原受体（TCR/BCR）通过识别表位而区分“自身”与“非己”。

1 个抗原分子中能与抗体结合的抗原表位总数称为抗原结合价。天然蛋白质大分子通常为多价抗原，含多种、多个抗原表位，可诱导机体产生含有多种特异性抗体的多克隆抗体。

根据抗原表位中氨基酸的空间结构特点，可将其分为顺序表位和构象表位。顺序表位由连续线性排列的氨基酸构成；而构象表位由不连续排列、空间上彼此接近、形成特定构象的若干氨基酸组成。蛋白质大分子抗原受到各种理化因素作用后，可能导致其空间构象发生变化，构象表位也会随之而改变。

（二）抗原的加工和提呈

1. 抗原提呈细胞

抗原提呈细胞（antigen - presenting cell，APC）是能够加工抗原并以抗原肽 - MHC 分子复合物的形式将抗原肽提呈给 T 细胞的一类细胞。根据其中 MHC 分子可分为两大类：①通过 MHCⅡ类分子提呈外源性抗原的 APC，激活 $CD4^+$ T 细胞。这类 APC 细胞包括专职性 APC，即树突状细胞、巨噬细胞和 B 细胞；非专职性 APC，如内皮细胞、上皮细胞、成纤维细胞等。②通过 MHCⅠ类分子提呈内源性抗原的 APC，激活 $CD8^+$ T 细胞。此类 APC 细胞通常是胞内寄生病原体感染的细胞或发生突变的细胞。下面主要介绍专职性 APC 细胞。

（1）树突状细胞（dendritic cell，DC）　是一类成熟时具有许多树突样突起的，能够识别、摄取和加工外源性抗原并将抗原肽提呈给 Th0 细胞且诱导 T 细胞活化增殖的，功能最强的抗原提呈细胞。

组织中的 DC 细胞高表达模式识别受体，如 Fc 受体（与抗体 Fc 段结合）和甘露糖受体（可识别病原微生物细胞壁的多糖成分），能有效识别和摄取外源性抗原。一旦摄取抗原即开始从外周组织器官向外周淋巴器官迁移，迁移过程中 DC 逐步成熟，表现为高表达 MHCⅡ类分子和共刺激分子等，故能有效提呈抗原和激活 T 细胞，启动适应性免疫应答。

DC 细胞的主要功能包括以下两方面：一是可识别多种病原微生物或抗原 - 抗体复合物，经胞饮、吞噬、受体介导的内吞等作用摄取抗原物质并将其销毁，行使固有的免疫应答；二是销毁过程中形成的抗原肽部分则与细胞内 MHCⅡ结合并表达于 DC 表面，提呈给 $CD4^+$ T 细胞，活化 Th 细胞，启动适应性免疫应答。

（2）单核 - 巨噬细胞　单核细胞（monocyte）来源于骨髓，位于外周血，从血液中移行至全身组织器官成为巨噬细胞（macrophage，MΦ）。单核 - 巨噬细胞表达多种受体（Fc 受体、模式识别受体、补体受体等），可通过胞饮、吞噬和受体介导的内吞等作用方式摄取抗原物质，因此其吞噬和清除病原微生物的能力很强。

巨噬细胞摄取抗原后同样诱导 MHCⅠ、MHCⅡ和共刺激分子等高表达，可将抗原肽 - MHCⅡ类分子复合物提呈给 $CD4^+$ T 细胞，发挥专职性 APC 的功能。

（3）B 细胞　B 细胞作为专职性 APC，主要以 BCR 识别、浓集和内化抗原，亦可通过胞饮作用摄取抗原。B 细胞将抗原加工成为抗原肽后，以抗原肽 - MHCⅡ类分子复合物的形式表达于细胞表面，提呈给 Th 细胞。

2. 抗原的加工和提呈

抗原加工（antigen processing），是 APC 将摄取入胞内的外源性抗原或胞内自身产生的内源性抗原降解并加工成一定大小的多肽片段，使得抗原肽适合与 MHC 分子结合，抗原肽 - MHC 分子复合物再转运到细胞表面的过程。抗原提呈（antigen presenting）是表达于 APC 表面的抗原肽 - MHC 分子复合物被 T 细胞识别，从而将抗原肽提呈给 T 细胞，诱导 T 细胞活化的过程。

根据来源不同将被提呈的抗原分为两大类（图 2 - 23），来自细胞外的抗原称为外源性抗原，如被吞噬的细菌或蛋白质抗原；细胞内合成的抗原称为内源性抗原，如病毒感染细胞内合成的病毒蛋白、肿瘤细胞合成的肿瘤抗原等。两种不同来源蛋白加工和提呈的途径也不同。

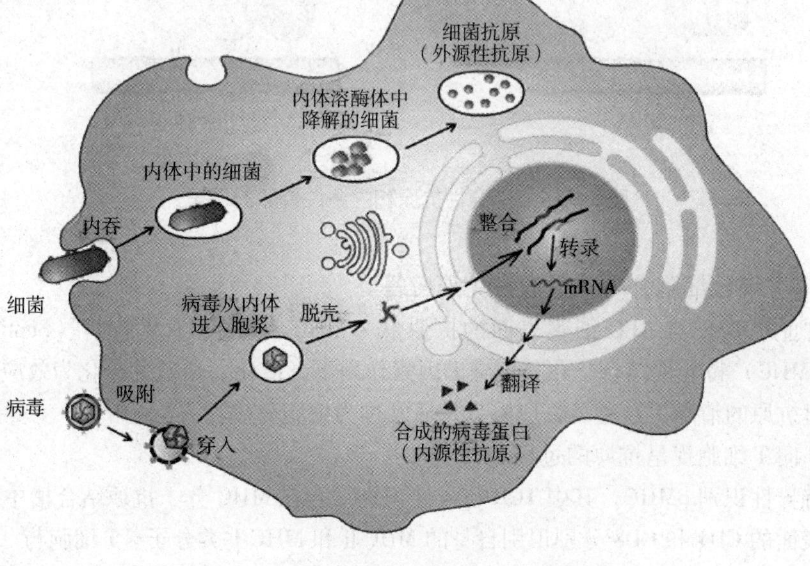

图 2 - 23　外源性抗原和内源性抗原的产生

（1）MHC Ⅰ类分子提呈抗原途径　内源性抗原主要通过 MHC Ⅰ类分子途径加工与提呈，如图 2-24 所示。所有有核细胞均表达 MHC Ⅰ类分子，因此所有有核细胞均可通过 MHC Ⅰ类途径加工和提呈抗原。

细胞内抗原经胞质内蛋白酶体（proteasome）降解，成为 6~30 个氨基酸残基大小、C 端多为碱性或疏水氨基酸的抗原肽；降解的抗原肽中 8~16 个氨基酸残基的片段选择性地与抗原加工相关转运物（transporter associated with antigen processing，TAP）结合，被转运至内质网内，与此处新组装的 MHC Ⅰ类分子结合；结合抗原肽的 MHC Ⅰ类分子经高尔基体转运至细胞膜，提呈给 $CD8^+$ T 细胞。

（2）MHC Ⅱ类分子提呈抗原途径　外源性抗原肽主要经 MHC Ⅱ类分子途径加工与提呈（图 2-24）。专职性 APC 表达丰富的 MHC Ⅱ类分子，因此专职性 APC 摄取抗原后多经 MHC Ⅱ类分子途径加工和提呈抗原。

外源性抗原经吞噬、胞饮或受体介导内吞作用等途径被专职性 APC 细胞摄取；摄取的抗原与内体（endosome）融合，或者形成吞噬溶酶体；内体和吞噬溶酶体又与胞质中富含 MHC Ⅱ类分子的溶酶体样细胞器融合；此时抗原被降解为 10~30 个氨基酸残基的短肽，适合的抗原肽与 MHC Ⅱ类分子结合，然后转运至细胞膜表面，供 $CD4^+$ T 细胞识别，从而将外源性抗原提呈给 $CD4^+$ T 细胞。

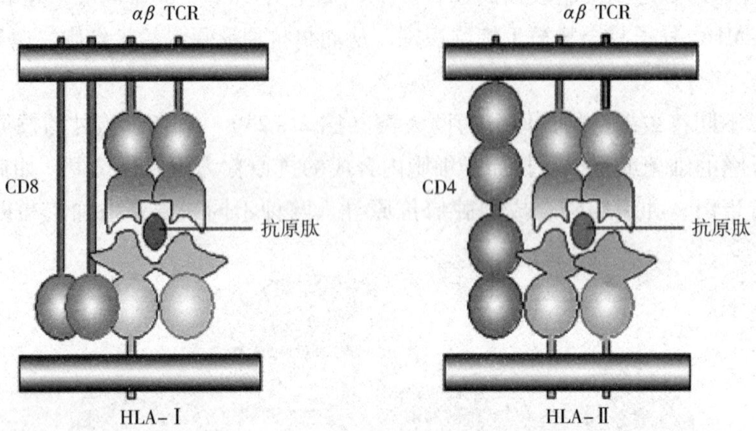

图 2-24　外源性抗原和内源性抗原的提呈

（三）T 淋巴细胞介导的适应性免疫应答

T 细胞通过 TCR 与 APC 细胞表面的抗原肽-MHC Ⅰ/Ⅱ分子复合物（peptide-MHC complex，pMHC）特异性结合，在其他辅助因素作用下，活化、增殖并分化为效应性 T 细胞，进而完成对抗原的清除。这种免疫应答方式通常称为细胞免疫。

1. APC 向 T 细胞提呈抗原的过程

TCR 特异性识别 pMHC，其中 TCR 特异性识别结合在 MHC 分子抗原结合槽中的抗原肽，而 T 细胞表面的 CD4 和 CD8 分别识别自身的 MHC Ⅱ和 MHC Ⅰ类分子。T 细胞与 APC 细胞结合还导致两细胞间黏附分子的作用，从而稳定细胞间的结合。此时，T 细胞和 APC 细胞的结合面形成一种被称为免疫突触的特殊结构。

2. T 细胞的活化、增殖和分化

T 细胞的活化有赖于双信号和细胞因子的作用。T 细胞活化是其继续增殖和分化的基础。

（1）T 细胞的活化　T 细胞活化的第一信号即 TCR 与 pMHC 的相互作用，当 TCR 识别并结合特异性抗原肽后即可导致 CD3 胞质区 ITAM 中的酪氨酸磷酸化，启动细胞内信号转导分子级联反应，最终激活转录因子，引起多种相关分子的激活和转录，T 细胞初步活化。T 细胞与 APC 表面多对共刺激分子的相互作用产生 T 细胞活化的第二信号（共刺激信号），导致 T 细胞完全活化。其中 T 细胞表面的 CD28 与 APC 表面 B7 的相互作用是最强的共刺激信号，其作用主要是促进细胞因子 IL－2 的合成。如缺乏共刺激信号，第一信号非但不能有效地激活 T 细胞，反而导致 T 细胞失能。

（2）T 细胞的增殖和分化　T 细胞完全活化后，还有赖于多种细胞因子（IL－1、IL－2、IL－4、IL－6、IL－10、IL－12、IL－15 和 IFN－γ）作用才能使得 T 细胞进一步增殖和分化。其中 IL－2 对 T 细胞增殖至关重要，可促进 T 细胞的克隆扩增。如果缺乏细胞因子，活化的 T 细胞不能增殖和分化，导致 T 细胞活化后凋亡。

T 细胞分别在不同细胞因子作用下分化为 Th 和 CTL 两类效应 T 细胞。Th 细胞又分为 Th1 和 Th2 两种类型，Th1 主要介导细胞免疫应答，而 Th2 主要介导体液免疫应答。CTL 分化的第一种方式为 Th 依赖性方式，即 T 细胞在 pMHC Ⅰ 和 TCR 结合信号以及 Th 释放的细胞因子共同作用下，增殖分化为 CTL；另一种方式为 Th 非依赖性的，可不需要 Th 细胞辅助，$CD8^+$ T 细胞活化后产生 IL－2，增殖分化为 CTL。

3. T 细胞的免疫效应

不同效应 T 细胞亚群具有不同的特点和效应。

（1）Th 效应　Th 主要通过释放细胞因子来发挥作用，Th1 和 Th2 分泌产生不同的细胞因子，因此产生完全不同的免疫效应。

Th1 主要有两种效应。一是诱导 CTL 分化（前述）；二是通过释放的细胞因子募集和活化单核－巨噬细胞和淋巴细胞，诱导细胞免疫反应，又称为单个核细胞浸润为主的炎症反应或迟发型炎症反应。Th1 通过产生 IL－3、TNFα 等诱生和募集巨噬细胞；产生 IFN－γ 等细胞因子，以及 Th1 表面 CD40L 与巨噬细胞表面 CD40 结合，促进巨噬细胞的活化。另外，Th1 还促进 NK 细胞和中性粒细胞的活化。因此，在宿主抗胞内病原体感染过程中，起重要作用。

Th2 的效应主要为通过产生 IL－4、IL－10 等细胞因子协助和促进 B 细胞增殖和分化为浆细胞，产生抗体。

（2）CTL 效应　CTL 高效、特异性地杀伤胞内感染病原体的感染细胞、肿瘤细胞等靶细胞，而不损害正常细胞。

CTL 杀伤靶细胞的过程：活化的 CTL 在趋化因子作用下向感染或肿瘤部位集聚。TCR 识别靶细胞提呈的 pMHC Ⅰ 后形成 CTL－靶细胞间的免疫突触，这可导致 CTL 内包括胞质颗粒的一些细胞器极化，即向着与靶细胞结合的方向聚集；接着 CTL 向靶细胞释放胞质颗粒中的效应分子，效应分子对靶细胞进行致死性攻击；然后 CTL 脱离靶细胞寻找下一个目标，而靶细胞在杀伤机制的作用下凋亡。

CTL 杀伤靶细胞的机制：①穿孔素/颗粒酶途径：CTL 释放的胞质颗粒中含有穿孔素（perforin）和颗粒酶（granzyme），穿孔素单体可插入靶细胞膜，多个穿孔素聚合形成孔道，使颗粒酶等细胞毒蛋白进入细胞。颗粒酶发挥丝氨酸蛋白酶作用，通过激活凋亡相关的酶系统而诱导靶细胞凋亡。②死亡受体途径：CTL 表达 FasL 或分泌 TNFα，可与靶细胞表面的 Fas 和 TNF 受体结合，启动胞内胱天蛋白酶（caspase）参与的信号转导途径，诱导靶细胞凋亡。

T 细胞介导的细胞免疫效应主要针对细胞内寄生病原体感染、肿瘤细胞等，也与迟发型超敏反应、移植排斥反应密切相关。之后还有部分效应 T 细胞分化为记忆性 T 细胞，保留了对特异性抗原的记忆，从而使得免疫系统再次接触相同抗原能更迅速和有效地启动免疫应答。

（四）B 淋巴细胞介导的适应性免疫应答

抗原进入机体后诱导相应的特异性 B 细胞活化、增殖并最终分化为浆细胞，产生特异性抗体进入体液，发挥免疫效应。由于抗体存在于体液中，故此过程也称为体液免疫应答。体液免疫应答根据抗原的不同可分为对 T 细胞依赖抗原（TD－Ag）的免疫应答和对 T 细胞非依赖抗原（TI－Ag）的免疫应答。

1. B 细胞活化

（1）TD－Ag 对 B 细胞的活化　B 细胞表面抗原受体 BCR 特异性结合抗原，产生 B 细胞活化的第一信号。B 细胞同时还是专职性 APC，内化 BCR 结合的抗原后，对抗原进行加工，形成抗原肽－MHCⅡ复合物（pMHC），提呈给抗原特异性 Th 识别，活化 Th。Th 活化后通过表达 CD40L 与 B 细胞表面 CD40 结合，又提供了 B 细胞活化的第二信号（共刺激信号）。同 T 细胞一样，如果没有共刺激信号，B 细胞不但不能活化，反而会导致 B 细胞失能。

B 细胞经 TD－Ag 刺激和 Th 的辅助后完全活化，进而在活化的 Th 细胞产生的细胞因子（如 IL－4、IL－5、IL－21 和 IL－6 等）作用下增殖、分化为浆细胞或记忆 B 细胞。

浆细胞又称抗体生成细胞（antibody forming cell，AFC），其特点是能分泌大量特异性抗体。浆细胞是 B 细胞分化的终末细胞，其胞质内含丰富的粗面内质网，利于抗体合成和分泌。浆细胞也不再表达 BCR 和 MHCⅡ类分子。在免疫应答中，外周免疫器官中 B 细胞克隆增殖形成生发中心，产生的大部分浆细胞迁移入骨髓，并在较长时间内持续产生抗体。另外，生发中心除分化为浆细胞外，还有部分分化为记忆 B 细胞并进入血液参与再循环。

（2）TI－Ag 对 B 细胞的活化　TI－Ag 多为细菌多糖、多聚蛋白质及脂多糖等，能直接激活 B 细胞而无需 Th 细胞辅助。这类抗原能够与 BCR 及丝裂原受体结合，或者通过交联多个 BCR，在没有 Th 辅助下激活 B 细胞。

2. 抗体产生的一般规律

抗原初次刺激机体引发的免疫应答称为初次应答（primary response）；初次应答中形成的记忆细胞再次接触相同抗原后产生迅速、高效、持久的应答则称为再次应答（secondary response）。细胞免疫应答和体液免疫应答都具有这样的规律。

对于激活 B 细胞生成抗体而言，初次应答潜伏期长、浓度低，主要为亲和力低的 IgM。而再次应答由于免疫记忆细胞的存在，所需抗原剂量小；抗体生成的潜伏期短；抗体浓度增加快且能快速达到平台浓度，平台浓度甚至可为初次应答的 10 倍以上；抗体维持时间长；主要产生高亲和力的 IgG 抗体。

3. 体液免疫应答效应

体液免疫应答主要效应分子为 B 细胞分泌产生的抗体，它可通过中和作用、激活补体、调理作用、ADCC 和组织局部抗原侵入黏膜等多种机制发挥免疫效应，以清除抗原（详见“抗体”部分）。

（五）固有免疫应答

固有免疫系统是生物体在长期进化过程中逐渐形成的天然免疫系统，主要由组织屏障、固有免疫细胞和固有免疫分子组成。固有免疫应答（innate immune response）是机体固有免疫系统识别病原体等抗原后，进行有效吞噬杀伤、清除病原体或体内“非己”抗原性异物，产生非特异性免疫防御、监视、自稳等保护作用的过程。

1. 组织屏障作用

皮肤和黏膜及其附属成分所组成的物理、化学和微生物屏障是机体阻挡和抵御外来病原体入侵的第一道防线。

2. 固有免疫细胞作用

固有免疫细胞包括单核-巨噬细胞、中性粒细胞、树突状细胞、NK 细胞、肥大细胞、嗜碱性粒细胞和嗜酸性粒细胞等。固有免疫细胞不表达特异性抗原识别受体，因此其识别抗原是非特异性的，可参与非特异性抗感染、抗肿瘤等免疫保护活动。

（1）吞噬细胞　吞噬细胞包括血液中的单核细胞、中性粒细胞和组织器官中的巨噬细胞。单核细胞约占血液中白细胞总数的3%～8%，胞质内富含溶酶体颗粒，其内含有过氧化物酶、酸性磷酸酶和溶菌酶等多种酶类物质。单核细胞在血液内短暂停留后进入表皮分化为朗格汉斯细胞，进入组织器官分化为巨噬细胞。

巨噬细胞通过其表面多种模式识别受体（如甘露糖受体、清道夫受体、Toll 受体等）、细胞因子受体等摄取和吞噬抗原，依赖胞内强大的杀菌系统，包括蛋白酶、核酸酶、酯酶和磷酸酶等多种酶，在酶解作用下，对吞噬的抗原进行消化降解。另外，被激活的巨噬细胞还分泌丰富的细胞因子，参与杀伤胞内寄生菌、炎症反应和激动适应性免疫应答等作用。

另一种吞噬细胞为血液中的中性粒细胞。

（2）NK 细胞　自然杀伤细胞（natural killer，NK）分布于骨髓、外周血、肝脏、脾脏、肺脏和淋巴结。NK 细胞通过表面活化性受体和抑制性受体对抗原进行识别，并直接杀伤肿瘤和病毒感染的靶细胞。正常情况下，活化受体和抑制受体结合正常自身细胞表达的 MHC Ⅰ类分子，此时抑制受体作用占主导。而发生病毒感染或细胞癌变时，靶细胞表面 MHC Ⅰ类分子缺失或下调，此时 NK 细胞通过活化受体识别靶细胞而被活化，并经释放穿孔素、颗粒酶、TNF 和表达 FasL 等作用方式杀伤病毒和肿瘤等靶细胞。

NK 细胞和巨噬细胞还可以通过 ADCC 作用杀伤靶细胞。

3. 固有免疫分子作用

补体系统、细胞因子以及其他抗菌物质都是重要的参与固有免疫应答的免疫效应分子。他们可直接参与杀伤靶细胞或清除抗原，或通过促进吞噬细胞作用等方式参与免疫应答。

四、增强免疫功能的评价指标

机体通过免疫系统的固有免疫应答和适应性免疫应答完成主动防御、免疫监视和免疫自稳功能，产生对自身有益的免疫保护作用。固有免疫应答包括多种免疫细胞和免疫分子的参与，适应性免疫应答则包括 T 细胞介导的细胞免疫和 B 细胞介导的体液免疫，两大类免疫应答方式相互依存，密切配合。越来越多的功能食品被发现具有调节免疫功能的作用。通过实验方法来评价功能食品的免疫调节作用，需依据免疫应答作用方式的特点，从固有免疫和适应性免疫两方面进行考量。

通常，选取不同免疫应答方式中关键的免疫效应细胞或免疫效应分子，作为评价此种免疫作用的实验指标。固有免疫功能一般把吞噬细胞和NK细胞作为评价对象，考察功能食品对其吞噬活性或重要免疫分子产生量等指标的影响。适应性免疫功能中细胞免疫应答以T细胞为评价对象，考察功能食品对T细胞增殖能力的影响；体液免疫应答则以B细胞或抗体为评价对象，考察功能食品对B细胞产生抗体能力或体液中抗体水平的影响。下面分别对各指标的评价原理进行阐述。

（一）吞噬细胞功能评价

当病原体或体内“非己”抗原性异物等进入机体后，血液和组织器官中的吞噬细胞通过其强大的吞噬杀伤作用而清除这些病原体或异物抗原。据此，将待测巨噬细胞与某种易于计数的颗粒性物质（如鸡红细胞、碳颗粒或荧光标记颗粒）混合接触后，颗粒物质被巨噬细胞吞噬，根据吞噬百分率即可反映巨噬细胞的吞噬能力。此处仅介绍较常用的两种检测方法。

1. 巨噬细胞吞噬鸡红细胞实验

小鼠腹腔含有丰富的巨噬细胞，容易较大量获取，因此常选用收集腹腔细胞测定其吞噬功能。小鼠腹腔注射鸡红细胞，一定时间后收集小鼠腹腔巨噬细胞，进行染色和镜检。镜下计数吞噬红细胞的巨噬细胞数或被吞噬的红细胞量，计算吞噬百分率或吞噬指数，即可反映巨噬细胞的吞噬功能。

吞噬百分率为观察100个巨噬细胞，计数其中有吞噬作用的巨噬细胞数，计算出吞噬百分率。吞噬指数为观察100个巨噬细胞，计算平均每个巨噬细胞吞噬的鸡红细胞数。吞噬百分率或吞噬指数越大表明吞噬功能越强。

2. 小鼠碳廓清实验

本方法中选定的异物抗原为碳颗粒。当碳颗粒进入小鼠体内后，血液以及肝脏和脾脏中的吞噬细胞迅速将其吞噬，使得血液中碳颗粒数量减少。在一定范围内，碳颗粒的清除速率与其剂量呈指函数关系，即吞噬速率与血碳浓度成正比，而与已吞噬的碳颗粒量成反比。因此可比较注射碳颗粒后不同时间点血碳浓度的变化，计算吞噬指数，从而反映吞噬细胞的吞噬功能。

一般计算以血碳浓度对数值为纵坐标，时间为横坐标，两者成直线关系。此直线斜率（K）可表示吞噬速率。因动物肝重、脾重及体重存在个体差异，一般以校正的吞噬指数α表示小鼠碳廓清的能力。α反映了每单位组织重量的吞噬活性。吞噬指数越大表示吞噬能力越强，如式（2-3）所示。

$$\alpha = \frac{体重}{肝重 + 脾重} \times \sqrt[3]{K} \qquad 式（2-3）$$

（二）NK细胞功能评价

NK细胞在适应性免疫启动前即可对肿瘤细胞和病毒感染细胞等靶细胞产生直接杀伤作用，是固有免疫应答中重要的免疫机制。

1. 乳酸脱氢酶（LDH）法

此方法通过测定被NK细胞杀伤的靶细胞活性而反应NK细胞活性。活的靶细胞胞浆内含 LDH，正常情况下 LDH 不能透过细胞膜；当 NK 细胞杀伤靶细胞后，靶细胞膜通透性增加，使得 LDH 释放到细胞外。可见，细胞外 LDH 释放量与被 NK 细胞杀伤的靶细胞量成正比，因此测定 LDH 浓度可间接反映 NK 细胞的活性。

2. 放射性核素 $^{3}H-TdR$ 测定法

将放射性核素氚标记的胸腺嘧啶核苷（$^{3}H-TdR$）掺入靶细胞，并与淋巴细胞共同培养，当靶细胞被 NK 细胞杀伤后即可释放出胞内 $^{3}H-TdR$。通过测定释放到细胞外 $^{3}H-TdR$ 的放射计数率（次/min），即可推算出 NK 细胞活性。

（三）细胞免疫

细胞免疫的核心效应为活化的 T 细胞介导的一系列特异性杀伤靶细胞作用。因此，测定 T 细胞活化能力或特征性迟发型炎症反应，可反映机体的细胞免疫水平。

1. T 淋巴细胞增殖测定

T 细胞在体外受到非特异性有丝分裂原（如 ConA、PHA 等）或特异性抗原刺激后增殖，称为淋巴细胞转化现象。淋巴细胞转化程度和转化率可反映机体的细胞免疫功能。常用的检测 T 细胞增殖的方法有以下三种。

（1）形态计数法　T 淋巴细胞在体外培养时，受到有丝分裂原或特异性抗原刺激后，可发生体积增大、细胞形态不规则、胞质增多、细胞核松散及出现较多核仁等形态学变化。可动态观察培养细胞的数量，了解细胞的增殖变化。

（2）MTT 比色法　MTT 是一种噻唑盐，为一种淡黄色可溶性物质。T 细胞增殖时，线粒体中的琥珀酸脱氢酶将 MTT 还原为紫褐色、不可溶的甲臜（formazan）颗粒，该颗粒可溶解于异丙醇或二甲基亚砜。因此测定溶液中溶解的甲臜 OD 值即可反映 T 细胞的增殖水平。

（3）$^{3}H-TdR$ 掺入法　T 细胞在增殖过程中，DNA 和 RNA 合成明显增加，如加入 $^{3}H-TdR$ 会被掺入 DNA 分子链中。细胞增殖水平越高，掺入的放射性核素越多。因此，测定样本中放射活性可反映细胞的增殖水平。

2. 迟发型超敏反应（DTH）的检测

此方法为体内检测细胞免疫功能的简便易行的皮试方法。原理为外来抗原刺激机体产生免疫应答后，再用同样的抗原做皮试，可导致皮肤迟发型超敏反应，产生以单核细胞浸润为主的炎症，局部发生充血、渗出，于 24～48h 发生，72h 达高峰。阳性表现为局部红肿和硬结，反应强烈的可发生水肿，甚至坏死。

动物实验通常以足趾或耳部皮肤作为皮试部位，测定足趾厚度或耳肿胀程度来反映细胞免疫水平。

（四）体液免疫

体液免疫的核心分子为 B 淋巴细胞产生的抗体。因此测定抗体的含量或抗体形成细胞数量，可用于检测体液免疫水平。

1. 抗体形成细胞测定

常用溶血空斑实验。以绵羊红细胞（SRBC）为抗原免疫动物，4d 后取其脾脏制备脾细胞悬液（内含分泌抗 SRBC 的 B 细胞）。将脾细胞和 SRBC 在适量琼脂糖液中混匀置于平皿中培养，抗体形成细胞（AFC）所产生的抗体与周围的 SRBC 结合。此时，向平皿中加入新鲜补体，SRBC－抗体可激活补体溶解 SRBC，可在 AFC 周围形成 SRBC 被溶解的透明区，即溶血空斑。一个空斑区代表一个 AFC，通过计算溶血空斑数目可知分泌特异性抗体的 B 细胞数目。

2. 抗体含量测定

常用血清溶血素法。同样，以 SRBC 免疫动物，4d 后采血得到血清（含抗 SRBC 的抗体，这一抗体也称为溶血素）。在血清样本中加入 SRBC，使得 SRBC 与溶血素结合，再加入新鲜补体，则可将结合了溶血素的 SRBC 溶解，释放出血红蛋白。通过测定释放出的血红蛋白含量间接表示溶血素的含量，反映体液免疫功能。

五、增强免疫力的功能食品

免疫调节功能食品是指具有增强机体对疾病的抵抗力、抗感染、抗肿瘤和维持机体生理平衡的食品。具有增强免疫力功能的功能食品种类很多，就其功能因子种类来说，基本包括营养强化剂、活性多糖、活性多肽、益生菌、大蒜素和茶多酚等生物活性物质。此处以活性多糖为例介绍免疫调节功能食品。

多糖是一类天然大分子物质，广泛存在于动植物和微生物中。多糖参与了细胞的各种生命活动的调节，如对免疫细胞间信息的传递和感受的调节。多糖作为非细胞毒物质，对正常细胞几乎无毒副作用而备受人们的关注。多种可用于免疫调节功能性食品开发的中草药和药食兼用资源，其功效因子都与活性多糖相关，如灵芝多糖、枸杞多糖、虫草多糖、人参多糖、黄芪多糖、香菇多糖等。

研究表明灵芝多糖（GLP）通过增强免疫功能发挥显著抑制肿瘤的作用。GLP 不仅可提高吞噬细胞的吞噬活性和 NK 细胞活性，还增强了细胞免疫和体液免疫功能。其作用机制主要包括以下五个方面：①激活单核细胞、巨噬细胞和中性粒细胞，使其吞噬活性增强并诱导靶细胞凋亡，促进细胞因子如 IL－1，TNFα 等的生成；②增强 NK 细胞活性，促进细胞因子 TNFα、IL－2 和 IFNγ 等的产生；③提高 APC 提呈抗原能力，诱导 DC 成熟、细胞表面 MHC 分子和共刺激分子表达增加等；④细胞免疫功能增强，表现为脾细胞转化增强、分泌细胞因子如 IL－1、IL－2、IFNγ、IL－12 等增加；⑤体液免疫功能增强，溶血空斑和溶血素增多，促进 B 细胞活化、细胞表面共刺激分子和免疫球蛋白表达增加等。

枸杞多糖（LBP）也具有多方面的免疫增强作用。研究显示，LBP 能显著促进小鼠胸腺 T 细胞的增殖，促进 ConA 协同作用下脾细胞增殖及 IL－2 分泌，增强 CTL 的特异性杀伤功能。LBP 还可增加血清溶血素含量，促进脾细胞抗体生成反应，可见具有明显的体液免疫调节作用。另外，LBP 能增强 NK 细胞的杀伤功能，通过增加巨噬细胞表面的 C3b 和 Fc 受体数量与活性，提高巨噬细胞的吞噬活性。

虫草多糖可增强环磷酰胺诱导的免疫功能低下小鼠的免疫功能。研究发现，环磷酰胺诱导小鼠免疫力下降，给予虫草多糖后碳廓清实验吞噬指数升高，迟发型超敏反应中耳肿胀度增加、血清溶血素水平升高，可见虫草多糖可增强固有免疫、细胞免疫和体液免疫功能。

六、评价实例

某功能食品增强免疫力功能动物实验结果如表 2－16～表 2－20 所示。

表2-16 某功能食品对小鼠脏器/体重比值的影响（$\bar{X} \pm SD$）

组别	动物数/只	脾脏/体重比值/(mg/g)	胸腺/体重比值/(mg/g)
空白对照组	12	5.15 ±0.82	2.59 ±0.47
低剂量组	12	5.35 ±0.93	2.66 ±0.63
中剂量组	12	4.96 ±0.88	2.67 ±0.56
高剂量组	12	5.08 ±1.12	2.58 ±0.56

表2-17 某功能食品对小鼠细胞免疫功能的影响（$\bar{X} \pm SD$）

组别	动物数/只	迟发型变态反应/mm	淋巴细胞增殖能力（OD差值）
空白对照组	12	5.15 ±0.82	2.59 ±0.47
低剂量组	12	5.35 ±0.93	2.66 ±0.63
中剂量组	12	4.96 ±0.88*	2.67 ±0.56
高剂量组	12	5.08 ±1.12*	2.58 ±0.56*

注：* 与空白对照组相比差异有统计学意义（$p<0.05$）。

表2-18 某功能食品对小鼠体液免疫功能的影响（$\bar{X} \pm SD$）

组别	动物数/只	溶血空斑/（$\times10^3$/全脾）	半数溶血值
空白对照组	12	187 ±102	114 ±49
低剂量组	12	256 ±105	131 ±37
中剂量组	12	304 ±125	148 ±32
高剂量组	12	316 ±142*	165 ±52*

注：* 与空白对照组相比有统计学意义（$p<0.05$）。

表2-19 某功能食品对小鼠单核-巨噬细胞吞噬功能的影响（$\bar{X} \pm SD$）

组别	动物数/只	碳廓清能力吞噬指数 α	鸡红细胞吞噬率/%	鸡红细胞吞噬指数
空白对照组	12	7.37 ±1.11	30 ±14	0.56 ±0.33
低剂量组	12	7.79 ±0.63	35 ±14	0.63 ±0.31
中剂量组	12	8.27 ±0.63*	43 ±12*	0.89 ±0.29*
高剂量组	12	8.54 ±0.88**	44 ±13*	0.91 ±0.37*

注：* 与空白对照组相比差异有统计学意义（$p<0.05$）。
** 与空白对照组相比差异有统计学意义（$p<0.01$）。

表 2-20　　某功能食品对小鼠 NK 细胞活性的影响（$\overline{X} \pm SD$）

组别	动物数/只	NK 细胞活性/%
空白对照组	12	31.8 ± 11.4
低剂量组	12	28.2 ± 8.0
中剂量组	12	33.0 ± 7.1
高剂量组	12	29.9 ± 8.0

经口给予小鼠不同剂量某功能食品30d后，与空白组比较，该受试物在中剂量组能提高小鼠的迟发型变态反应能力和小鼠的碳廓清能力，也提高了小鼠巨噬细胞的鸡红细胞吞噬率和吞噬指数（$p < 0.05$）；而高剂量组则可提高小鼠的迟发型变态能力、增强淋巴细胞增殖能力、提高小鼠抗体生成细胞数和半数溶血值、提高小鼠碳廓清能力以及提高小鼠巨噬细胞的鸡红细胞吞噬率和吞噬指数（$p < 0.05$ 或 $p < 0.01$）。根据《保健食品检验与评价技术规范》（2003版）对增强免疫力功能功能食品的判定标准可判定该功能食品增强免疫力功能动物实验结果为阳性。

第七节　抗氧化功能

氧化损伤是致使人类出现疾病的一个重要因素。机体内正常生理活动过程中都有氧化活性物质参与的氧化反应，即在生理情况下会产生活性氧（reactive oxygen species，ROS）。但当机体或细胞内的ROS及其诱发产生的新自由基超出自身的抗氧化能力时，或机体长期接触外源性致氧化因素时，如吸烟、环境污染、放射线、生活压力大、运动过度时，就会导致氧自由基在细胞内过量蓄积，从而引发氧化应激状态。人体内自身存在自由基清除系统可维持氧自由基的动态平衡。但随着年龄的增长，清除系统功能减退，氧自由基产生增加，加速了机体的衰老性变化，同时可能导致心血管疾病、糖尿病、癌症及神经性疾病的产生。过量自由基所引发的氧化应激是导致身体中各组织器官损伤、病变的重要原因之一，抗氧化活性物质主要是通过清除活性氧自由基而预防或改善这些疾病的发生风险。

一、自由基和活性氧

（一）自由基

自由基（free radical）是指具有未配对电子的原子、原子团、分子和离子。书写时，以一个小圆点表示未配对电子，例如H·为氢自由基，OH·为羟自由基。自由基的外层具有不成对的价电子，它很容易从周围分子上夺得一个电子或失去一个电子以恢复成对，所以自由基具有寿命短和活泼性强两个特点。

自由基有氧自由基及非氧自由基之分。人体内以氧形成的自由基最重要，包括超氧阴离子自由基（$O_2^- \cdot$）、羟自由基（OH·）、过氧化氢分子（H_2O_2）、氢过氧基（$HO_2 \cdot$）、烷氧基（RO·）、烷过氧基（ROO·）、氢过氧化物（ROOH）和单线态氧（$'O_2$）等。非氧自由基包括氢自由基（H·）、有机自由基（R·）。在细胞内，线粒体、内质网、细胞核、质膜和胞液中都可能产生自由基。

（二）活性氧

从氧衍生出来的自由基及其产物被称为活性氧（reactive oxygen species，ROS），如表2－21所示。如氧还原成水的过程中一共接受4个电子后，最终生成水分子。但氧在其氧化过程中每一次只接受一个电子，经过四步才生成水。

$$O_2 + e^- \longrightarrow O_2^- \cdot$$

$$O_2^- \cdot + e^- \longrightarrow H_2O_2$$

$$H_2O_2 + e^- \longrightarrow H_2O + OH \cdot$$

$$OH \cdot + e^- \longrightarrow H_2O$$

在此过程中产生的H_2O_2不是自由基，但它是一个强氧化剂，能氧化其他生物分子。因此活性氧不仅包括自由基，也包括像H_2O_2一样的能够氧化其他生物分子的非自由基化合物。

表2－21　　活性氧的主要种类

自由基		非自由基	
$O_2^- \cdot$	超氧自由基	H_2O_2	过氧化氢
OH·	羟自由基	HOBr	次溴酸
$HO_2 \cdot$	氢过氧基	HOCl	次氯酸
RO·	烷氧基	O_3	臭氧
ROO·	烷过氧基	$'O_2$	单线态氧
NO·	一氧化氮自由基	ROOH	氢过氧化物

表2－21所示为各种主要的活性氧种类，包括自由基和非自由基化合物两类。其中超氧阴离子自由基起着中心作用。因为许多有活性的中间产物的形成都始于它的作用。如有氧条件下，次黄嘌呤和黄嘌呤在黄嘌呤氧化酶（xanthine oxidase，XO）的作用下产生$O_2^- \cdot$。

$$\text{次黄嘌呤} + H_2O + 2O_2 \xrightarrow{XO} \text{黄嘌呤} + 2O_2^- \cdot + 2H^+$$

$$\text{黄嘌呤} + H_2O + 2O_2 \xrightarrow{XO} \text{尿酸} + 2O_2^- \cdot + 2H^+$$

$$NADPH + O_2 \longrightarrow NADP + 2O_2^- \cdot + H^+$$

羟自由基（hydroxyl radical，OH·）是一个极强的氧化剂。OH·寿命短，稳定性极差，氧化性又极强，几乎来不及扩散就与碰到的临近分子发生反应。因此，OH·的生物学作用完全取决于它产生的地点与环境。它可能严重改变生物功能，也可能不发生任何作用。

过氧化氢（H_2O_2）是一个分子，较为稳定，容易在细胞间扩散。过氧化物酶（如谷胱苷肽过氧化物酶）能有效地将它转变为水。

单线态氧（singlet molecular oxygen，$'O_2$）是体内组织暴露于光中获得能量形成的。其半衰期估计为10^{-6}s。$'O_2$能通过转移其激发态能量或通过化学结合与其他分子相互作用。因为它没有自旋限制，故较基态氧活泼。它优先起化学反应的靶为双键，如不饱和脂肪酸（PUFA）和DNA碱基鸟嘌呤中的双键。

一氧化氮自由基（nitric oxide radical，NO·）是精氨酸在酶的作用下形成的一种信号化合物，能松弛血管壁平滑肌而导致血压降低，也可由巨噬细胞激活而产生。NO·可以与其他分子直接反应，或与 O_2^-·结合生成过氧亚硝酸盐（$ONOO^-$）。后者能诱导脂质发生过氧化作用，也可能通过蛋白质中酪氨酸残基亚硝化而干预细胞的信号传递。

二、氧化损伤

由于自由基化学性质活泼，可以与机体内糖类、蛋白质、核酸及脂类等发生反应，破坏细胞内生命物质的化学结构，干扰细胞功能，造成对机体的各种损害，统称为氧化损伤。

（一）对生物大分子的损伤

1. 对脂肪酸的损伤

自由基往往首先作用于多不饱和脂肪酸（polyunsaturated fatty acid，PUFA），由于其分子中含有多个双键，会减弱邻近碳原子上烯丙基氢原子的键能，因而在此键能较低处容易引起自由基连锁反应，脱去烯丙基氢而形成自由基，进而形成过氧化脂质，如图 2－25 所示。

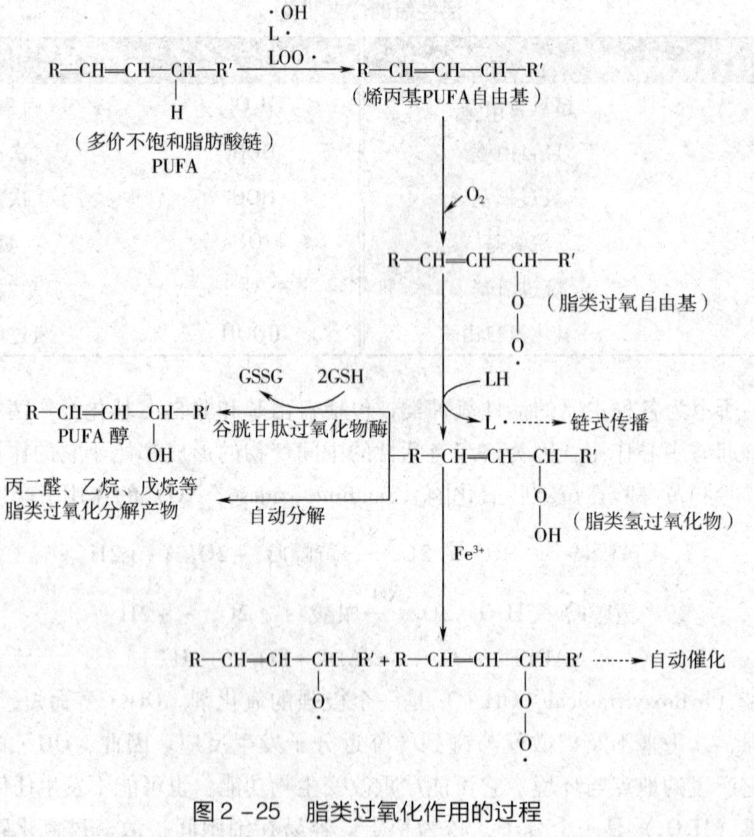

图 2－25　脂类过氧化作用的过程

脂质过氧化作用的重要性还在于它能进一步分解产生醛，特别是丙二醛，后者可与含有游离氨基酸的蛋白质、磷脂酰乙醇胺、核酸等物质形成 Schiff 碱（图 2－26）。如果该蛋白质内有两个以上的游离氨基酸，便会发生分子间的交联，结果生成由异常键连接的比原有分子大许多倍的大分子，致使蛋白质变性、溶解度降低，影响其功能。如一些酶会因交联而失活。这些破坏了的细胞成分可被溶酶体吞噬。因它们有异常键（醛亚胺键），不易被溶酶体内水解酶消化，随着年龄增长而蓄积在细胞内形成所谓的脂褐质（图 2－27），脂褐质具有荧光，故又称为荧光色素（增龄色素）。含有较多不饱和脂肪酸的磷脂是构成生物膜的重要成分，如果自由基生成过多，膜中磷脂被氧化，可导致膜中蛋白质、酶及磷脂交联，酶失活，膜的通透性改变，细胞的多种功能便可能受到损害。各类细胞器膜对过氧化更敏感，如线粒体膜受损伤，可导致能量生成受阻，微粒体上多聚核蛋白体解聚、脱落，抑制蛋白质合成。酶体膜受损，可释放出其中的水解酶类，轻则使蛋白质及细胞内多种物质水解，重则造成细胞自溶、组织坏死。因此，有研究者认为活性氧对生物体的真正危害可能并非活性氧本身，而是活性氧与脂质反应后生成的脂质过氧化物。

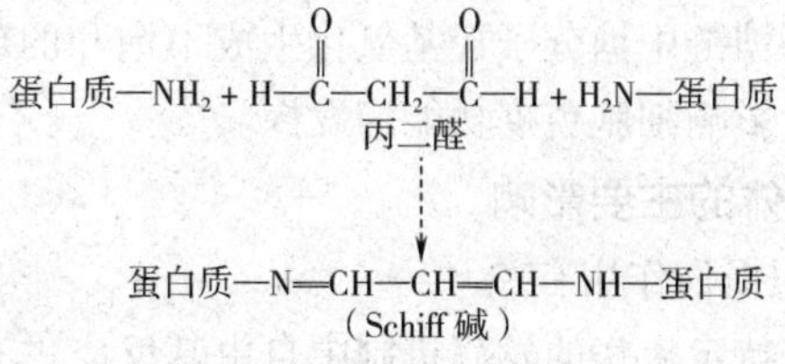

图 2-26　Schiff 碱

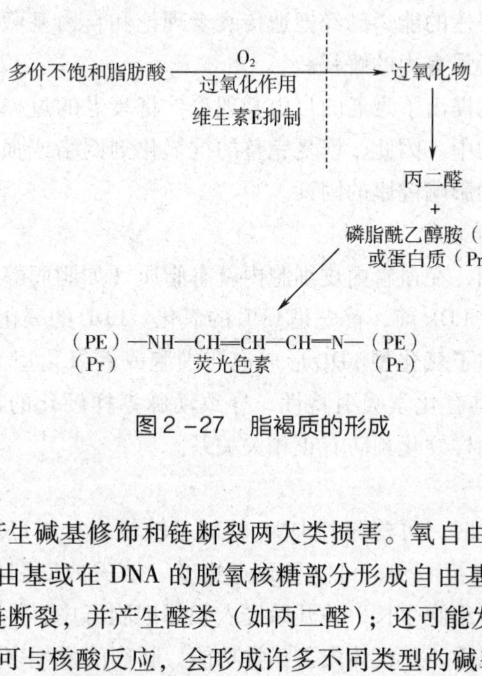

图 2-27　脂褐质的形成

2. 对核酸的损伤

活性氧可对 DNA 产生碱基修饰和链断裂两大类损害。氧自由基能与核酸碱基或五碳糖发生反应，生成碱基自由基或在 DNA 的脱氧核糖部分形成自由基，如该反应发生在 4′位碳原子处，会使 DNA 主链断裂，并产生醛类（如丙二醛）；还可能发生碱基缺失，造成遗传信息的突变。又如活性氧可与核酸反应，会形成许多不同类型的碱基修饰物，8-羟基鸟嘌呤最为常见，形成数量最多，故通常以它作为 DNA 氧化损害的重要指标。

DNA 链断裂在基因突变的形成过程中有重要意义，可能造成部分碱基的缺失，也可能引起癌基因的活化。有实验证实，活性氧可导致肿瘤抑制基因如 P53 的失活，从而导致肿瘤的发生。最近还有研究还发现，DNA 损害后诱导一类蛋白激酶的活化，而这类激酶在识别 DNA 损害、转导 DNA 损害信号以及通过改变细胞代谢来促进 DNA 修复方面都起着必不可少的作用。

3. 对蛋白质的损伤

蛋白质是自由基攻击的重要靶分子之一。几种蛋白质中关键的氨基酸对自由基的损害特别敏感，如精氨酸、赖氨酸等。蛋白质对脂质过氧化的自由基中间产物也是特别敏感，如烷氧自由基可与过氧化脂质紧密相联系的蛋白质反应。因此，自由基可直接作用于蛋白质；或通过与脂质过氧化后的产物作用，使蛋白质的多肽链断裂，个别氨基酸发生化学变化；或使蛋白质发生交联聚合作用，进而使细胞的功能发生变化。如羟自由基可直接作用于肽键，使肽键断裂，这一反应首先发生在化学性质比较活泼的 α 碳原子上，夺取 α 碳原子上的氢，使 α 碳原子氧化成过氧基。再与附近活泼氢结合成水，使肽键转变成亚胺基肽的中间产物。在酸性条件下，亚胺基肽水解而断裂，破坏蛋白质的一级结构。

此外，自由基可通过氧化性降解使多糖断裂，如影响脑脊液中的多糖，从而影响大脑的正常功能。还可使细胞膜寡糖链中糖分子羟基氧化生成不饱和的羰基或聚集成双聚物，从而破坏细胞膜上的多糖结构，影响细胞免疫功能的发挥。

（二）氧化损伤对机体的主要影响

1. 衰老与自由基的累积损伤作用有关

许多研究提示，在一些特定疾病的发病机制中自由基反应占有重要地位。衰老过程中多种机制共同发挥作用，缺陷的线粒体和膜结构、遗传因子、甘油三酯和自由基都可能对衰老有促进作用。但是，现在发现在大多数的衰老模型中氧化还原调节的进程起着主导地位。抗氧化剂网络和它调节基因表达的能力已经把遗传衰老理论和自由基联系起来，并且为中老年对慢性疾病的易感性提供了强有力的解释。

早在 1955 年 Harman 就提出了衰老的自由基理论，将衰老的过程归咎于细胞和组织长期暴露于自由基的累积性损伤中。因此，恢复完整的抗氧化剂网络或强化抗氧化剂复合链，可以用来战胜导致过早衰老和影响健康的因素。

2. 氧化损伤与动脉粥样硬化

动脉粥样硬化的指纹期，在血管内皮细胞内就有脂质（如胆固醇）的沉积。越来越多的证据表明，在巨噬细胞吞噬 LDL 前，首先是 LDL 的氧化。LDL 的氧化是一种危险因素，而且有致病作用。巨噬细胞吞噬了氧化型 LDL 形成泡沫细胞或者氧化型 LDL 释放有毒的脂质过氧化物，或者氧化型 LDL 具有化学吸引特性，导致动脉粥样硬化的形成。流行病学研究指出，摄入抗氧化剂与动脉粥样硬化预防有正相关关系。

3. 氧化损伤与肿瘤

当细胞暴露于氧化应激时，可检测到 DNA 的碱基被修饰，如羟基胸腺嘧啶和羟基鸟嘌呤。DNA 的碱基修饰是致癌第一步，可能导致点突变、缺失或基因扩增。肿瘤始于细胞突变，在大量增殖后这些有害细胞生长，并开始侵入相邻细胞群中，掠夺营养物质。当肿瘤扩散后，浸润到各种脏器组织中，使机体失去正常功能。肿瘤的发生多数都是与细胞中自由基损伤遗传物质有关。大量证据表明，抗氧化剂能有效地预防肿瘤，甚至与其他医疗方法联用能够治疗肿瘤。抗氧化剂不仅能控制自由基，而且还能通过活化或抑制基因来调控细胞的增殖。只要保持好体内抗氧化剂的水平，就能防止原位肿瘤的发展。

4. 氧化损伤与白内障和老年黄斑变性

白内障及老年黄斑损伤是由氧化损伤造成的视力损害。

老年性白内障是指晶状体浑浊，因为眼晶状体经常暴露于光和氧中，形成的活性氧与晶体蛋白起反应发生聚合和沉淀所致。有研究显示，大剂量摄入维生素 C、维生素 E 能预防和延缓白内障发展。

老年性黄斑变性（age - related macular degeneration，AMD）是老年人视力损害的一个重要原因。黄斑色素是光到达黄斑区必须通过的第一个颜色滤过器。叶黄素（lutin）和玉米黄素（zeaxathin）是该区主要色素。黄斑色素的功能可能预防蓝光引起的光氧化作用（photo - oxidation），蓝光通过产生$^1O_2$及$O_2^-\cdot$以损伤视细胞。叶黄素等类胡萝卜素能清除$^1O_2$和$O_2^-\cdot$从而降低 AMD 危险。

5. 氧化损伤与神经元疾病

有资料表明在一些神经退行性疾病如帕金森病、阿尔茨海默病的发展进程中，氧化应激可能起一定作用。活性氧能诱导细胞坏死和凋亡。脂质过氧化作用可能导致细胞膜破裂及膜两侧离子梯度紊乱。细胞培养的研究表明，细胞内的抗氧化巯基耗竭后，神经元可能坏死。NO 被认为是在病理情况下神经元坏死的一种重要中介，NO 引起的毒性可能是 NO·与$O_2^-\cdot$反应最终形成过氧亚硝基盐（$ONOO^-$）。

三、机体对活性氧的防御体系

在正常情况下，机体产生的自由基会迅速被体内的酶所清除，使自由基对机体的毒害作用降至较低的水平。体内清除自由基的酶有超氧化物歧化酶（superoxide dismutase，SOD），它可使超氧阴离子发生歧化反应生成过氧化氢（H_2O_2）和分子氧O_2，由此生成的过氧化氢再经由过氧化氢酶（catalase，CAT）或谷胱甘肽过氧化物酶（glutathione peroxidase，GSH - Px）的作用进一步分解为水。这三种酶组成了一个完整的防氧链条。

$$2O_2^-\cdot + 2H^+ \xrightarrow{SOD} H_2O_2 + O_2$$

$$H_2O_2 + 2GSH \xrightarrow{GSH-Px} GSSG + 2H_2O$$

$$2H_2O_2 \xrightarrow{CAT} 2H_2O + O_2$$

SOD 属于金属酶，按照结合金属离子种类不同，该酶有以下三种：含铜与锌超氧化物歧化酶（Cu - Zn - SOD）、含锰超氧化物歧化酶（Mn - SOD）和含铁超氧化物歧化酶（Fe - SOD）。三种 SOD 都催化超氧化物阴离子自由基歧化为H_2O_2与O_2。实验证明 SOD 的活性是随龄下降的，机体消除自由基的能力也随龄降低。再加之老年人抗氧化剂摄入不足，$O_2^-\cdot$在体内积累，造成过氧化脂质和脂褐质含量上升，致使机体衰老。

谷胱甘肽过氧化物酶（GSH - Px）是机体内广泛存在的一种重要的过氧化物分解酶。硒是 GSH - Px 酶系的组成成分，它能催化还原型谷胱甘肽（GSH）变为 GSSG，使有毒的过氧化物还原成无毒的羟基化合物，同时促进H_2O_2的分解，从而保护细胞膜的结构及功能不受过氧化物的干扰及损害。GSH - Px 的活性中心是硒半胱氨酸，其活力大小可以反映机体硒水平。GSH - Px 酶系主要包括 4 种不同的 GSH - Px，分别为胞浆 GSH - Px、血浆 GSH - Px、磷脂氢过氧化物 GSH - Px 及胃肠道专属性 GSH - Px。

过氧化氢酶（CAT）存在于各组织中，特别在肝脏中浓度较高，除了能促进H_2O_2的分解外，也能够氧化其他一些细胞毒性物质，如甲醛。

综上所述，提高人体 SOD 和 GSH - Px 活性，可降低过氧化脂质及脂褐质含量，以清除自由基对机体的氧化损伤。一些抗氧化剂，如维生素 C、维生素 E，可作为非酶防御系统，抑制或中断氧化损伤过程中自由基的链式反应。

四、抗氧化功能的评价指标

（一）脂质氧化产物

1. 丙二醛和脂褐质

过氧化脂质和脂褐质是根据衰老自由基学说建立的衰老生物学指标。机体在有氧代谢过程中产生的超氧自由基（$O_2^-\cdot$）攻击多价不饱和脂肪酸，生成过氧化脂质。后者分解产生丙二醛。丙二醛可以和蛋白质中游离氨基酸发生交联反应形成 Schiff 碱。后者在溶酶体中不易被消化，随着增龄在细胞中逐渐积聚成为脂褐质，因发荧光又称荧光色素。丙二醛和脂褐质含量可以代表体内自由基多寡的生物学指标。

2. 8－表氢氧异前列腺素

异前列腺素也是反映氧化应激特异的、敏感的、可靠的指标，它是花生四烯酸在氧自由基催化下，不依赖环氧化酶的脂质过氧化终产物，是一组类前列腺素化合物，具有强的生物学活性。它可以损伤细胞、收缩血管、使血小板聚集、引起成纤维细胞增殖等。其中 8－表氢氧异前列腺素含量最多、最稳定，已成为反映体内氧化应激水平的最佳指标。

（二）蛋白质氧化产物：蛋白质羰基

在引起蛋白质氧化损伤的反应中，许多都涉及蛋白质羰基的产生。羰基的生成是一个复杂的过程，有研究者认为羰基生成是由活性氧攻击氨基酸分子中自由氨基或亚氨基，经反应最终生成 NH_3 和相应羰基衍生物。其中金属离子介导的氧化系统是活性氧作用的一种重要形式。在此过程中，Fe^{2+} 与蛋白质的氨基酸残基形成 Fe^{2+}－蛋白质配位复合物。H_2O_2 作用于此复合物的 Fe^{2+} 上，产生·OH、OH－和 Fe^{3+}－蛋白质复合物。·OH 从侧链氨基酸上抽取一个氢原子，形成以碳原子为中心的自由基（碳上有一个不配对的电子），这一单个电子作用于 Fe^{3+}－蛋白质复合物后又形成 Fe^{2+}－蛋白质配位复合物。而后水解，配位键断开产生 NH_3，Fe^{2+} 与蛋白质分离，从而形成蛋白质羰基衍生物。

（三）抗氧化酶：超氧化物歧化酶和谷胱甘肽过氧化物酶

该两种酶为细胞内自由基的酶防御体系。SOD 为淬灭自由基的酶，它使（$O_2^-\cdot$）的歧化淬灭速度提高 10^{10} 倍，歧化反应产生的 H_2O_2 的毒性较 $O_2^-\cdot$ 低得多。H_2O_2 在 GSH－Px 作用下生成无毒的水。据报道，体内 SOD 和 GSH－Px 的活性随龄下降，它是老年机体清除自由基能力下降的主要原因。因而一种延缓衰老的食品应当提高老年机体 SOD 和 GSH－Px 的活性，降低自由基浓度，减少过氧化脂质和脂褐质的积聚。

（四）抗氧化物质：还原性谷胱甘肽

肝脏是还原性谷胱甘肽合成和消耗的场所，氧化应激对肝脏的损伤可诱导肝脏产生大量的氧自由基，而还原性谷胱甘肽可以提供大量活性巯基，或在酶的催化作用下还原性谷胱甘肽直接结合自由基，发挥抗氧化作用，这有利于对肝细胞的保护。

五、氧化损伤动物模型

氧化损伤动物模型可选用自然衰老模型、D－半乳糖氧化损伤模型、乙醇氧化损伤模型。

1. 自然衰老模型

一般选用 10 月龄以上老龄大鼠或 8 月龄以上老龄小鼠。

2. D－半乳糖氧化损伤模型

D－半乳糖供给过量，超常产生活性氧，打破了受控于遗传模式的活性氧产生与消除的平衡状态，引起过氧化效应。一般选25～30g健康成年小鼠，用D－半乳糖0.04～1.2g/kg（bw）颈背部皮下注射或腹腔注射造模，注射量为0.1mL/10g，每日1次，连续造模6周。

3. 乙醇氧化损伤模型

乙醇大量摄入，激活氧分子产生自由基，导致组织细胞过氧化效应及体内还原性谷胱甘肽的耗竭。一般选25～30g健康成年小鼠（或180～220g大鼠），在给予受试物30d后，一次性灌胃50%乙醇12mL/kg（bw），造成氧化损伤模型。

六、评价实例

某功能食品抗氧化功能动物实验结果如表2－22所示。

表2－22　某功能食品对老龄小鼠抗氧化各项指标的影响（$\overline{X} \pm SD$）

组别	动物数/只	血清丙二醛含量/（mmol/mL）	血清SOD活力/（U/mL）	GSH－Px活力/（U/mL全血）
空白对照组	10	5.1 ± 0.6	208 ± 31	16.6 ± 1.6
低剂量组	10	4.8 ± 0.4	209 ± 26	17.2 ± 1.9
中剂量组	10	4.5 ± 0.3*	231 ± 35	18.5 ± 1.5*
高剂量组	10	4.5 ± 0.4*	228 ± 27	18.8 ± 1.8*

注：*与空白对照组相比差异有统计学意义（$p < 0.05$）。

经口给予老龄小鼠不同剂量某功能食品36d后，与空白组比较，该受试物在中、高剂量都能降低小鼠血清丙二醛含量（$p < 0.05$），提高血清SOD活力（$p < 0.05$），提高全血GSH－Px活力（$p < 0.05$）。

第八节　改善胃肠功能

有助于改善胃肠功能的功能食品有很多种。目前调节肠道菌群功能、通便功能、促进消化功能和保护胃黏膜功能等都受到人们的关注。

一、调节肠道菌群功能

人的胃肠道中的菌群数量庞大，构成复杂，有1000多个种类。其细胞总数高达10^{14} CFU/g。肠道菌群以细菌为主，其中双歧杆菌、乳酸杆菌、消化道链球菌等专性厌氧菌约占肠道总菌量的99%，肠杆菌、肠球菌等兼性厌氧菌约占总菌量的1%。它们在人的体内形成了一个复杂的微生态系统。这一微生态系统的平衡对人体健康有着重要作用。

（一）肠道的正常菌群

刚出生的婴儿身体各部位携带的菌群都是一致的。阴道分娩与剖腹产、哺乳和离乳等各种因素都会影响婴儿携带的微生物群结构。阴道分娩婴儿的优势菌群是乳杆菌属、普雷沃菌属和奇异菌属；剖腹产婴儿所携带的微生物群则更接近于产妇皮肤的微生物群，其优势菌群是葡萄状球菌。现已有证据证明子宫内的环境并不是无菌的，有研究者已从健康新生儿胎粪中分离出肠球菌、葡萄状球菌、表皮葡萄球菌和大肠杆菌。在哺乳后，由于与外界环境接触，几小时内即有好氧和兼性厌氧的大肠杆菌、肠杆菌、葡萄球菌首先随空气和饮食进入婴儿的消化道，并在此定居繁殖。当体内氧消耗到一定程度时，厌氧菌开始大量定植。出生1d后在新生儿的粪便中细菌总数已达到10^{11}CFU/g以上。出生后3~4d，双歧杆菌开始出现，但同时随着双歧杆菌的出现，埃希氏杆菌、大肠杆菌、链球菌、乳酸菌、梭菌和葡萄球菌开始减少。5d后双歧杆菌开始成为优势菌群。婴儿出生后的几个星期内就会形成一个复杂的以厌氧菌为主的微生物群落。1周左右大部分菌群达到初步平衡。但微生物生态系的建立是一个在几年内才完成的渐进的动态演变过程。婴儿期是肠道菌群快速演替的重要阶段。婴儿自离乳期开始，因为饮食习惯开始向成人型转变，以类杆菌、拟杆菌、消化球菌、球菌和梭状芽孢杆菌等为主，而且兼性厌氧菌开始出现，并且数量持续增加，肠杆菌、链球菌开始减少；双歧杆菌属的菌型构成开始逐渐与成人相类似。儿童期到成人期肠道菌群保持相对稳定，老年期人的一些生理功能会发生改变，包括免疫系统功能的改变，从而影响肠道菌群的组成。双歧杆菌数量明显下降，大肠杆菌、肠球菌、乳杆菌、梭状芽孢杆菌数量均明显升高。同时免疫系统功能开始下降。成人粪便干重的40%是菌体，其中99%以上是厌氧菌。每克粪便的细菌总数为10^{10}~10^{12}个。在正常情况下，这些细菌一般对人体无害，有些菌群甚至是有益的。它们与人体和外界环境之间构成了一个复杂的相互依存、相互制约的微生态系统。这些菌群在人体中的组成和数量不断发生变化，这种变化受到宿主的年龄、宿主摄入的食物、肠道与菌群的相互作用、不同菌群之间的相互作用的影响。这种变化存在于整个生命过程中，处于动态平衡状态，被称为正常菌群。正常人胃肠道菌群的组成在一定时期内是相对稳定的。人粪便中菌群质量如表2-23所示。

表2-23　人粪便中菌群数量　单位：个/g

菌群		粪便含菌数	菌群		粪便含菌数
需氧与兼性厌氧菌	肠杆菌	10^4~10^{10}	厌氧菌	拟杆菌	10^{10}~10^{12}
	链球菌	10^3~10^{10}		双歧杆菌	10^8~10^{12}
	葡萄球菌	10^4~10^7		革兰阳性球菌	10^8~10^{11}
	乳杆菌	10^6~10^{10}		梭状芽孢杆菌	10^6~10^{11}
	霉菌	10^2~10^6		真杆菌	10^9~10^{12}

消化道不同部位的菌群种类和数量有所不同。胃中的活菌数小于10^3个/mL，其中革兰阳性菌占优势。主要是相对耐酸的需氧或兼性厌氧菌，如链球菌、葡萄球菌、乳杆菌、真杆菌等。十二指肠、空肠和回肠的起始部位内菌群组成相似，活菌数约为10^5个/mL。回肠末端菌群组成与结肠接近，厌氧菌明显增多，包括双歧杆菌、梭状芽孢杆菌、拟杆菌、革兰阳性球菌等，活菌数达10^3~10^7个/mL。大肠中厌氧菌的数量比需氧菌和兼性厌氧菌高1000~10000倍。优势菌为拟杆菌、双歧杆菌、真杆菌、消化链球菌。亚优势菌为葡萄球菌、乳杆菌、D-族链球菌和大肠杆菌。活菌数为10^{10}~10^{12}个/mL。肠腔中的菌群，有许多与肠壁黏膜紧

密结合在一起。因此测得的肠腔菌群与黏膜菌群可能有一定差异。肠腔和黏膜的菌群之间相互作用，通过自身调节维持着平衡。

（二）胃肠道菌群失调及其影响因素

人体作为宿主与体内的正常菌群和外界环境构成一个庞大的微生态系统。细菌、宿主和环境三方面生态失调所引起的疾病被称为菌群失调症。菌群失调分为质的失调、量的失调和定位转移。正常情况下，消化道内厌氧菌应占优势，若厌氧菌与需氧菌的优势地位发生变化，则为发生了质的失调。使用抗生素治疗后，体内对药物敏感菌被耐药菌取代，同样可称为质的失调。量的失调可分为三度。一度失调可以自愈，在口服四环素等抗生素后，肠道内革兰阳性杆菌数量减少，肠球菌数量增多，会引起便秘，停止服药后会自愈；二度失调不能自愈，如慢性腹泻、便秘、肠功能紊乱等；三度失调更为严重，如急性肠炎，原籍菌被外籍菌代替。

胃肠道菌群的稳定性与菌群、宿主和环境三方面因素有关。在菌群方面，细菌间存在相互作用。需氧菌和兼性厌氧菌消耗掉了氧，有利于肠黏膜表面专性厌氧菌的定植。原籍菌能够定居于上皮细胞表面或黏蛋白层，这是因为它们能够适应寄居区域的营养条件和环境条件，能够抵抗宿主在该区域的防御系统，并能抵御外籍菌的入侵。在宿主方面，胃酸能维持胃及小肠上端的菌群平衡，选择性地抑制或杀灭外来菌。正常人在饥饿时胃内细菌极少。当胃功能障碍、胃酸分泌减少时，尤其是机体在患胃癌的情况下，胃内细菌增多，甚至可出现八叠球菌等腐生菌。小肠的运动是防止小肠内细菌过度生长的重要机制。研究表明，宿主的免疫功能，无论是特异性免疫还是非特异性免疫都表现为保护原籍菌，抑制外籍菌。环境因素方面对胃肠道菌群也有一定影响，人体的内外环境改变、放射治疗、膳食结构变化以及食物中毒等都会引起肠道菌群的变化，尤其在饮食与用药后。使用抗生素或放疗均对胃肠道菌群有较大影响。长期偏食对肠道菌群有影响。以食用糖类食品为主的人群，其总菌数增加，肠杆菌和拟杆菌减少；脂肪摄入量高者，链球菌和双歧杆菌减少，拟杆菌明显增加；食用高蛋白饮食多者，乳杆菌减少，肠杆菌和肠球菌增加。无论是发生了优势菌与非优势菌构成的变化，还是原籍菌与过路菌的定位转移，都会改变体内微生态环境的平衡。尤其是当对人体有害的菌群取代了有益菌的优势地位，有害菌群将产生大量的有毒物质，破坏人体胃肠道功能，损害肝脏甚至引起机体癌变。调节胃肠道菌群的功能食品也正是通过改变菌群的营养及环境条件来调节肠道菌群的，使有益菌增殖，抑制有害菌的生长。

（三）胃肠道菌群的功能

肠道不仅具有消化吸收功能，还具有免疫等功能。肠道菌群直接参与了人体代谢。有些肠道菌可以合成维生素和其他人体必需的营养元素来帮助消化和吸收；有些肠道菌可以转化分解药物和毒素，保护宿主避免感染和调节机体免疫。肠道菌群在宿主的营养、内环境甚至基因的控制下，通过多种途径同肠道黏膜相互作用，在整个生命周期中参与胆汁酸胆碱代谢，与肥胖、糖尿病、过敏等代谢类疾病密切相关。

肠道菌群参与能量代谢，将人体不能消化的抗性淀粉、寡聚糖、菊粉等多糖发酵降解，为宿主提供能量。结肠中的细菌可消化分解多糖为短链脂肪酸（丁酸盐、丙酸盐等）。丁酸盐可以控制中性粒细胞，抑制血管内皮的炎症反应。肝细胞用丙酸盐来进行糖质新生。短链脂肪酸影响着人体的能量消耗与肠道动力。

肠道菌群参与胆汁酸代谢。肠道内拟杆菌属、优杆菌属、梭菌属可以转化胆汁酸，需氧的放线菌、变形菌也能控制调节小部分胆汁酸的生物转化。研究发现，正常菌群参加了胆固醇、类固醇、脂肪、蛋白质、类脂、氨基酸以及某些药物的吸收和代谢。一些链球菌的菌株能直接参与胆固醇的代谢，降低内源性和外源性胆固醇的吸收，起到降血脂的作用。肠道菌群可以合成维生素 B_1、维生素 B_2、维生素 B_6、维生素 B_{12}、维生素 K、烟酸、泛酸、叶酸、生物素等，能被人体吸收利用。

肠道菌群能影响宿主的新陈代谢，且与肥胖病、糖尿病等代谢综合征有关。肥胖病人群有拟杆菌门较少、厚壁菌门较多的情况出现。由于肠道菌群的成分不同，胖的人更容易从食物中提取能量生成脂肪。肠道菌群在糖尿病的发病中起着重要作用，Roesch 等发现，糖尿病小鼠肠道中乳杆菌与双歧杆菌的丰度明显不如非糖尿病小鼠。肠道通透性增加，肠黏膜免疫异常会导致Ⅰ型糖尿病。肠道有益菌群减少，发酵、消化食物的功能减弱，脂肪沉积加速，物质代谢发生改变，产生胰岛素抵抗，导致Ⅱ型糖尿病的发生。

慢性肝炎、脂肪肝、肝硬化、非酒精性脂肪肝等肝病患者均有不同程度的肠道菌群失调。研究者利用实时 PCR 分析肝病患者的肠道菌群，发现肝病患者体内肠杆菌和肠球菌数量比健康人显著增加，原籍菌失去优势，致病菌过度繁殖，肠道定植力下降，内毒素增多，最终变为肠源性内毒素血症。

肠道不仅是消化吸收的场所，也是人体免疫必不可缺少的一部分。肠道菌群与宿主的免疫系统有着多方向的相互作用。正常肠道菌群能够刺激人体免疫系统，通过生物拮抗作用构成人体的生物屏障，阻挡外来病原体的入侵。肠道菌群是动态的，并且具有代谢灵活性，能适应环境变化。IgA、IgG、IgM、IgE 和 IgD 可以识别并特异性结合抗原，介导免疫细胞活性，增强吞噬细胞的吞噬功能。IgA 可以有效地抑制细菌对肠黏膜的黏附，将病原菌从体内排出，而添加益生菌以诱导增加 IgA，同时也能保证调节性 T 细胞的生长分化。又如双歧杆菌对 B 淋巴细胞、NK 细胞特别是巨噬细胞有激活作用，双歧杆菌的黏附性菌株能结合于人体肠道极性细胞的刷状缘上，双歧杆菌的黏附能够显著抑制肠道病原菌的附着。乳链球菌产生的细菌素——乳球菌素对葡萄球菌、链球菌、微球菌、乳杆菌等多种革兰阳性菌有抑制作用。双歧杆菌和乳杆菌发酵产酸导致的酸性环境可以抑制许多种病原性细菌，还能够促进肠蠕动，防止细菌过度繁殖和定植。正常菌群产生的多种抗原物质能刺激机体发生免疫应答，使免疫系统保持激活状态，以起到免疫作用，并具有抗肿瘤、抗衰老的作用。

另外，双歧杆菌和乳杆菌发酵糖的代谢产物有大量的乙酸和乳酸，导致肠道处于低 pH 和低 Eh 环境，利于铁、钙和维生素 D 的吸收。

（四）常见的胃肠道菌群

1. 双歧杆菌属

双歧杆菌属是 1899 年从母乳喂养的婴儿粪便中分离得到的一种革兰阳性无芽孢杆菌，主要寄生在人和动物的肠道内。双歧杆菌菌体呈 Y 字、V 字，是专性厌氧菌。双歧杆菌能够利用乳酮糖、低聚异麦芽糖、大豆低聚糖、低聚果糖、低聚半乳糖、低聚木糖、低聚壳聚糖等功能性低聚糖，在肠道内增殖。这些功能性低聚糖能促进双歧杆菌的生长繁殖，被称为双歧因子，具有不被人体消化吸收、不被肠道大多数腐败菌利用、能选择性地被人体益生菌尤其是双歧杆菌所利用的共同特点。双歧杆菌对低聚糖利用率的差异与低聚糖的结构及双歧杆菌本身分泌的酶有关。

双歧杆菌在人体肠道内的数量随年龄增长而变化，人在出生后 5 ~ 8d 内双歧杆菌迅速增殖达到肠道菌群总量的85%～90%。婴儿断乳后双歧杆菌数量减少到原来的10%左右，直至个体到成年期其数量都相对稳定，人到老年期双歧杆菌数量减少。

2. 乳杆菌属

乳杆菌属是人体胃肠道的正常菌群中的一种益生菌，该菌中与人类密切相关的有10个菌种。乳杆菌革兰染色呈阳性。在乳杆菌属中，专性厌氧、兼性厌氧或微需氧的菌种均有。乳杆菌需要的营养包括氨基酸、多肽、核苷酸、维生素、无机盐、脂肪、脂肪酸、碳水化合物等。

3. 类杆菌属

类杆菌属是拟杆菌科的一个菌属，在人体肠道正常菌群中占优势。类杆菌属22个菌种中大多数与人类相关。类杆菌是革兰阴性无芽孢厌氧杆菌，专性厌氧。一些类杆菌能利用低聚半乳糖、低聚果糖等功能性低聚糖。但有报道表明，低聚半乳糖的摄入引起双歧杆菌的急剧增加，从而抑制了类杆菌的增加。类杆菌在婴儿断乳的过程中，逐渐成为人体肠道中的优势菌群，并且终生维持在一个稳定水平。类杆菌在人体内参与合成维生素、蛋白质，辅助消化吸收，防止外来菌繁殖，产生抗原物质，激活免疫功能，在维持人体健康过程中起到一定作用。但同时，类杆菌在代谢过程中产生的亚硝胺、糖苷配基和次级胆汁酸是致癌物、结肠癌促进物和致癌诱变剂，危害人类健康。

4. 产气荚膜梭菌

产气荚膜梭菌是革兰阳性粗大杆菌，(0.6～2.4)μm×(1.3～1.9)μm，有卵圆形大芽孢，约75%的菌株有荚膜。产气荚膜梭菌的代谢产物为氨、胺、亚硝胺、苯酚、吲哚、糖苷配基和次级胆汁酸等肝毒素和致癌物、致癌诱变剂，是人体内的有害菌群。婴儿在断乳过程中肠道内可形成该菌群，成年人肠道中该菌群数量较稳定，老年人肠道中其数量明显增加。

5. 大肠杆菌属

大肠杆菌属是革兰阴性杆菌，无芽孢，无荚膜，需氧或兼性厌氧。大肠杆菌在肠道中能合成维生素，有利于维持机体健康。但同时，其代谢产物氨、胺等有毒致癌物质会对人体产生危害。大肠杆菌是人体内的条件致病菌。新生儿出生后，最初是大肠杆菌等好氧菌和兼性厌氧菌大量定植于胃肠道。随着氧的消耗，厌氧菌的大量定植，大肠杆菌的数量迅速减少，婴儿在断乳后大肠杆菌达到平衡，到老年时其数量会略有增加。

6. 肠球菌

肠球菌是链状排列的革兰阳性球菌，有4个菌种，兼性厌氧。肠球菌在新生儿消化道内大量繁殖，而在断乳过程中其数量又迅速减少，达到平衡后直到老年才略微增加。粪肠球菌对治疗腹泻、便秘、消化不良等胃肠功能紊乱有积极的作用。肠球菌的代谢产物对人体会产生危害，因此肠球菌是人体正常菌群中的条件致病菌。

（五）微生态制剂及其生理功能

微生态制剂也称微生态调节剂是调节宿主体内微生态系统平衡的制剂，它能起到提高宿主健康水平的作用。按微生态制剂的主要成分可分为三类：益生菌、益生元、合生素。益生菌是从正常菌群中分离出来的一种或几种有益菌，经过培养繁殖，通过浓缩冻干可制成活菌制剂。益生菌在生产、保存以及进入体内后能保持存活能力，对宿主有益且无毒副作用，安全可靠。益生元是不被宿主消化吸收却能选择性地促进肠道内有益菌生长增殖的物质。益生元能提高肠道内有益于健康的优势菌群的构成和数量，有利于宿主的健康。合生素是益生菌和益生元的混合制剂。在益生元的辅助下，益生菌能够更好地发挥其生理活性。低聚糖作为某些益生菌的增殖因子，增强益生菌的竞争优势；益生菌分泌的消化酶可使低聚糖消化为单糖，被益生菌或机体利用。

目前，我国开发的微生态制剂中使用的益生菌菌种有两歧双歧杆菌、婴儿双歧杆菌、青春双歧杆菌、短双歧杆菌、长双歧杆菌、嗜酸乳杆菌、干酪乳杆菌、发酵乳杆菌、瑞士乳杆菌、植物乳杆菌、粪链球菌、嗜热链球菌。还有一些专性需氧菌如蜡样芽孢杆菌、地衣芽孢杆菌，以及兼性厌氧菌如枯草芽孢杆菌、肠球菌。它们在肠道内繁殖时大量消耗氧，造成适宜双歧杆菌生长的厌氧环境起到益生元的作用。常使用的益生元有大豆低聚糖、低聚乳果糖、异构化乳糖、低聚异麦芽糖、甘露寡糖。有些中药具有益生元的功能，如人参、党参、灵芝、阿胶、黄芪、枸杞子、五味子、刺五加等。另外，可溶性膳食纤维对肠道菌群的影响也日益受到人们的关注。双歧杆菌、乳杆菌、肠球菌、嗜热链球菌等在体内的代谢产物能够抑制腐生菌的生长，减少吲哚、酚、氨、胺等有毒物质的产生，对改善胃肠道功能、减少胃肠炎症、保护肝脏、减少致癌因素均有良好的作用。微生态制剂在改善胃肠道功能方面的应用已经越来越广泛，并可以与抗生素协同作用。在肠道正常菌群紊乱严重或致病菌的危害比较严重时，可以先用抗生素清理肠道，再用微生态制剂调理胃肠道菌群。

在使用微生态制剂时，应注意以下问题。

（1）人和动物在不同的生长时期，肠道正常菌群不同，对婴幼儿使用微生态制剂效果较明显。因为婴幼儿的正常菌群还处于连续变化的阶段，更易受到微生态制剂的影响。一种微生态制剂是否有效，与肠道内是否存在该菌群有关。

（2）细菌对肠道的黏附具有种属特异性，从某种动物分离的细菌只对该动物消化道上皮有较强的吸附性，如将猪用的微生态制剂用于其他动物则不能发挥最大的疗效。

（3）微生态制剂的使用量要适当，一般在3亿个活菌左右。使用量过多会导致腹泻，过少则起不到治疗的效果。

（4）微生态制剂是活的微生物，与抗生素联合使用要间隔一定时间。微生态制剂的活性很重要，但在保存过程中活菌率很不稳定，使用时应注意产品的储存条件和生产日期，用前最好检测一下活菌数。

（六）调节胃肠道菌群的功能食品的评价指标

人体肠道菌群中双歧杆菌、乳杆菌和真杆菌对人体能起有益作用。其中双歧杆菌已成为衡量机体健康的标志之一。以大肠杆菌、肠球菌为代表的条件致病菌在一定条件下能致病。但在正常情况下，它们对人体也能起到有益的作用。梭状芽孢杆菌、韦荣氏球菌、葡萄球菌、变形杆菌、绿脓杆菌等是对人体有害的细菌。目前，评价调节胃肠道菌群的功能食品通常以双歧杆菌、乳杆菌、大肠杆菌、肠球菌、产气荚膜梭菌和拟杆菌为代表，可反映功能食品对机体肠道菌群的影响。

评价功能食品的调节胃肠道菌群功能需要进行人体试食试验和动物实验。在进行人体试食试验前，应首先进行动物实验。正常动物或肠道菌群紊乱的模型动物任选其一。通过检测服用调节胃肠道菌群的功能食品前后动物或人的粪便中双歧杆菌、乳杆菌、大肠杆菌、肠球菌、产气荚膜梭菌和拟杆菌数量的变化，评价该功能食品对动物或人体肠道菌群的影响。若某功能食品能够使双歧杆菌和/或乳杆菌增殖，可使产气荚膜梭菌受抑制或不增殖，使大肠杆菌和/或肠球菌、拟杆菌不增殖或增殖幅度低于双歧杆菌或乳杆菌的增殖幅度，则可以认为该功能食品具有一定的调节胃肠道菌群的功能。

（七）评价实例

经口给予小鼠某益生菌粉14d前后，中、高剂量组自身比较乳杆菌数量显著增加（$p<0.05$），双歧杆菌数量显著增加（$p<0.01$）。

经口给予小鼠某益生菌粉14d后，与空白对照组比较，中剂量组小鼠肠道乳杆菌数量和双歧杆菌数量均显著增加（$p<0.05$）；高剂量组乳杆菌数量显著增加（$p<0.05$），双歧杆菌数量显著增加（$p<0.01$）。

各组小鼠肠杆菌、肠球菌、产气荚膜梭菌数量均无显著变化，益生菌粉对小鼠体重无不良影响，如表2-24~表2-29所示。

表2-24　实验前后各组小鼠的体重（$\overline{X} \pm SD$）

组别	动物数/只	实验前体重/g	与空白对照组比较的 p 值	实验后体重/g	与空白对照组比较的 p 值
空白对照组	12	20.0±1.0	—	23.7±1.1	—
低剂量组	12	20.0±0.9	1.000	23.6±1.2	0.979
中剂量组	12	20.1±0.9	0.998	23.5±1.0	0.938
高剂量组	12	20.1±1.0	0.996	23.6±1.0	0.982

表2-25　小鼠肠道中肠杆菌菌群检验结果（$\overline{X} \pm SD$）

组别	动物数/只	给受试物前/(lg CFU/g)	与空白对照组比较的 p 值	给受试物后/(lg CFU/g)	与空白对照组比较的 p 值	给受试物前后比较的 p 值
空白对照组	12	5.7±0.5	—	5.6±0.4	—	0.760
低剂量组	12	5.4±0.5	0.264	5.5±0.4	0.771	0.449
中剂量组	12	5.4±0.5	0.419	5.5±0.5	0.649	0.768
高剂量组	12	5.6±0.5	0.865	5.5±0.5	0.791	0.706

表2-26　小鼠肠道中肠球菌菌群检验结果（$\overline{X} \pm SD$）

组别	动物数/只	给受试物前/(lg CFU/g)	与空白对照组比较的 p 值	给受试物后/(lg CFU/g)	与空白对照组比较的 p 值	给受试物前后比较的 p 值
空白对照组	12	7.0±0.8	—	7.0±0.6	—	0.823
低剂量组	12	6.8±0.6	0.794	6.9±0.6	0.926	0.805
中剂量组	12	6.6±0.5	0.304	6.6±0.4	0.227	0.808
高剂量组	12	6.9±0.6	0.885	6.9±0.6	0.945	0.926

表 2-27　小鼠乳杆菌菌群检验结果（$\overline{X} \pm SD$）

组别	动物数/只	给受试物前/(lg CFU/g)	与空白对照组比较的 p 值	给受试物后/(lg CFU/g)	与空白对照组比较的 p 值	给受试物前后比较的 p 值
空白对照组	12	8.2 ±0.5	—	8.3 ±0.4	—	0.376
低剂量组	12	8.0 ±0.6	0.672	8.3 ±0.6	0.994	0.132
中剂量组	12	8.2 ±0.5	0.999	8.8 ±0.5①②	0.014	0.011
高剂量组	12	8.4 ±0.4	0.710	8.9 ±0.5①②	0.023	0.029

注：①与空白对照组相比差异有统计学意义($p<0.05$)。

②与本组给受试物前相比差异有统计学意义($p<0.05$)。

表 2-28　小鼠双歧杆菌菌群检验结果（$\overline{X} \pm SD$）

组别	动物数/只	给受试物前/(lg CFU/g)	与空白对照组比较的 p 值	给受试物后/(lg CFU/g)	与空白对照组比较的 p 值	给受试物前后比较的 p 值
空白对照组	12	8.4 ±0.5	—	8.4 ±0.5	—	0.569
低剂量组	12	8.3 ±0.5	0.900	8.5 ±0.5	0.934	0.174
中剂量组	12	8.4 ±0.6	0.998	8.9 ±0.4①②	0.021	0.004
高剂量组	12	8.5 ±0.4	0.905	9.0 ±0.4①②	0.009	0.001

注：①与空白对照组相比差异有统计学意义($p<0.05$)。

②与本组给受试物前相比差异有统计学意义($p<0.05$)。

表 2-29　小鼠产气荚膜梭菌菌群检验结果（$\overline{X} \pm SD$）

组别	动物数/只	给受试物前/(CFU/g)	与空白对照组比较的 p 值	给受试物后/(CFU/g)	与空白对照组比较的 p 值	给受试物前后比较的 p 值
空白对照组	12	38 ±53	—	33 ±39	—	0.723
低剂量组	12	25 ±40	0.832	21 ±26	0.761	0.754
中剂量组	12	25 ±45	0.832	29 ±40	0.987	0.674
高剂量组	12	33 ±39	0.992	25 ±45	0.909	0.504

二、促进消化功能

胃肠道是消化、吸收营养物质的器官。消化过程主要依靠胃肠道的运动和消化酶的作用来完成。如果功能食品能对胃肠道的运动或某些消化酶的分泌及其生理活性有调节作用，那么它就可能有促进消化功能的作用。

（一）食物的消化

1. 口腔内的消化

人的消化是从口腔开始的。口腔内有三对唾液腺：腮腺、下颌腺、舌下腺。唾液中含有唾液淀粉酶、溶菌酶、黏蛋白和球蛋白等。人体每天分泌 1000 ~ 1500mL 唾液。食物在口腔被咀嚼并与唾液混合形成食团经吞咽进入胃。唾液淀粉酶可将淀粉分解成麦芽糖。

2. 胃内的消化

胃的运动有容受性舒张、紧张性收缩和蠕动。胃的蠕动使食物进一步被粉碎并与胃液充分混合。胃黏膜的腺体细胞分泌的胃液是无色透明的强酸性液体，pH 1.5～2.0。胃液包括盐酸、黏蛋白、胃蛋白酶和胃脂肪酶等。胃蛋白酶以酶原的形式分泌，在强酸条件下被激活。它对肽键水解的专一性较差，能把各种水溶性蛋白质水解成多肽。胃脂肪酶在酸性环境下将甘油三酯水解为甘油二酯和脂肪酸。但胃内的强酸性环境不是胃脂肪酶作用的最适 pH。脂肪在胃里被初步乳化成小脂滴。黏液在黏膜表面起到润滑和屏障作用。盐酸为胃蛋白酶提供了酸性环境，并能抑制细菌繁殖。盐酸进入小肠能促进胰液、肠液和胆汁分泌。酸性环境还有利于小肠对钙、铁的吸收。

3. 小肠内的消化

胃的运动将食物推入十二指肠，小肠是食物被消化吸收的主要场所。在胰液、胆汁、小肠液的化学性消化和小肠运动的机械性消化下，食物逐渐被分解为可被小肠吸收的物质。胰液是无色透明的碱性液体，pH 7.8～8.4。成人每日分泌 1～2L 胰液。胰液中的胰淀粉酶、麦芽糖酶、胰蛋白酶、糜蛋白酶、胰肽酶、核糖核酸酶、凝乳酶、胰脂肪酶等对糖、蛋白质、脂肪的消化都很重要。

（二）消化不良

1. 症状表现及分类

消化不良实际是所有胃部不适的总称，是一种由胃动力障碍所引起的疾病，也包括胃蠕动不好的胃轻瘫和食管反流病。消化不良症状说明消化过程受到了某种原因的干扰。

消化不良的症状有食欲不振，进食后腹部饱胀，腹部有压迫感和（或）腹痛，向胸部放射感，呃气，烧心，轻度恶心、呕吐，舌苔厚腻。患者常因胸闷、早饱感、腹胀等不适而不愿进食或尽量少进食，夜里也不易安睡，睡后常有恶梦。到医院检查，除胃镜下能见到轻型胃炎外，其他检查如 B 超、X 光造影及血液生化检查等，都不能检查出不正常的表现。所以消化不良症状发生后应及时检查，首先要确认是否伴随其他疾病。

消化不良可以是偶然的，也可以是慢性持续的。偶然的消化不良可以由进食过饱、饮酒过量、经常服用止痛药如阿司匹林等引起。在精神紧张时进食，或进食不习惯的食物也可引起消化不良。轻型消化不良，大都由于情绪不好、工作过于紧张、天寒受凉或多食不易消化食物所引起，仅有轻微的上腹不适、饱胀、烧心等症状。

慢性持续性的消化不良可以是神经性的，即精神因素引起的，也可以是某些器质性疾病如慢性胃炎、胃及十二指肠溃疡、慢性肝炎等消耗性疾病引起的，胆囊摘除后的患者也可经常发生消化不良。不管哪种原因，都可导致胃缺乏动力，不能正常进行工作，食物在胃内停留时间过长。

功能性消化不良是指起源于胃、十二指肠区域的消化不良症状，及可引起上述症状的器质性、系统性或代谢性疾病的一组临床综合征。主要症状包括餐后饱胀感、早饱、上腹痛或上腹烧灼感等。但有以上症状的人经检查并没有发现明显的消化器官疾病或系统性疾病，此类消化不良发生率最高，大部分人都经历过。功能性消化不良的病因复杂，主要与饮食状态和精神心理因素有关，如饮食没有规律、环境变化、情绪波动，睡眠状态，烟酒刺激等。也有研究认为以幽门螺杆菌为主的肠道有害菌感染是功能性消化不良的重要病因之一。目前，功能性消化不良的治疗仍以抑制胃酸分泌物药和促胃肠动力药物为主，但药物有一定的不良反应。因此，通过饮食缓解消化不良的症状越来越引起人们的关注。

2. 消化不良的防治

有消化不良的症状首先要咨询医生，确诊引起消化不良的病因，改善消化功能，在治疗原发病的同时，可以辅以促进消化吸收的功能食品，并注意饮食调养。

（1）保持饮食均衡并富含纤维素，如新鲜水果蔬菜及全麦等谷类。需细嚼慢咽，勿狼吞虎咽。

（2）避免精制的糖类、面包、蛋糕、通心粉、乳制品、咖啡因、柳橙类水果、番茄、青椒、碳酸饮料、薯片、油炸食物、腌制食物、红肉、豆类、可乐。减少盐的摄取量。加工食品及所有乳制品会刺激黏膜分泌过量，导致机体对蛋白质消化不良。节制花生、扁豆及大豆的食用量，它们含有一种酶抑制剂，可引起消化不良。

（3）少吃生冷、有刺激性的食物　生冷和刺激性强的食物对消化道黏膜具有较强的刺激作用，容易引起腹泻或消化道炎症。

（4）服用嗜酸菌　消化不良也可用嗜酸菌来改善，因为缺乏这些良性菌是最常见的消化不良因素。

（5）服用酸性饮料　用一汤匙纯的苹果醋加一杯水，在正餐时啜饮，有助消化。早晨起床先喝一杯柠檬水，有治疗及清血的作用。

（6）服用木炭　木炭片剂对吸收体内气体颇为有效，但它会干扰药物及营养素的吸收，应勿长期服用。

（7）补充营养素　如高纤葡萄糖甘露蜜、嗜酸菌 、B 族维生素、苜蓿、胰蛋白酶、胰脂肪酶、胰淀粉酶等综合消化酶。

（8）规律饮食　研究表明，有规律地进餐，定时定量，可形成条件反射，有助于消化腺的分泌，更利于消化。

（9）温度适宜，细嚼慢咽　饮食的温度应以“不烫不凉”为度。细嚼慢咽可减轻胃肠道的负担。对食物充分咀嚼次数越多，随之分泌的唾液也越多，所以咀嚼对胃黏膜有保护作用。

（10）适当使用助消化药物，一般应在医生指导下服用。如果是非处方药品，可以根据药品说明书使用。

一般常用的药物有胃动力药吗叮啉，能加强食物从胃中排空，减轻胃胀；米曲菌胰酶片，可补充消化酶，促进食物分解，营养增强吸收；乳酸菌素片，能在肠道形成保护层，阻止病原菌及病毒的侵袭，还能促进胃液分泌，增强消化功能。其他助消化的中药如神曲、木香、山楂、麦芽、谷芽、陈皮等可酌情使用（水剂煎服）。

（11）服用含有乳酸菌的食品或微生态制剂，酸乳中的乳酸菌对幽门螺杆菌有抑制作用。

（三）特殊人群消化功能

1. 老年人的消化道功能特点

（1）运动功能的减退　人到老年时期，口腔、食管、胃、小肠和大肠等方面的运动功能均有不同程度的改变。主要表现在口腔黏膜过度角化，舌上味蕾数量减少、萎缩，牙齿脱落或磨损，牙周组织退行性变，咀嚼和吞咽功能减退，食物不易嚼烂。因此，老年人在食物的选择上受到限制，只能进软食、精食，易造成消化不良、便秘乃至相应营养素缺乏。另外，老年人食管、胃的蠕动及输送食物的功能均减弱，胃张力、排空速度亦减弱，小肠、大肠均萎缩，肌层变薄，收缩力降低，蠕动减退，直肠对内容物压力的感觉亦减退。上述胃肠运动的变化，均会使老年人的消化功能减退、出现便秘等。

（2）吸收功能的减退　老年人吸收功能减退，主要表现在小肠对木糖、钙、铁、维生素 B_1、维生素 B_{12}、维生素 A、胡萝卜素、叶酸以及脂肪的吸收减少。造成老年人吸收功能减退的原因，除胃酸及各种消化酶的分泌减少外，还与肠壁供血欠佳（老年人常有肠道血管粥样硬化或心脏疾患，使血流灌注不足）以及肠壁黏膜萎缩、小肠上皮细胞数量减少等因素有关。

（3）分泌机能的改变　老年人分泌机能的改变主要表现在胃酸、各种消化酶的分泌量减少、活性减低上，这导致老年人对食物的化学性消化机能减退，进而亦可影响到吸收机能。必须强调的有一点是，虽然老年人分泌机能较青年人差，但对碳水化合物、脂肪的消化一般不受影响。

2. 孕妇消化道功能特点

妇女在妊娠期，由于妊娠的影响，各个系统均发生一系列生理变化，其消化道的功能也有变化。

（1）口腔变化　孕妇摄取钙不足或胎儿生长过快均可引起缺钙，从而引发孕妇牙齿松动；由于孕妇体内大量雌激素的影响，导致孕妇齿龈充血、齿龈变软和齿龈肿胀；由于孕妇的迷走神经处于兴奋状态，致使孕妇唾液分泌量增多。以上诸因素，均会不同程度地影响孕妇的进食，如进食量减少、喜进软食或进食过于精细等。

（2）胃肠变化　妊娠早期可出现恶心、呕吐、择食等；由于贲门括约肌松弛，胃内容物易反流于食管下端，产生烧心感；由于胎盘产生的孕激素，可使孕妇胃、肠平滑肌张力减退，活动减弱、胃酸分泌减少、胃肠蠕动减弱，所以孕妇常会出现腹胀、食欲减退、便秘等情况。

（四）促进消化功能作用的功能食品的功能评价

促进消化功能作用的保健食品的功能可通过动物实验和人体试食试验来评价。胃肠道是营养物质的摄取、消化与吸收的器官，对食物的消化作用主要是依靠胃肠道的运动、消化酶的分泌来完成的。如果某一功能食品能对其中的一个环节或几个环节有调节作用，那它就有可能有促进消化的作用。动物实验指标包括大鼠体重、体重增重、摄食量、食物利用率、小肠运动实验和胃蛋白酶活性、胃蛋白酶排出量。摄食量可以直接反映受试样品对动物消化功能的影响。食物利用率用食物功效比值表示。食物功效比值 = 大鼠实验期体重增加重量/大鼠实验期食物摄入量。体重、体重增重、食物功效比值可间接反映动物的消化吸收功能。用幽门结扎法收集胃液，用蛋白管法测定胃蛋白酶活性。胃蛋白酶排出量 = 胃蛋白酶活性单位 × 每小时胃液排出量。该指标可反映受试样品对消化酶分泌的影响。在动物实验和安全性实验通过的前提下可以进行人体试食试验。动物体重、体重增重、摄食量、食物利用率，小肠运动实验和消化酶测定三方面中任两方面实验结果呈阳性，可判定该受试样品动物实验结果阳性。人体试食试验主要通过钡条透视法，观察受试物对胃肠运动的促进作用。

（五）评价实例

经口给予大鼠不同剂量的某功能食品 30d 后，高剂量组能提高大鼠胃蛋白酶活性（$p < 0.05$）和胃蛋白酶排出量（$p < 0.05$），对大鼠体重增长无不良影响，如表 2 – 30 ~ 表 2 – 32 所示。

表2-30　　某功能食品对大鼠体重的影响（$\bar{X} \pm SD$）

组别	动物数/只	实验前		实验后	
		体重/g	p 值	体重/g	p 值
空白对照组	12	164.7 ±8.5	—	369.0 ±21.1	—
低剂量组	12	165.0 ±8.6	1.000	368.2 ±13.7	0.894
中剂量组	12	164.8 ±8.6	1.000	367.5 ±21.8	0.789
高剂量组	12	164.9 ±8.0	1.000	375.6 ±24.8	0.995

表2-31　　某功能食品对大鼠体重增重的影响（$\bar{X} \pm SD$）

组别	动物数/只	体重增重/g	p 值
空白对照组	12	205.3 ±16.8	—
低剂量组	12	203.2 ±11.6	0.910
中剂量组	12	202.6 ±18.6	0.750
高剂量组	12	210.7 ±19.5	0.875

表2-32　某功能食品对大鼠胃液量、胃蛋白酶活性、胃蛋白酶排出量的影响（$\bar{X} \pm SD$）

组别	动物数/只	胃液量/（mL/h）	胃蛋白酶活性/（U/mL）	胃蛋白酶排出量/（U/h）
空白对照组	12	0.7 ±0.2	175 ±55	120 ±46
低剂量组	12	0.7 ±0.2	191 ±41	137 ±41
中剂量组	12	0.8 ±0.4	197 ±44	159 ±70
高剂量组	12	0.8 ±0.2	245 ±60*	196 ±64*

注：*与空白对照组相比差异有统计学意义（$p<0.05$）。

三、通便功能

功能性便秘是一种消化道常见疾病，它不是一个独立的疾病或综合征，而是由多种病因所致的常见的症状。便秘是指肠内容物在肠内运行迟缓的情况，表现为排便次数减少，粪便干结、坚硬、量少，排便困难。正常人排便习惯不同，一般每日一两次或每 2～3d 排便一次。平均每日粪便重量为 35～225g。排便的量和次数常受食物种类以及环境因素、精神心理等多种因素的影响。

（一）排便

排便过程是人体中一系列复杂而协调的生理反射活动，需要有完整的肛门直肠神经结构、肛门括约肌群、排便反射的反射弧和中枢的协调控制能力。固态粪便在乙状结肠及降结肠中储存。乙状结肠收缩时，粪便进入直肠。由于直肠纵肌比结肠纵肌更薄，从而使直肠具有较结肠更高的顺应性，当直肠内粪便容积增加时，直肠呈适应性松弛。当直肠内有足够刺激肠壁产生正常蠕动的粪便时，直肠黏膜受粪便充盈扩张的机械刺激超过阈值，便产生冲动。冲动经盆腔神经、腹下神经传至腰骶脊髓的排便中枢，再经丘脑达大脑皮层。又由传出神经传出，使两旁侧提肛肌群收缩，膈肌下降，腹肌收缩，腹压增高，减少粪便下排阻力。当粪便继续进入直肠后，提肛肌群松弛，直肠肛管角变直，会阴下降，粪便继续下移，最后耻骨直肠肌、肛门内括约肌和肛门外括约肌均松弛，将粪便排出肛门。在抑制排便的机制中，由于直肠和肛门存在两个生理弯曲，即乙状结肠－直肠角和肛门直肠角。它们使直肠处于折叠状态，阻碍肠内容物的下降，起到“阀”的作用。同时，肛门内括约肌可使肛管处于关闭状态，维持肛管腔内的较高压力，是控制排便的重要压力屏障。在静息状态下，肛门内括约肌呈张力性收缩状态，主要对液体大便和气体产生正性阻碍作用。肛门外括约肌在静息状态下处于最小收缩状态，以收缩慢、不易疲劳的Ⅰ型肌纤维为主，使其能维持较持久的张力性收缩。其收缩程度随腹内压的改变而改变，是抑制排便的主要因素。耻骨直肠肌的收缩与肛门外括约肌是同步的，能保持肛管和直肠之间的角度（92°），可防止固体粪便通过，形成自动抑便过程。一旦直肠扩张诱发直肠肛管抑制反射，粪团进入肛管，激活肛门外括约肌感受器。条件不允许时，则可在主动意识的控制下主动收缩肛门外括约肌，使粪团上移，达到主动抑便的目的。

（二）便秘

1. 功能性便秘的类型

排便过程的任何环节发生障碍，都可以引发便秘。对于未发现明显器质性病变而以功能性改变为特征的排便障碍被称功能性便秘。根据其病理学改变可分为结肠慢传输型、出口梗阻型和混合型。

（1）慢传输型便秘　指具有正常的直肠肛管功能，由于结肠动力障碍，使内容物滞留在结肠以及结肠运输缓慢所致的便秘。结肠慢传输型便秘患者中大部分属于全结肠传输缓慢的情况。肠电活动研究表明，此型便秘患者在空腹及餐后结肠推进频率减慢且持续时间缩短。乙状结肠肠壁对肠内容物的最大耐受量明显低于正常人。由于肠内容物通过缓慢，直肠充盈速度减慢，导致直肠的反应迟钝。有报道慢性便秘患者的直肠便意阈值和直肠最大耐受量较正常人明显增高，这表明其内脏运动神经和容量感受神经受损，会引发直肠对容量刺激反应迟缓，直肠感觉功能减退，因缺乏便意而不能启动排便反射。经常忽视便意，不及时排便或未养成定时排便的习惯，会使直肠对刺激失去正常的敏感性。同时由于粪便在大肠中滞留时间过长，水分被过多吸收，粪便会变得干硬，更易引起便秘。

（2）出口梗阻型便秘　指有正常结肠传输功能，但直肠肛门功能异常导致的便秘。引起出口梗阻性便秘的常见病因有横纹肌功能不良、直肠平滑肌动力障碍、直肠感觉功能损害、肛门内括约肌功能不良以及黏膜、直肠脱垂或肠套叠造成的暂时性解剖梗阻等。肛门括约肌功能失调或直肠对排便反射阈值异常是此型便秘的发病基础，通过线性内镜超声测量用力排便时肛门括约肌、耻骨直肠肌的长度及厚度变化。

（3）混合型便秘　具有上述两型便秘的特点或两者均不典型。

2. 影响功能性便秘的因素

（1）激素、神经递质异常　研究发现与功能性便秘有关的神经激素调节物质主要有兴奋型胃肠激素和抑制型胃肠激素。兴奋型胃肠激素能促进胃肠蠕动，增强结肠的收缩运动。如胃泌素、胃动素、胆囊收缩素、P－物质等。抑制型胃肠激素抑制胃肠蠕动，延长小肠和结肠的转运时间。如生长抑素、神经降压肽、血管活性肠肽、阿片肽等。临床研究已经证实兴奋型激素水平减少和（或）抑制型胃肠激素分泌增多与慢性便秘的发生相关。

（2）饮食因素　食物摄入不足及食物中纤维素含量减少是引起功能性便秘的重要因素。低渣低纤维素饮食可以使粪便量明显减少。摄入液体量减少也是导致便秘发生的因素，每日饮水量小于1000mL，便秘发生率增高。

（3）精神心理因素　王俊萍等应用SCL－90自评量表发现功能性便秘患者在总分、总症状指数、阳性项目数、阳性症状痛苦水平、躯体化、强迫症状、人际关系敏感、抑郁、焦虑、敌对、偏执、精神病性等方面的得分明显高于健康者，说明精神心理因素是影响胃肠道功能的重要因素。

（4）药物因素　经常服用以下几类药物也容易引起便秘：①神经精神类药物（如安眠药、抗抑郁药、抗癫痫药、抗惊厥药、抗帕金森病药物、非甾体类药、抗组胺药、麻醉药、阿片类药、神经节阻滞药）；②抗胆碱类药物；③治疗心血管疾病药物；④利尿药；⑤抗酸剂（如氢氧化铝、碳酸钙、H_2 受体拮抗药、质子泵抑制药）；⑥含可待因的镇咳剂、铁剂；⑦单胺氧化酶抑制药；⑧含蒽醌类药物等。

对于非肠道狭窄等器质性病变的便秘和非结肠痉挛性收缩引起的便秘，可采取增加摄入膳食纤维、食用具有润肠通便作用的功能食品、培养按时排便的习惯、避免滥用泻药的方法。对肠梗阻或神经性便秘的人则不能采用补充膳食纤维的方法，应该先清肠，减少肠内容物，并且养成定时排便的习惯。精神因素和药物因素引起的便秘，除尽量排除和减少这些因素，通过膳食调节也会收到一定的效果。

（三）通便

1. 肠道运动的调节

小肠的运动为紧张性收缩，分节收缩、蠕动、短距离推进运动、黏膜和绒毛运动、回盲括约肌运动等。在消化间期小肠的平滑肌仍维持一定的紧张性收缩。进食后小肠运动则变为消化期运动。消化期运动主要包括分节收缩和蠕动。分节收缩是一种局部的有节律的环行收缩，它能使食糜与消化液充分混合，有利于消化吸收，并使食糜缓慢向结肠推进。分节收缩的频率由小肠上段到下段逐渐降低。蠕动是一种局部反射引起的推进性运动，是纵行肌和环行肌协调的连续性收缩。推进速度为0.5～5.0cm/s。通常小肠上段蠕动较快，下段则很慢。黏膜的运动是由小肠黏膜肌层收缩引起的。刺激交感神经可引起黏膜肌层收缩。黏膜肌层收缩还可引起绒毛运动，绒毛可以摆动、伸长或缩短。胃肠激素中的绒毛收缩素可刺激绒毛收缩，食物刺激也引起绒毛收缩。回盲交界处回盲括约肌的收缩和舒张促使着回肠内容物进入盲肠。

大肠的运动有袋状往返运动、分节推进运动、蠕动和集团推进运动。袋状往返运动是一种非推进性运动，多见于空腹和安静时。进食和副交感神经兴奋时，袋状往返运动减少。袋状往返运动通过使肠内容物在结肠内的来回运动，有助于营养物质的充分吸收，推进运动和蠕动使肠内容物向前移位。分节推进运动可将肠内容物缓慢推向肛门。睡眠时结肠分节运动减少，进食可刺激分节运动。乙酰胆碱类药物可加强结肠分节推进运动。阿托品等抗胆碱药抑制分节推进运动。集团推进运动是一种进行快、收缩强、推进猛的蠕动，多发生于横结肠。可将粪便推入降结肠和乙状结肠。进食和副交感神经兴奋可增强这种运动。蠕动是一种收缩强烈的运动，可将肠内容物以1～2cm/min的速度向前推进。结肠运动使粪便进入直肠，刺激直肠壁内感受器产生“便意”，神经冲动经盆神经和腹下神经中的内脏传到脊髓腰骶段的初级排便中枢，并同时上传至大脑皮层。大脑皮层发出冲动，增强排便中枢兴奋，产生排便反射，使降结肠、乙状结肠、直肠收缩，肛门内外括约肌舒张，同时膈肌下降，腹内压升高，使大便排出。

2. 润肠通便

解决便秘的困扰应当首先建立合理的饮食习惯，增加膳食纤维及水分的摄入量，保持健康心理状态，养成良好的排便习惯，进行适当有规律的运动。另外药物治疗也是一种方式，但药物的副作用也不容忽视。通过食物调节能够达到良好的效果应当是最佳的选择。目前膳食纤维和益生菌被广泛应用于润肠通便的功能食品当中，对于功能性便秘有良好的改善作用。膳食纤维能促进肠道蠕动，保持肠道内容物的湿润，还能被益生菌利用，对改善肠道内环境有积极意义，起到润肠通便的作用。益生菌在体内代谢会产生多种有机酸，使肠道pH下降，调节肠道正常蠕动，同时可促进食物残渣被排泄，排除结肠内粪便长期停留所产生的毒素，改善粪便的成分及缩短粪便在远端结肠直肠内滞留时间，有利于粪便由直肠进入肛门。

（四）通便的功能食品的功能评价

功能食品通便的功能可以通过动物实验和人体试食试验来评价。动物实验通过观察排便时间、排便粒数、排便重量，粪便性状，来验证受试物对肠道运动功能和排便全过程的影响。肠道运动增强、排便时间缩短、排便粒数和排便重量增加，则预示受试物有一定的增强肠道运动的作用，或能改善肠内容物和粪便的性状。通常采用苯乙哌啶造成小鼠便秘模型。苯乙哌啶是哌替啶的同类物，临床用的复方苯乙哌啶制剂内含抗胆碱能药物，对肠道的作用类似吗啡，可直接作用于肠平滑肌，通过抑制肠黏膜感受器，消除局部黏膜的蠕动反射而减弱肠推进性蠕动。同时可增加肠平滑肌紧张性收缩，使肠内容物通过延迟，利于肠道对水分的吸收，使粪便干燥，形成便秘的模型。常用剂量为2.5～5.0mg，3次/d。观察受试物对模型动物便秘症状改善的能力，间接验证受试物对肠道运动功能和对粪便性状的影响。在安全性实验通过的前提下，如动物实验阳性，即可进行人体试食试验。除对便秘模型动物各项必测指标进行观察外，还应对正常动物进行观察，不得引起动物的明显腹泻。人体试食试验要观察到试食前后，试食组自身比较排便次数明显增加，排便状况和粪便性状二项指标中一项指标积分明显下降，差异应有显著性；试食后试食组与对照组比较，排便次数、排便状况和粪便性状任一项明显改善，差异有显著性，可判定该受试样品具有通便功能的作用。

常用的具有润肠通便作用的物质有膳食纤维、糖醇和微生态制剂。膳食纤维不能被人体吸收，能部分被肠道菌群分解和发酵，产生有机酸，降低肠道pH，刺激肠黏膜蠕动。未被消化的膳食纤维形成的食物残渣能吸收水分，增加粪便体积，改变粪便性状，刺激结肠运动，促进排便。水溶性膳食纤维能被细菌利用并能保持粪便中的水分。含膳食纤维多的食物有麦麸、魔芋、燕麦、玉米、大豆以及含果胶、胶质较多的水果和蔬菜。微生态制剂可以通过对肠道微生态系统平衡的调节，对由于肠道菌群失调而引起的腹泻和便秘起到双向调节的作用。益生菌中的双歧杆菌、乳杆菌、丁酸梭菌等均有调整肠道的作用。益生元多为功能性低聚糖，一般具有以下特性：①不被人体吸收，能被肠道内有益菌选择性利用，而不被肠道有害细菌利用；②被双歧杆菌等有益菌发酵产生乙酸、乳酸等酸性产物，后者能降低肠道pH，促进肠道蠕动；③可通过改变肠内容物的渗透压，增加粪便水分来改变粪便性状；④通常不引起腹胀和肠鸣。实验验证的具有润肠通便作用的低聚糖有低聚果糖、低聚半乳糖、低聚木糖、低聚异麦芽糖、大豆低聚糖、乳果糖等。低聚木糖能使粪便中水分保持在80%左右，具有双向调节的作用，缓解腹泻和便秘。过量的食用低聚糖会引起腹泻。不同低聚糖的有效日摄入量不同，低聚果糖5～10g/d、低聚半乳糖10g/d、低聚木糖0.7g/d、低聚异麦芽糖15g/d、大豆低聚糖10g/d，乳果糖2～3g/d。糖醇不能被胃酶分解，在肠道中的滞留时间比葡萄糖长，有润肠通便作用。但应控制糖醇的摄入量，避免造成肠鸣、腹胀和腹泻现象。木糖醇、麦芽糖醇、山梨醇、赤藓糖醇、异麦芽酮糖醇等均具有通便作用。其中，赤藓糖醇、异麦芽酮糖醇的耐受性较好，可以作为通便剂。

（五）评价实例

经口给予小鼠不同剂量的某功能食品14d，与模型对照组比较，受试物在低剂量能提高小鼠小肠运动实验墨汁推进率（$p<0.01$）；在中剂量能提高小鼠小肠运动实验墨汁推进率（$p<0.05$），缩短小鼠排便时间（$p<0.01$），增加小鼠排黑便数量和排便重量（$p<0.05$）；在高剂量能缩短小鼠排便时间（$p<0.05$），对小鼠体重增长无不良影响。实验结果如表2－33～表2－36所示。

表2－33　某功能食品对墨汁推进率的影响（$\overline{X}\pm SD$）

组别	动物数/只	墨汁推进率/%	墨汁推进率平方根反正弦数值	p值
模型对照组	12	32.1±7.4	0.60±0.08	—
低剂量组	12	49.3±13.9	0.78±0.14*	0.001
中剂量组	12	44.9±13.5	0.73±0.14*	0.019
高剂量组	12	32.4±8.2	0.60±0.08	1.000
空白对照组	12	83.4±6.6	1.16±0.09*	8.62×10^{-14}

注：*与模型对照组相比差异有统计学意义（$p<0.05$）。

表2－34　某功能食品对排便时间的影响（$\overline{X}\pm SD$）

组别	动物数/只	首粒排黑便时间/min	p值
模型对照组	12	231±47	—
低剂量组	12	205±58	0.343
中剂量组	12	155±35*	0.002
高剂量组	12	161±31*	0.021
空白对照组	12	71±11*	0.000

注：*与模型对照组相比差异有统计学意义（$p<0.05$）。

表 2-35 某功能食品对排便粒数的影响（$\bar{X} \pm SD$）

组别	动物数/只	排黑便粒数	p 值
模型对照组	12	14 ±9	—
低剂量组	12	14 ±8	1.000
中剂量组	12	21 ±9*	0.026
高剂量组	12	18 ±8	0.322
空白对照组	12	31 ±9*	1.02×10^{-4}

注：* 与模型对照组相比差异有统计学意义（$p < 0.05$）。

表 2-36 某功能食品对排便重量的影响（$\bar{X} \pm SD$）

组别	动物数/只	排黑便重量/g	p 值
模型对照组	12	0.323 ±0.183	—
低剂量组	12	0.410 ±0.210	0.659
中剂量组	12	0.573 ±0.225*	0.024
高剂量组	12	0.532 ±0.267	0.068
空白对照组	12	0.815 ±0.248*	1.45×10^{-5}

注：* 与模型对照组相比差异有统计学意义（$p < 0.05$）。

四、辅助保护胃黏膜功能

人体的胃黏膜经常受到食物和消化液的刺激，由于胃黏膜具有一个复杂的保护系统，不仅能抵御 pH、渗透压、温度等的变化，还能很快修复浅表层的轻度损害。胃黏膜对于特定损害的防御是一个动态的过程。

（一）胃壁和胃黏膜的结构

胃壁由黏膜、黏膜下层、肌层和外膜构成。

1. 胃黏膜

胃黏膜由上皮、固有膜和黏膜肌层三层组成。胃黏膜表面有胃小凹，胃腺就开口于胃小凹底部。

（1）上皮 胃黏膜的上皮为单层柱状上皮，覆盖于黏膜表面，并与胃小凹上皮相连。单层柱状上皮细胞的顶部胞质中充满了黏原颗粒。黏原颗粒排出后形成黏液覆盖于黏膜表面。上皮细胞损伤或脱落后，胃小凹底部的细胞会分裂补充。固有膜为结缔组织，有胶原纤维、网状纤维、血管和成纤维细胞、淋巴细胞、浆细胞等。

（2）固有膜 固有膜中有许多由上皮下陷的腺体。在胃的贲门附近有分支管状的贲门腺，主要分泌黏液。在胃底和胃体部为单管状细胞和分支管状细胞组成的胃底腺。腺体的上半部有分泌盐酸的壁细胞，又称盐酸细胞。腺体的体部和底部有很多分泌胃蛋白酶元的主细胞，又称胃酶细胞。胃蛋白酶元在盐酸的作用下可激活成胃蛋白酶。在壁细胞之间还夹杂着颈黏液细胞。胃底腺中还有一种嗜银细胞，它是一种内分泌细胞。该细胞基底部的分泌颗粒释放至毛细血管，成为消化管激素。消化管激素可以调节消化腺分泌和消化管的活动，还能促激素分泌。在幽门附近为分支管状的幽门腺。幽门腺以分泌黏液为主，也有壁细胞和内分泌细胞。

（3）黏膜肌层　黏膜肌层由内环行、外纵行的薄层平滑肌构成。黏膜肌层收缩时有助于胃腺分泌物的排出。

2. 黏膜下层

黏膜下层为疏松结缔组织，有淋巴细胞、肥大细胞，还有较大的血管、淋巴管和黏膜下神经丛。

3. 肌层

胃壁的肌层较厚，由内斜行、中环行和外纵行三层平滑肌组成。

4. 外膜

外膜为薄层结缔组织，内有血管、淋巴管和神经。外膜表面为一层浆膜。

（二）黏膜的保护机制

胃黏膜的防御体系是一个复杂而完善的多级体系。它包括以下几点：①分泌到胃内的胃酸、黏液、碳酸氢盐、免疫球蛋白、表面活性磷酸脂等；②胃黏膜上皮；③胃黏膜血流微循环；④胃黏膜免疫系统；⑤一些化学物质前列腺素、一氧化氮、降钙素基因相关肽。

胃酸能够杀灭进入胃中的细菌，抑制寄生虫的生长。但幽门螺杆菌不仅能在胃酸中生长，还能影响胃泌素和生长抑素的释放。

胃黏液能捕获细菌，限制细菌向黏膜上皮运动。黏液还可作为一种抗氧化剂，减轻细菌或免疫细胞产生的因子介导的黏膜损害。

胃黏膜上皮分泌的碳酸氢盐扩散到黏液，与胃腔弥散来的胃酸不断中和，在胃黏膜表层形成胃腔与胃黏膜间的 pH 梯度。胃腔内的 pH 可达到 2，上皮表面 pH 保持接近中性。近来有实验表明，大鼠的胃上皮细胞顶端膜在没有黏液 - 碳酸氢盐或黏膜血流的支持下仍能抵御 pH 为 2 的酸溶液损害达 4h。胃腺在胃酸分泌后，以篮状形式分布于胃腺周围的平滑肌纤维收缩，导致流体静压上升，使胃酸和胃蛋白酶通过黏液层进入胃腔并阻止胃酸反流。

胃黏膜上皮的更新与快速修复对维持胃黏膜的完整有非常重要的作用。胃黏膜上皮每 2 ~ 4d 更新一次。胃腺上皮的胃小凹底部的细胞不断分裂增殖、迁移至胃黏膜表面，并分化成熟。

当胃黏膜受到机械性和化学性的浅表损伤后，在几小时内上皮会快速修复。损伤后局部毛细血管通透性增高，纤维蛋白渗出，HCO_3^- 和黏液分泌增多。损伤的细胞碎片、黏液和血浆等组成的混合物使损伤部位保持 pH 为 5 以上的微环境，以利于上皮的修复。损伤部位周围胃小凹未受损的细胞和腺体上部的柱状细胞变为扁平状主动沿基底膜以 1 ~ 2μm/min 的速度移动，通过阿米巴运动覆盖损伤处，逐渐重建形成完整的柱状上皮细胞。黏膜的修复是耗能的过程，只有在浅表损伤、微循环正常、基底膜完整和 pH 较高的条件下才能进行。

胃黏膜上皮、壁细胞和主细胞等都能合成转化生长因子 α（TGF - α）。它是维持胃黏膜完整的重要的肽类物质。由颌下腺和十二指肠 Brunner's 腺合成的表皮生长因子（EGF）能够通过促进黏膜 DNA、RNA 的合成，参与黏膜上皮的修复。TGF - α 和 EGF 的受体均为表皮生长因子受体（EGFR）。二者参与胃黏膜修复作用与抑制胃酸分泌、促进黏蛋白分泌、增加胃黏膜血流、促进上皮迁移和增殖等作用有关。生长抑素能通过维持黏膜内非蛋白质结合巯基含量，防止脂质过氧化的发生来保护胃黏膜。降钙素基因相关肽可增加黏膜血流，预防黏膜损伤。

胃黏膜血流给胃黏膜提供氧和营养物质，加强黏膜屏障和黏液屏障的功能。维持上皮细胞更新并为黏膜修复供能。黏膜表面的微循环通过清除局部代谢产物、氧自由基和 H^+ 等，使黏膜免受损伤。同时黏膜血流维持 HCO_3^- 分泌形成的黏液屏障，起到保护胃黏膜的作用。胃黏膜血流会受血管扩张素/血管收缩素和血管源性刺激物/抑制物两类调节因子影响。

前列腺素和一氧化氮通过调节胃酸分泌，刺激黏液和 HCO_3^- 分泌、增加黏膜血流、促进上皮细胞更新和修复来保护胃黏膜。前列腺素能够刺激黏液的生成和分泌，促进 HCO_3^- 分泌，增加表面活性磷脂生成，保护胃黏膜微循环结构，增加黏膜血流，保护增殖区细胞，促进黏膜上皮的更新和修复等。一氧化氮在生理条件下能促进胃酸分泌，而在病理条件下却抑制胃酸分泌。另外，一氧化氮可参与促进黏液分泌，舒张血管，增加黏膜血流，利于胃黏膜上皮的更新和修复。

（三）保护胃黏膜的药物

对胃黏膜损伤的治疗，西药常用胃黏膜保护剂、抑酸剂、抑菌剂等。中药常用的单方以补益药和活血化淤药为主。补益药有黄芪、甘草、党参、白术、干地黄等；活血化淤药有丹参、川芎、大黄、五灵脂等。有效成分有苦参碱、汉防己甲素、木香醇提取物、绞股蓝总皂苷等。复方以补脾理气药为主，还有活血化淤药、温里药、止血药、化湿药等。

香砂六君子汤、加味四君子汤、溃疡安煎剂、金牛腹痛片、复方丹参注射液、五灵脂提取液、沙参麦冬汤等能抑制胃酸分泌，降低胃蛋白酶活性，增加黏膜血流，增加胃壁表面黏液分泌。蒲黄解毒汤、乐胃煎、夏连抑幽胶囊、胃复春、消痞灵冲剂等能抑制胃幽门螺杆菌感染。一些复方具有抗氧化作用，可清除自由基，减轻胃黏膜脂质过氧化反应，如沙参麦冬汤、四君子汤、复方健脾益胃胶囊、苍脂颗粒等。

（四）对胃黏膜损伤有辅助保护作用的功能食品的评价

对胃黏膜损伤有辅助保护作用的功能食品的评价要进行动物实验和人体试食试验。在现行的评价标准中，通过给动物口服对胃黏膜损伤有辅助保护作用的功能食品后，用对胃黏膜有损伤作用的物质可造成急性胃黏膜损伤模型，观察模型动物胃黏膜损伤的程度可反映受试物对胃黏膜的保护作用。或用对胃黏膜有损伤作用的物质造成慢性胃溃疡模型，在一定时间内给予一定量的受试物，观察模型动物胃溃疡的面积和体积的修复程度，可反映受试物对胃黏膜损伤的修复作用。人体试食试验除了临床症状的观察外，还要结合胃镜检查的结果来判断受试物对胃黏膜的保护作用。

乙醇引起胃黏膜损伤的机制：有实验表明，乙醇浓度在14%以上时可显著破坏胃黏膜屏障的形态结构与功能。高浓度乙醇具有脱水作用，能凝固组织蛋白，影响黏蛋白寡糖的合成及其在胃黏膜表面的停留，诱发氧自由基，导致黏膜脂质过氧化。乙醇代谢为乙醛后与胃蛋白结合，可造成对胃黏膜的损伤。乙醇可以引起胃黏膜下血管内皮的损伤，使血管扩张，可出现胃黏膜血管通透性增加、小血管破裂、黏膜下出血等问题，破坏黏膜屏障。由于黏膜上皮和血管内皮损伤产生大量炎症介质，可引起中性粒细胞浸润，并释放MPO、氧自由基、活性氧化代谢产物如超氧化阴离子（O^-）^{2}、蛋白酶，并黏附于血管内皮造成大血管闭塞等。乙醇还可以刺激胃蠕动，使肌肉收缩时挤压血管，造成局部缺血，使胃黏膜血流量减少，从而影响胃黏膜正常的代谢功能，损伤其防御屏障的形成。另外，乙醇具有脂溶性，能破坏胃黏膜表面黏液层和黏液细胞，进而破坏胃黏膜的正常代谢所需的生理环境，引起 H^+ 反弥散，加重胃黏膜损伤。乙醇使前列腺素 E_2、生长抑素明显减少，胃黏膜表面黏液和胃黏膜血流明显减少。也有研究者认为，乙醇使组织胺及白三烯增多，二者能使胃黏膜淤血、胃酸增多、白细胞浸润，破坏胃黏膜屏障。病理学组织切片可见，损伤后胃黏膜表面有炎性渗出物，黏膜浅层细胞有明显变性、坏死或脱落，固有膜有灶性出血和急性炎症反应。电镜下无水乙醇损伤的胃黏膜结构显著破坏、表层上皮细胞脱落，呈蜂窝状。

实验用利血平致大鼠胃黏膜损伤的原因：利血平使一氧化氮合成酶减少，一氧化氮不足，对胃黏膜保护作用减弱，致使胃黏膜损伤。

功能食品功能评价检验方法中使用了无水乙醇引起急性胃黏膜损伤模型，冰醋酸浸渍法或冰醋酸浸渍法所致的慢性胃溃疡模型或给予消炎痛 5mg/kg（bw）制备的胃溃疡模型。

关于胃黏膜损伤程度评分一般采取：4 个以下的小溃疡或溃疡面直径小于 0.5mm，1 分；4 ~ 8 个小溃疡或溃疡面直径为 0.5 ~ 1.0mm，2 分；9 ~ 16 个小溃疡或溃疡面直径为 1.0 ~ 2.0mm，3 分；16 个以上小溃疡或溃疡面直径为 2.0 ~ 4.0mm，4 分；溃疡面直径大于 4mm，5 分；溃疡面直径大于 10mm，10 分；溃疡面直径大于 20mm，15 分。

如果给予受试物后与阴性对照组比较，胃黏膜损伤面积或胃溃疡面积、体积或溃疡评分明显小于对照组，且统计学处理差异有显著性，则可判定该受试物对胃黏膜损伤有辅助保护功能，动物实验结果为阳性。

（五）评价实例

经口给予大鼠某功能食品 30d 后，建立胃黏膜急性酒精损伤模型。与模型对照组比较，受试物在中剂量能降低大鼠胃黏膜急性酒精损伤病理组织学观察总积分（$p < 0.05$）；在高剂量能降低大鼠胃黏膜急性酒精损伤大体评分总积分（$p < 0.05$）、能降低大鼠胃黏膜急性酒精损伤病理组织学观察总积分（$p < 0.001$），对大鼠体重增长无不良影响。实验结果如表 2-37 ~ 表 2-40 所示。

表 2-37　某功能食品对大鼠体重的影响（$\overline{X} \pm SD$）

组别	动物数/只	初始体重		实验后体重	
		体重/g	p 值	体重/g	p 值
模型对照组	12	200.2 ± 9.3	—	396.0 ± 29.4	—
低剂量组	12	199.7 ± 9.0	0.997	392.8 ± 26.9	0.985
中剂量组	12	199.9 ± 6.9	1.000	398.8 ± 24.6	0.989
高剂量组	12	198.3 ± 6.7	0.913	391.6 ± 26.5	0.957
正常对照组	12	200.3 ± 6.9	0.999	405.5 ± 28.6	0.446

表 2-38　某功能食品对大鼠胃黏膜损伤酒精模型大体评分总积分的影响（$\overline{X} \pm SD$）

组别	动物数/只	总积分	p 值
模型对照组	12	40 ± 25	—
低剂量组	12	29 ± 23	0.445
中剂量组	12	23 ± 13	0.138
高剂量组	12	16 ± 10*	0.018
正常对照组	12	0 ± 0*	0.000

注：* 与模型对照组相比差异有统计学意义（$p < 0.05$）。

表 2-39　　某功能食品对大鼠胃黏膜病理组织学的影响（$\overline{X} \pm SD$）

组别	动物数/只	总积分	p 值
模型对照组	12	15 ± 5	—
低剂量组	12	12 ± 6	0.610
中剂量组	12	$8 \pm 5^{*}$	0.010
高剂量组	12	$5 \pm 4^{*}$	0.000
正常对照组	12	$0 \pm 0^{*}$	0.000

注：* 与模型对照组相比差异有统计学意义（$p < 0.05$）。

表 2-40　　某功能食品对大鼠急性胃黏膜损伤酒精模型观察指标

组别	损伤发生率/%	损伤积分指数	损伤抑制率/%
模型对照组	100	40.50	0
低剂量组	92	29.33	28
中剂量组	83	23.33	42
高剂量组	83	15.58	60
正常对照组	0	0	—

第九节　改善缺铁性贫血功能

缺铁性贫血（iron-deficiency anemia，IDA）是世界上常见病之一，影响大约 20 亿人。世界卫生组织的资料显示全球的患病率约为 14%，在发达国家孕妇的患病率是 17.4%，而在发展中国家高达 56%。目前在我国平均有近 20% 的人群存在营养缺乏或缺铁性贫血的问题，一些贫困地区的育龄妇女和儿童的贫血发生率甚至高达 60% 以上，全国小学生的贫血水平为 14.9%。中国食物营养监测系统 15 年监测结果显示，1992—2005 年间我国 5 岁以下儿童贫血率在 16%~20%，其中 6~12 月龄贫血的发生率最高。上海市一项 2002 年的调查显示，在6~13 岁学生中有 21.6% 被诊断为贫血。付俊杰等对江西省 1419 名城乡小学进行血红蛋白检测，结果显示学生总体贫血率为 24.38%，其中 83.24% 为边缘性贫血；农村学生贫血率 35.2%，高于城市学生的 14.93%。对安庆市 5 岁以下儿童体重及血红蛋白水平调查显示，5 岁以下儿童营养性贫血患病率为 8.2% ~39.5%，低体重儿童患病率高达 72.73%。2009 年广西、青海、贵州、内蒙 4 省（区）7 个贫困县抽样调查显示，6~24 个月婴幼儿贫血患病率高达 51%，其中 6~12 个月婴儿贫血患病率达到 65.4%。

缺铁性贫血会导致血红蛋白携氧能力下降，进而影响大脑、身体各器官的氧供，阻碍生长发育进程，严重者可导致贫血性心脏病，威胁生命。轻度以及边缘性贫血可导致出勤率下降，成绩不好，重则学习能力下降，降低免疫系统功能，使患者易罹患呼吸道、消化道疾病。儿童是营养性贫血的高发人群，且大多数以缺铁性贫血（IDA）为主，贫血患儿存在微量元素缺乏，以缺锌、缺铁者较为普遍。

研究认为，微量元素铁的测定可以作为早期发现儿童IDA的筛查手段，特别是隐性IDA的早期。早期铁的缺乏不仅会引起儿童贫血，还会导致儿童免疫力下降，发生反复呼吸道感染，出现智力、行为的异常，影响儿童的健康和发育。锌是体内许多重要酶的金属成分，参与血红蛋白的合成，提高铁的利用和吸收，促进血红蛋白合成，还能维持红细胞膜的稳定性，保护红细胞免遭某些溶血素的作用。锌缺乏使转铁蛋白合成减少，影响铁的转运；缺锌使味觉减退、唾液中酸酶减少、味蕾功能出现障碍，出现厌食，可导致或加重贫血。

一、贫血的定义和分类

（一）贫血的定义

贫血（anemia）是指单位容积的循环血液中血红蛋白量、红细胞数和（或）红细胞比容低于正常范围下限的一种病理状态。人体血红蛋白的正常值可因年龄、性别、生活地区、海拔高度的不同而有差异。一般情况下，血红蛋白量的降低常伴有红细胞总数和红细胞比容的低下。

1972年，世界卫生组织（WHO）制定贫血的标准为血红蛋白量低于下列数值：

6个月～6岁	110 g/L
6～14岁	120 g/L
成年男性	130 g/L
成年女性	120 g/L
妊娠妇女	110 g/L

我国的贫血标准略低于上述指标，血红蛋白标准为：

成年男性	120 g/L
成年女性	110 g/L
妊娠妇女	100 g/L

（二）贫血的种类

1. 营养性贫血

营养性贫血是指与饮食营养有关的一类贫血，包括缺乏造血物质铁所引起的小细胞低色素性贫血，以及缺乏维生素B_{12}或叶酸引起的大细胞正色素性贫血。人体出现缺铁性贫血时，血清铁水平低下，铁结合力升高，补铁有效。

2. 非营养性贫血

非营养性贫血包括骨髓干细胞生成障碍，由于白血病细胞、癌细胞等转移至骨髓而使骨髓造血空间缩小，因消化性溃疡、消化道出血、痔、子宫肌瘤以及出血引起的急性或慢性贫血，寄生虫病、药物以及自身免疫性溶血等引起的贫血等。

我国最常见的贫血症是缺铁性贫血，由于铁是制造血红蛋白必不可少的原料，所以如果铁供应不足，血红蛋白减少，即易形成贫血。

二、铁的代谢

（一）铁的分布

铁元素是人体含量最多的金属元素，是人体必需微量元素，参与人体许多正常的生理过程，是人体制造血红蛋白的重要原料之一。它也参与其他化合物的合成，如肌红蛋白、细胞色素和过氧化氢酶等。铁也是许多非血红素蛋白或酶的辅酶，如铁硫蛋白、非血红素加氧酶和核糖核酸还原酶等，参与电子传递的分子氧化反应。因此，缺铁除了可直接引起血红素合成障碍外，也可引起各种血液方面的变化。

正常人体内铁的含量为4～5g，随年龄、性别、体重、血红蛋白水平而异。铁在人体内的含量男性为50mg/kg（bw），女性为35mg/kg（bw）。人体内的铁大致分为两类：一类是正在执行生理功能的铁，包括血红蛋白、肌红蛋白、酶及辅助因子中所含的铁及血浆中运铁蛋白和乳铁蛋白；人体有60%～70%铁存在于血红蛋白中，3%～5%存在于肌红蛋白中，1%为含铁酶类（细胞色素、细胞色素氧化酶、过氧化酶与过氧化氢酶等），以上存在形式又称为功能性铁。另一类为暂不执行生理功能的储存铁，主要以铁蛋白（ferritin）及含铁血黄素（hemosiderin）的形式存在于肝、脾与骨髓中，约占体内总铁量的25%。

（二）铁在体内的代谢

铁在体内代谢过程如图2－28所示。

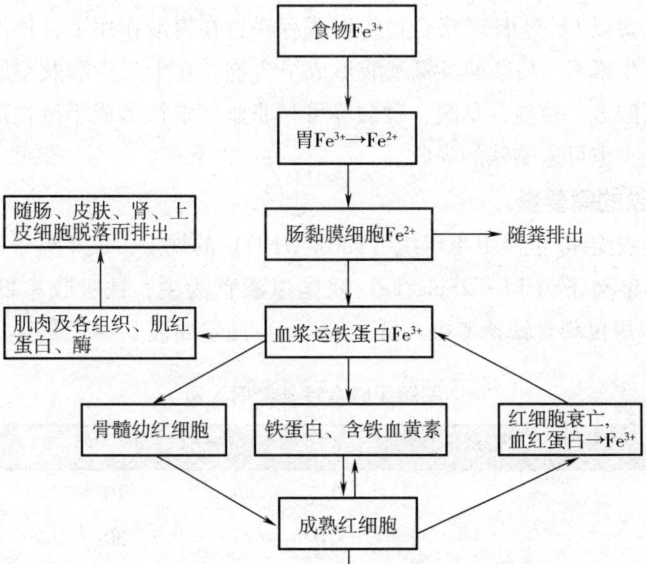

图2－28　铁代谢示意图

铁在体内的代谢，概括为三个方面：①铁代谢的外循环：指机体自膳食中摄取铁和机体自表皮和黏膜丢失铁的过程。健康成人每天体内外交换铁量约1mg。②铁代谢的内循环：指体内组织细胞分解代谢下来的铁，经运铁蛋白运到骨髓及其他部位被再利用的过程。体内的铁代谢非常旺盛，每天大约有21%的红细胞要衰老和新生，衰老红细胞中的血红素铁大约有几十毫克。③铁代谢的细胞循环：指组织细胞对铁的摄取和释放过程。铁代谢的实质是指铁的转运和组织细胞对铁的摄取。

机体缺铁可分为三个阶段：①铁减少期：此时储存铁耗竭，血清铁蛋白浓度下降。②红细胞生成缺铁期：此时不仅血清铁蛋白下降，血清铁也下降，同时红细胞游离原卟啉上升。③缺铁性贫血期：除上述指标变化外，红细胞比容（hematocrite）和血红蛋白下降。在评价人体铁营养状况时，可同时用血清铁蛋白、血清铁、红细胞比容和血红蛋白这几项指标。

（三）机体铁的来源

正常情况下，人体内代谢铁有两种来源：一是食物中的铁，只占参与代谢、转换铁的5%，称为外源性铁；二是衰老红细胞解体释放出的血红蛋白中的铁，肠道分泌和皮肤、消化道及尿道上皮脱落所含的铁，又称内源性铁，它可被反复利用，消耗很少，是人体每天实际利用铁的主要来源。

膳食中的铁并不能全部被吸收，每日所摄取的食物中含铁量为10～15mg，其中约10%被吸收。铁可分为血红素铁和非血红素铁。血红素铁是与血红蛋白和肌红蛋白中的卟啉结合的铁。卟啉铁可直接被肠黏膜上皮细胞吸收，然后在黏膜细胞内分离出铁并与脱铁蛋白结合，其吸收率比非血红素铁高，一般为10%～15%。非血红素铁主要是与氨基酸、有机酸等有机部分结合后存在于植物性食物中，其生物利用率较低，受膳食影响非常大。它们的吸收率为大米1%、玉米3%、面粉5%、大豆7%、菠菜1.5%、莴苣4%、鱼11%、小牛肉21%、肝脏22%、蛋黄3%，这是因为蛋中存在卵黄磷蛋白干扰铁的吸收所致。

食物中的铁主要以 $Fe(OH)_3$ 络合物的形式存在，在胃酸作用下，还原成亚铁离子，再与肠内容物中的维生素C、某些糖及氨基酸形成络合物，在十二指肠及空肠中吸收。食物中存在的磷酸盐、碳酸盐、植酸、草酸、鞣酸等可与非血红素铁形成不溶性的铁盐而阻止铁的吸收。胃酸分泌减少也可影响铁的吸收。

（四）机体铁的需要量

根据联合国粮农组织/世界卫生组织（FAO/WHO）的规定，成年男子每日平均铁供给量为5～9mg/kg，成年女子为14～28mg/kg。我国以素食为主，铁吸收率低于以上估计，故2000年制订的中国居民膳食铁参考摄入量（mg/kg）规定如表2－41所示。

表2－41　　中国居民膳食铁参考摄入量　　单位：mg/kg

年龄	性别	适宜摄入量	可耐受最高摄入量	需要量
0～<0.5	—	0.3	10	—
0.5～<1	—	10	30	0.8
1～<11	—	12	30	1.0
11～<14	男	16	50	1.1～1.3
	女	18	50	1.4～1.5
14～<18	男	20	50	1.6
	女	25	50	2.0
18～<50	男	15	50	1.21
	女	20	50	1.69

续表

年龄	性别	适宜摄入量	可耐受最高摄入量	需要量
50～	—	15	60	1.21
孕妇（早期）		15	60	1.21
孕妇（中期）		25	60	4
孕妇（后期）		35	60	7
乳母		25	50	2.0

但补铁不能过量，如果长期服用过量铁盐，铁也能通过直接渗透作用由肠黏膜进入血液，体内过量的铁可以沉积在许多器官的实质细胞中，以肝、脾、甲状腺、肾上腺和胃等较为多见，最后可诱发人体患肝硬化、动脉硬化、糖尿病和皮肤色素沉着为主的综合征，即特发性血红蛋白沉着症。因此，正常人长期大量服用铁盐对身体是有害的，更不能把铁剂作为“补血营养药”而盲目服用。为防止不适宜地补铁，中国营养学会在2000年制订参考摄入量的同时，也制定了可耐受最高摄入量（UL），如表2－41所示。

三、缺铁性贫血的原因

铁是红细胞中血红蛋白的重要构成成分，由于体内铁不足引起的贫血称为缺铁性贫血（iron－deficiency anemia，IDA）。IDA是贫血中最常见的一种类型，占各类贫血的50%～80%。缺铁也是全球性的营养问题，其发病率在世界人口中占10%～20%。发展中国家的发病率高于发达国家，女性高于男性，以婴儿、儿童、孕妇及育龄妇女发病率为最高。据WHO调查报告，亚洲IDA发病率成年男性约为10%，女性超过20%，孕妇超过40%，儿童超过50%，发病率之广已使防治营养不良性贫血成为世界性关注的问题。造成营养性贫血的病因很多，但主要是摄入量不足或吸收不良。具体来说其原因有以下几种。

（一）膳食摄取铁不足

铁的来源及在食物中含量的高低，严重影响了铁的吸收，极易造成机体缺乏。大部分造血物质与动物性蛋白质有关，因此动物蛋白质摄入不足，是引起营养性贫血的重要原因。我国膳食是以植物性膳食为主，人体铁摄入量85%以上来自植物性食物，而植物性食物中的铁在人体的实际吸收率很低，通常低于5%。同时植物性食物中还有铁吸收的抑制因子，如植酸、多酚等物质，可以强烈抑制铁的生物吸收和利用。

（二）偏食

目前，中国中小学约有三分之一学生患缺铁性贫血，这主要是因偏食、挑食造成营养物质摄入不均衡所致。另外，由于营养知识的贫乏，不能正确选择富铁和促进铁吸收利用的食物也是导致铁营养缺乏的重要原因。

（三）生理需铁量增加

妊娠妇女为供给胎儿所需及分娩失血可导致铁损失，补充不足可导致铁缺乏。婴幼儿、儿童、青年人青春期需要较高量的铁，女性月经过多也会造成铁损失增加，一般膳食难以达到机体所需量，故较易引起铁缺乏。足月婴儿出生后4个月，从母体带来的储备铁已耗竭，必须依赖摄入食物补充，如营养食品补充不足，可导致6～11个月婴儿贫血率高达60.6%。

（四）激烈运动引起的铁丢失

剧烈运动会使体内红细胞的破坏速度大大增加，这是引起运动性贫血的一个重要因素。

（五）慢性疾病可引起继发性营养性贫血

消化道疾病引起的吸收障碍及消化性溃疡和慢性胃炎、长期服用制酸剂均可引起铁缺乏。

四、缺铁性贫血的临床表现

营养性贫血发病较慢，多数为潜在性的，但任其发展可逐渐产生不适并影响日常生活，严重时会出现错综复杂的贫血临床症状。铁是人体合成血红蛋白的必需元素，缺铁时血红蛋白会缺乏活力，不能充分将氧运送至大脑和全身，影响人体健康和儿童的生长发育及智力开发。儿童缺铁会影响智力发育和体格发育，表现为学习成绩下降、身高低于同年龄组健康儿童、机体免疫力下降、易生病等。妇女缺铁表现为体弱无力、面色苍白、工作能力下降等。缺铁使人的工作效率降低、学习能力下降、精力不集中、神经机能紊乱、抗感染能力下降，变得易疲劳、冷漠呆板、易烦躁，还常伴有心慌、气短、眼花等症状。严重者还表现出面色苍白、呼吸困难的情况。

五、改善铁营养状况的方式

（一）调整膳食结构

食物中的铁以三价无机铁复合物及二价血红素铁两种形式存在。血红素铁吸收率高于铁盐。只有溶解并还原成亚铁状态，及以某些螯合物的形式才有利于铁的吸收。三价铁吸收很差，维生素 C（抗坏血酸）、半胱氨酸可将三价铁还原为亚铁，且可与铁形成可溶性配合物而促进铁的吸收。当铁与维生素 C 重量比为 1:5 时，铁吸收率可提高 3 ~ 6 倍。动物性食物中因血红素铁所占比例较大，可使得铁的吸收率高，而植物性食物中血红素铁的比例较小，吸收率低于动物性食品。另外，植物性食物中的草酸、磷酸、鞣酸等能够与铁离子形成不溶性沉淀也会影响铁的吸收。膳食中钙充分时，可除去以上干扰因素，增加铁吸收。

低生物利用率膳食（铁吸收率约为 5%）：以谷类、根以及块茎为主的膳食结构，其中肉、鱼或抗坏血酸的含量微不足道，这类膳食中含抑制铁吸收物质的食物占优势（玉米、全麦粉、高粱等），铁的生物利用率较低。

中等生物利用率膳食（铁吸收率约为 10%）：膳食除包括谷类、根以及块茎以外，还有少量动物性食物以及含维生素 C 的食物。维生素 C、肉和鱼可以使低生物利用率的膳食变为中等利用率膳食。同样地，经常食用含有较大量抑制铁吸收物质的食物如茶和咖啡，可以使高生物利用率的膳食降低至中等水平。

高等生物利用率膳食（铁吸收率约为 15%）：膳食包括丰富的肉、家禽、鱼以及富含维生素 C 的食物。

1. 动物性食品

富含铁的动物性食物主要是肝脏、肉类、血、蛋等。肝脏如猪肝、羊肝、鸡肝，动物的血如猪血、鸡血、牛血，其他为牛肾、鱼子酱、鸡内脏、鱼类、瘦肉等。参见表 2 - 42。

2. 植物性食品

在植物性食物中，以大豆的含铁量最高。新鲜蔬菜含铁量较高的依次是韭菜、荠菜、芹菜等，果类中桃子、香蕉、核桃、红枣含铁量也较多。其他食物中黑木耳含铁量也相当高，芝麻酱、豆类、干果类、海带、紫菜等含铁量也不少。参见表2-42。

表2-42　常见食物中铁的含量　单位：mg/100g 可食部

名称	含量	名称	含量	名称	含量
稻米（平均）	2.3	黑木耳（干）	97.4	带鱼	1.2
小麦（标准粉）	3.5	银耳（干）	4.1	芹菜（茎）	1.2
富强粉	2.7	猪肉（肥瘦）	1.6	小油菜	3.9
小米	5.1	猪肝	22.6	大白菜（平均）	0.7
玉米（鲜）	1.1	猪血	8.7	菠菜（赤根菜）	2.9
大豆	8.2	牛肝	6.6	干红枣	2.3
黑豆	7.0	羊肝	7.5	葡萄干	9.1
红小豆	7.4	鸡肝	12.0	山核桃（干）	6.8
绿豆	6.5	鸡蛋	2.0	西瓜子（炒）	8.2
豆腐干（平均）	4.9	蛋黄	6.5	南瓜子（炒）	6.5
豆腐（平均）	1.9	虾皮	6.7	杏仁（炒）	3.9
芝麻酱	58.0	海带（干）	4.7	桂圆肉	3.9

注：摘自《中国食物成分表》（第2版），2009。

（二）使用铁强化食物及铁营养补充剂

发达国家及一些发展中国家多年来的经验表明，食物强化是最为经济、快速、可行的营养干预方式。通过食物铁强化来改善缺铁性贫血也是我国现阶段最为经济、易行且有效的途径。强化食物的目的是调整食物含铁量，但不得超过人的生理吸收范围。主要用于铁缺乏的高危人群与低能量摄入者，以预防为主要目的。目前铁强化面粉、面包及食盐的研制已获得成功。近来又用依地酸钠铁（NaFeEDTA）强化食糖、鱼露、咖喱粉，也取得了良好效果。此外，我们每天食用的强化酱油，就是一种经济、简单、有效的方法，特别适合普通人群。在补铁的同时，要多吃水果、蔬菜。妇女尤其是孕妇应该注意补铁。

1. 强化铁载体的选择

在强化铁载体的选择方面，酱油成为营养学家们一致推荐的食品。因为酱油是一种传统的、在全国各地普遍消费的调味品。各地区对酱油的消费既无偏见也无特殊嗜好，是我国地区之间消费差异最小的食品之一，且消费量稳定。为改善中国人口缺铁状况，我国政府组织全国顶尖专家进行了长期的实验与研究，耗时6年，耗资上千万，成功地制订了以铁强化酱油为主导的全民补铁计划。在贵州省进行的大规模人群试验表明，食用铁强化酱油后的人群在一年后的贫血状况得到了显著改善。目前作为公众营养项目的铁强化酱油已经上市，铁强化酱油在全国的普及，有望从根本上改善我国人口的缺铁现象，从而促进中国百姓身体素质的整体提高。

2. 铁强化剂选择

选用铁营养强化剂时，一般主要从两方面来衡量：一是生物利用率（RBV），另一个是添加后是否会引起食物颜色和口味的改变。以硫酸亚铁的生物利用率为标准，其他强化剂的生物利用率与硫酸亚铁的比值乘以100%即为相对生物利用率。一般亚铁盐强化剂比正铁盐的相对生物效价高。亚铁盐一般为黄色至绿色，而氧化成高铁盐后即成黑色或红黑色。尤其在氧化酶的催化下，可导致其味感下降，色泽变深。还原铁粉（还原铁、羰基铁、电解铁）由于稳定性好在日本普遍得到应用。此外，富马酸亚铁、甘油磷酸铁、硫酸亚铁由于在体内利用性高而被广泛使用。采用猪血的血红素铁（铁卟啉）和由培养基制成的食用富铁酵母，也是我国已广泛使用并已取得较好效果的铁强化源。NaFeEDTA为淡土色结晶性粉末，易溶于水，无铁腥味，性质极为稳定。它还可促进锌的吸收，避免植酸对铁剂吸收的阻碍，其吸收率达硫酸亚铁的2~3倍，且极少引起食物色与味的改变。血红素铁、铁卟啉同样不受植酸、磷酸等的影响，不与锌产生拮抗，将以卟啉铁形式直接被肠黏膜细胞吸收，其吸收率高达25%以上，是较理想的补铁剂。在食品强化过程中，加入L－抗坏血酸、酪蛋白磷酸肽等可促进铁的吸收。

六、改善缺铁性贫血功能的评价指标

（一）血红蛋白（hemoglobin，Hb）

血红蛋白是指红细胞中运输氧的蛋白质，是传统的衡量贫血的指标，可以用来判断功能食品是否具有改善贫血的作用。血红蛋白约占成熟红细胞干重的96%，分子质量为65ku，正常的血红蛋白是由两种（四条）珠蛋白肽链或亚基组成的四聚体，每一亚基上结合有一个血红素分子。血红素是血红蛋白的辅基，也是肌红蛋白、多种酶及许多细胞色素的辅基。血红素由铁原子与原卟啉分子组成，正常成年男性为120~160g/L，成年女性为110~150g/L，新生儿为170~200g/L，青少年（儿童）为110~160g/L。血红蛋白增高、降低的临床意义基本和红细胞计数的临床意义相似，但血红蛋白能更好地反映贫血的程度。贫血时，血液中的红细胞数量和血红蛋白浓度都有不同程度的下降，在缺铁性贫血中由于每个红细胞的血红蛋白含量比正常情况明显减少，故血红蛋白减低的程度较红细胞减少更为显著。

（二）红细胞计数（red blood cell，RBC）

血液的携氧功能是由红细胞中的血红蛋白来完成的。血液中红细胞数量的多少与血红蛋白的含量可反映贫血的程度。正常男性的红细胞数为（4.0~5.5）$\times 10^{12}$个/L，女性为（3.5~5.5）$\times 10^{12}$个/L，新生儿为（6.0~7.0）$\times 10^{12}$个/L。缺铁性贫血可导致细胞数明显降低。

（三）红细胞比积（packed cell volume，PCV、hematocrit，HTC）

红细胞比积指每升血液中红细胞所占的容积，又称红细胞比容，它是形成血液黏度的重要因素。正常男性为40%~54%，女性为37%~47%，新生儿为48%~68%。血细胞比容测定的临床意义基本与红细胞计数或血红蛋白测定相同，常用作贫血诊断和分类的指标。贫血时红细胞比积降低。

（四）血清铁蛋白（serum ferritin，SF）

铁蛋白（ferrin）分子质量约为500ku，由24个亚单位组成，存在于任何组织细胞内，发挥储存铁及铁的解毒作用。运铁蛋白（transferrin，TF）又称转运铁蛋白，是存在于血清中的一种糖蛋白。每个运铁蛋白能与 2 个 Fe^{2+} 结合，在体内发挥运输铁的功能。运铁蛋白向组织细胞运输铁需要运铁蛋白受体的参与。

血清运铁蛋白受体和血清铁蛋白在鉴别缺铁性贫血时具有意义。铁蛋白是机体储存铁的主要形式。测定铁蛋白可以较准确地知道机体的储存铁情况和铁营养状态。血清铁的减少仅见于缺铁，是判断铁缺乏的可靠而灵敏的指标，因而血清铁蛋白可以用来评价改善缺铁性贫血的功能食品是否具有提高机体铁储量的作用。

运铁蛋白受体（sTfR）是一种跨膜蛋白，通过受体介导的内吞作用进入细胞。sTfR 介导的转铁蛋白铁摄取是幼红细胞获取铁的最主要途径，幼红细胞内缺铁时主要通过铁的转录导致运铁蛋白受体（TfR）表达增多。由于 sTfR 主要来源于幼红细胞 TfR，缺铁时单个幼红细胞 TfR 表达增多导致 sTfR 水平升高并反映了幼红细胞内铁状况。同时，在幼红细胞分化至成熟过程中，必然伴有 TfR 大量表达以适应其合成血红蛋白功能的需要，因而 sTfR 的水平会升高。血清铁蛋白是目前公认的诊断缺铁较敏感特异的指标，而 sTfR 则为一个新的能可靠判别储存铁耗竭后铁缺乏严重程度的指标。血清铁蛋白正常值为男性 15 ~ 200μg/L、女性 12 ~ 150μg/L、新生儿 25 ~ 200μg/L。缺铁性贫血时血清铁蛋白降低。

（五）红细胞游离原卟啉

血红素是血红蛋白的辅基，由原卟啉与铁原子组成。当机体铁缺乏或铁利用障碍时，血红素的合成受到影响，红细胞内游离原卟啉浓度将升高。原卟啉浓度可以非特异性地反映缺铁的程度，是与铁相关的一项间接性指标，可以用来判断是否存在因缺铁所致的红细胞生成障碍。因此，红细胞内游离原卟啉浓度可以作为评价改善缺铁性贫血功能食品的一项指标，但其对缺铁的敏感性次于血清铁蛋白。红细胞游离原卟啉测定参考值为男性（36 ± 16.1）mg/L、女性（51 ± 17.1）mg/L。由于铁的缺乏，原卟啉不能与铁结合生成血红素，因此以游离方式积聚在红细胞中。

七、评价实例

（一）动物实验结果

动物实验结果如表 2 - 43、表 2 - 44 所示。

表 2 - 43 某功能品对大鼠体重的影响（$\bar{X} \pm SD$）

组别	动物数/只	给受试物前体重/g	p 值	给受试物后体重/g	p 值
空白对照组	10	215.2 ± 8.9	—	287.1 ± 5.3	—
低剂量组	10	223.8 ± 9.1	0.087	286.8 ± 5.9	0.999
中剂量组	10	218.1 ± 8.4	0.798	287.0 ± 4.6	1.000
高剂量组	10	214.4 ± 8.3	0.989	284.4 ± 5.7	0.549

表2-44　某功能食品对大鼠血红蛋白的影响（$\overline{X}$ ± SD）

组别	动物数/只	血红蛋白（g/L）				
		给受试物前	p 值	给受试物后	p 值	差值
空白对照组	10	89.1 ±4.9	—	86.8 ±6.0	—	-2.3 ±8.1
低剂量组	10	87.4 ±5.8	0.790	119.6 ±8.4**	0.000	32.2 ±10.6*
中剂量组	10	89.2 ±4.7	1.000	116.5 ±7.6**	0.000	27.3 ±10.8*
高剂量组	10	88.0 ±5.2	0.943	127.4 ±4.2**	0.000	39.3 ±7.2*

注：* 与空对照组相比差异有统计学意义（$p<0.05$）。

** 与空白对照组相比差异有统计学意义（$p<0.01$）。

由表2-44可见，给予受试物前，各剂量组血红蛋白与空白对照组比较，差异均无显著性（$p>0.05$）。经口给予大鼠不同剂量的某功能食品30d后，三个剂量组与空白对照组间比较，血红蛋白均极显著升高（$p<0.01$），且前后平均升高幅度均大于10g/L。受试物对大鼠体重无明显影响。

由表2-45可见，给予大鼠不同剂量的某功能食品30d后，三个剂量组与空白对照组比较，红细胞内游离原卟啉均极显著降低（$p<0.01$），红细胞比容均极显著升高（$p<0.01$）。

表2-45　某功能食品对大鼠红细胞内游离原卟啉、红细胞比容的影响（$\overline{X}$ ± SD）

组别	动物数/只	游离原卟啉/（μg/L 全血）	红细胞比容/%
空白对照组	10	3573 ±59.8	23.7 ±2.3
低剂量组	10	3465 ±32.6**	32.8 ±2.2**
中剂量组	10	3000 ±33.3**	33.9 ±2.5**
高剂量组	10	2702 ±58.4**	34.5 ±2.9**

注：** 与空白对照组相比差异有统计学意义（$p<0.01$）。

（二）人体试食试验结果

人体试食试验结果如表2-46～表2-49所示。

表2-46　试食前后血红蛋白的变化（$\overline{X}$ ± SD）　单位：g/L

组别	例数	试食前	试食后	升高值
对照组	51	114.23 ±06.91	115.40 ±08.41	1.17 ±4.74
试食组	51	111.70 ±10.38	124.36 ±14.33**##	12.66 ±7.66##

注：** 自身对照差异有统计学意义（$p<0.01$）。

##组间对照差异有统计学意义（$p<0.01$）。

表2-47　试食前后血清铁蛋白的变化（$\overline{X}$ ± SD）　单位：mmol/L

组别	例数	试食前	试食后	升高值
对照组	51	9.56 ±1.06	9.63 ±1.53	0.07 ±1.48
试食组	51	9.24 ±1.10	14.64 ±3.64**##	5.40 ±3.05##

注：** 与自身对照差异有统计学意义（$p<0.01$）。

##组间对照差异有统计学意义（$p<0.01$）。

表 2-48　　试食前后运铁蛋白饱和度的变化（$\overline{X} \pm SD$）　　单位：%

组别	例数	试食前	试食后	升高值
对照组	51	16.48 ±2.35	16.81 ±2.18	0.32 ±1.38
试食组	51	15.62 ±2.24	20.84 ±2.80**##	5.22 ±3.17##

注：** 与自身对照差异有统计学意义（$p<0.01$）；组间对照差异有统计学意义（$p<0.01$）。

表 2-49　　试食前后红细胞内游离原卟啉的变化（$\overline{X} \pm SD$）　　单位：mmol/L

组别	例数	试食前	试食后	下降值
对照组	51	0.81 ±0.11	0.80 ±0.12	0.01 ±0.06
试食组	51	0.79 ±0.10	0.73 ±0.10**	0.05 ±0.13

注：** 与自身对照差异有统计学意义（$p<0.01$）；组间对照差异有统计学意义（$p<0.01$）。

采用自身与组间两种对照设计，102 例符合要求的有效受试者，试食组 51 例、对照组 51 例。对照组服用安慰剂。试食组服用补血口服液，每日 2 次，每次 1 支。一个月后，未见不良反应。试食组血红蛋白含量在试食前后自身配对比较有显著性差异（$p<0.01$），试食后比试食前平均升高 12.66g/L，试食组血红蛋白含量与对照组比较有显著性差异（$p<0.01$）。试食组试食前后自身配对比较血清铁蛋白、血清运铁蛋白饱和度均有显著性差异（$p<0.01$），试食组血清铁蛋白、血清运铁蛋白饱和度升高值均显著高于对照组（$p<0.01$）。试食后试食组红细胞内游离原卟啉与试食前自身配对比较有显著性降低（$p<0.01$），试食组与对照组比较有显著性降低（$p<0.01$）。

第十节　增强骨密度功能

骨质疏松症（Osteorosis，OP）是一种由骨质低下和骨组织细微结构退化而致骨脆性增加和随后引起骨折危险性增加的骨代谢疾病。骨质疏松症已成为一个世界范围的、越来越引起人们重视的健康问题。目前我国已是世界上拥有骨质疏松症患者最多的国家，约有患者 9000 万人，约占总人口总数的 7%。国际骨质疏松基金会中国会员单位提供的数据显示，我国每年因骨质疏松症而并发骨折的发病概率超过 9%，并有逐年增高的趋势。2008 年 10 月 20 日在北京出版的《骨质疏松症防治中国白皮书》指出，我国至少有 6944 万人患有骨质疏松症，有 2.1 亿人为低骨量，存在骨质疏松症的风险。在我国，70% ~80% 的中老年骨折是因骨质疏松引起的，其中每年新发的椎体骨折约有 181 万人，髋部骨折约为 23 万人。保守估计，目前我国每年用于治疗中老年患者腿部骨折的费用已高达 104 亿元人民币，至 2020 年预计会增加至 217 亿元，到 2050 年则将达 800 亿元。根据北京、上海的初步调查，我国 60 岁以上骨质疏松症的患病率，女性为 40% ~50%，男性为 20%。到 21 世纪中叶我国将步入老龄高峰期，60 岁以上人口数将占总人口数的 27%，达 4 亿人。

全世界约2亿人患有骨质疏松症，其发病率已跃居常见病、多发病的第七位。绝经期内妇女的骨质疏松状况尤为突出。如美国有2500万人患有此症，其中80%是妇女。2000年，全世界已有7.4亿绝经期妇女。到2050年，亚洲发生髋部骨折的妇女预计将会有320万人。因骨质疏松导致髋关节骨折的患者在1年内病死率达20%，生存1年以上者约25%丧失活动能力。可见骨质疏松症是一个消耗国家大量医疗资源和经济资源的慢性病。因此，积极开展骨质疏松症的防治有重大的社会意义和经济意义。据最新研究报告显示，老年人特有的骨质疏松症，实际上在儿童时期早已存在。因此，预防和改善骨质疏松要从儿童和青少年做起，从提高年轻时期的峰值骨量，来推迟骨质疏松症发病的年龄，减轻骨质疏松症发病的程度，提高老年人的生活质量。

一、 骨质疏松症的基本概念

（一） 骨质疏松症的定义

骨质疏松症（osteoporosis）的概念是Pornmer在1885年首先提出的，其意为骨质减少的疾病。骨质疏松在组织学上可见骨骼布满了孔隙。其原因为骨中钙质随龄增加逐渐丢失，使骨质变薄，从而造成中空孔隙现象，如图2-29所示。

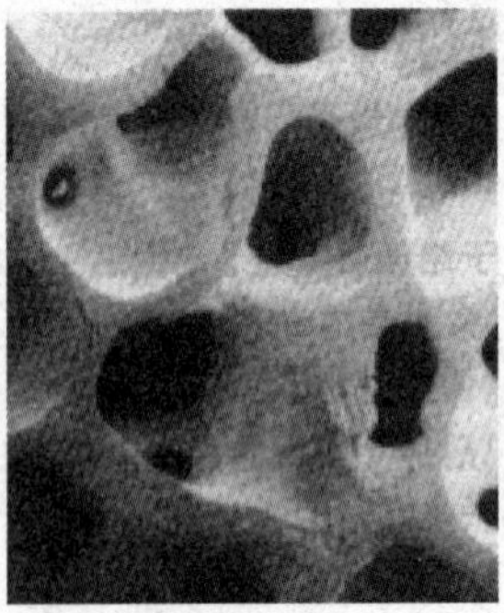

正常骨小梁

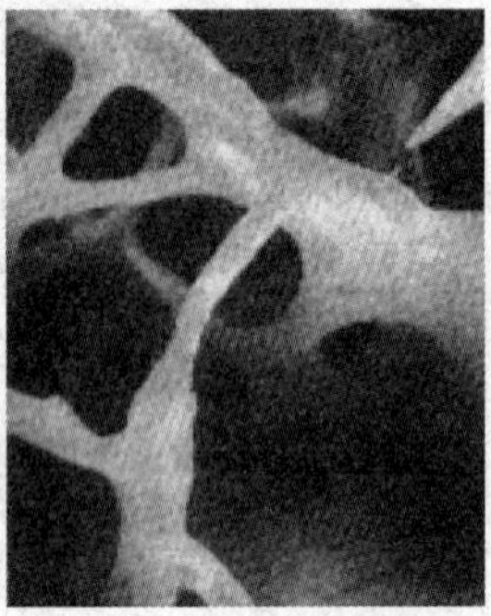

骨质疏松症患者的骨小梁

图2-29 骨小梁扫描电镜图

1990年，丹麦举行第三届国际骨质疏松研讨会，以及1993年在香港举行的第四届国际骨质疏松研讨会，对骨质疏松有一个明确的定义：“原发性骨质疏松是以骨量减少、骨的微观结构退化为特征的，致使骨的脆性增加，骨的强度降低，在无创伤、轻度和中度创伤的情况下骨折危险度增加的一种全身性骨骼疾病。此时骨矿物质与骨基质等比例减少”。因此对骨质疏松症定义的理解和认识应包括：①骨量减少：应包括骨矿物质和其基质等比例的减少。②骨微结构退变：由于骨组织吸收和形成失衡等原因所致，表现为骨小梁结构的破坏、变细和断裂。③骨的脆性增高、骨力学强度下降、骨折危险性增加，对载荷承受力降低而易于发生微细骨折或完全骨折。骨质疏松患者可悄然发生腰椎压迫性骨折，或在不大的外力下发生桡骨远端、股骨近端和肱骨上端骨折。

（二） 骨质疏松症的分类

骨质疏松症一般分两大类，即原发性骨质疏松症和继发性骨质疏松症，如表2-50所示。

表 2－50　　骨质疏松症的分类与病因

	原发性	继发性（Ⅲ型）		原发性	继发性（Ⅲ型）
常见	绝经后（Ⅰ型）	性腺功能减退	少见	青少年	甲状腺功能亢进
	老年性（Ⅱ型）	库欣病		年轻的成人	糖尿病
		呼吸障碍		妊娠期	慢性胃功能不全
		肝病		哺乳期	结缔组织疾病
		甲状旁腺功能亢进			肢端肥大症
		胃切除			肥大细胞增多症
		多发性骨髓瘤、骨肿瘤			成骨不全
		类风湿性关节炎			长期使用抗癫痫药物
		高泌乳素血症			长期使用糖皮质激素

原发性骨质疏松症（原因不明）是指随年龄的增加或妇女绝经后骨矿物质（钙、磷）和骨基质（蛋白质、水）等比例减少，骨组织的显微结构发生改变，其骨组织的正常荷载功能发生变化，骨折危险度明显增加，伴有周身骨骼的疼痛，体态变形及“龟背”出现。严重者还可能伴有高血压、动脉硬化、阿尔茨海默病、糖尿病、免疫功能低下等。原发性骨质疏松症除妇女绝经后骨质疏松症（也称为Ⅰ型骨质疏松症）和老年性骨质疏松症（也称为Ⅱ型骨质疏松症）外（表 2－51），也包括一些原因不明的特发性骨质疏松症，如儿童和青少年的骨质疏松症，此外还包括妊娠期和哺乳期妇女的骨质疏松症等。

表 2－51　　Ⅰ型与Ⅱ型骨质疏松症的特点

项目	Ⅰ型	Ⅱ型
年龄（岁）	50～70	＞70
性别比（女：男）	6:1	2:1
骨丢失的类型	小梁骨	小梁骨和皮质骨
骨丢失率	加速丢失	缓慢丢失
骨折部位	脊椎（压缩性）和桡骨远端	脊椎（多发楔型）和髋部
甲状旁腺功能	降低	亢进
钙吸收	减少	减少
25（OH）D_3 转变为 1，25（OH）$_2D_3$	继发性降低	原发性降低
主要原因	雌激素减少	钙三醇合成减少

继发性骨质疏松症（也称为Ⅲ型骨质疏松症）是指由于某些疾病或某些原因诱发的骨质疏松。例如，由内分泌功能紊乱引起的库欣病、艾迪生病、性腺机能减退、糖尿病、甲状腺功能亢进、甲状腺功能减退、甲状旁腺功能亢进、骨髓瘤、白血病、淋巴瘤、转移瘤、贫血

等病引起的骨质疏松症。还有如类固醇类物质、肝素、抗惊厥药、免疫抑制剂、酒精等药物引起的骨质疏松症。再如由慢性肾病、肝功能不全、胃肠吸收障碍综合征、慢性关节病、瘫痪等慢性疾病引起的骨质疏松症。

根据骨质疏松在身体内发生的范围又可分为两类：①全身性骨质疏松症：如老年性骨质疏松症、甲亢性骨质疏松症等。②局限性骨质疏松症：如类风湿性关节炎性骨质疏松症、肢体石膏固定后引起的局部骨质疏松症等。

（三）骨质疏松症的临床表现

骨折是骨质疏松症最常见的并发症。骨质疏松发生时，骨量丢失，骨骼失去坚韧性，在受到较小的外力时，就会发生骨折。骨质疏松越严重，就越易发生骨折。骨质疏松性骨折多发生于脊柱、桡骨远端、股骨上端。骨质疏松症患者也易出现踝关节骨折。

身长缩短、脊柱变形（驼背）是骨质疏松症表现之一；骨质疏松症患者除出现驼背外，有时还出现脊柱侧方弯曲、鸡胸等畸形。

因骨质疏松症出现压缩性骨折、驼背、胸廓畸形的情况，可影响呼吸系统功能，严重胸廓畸形者可出现胸闷、呼吸不畅等感觉。但这些症状在临床中较少见。

疼痛也是骨质疏松症的常见症状。骨质疏松症疼痛特点多为局限性腰背疼痛，休息或持续脊柱固定 2 ~ 3 周后，疼痛减轻。少数腰背疼痛伴有四肢放射痛、腰背麻木感等。

二、骨的结构和功能

成人体内共有 206 块骨，约占体重的 1/5。按其在体内的位置不同，分为颅骨、躯干骨、四肢骨。胸椎、胸骨和肋骨连接成胸廓，髋骨和骶骨连接成骨盆。

（一）骨的构造

骨由骨质、骨膜、骨髓、淋巴、血管和神经构成，如图 2 – 30 所示。

1. 骨质

骨质是骨的主要成分，它表层为皮质骨，内层为松质骨。皮质骨质地致密，抗压，抗扭曲力强。松质骨由许多厚薄不一、间距不等的骨小梁，按照生理上的压力和张力曲线相互交织连接而成，呈多孔隙的网状结构。

2. 骨膜

骨膜是纤维结缔组织构成的膜。它包裹除关节面以外的整个骨。骨膜内的一些细胞即能分泌成骨细胞和破骨细胞。它们在骨的发生、成长、改造、修复时功能最为活跃。

3. 骨髓

骨髓在长骨骨髓腔及松质骨腔隙内，分红骨髓和黄骨髓两种。红骨髓内有红细胞和白细胞，红骨髓为造血器官，6 岁前后，长骨内的红骨髓逐渐转化为黄骨髓，成为脂肪的储存库，红骨髓仅保留在椎骨、肋骨、胸骨及肱骨和股骨上端的松质骨内继续造血。

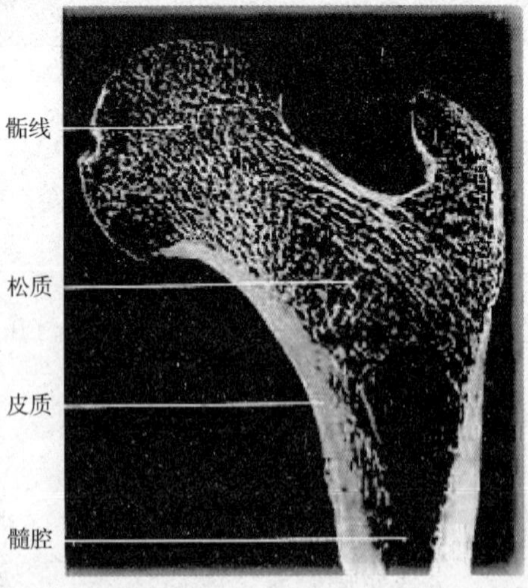

图 2 – 30 长骨的构造

4. 骨的淋巴、血管和神经

骨组织中有丰富的血管供应骨质、骨膜和骨髓腔中的细胞营养，每一个骨细胞距血管不超过300μm。由于骨的种类不同，其血管的分布也不同。

（二）骨的组成

骨组织由骨细胞和细胞间质组成。

1. 骨细胞：骨原细胞、成骨细胞、骨细胞、破骨细胞

（1）骨原细胞　也称为骨祖细胞，具有增生和分化的能力。

（2）成骨细胞　来源于骨原细胞。成骨细胞不能再进行细胞分裂，但其具有很强的蛋白质合成能力。其主要功能为合成并分泌类骨质和无定形基质，其次也参与类骨质的钙化，此外成骨细胞还参与类骨质的矿化过程。

（3）骨细胞　成骨细胞在成骨过程中一旦被周围骨基质所包埋，即成为骨细胞。骨细胞可保持骨的完整性，作为骨存活的标志。

（4）破骨细胞　其来源还有争议。现一般认为由破骨细胞的前体细胞和骨原细胞融合而成。破骨细胞的主要功能为参与骨吸收。甲状旁腺激素、破骨细胞激活因子可促进破骨细胞的形成，并可加强骨吸收。而降钙素则能减弱破骨细胞的活动。

2. 骨基质（bone matrix）

骨基质是骨细胞的胞外基质，为成骨细胞所分泌，占骨湿重的8%～9%。骨基质分为有机质和无机质两部分。

骨基质中的有机质90%～95%为骨胶原，主要由甘氨酸（33%）、脯氨酸和羟脯氨酸（25%）等20种氨基酸组成。骨胶原对钙化起作用。除骨胶原外，骨基质中的有机质主要为糖－蛋白质复合物。

骨基质中的无机质又称为骨盐，占体重的4%～5%。骨盐共计有20余种，其中磷酸钙占84%，碳酸钙占10%，柠檬酸钙占2%，磷酸氢二钠占2%。骨盐初以磷酸钙盐的形式沉淀，之后钙化为羟基磷灰石结晶。骨盐中细小的结晶所形成的巨大表面积有利于骨与细胞外液的离子交换，并可吸附大量的镁、钠等离子。

（三）骨的构建和再建

人体在胎儿、儿童、少年阶段，骨骼不断地生长。在骨的构建过程中，破骨细胞和成骨细胞并非单独作用，而是相互配合起作用。在人体发育成熟后，18～20岁即停止。

骨骼成熟后骨构建即停止，不再参加成年后的骨代谢活动。然而成年后骨在一生中仍在不断进行更新和改造，这就是骨再建过程。骨再建过程包括骨表面的骨吸收、骨形成及静止阶段。先由破骨细胞清除一定量的骨组织，然后在骨吸收区有新的骨组织形成。骨再建不能改变骨的构筑、大小及骨量。在骨再建过程中，破骨细胞吸收骨和成骨细胞形成新骨的过程在时间上和空间上紧密地偶联并发生在同一个再建单位中，二者维持一定的数量，互相制约，对生物机械性刺激产生相应的反应，不断调整结构，发生更新以维持平衡。骨量的多少取决于骨再建过程中骨形成和骨吸收是否平衡。骨质疏松或骨丢失正是这一平衡被破坏或解偶联的状态，使骨吸收大于骨形成。骨再建贯穿于出生到死亡的一生过程中，儿童时期最快。骨成熟后，20岁左右骨再建速度逐渐下降，直到35岁左右下降到最低点，然后慢慢上升，但不再会像儿童时期那么活跃了。

（四）骨的功能

1. 支架、保护和运动功能

骨骼之间通过关节、关节囊、韧带和肌肉连接在一起，可作为人体支架，负荷重量并且可作为运动的杠杆。许多骨还连接成具有环绕形状的腔隙，具有保护内脏器官、维持一些血管的正常形态及避免部分神经受压的作用。

2. 钙库和磷库

骨内储存着大量的钙和磷。正常成人人体中99%的钙和80%的磷都存在于骨中。

3. 造血和免疫功能

成人骨髓腔内存在的红骨髓具有造血功能，可产生红细胞、白细胞和血小板等。骨髓还能产生巨噬细胞，吞噬病原体和异物。红骨髓产生的B淋巴细胞、T淋巴细胞具有体液免疫和细胞免疫功能。

（五）骨量的变化

人一生中不同年龄时期的骨量取决于人体骨骼生长期达到的峰值骨密度和其后的骨丢失率。新生儿出生时，全身的钙含量仅为25g左右。到20岁时已获得相当于骨峰值90%以上的骨量。峰值骨量是指人一生中的最大骨量。人类一生中骨量的变化可分为6个时期。

1. 骨量增长期

从出生到20岁左右，骨量随年龄增长而持续增加。7～8岁的儿童以及13～14岁的女性少年和15～16岁的男性少年有两个快速的骨量增长期。该期男性和女性的年均骨增长率分别为2.2%和1.9%，因此男性骨密度峰值要高于女性。

2. 骨量缓慢增长期

20～30岁，骨量以0.5%～1%的年增长率缓慢增加。

3. 骨量峰值相对稳定期

30～40岁，骨量相对稳定，可达到一生中的峰值，骨密度也处于一生中的峰值。男性峰值高于女性。该期一般维持5～10年。

4. 骨量丢失前期

女性为40～49岁，男性为40～64岁，骨量缓慢丢失，年丢失率分别为0.4%～0.6%和0.3%～0.5%。

5. 骨量快速丢失期

女性绝经后1～10年，骨量丢失显著加快，年丢失率为1.5%～2.5%。该期一般维持5～10年。男性不存在此期。

6. 骨量缓慢丢失期

65岁以后，女性骨量丢失速率降低到绝经前水平。男性骨量丢失有所加快，年丢失率为0.5%～1%。

骨质疏松决定于峰值骨量的高低以及随后的骨丢失速率，因此峰值骨量的研究对骨质疏松症的防治具有重要价值。研究表明，峰值骨量具有性别差异。由于生理因素的影响，女性峰值骨量明显低于男性，峰值骨量也具有一定的种族差异，黑种人骨密度高于白种人，白种人高于黄种人。中国人峰值骨量较同年龄组白种人低15%左右，如表2-52所示。

表 2-52　白种人和黄种人腰椎（$L_2 \sim L_4$）骨密度峰值比较　单位：g/cm^2

男					女				
种族	地区	峰值年龄/岁	例数	均数	种族	地区	峰值年龄/岁	例数	均数
白	欧美	20~29	106	1. 255	白	欧美	30~39	499	1. 207
	法国	30~39	95	1. 19					
黄	日本	20~29	88	1. 023	黄	日本	40~49	319	1. 151
	中国	30~39	53	1. 153		中国	20~29	232	1. 213

三、骨质疏松症的发病机制

目前认为激素的调控、营养状态、物理因素、免疫功能、遗传基因、种族因素以及生活习惯等均与骨质疏松的发生有关。

（一）激素调控

与骨质疏松症有关的激素有 8 种之多，如雌激素、甲状旁腺激素、降钙素、维生素 D_3、甲状腺素、雄激素、皮质类固醇激素、生长激素等，以前 4 种激素尤为重要。

1. 雌激素（estrogen）

雌激素主要在卵巢内产生，睾丸、胎盘和肾上腺也产生少量雌激素。机体内主要的雌激素为雌二醇。雌激素具有维护和促进女性生殖器官和副性特征生长发育和功能维持的作用，而且对机体的代谢、内分泌、网状内皮系统、心血管系统及骨骼生长系统均有重要的调节作用。

早在 1941 年，Albright 就提出骨质疏松与雌激素缺乏有关。经过半个多世纪的研究，绝经后骨质疏松症（post-menopausal osteoporosis，PMOP）的发病机制主要就是由于雌激素分泌不足所致。因此，雌激素已成为当前防治绝经后骨质疏松症的首选药物。

女性进入绝经期后，由于雌激素减少，使骨量丢失增加。绝经后的女性在第 1 个 5 年即 0~5 年中每年丢失 1.5%~2.5% 的骨量，绝经后 10 年每年丢失骨量可达 5% 之多。所以有 25%~50% 的 60 岁以上妇女患有骨质疏松症。从更年期开始，由于卵巢衰萎，体内雌激素急剧降低可引起骨代谢出现明显负平衡。新生的骨组织减少，丢失的骨组织增多，每天约丢失钙 50mg。从绝经的前 1 年开始至绝经后 5~10 年内，松质骨大约每年丢失骨总量的 5%~8%，皮质骨每年丢失骨总量的 1%~3%。绝经后 15~20 年内丢失骨量继续加重，占总骨量的 1/2~1/3。而 70 岁以上绝经妇女的骨量丢失变得缓慢，每年仅丢失骨总量的 0.75%~1%。但松质骨的丢失仍大于皮质骨。女性一生将丢失骨总量的 50% 左右，男性的丢失率为 30%，故女性骨质疏松明显多于男性。美国人骨质疏松所致髋部骨折中，85% 为女性，51~70 岁女性骨质疏松症患者数为同龄男性的 3 倍左右。

（1）雌激素对成骨细胞和破骨细胞的作用　雌激素具有促进降钙素分泌和抑制破骨细胞及刺激成骨细胞的作用。雌激素分泌不足，可使破骨细胞过于活跃，骨吸收大于骨形成。

（2）雌激素通过成骨细胞分泌的局部因子可调节骨细胞　成骨细胞通过自分泌和旁分泌产生多种局部生长因子，并进行自调节和旁调节。雌激素可促进成骨细胞分泌转化生长因子-β（TGF-β）和促进 TGF-β-mRNA 的表达。白细胞介素 1 和白细胞介素 6（IL-1 和 IL-6）是两种有效的骨吸收刺激因子，雌激素可以降低 IL－1 和 IL－6 的分泌，从而抑制骨吸收。

（3）雌激素分泌不足会抑制甲状旁腺激素（PTH）的分泌，PTH 分泌不足，使肾脏 1α-羟化酶的活化发生障碍，造成 1，25（OH）$_2$D$_3$ 合成减少，肠钙吸收减少，造成负钙平衡，骨矿物质含量减少，导致骨质疏松。此外，雌激素可使 PTH 对骨的敏感性降低，从而抑制骨的吸收。

（4）雌激素能促进维生素 D_3 的合成，而维生素 D_3 能诱导骨细胞分化，并对骨的形成和矿化有促进作用。在维生素 D_3 的生成过程中，雌激素能活化 1α－羟化酶，增加 1，25（OH）$_2$D$_3$ 的合成，增加肠道对钙的吸收。

（5）雌激素通过神经介质，如生长激素、生长抑素、内源性阿片肽和血管加压素等，对骨吸收和骨形成起作用，从而影响骨代谢。

2. 甲状旁腺激素（parathyroid hormone，PTH）

PTH、降钙素（CT）和维生素 D_3 是动物体内钙代谢调节和骨组织更新的三大重要激素，其调节作用如表 2－53 所示。

表 2－53　三种钙调节激素对钙、磷代谢的调节

激素	肠钙吸收	骨形成	骨吸收	肾钙重吸收	肾磷重吸收	血钙	血磷
PTH	↑	↓	↑↑	↑	↓	↑	↓
维生素 D_3	↑↑	↑	↑	↑	↑	↑	↑
CT	↓	↑	↓	↓	↓	↓	↓

注：↑—升高；↑↑—显著升高；↓—降低。

甲状旁腺是位于甲状腺背面的上、下极的棕黄色或肉红色小腺体。成人的腺体重为 20～40mg，80% 左右的人是两对。甲状旁腺由主细胞及嗜酸性细胞组成。甲状旁腺主细胞分泌 PTH，它是生命所必需的一种激素。如将动物的甲状旁腺摘除，血钙水平会逐渐下降，血磷水平则逐渐升高，直至动物死亡。PTH 是由 84 个氨基酸组成的多肽激素，相对分子质量为 9500。其氨基端由 1～34 个氨基酸组成，与靶细胞受体结合后发生生物效应。其羧基端不具有降钙活性，但具有免疫活性。PTH 的生理功能主要是控制细胞外液的钙浓度，通过对骨、肾和肠 3 个靶器官上钙的转运，使血钙浓度保持正常。

（1）PTH 对骨的作用　PTH 对各种骨细胞的共同作用是促使钙离子从细胞外液进入细胞内以及从线粒体内释放，最终使细胞浆中的钙离子浓度增加。破骨细胞胞浆内钙离子增加，使溶酶体的酶释放出水解酶，分解骨的有机基质，引起骨的溶化，释放出钙及磷酸盐，使血液循环中钙磷水平提高。另一方面，PTH 作用于破骨细胞，使胞浆内钙离子浓度增高以抑制异柠檬酸脱氢酶，从而产生大量柠檬酸和乳酸，使骨基质的 pH 降低，利于骨盐的溶解释放。总之，PTH 可促进骨吸收。

（2）PTH 对肾脏的作用　PTH 能显著增加磷的排泄，增加钙的重吸收并且促进 25（OH）D_3 向 1，25（OH）$_2$D$_3$ 的转化。其共同作用使血钙浓度增加，血磷浓度下降。

（3）PTH 对肠道的作用　PTH 能够使肠道对钙的吸收增加。它是通过刺激 1，25（OH）$_2$D$_3$ 的形成而间接影响钙在肠内的吸收的。

PTH 对骨的作用主要是快速调节骨钙，使骨钙释放入血。中速调节有赖于骨的溶解和肾脏对钙的重吸收。慢速调节则需要骨、肾脏和肠道的协同效应。

3. 维生素 D_3

在维生素 D 族内，最重要的是维生素 D_3，维生素 D_3 又称为胆钙化醇（cholecalciferol）。人体可以通过两条途径获得维生素 D_3：①皮肤中的 7－脱氢胆固醇在紫外线照射下转化为维生素 D_3。高强度的紫外线照射 15min，每克皮肤能够形成 12.8IU 的维生素 D_3，其中 60%～80% 由其结合蛋白（DBP）经血循环送至肝脏。②随食物摄入的维生素 D_3 在小肠内被吸收。之后也被 DBP 转运到肝脏。通过上述两种途径进入肝脏的维生素 D_3，在肝细胞内转化为 25（OH）D_3。然后在肾脏内进一步羟化转变为 1，25（OH）$_2D_3$和 24，25（OH）$_2D_3$等具有生物活性的钙调节激素。

（1）1，25（OH）$_2D_3$的主要生物学效应　促进小肠上皮细胞对钙的吸收。实现这一效应可能通过以下三个途径：①小肠上皮细胞钙的吸收速率与钙结合蛋白的数量成正比，1，25（OH）$_2D_3$能够促进钙结合蛋白的生成。②促进上皮细胞刷状缘上钙激活的 ATP 酶的生成。③促进上皮细胞膜内碱性磷酸酶的形成，后者有利于线粒体浓集胞浆中的钙。小肠内对钙吸收的功能是随龄降低的，其原因为老年人的 1，25（OH）$_2D_3$水平相对低下，肠道细胞内 1，25（OH）$_2D_3$受体（VDR）缺乏与钙主动性吸收机制紊乱相关。1，25（OH）$_2D_3$还能促进小肠对磷的吸收。

维生素 D 受体（vitamin D receptor，VDR）是介导 1，25（OH）$_2D_3$发挥生物学效应的生物大分子。它是一种基因转录的调节蛋白。哺乳类动物的 VDR 分子质量为 52～55ku。在与激素结合的过程中，VDR 与染色体结合，并促进染色体上 mRNA 的生物合成。维生素 D 依赖性佝偻病Ⅱ型是一种常见的染色体隐性遗传病，其病因是 VDR 缺陷。

（2）骨骼也是 1，25（OH）$_2D_3$重要的靶器官　1，25（OH）$_2D_3$主要的作用对象为成骨细胞。破骨细胞功能的激活主要是对成骨细胞的信号作出的应答。成骨细胞体外培养时，1，25（OH）$_2D_3$能增加转化生长因子－β（TGF－β）的合成及胰岛素样生长因子 1（IGF－1）受体的数量。同时Ⅰ型胶原和基质蛋白（如骨钙素及骨桥蛋白）通过相应基因的启动、转录而增加合成。这些成骨细胞合成的基质和蛋白质对骨的矿化、功能和代谢均很重要，这不仅保证了骨组织胶原纤维的矿化，而且能加强骨的质量。此外，生长中的软骨细胞中也存在 VDR。因此，1，25（OH）$_2D_3$亦能调节软骨生长。

（3）1，25（OH）$_2D_3$对甲状旁腺的作用　1，25（OH）$_2D_3$的代谢物通过增加肠钙吸收并增强钙的敏感性而间接抑制 PTH。也可直接抑制甲状旁腺细胞增生和通过降低 PTHmRNA 合成速率率干扰 PTH 基因转录，抑制 PTH 合成与释放，从而导致继发性甲状旁腺功能亢进，增加骨的吸收。1，25（OH）$_2D_3$对于由低钙引起的 PTH 增高具有降低作用。

（4）1，25（OH）$_2D_3$对肾脏的作用　1，25（OH）$_2D_3$的主要作用在骨骼、小肠和甲状旁腺。而对增加肾小管对钙的重吸收的直接作用不大。相反，肾脏在激活 1，25（OH）$_2D_3$方面十分重要。

4. 降钙素

与 PTH 相反，降钙素的主要作用是降低血钙。降钙素是 32 个氨基酸的单链多肽，相对分子质量为 3500。在不同种属间，其中段的氨基酸序列存在明显差异。而其 N 端和 C 端的氨基酸变化小。人类和哺乳动物的甲状腺滤泡旁细胞则是分泌降钙素的部位。可以认为降钙素对人类是一种退化性的遗迹激素。降钙素目前作为抑制骨吸收和降低血钙的药物用于治疗畸形性骨炎、高钙血症、骨质疏松症和成骨发育不全。

降钙素的生理作用是抑制骨吸收，但这种抑制作用并不持久，随后会出现抑制的脱逸现象。用降钙素治疗甲状旁腺功能亢进或恶性肿瘤所致的高血钙，疗效并不明显。其原因即为降钙素的脱逸现象。体外实验表明，合用糖皮质激素可预防降钙素的脱逸现象。

除以上 4 种激素外，其他性激素如孕激素、雄性激素等也影响骨量和骨密度。原发性骨质疏松症包括Ⅰ型骨质疏松症（绝经后骨质疏松症）和Ⅱ型骨质疏松症（老年性骨质疏松症），其发病主要都是由于身体内激素的改变而引起，如图 2－31 和图 2－32 所示。

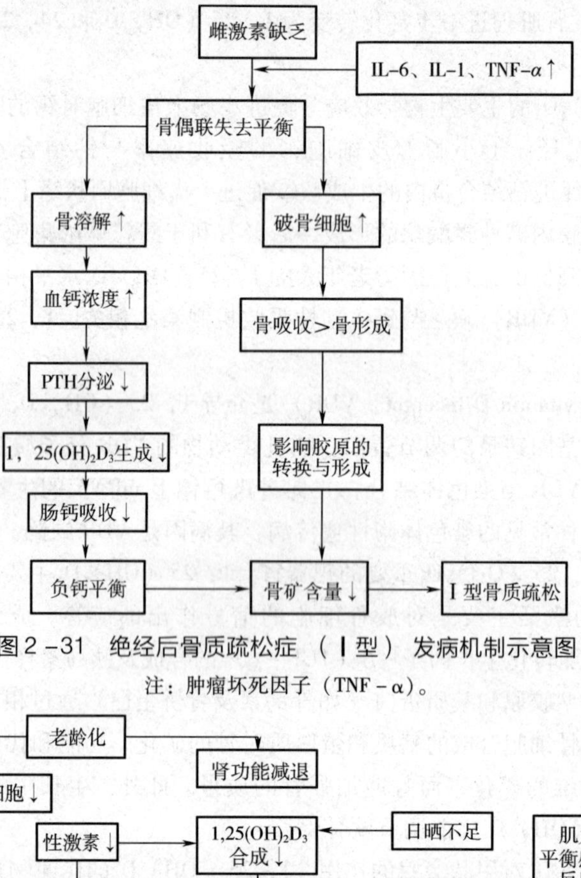

图 2－31 绝经后骨质疏松症（Ⅰ型）发病机制示意图

注：肿瘤坏死因子（TNF－α）。

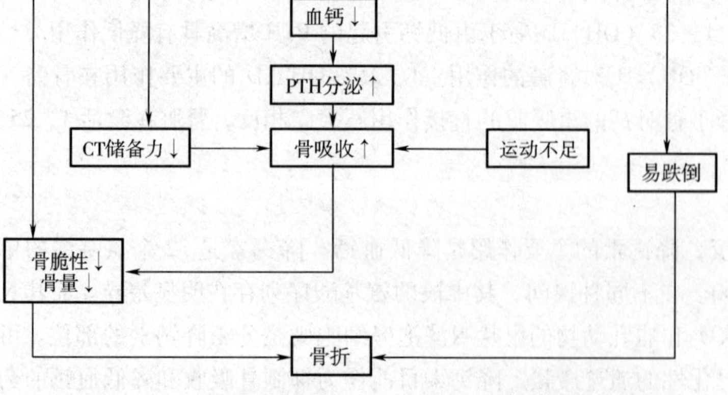

图 2－32 老年性骨质疏松症（Ⅱ型）发病机制示意图

注：骨矿物质含量简称骨矿含量。

（二）营养状态

骨质疏松症的主要特征是骨量减少。一个人骨量的形成主要受遗传和环境因素的影响。在后天环境因素中营养占极其重要的地位。合理营养有助于提高峰值骨量及减缓绝经后随年龄增加而增加的骨丢失量。影响骨代谢的营养因素主要有钙、磷及维生素 D_3。其次膳食中的蛋白质、钠及一些微量元素（如氟、镁、锌、铜、锰）等的摄入也与骨代谢有关。

1. 钙与磷

营养素中的钙、磷、蛋白质是构成骨骼的主要物质。体内钙、磷缺乏，蛋白质含量过少以及钙、磷比例失调是造成骨质疏松的主要原因。

（1）骨质疏松症与钙有直接关系　骨骼缺钙就会出现骨质疏松症。人体内骨钙总量约占人体总钙总量的99%，其余1%左右分布在软组织中。骨骼形成后，骨组织中的钙并不是固定不变的，在多种骨细胞作用下，旧骨不断被吸收破坏，新骨又不断形成再建。正常情况下，骨钙中约有99%是相对稳定的，称为稳定性钙。约有1%是不稳定的，其中一部分钙可以自由地与细胞外液交换，称为可溶合钙。软组织钙、细胞外液钙和可溶合钙合称为不稳定钙。稳定钙和不稳定钙通过可溶合钙不断地进行钙交换。旧骨中不稳定钙不断进入血循环和细胞外液，肠道吸收的钙又不断通过血循环沉积在骨中。如此循环，周而复始。所以钙的缺乏是出现骨质疏松症的根本原因。骨质是否疏松，主要是看骨骼中钙的含量有多少。当体内的钙丢失量多于摄入量时，骨骼就会脱钙，从而出现骨质疏松症。钙在体内的分布对骨质有着明显的影响。肠钙、骨钙、血钙、尿钙是体内钙代谢的4个主要环节。即钙在肠道中吸收，在骨骼中沉积，向血流中转移，从尿中排出。如果肠道对钙的吸收减少，就会影响钙向骨骼的沉积；而尿中钙排出过多，也促使骨骼中的钙向血中转移。这都是引起骨质疏松的原因。血液中钙的浓度与激素有着直接联系。血钙浓度的变化常常会促进或抑制与骨骼生长发育有关的激素浓度的变化，或使机体对这些激素的敏感性发生改变，从而诱发骨质疏松。所以骨骼中钙含量的多少，可以作为判定骨质疏松程度的客观指标。

青少年期摄入足够的钙，可提高其峰值骨密度，延缓老年期骨量丢失造成的骨折危险性。1992年，Johnston等对22对青春前期单卵双生子和23对青春期单卵双生子的其中之一补充钙1000mg/d，另一人给予安慰剂，受试者年龄6～14岁，观察3年。结果发现，青春前期组补钙能明显提高骨密度，而青春期组补钙无明显效果。世界卫生组织（WHO）推荐青少年：11～15岁每日钙摄入量为700mg，16～19岁每日钙摄入量为500～600mg。美国国立卫生研究院（NIH）建议青少年每日摄入钙量为1200～1500mg。中国营养学会2013版《中国居民膳食营养素参考摄入量》中推荐青少年的每日钙供给量10～12岁、16～17岁为1000mg，13～15岁为1200mg，以促进钙的沉积，提高成年期的峰值骨密度。

妊娠中期后为了满足胎儿生长和骨骼钙化的需要，母体有约30g钙经胎盘主动转运给胎儿。同时由于血容量增加，母体出现相对性低血钙，造成妊娠期母体特有的钙代谢变化。1955年，Nordin首先报道妊娠后骨质疏松症。1959年，Curtis和Kincaid相继报道了妊娠期暂时性髋骨骨质疏松症。1995年，Hojo和August报道妊娠晚期每天大约有200mg钙沉积于胎儿的骨组织，且此时尿中钙的排出反而增加，机体只能动员骨骼和肌肉等组织中的钙入血，以维持新的钙稳态。

哺乳期的钙需求量与母乳量、喂养时间有关。乳母每日平均泌乳750～800mL，乳母每授1000mL乳汁将丢失钙300～400mg。哺乳期内催乳素水平较高，雌激素水平较低，可能引起骨量丢失。因此，母体授乳 6 个月，估计大约要消耗母体骨钙的 4% ~6%。随哺乳期的延长，骨量丢失更明显。其后随着断奶和月经重建，骨矿物质开始恢复。1988 年，中国营养学会推荐的每日钙供给量：妊娠中期为 1000mg，妊娠后期及哺乳期均为 1500mg。

老年人因性激素分泌减少和钙调节激素分泌失调，导致机体缺钙。因此，老年人机体需要更多的钙。但钙的需要量，特别是老年妇女钙的需要量目前尚有争议。2013 年，中国营养学会推荐的每日钙供给量中并没有明确提出老年人的钙供给量，但推荐成年人每日钙供给量为 1000mg。许多研究者建议绝经后妇女为预防骨质疏松，钙的需要量应达到每日 1000mg。美国 NIH 推荐的每日膳食中钙的供给量：用雌激素作替代治疗的绝经后妇女为 1200mg，未用雌激素替代治疗的绝经后妇女为 1500mg，65 岁以上的老年人为 1500mg。

由于饮食习惯的不同，我国属于低钙膳食结构。2004 年第 4 次全国营养调查显示，我国人群钙的平均每日摄入量仅为 391mg，只相当于推荐摄入量的 39%。因此，在我国应提倡调整饮食结构、摄入高钙食品。

（2）磷是骨质无机成分中次于钙的第二大元素　磷在人体主要元素中居第六位，其总量占体重的 1%。体内的磷 85% 存在于骨中，其主要作用是促进骨基质的合成和骨矿物质的沉积。在磷释放的同时，总伴随骨的破坏。因此，骨骼中磷的减少也会出现骨量减少而发生骨质疏松症。磷在血中与钙保持 2∶1 的恒定比值，磷主要在肾、肠、骨中进行调节。磷与钙一起参与骨代谢和骨质形成。因此，磷的代谢异常也会形成骨质疏松。磷的缺乏主要是由于某些疾病引起的肠道吸收障碍，或由于饮食中磷摄入不足所致。一般情况下，磷不会缺乏。

2. 维生素 D_3

维生素 D_3 是重要的钙调节激素。它可促进钙、磷在肠道中的吸收，促进磷酸盐在肾中的重吸收。促进骨蛋白合成，因此维生素 D_3 的缺乏也可导致骨质疏松症的发生。维生素 D_3 一方面可由人体皮肤中的 7 - 脱氢胆固醇经日照转变而来，另一方面可从膳食中获取。

维生素 D_3 的生理需要量与钙、磷的摄入量有关。当钙、磷摄入充足时，普通人每日摄入维生素 D 100IU 即可。2013 年，我国营养学会推荐每日膳食中维生素 D 的供给量为 0 ~ 65 岁及孕妇乳母每日 10μg，65 岁以上人群每日 15μg。

3. 蛋白质

蛋白质对骨质疏松有一定的影响。因为骨基质主要是由胶原蛋白构成的，作为合成骨基质的蛋白质和氨基酸，在营养学方面极为重要。

蛋白质摄入不足或过量都会对钙的平衡和骨钙含量起负性调节作用。动物实验证实，单纯蛋白质摄入不足可导致骨量和骨强度减低。低蛋白质饮食还会通过减少胰岛素样生长因子Ⅰ（IGF - Ⅰ）而影响骨骼的完整性。IGF - Ⅰ可通过刺激肾脏无机磷运转和 1，25（OH）$_2$$D_3$ 的合成而在钙磷代谢中起重要作用。IGF - Ⅰ对骨小梁和骨皮质的形成亦有重要的促进作用。同样，高蛋白质的摄入也不利于骨健康。大量动物实验及人体试验研究表明，高蛋白摄入会引发高尿钙，从而增加骨丢失。因此，为了骨健康，应尽量避免蛋白质摄入过量与不足。

4. 必需微量元素：氟、铜、锌、锰、镁

氟是构成人体牙齿和骨骼的重要微量元素之一。90% 的氟存在于牙齿和骨骼内。适量的氟有利于钙、磷在骨中的沉积，对骨骼的生长和矿化起重要作用。而过量的氟会对肾造成一定损伤，引起维生素 D 缺乏，导致钙吸收增大，血钙水平下降，从而促使 PTH 分泌，增加骨

吸收，甚至发生溶骨现象。铜是骨基质中赖氨酰羧化酶的辅助因子，铜缺乏会引起骨胶原结构及功能异常。锰缺乏会干扰骨基质中多糖的合成。实验表明锰缺乏时动物生长停滞，骨骼畸形，新生儿运动失调。锌缺乏会影响骨细胞增生及骨碱性磷酸酶的活性。镁在人体中70%以磷酸盐的形式参与骨骼和牙齿的组成，镁还具有调节钙的肠吸收和肾排泄作用，故长期低镁可造成骨质疏松。因此，在膳食中应注意补充适量的上述微量元素。

2013年，我国营养学会推荐的不同人群的锌的供给量为：成年男性为12.5mg，成年女性为7.5mg，0～6个月婴儿为2mg，7个月～1岁婴儿为3.5mg，1～3岁幼儿为4mg，4～6岁儿童为5.5mg，7～10岁少年为7mg，11～13岁青少年男童为10mg、青少年女童为9mg，14～17岁青年男性11.5mg、青年女性为8.5mg，孕妇及乳母为9.5mg。动物性食品是膳食锌的主要来源。我国对成年男性和女性铜的每日供给量分别为0.6和0.8mg。美国NIH推荐铜的每日供给量为成人2～3mg、儿童1～2mg；镁的每日供给量为成年男子350mg、成年女子300mg，孕妇和乳母外加150mg。联合国粮农组织/世界卫生组织（FAO/WHO）建议锰的安全摄入量为每日2～3mg。

（三）物理因素

物理因素包括是否经常运动，日光照射情况，重力负荷因素。这些与骨质疏松症的发生有密切关系。

1. 体育运动与骨质疏松症有密切的关系

骨的生长、发育、成熟以及老化受众多因素影响，其中运动负荷是重要因素之一。体育运动能够改善和维持骨结构，因而作为一种策略被用于预防骨质疏松。运动调节骨代谢的机制可能与影响内分泌、促进钙吸收等有关。

（1）运动对未成年期骨骼的影响　未成年骨对负荷的反应是通过塑形和改建共同完成的。经研究表明，若以最适宜的压力作用于骨，将刺激骨完成正常的生长过程，尤其对生长期的骨骼。较低和中度的运动负荷将使皮质骨和小梁骨形成增加。然而，当运动负荷及持续时间超过一定阈值，则皮质骨和小梁骨量将减少，力学性能也将下降。因此人体在未成年期应进行适当的体育锻炼，这是预防骨质疏松的方法之一。

（2）运动对成年人骨骼的影响　骨的塑形到成年期基本结束，而骨的重建过程则持续到终生。经研究表明，对成年人来说运动可使骨量、骨密度增加。因此，适量的运动可使成年人保存骨量。

（3）运动对老年人骨骼的影响　对于老年人来说，运动能明显地改善肌肉神经功能，增加肌肉的强度，从而减少骨量丢失。

总之，适量运动可以预防甚至可以避免骨质疏松症的发生，也可作为一种预防和治疗骨质疏松症的措施。

2. 日照情况

人的皮肤下存在的7－脱氢胆固醇，在紫外线照射下可转变为维生素D_3，维生素D在皮肤中形成是人体维生素D_3的重要来源。因此，经常参加户外活动，增加太阳照射可有效预防维生素D_3缺乏，及其引起的骨代谢疾病，尤其是儿童、孕妇、乳母和老年人。

（四）细胞和免疫机能

以往对骨质疏松的发病机制的讨论主要集中在激素和营养因素两方面。随着细胞和分子生物学的发展，人们越来越注意到细胞因子和免疫机能在骨质疏松发病机制中的重要作用。

研究表明，促进骨吸收的细胞因子包括白细胞介素类（interleukin，IL，如 IL－1、IL－3、IL－6、IL－11 等）、肿瘤坏死因子（TNF）、集落刺激因子（CSF）、转化生长因子 α 和 β（TGF－α 和 TGF－β）、前列腺素（PGE2）、分化诱导因子（DIF）等。抑制骨吸收的因子有 TGF－β、干扰素 γ（INF－γ）等。促进骨形成的因子有类胰岛素生长因子（IGF）、TGF－β、PGE2 骨形态发生蛋白（BMP）、成纤维细胞生长因子（FGF）等。

1. IL－1

IL－1 又称淋巴细胞激活因子，分为 IL－1α、IL－β 两种。它们由不同的基因表达，分子质量为 15ku，两者的氨基酸序列只有 20% 的同源性。IL－1 主要由血液中的单核细胞和巨噬细胞产生，T 细胞、B 细胞、各种上皮细胞、内皮细胞和间质细胞也能产生 IL－1。

1883 年，Gowen 等首先报道 IL－1 对骨吸收的作用，因而 Gowen 将其称为骨吸收刺激因子。大量资料表明，IL－1 参与各种溶骨疾病，如恶性肿瘤高钙血症、关节炎和妇女绝经后的骨质疏松症。IL－1 和 TNF 是最早发现的雌激素调节的细胞因子。研究证实，绝经后骨质疏松症患者单核细胞分泌大量 IL－1，而在雌/孕激素治疗后降低。绝经后 IL－1 的升高是由于雌激素对 IL－1 的抑制作用减弱而致。Rolston 等发现未经治疗的绝经后妇女骨细胞 IL－1、TNF、IL－6 的 mRNA 水平高于用雌激素治疗者。

2. IL－6

IL－6 于 1980 年发现，1986 年被命名。IL－6 为由 184 个氨基酸组成的糖蛋白，与粒细胞、集落刺激因子具有明显的同源性。IL－6 由多种细胞产生，如 T 细胞、B 细胞、单核细胞、成纤维细胞、角化细胞、星形细胞、骨髓基质细胞和肿瘤细胞等。

骨组织中的成骨细胞能够产生 IL－6，它可刺激多核细胞产生破骨细胞的表型。而成骨细胞和基质细胞中的 IL－1 和 TNF 也能够诱导 IL－6 的产生。IL－6 是骨吸收的重要介导者。雌激素和 IL－6 对骨的作用恰好相反，前者抑制骨吸收，后者促进骨吸收。并且，雌激素的增加可以抑制 IL－6 的产生，而雌激素减少能够促进 IL－6 的产生。研究证实，绝经后妇女和骨质疏松症患者外周血中的 IL－6 显著升高。

3. 肿瘤坏死因子

肿瘤坏死因子（TNF）也称为恶液质因子。TNF－α 主要由活化的巨噬细胞产生，是由 157 个氨基酸组成的无糖基化多肽细胞因子。TNF－β 由淋巴细胞产生。TNF－α 和 TNF－β 在体外有抑制骨形成和促进骨吸收的作用。其机制为 TNF－α 和 TNF－β 在骨组织中使破骨细胞数量增加而促进骨吸收。IL－1、前列腺素与 TNF 具有协同作用。绝经后骨质疏松症患者血清中的 TNF－α 有升高的趋势。肿瘤发生时，肿瘤细胞产生的 TNF 使患者常表现高钙血症以及骨质被破坏的现象。此外，TNF 还具有抑制骨胶原及 ALP 合成的作用，因此 TNF 在类风湿性关节炎和骨关节炎的发病中也起重要作用。

（五）遗传因素

遗传因素也是骨质疏松症发生的一个重要原因，因此对于严重骨质疏松症患者询问其是否有家族史是必要的。

1973 年，Smith 等测定了 71 对少年双生子和 80 对成人双生子的桡骨骨量后发现，少年组双生子之间的骨量差异较小，有良好的一致性。而成年组的一致性较差，且骨量差异随年龄增加。这说明少年时遗传因素对骨量的影响起决定作用，而成年后环境因素的作用逐渐增强。

骨密度（bone mineral density，BMD）是决定骨强度的主要因素之一，能够预测骨折发生率，用于诊断骨质疏松症。骨密度受营养、锻炼、遗传、激素水平及其他因素的影响，其中遗传因素是骨密度的主要影响因素。家系调查发现为46%～62%的骨密度是由遗传因素决定的。澳大利亚Pocock等报道，在单卵双生子间BMD的相关系数为0.71～0.92，而双卵双生子间骨密度的相关系数为0.33～0.50。双生子研究结果显示，峰值骨量（PBM）的60%～80%是由遗传因素所决定的。虽然还不能完全排除环境因素对这些研究的影响如双生子间，家庭成员间，常有相似的生活习惯，处于类似的环境中，可能过高估计了遗传因素的影响，但毫无疑问，遗传是影响BMD的因素之一。

（六）不良生活习惯可导致或加重骨质疏松

1. 过量饮酒能导致骨质疏松症

长期过量的饮用啤酒和蒸馏酒（白酒）是导致骨质疏松症的原因之一，葡萄酒对骨质疏松症的发生作用不明显。

乙醇引起骨质疏松症的原因是多方面的，主要与抑制成骨细胞功能、影响性激素分泌、干扰维生素D代谢及PTH分泌等有关。所以长期过量饮酒不仅是骨质疏松症发生的诱因，而且还是病情加重的因素。

2. 过量饮用咖啡及碳酸型饮料能导致骨质疏松症

咖啡摄入量与骨丢失的关系密切。大量研究表明，咖啡摄入量与妇女髋骨骨折发生率呈正相关。特别是在绝经后骨质疏松在妇女中尤为明显。过量摄入咖啡导致骨丢失的程度受钙摄入量的调节。钙摄入量>774mg/d，骨密度无明显改变，低于此量伴高咖啡因摄入者（>450mg/d），骨密度降低。其机制有以下几点：①咖啡因抑制磷酸二酯酶活性，促进骨吸收作用；②咖啡因促进前列腺素合成，刺激骨吸收；③咖啡因抑制脏肾脏1α-羟化酶活性，降低肠钙吸收，间接促进甲状旁腺分泌增加，降低骨质对钙盐的亲和力，抑制骨质对钙盐的摄取。防止因咖啡因所致骨丢失的方法有以下几种：①减少咖啡摄入量，每天摄入量<450mg为好；②补充钙剂，使钙摄入量为800mg/d，可对抗咖啡因引发的骨丢失作用，从而可防止甚至避免骨质疏松症的发生。

3. 吸烟导致骨质疏松症

长时间吸烟可促进骨质疏松症的发生。绝大多数吸烟者是从青少年开始吸烟的，此时正是峰值骨密度形成期间，吸烟可能直接影响骨密度峰值的形成，为老年后骨质疏松症的发生埋伏了潜因。吸烟降低骨密度峰值的病因可归纳如下：①促进骨吸收：吸烟者血钙增加，尿钙和尿吡啶啉排出量增加。②抑制骨形成：吸烟者骨小梁体积、骨形成率和骨矿盐沉积率明显降低。③对内分泌激素的影响：研究表明吸烟的妊娠和绝经妇女比非吸烟女性雌激素水平低，说明烟碱抑制卵巢雌激素的合成。最新研究表明，烟碱能够抑制雄甾烯二酮向雌激素的转变，因而抑制雌激素的合成。此抑制作用具有剂量依赖性。而且吸烟能促进雌激素的分解代谢，降低血中雌激素含量，还可降低血甲状旁腺素水平，使骨吸收增加。

综上所述，骨质疏松症的病因是多样化的，由年龄、性别、遗传和环境等因素共同决定。

四、骨质疏松症的预防

骨质疏松症应重在预防。一旦造成骨质疏松的症状将很难逆转。因此应该加强对于骨质疏松症患者的健康教育，增强各类人群对骨质疏松症的认知，做到预防在先。

骨质疏松症尽管是一种老年性疾病，但其仅指该病的发病时间，而其病因从儿童时期就已经潜伏了。因此，预防骨质疏松症应从儿童时期开始，做好各个时期的预防工作。

（一）婴幼儿、儿童、青少年时期的预防

骨质疏松症的具体预防措施应围绕提高峰值骨量和减缓骨丢失两个重要环节展开。峰值骨量的形成主要受先天遗传和后天环境两方面因素的影响。其中，后天环境因素主要包括营养、体力活动及生活方式等。通过建立良好的后天环境完全有可能获得最佳峰值骨密度。儿童期和青春期是骨发育的关键时期，大约20岁以前人体能获得峰值骨密度90%以上的骨量。影响此阶段骨代谢的营养素钙与维生素D的需求量相对较高。我国营养学会2013年推荐的不同年龄阶段膳食中每日钙的推荐摄入量分别为0~6个月200mg、7个月~1岁250mg、1~3岁600mg、4~6岁800mg、7~10岁1000mg、11~13岁1200mg、14~17岁1000mg。维生素D供给量从出生到18岁每日10μg。因此，要坚持食用含钙、磷多的食品，如鱼、虾皮、海带、牛乳（25mL含钙300mg）、乳制品、骨头汤、鸡蛋、豆类、粗杂粮、芝麻、瓜子、绿叶蔬菜等。适当的体力活动有益于获得最佳峰值骨量。运动能够对刺激部位的骨骼产生明显的局部效果。并且在适宜运动负荷下，运动强度与骨密度呈正相关。力量性运动项目对骨密度的影响较耐力性运动项目明显。坚持科学的生活方式，如坚持体育锻炼，多接受阳光照射，不吸烟，不饮酒，少喝咖啡、浓茶及含碳酸饮料，少吃糖及食盐，少摄入动物蛋白质，晚婚，少育，哺乳期不宜过长，尽可能保存体内钙质，丰富钙库，将骨峰值提高到最大值，是预防生命后期骨质疏松症的最佳措施。

（二）妇女绝经期和绝经后的预防

人到中年，机体处于代谢平衡阶段，骨量相对变化较小。钙、维生素D的需求量相对平稳。钙每日需求量为800mg，维生素D需求量为5μg。膳食钙的摄入是防止骨丢失的最主要措施。妇女绝经期，骨量丢失加快。妇女绝经后1~10年处于快速骨丢失阶段，年丢失率为1.5%~2.5%。对于绝经期妇女应每年进行一次骨密度检查，及早采取防治措施。

（三）老年期的预防

老年性骨质疏松症患者骨丢失是由消化功能差、食量下降、钙和维生素D等营养素摄入减少、胃肠道吸收能力下降等引起的。所以老年人群应主动补充钙及维生素D，我国营养学会2013年推荐65岁以上老年人每日摄入钙1000mg、维生素D 15μg。多晒太阳，积极锻炼，是老年人预防骨质疏松症的积极措施。

五、增强骨密度功能的评价指标

改善骨质疏松和增加骨密度的检验方法根据功能食品作用原理的不同，分为以下两种方案。

如果是以补钙为主的功能食品，可直接测定试食受试物前后骨矿物质含量和骨密度进行功能评价。骨机体中的钙绝大部分储存于骨骼及牙齿中，动物若摄入钙量不足会影响机体和骨骼的生长发育，表现为体重、身长、骨长、骨重、骨钙含量及骨密度低于摄食足量钙的正常动物。生长期大鼠在摄食低钙饲料的基础上分别给予碳酸钙（对照组）或受试含钙产品（实验组），比较两者在促进大鼠机体及骨骼的生长发育、增加骨矿物质含量和增加骨密度上的作用，从而对受试样品增加骨密度的功能进行评价。

如果是不含钙或不以补钙为主的受试物的功能食品，在造成骨质疏松模型后，比较大鼠试食受试功能食品前后的骨矿物质含量和骨密度进行功能评价。雌性成年大鼠切除卵巢后，骨代谢增强，并发生骨重吸收（破骨）作用大于骨生成（成骨）作用的变化。这种变化表现为骨量丢失，经过一定时间的积累，可以造成骨密度降低或形成骨质疏松模型。在建立模型的同时或模型建立之后给模型实验组大鼠补充受试样品，通过受试物抑制破骨或促进成骨等骨代谢调节作用，观察其在增加骨密度、骨钙含量、骨重量、骨皮质厚度、骨小梁数量、骨小梁厚度、磷含量、钙吸收率方面的效果，从而对受试样品增加骨密度的功能进行评价。

（一）骨密度和骨矿含量的测量

根据 WHO 规定的骨质疏松判断标准，检测骨密度和骨矿物质含量是判断骨量减少、骨质疏松症及其严重程度的重要依据。退行性骨质疏松症有 30% ~50% 的患者无明显骨痛、肌痛或腰背痛等症状，生化指标变化又多不显著，因此，骨密度检测就成为研究和诊断的重要客观依据。测定骨密度和骨矿物质含量通常使用的方法有以下几种。

1. X 线检查

骨质疏松是一种全身性的骨疾患，松质骨和皮质骨均发生改变。一般松质骨的改变先于皮质骨。X 线平片可以观察骨骼的细微结构，皮质骨的厚薄和密度，骨小梁的数量、粗细和分布，必要时可以进行 X 线放大摄影，观察骨小梁结构的变化及皮质骨内吸收的改变。当骨质疏松发展到一定程度时，根据骨质密度、骨皮质厚薄、骨小梁粗细等情况可判别骨质疏松的严重程度。但由于不易观察到松质骨的变化，因此在骨质疏松早期用 X 线检查意义不大。

2. 单光子吸收测定法（single photon absorptiometry，SPA）

利用骨组织对放射线的吸收与骨矿物质含量成正比的原理，以放射性核素为光源，测定人体四肢骨的骨矿物质含量。一般常用部位为桡骨和尺骨中远 1/3 交界处，可测定骨矿物质含量（g/m）、骨横径（cm）、骨密度（g/cm^2）及骨矿物质分布曲线。该法不能测定髋骨及中轴骨的骨宽度。应用该法，目前已积累了很多老年人骨密度生理参考值及骨质疏松症患者患病率的调查资料。该法设备简单，价格低廉，适于流行病学调查，但其精确性和重复性尚欠理想。

3. 双能 X 线吸收测定法（dual energy X - ray absorptiometry，DEXA 或 DXA）

通过 X 射线束滤过式脉冲开头技术可获得两种能量，即低能和高能光子峰。射线穿透身体之后，扫描系统将接受的信号传送到计算机进行数据处理，计算扫描曲线面积、骨矿物质含量、骨密度。该仪器可测定全身任何部位的骨量，精确度可达到 0.62% ~1.3%。并且对人体危害较小，检测一个部位 DEXA 对人体放射剂量相当于一张胸像的 1/30，QCT 的 1%。此法准确性高，重现性好。

（二）生化指标

骨组织的代谢是一个旧骨不断被吸收，新骨不断形成，周而复始的循环过程，此称为骨再建。骨再建的速率称为骨更新率或转换率。测定血、尿的矿物质及某些生化指标有助于判断骨代谢状态及骨更新率的快慢，对骨质疏松症的判断有重要意义。骨代谢的生化指标检查具有快速、灵敏及能在短期内观察骨代谢动态变化的特点，而骨密度检查一般需半年以上才能观察到动态变化。因此，生化检查是对观察药物和功能食品在短期内对骨代谢的影响必不可少的检查方法，并可指导人们及时修正治疗方案。

1. 血、尿骨矿物质成分的检测

（1）血钙　血钙由三种形式组成：46% 为离子钙，40% 是与蛋白结合的钙，14% 的钙可与自由扩散的复合物结合。血钙在一个很狭窄的范围内波动，非常稳定，这是因为血钙受三种钙调节激素的精密调节。成人血钙正常范围为 2.1～2.55mmol/L，儿童为 2.2～2.7mmol/L。甲状旁腺功能亢进、维生素 D 过量可导致血钙增高，佝偻病、软骨病及甲状旁腺功能低下者，血钙下降。老年性骨质疏松症患者血钙一般在正常范围。

（2）血磷　钙、磷代谢在骨矿物质代谢中占重要位置，两者要保持合适比例，钙/磷比值为 2∶1 较为适宜。只投钙，不投磷，钙吸收不良；投磷过多亦影响钙的吸收。生长激素分泌增加的疾病如巨人症、肢端肥大症，血磷上升；甲状旁腺功能低下、维生素 D 中毒、肾功不全、多发性骨髓瘤及骨折愈合期者，血磷增高；甲状旁腺功能亢进、佝偻病及软骨病患者，血磷降低；绝经后患骨质疏松症的妇女，血磷上升，可能与雌激素下降、生长激素上升有关；老年性骨质疏松症患者，血磷一般正常。

（3）血清镁　镁是人体内重要矿物质，人体 50% 的镁存在于骨组织中，低镁可影响维生素 D 的活性。肠道对镁的吸收可随着年龄增长而减少。甲状旁腺功能亢进、慢性肾脏疾病、原发性醛固酮增多症、绝经后及老年性骨质疏松症患者血清镁均下降。

（4）尿钙、磷、镁　是研究骨代谢的重要参数，通常测定包括 24h 尿中钙、磷、镁的含量，空腹 24h 尿中钙、磷、镁的含量及每克肌酐排出的尿钙/磷比值。该项检查受体饮食、季节、日照、药物、疾病等影响因素较多，需严格限定条件再进行测定。老年性骨质疏松症尿钙、磷在正常范围，尿镁略低于正常范围。

（5）钙、磷和镁的平衡　钙、磷、镁平衡是研究这三种矿物质代谢的骨代谢重要方法。原发性骨质疏松症是一类骨矿物质丢失非常缓慢的疾病，患者往往没有任何症状和体征。在这种情况下，借助于钙磷镁平衡的研究，可以预测骨矿物质丢失速率，预测骨质疏松的发展速度，改善治疗方案。所谓钙磷镁平衡，就是同时测定摄入（包括食物和饮料）、尿排出和粪排出的 3 种矿物质量，总摄入量和总排出量（尿和粪含量）之差即净平衡值。如果净平衡为零，即矿物质收支平衡；如果净平衡为正数，表明矿物质不断沉积在骨中，生长发育期的儿童属于此类情况；如果净平衡为负数，则说明矿物质不断从骨中释出，如原发性骨质疏松症患者。

2. 骨形成指标

原发性Ⅰ型绝经后骨质疏松症多数表现为骨形成和骨吸收过程增高，称高转换型骨质疏松症。而老年性骨质疏松症（Ⅱ型）多数表现为骨形成和骨吸收的生化指正常或降低，称低转换型骨质疏松症。

（1）碱性磷酸酶（alkalescent phosphatase，ALP）　是最常见的评价骨形成和骨转换的指标。单纯检测 ALP 意义不大，不敏感。而同工酶骨 ALP 较敏感，在骨更新率增加的代谢性骨病如畸形骨炎、先天性佝偻病、甲状旁腺功能亢进、骨转移癌及氟骨症等病症中活性显著升高。绝经后妇女骨质疏松症患者约 60% 骨 ALP 升高，血清 ALP 升高者仅占 22%。老年性骨质疏松症形成缓慢，ALP 变化不显著。

（2）骨钙素（bone γ - carboxyglutamic protein，BGP）　是骨骼中含量最高的非胶原蛋白，它由成骨细胞分泌，受 1，25（OH）$_2$D$_3$调节。骨钙素主要的生理功能是维持骨的正常矿化速率，抑制异常的羟磷灰石结晶的形成，抑制软骨的矿化速率。通过骨钙素的测定可以了解成骨细胞的动态，是骨更新的敏感指标。骨更新率上升的疾病如甲状旁腺功能亢进、畸形性骨炎等，血清骨钙素上升。老年性骨质疏松症患者骨钙素可有轻度升高；绝经后骨质疏松症患者骨钙素升高明显，雌激素治疗 2～8 周后骨钙素下降 50% 以上。

（3）血清Ⅰ型前胶原羧基端前肽（PICP） 是成骨细胞合成胶原时的中间产物，是反映成骨细胞活动状态的敏感指标。PICP与骨形成呈正相关。畸形性骨炎、骨肿瘤、儿童发育期、妊娠后期者PICP升高，老年性骨质疏松症PICP变化不显著。

3. 骨吸收指标

（1）尿羟脯氨酸（hydroxyproline，HOP） HOP是人体胶原蛋白的主要成分，占10%～13%。尿中HOP 50%来自骨，尿中排出的HOP基本上能反映骨吸收和骨转换程度，因此尿中HOP是反映骨更新的指标。尿HOP受饮食影响较大，收集24h尿之前，应进素食2～3d。HOP显著升高的疾病有甲状腺功能亢进、甲状旁腺功能亢进、畸形性骨炎、骨转移癌等。甲状腺功能低下、侏儒症HOP显著降低。老年性骨质疏松症HOP变化不显著，绝经后骨质疏松症HOP升高。

（2）尿羟赖氨酸糖苷（hydroxylysine glycoside，HOLG） 羟赖氨酸是人体胶原蛋白中的另一种特异氨基酸。它虽然含量少，但由于在骨与软骨组织中半乳糖苷羟赖氨酸和葡萄半乳糖苷羟赖氨酸的相对比例和总量不同，因此最能反映骨吸收的指标，HOLG较HOP更灵敏。老年性骨质疏松症HOLG可能升高。

（3）血浆或血清抗酒石酸盐酸性磷酸酶（TRAP） 主要由破骨细胞释放，是反映破骨细胞活性和骨吸收状态的敏感指标，TRAP增高见于甲状旁腺功能亢进、畸形性骨炎、骨转移癌、慢性肾功能不全及绝经后骨质疏松症。老年性骨质疏松症TRAP增高不显著。

骨的代谢过程受机体众多激素、酶等体液因子的调节，随着骨质疏松症研究的深入，我们了解了更多的对骨质疏松症的形成产生影响的原因和伴随骨质疏松症而发生的代谢变化。随着生化检测水平的不断提高，多种参与骨代谢的激素、酶和矿物质已能进行精确的定量。以上生化指标虽然对骨质疏松的判断没有特异性，但可作为辅助手段，尤其在骨质疏松症病因的研究、鉴别、诊断和分型上有其独到的参考作用。

第十一节 辅助改善记忆功能

学习和记忆是脑的高级机能之一，是一切认知活动的基础。学习（learning）是指人和动物从外界环境获取新信息的过程，记忆（memory）指大脑将获取的信息进行编码、储存及提取的过程。学习记忆障碍是大脑衰老或心脑血管疾病后遗症表现之一，严重影响生活质量和工作效率。因此改善记忆功能也成为了功能食品重要的领域。

一、学习和记忆的分类

（一）学习的分类

学习分为两种形式，非联合型学习（non－associative learning）和联合型学习（associative learning）。前者比较简单，后者则相对复杂。

1. 非联合型学习

在两种刺激或刺激和反应之间不需要建立某种明确的联系，只要单一刺激的重复进行即可。习惯化（habituation）与敏感化（sensitization）即属这种类型的学习。习惯化是指由反复的平和刺激而引起，刺激刚开始时通常有新奇感并引起一定反应，但随着刺激的反复，便对该刺激习以为常而不再予以重视。例如，对一个有规律地重复出现的强噪音，人们不再对它产生反应。相反，敏感化是指一种对原有刺激反应增强和延长的表现，一般由伤害性刺激所触发，一次或多次外加的伤害性刺激可使平和刺激所引起的反应增强。例如，一个弱的伤害性刺激可引起弱的收缩反应，但在强的痛刺激之后，弱刺激引起的反应明显增强。强刺激和弱刺激之间并不需要建立什么联系，在时间上也并不要求两者的结合。

2. 联合型学习

这种形式的学习是两种刺激或一种行为与一种刺激之间在时间上很接近地重复发生，最后在脑内逐渐形成联系的过程。人类的学习方式多数是联合型学习，如条件反射的建立和消退。

（1）经典条件反射　经典条件反射也称巴普洛夫反射，是20世纪初由俄国生理学家巴普洛夫首先发现的。给狗喂食会引起唾液分泌，这是非条件反射；而给狗以铃声刺激则不会引起唾液分泌，因为铃声与进食无关，是无关刺激。但如果每次给狗喂食前都先出现铃声，然后再给食物，两者多次结合后，单独给予铃声刺激，狗也会分泌唾液。此时，铃声已成为进食的信号，即由无关刺激转变为条件刺激。这种由条件刺激引起的反射性唾液分泌称为条件反射。因此，条件反射的形成是条件刺激与非条件刺激在时间上反复多次结合，并经过后天的学习而建立起来。但实验表明，经典条件反射建立后如不反复强化，形成的条件反射就会逐渐减弱，甚至消失，这个过程称为条件反射的消退。消退并不是条件反射的简单丧失，而是一个新的学习过程。

（2）操作式条件反射　操作式条件反射是受意志控制的、一种更为复杂的条件反射。它要求人或动物必须完成某种动作或操作，并在此操作基础上建立条件反射。经典的动物实验是先训练动物学会主动踩动杠杆而获取食物；然后以灯光作为条件刺激，要求动物在灯光信号后必须踩动杠杆才能得到食物，从而建立起条件反射。如果以得到食物或水作为奖赏而完成的操作式条件反射，是一种趋向性条件反射。相反，如果以伤害性刺激如电击作为惩罚而完成的操作式条件反射，动物将为逃避惩罚而不去踩杠杆，形成抑制性条件反射，称为回避性条件反射。

（二）记忆的分类

记忆的分类有多种，根据记忆储存和提取方式可将记忆分为陈述性记忆和非陈述性记忆；根据记忆保留的时间长短可将记忆分为短时程记忆和长时程记忆。

1. 陈述性记忆和非陈述性记忆

陈述性记忆（declarative memory）是指与特定的时间、地点和任务有关的事实或事件的记忆。陈述性记忆与意识有关，能用语言表述出来，或作为影响形式保持在记忆中。这类记忆的形成依赖于海马、内侧颞叶等脑区。非陈述性记忆（nondeclarative memory）指对一系列规律性操作程序的记忆，是一种下意识的感知及反射。这类记忆是通过一系列行为动作来表达的，与意识无关，也不涉及海马等脑区，不易遗忘。如弹钢琴、做连贯的体操动作等依赖于非陈述性记忆。

2. 短时程记忆和长时程记忆

短时程记忆（short - term memory），记忆保存时间短，仅几秒到几分钟，容易受干扰，不稳定，记忆容量有限。它需要对时间上分离的信息加以整合。对影像的视觉瞬间记忆为影像记忆，如在房间内搜寻遗失物品时的短暂记忆；对执行某些认知行为过程中的一种暂时的信息储存为工作记忆，如查看电话簿后迅速拨打一个不熟悉的号码。

长时程记忆（long - term memory），记忆保留时间长，可持续几个小时、几天或几年。有些记忆甚至可以保持终生，称为永久记忆（remote memory）。短时程记忆经反复运用和强化可向长时程记忆转化。长时程记忆的形成是海马和其他脑区对信息进行分级加工处理的动态过程。

二、记忆过程和遗忘

大脑通过感官系统接受来自外界的大量信息，但只有少量信息能被保留在记忆中，大部分信息都被遗忘了。

（一）记忆过程

人类的记忆是非常复杂的过程，可以细分为四个阶段，如图 2 - 33 所示，即感觉性记忆、第一级记忆、第二级记忆和第三级记忆。前两个阶段相当于短时程记忆，后两个阶段相当于长时程记忆。

感觉性记忆是指感觉系统获得信息后在脑的感觉区内短暂储存的阶段，这一阶段很短，一般不超过 1s。如果没有经过加工处理会很快消失，人们往往感觉不到。例如，片刻即逝的景物印象或某种已逝的声音在耳中的余响，这种记忆大多属于视觉和听觉的记忆。反之，如果信息在这一阶段经过加工处理，把那些不连续的、先后进来的信息整合，就可以从短暂的感觉性记忆进入第一级记忆。第一级记忆保留的时间仍然很短暂，从数秒到数分钟。储存在感觉通路中的信息大部分会迅速消退，只有小部分信息经过反复运用和强化，在第一级记忆中循环，从而延长了信息在第一级记忆中停留的时间，转入第二级记忆。第二级记忆是一个大而持久的储存系统，储存的信息可受到先前的或后来的信息的干扰而造成遗忘。有些记忆，如自己的名字和每天都在进行的手工操作等，通过长年累月的运用，是不大会被遗忘的，这一类记忆储存在第三级记忆中。第三级记忆一般能保持数周、数月、数年，有的可以终身不忘，称为永久记忆。信息流示意图如图 2 - 33 所示。

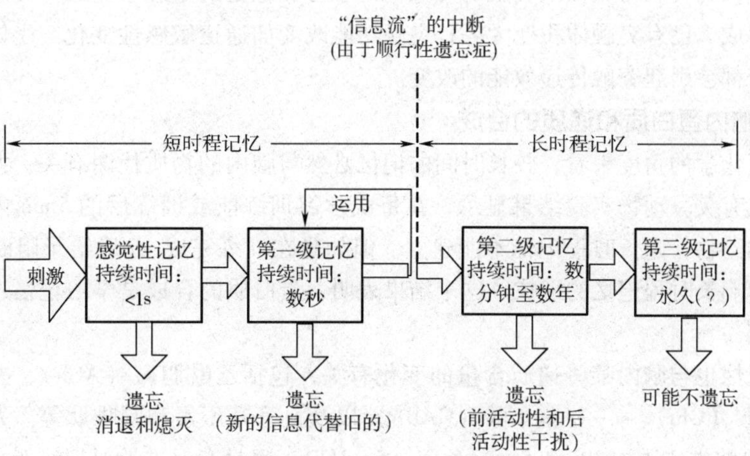

图 2 - 33　从感觉性记忆至第三级记忆的信息流示意图

（二）遗忘

遗忘是指部分或完全失去记忆和再认的能力。遗忘是不可避免的生理现象。遗忘在学习后即可开始，在感觉性记忆和第一级记忆阶段，遗忘的速率很快，以后逐渐减慢。产生遗忘的主要原因是条件刺激久不强化而引起反射消退的现象，另一个原因是后来信息的干扰。

临床上把由于脑疾患引起的记忆障碍称为遗忘症，分为顺行性遗忘症（anterograde amnesia）和逆行性遗忘症（retrograde amnesia）两种。顺行性遗忘症是指不能再形成新的记忆，而已形成的记忆不受影响，多见于慢性酒精性中毒患者。患者对病前的第二级和第三级记忆十分正常，而且第一级记忆也完好，但不能将信息从第一级记忆转为第二级。逆行性遗忘症是指患者不能回忆发生记忆障碍之前一段时间的经历，但仍可形成新的记忆。一些非特异性脑疾患（如脑震荡、电击等）和麻醉均可引起逆行性遗忘症。其发生机制可能是第二级记忆或多或少地丧失，而且受损伤程度越严重，逆行遗忘的往事向回推的时间越远。

三、学习和记忆的机制

（一）参与学习和记忆的脑区

迄今为止，有关学习和记忆的机制仍不十分清楚，目前比较公认的是学习和记忆在脑内有一定的功能定位。比如，内侧颞叶对陈述性记忆的形成极为重要。纹状体参与某些操作技巧的学习，而小脑则参与运动机能的学习。前额叶协调短期记忆的形成，加工后的信息转移至海马，海马在长时程记忆的形成中起十分重要的作用，海马受损则短时程记忆不能转变为长时程记忆。

（二）突触的可塑性

各种感觉信息传入中枢后，可引起学习和记忆相关脑区大量神经元同时活动。因中枢神经元之间的环路联系，所以在神经环路中的传入冲动中断后，传出神经元的活动并不立刻消失，这可能是感觉性记忆的基础。通过神经元之间的环路联系（如海马环路），可使传入信息在神经环路中往复运行，记忆从而可以保存较长的时间。

神经元与神经元之间的联系是通过突触进行的。而突触的形态和功能可发生较持久改变的特性或现象称为突触可塑性。突触的可塑性是学习和记忆的生理学基础。突触的形态改变包括新突触形成、已有突触体积变大等；突触功能改变如通道敏感性变化、受体数目的变化等。这些改变都会引起突触传递效能的改变。

（三）脑内蛋白质和递质的合成

从神经生化学的角度来看，较长时间的记忆必然与脑内的物质代谢有关，尤其是与脑内蛋白质的合成有关。动物实验结果显示，在每次学习训练前或训练后的5min内，给予阻断蛋白质合成的药物，则长时程记忆不能建立。但如是在训练完成4h后给予阻断蛋白质合成药物，则不影响长时程记忆的形成。这个结果表明，蛋白质的合成是学习记忆过程中必不可少的物质基础。

学习和记忆也与脑内某些递质含量的变化有关，包括乙酰胆碱（ACh）、去甲肾上腺素（NE）、谷氨酸（Glu）、γ-氨基丁酸（GABA）以及血管升压素和脑啡肽等。大脑内胆碱类递质ACh和单胺类递质如NE和5-羟色胺（5-HT），都具有促进学习记忆能力作用，且两类递质可交互作用，共同影响学习和记忆。谷氨酸和GABA分别作为兴奋性氨基酸和抑制性氨基酸共同影响学习记忆功能：谷氨酸是脑内含量最高的氨基酸，可促进学习记忆的形成和维持；而 GABA 对学习记忆具有负性调节作用。总之，各种递质可发挥各自独特的作用，相互影响，共同作用于神经系统，维持正常的学习记忆能力。

（四）形态学改变

持久性记忆还可能与脑内新的突触联系的建立有关。动物实验显示，生活在复杂环境中的大鼠其大脑皮层比生活在简单环境中的大鼠要厚，这说明学习记忆活动多的大鼠，其大脑皮层发达，突触的联系多。

四、学习和记忆的行为学检测方法

实验室多采取动物实验的行为学检测方法来评估学习和记忆的能力。动物行为学方法可以观察研究对象的行为学变化、学习记忆的能力及变化，从整体上评估研究对象的学习记忆情况。

在动物行为研究分析系统中，常采用的方法为 Morris 水迷宫实验、跳台实验、穿梭箱实验等，其中水迷宫通常用于研究动物的空间学习记忆，而跳台实验、穿梭箱实验多属于操作式条件反射，同时可观察主动回避和被动回避反应。

（一）Morris 水迷宫实验

Morris 水迷宫是最常用的学习记忆实验方法。实验装置为一个盛满不透明液体的圆形水池，水池分成东南西北四个区域，在其中一个区域中央的液面下隐藏着一个小平台，大小多为 10cm × 10cm，平台距液面 1 ~ 2cm。水池中常用的不透明液体有牛乳或无毒的白色乳胶涂料或其他人工合成的不透明剂，水温一般在 25℃ 左右。

实验一般分为定向航行实验和空间探索实验两个阶段。定向航行时把动物每次随机地从其中一个区域面朝池壁放入水池中，由于动物的求生本能，动物将在水池内游泳直到找到隐藏在水面下的平台为止。每次训练时间一般为 60 或 120s，找到平台后允许动物在平台上滞留 10 ~ 30s；如果动物在规定时间内没有找到平台，则实验者帮助动物找到平台，每次训练间隔时间为 30s 左右。每天训练 1 ~ 2 次，实验一般进行 4 ~ 9d。记录动物找到平台每次所花的时间、游泳轨迹、游泳速度等。进行空间探索试验时，撤去平台，让动物在水池中自由游泳，记录动物在各象限中的时间及经过平台原先位置的次数。

除 Morris 水迷宫外，根据研究需要还可选择其他迷宫实验装置和评价方法，如放射性迷宫实验、Barnes 迷宫实验、T 型/Y 型迷宫实验等。

（二）穿梭箱实验

穿梭箱实验常用于主动回避实验研究。穿梭箱的基本结构是由两个外形相同的箱子组成的，其中一个为暗箱，另一个箱子予以光照为明箱，两个箱子之间有小门连接，动物可以通过小门自由出入两箱之间。

实验中，先把动物放入明箱内，实验动物喜暗怕光的天性会促使动物进入暗箱内。次日重复这一操作，但动物进入暗箱后，关闭两箱之间的门，并给予动物足底电击，持续数秒后把动物取出。第三天，把动物放在明箱内，记录动物从明箱进入暗箱的延迟时间。延迟时间越长证明动物的学习记忆能力越好。

（三）跳台实验

跳台实验是常用的被动回避实验方法。主动回避实验主要反映了动物的非陈述记忆的能力。跳台实验装置为 30cm × 30cm × 30cm 的有机玻璃箱，底面是铜栅，间距为 0.18cm，可以通电。箱子一角置一高 5cm、直径 8cm 的橡胶平台。

实验中，动物在反应箱内适应环境 3min，然后通电电击动物，正常反应是跳上平台以躲避伤害性刺激。多数动物可能会再次或多次跳至铜栅上，受到电击后又迅速跳回平台，如此训练 5min。动物受到电击的次数为错误次数。24h 后重做测验，将动物置于平台上，通电并计时，记录 5min 内的错误次数。错误次数反映动物学习记忆的情况。

五、 辅助改善记忆的功能食品

具有改善记忆障碍个体的学习记忆能力的功能食品种类很多。由于有关学习记忆的生理生化和解剖学原理的复杂性，以及其分子机制尚有大量未被解析，因此判定某一活性物质具有改善学习记忆作用需经动物实验和人体试食试验谨慎下结论。

（一） 营养素与学习记忆

脑内合成新的蛋白质和递质是学习记忆功能的物质基础，因此提供足够的营养素是改善学习记忆功能的物质保障。

1. 营养素与神经递质

食物营养素直接影响神经递质的合成。如富含卵磷脂或鞘磷脂的进餐可迅速升高血中胆碱和神经元内 ACh 水平；而膳食中胆碱持续缺乏，血浆胆碱水平即迅速下降，并使神经元内 ACh 减少。而膳食中蛋白质缺乏，可显著减少血浆亮氨酸、异亮氨酸和缬氨酸含量，但不影响色氨酸含量，后者甚至可以升高，这导致脑内 5 - 羟色胺水平迅速下降。另外，低蛋白膳食还可因血浆酪氨酸下降而轻度增高脑内酪氨酸的比值，使 NE 的合成和释放有所增加。摄入蛋白质中色氨酸含量过低的高蛋白膳食时，可降低色氨酸比值而使脑内单胺类递质合成发生变化。

食物营养素对神经递质合成的影响有一定的限度，因为食物中除含有效的递质前体外，也含有能中和前体效应的成分。因此，临床使用以递质前体纯品为宜，如进食蛋白质 33 ~ 50g/kg 使血浆酪氨酸升高 2 ~ 3 倍，而用酪氨酸只需 33 ~ 50mg/kg 就能使血浆酪氨酸达到上述水平。

2. 维生素与学习记忆

维生素参与体内的多种代谢反应，包括学习记忆功能代谢反应，是许多重要酶的辅助因子。维生素缺乏可引起可逆性痴呆症。1942 年，3 万名美国战俘在吃新加坡白精米伙食 6 周后，出现记忆减退、精神失常等中枢神经症状。其中 52 例研究对象中 61% 近期记忆丧失，而给予硫胺素治疗后恢复正常记忆功能。后来的研究发现，烟酸、维生素 A、维生素 B_1、维生素 B_6 和维生素 B_{12} 等的缺乏均可引起学习记忆能力下降，而补充相应维生素后记忆力均有所恢复。

关于补充维生素改善记忆能力的机制较为复杂。如维生素 B_6，作为辅酶参与多种氨基酸的转氨、氨基氧化和脱羧作用。维生素 B_6 长期缺乏可导致脑功能不可逆性损伤和智力发育迟缓。幼年大鼠饲喂缺乏维生素 B_6 饲料 5 周后，动物的主动回避反应能力下降，而经维生素 B_6 治疗后恢复正常。维生素 B_{12}，是 DNA 合成中不可缺少的辅酶，维生素 B_{12} 缺乏时主要表现为大细胞性贫血（即恶性贫血），其记忆障碍的出现比血液症状甚至要早几年。用同义词学习试验测定恶性贫血病人的记忆力，发现 71% 明显减退，维生素 B_{12} 治疗后 75% 在 10 ~ 17d 内逐渐恢复正常。维生素 B_1 是重要辅酶之一，缺乏时使丙酮酸合成乙酰辅酶 A 减少，从而抑制脑 ACh 的合成，影响学习记忆功能；维生素 B_1 与钙和镁相互作用可调节突触前释放 ACh，提示维生素 B_1 与胆碱能系统的相互作用且与老年记忆衰退有关。

3. 氨基酸与学习记忆

许多氨基酸既是重要的营养成分，同时也是神经系统的神经递质。参与学习记忆功能最主要的氨基酸递质为谷氨酸和 GABA。谷氨酰胺（Gln）作为谷氨酸的前体，证实可促使脑内谷氨酸含量升高，显著提高大鼠学习记忆能力。实验证明 L－脯氨酸损害动物的记忆，目前认为这种遗忘作用可能与拮抗谷氨酸有关。甘氨酸和天门冬氨酸可能影响记忆的巩固，大鼠饲以含赖氨酸 9.5% 和蛋氨酸 5.9% 的饲料能提高被动回避反应实验的记忆作用。此外，牛磺酸促进神经细胞的增殖和分化，延缓神经细胞衰老，影响谷氨酸受体的功能、微量元素锌含量和 Ach 合成等，从而增强学习记忆能力。

4. 微量元素与学习记忆

微量元素参与生物活性分子的组成，许多生命必需酶的活性与微量元素密切相关，缺乏微量元素可妨碍学习记忆功能。被研究最多的微量元素是锌。

大量研究显示，机体缺锌及锌过量均损害大鼠的学习记忆功能。由于膳食中锌含量的改变可直接影响血锌、脑内锌含量，尤其是海马锌含量，从而可影响神经细胞突触的传递功能，进而损害学习记忆功能。饲喂缺锌饲料的大鼠表现为生长发育障碍，且其短期记忆和长期记忆能力降低，而及时补充锌则可逆转这些症状。

此外，缺碘、缺铁也伴随着智力发育障碍和学习记忆能力降低，长期摄入铅则造成慢性中毒，损害学习记忆能力。

（二）辅助改善学习记忆的功能食品

具有辅助改善学习记忆作用的功能食品种类很多，且其发挥作用的功效因子及其作用机制也正在被逐渐认识。人们所熟知的具有改善学习记忆作用的药食两用食材主要包括人参、灵芝、绞股蓝、海藻、深海鱼油、银杏叶等。而已经发现的功效成分包括人参皂苷、原花青素、绞股蓝皂甙、知母皂苷、远志总苷、海洋硫酸寡糖等。此处以人参皂苷为例来认识功能食品功效因子以改善学习记忆功能作用。

人参早在《神农本草经》中就记载了其“开心益智”功效。现在的研究技术和方法也证实人参具有良好的改善学习记忆功能的作用，且其主要功效因子为人参皂苷，包括 Rg1、Rg2、Rg3、Rg5、Rb1、Re。不管是正常动物还是老年动物，人参皂苷都可以提高动物学习记忆的行为学表现；进一步用化学药品、脑缺血、电休克、应激等方法建立各种学习记忆障碍模型，也观察到人参皂苷可提高动物空间学习记忆、被动回避和主动回避的能力，改善动物学习记忆的能力。关于人参皂苷改善学习记忆的作用机制主要集中在以下几方面：①通过上调突触可塑性相关蛋白质（NMDARl、CaMK Ⅱ、PKA Cβ、CREB）和脑源性神经生长因子（BDNF）的表达增强突触可塑性，发挥对记忆损伤的修复作用。②作用于海马和下丘脑，调整谷氨酸与 GABA 的水平及比值；可提高神经系统内 Ach 的释放和 ACh 受体的表达，增强胆碱能系统功能。③可拮抗各种刺激引起的细胞内高钙，抑制细胞内氧自由基的生成，改善线粒体功能，减少神经细胞凋亡等，从而减少各种刺激造成的神经元损伤。

六、评价实例

某功能食品的辅助改善记忆功能的动物行为学检测结果如表 2－54～表 2－56 所示。

表2-54　　某功能食品对大鼠 Morris 水迷宫测试潜伏期的影响（$\overline{X} \pm SD$）　　单位：s

组别	潜伏期				
	第1天	第2天	第3天	第4天	第5天
正常对照组	44.6±15.6	25.0±19.9±	20.0±21.3**	16.1±14.5*	15.2±16.6*
老年大鼠组	51.9±15.6	43.4±22.0	43.4±23.9	27.8±21.2	25.9±21.0
阳性对照组	48.1±20.7	43.0±19.3	31.5±20.4*	24.6±17.3	28.5±22.1
低剂量组	57.2±8.2	49.0±17.8	36.3±22.9	23.1±20.6	21.9±21.2
中剂量组	51.4±16.2	47.4±19.5	35.3±25.9	26.4±20.9	29.7±22.7
高剂量组	55.2±9.4	37.3±21.0	32.2±21.4	16.8±10.7*	16.5±15.7*

注：与老年大鼠组相比差异有统计学意义，* 为 $p<0.05$，** $p<0.01$。

表2-55　　某功能食品对大鼠 Morris 水迷宫测试游泳路程的影响（$\overline{X} \pm SD$）　　单位：cm

组别	游泳路程				
	第1天	第2天	第3天	第4天	第5天
正常对照组	1054±417	604±483	498±525**	364±302	454±519
老年大鼠组	1139±387	936±513	953±564	470±395	548±503
阳性对照组	983±454	994±486	671±482*	453±310	737±779
低剂量组	992±206	1053±391	714±477	413±316	435±389
中剂量组	927±369*	1078±543	749±665	500±530	632±624
高剂量组	930±216*	790±448	675±463*	379±298	403±337

注：与老年大鼠组相比差异有统计学意义，* 为 $p<0.05$，** $p<0.01$。

表2-56　　某功能食品对大鼠 Morris 水迷宫记忆指标的影响（$\overline{X} \pm SD$）

组别	潜伏期/s	过台次数	初始角度/°
正常对照组	11.3±14.8**	1.8±1.0*	34.5±35.7*
老年大鼠组	38.5±22.1	1.0±1.2	65.2±39.4
阳性对照组	19.8±14.2*	1.5±1.0	52.0±26.1
低剂量组	24.0±18.2	1.3±0.9	45.2±36.8
中剂量组	21.3±15.9*	2.0±1.3*	52.3±32.6
高剂量组	29.4±20.8	1.9±1.5	53.4±34.4

注：与老年大鼠组相比差异有统计学意义，* 为 $p<0.05$，** $p<0.01$。

潜伏期指撤平台后大鼠在1min内第1次游过平台位置的时间，也就相当于训练前5d的潜伏期。

某功能食品设高剂量、中剂量和低剂量给予老年大鼠，在第15天至第19天进行 Morris 水迷宫训练，记录大鼠潜伏期（第一次经过平台的时间）、游泳的路线和初始角度（入水瞬间大鼠身体长轴与入水点平台连线之间的夹角)。结果显示，与老年大鼠组相比，功能食品高剂量组在训练的第 4 天和第 5 天的潜伏期缩短，中剂量组在训练的第 1 天和高剂量组在训练的第 1 天和第 3 天的游泳路程缩短，中剂量组在第 5 天的潜伏期缩短而过台次数增加($p < 0.05$ 或 $p < 0.01$)。因此，可以得出该功能食品具有改善学习记忆的作用。

第十二节　改善睡眠功能

觉醒和睡眠是人体生理活动所必需的过程，是一种自然的生物节律。只有在觉醒状态下，人体才能进行劳动和其他活动。而睡眠时意识水平降低或消失，大多数的生理活动和反应进入惰性状态。睡眠可使疲劳的神经细胞恢复正常的生理功能，精神和体力得到恢复。睡眠时垂体前叶生长激素分泌明显增高，有利于促进机体生长，并使核蛋白合成增加，有利于记忆的储存并使机体保持良好的觉醒状态。但是随着现代社会生活节奏的加快，生存压力的加大和竞争的不断白热化，人类的睡眠正在受到严重的威胁。根据世界卫生组织调查，全世界范围内约有1/3的人存在失眠症状或睡眠功能障碍。据统计，约有 2/3 的美国成人，即将近 5000 万人有睡眠障碍。而在我国更是拥有为数众多的睡眠障碍者。据我国中华医学会精神病学会 2002 年 9 月公布的统计数据显示，我国约有 45% 的人存在睡眠障碍。睡眠问题会导致神经 - 内分泌紊乱，使人产生抑郁、焦虑、紧张等情绪；有睡眠问题的人群患心脏病的风险会比正常人高 2 ~ 3 倍，睡眠问题可诱发高血压、糖尿病等疾病，长期失眠的人死亡率更高。据估计，全球每天大约有 3000 人死于睡眠疾病。因睡眠问题所带来的医疗费用增加和工作效率下降已成为许多国家广泛关注的公共卫生问题。为此，2001 年国际精神卫生和神经科学基金会将每年春季的第一天——3 月 21 日定为“世界睡眠日”，以引起人们对睡眠重要性和睡眠质量的重视。

2014 年 5 月，美国睡眠医学会发布了《睡眠障碍国际分类》(第三版)(*International Classification of Sleep Disorders*, Third Edition, ICSD - 3)，其中将睡眠障碍分为失眠障碍、呼吸相关睡眠障碍、中枢性过度嗜睡障碍、睡眠 - 觉醒昼夜节律障碍、异态睡眠、运动相关睡眠障碍及其他睡眠障碍等。失眠障碍是最为常见以及发病率最高的一种，轻者如夜间数度觉醒，严重者则彻夜失眠。迄今，消除睡眠障碍最常用的方法是服用安眠药——苯二氮类(BZS)催眠镇静药。它们都具有较好的催眠效果，在临床上发挥了巨大作用。但 BZS 生物半衰期长，其药物浓度易残留到第二天，影响机体第二天的精力。长期服用 BZS 会产生机体耐受性和成瘾性。久服骤停后可能出现反跳性失眠和戒断效应，形成恶性循环。因此寻求具有与 BZS 一样有效且安全可靠的改善睡眠功能食品成为功能食品的一个发展方向。

一、睡眠对人体的重要性

睡眠在人类生活中，占据了重要的地位。人类每天 24h 中，平均有 8h 在睡眠。人体需要睡眠就像需要食物与水一样，睡眠也是维持人正常生活和工作的必不可少的生理过程。通过食物，人从自然界获得营养和能量；通过睡眠，可以消除疲劳，恢复体力。从新陈代谢的角度看，人白天从事各种活动，以分解代谢为主；夜间睡眠，以合成代谢为主。合成代谢可为人体储备能量。睡眠在人体心理及生理的恢复上，扮演着相当重要的角色。睡眠不仅可以消除疲劳，而且在睡眠过程中身体必要的物质又重新获得补充，以保证有足够的精力进行活动和工作。我们要维持身体的健康，就必须使睡眠和活动交相更替，以取得平衡。研究表明，在影响人寿命的7种因素中，睡眠是重要的一项。每天睡眠不足4h的人，其死亡率比每天睡眠7～8h的人高180%；如果一个人连续72h不睡眠，有可能导致精神失常。试验表明，被剥夺睡眠持续60h以上时，便会出现疲乏、全身无力、思睡、头痛、耳鸣、复视、皮肤针刺感等各种不适感。有的甚至出现幻觉、情感淡漠、反应迟钝，嗜睡现象越来越严重，最后甚至在行走站立中也会突然入睡。如果持续不眠100h以上，嗜睡更为严重，一切手段都难以阻止受试者突然入睡。有少数受试者的行为表现会类似精神分裂症患者。如果继续让其不眠，将导致死亡。但恢复睡眠9～12h后，所有受试者均重新恢复正常状态。长期的睡眠不足，将导致体内各系统严重受损。不但会破坏人体免疫系统的功能，降低免疫力；还会阻碍大脑正常运作，使人无法集中注意力及清楚思考；进而失去对抗压力的能力，焦虑增加，焦躁易怒，并影响判断能力。同时，还容易引发高血压、神经衰弱、心脑血管意外、糖尿病以及心理病患等，甚至造成猝死。因此，睡眠对人体身心健康具有非常重要的意义。

睡眠对人体的功能主要有两点。首先，是让人体获得充分休息，恢复精力和体力，使睡眠后保持良好的觉醒状态。与觉醒对比，人体睡眠时许多生理功能发生了变化。一般表现：①嗅、视、听、触等感觉功能减退；②骨骼肌反射运动和肌肉紧张减弱；③伴有一系列植物性神经功能的变化。例如，心脏跳动减缓、血压降低、瞳孔缩小、尿量减少、体温降低、呼吸变慢、皮肤血管扩张、胃液分泌可增多而唾液分泌减少，发汗功能增强、肌肉处于完全放松的状态、基础代谢率可以下降10%～20%。其次，帮助细胞的自我修复及新细胞的产生。睡眠是大脑暂时性休息过程，是一种保护性抑制，人体的免疫系统在睡眠过程中（主要是在异相睡眠阶段）可得到某种程度的修整和加强。在睡眠过程中大脑可以对一些很少使用但却至关重要的神经细胞群加以维修和保养。成年人大脑约有100亿神经细胞，这些神经细胞向身体各个部位传递信息，并接受信息。有证据显示，闲置不用的神经细胞会萎缩，甚至会死亡。动物实验证明，接连几周得不到睡眠的大鼠会陆续死去，但尸体解剖并没有发现大鼠的器官有明显的损坏。美国国立精神健康研究所的塔罗尔·埃夫森博士发现，这些大鼠是由于血液受到细菌感染而死亡的，而这些细菌在通常情况下并不致病。只是由于严重缺乏睡眠之后损害了免疫功能，使其丧失对细菌侵袭的抵抗力导致死亡。有试验表明，将23位受试者被迫在凌晨三到七点之间保持清醒，其中18位的具有抵抗病毒感染能力的杀伤细胞呈现锐减现象。也就是说，睡眠不足将导致抵抗力下降。第二晚受试者睡眠恢复正常，这种免疫细胞的数目便迅速恢复到原有水平。除此以外，睡眠与儿童生长发育密切相关，儿童的生长速度在睡眠状态下增快，所以保证足够的睡眠时间是儿童生长发育的条件之一。

二、睡眠的节律

生物的节律性是普遍存在的。当波动的周期接近地球自转的周期时，称为昼夜节律（circadian rhythms）。它是生物体固有的和内在的本质，可以形象地称之为“生物钟”。当生物钟自由进行时，昼夜节律相当准确，每24h的标准误差不大于±2min。迄今为止，企图显著缩短或延长人的活动周期均未获得成功。在很大的范围内，昼夜节律几乎不受温度影响，对化学物质也很不敏感；但是对光强却很敏感。在12h光照∶12h黑暗交替的条件下，可使一些接近于24h的昼夜节律变为真正的24h节律。实验证实，人类在失去外在光线及机械时钟后，将会丧失判断时间及昼夜的能力，他们的睡眠和清醒状态可能会长达33h。但是，人类体内具有日间升温保暖、夜间降温作用的生物钟仍然维持每日24h的运转。

对人体而言，维持睡眠、觉醒周期的正常是非常重要的。一旦这些周期遭到破坏，就造成严重的睡眠障碍。例如，有睡眠期延迟症候群的睡眠障碍者，其昼夜性节律较迟缓，患者常无法在正确的时间入睡，有时甚至到凌晨三四点依旧毫无睡意。另一种睡眠障碍就是睡眠期提前症候群，患者在晚上八点就开始睡意渐浓，却在凌晨一两点便清醒过来。多数老年人都会有这种困扰。还有一种称为非二十四小时睡眠、觉醒周期的睡眠障碍，患者最明显的症状便是清醒及睡眠的时间过于冗长，他们的循环周期甚至可长达50h。利用时间疗法即用光线来改善昼夜性节律，可帮助上述患者恢复正常的睡眠模式。

（一）脑波与觉醒、睡眠

当神经元开始活动时，可以表现出强烈的电位变化，这可以在脑表面或从头皮外置电极记录到，所记录出来的电位波动即称为脑电波。从头皮外记录到的电位变化称为脑电图（electroencephalogram，EEG）。脑电波强度在0～300μV的范围内，其频率为数秒钟一次到每秒钟50次左右。

根据脑电波的频率和振幅可以将其分为α、β、θ、δ四类。α波频率为8～13次/s，在几乎所有的正常人，当他们处于安静闭眼的清醒状态时，均可出现。在睡眠期间，α波会完全消失。而当一个清醒的人把他的注意力集中到某种特殊类型的智力活动时，α波可被一种不同步的高频率低振幅的β波所取代。β波的频率为14～25次/s，少数情况下每秒可达50次。大部分β波出现在中枢神经系统的强烈活动期间或是在精神紧张时。θ波的频率为4～7次/s，是成年人困倦时的主要脑电波活动表现。δ波为低于每秒3.5次的脑波，有时甚至可以慢到1次/2～3s的频率，常出现在成人入睡后，或处于极度疲劳及麻醉时。

人在安静状态下，脑电图的主要波形可随年龄而发生改变。婴儿期可见到β样波形，幼儿期一般常可见的到θ样波形，直到青春期开始才出现成人型α波。而成年人受到情绪刺激，特别是感到失望和受到挫折时，脑电图中可以出θ波，大约持续数分钟。另外，许多脑疾患病人的脑电图中可发现θ。δ波也可出现在严重的器质性脑疾患病人的脑电图中。

在觉醒状态和睡眠状态之间，脑波有非常显著的变化。观察EEG的脑波显示，可以发现人体在睡眠时会出现两种完全不同的脑波活动即慢波睡眠（slow wave sleep，SWS）和异相睡眠（paradoxical sleep，PD）。后者也称为快速眼动睡眠（REM）。

（二）慢波睡眠

慢波睡眠常有几种不同的名称，例如深沉休息性睡眠、无梦睡眠。从觉醒状态至深的慢波睡眠，其EEG的变化如下所述：①入睡期：困倦瞌睡期。记录出减慢的α波，并出现θ波，EEG变得平坦。这个阶段是完全清醒与入睡间的过渡阶段。此期很短，为0.5～7min。如果外界稍有刺激就会再度醒来。此时，脉搏的跳动较清醒是缓慢，呼吸沉重，眼球快速地左右晃动。②轻度睡眠期：脑波显示为θ或δ类低振幅波形，但期间散布有α梭形波，后者称为睡眠梭形波，每次出现可持续几秒钟。这个阶段可有短暂的琐碎而不连贯的思维活动，容易觉醒，持续数分钟便转入中等睡眠期。③中等睡眠期：断续出现梭形爆发的δ波，但是δ波不超过50%，脉搏跳动转缓，意识完全消失，眼球停止转动，即使给予外界刺激也不会轻易觉醒，持续20～30min，有时甚至1h。④深睡期：以每秒1～2次频率出现的高振幅δ波，脉搏一般每分钟跳动50～60次，眼球及身体都不在活动，全身肌肉呈松弛状态。此时的睡眠最深，除非用力晃动，一般都很难清醒，此期约持续30min。上述第三和第四阶段统称为深睡眠。在这两个时期被人叫醒，往往有一段时间东倒西歪，站立不稳。开始睡眠时，在30min到1h以内即可进入深睡眠，这是一种少梦的、有休息价值的睡眠，并常伴有外周血管紧张性以及身体许多其他植物性功能的降低。同时，血压、呼吸频率和基础代谢率也降低10%～30%。从最初的觉醒状态进入到深慢波睡眠后，睡眠又逐渐变浅，从4到3再到2，全期历时70～100min，之后转入异相睡眠。睡眠时的脑电波变化如图2-34所示。

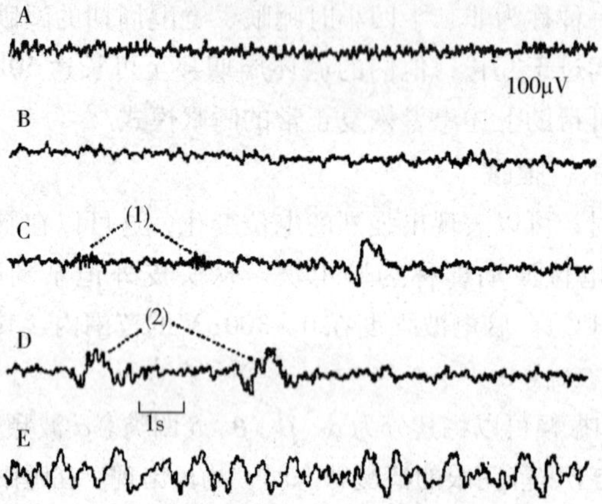

图2-34 睡眠时的脑电波变化

A：瞌睡，α波占优势；B：入睡期，α波减弱，呈现低电压的脑电波；C：轻度睡眠期，脑电波减弱至低振幅δ或θ波，期间有α梭形波（1）；D：中等睡眠期，间断有梭形爆发波（2）；E：深睡期，高振幅δ波。

（三）异相睡眠

异相睡眠经常在慢波睡眠的基础上发生。在正常的夜间睡眠中，平均每90min就会发生一阵持续5～60min的异相睡眠。第一阵异相睡眠常发生在一个人睡熟以后80～100min。当一个人非常疲劳时，每一阵异相睡眠的时程特别短，甚至于可以没有异相睡眠发生。与此相反，当一个人已经充分休息时，异相睡眠的时程便可显增加。异相睡眠有以下一些非常重要的特征：①它常伴有活跃的做梦现象。在异相睡眠期间，如将其唤醒，被试者往往会报告他（她）正在做梦。据统计，191例被试者在其异相睡眠期间被唤醒后，有152例报告在做梦，约占80%；而160例被试者在其慢波睡眠期间被唤醒后，报告做梦的只有7例，占7%左右。②异相睡眠期间，各种感觉功能进一步减退，此时要比深慢波睡眠时更难把一个人叫醒。③全身的肌肉紧张受到了明显的抑制，表明低位脑干的网状结构抑制系统发生了强烈的兴奋。④心率和呼吸常变得不规则。⑤尽管外周肌肉处于极度抑制状态，但有不规则的肌肉运动发生，特别是快速的眼球运动，因而异相睡眠也称为“快速眼动”睡眠。⑥其脑电图与觉醒时相似，呈现为去同步型式的低振幅β波。异相睡眠发生时，人体容易在此时做梦，心理、生物化学、生理等各方面的活动也起伏不定。

（四）慢波睡眠及异相睡眠周期

在整个睡眠期间，慢波睡眠及异相睡眠不断地交替出现，构成数个完整的睡眠周期。每个周期都是由60～100min不等的与慢波睡眠搭配较短的异相睡眠组成。当异相睡眠阶段结束，就成了一个完整的睡眠周期，通常此时也是沉睡中的人清醒、翻身或改变姿势的时刻。

平均每人每晚的睡眠为4~6个周期。其中慢波睡眠约占整个周期的80%。每次睡眠周期的眼球快速运动时间长度会逐渐延长。第一回合时，这种睡眠模式可能只有短短的5min，但在最后一回合时，则可长达30~60min，如图2-35所示。

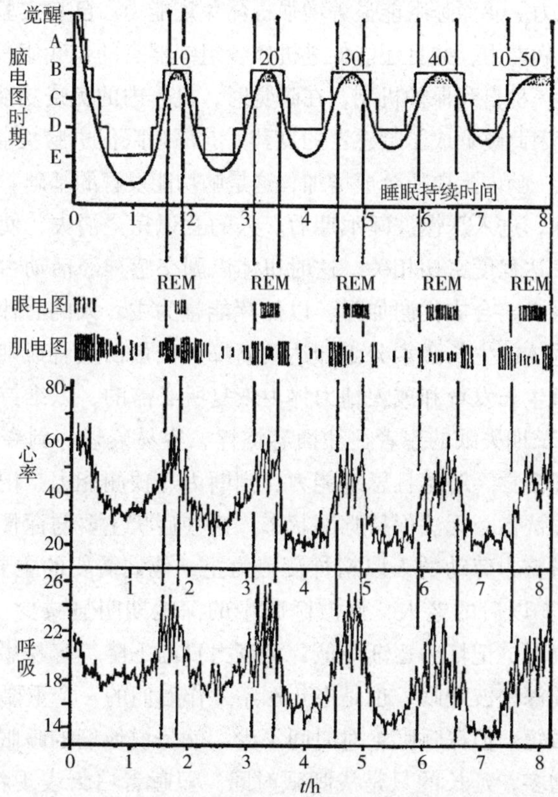

图2-35 慢波睡眠和异相睡眠周期及某些植物性功能的变化

慢波睡眠和异相睡眠反映了脑的不同机能状态，两者均是生理上所需要的。例如，选择性地剥夺健康人其慢波睡眠，当恢复期时慢波睡眠出现得比原来正常时还要多。如选择性地剥夺健康人异相睡眠（一旦进入异相睡眠便设法使其清醒，或者用药物选择性地消除异相睡眠），在恢复期异相睡眠出现得多于正常水平。而且异相睡眠的增加并不影响慢波睡眠。如果同时除去这两种睡眠，则恢复期时首先出现慢波睡眠增多，而异相睡眠的增多则出现得较迟，直至经过一两个晚上才出现。

睡眠时大脑和全身肌肉均能得到休息和放松，身体大部分生理功能降低，特别是在深睡眠阶段，对人体体力和精力的恢复有着极重要的意义。慢波睡眠的主要功能是使大脑休息。深慢波睡眠的主要作用：①深睡眠期大脑皮层细胞处于充分休息状态，起到了保养皮层细胞的作用，有人称其为“脑睡眠”。对稳定情绪、平衡心态、恢复精力极为重要。一般正常人由于有充足的睡眠每天能保持着充沛的精力，心情舒畅，具有敏捷的思维能力、准确的决策和判断能力以及高效率的办事能力，带给人们充实和幸福的生活感。②深睡眠期人体各种生命活动降低到最低程度。如血压下降、心跳减慢、脑部血流量减少、呼吸慢而平稳、体温下降，这说明机体的代谢维持在一个最低的基础水平，消耗能量减少；同时体内有关的组织、器官合成代谢加强，能量增加，使人劳累一天后体力得以恢复，并把能量加以储存供来日所需。③深睡眠期时一种促进生长发育的激素的分泌和释放达到了高峰。这种激素就是大家熟悉的脑垂体分泌的生长激素，具有促进骨骼生长和身体发育的作用，儿童在睡眠中长个儿的原因即在于此。生长激素另外还能使身体各组织的蛋白质合成增强，促进脂肪分解，故有助于儿童期身体发育、体重增加、提高智力，能增加记忆力。④深睡眠能显著增强机体免疫能力。已有实验证明在深睡眠期可以产生许多抗体，增强抗病能力，并且还能促进机体各组织器官的自我康复能力。感冒和发烧的病人特别想睡觉，这是一种自我保护机制，在睡觉时，机体内的免疫功能加强，抵制和消灭外来病原体的功能加强，因此睡觉成了治感冒的良药。⑤深睡眠促进脑功能的发育和发展。实验资料显示，在深睡眠期，脑内蛋白质合成增加，这是脑功能发育的基础。

随着睡眠由浅入深，进入深慢波睡眠期后，人的意识完全消失，使大脑皮层得到完全的休息，这与大脑皮层发达程度密切相关。这时机体以副交感神经活动占优势，各种生命活动降到最低程度，耗能最少，合成代谢加强，以储存能量为主。人的心律减慢，血压降低，呼吸慢而有规则。但脑垂体的生长激素分泌却达到高峰，使蛋白质合成加强，血糖升高，脂肪分解加速，是促进儿童生长发育和成人精力体力恢复所必需的，以维持人体的新陈代谢处于“年轻”状态。因此，长期失眠的患者往往面容憔悴，容易衰老。剥夺睡眠实验证明，人连续 3 ~ 4d 不睡，会出现错觉、幻觉且思维能力、判断力、预测能力、记忆力明显下降，脾气也变得暴躁易怒，神志恍惚，无法保持觉醒状态。这些症状主要与深慢波睡眠不足有关。现代生活中，大多数从事脑力劳动的人以精神疲劳为主，他们需要的主要是充足的慢波睡眠。研究表明，一般在 65 岁以后的老人，慢波睡眠中的深睡期明显减少，有的甚至完全消失。这与老年人精力逐渐衰退，记忆力逐渐降低，免疫力日渐下降，容易患各种身心疾病不无关系。如何改善老年人的深慢波睡眠，也是老年医学工作者们的一个重要课题。

短睡者睡眠时间虽短，但深睡眠绝对时间不少，就是说他们的睡眠质量是有保证的。长睡者深睡眠时间不会增多，延长的只是浅睡眠时间。短睡者白天表现精力充沛、思维敏捷、办事效率高、性格乐观、豁达开朗；相比之下长睡者性格偏内向，容易焦虑、工作认真追求完美，但容易被困难所挫败，常表现忧心忡忡。因此，睡眠不是越多越好，睡眠时间过长，身体活动减少，会降低人体生理代谢水平。

人的一生每天出现的总睡眠时间是随龄增加而逐渐减少的，而且异相睡眠时间也从总睡眠时间中大大缩短，如表 2 - 57、图 2 - 36 所示。由表 2 - 57 可见，异相睡眠时间由出生时的 8h 左右降到青春期以后的 1.2 ~ 1.5h。

表 2 - 57　　异相睡眠时间及占每天总睡眠时间的比例

年龄	每日异相睡眠时间/h	异相睡眠时间所占比例/%
提前 10 周出生的新生儿	—	80
提前 2 ~ 4 周出生的新生儿	—	60 ~ 65
足月新生儿	8	50
2 岁	3.6 ~ 4.2	30 ~ 35
10 岁	2.5	25
14 岁	1.7	20
30 岁	1.6	22
50 岁	1.2	20
70 岁	1.2	20

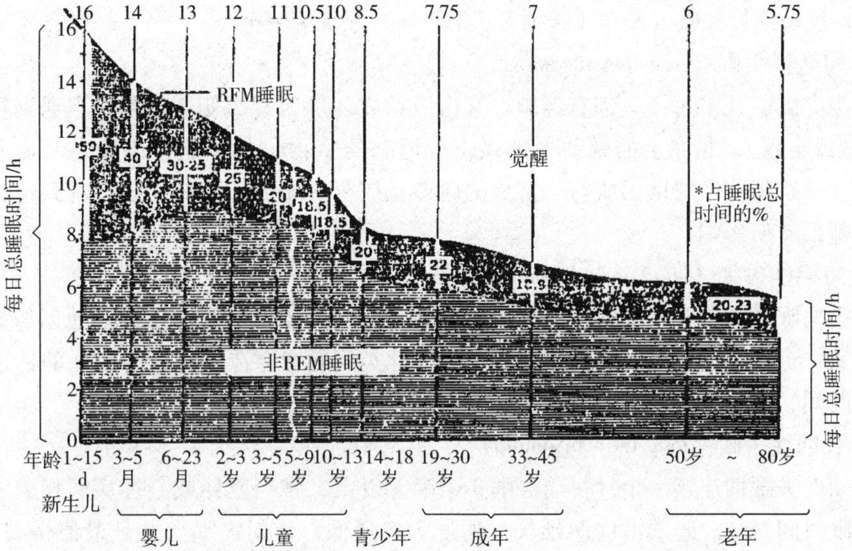

图2-36 每日睡眠总时间和REM（异相）睡眠所占的比例随年龄而变化

注：在最初的几年，REM睡眠的时间明显下降，从出生时的8h降到老年的1h左右，非REM睡眠的时间变化较小，在一生中从8h降到5h左右。

异相睡眠主要是使身体得到休息。如果说慢波睡眠是大脑的睡眠，那么异相睡眠就是身体的睡眠。异相睡眠在巩固大脑功能如记忆和学习方面有重要作用。动物脑灌流实验证明，异相睡眠期间脑内蛋白质合成加快。另外童年期异相睡眠的时间变化与大脑皮质联络纤维的发育及大脑髓鞘发育的时间相平行。由此可认为，异相睡眠与幼儿神经系统和脑部的发育和成熟密切相关，并可认为异相睡眠期间有利于建立新的突触联系而促进记忆活动。实验表明，异相睡眠模式对学习及强化记忆是有益的。当动物接受多项不同的学习训练时，异相睡眠时数有增加的趋势。同样的情形也出现在人身上。当受试者承受严格要求或巨大压力时，他们的异相睡眠会连续数日持续增加。研究人员同时发现，异相睡眠不足的受试者，会有学习方面的障碍。因此，异相睡眠对促进精力的恢复是有利的。

三、睡眠障碍

根据《睡眠障碍国际分类》（第三版），睡眠障碍分为多种，其中最常见的为失眠性睡眠障碍和疾病性睡眠障碍。

（一）失眠性睡眠障碍

睡眠障碍是指睡眠量和质的异常。经久不治的睡眠不良以及产生睡眠的解剖部位的病变或生理功能的紊乱均导致睡眠障碍。睡眠量的异常表现为失眠或嗜睡，睡眠质的异常则表现为梦游、梦魇等，其中失眠是最常见的睡眠障碍。

失眠主要表现为睡眠时间不足和质量差。对于一个失眠者来说，是无法尽情地享受酣甜的睡眠、美妙的梦乡的。失眠常常表现为入睡困难，时常觉醒和晨醒过早，且伴有睡眠不深，有的甚至通宵难寐，结果终日头昏脑涨、精神萎靡、情绪低落，工作能力和效率下降，严重地影响了身心健康和日常生活。1984年，美国国家卫生组织（National Institute of Health）把失眠症依病程时间的长短分为短暂性失眠（短于1星期）、短期性失眠（1星期至

1 个月）及长期性失眠（长于 1 个月），此种分类方法沿用至今。

1. 短暂性失眠（transient insomnia）

此类失眠，几乎每个人都有经验，常由应急或环境因素改变所引起。当遇到重大的压力（如考试或会议）、情绪上的激动（如兴奋或愤怒的事物）都可能会造成当天晚上有失眠的困扰。此外跨越多个时区的旅行，造成的时差反应（jet lag），也会使旅行者到达目的地的头几晚的睡眠有所影响。

2. 短期性失眠（short term insomnia）

此类失眠的病因和短暂性失眠有所重叠，只是时间较长。常由各种心理创伤如丧偶、离婚、搬家、工作环境刺激、疼痛等原因引起，此类问题皆会造成一时情绪上的冲击，其平复所需的时间，往往需要数星期。

3. 长期性失眠（long term insomnia）

长期性失眠即连续一个月每周失眠 3 个晚上以上，常与躯体或心理疾病相关。慢性失眠症总睡眠时间减少，睡眠潜伏期延长，睡眠效率降低。长期失眠人群是最值得关注的群体，睡眠障碍对他们造成的伤害较大。这类失眠必须找出其潜在病因，才有痊愈的希望。

（二）疾病性睡眠障碍

1. 睡眠过多（drowsiness）

睡眠过多指睡眠时间过长，较正常睡眠时间增多数小时或长达数天。睡眠开始时无 REM 期，整个睡眠中 SWS 和 REM 睡眠期与正常睡眠相似。睡眠过多可发生于很多脑部疾病，如脑血管疾病、脑外伤、脑炎、第三脑室底部和蝶鞍附近的脑瘤等，也可见于尿中毒、糖尿病、镇静剂过量等。

2. 睡眠倒错

白天昏昏欲睡，而夜间兴奋不眠，可见于神经衰弱、癔病、脑外伤性神经衰弱综合征和脑动脉硬化患者。

3. 梦言症

患者于睡眠中说话、唱歌或哭笑，多见于神经质儿童、癫痫和具有遗传素质的人，亦可见于感染中毒患者。

4. 梦行症（梦游）

患者熟睡之后，不由自主地起床在室内或户外活动。在有人提问时可含糊答应，遇到强烈刺激时可以惊醒，但醒后不能记忆起床进行的活动。见于神经质儿童、癫痫和神经官能症患者。梦行时患者的意识处于朦胧状态，如果走到危险地方，可发生伤亡等意外。另外，睡眠过程中伴随尿床、夜间心律失常以及睡眠中的高血压、心绞痛、猝死等，睡眠障碍已涉及上百种疾病。

5. 睡眠 - 呼吸暂停综合征

是一种睡眠时候呼吸停止的睡眠障碍。最常见的原因是上呼吸道阻塞睡眠 - 呼吸暂停综合征，经常以大声打鼾、身体抽动或手臂甩动结束。睡眠呼吸暂停伴有睡眠缺陷、白天打盹、疲劳，以及心动过缓或心律失常和脑电图觉醒状态。

（三）引起睡眠障碍的原因

引起睡眠障碍的因素有很多，不同类型的睡眠障碍有不同的原因。疾病、药物的副作用、不良的睡眠习惯、昼夜轮班工作、紧张和压力、抑郁、焦虑等都可能导致睡眠障碍。据流行病学统计调查，重要的失眠原因有 5 个。第一为躯体疾病，如患有心脏病、肝炎、肾病、哮喘、溃疡病、关节炎、骨关节病等疾病，同时心慌、气短、咳嗽、尿频、腹痛、胸痛、胃痛、关节痛等都会引起失眠。第二为生理状况的变化，如出差坐火车、汽车、轮船、飞机，工作中的"三班倒"，学习时的"开夜车"等，扰乱了正常睡眠和觉醒的节奏，引起失眠。第三为心理因素，如焦虑、烦躁、不安或是情绪低落、抑郁也是引起失眠的重要原因。第四为各种精神性疾病，失眠总是伴随着疾病的全过程。第五为药物因素，许多中枢神经兴奋药物均会导致失眠，最常见的如咖啡因、去甲麻黄素、利他林、利血平等药物可引起失眠。

因此，寻找出睡眠障碍的原因并采取相应的措施就可以减轻甚至消除睡眠障碍。

四、 改善睡眠功能的评价指标

改善睡眠作用的检验方法，是应用作用机制明确的、典型的中枢抑制药物作为工具，通常选用戊巴比妥钠、巴比妥钠等巴比妥类镇静药。观察受试物与已知药物是否有协同作用。以小鼠的翻正反射消失为睡眠指标。当小鼠置于背卧位时，如超过 30 ~ 60s 不能翻正者，即认为翻正反射消失，进入睡眠。翻正反射恢复即为动物觉醒。翻正反射消失至恢复这段时间为动物睡眠时间。观察给予受试物后小鼠是否出现安静、闭目、嗜睡或睡眠作用。

巴比妥钠是一种镇静、催眠药，小剂量能引起安静或解除焦虑、烦躁；中等剂量可诱导入睡、减少觉醒和延长睡眠时间；大剂量有抗惊厥作用。该药物的作用机制主要是选择性地阻断脑干网状结构上行激活系统的传导机能，使大脑皮层细胞抑制，继而出现睡眠。该药物大约 70% 经由肝脏代谢，30% 经肾脏排出。巴比妥类镇静药作用的快慢、强弱及维持时间的长短与其化学结构有关（图 2 - 37）。若 C_5 上的氢以短链烃基或苯环取代（如巴比妥或苯巴比妥），其脂溶性较低，起效较慢，维持时间较长；若以长链烃基取代，其烃基有分枝（如戊巴比妥钠或异戊巴比妥钠）或双键（如司可巴比妥），则脂溶性较高，起效快，作用强而短。

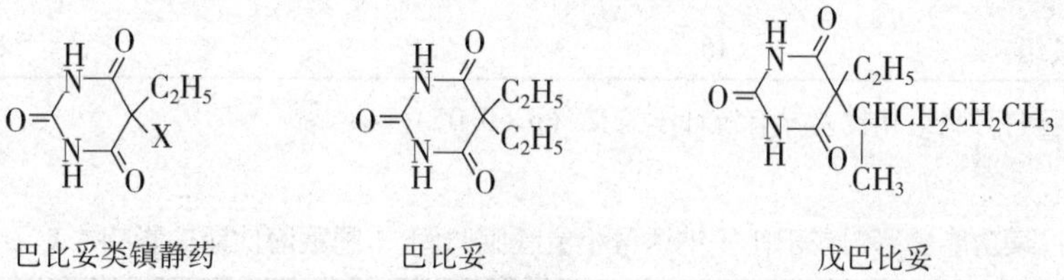

图 2 - 37　巴比妥类镇静药的化学结构式

1. 直接睡眠试验

观察动物给予不同剂量受试物后是否出现睡眠现象。若入睡动物数及睡眠时间增加有显著性，则说明该受试物具有改善睡眠的功能。

2. 延长戊巴比妥钠睡眠时间实验

阈剂量的戊巴比妥钠具有延长睡眠时间的功能，所以可以通过观察给予受试物后动物是否具有延长戊巴比妥钠诱导的睡眠时间来判断该受试物是否具有改善睡眠作用。若睡眠时间增加有显著性，则该受试物具有改善睡眠的功能。

3. 戊巴比妥钠（或巴比妥钠）阈下催眠剂量实验

戊巴比妥钠通过肝酶代谢，对该酶有抑制作用的药物，也能延长戊巴比妥钠引发的睡眠。所以为排除这种影响，应进行阈下剂量实验。

阈下剂量戊巴比妥钠具有促使安静的作用。如果受试物能够显著增加阈下剂量戊巴比妥钠的入睡动物发生率，则说明该受试物具有改善睡眠的功能。

4. 巴比妥钠睡眠潜伏期实验

睡眠潜伏期是指给予药物直到入睡的一段时间。如果受试物能够显著缩短巴比妥钠诱导的睡眠的潜伏期，则说明该受试物具有改善睡眠的功能。

五、评价实例

某功能食品改善睡眠功能动物实验结果如表 2－58～表 2－60。

表 2－58　某功能食品对小鼠直接睡眠实验的影响（$\bar{X} \pm SD$）

组别	动物数/只	入睡动物数/只	睡眠时间/min
空白对照组	15	0	0
低剂量组	15	0	0
中剂量组	15	0	0
高剂量组	15	0	0

表 2－59　某功能食品对戊巴比妥钠阈下剂量小鼠入睡发生率的影响（$\bar{X} \pm SD$）

组别	动物数/只	入睡动物数/只	入睡发生率/%
空白对照组	15	2	13
低剂量组	15	6	40
中剂量组	15	7	47
高剂量组	15	9	60*

注：*与空白对照组相比差异有统计学意义（$p<0.05$）。

表 2－60　某功能食品对戊巴比妥钠诱导小鼠睡眠时间、睡眠潜伏期的影响（$\bar{X} \pm SD$）

组别	动物数/只	睡眠时间/min	睡眠潜伏期/min
空白对照组	15	30.9 ± 8.8	26.2 ± 5.7
低剂量组	15	36.4 ± 9.8	22.8 ± 4.8
中剂量组	15	39.0 ± 8.8*	21.6 ± 4.8*
高剂量组	15	38.9 ± 6.1*	20.1 ± 4.3*

注：*与空白对照组相比差异有统计学意义（$p<0.05$）。

经口给予小鼠不同剂量某功能食品 32d 后，对照组及三个剂量组在给予受试物 60min 内，均未发现有直接睡眠现象。与空白对照组比较，受试物在中、高剂量都能延长戊巴比妥钠诱导的小鼠睡眠时间（$p<0.05$）、缩短睡眠潜伏期（$p<0.05$），并且高剂量还能提高戊巴比妥钠阈下剂量小鼠的入睡发生率（$p<0.05$）。根据《保健食品检验与评价技术规范》（2003 版）可判定该功能食品的改善睡眠功能动物实验结果为阳性。

第十三节　辅助清咽功能

现代社会，人们工作繁忙，加上不合理的饮食以及空气污染的刺激，尤其是教师、播音员、导游等方面的从业人员中部分人长期用嗓过度，很容易引起咽喉疾患，导致发音困难、咽喉不适等症，这严重影响到了人们正常的工作和生活。由于咽喉口腔疾病属常见病和多发病，发病人群广，且慢性咽喉炎等疾病尚难彻底根治，这就使咽喉口腔用药拥有庞大的消费群体。

现代医学使用西药和手术等方法见效快，但只能暂时缓解症状，而且毒副作用大，这使得需长期服药的人望而生畏。随着“回归大自然”呼声的日益高涨，人们期望通过“寓医于食”而寻找一种既能大饱口福，又能防治疾病的方法。因此开发具有清咽润喉功能食品非常重要而且市场广阔。

一、咽和喉的解剖和生理

咽（pharynx）位于颈椎前，是上宽下窄的漏斗形肌膜管。上起颅底，下达第6颈椎水平，前壁与鼻腔、口腔、喉腔相通，是食物和空气的共同通道。而喉（larynx）居于颈前正中，其上方为舌骨及舌根，下方为气管，前方有甲状腺，后方有下咽腔及颈椎。是一组由软骨、韧带、喉肌及黏膜构成的锥形管状器官，如图2－38所示。由于咽和喉的特殊解剖毗邻关系，咽炎和喉炎常常伴随发生。

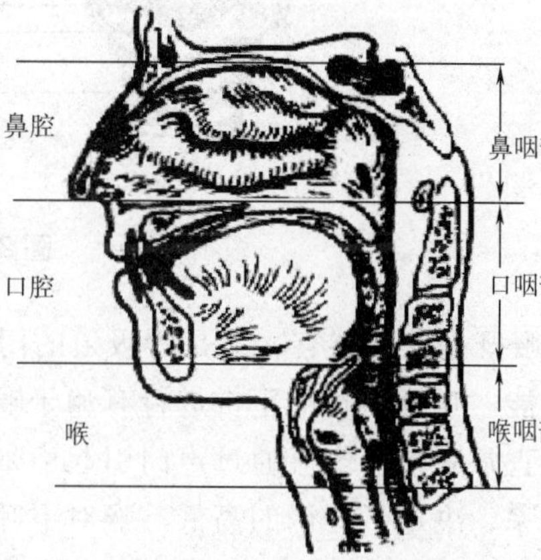

图2－38　咽和喉的解剖结构

（一）咽的解剖结构及生理

咽自上而下分为鼻咽、口咽和喉咽三部分。在鼻腔的后方，颅底至软腭游离缘水平面以上的咽部称鼻咽（nasopharynx）。口咽（oropharynx）为软腭游离缘平面至会厌上缘部分。喉咽（laryngopharynx）自会厌软骨上缘以下部分，下止于环状软骨下缘平面，连通食管，前方为喉。

咽黏膜下有丰富的淋巴组织，较大的淋巴组织团块构成了咽淋巴环。咽淋巴环主要由咽扁桃体、双侧咽鼓管扁桃体，双侧腭扁桃体和舌扁桃体共同形成，围绕在口、鼻腔与咽腔的通道周围，具有重要的防御作用和免疫功能。在鼻咽部分有咽扁桃体和咽鼓管扁桃体。而口咽部的扁桃体窝内有腭扁桃体（palato tonsil），俗称扁桃体。腭扁桃体是咽部最大的一对淋巴组织团块。表面被覆复层鳞状上皮，有8～20个隐窝，是扁桃体上皮向内陷入形成的盲管，易使食物残渣及细菌、病毒存留而形成感染病灶。其中位置最高最宽大的一个隐窝叫扁桃体上隐窝，是扁桃体周围脓肿的好发部位。

咽的生理功能包括吞咽功能、呼吸功能、共鸣与构语功能及保护和防御功能等。①吞咽功能：当吞咽的食团接触舌根及咽峡黏膜时即引起吞咽反射。②呼吸功能：正常呼吸时的空气经过鼻和咽时，软腭必须保持松弛状态，若鼻或咽有阻塞，就将影响鼻腔的正常呼吸作用。咽黏膜内富有腺体，故仍有继续对空气加温、湿润的作用。③共鸣与构语功能：发音时咽腔可改变形状而产生共鸣，增强发音效果，且使声音清晰、悦耳。并在软腭、口、舌、唇、齿等协同作用下，构成各种语言。④保护和防御功能：主要是通过咽反射来完成。在吞咽和呕吐时，咽肌收缩可暂时封闭鼻咽和喉部，使食物不致返流入鼻腔或吸入气管。若有异物进入咽部，可因咽肌收缩而阻止下行，产生呕吐反射，吐出异物。

（二）喉的解剖结构及生理

喉是由9块软骨借助于韧带、肌肉等互相连接构成的管腔，如图2-39所示。组成喉的软骨从功能上可主要分为两类：一类是支架软骨，另一类是活动软骨。支架软骨包括环状软骨、甲状软骨及会厌软骨，它们均位于颈前正中，单一不成对。活动软骨为成对的杓状软骨，在发音及吞咽活动中发挥着重要作用。喉肌按功能也分为两类，即喉内肌及喉外肌。喉内肌的起止均在喉软骨上，直接参与喉的功能活动，喉外肌将喉与颅底、下颌骨、舌骨及胸骨相连，间接参与喉的功能活动。

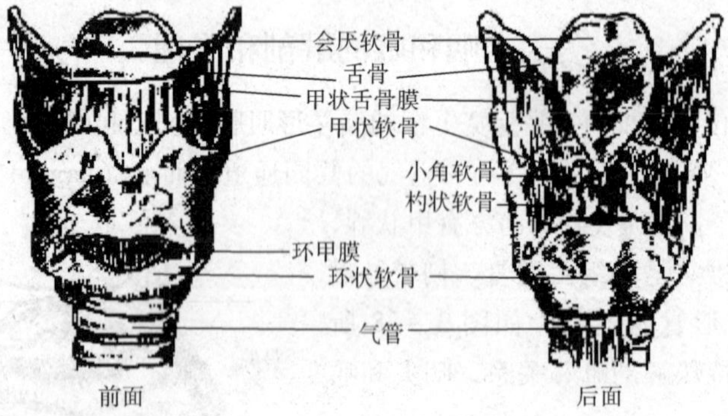

图2-39 喉的结构

喉既是发声器官，又是呼吸道的门户。其主要生理功能是呼吸功能、发音功能和保护功能。呼吸活动的正常进行有赖于喉腔的正常开放及管腔结构的完整，尤其是环状软骨的正常完整。气流通过声门引起声带振动产生了声音，而声门开放大小影响气流振动的频率，决定了音调的高低。喉对下呼吸道起保护作用，吞咽时喉体上提，会厌向后下倾斜，盖住喉上口，声带关闭，食物沿两侧梨状窝下行进入食管，而不致误入下呼吸道。另外，喉的咳嗽反射能将误入下呼吸道的异物，通过防御性反射性咳嗽，迫使异物排出。

二、咽喉炎的发病机制和临床表现

（一）咽炎

咽炎分急性咽炎和慢性咽炎。

1. 急性咽炎

急性咽炎是咽黏膜、黏膜下组织和淋巴组织的急性炎症。多继发于急性鼻炎或急性扁桃体炎，冬季或春秋季节变化时易患此病。多为受凉、过度疲劳、烟酒过度等致全身及局部抵抗力下降，病毒和细菌乘虚而入从而引发咽炎。常见病毒为柯萨奇病毒、腺病毒、副流感病毒、鼻病毒及流感病毒。常见细菌为链球菌、葡萄球菌及肺炎双球菌等。

临床表现起病急，初起时咽部干燥、灼热，接着出现疼痛，而且吞咽时加重，并可放射至耳部。有时全身不适、关节酸痛、头痛、食欲不振，并有不同程度的发热。

2. 慢性咽炎

慢性咽炎是咽部黏膜、黏膜下及淋巴组织的弥漫性炎症，常为上呼吸道慢性炎症的一部分，多见于成年人，由多种因素导致：①局部因素：急性咽炎治疗不及时或反复发作可发展为慢性咽炎。另外，患有各种鼻病，因鼻阻塞而长期张口呼吸及鼻腔分泌物下流，可导致长期咽部刺激。慢性扁桃体炎、龋病等也可导致慢性咽炎。②物理化学因素刺激：如粉尘、颈部放疗、长期接触化学气体、烟酒过度等。③全身因素：各种慢性病，如贫血、便秘、下呼吸道慢性炎症、心血管疾病、新陈代谢障碍、肝脏及肾脏病等。

慢性咽炎从病理角度可分为三类：①慢性单纯性咽炎，为咽部黏膜层慢性充血、黏膜下结缔组织及淋巴组织增生，黏液腺肥大，分泌亢进。②慢性肥厚性咽炎，黏膜充血肥厚，黏膜下有广泛的结缔组织及淋巴组织增生，围绕咽后壁黏液腺的淋巴组织多形成颗粒状隆起，如黏液腺发生感染，则形成白点附于颗粒的顶部，咽侧索淋巴组织呈条索状增生。③萎缩性或干燥性咽炎，多由萎缩性鼻炎蔓延所致，主要为腺体退变和黏膜萎缩。

临床表现多以局部症状为主。咽部可有各种不适感觉，如异物感、发痒、灼热、干燥、微痛、干咳、痰多不易咳净、讲话易疲劳，或刷牙漱口、讲话多时易恶心作呕。萎缩性咽炎患者有时可咳出带臭味的干痂，且多伴有口臭。

（二）喉炎

喉炎是喉腔黏膜的炎症，临床上也有急性喉炎和慢性喉炎两种。

1. 急性喉炎

急性喉炎是喉黏膜急性弥漫性炎症，病情轻重悬殊，此病多发于冬春季节，是一种常见的急性呼吸道感染性疾病。多由流感病毒或腺病毒感染以及溶血性链球菌、肺炎链球菌、流感杆菌等细菌继发感染而引起。气温骤变、滥用嗓音、烟酒过度等因素为诱因。另外，吸入过多的生产性粉尘，有害气体如氯、氨、硫酸、硝酸等也常引起喉腔黏膜的急性炎症。

急性喉炎的主要症状是声嘶，严重者可失音。喉痛一般不严重，伴有咽喉部不适、干燥和异物感。全身症状可有发热和全身不适等症状，成人较轻，儿童严重。小儿喉炎可出现吸气性呼吸困难、吸气性“三凹征”、犬吠样咳嗽，如吸气性喉喘鸣。严重的呼吸困难表现为烦躁不安、面色青紫、出冷汗等症状，如治疗不及时，可引起严重喉梗阻窒息死亡。喉镜检查可见喉黏膜及声带充血、杓区肿胀，发声时声门闭合不全。小儿急性喉炎充血肿胀以声门下区为主。

2. 慢性喉炎

慢性喉炎是指喉部慢性非特异性炎症，是喉部常见病，临床上将其分为慢性单纯性喉炎、肥厚性喉炎和萎缩性喉炎。病理表现：①单纯型：喉黏膜慢性充血肿胀，失去原有色泽。②肥厚型：喉黏膜广泛增厚，声带肥厚，边缘变钝。③萎缩型：喉黏膜干燥变薄、发亮，表面有黄绿色干痂。

慢性喉炎由急性喉炎反复发作、过度用嗓、烟酒及环境因素长期刺激等引起。患者主要表现为声音嘶哑、嗓音低沉、咽喉不适、异物感、喉分泌物增多，常借助干咳清嗓来缓解不适。

三、咽喉炎的预防和治疗

（一）咽喉炎临床治疗

急性咽炎和喉炎的患者，首先需注意休息，多饮水，进食营养丰富而容易消化的食物。全身应用抗生素和/或抗病毒的药物，如有高热则可用退热药或物理降温。局部治疗可用复方硼砂液或呋喃西林溶液漱口，或者含服各种含片如草珊瑚含片、西瓜霜含片、华素片或银黄含化片等，或用抗生素加激素雾化吸入等。小儿急性喉炎易造成喉梗阻，及时足量应用抗生素及激素以抗炎和消除水肿，并密切观察呼吸情况，必要时行气管切开术。

而对于慢性咽喉炎，除了及早消除各种致病因素，如治疗鼻炎、气管支气管炎等慢性炎症及其他全身性疾病，避免进食刺激性食物，戒烟酒，避免在有粉尘或刺激性气体环境中工作等，更需要加强营养和锻炼以提高免疫力。但是如果长期服用消炎药、抗生素或磺胺类药，会产生耐药性和免疫功能低下，更不利于慢性咽喉炎的治疗。

（二）具有辅助清咽润喉功能的中药材和食材

祖国传统医学中有很多独特的中草药或配方具有清热解毒、滋阴降火、化痰止咳、消炎杀菌、消肿止痛、引火归阴、利咽开声的独特功效。除此之外，日常生活中人们也常食用一些具有清咽润喉、清热解毒和消炎杀菌等功效的食材。有意识地多食用这类食物，也会起到预防和治疗咽喉炎的功效。而将上述特殊功效的中草药和食材配合起来制成的药膳更是备受欢迎。不同于临床药物的治疗效果，它可提供更多的营养，调节机体的整体功能，提高免疫力，并且具有特殊的清咽润喉功能，是值得推广的一种药食同用的功能食品。

具有清热解毒、利咽开声的药食同用食材种类很多，我们熟知的有金银花、菊花、莲子心、南瓜、丝瓜、芹菜、莲藕、橄榄、雪梨、乌梅等。平时多选择这类特殊食材泡茶食用，如胖大海泡茶、桑叶 + 菊花 + 杏仁泡茶等，可起到很好的清咽润喉的作用。还有一些食材具有抗粉尘功能，如胡萝卜、木瓜、南瓜、西蓝花、菠菜、油桃和杏等，这些食物中含有较高的 β - 胡萝卜素，具有抗氧化作用，被认为有预防尘肺病发生的作用。

四、辅助清咽功能的评价指标

对于清咽功能食品通常需要经过动物实验和人体试食试验进行功能评价。

（一）动物实验评价

动物实验通常选用大鼠或小鼠作为实验对象。咽喉炎主要的病理变化是咽喉部位的炎症，因此选用植入棉球实验、耳廓肿胀实验和足趾肿胀实验，可检测功能食品的抗炎消肿作用，从而评价清咽功能食品的功效。其中耳廓肿胀实验和足趾肿胀实验基本流程同“增强免疫功能”部分，此处仅简述植入棉球实验。

给予功能食品实验结束前 8 天，给实验动物行腹股沟切开术，植入棉球后缝合。实验结束后，再次切开腹股沟，剥离棉球和周围肉芽组织。干燥，称重，计算肉芽肿净重（等于干燥后肉芽肿重量减去原棉球重量）。肉芽肿净重减少表明炎症减弱。

经过植入棉球实验、耳廓肿胀实验和足趾肿胀实验，如果结果显示功能食品能够降低局部肿胀，则可证明该功能食品具有辅助清咽功效。

（二）人体试食试验

清咽功能食品的人体试食试验需对至少50例受试者进行30d以上的试食试验，并通过一系列指标才能证明其具有清咽功能。

受试者在试食前后分别检查咽部症状：咽痛、咽痒、咽干、干咳、异物感多言加重等。按症状轻重（1度，1分；2度，2分；3度，3分）计算积分，统计积分变化、症状改善率。进行咽部体征检查，主要包括咽部黏膜充血、黏膜水肿、咽后壁淋巴滤泡增生、分泌物等。按其轻、中、重分为Ⅰ级、Ⅱ级、Ⅲ级，分别记录试食前后受试者的体征变化，计算体征积分和改善率。试食后，咽部症状、体征积分明显降低，且症状、体征改善率明显增加，差异有统计学意义，可判定为具有清咽功能。

五、评价实例

某功能食品给予实验动物30d，进行植入棉球实验、耳廓肿胀实验和足趾肿胀实验。结果显示，功能食品低剂量和高剂量组棉球周肉芽肿显著下降（$p<0.05$）；足趾肿胀率则为中剂量组给予葡聚糖后4h后显著降低，而高剂量组在4和6h后显著降低（$p<0.05$）；而耳廓肿胀率各组无明显差异，如表2-61～表2-63所示。这一动物实验结果显示，该功能食品在三种检测方法中有两种方法结果显示阳性，因此可以判定该功能食品具有辅助清咽功能。

表2-61　某功能食品对大鼠肉芽肿净量的影响（$\bar{X} \pm SD$）

组别	动物数/只	体重/g		肉芽肿净重/g
		实验前	实验后	
对照组	10	171±5	370±25	0.229±0.060
低剂量组	10	171±5	370±26	0.168±0.047*
中剂量组	10	172±5	372±19	0.195±0.034
高剂量组	10	172±5	372±18	0.156±0.049*

注：*与对照组相比差异有统计学意义（$p<0.05$）。

表2-62　某功能食品对大鼠足趾肿胀率的影响（$\bar{X} \pm SD$）

组别	动物数/只	体重/g		足趾肿胀率/%			
		实验前	实验后	1h	2h	4h	6h
对照组	10	174±5	379±22	24.7±6.7	26.1±9.9	26.0±5.4	25.0±7.5
低剂量组	10	174±5	377±22	25.2±12.1	21.7±11.6	20.9±5.4	19.9±12.1
中剂量组	10	174±5	387±19	24.4±9.2	20.3±11.2	20.8±7.5*	17.9±7.4
高剂量组	10	174±5	376±30	20.2±5.6	17.5±6.3	17.3±3.8*	14.8±7.2*

注：*与对照组相比差异有统计学意义（$p<0.05$）。

表2－63　　某功能食品对大鼠耳廓肿胀率的影响（$\overline{X} \pm SD$）

分组	动物数/只	体重/g		耳廓肿胀率/%
		实验前	实验后	
对照组	10	20.1±1	24±2	48.7±17.3
低剂量组	10	20.1±1	25±2	40.2±14.8
中剂量组	10	20.1±1	24±1	42.5±14.6
高剂量组	10	20.1±1	25±2	37.6±15.2

第十四节　促进排铅功能

铅是一种持续性化学污染物，在环境中难以被降解，半衰期可达几年到几十年，并可通过食物链、水、土壤和空气进入人体，铅污染已经渗入到我们生活的各个领域。铅进入人体后可以长期蓄积，进而对人体产生长期或潜在的危害。国家环保总局提供的数据显示，中国近海2/3的海域出现了铅含量超标，近1/5的耕地面积受到铅污染。近年来，随着工业防护工作不断加强，职业性铅中毒的发生得到了一定程度的控制。相比之下，长时间、低浓度和环境铅暴露造成的危害日益突出。一定时期内仅凭环境治理手段无法完全解决该问题，因此还应采取其他可行策略以减轻铅污染对人群健康所造成的伤害。铅污染和铅中毒是一个现实的难题，它关系着人们的健康和下一代的成长，预防和改善铅中毒是目前研究的一个热点。随着我国人民经济水平的提高和保健意识的增强，通过功能食品来防治疾病已越来越受人们关注，因此开发通过排铅途径来改善高铅人群学习记忆、消化功能的功能食品具有重要的社会意义。虽然从1998年开始实行“零铅工程”，但我国儿童铅中毒状况比某些工业发达国家还要严重，无论是平均血铅水平，还是铅中毒的流行率均已明显超过美国儿童。虽然控制工业污染和停止使用含铅汽油是预防儿童铅中毒的根本方法，但这不是一朝一夕能做到的。排铅药物可起到一定治疗作用，但其普遍存在毒副作用且效果也不稳定。因此可以预见，排铅功能食品有很大的发展前景。

一、铅污染和对健康的影响

（一）铅的特征及用途

铅（Pb）是灰白色质软的重金属，有延伸性，相对原子质量207.22，相对密度11.34，熔点327℃，沸点1525℃，加热至300～500℃有大量铅蒸气逸出。铅蒸气在空气中可迅速氧化为氧化铅（Pb_2O），并凝集为铅尘。随着熔铅温度升高，可逐步产生氧化铅（密陀僧，PbO）、三氧化二铅（黄丹，Pb_2O_3）、四氧化三铅（红丹，Pb_3O_4）。除氧化铅外，其余铅氧化物在高温下都不稳定，可分解为PbO_2。

铅及其化合物在自然界分布广，工业中用途广泛，在生产中接触铅及化合物的行业有铅矿开采业和铅冶炼工业，蓄电池、油漆颜料、搪瓷和陶瓷（涂以含铅的釉）等生产业，机械制造业，印刷业，橡胶生产业，电工仪表制作业，塑料制品业等。

（二）铅污染来源

我国的铅污染非常严重，污染来源也非常广泛。主要来源包括以下几个方面：

1. 大气中自然来源的铅

通过地壳侵蚀、火山爆发、海啸发生和森林山火等自然现象而释放入大气环境中。

2. 大气中非自然来源的铅

（1）工业污染　印刷、冶炼、造船、机械制造、电池等工业污染造成了铅尘和烟雾，污染了周围空气和水；各种工矿的废物乱排乱放，造成土壤污染。

（2）交通污染　机动车废气中的铅排放，在大气铅污染中占绝对地位，其中主要是含铅汽油（以四乙基铅作抗震剂）燃烧后的机动车废气。若以汽车速度为60km/h，每15km消耗3.785L汽油计，则每秒钟可排出铅2mg。据估计世界上每年从汽车尾气中排放的铅总量在40万t以上，这是构成城市铅污染的主要因素。来自汽车尾气的铅对大气污染的特点是，越接近地面，大气中的铅含量越高，离地面高1m内含铅浓度往往高达常规测试浓度的16倍以上，因而大气中的铅对儿童威胁更大。

（3）工业制品　包括含铅油漆、使用含铅焊料的金属罐头、电池、含铅水管、化妆品、搪瓷器皿、釉彩、含铅玻璃杯、酒壶、煤制品、砷酸铅杀虫剂等。

（4）家具用品的污染　如铅笔、蜡笔、教科书彩色封面、室内装饰涂料、课桌椅的油漆层、涂漆儿童玩具、化妆品等含铅用品可通过呼吸道或儿童接触、吮吸的习惯动作将铅吸收进入体内，这也是儿童铅中毒不可忽视的一个污染来源。

（5）食品的污染　超标农药的使用、铅制材料的使用和铅尘广泛存在，加重了食品和饮水的铅污染。日常食品中如爆米花、松花蛋、罐装食品等常含有微量的铅。

由于空气和水的污染，蔬菜、粮食、水果都不同程度地被污染，铅每时每刻都威胁着人类健康。血中铅含量如超过0.05～0.1mg/L，即产生中毒症状。尿中铅量超过0.05～0.08mg/L时，应考虑有铅中毒可能。

（三）铅对健康的影响

1. 铅进入体内的途径

（1）呼吸道　呼吸道是铅进入体内的主要途径，特别是职业性暴露。90%的铅来自汽车废气、建筑物中的油漆和吸烟，经呼吸道进入人体。铅及其化合物主要以粉尘或烟气形态，经呼吸道进入肺泡腔内，呈弱酸性，故铅氧化物易溶解，并经肺泡弥散进入血循环，或由吞噬细胞吞噬进入淋巴系统，也可咳出，再咽入消化道。吸入的铅有25%～30%可被吸收入体内，70%～75%可随呼吸道排出。

（2）消化道　部分来自水和食物，包括酒等的铅，以及儿童因异食癖、接触吮吸含铅油漆玩具且不洗手等原因沾染的铅经消化道进入人体。铅作业工人如不注意个人卫生，铅尘可经消化道进入体内。但其中仅5%～10%可被吸收入体内，其余大部分随粪便排出。吸收入体内的铅，一部分由胆汁排至肠道，一部分可进入血循环，再从血浆进入胆汁，因此胆汁中铅浓度可比血浆中高40～100倍。铅在肠道吸收的先决条件是在肠腔内游离成铅离子。铅在肠道的吸收还与膳食营养因素有关。提高膳食中钙、铁和锌的含量可有效降低铅在肠道的吸收。胃排空时铅的吸收率较胃充时增加约45%。

（3）皮肤　极少数人可通过皮肤吸收铅，如铅作业工人。经皮吸收率仅为0.06%。铅的无机化合物不能通过完整皮肤吸收。

2. 铅在体内的转归

铅吸收进入人体后，可随血流分布到全身各器官和组织。

血液和软组织中的铅，约占体内总铅量的10%。血浆铅由血浆蛋白结合铅和可溶性铅（主要为磷酸氢铅和甘油磷酸铅）两部分组成。血液中铅初期被肝、肾、脾、肺、脑吸收，其中以肝、肾含量最高，数周后转移到骨骼、毛发、牙齿等，以磷酸铅形式沉积下来。90%的铅储存在骨组织中，骨骼内的铅比较稳定，可长期储存而不产生临床症状。骨组织中的铅受到降钙素、甲状旁腺素、维生素 D_3、钙、磷的调节，铅和钙在体内代谢过程相似，两者可互相取代，如高钙饮食能促使铅在骨骼中储存；反之，则促使它由骨骼释放出来。当人体内需要钙时，铅也随钙从骨内游离出来。在发烧、饮酒、骨折、手术、过劳、代谢障碍等时，骨中的铅可转移到血液和软组织中，引起毒作用表现。

铅在体内的半衰期为：血液25~35d；肾脏10d；肝脏23d；骨组织中，则随年龄不同而不同，最少要1135d（1~6岁儿童）。吸收后的铅主要由肾脏随尿排出，小部分由胃肠道，少量由汗腺、唾液腺、乳腺等排出。铅还可通过月经排出，也可通过胎盘屏障分布到胎儿组织。

人体内血铅和尿铅的含量能反映出机体对铅的吸收情况。血铅含量每100mL大于80μg（正常应每100mL小于40μg）和尿铅含量大于80μg/L（正常应小于50μg/L）时，即认为体内铅吸收过量。由于铅在人体内没有任何功用，理想的血铅浓度为零，但环境污染总会在人体中留下铅，目前国际上公认的儿童铅中毒的诊断标准为血铅水平≥100μg/L，无论是否伴有临床症状，就为铅中毒（血铅水平100~199μg/L为轻度铅中毒；200~449μg/L为中度铅中毒；大于450μg/L为重度铅中毒）。

3. 铅对机体的影响

铅是对人体有害的重金属元素，在人体内无任何生理功用。大量资料表明，铅几乎对人体的各个系统均可产生毒性，尤其是神经系统、血液系统、消化系统和生殖系统等。铅对机体的毒性作用不是阈值性的，个体之间对铅毒性作用的易感性也有很大的差异，出现各类症状与血铅水平并不一致。经常接触低浓度铅的人，当血铅达到6~8 μg/L时，就会出现头痛、头晕、疲乏、记忆力减退和失眠，常伴有食欲不振、便秘、腹痛等症状。

（1）铅对神经系统的影响　神经系统是铅毒性作用的主要靶系统。铅可引起末梢神经炎，出现运动和感觉障碍。铅抑制神经元增殖和海马神经细胞的分化，损伤星形胶质细胞，影响突触形成。目前研究已证实在发育期铅主要影响智力发育及学习记忆功能，甚至可以通过胎盘及乳汁影响子代的神经系统发育。铅对智力的影响主要通过中枢神经系统而发挥作用。铅在细胞内与蛋白质结合，通过抑制磷酸化而影响细胞膜的运输功能，抑制细胞呼吸色素的生成，导致卟啉代谢紊乱，使大脑皮质兴奋和抑制功能紊乱，大脑皮质和内脏的调节发生障碍，引起神经系统的病变。

铅对儿童神经系统的危害比成人更大，而且中枢神经系统一旦受损，将无法恢复，会对儿童的智力、行为能力产生不可逆的进行性危害。国内外的研究证明，由于儿童对铅有特殊的易感性，即使儿童体内的铅微量超标，也可能引起神经损伤。文献报道，铅负荷增加可影响身体的发育，血铅水平增高与身高之间呈负相关，血铅增高100μg/L，身高短1cm；认知能力、儿童智商也与血铅水平呈负相关，儿童血铅浓度上升100μg/L，其智商平均下降1~2

分，危害可持续到成年。环境铅暴露可对大脑发育造成损伤，引起儿童智商下降和较为持久的学习记忆与行为障碍。1996 年，WHO 有关专家提出防止铅对儿童的危害将成为 21 世纪重要的公共卫生问题。

儿童铅中毒的重要途径之一是在胎儿发育期即暴露于母体的铅环境中，因为铅能通过胎盘进入到胎儿体内。动物实验和人群流行病学研究均证实，胎盘对来自母体的血铅几乎无屏障作用。有流行病调查显示分娩后妇女骨骼铅动员仍不断增加，使血铅持续增高，可能伴随着乳铅的增高，成为幼儿重要的铅来源。众所周知，胎儿时期是中枢神经系统形成和发育的关键时期，因此，胎儿期暴露于铅环境中，可能在今后的不同发育时期都出现不同的中枢神经受损症状。所以，在一定意义上说，出生前铅暴露的预防较出生后预防显得更为重要。

（2）铅对血液系统的影响　血液中 95% 左右的铅存在于红细胞中，铅可直接作用于造血和血液系统，抑制 δ－氨基－γ－酮戊酸脱水酶（ALAD），导致 δ－氨基－γ－酮戊酸（ALA）增多，从而影响血红蛋白合成，缩短红细胞寿命，导致贫血。铅还可作用于成熟红细胞，抑制细胞膜上的三磷酸腺苷酶，使红细胞脆性增加或引发细胞内钾离子渗出和水分脱失，从而引起溶血。

（3）铅对消化系统的影响　铅中毒时可抑制胰腺功能，增加唾液腺和胃腺分泌。同时，因铅与肠道中硫化氢结合，可使硫化氢失去其促进肠蠕动的作用，造成顽固性便秘。腹绞痛是慢性铅中毒的一个重要表现。

（4）铅对泌尿系统的影响　人体中 75% ~80% 的铅是经肾脏排出的。慢性铅中毒，肾小球和肾小管可出现进行性变性，伴随肾功能不全。短期大剂量铅摄入可导致肾脏肾小管细胞变性、肾小球萎缩、肾小管间质纤维化，形成核内包涵体（一种铅蛋白复合物，铅中毒病理形态学特征）。

（5）铅对免疫系统的影响　铅能降低机体的免疫功能，增加机体对病毒和细菌的易感受性，可通过抑制巨噬细胞功能、干扰免疫分子调节造成免疫调节功能的紊乱。

二、排铅机制和促排铅物质

（一）络合机制

螯合、络合或吸附作用的排铅机制在于排铅功能物质能在体内与铅产生很强结合力，与血液、肝、肾、脑等靶器官中的铅形成复合物，随排泄物排出体外，从而降低体内血铅的水平。

排铅药物在体内与包括铅在内的许多金属离子产生强大络合力，与血液、肝、肾、脑等靶器官中铅结合，随尿、粪等排出体外。

金属硫蛋白（MT）是广泛存在于生物体内的一类富含巯基与金属的内源性蛋白质，可与铅离子配位，在血液、肝、肾、脑等靶器官中与铅形成低毒或无毒络合物，起到排铅作用。金属硫蛋白广泛存在于哺乳动物、鱼类中，动物脏器中最多；牛磺酸含量最丰富的是海鱼、贝类；蛋氨酸多富含于芝麻、葵花子、乳制品、叶类蔬菜等食物中。经常接触铅的人可以多食肉类、鱼虾以及豆制品，还能补充身体必需的蛋白质。大蒜富含硫化合物，进入机体后可释放出活性巯基与铅生成配合物被排出体外达到排铅的作用。

低甲氧基果胶系天然高分子物质，由几十个至几百个脱水半乳糖醛酸组成，常与钙、锌或镁形成巨大网络结构。果胶对铅的强大选择性大于其他微量元素，与铅形成不溶性、不能吸收的复合物沉淀而被排出体外。果胶曾被推荐给铅作业工人作为功能食品。多糖类大分子如果胶、海藻酸和膳食纤维等，其糖链上丰富的游离基可与铅配位，形成难以吸收的凝胶，有效地排除胃肠道中的铅。水果如猕猴桃、枣、柑等富含果胶物质。食物中还有许多成分如植酸、磷脂、柠檬酸、苹果酸、琥珀酸和多聚氨基酸等，能与铅形成配合物，可阻止铅吸收、降低铅毒性。

（二）沉淀作用

天然食品中含硒、硫、碘离子、磷酸根离子、钼酸根离子等都能与体内的铅发生沉淀作用，使其直接从大便中排出，阻挡铅的富积，或降低其水溶性，使其不易吸收而排出体外。硒是人体红细胞谷胱甘肽过氧化物酶和磷脂过氧化氢谷胱甘肽过氧化物酶的组成成分，其主要作用是参与酶的合成，保护细胞膜结构与功能免遭过度氧化和干扰。硒元素与金属有很强的亲和力，在体内可与铅结合成金属硒蛋白复合物使之排出体外，降低血铅。富含硒的食物有食用菌、灵芝、平菇、香菇、金针菇、藻类、酵母、茶叶、蕨菜、芸豆、魔芋、山药、西蓝花、大蒜等。魔芋精粉主要成分为葡甘聚糖，能与铅特异性结合并促使其排出，能降低消化道的铅吸收和体内铅储留，且摄入魔芋精粉不影响钙、铁、锌、铜等必需元素的吸收。动物实验证实魔芋精粉可使大鼠粪铅排出增加，血、肝、脑、骨中铅含量减低。可作为防治铅毒的功能食品。具有氨基和羟基独特分子结构的壳聚糖能有效地吸附或螯合体内的铅而减少铅储留，具有排铅功能。葵花盘低酯果胶是半乳糖醛酸聚合体，其半乳糖醛酸链中自由羟基被甲酯化，可与金属离子形成不溶性盐类沉淀物。实验显示，葵花盘低酯果胶可使动物粪便中铅含量明显增加，尿铅含量低于铅染毒级；动物肝、肾组织中铅含量低于单纯铅染毒组。

（三）拮抗作用

机体所必需微量元素对铅毒有着很大影响。钙、铁、锌等元素与铅同属二价金属元素，在体内代谢过程中有竞争作用，在小肠中竞争同一运载结合蛋白，钙、铁、锌的补给能抑制铅吸收。相反，铅可抑制钙、锌、铁的吸收，体内缺钙时，铅会随钙入血，致使血铅上升。富含钙、铁和锌的食物有豆制品、海带、动物肝脏、香蕉、动物血、肉、蛋等，尤其是虾皮。

维生素 B、维生素 C 能在体内拮抗铅或减少铅吸收，因此可降低血铅和肝、肾、脑等靶器官的铅含量。菊花中富含维生素 C 和硒、锌、铁和钙等微量元素。

（四）抗氧化作用

铅在细胞内可与蛋白质巯基和细胞器结合，通过抑制磷酸化而影响能量产生及抑制 ATP 酶而影响细胞膜的运输功能，从而影响体内氧化还原系统，降低机体的解毒作用。铅在机体内可诱导活性氧产生和超氧自由基、过氧化氢及羟自由基的生成，导致细胞膜氧化损伤。还原型谷胱甘肽（GSH）可通过消除自由基和其他活性代谢产物而保护和减轻细胞损害。具有抗氧化作用的维生素 C、维生素 E 能明显改善铅毒造成的氧化应激反应，降低铅对机体的氧化损伤。多酚类物质的分子中含有多个邻位的酚羟基团可作为多基配体，起抗氧化、清除自由基的作用。B 族维生素如维生素 B_1、维生素 B_2、维生素 B_6、维生素 B_{12}、叶酸等对于改善铅中毒症状和促进生理功能恢复也有一定效果。

三、体内铅负荷的评价指标

（一）血铅

血铅是指血液中铅元素的含量，超过了血液铅含量的正常值，就提示发生了铅中毒，它会引起机体的神经系统、血液系统、消化系统的一系列异常表现，影响人体的正常机能。

1. 选择血铅的依据

（1）人体内的血铅含量可以真实反映出体内近期对铅的吸收情况。

（2）血铅水平与铅的某些毒性效应之间存在着明显的剂量-反应关系。

（3）测定血铅的采样过程与测定方法相对简单、易行。

2. 血铅的标准

血液中的铅主要存在于红细胞中，所以仅凭借血铅测定值即可做出铅中毒诊断。世界发达国家儿童血铅<60 μg/L为相对安全，国际血铅诊断标准≥100g/L为铅中毒。正常血铅水平为0~99 μg/L，100~199μg/L为铅中毒，200~249 μg/L为轻度中毒，250~449 μg/L为中度中毒，等于或高于450 μg/L为重度中毒。

目前，儿童铅中毒的诊断和分级主要依照血铅水平：Ⅰ级血铅<99 μg/L，相对安全；Ⅱ级血铅100~199 μg/L，血红素代谢受影响，神经传导速度下降；Ⅲ级血铅200~499 μg/L，铁、锌、钙代谢受影响，出现缺钙、缺锌、血红蛋白合成障碍，可有免疫力低下、学习困难、注意力不集中、智商水平下降或体格生长迟缓等症状；Ⅳ级血铅500~699 μg/L，可出现性格多变、易激怒、多动症、攻击性行为、运动失调、视力和听力下降、不明原因腹痛、贫血和心律失常等中毒症状；Ⅴ级血铅≥700 μg/L，可导致肾功能损害、铅性脑病（头痛、惊厥、昏迷等）甚至死亡。临床上用于评价体内铅负荷状况的最常用指标是血铅。

3. 脐带血铅

目前的研究报告中常用的另一个指标是脐带血铅水平。许多研究结果表明，孕妇血铅与脐带血铅之间具有很强的相关性。脐带血铅一般低于孕妇血铅，可作为反映胎儿期铅暴露状况的指标，已经得到肯定并广泛应用。但是，脐带血铅水平只能反映孕末期较短的一段时间内胎儿的铅暴露水平，难以反映整个妊娠过程中胎儿在所暴露环境中铅的变化情况。此外，从预防的角度来看，用脐带血铅水平评价胎儿期铅暴露时，整个妊娠过程已经结束，铅暴露以及铅对胎儿的损伤可能已经发生，即具有评价的滞后性、损害的不可避免性。所以，测定脐带血铅的水平在预防医学中的局限性非常明显。一段时期以来，研究胎儿期的铅暴露水平均以脐血血铅作为指标。人们观察到当脐血铅水平在0.29μmol/L时，新生儿已表现出一定的神经发育损伤效应，脐血的血铅水平与3月龄婴儿期的神经行为发育密切相关，脐带血铅水平与儿童中枢听觉处理能力明显相关。由于出生前铅暴露对下一代可以产生多方面的不利影响，其中有害毒性效应一旦发生，便难以逆转，因此，从提高全民族人口素质的高度看，预防出生前铅暴露已经成为迫在眉睫的任务。

（二）发铅

发铅可反映机体长期接触铅的程度。正常值上限为8μg/g。发铅含量测定不能作为儿童铅中毒的诊断指标，但头发取样方便且便于保存运输，如果发铅含量测定能够作为儿童铅中毒的筛查指标或诊断参考指标，将儿童铅中毒患者初选出来，及时给予预防性治疗，然后再取血复查，也是有重要意义的。正常儿童的发铅上限值参考指标：男10.13μg/g、女

10.73μg/g（广州市微量元素研究所提供）。

（三）骨铅

骨铅含量历来被认为是体内铅负荷的最客观指标。

1. 选择骨铅的依据

（1）骨骼作为机体内最重要的铅储存库，储存了儿童和成人90%以上的机体铅负荷，根据骨骼类型、机体对毒物的代谢状况、年龄及其他一些因素的不同，骨铅的半减期范围可从几年到几十年。

（2）骨骼与血液之间存在复杂的动力学过程，这一过程受很多因素影响，如性别、年龄、营养状况、妊娠等生理状况以及骨质疏松、肾功能失调等病理状况等。许多证据表明，在预测一些形式的由慢性轻、中度铅暴露产生的毒性方面，骨骼铅负荷作为铅剂量的生物标志物比用全血铅更有用。

（3）采样的创伤性而一度限制了骨铅的应用。近年开始使用的X线荧光分析（XRF）技术可以无痛苦测定活体骨铅含量来评价体内的铅负荷，对育龄妇女进行骨铅测定，可以在一定程度上预测其孕期血铅的变化情况，这对于预防新生儿出生前铅暴露具有重要的实际意义。

2. 骨铅测定的方法

（1）骨组织活体检查　是评价体内骨铅负荷直接且准确的方法，但由于这种技术具有一定的创伤性，因此难以被广泛应用且局部采样不一定能够代表全部的骨骼。

（2）脱落乳牙检查　标本易获得，而且齿铅与体铅负荷呈剂量相关，且是一个蓄积过程。研究认为儿童期的齿铅浓度可以很好地预测成年后的骨铅水平，因此测定脱落乳牙铅含量是评价机体组织铅剂量的可靠方法。但这种测定仅适用于特定年龄的儿童，严重限制了在其他人群机体铅负荷评价中的应用。

（3）X线荧光技术　20世纪80年代后期开始应用的X线荧光仪能直接测定活体骨组织中铅元素的含量，能较精确反映慢性低水平铅暴露儿童体内的铅负荷状况。其原理是γ射线发生器中产生的γ射向活体骨组织时，轰击组织中的铅原子某一特定电子层的电子，使其脱离原电子层至外周，这一过程会释放X射线，骨组织中铅原子越多，释放的X射线也越多，因此通过对X射线的定量检测可推算出骨组织中铅含量。

四、促进排铅的相关因素

（一）理想的驱铅药物和食物应具备的特点

（1）能降低靶细胞的铅负荷。

（2）能预防或改善铅毒性引起的功能损害。

（3）对其他元素在体内的代谢没有影响且本身没有毒性作用。

（二）钙、铁、锌的作用

铅和钙在胃肠道吸收时的相互作用是一种竞争性抑制的机制，饮食中钙含量增加，铅的吸收率降低。人体铁缺乏能增加铅的吸收，引起血铅水平明显增高，补铁则能降低铅吸收。缺铁和铅负荷过高则对其生化过程的损害有相加作用。锌能减少组织中铅的蓄积和铅毒性作用的影响，补锌、铜、硒、叶酸等微量元素都能有效地降低人体铅的含量。另外，纤维素和维生素B_2等对促进铅从组织中的转换和排出具有一定的作用。

（三）营养膳食调整的原则

正常进食能降低铅在肠道的吸收率。同时，给予高蛋白质和易被消化吸收的碳水化合物并补充各种微量营养素、维生素，增强肝脏的解毒能力，减少铅吸收，加速其在体内的代谢和转化，并向体外排泄。这是对人体进行营养膳食调整的一项基本原则。

（四）驱铅食物

铅排泄极为缓慢，即使环境铅浓度降至允许值以下，但长期少量慢性铅吸收所引起的累积性损害也不可避免，故单纯靠降低环境铅来预防铅对人体的损害尚嫌不足，而药物性预防仍有许多困难，近年来驱铅功能食品的研制逐渐增多。具有驱铅作用的中药和食品：茯苓、刺梨、茅根、葵花盘低酯果胶、金属硫蛋白、有机锗、硒、维生素类、氨基酸类、珍珠等；茶叶、纤维素、海带、杭白菊、香蕉等。

（五）牛磺酸

牛磺酸（taurine）是一种结构简单的含硫β－氨基酸，可促进大脑及智力发育，并具有细胞保护作用，包括膜稳定性、渗透调节、去毒作用，调节细胞钙离子水平等。低铅暴露对神经发育的影响，动物和人都主要表现为行为发育异常和智力降低，而补充牛磺酸具有明显改善神经系统的作用，甚至可使发育达到正常。补充牛磺酸可使染铅大鼠学习、记忆能力达到甚至超出正常，同时与学习、记忆有关的神经递质在皮层、海马中也可得到不同程度改善。

五、促进排铅功能的检测方法

国家食品药品监督管理局保健食品化妆品监管司 2011 年形成了《促进排铅功能评价方法（征求意见稿）》。

（一）试验项目

1. 动物实验

体重、血铅、骨铅、肝组织铅。

2. 人体试食试验

血铅、尿铅、尿钙、尿锌。

（二）试验原则

（1）动物实验和人体试食试验所列指标均为必做项目。

（2）应对临床症状、体征进行观察。

（3）应对尿铅进行多次测定，以了解体内铅的排出情况。

（4）在进行人体试食试验时，应对受试样品的食用安全性作进一步的观察。

（三）结果判定

1. 动物实验

实验组与模型对照组比较，骨铅含量显著降低，同时血铅或肝铅显著降低，可判定该受试样品动物实验结果为阳性。

2. 人体试食试验

试食组与对照组组间比较，至少两个观察时点尿铅排出量增加且显著高于试验前，或总尿铅排出量明显增加；同时，对总尿钙、总尿锌的排出无明显影响，或总尿钙、总尿锌排出增加的幅度小于总尿铅排出增加的幅度，可判定该受试样品具有促进排铅的功能。

六、评价实例

1. 某功能食品对大鼠体重的影响

由表2－64可见，经口给予小鼠该受试物前初始体重和给该受试物30d后体重在空白对照组、7.50g/kg（bw）组与模型对照组间比较，差异均无显著性（$p>0.05$）。即该受试物对大鼠的体重无明显影响。

表2－64　各组大鼠的初始及实验后体重（$\overline{X}\pm SD$）

组别	动物数/只	初始体重		实验后体重	
		体重/g	p值	体重/g	p值
模型对照组	8	189.6±5.7	—	358.1±11.4	—
7.50g/kg（bw）	8	189.8±3.4	0.921	350.3±7.0	0.118
空白对照组	8	189.8±3.1	0.932	360.9±4.9	0.534

2. 某功能食品对小鼠血铅的影响

由表2－65可见，模型对照组与空白对照组比较，血铅含量显著升高（$p<0.01$），表明模型建立成功；7.50g/kg（bw）组血铅含量与模型对照组比较，差异无显著性（$p>0.05$）。即该受试物对大鼠的血铅无特别影响。

表2－65　某功能食品对小鼠血铅的影响（$\overline{X}\pm SD$）

组别	动物数/只	血铅含量/（μg/mL）	p值
模型对照组	8	0.32±0.07	—
7.50g/kg（bw）	8	0.37±0.06	0.165
空白对照组	8	0.15±0.04**	0.000

注：**与模型对照组相比差异有统计学意义（$p<0.01$）。

3. 某功能食品对小鼠肝铅的影响

由表2－66可见，模型对照组与空白对照组比较，肝铅含量显著升高（$p<0.01$），表明模型建立成功；7.50g/kg（bw）组肝铅含量与模型对照组比较，差异无显著性（$p>0.05$）。即该受试物对大鼠的肝铅无特别影响。

表2－66　某功能食品对肝铅的影响（$\overline{X}\pm SD$）

组别	动物数/只	肝铅含量/（μg/g）	p值
模型对照组	8	1.01±0.11	—
7.50g/kg（bw）	8	1.00±0.16	0.831
空白对照组	8	0.46±0.14**	0.000

注：**与模型对照组相比差异有统计学意义（$p<0.01$）。

4. 某功能食品对小鼠骨铅的影响

由表2－67可见，模型对照组与空白对照组比较，骨铅含量显著升高（$p<0.01$），表明模型建立成功；7.50g/kg（bw）组骨铅含量与模型对照组比较，差异无显著性（$p>0.05$）。即该受试物对大鼠的骨铅无特别影响。

表2－67 某功能食品对小鼠骨铅的影响（$\overline{X}\pm SD$）

组别	动物数/只	骨铅含量/（μg/g）	p 值
模型对照组	8	17.7±5.8	—
7.50g/kg（bw）	8	22.7±5.9	0.113
空白对照组	8	1.5±0.4**	0.000

注：** 与模型对照组相比差异有统计学意义（$p<0.01$）。

思考题

1. 高脂血症包括哪些类型？从血浆脂蛋白代谢的角度，说明LDL－C、HDL－C两项指标在辅助降血脂功能评价方面的应用。
2. 机体血糖维持平衡的决定因素有哪些？血糖生成指数指什么？不同血糖生成指数的食物是如何影响机体血糖水平的？
3. 高血压的形成原因有哪些？红曲的降压作用及其机制是什么？
4. 剧烈运动或大强度劳动时机体能量代谢的途径依次有哪些？
5. 试说明如何将血乳酸这一指标应用于功能食品缓解体力疲劳的功能评价实验中？
6. 人体的免疫机制是什么？功能检测中各评价指标分别用于评价哪类免疫功能？试举出几种具有增强免疫作用的功效成分或食物。
7. 试述抗氧化功能的评价指标及其意义。
8. 试述白色脂肪和棕色脂肪的分布和功能，列举1～2种能够促进白色脂肪转变为棕色脂肪的生物活性物质。
9. 缺铁性贫血的特点是什么？试述红细胞游离原卟啉和红细胞比积在评价缺铁性贫血的意义。
10. 试述评价骨质疏松的方法。
11. 什么是益生菌、益生元、合生素？
12. 老年人群有何消化吸收特点？开发适合老年人群的食品应注意哪几个方面？
13. 在改善睡眠功能评价动物实验中如何判断翻正反射消失？如何确定戊巴比妥的剂量？
14. 请列出常见的动物实验行为学检测方法，并指出这些方法分别用于评价什么类型的学习记忆？
15. 试述铅在人体内的代谢过程？排铅机制有哪些？列举几种具有沉淀作用的天然生物活性物质。

参考文献

1 金宗濂．功能食品教程［M］．北京：中国轻工业出版社，2005.

2 童坦君，李刚．生物化学［M］．北京：北京大学医学出版社，2009.

3 陈伟伟，高润霖，刘力生，等．中国心血管病报告2015（概要）［J］．中国循环杂志，2016，31：521－528.

4 Stark J. Oxidative stress and atherosclerosis［J］. Orv Hetil，2015，156（28）：1115－1119.

5 Das R，Kerr R，Chakravarthy U et al.. Dyslipidemia and diabetic macular edema：A systematic review and meta－analysis［J］. Ophthalmology，2015，122（9）：1820－1827.

6 Berger S，Raman G，Vishwanathan R，et al. Dietary cholesterol and cardiovascular disease：A systematic review and meta－analysis［J］. Am J Clin Nutr，2015，102（2）：276－294.

7 国际糖尿病联盟（IDF）. IDF 全球糖尿病概览（第6版）［Z］. 2013.

8 王陇德．中国居民营养与健康状况调查报告之一. 2002 综合报告［M］．北京：人民卫生出版社，53－57.

9 朱大年，王庭槐．生理学［M］. 8版．北京：人民卫生出版社，2013.

10 陆再英，钟南山．内科学［M］. 7版．北京：人民卫生出版社，2007.

11 刘力生．高血压［M］．北京：人民卫生出版社，2001.

12 葛顺娜，李文文，朱依纯. DOCA－Salt 高血压大鼠模型的建立［J］．中国药理学通报，2010，26（6）：832－835.

13 孙明，李悠慧，严卫星．红曲降血压作用的研究［J］．卫生研究，2001，30（4）：206－207.

14 唐粉芳，张静，邹洁，等．红曲对L－硝基精氨酸高血压大鼠降压作用初探［J］．食品科学，2004，25（4）：155－157.

15 郭俊霞，郑建全，雷萍，等．红曲降血压的血管机制：抑制平滑肌钙通道并激发其一氧化氮释放［J］．营养学报，2006，28（3）：236－239.

16 郑建全，郭俊霞，金宗濂．红曲对自发性高血压大鼠降压机理研究［J］．食品工业科技，2007，28（3）：207－208.

17 雷萍，郭俊霞，金宗濂．红曲降低肾血管型高血压大鼠血压的生化机制［J］．辽宁中医药大学学报，2007，9（3）：217－218.

18 http：//www. who. int/topics/obesity/en/.

19 World Health Organization. BMI classification［Z/OL］. 2014－02－15.

20 Caballero B. The global epidemic of obesity：Anoverview［J］. Epidemiol Rev，2007，29：1－5.

21 Tsigos C，Hainer V，Basdevant A，et al. Management of obesity in adults：European clinical practice guidelines［J］. The European Journal of Obesity，2008，1（2）：106－116.

22 International Obesity Taskforce. Global prevalence of adult obesity［Z/OL］. 2008－01－29.

23 Zhang Y，Proenca R，Maffei M，et al. Positional cloning of the mouse obese gene and its humanhomologue［J］. 1994，372（6505）：425－32.

24 Fock KM1，Khoo J. Diet and exercise in management of obesity and overweight［J］. J Gastroenterol Hepatol，2013，28（4）：59－63

25 姜勇，张梅，李晓燕，等. 2010年我国正常体重成人中心型肥胖流行状况分析［J］．中国预防医学杂志，2013，14（6）：449－453.

26 中国肥胖问题工作组数据汇总分析协作组．我国成人体重指数和腰围对相关疾病危险因素异常的预测价值：适宜体重指数和腰围切点的研究［J］．中华流行病学杂志，2002，23（1）：5－10.

27 赵立平，费娜．肠道菌群与肥胖症的关系研究进展［J］．微生物与感染，2013，8（2）：67－71.

28 李洁，王玉侠．肥胖发生机制及减肥方法的研究现状［J］．中国体育科技，2006，42（2）：

64-67.

29 姚风云. 降脂减肥胶囊的药学及药理学研究［D］. 哈尔滨：黑龙江中医药大学，2007.

30 王佳慧. 海参皂苷对饮食诱导的肥胖小鼠的减肥作用及机理研究［D］. 青岛：中国海洋大学，2014.

31 赵连成，李莹，彭亚光，等. 中国成人中心性肥胖腰围身高比值的适宜切点的研究［J］. 中国预防医学杂志，2012，13（7）：481-483.

32 王镜岩，朱圣庚，徐长法. 生物化学教程［M］. 北京：高等教育出版社，2008.

33 萧能赓，余瑞元，袁明秀. 生物化学实验原理和方法［M］. 北京：北京大学出版社，2005.

34 金宗濂. 保健食品的功能评价与开发［M］. 北京：中国轻工业出版社，2001.

35 陈文. 功能食品功效评价原理与动物实验方法［M］. 北京：中国质检出版社，1995.

36 田野. 运动生理学高级教程［M］. 北京：高等教育出版社，2003.

37 陈祥塔，赖月波. 运动性疲劳的产生和消除［J］. 中国临床康复，2006，10（48）：171-174.

38 张燕，丁建国，赵光. 运动性疲劳的机制研究与进展［J］. 中国临床康复，2006，10（44）：133-136.

39 鲍德国. 疲劳的概念和分类［J］. 全科医学临床与教育，2005，3（3）：135-136.

40 陈敏，张振贤，周展红. 慢性疲劳综合征与抑郁症、焦虑症患者临床症状的差异［J］. 中国康复理论与实践，2014，20（6）：576-579.

41 邵长专，唐刚. 大枣多糖对慢性疲劳综合症大鼠的作用效果［J］. 食品科学，2015，36（1）：205-208.

42 曹俊岭，薛春苗，王艳梅，等. 红景天颗粒缓解疲劳作用的研究［J］. 中华中医药杂志，2014，29（6）：1969-1971.

43 吴剑，丁海曙，叶大田. 用近红外脑组织血氧仪评定保健食品抗疲劳效果［J］. 光谱学与光谱分析，2009，29（9）：2357-2360.

44 曹雪涛. 医学免疫学. 北京：人民卫生出版社，2013.

45 安云庆. 免疫学基础. 北京：北京科学技术出版社，1998.

46 张晓莉，新燕，张涛. 医学免疫学实验教程［M］. 北京：北京大学医学出版社，2010.

47 陈洪亮，李伯涛，张家祥，等. 免疫活性多糖的免疫调节作用及机制研究进展［J］. 中国药理学通报，2002，18（1）：249-252.

48 王阳，王伯初，周菁，等. 多糖的免疫调节功能研究进展［J］. 重庆大学学报，2004，27（3）：104-107.

49 刘媛，耿越. 林芝多糖抗肿瘤的细胞机制及作用通路研究［J］. 食品与药品，2008，10（7）：48-51.

50 林志彬. 灵芝抗肿瘤活性和免疫调节作用的研究进展［J］. 北京大学学报（医学版），2002，34（5）：493-498.

51 Meng J，Hu X，Shan F，et al. Analysis of maturation of murine dendritic cells（DCs）induced by purified *Ganoderma lucidum* polysaccharides（GLPs）［J］. Int J Biol Macromol，2011，49（4）：693-699.

52 任健，张倩落，郑莉. 人工虫草多糖对免疫低下小鼠免疫功能的影响［J］. 第四军医大学学报，2007，28（21）：1967-1969.

53 Zhu ZY，Chen J，Si CL，Liu N，et al. Immunomodulatory effect of polysaccharides from submerged cultured *Cordyceps gunnii*［J］. Pharm Biol. 2012，50（9）：1103-1110.

54 宋炳生，杨玉龙. 枸杞多糖的免疫调节作用［J］. 药学实践杂志，1997，15（2）：70-71.

55 宋宪铭，贾宁. 枸杞多糖对小鼠免疫功能影响的研究［J］. 甘肃畜牧兽医，2011，6：5-7.

56 Chen Z，Lu J，Srinivasan N，et al. Polysaccharide-protein complex from *Lycium barbarum* L. is a novel stimulus of dendritic cell immunogenicity［J］. J Immunol，2009，182（6）：3503-3509.

57 源瀚祺，黄庆华，李娆玲. 通过细胞模型体外评价抗氧化活性实验方法研究综述［J］. 广东药学院学报，2012，28（2）：208-211.

58 赵雪瑛. 还原性谷胱甘肽联合促肝细胞生成长素治疗重症肝炎临床评述［J］. 中国实用医药，2015，10（3）：166－167.

59 刘银辉，唐立，等. 肠道菌群与代谢研究进展［J］. 中国微生态学杂志，2013，25（3）：362－364.

60 高权新，吴天星，王进波，等. 肠道微生物与寄主的共生关系研究进展［J］. 动物营养学报，2010，22（3）：519－526.

61 李昙. 人体肠道菌群结构与宿主代谢的相关性研究［D］. 上海：上海交通大学，2009.

62 石汉平. 重视肠道细菌的代谢作用研究［J］. 中华普通外科学文献，2010，4（2）：89－90.

63 Roesch LF，Lorca GL，Casella G，et al. Culture－independent identification of gut bacteria correlated with the onset of diabetes in a rat model［J］. ISME J，2009，3（5）：536－548.

64 秦庆福，李洪福. 慢性肝病与肠道菌群的研究进展［J］. 中国微生态学杂志，2012，24（5）：476－477.

65 徐婷，刘璐，张军东，等. 肠道菌群与人体代谢［J］. 中国微生态学杂志，2014，26（7）：858－862.

66 王晓军，姜淑青，王玉祥，等. 酸奶促进消化功能人体试食研究［J］. 现代预防医学，2012，39（8）：1897－1900.

67 王锦鸿，王江滨，李岩，等. 人嗜酸乳杆菌拮抗幽门螺杆菌及其对模拟胃肠道环境抗性的体外研究［J］. 现代预防医学，2009，36（13）：633－633.

68 姜明明，徐杨，等. 功能性便秘的临床研究进展［J］. 国际病理科学与临床杂志，2011，31（2）：155－160.

69 宁月季，张蔚，林琳. 功能性便秘与胃肠激素的关系［J］. 国际内科学杂志，2009，36（7）：399－403.

70 尤汉宁，许幼如，王彝康，等. 慢性便秘胃肠激素的变化［J］. 中国医师杂志，2002，4（10）：1081－1083.

71 王俊萍，段丽萍，叶红军，等. 功能性便秘患者的精神心理状况及生活质量评估［J］. 中华内科杂志，2008，47（6）：460－461.

72 李兆基，湛先保. 胃黏膜损伤与保护［M］. 上海：上海科学技术出版社，2004：501.

73 罗永祥，彭燕，等. 乙醇对胃黏膜损伤的机制研究概况［J］. 西南军医，2011，13（1）：122－123.

74 AA Khalafallah，AE Dennis. Iron Deficiency Anaemia in Pregnancy and Postpartum：Pathophysiology and effect of oral versus intravenous iron therapy［J］. Journal of Pregnancy，2012（4）：1－11.

75 杨月欣，王光亚，潘兴昌. 中国食物成分表（第2版）［M］. 北京大学医学出版社，2009.

76 付俊杰，刘成锋，吴莉华，等. 2012年江西省小学生贫血状况分析［J］. 中国健康教育，2013，29（11）：986－988.

77 中国学生体质健康调研组. 中国学生贫血状况的动态观察［J］. 中华预防医学杂志，2002，36（2）：10－12.

78 Gao W，Yan H，Duolao Wang，et al. Severity of anemia among children under 36 months old in rural western China［J］. PLoS One，2013，8（4）：e62883.

79 陈实庆. 安庆市5岁以下儿童体重及血红蛋白水平调查［J］. 中国儿童保健杂志，2014，22（2）：196.

80 刘秀红. 铁代谢障碍的分子生物学机制［J］. 国外医学地理分册，1995，16（3）：118－121.

81 常素英，何武，贾凤梅，等. 中国儿童营养状况15年变化分析5岁以下儿童贫血状况［J］. 卫生研究，2007，36（2）：210－212.

82 胡瑜，成立科. 血清转铁蛋白受体与血清铁鉴别缺铁性贫血和慢性病贫血的意义［J］. 江苏大学学报（医学版），2002，12（1）：40－42.

83 凌关庭. 保健食品功能评价（十二）［J］. 粮食与油脂，2002，（5）：50－52.

84　李善玉，杨杰、腾秀兰. 营养性贫血 [J]. 菏泽医专学报，1997，9 (2)：35 - 36.

85　唐仪，刘冬生. 实用妇儿营养学 [M]. 北京：中国医药科技出版社，2001.

86　贾陆. 微量元素与儿童健康 [M]. 郑州：河南医科大学出版社，1999.

87　中国健康促进基金会. 骨质疏松症防治中国白皮书 [Z]. 北京，2008.

88　刘刚. 骨质疏松症的预防与康复 [M]. 北京：人民卫生出版社，2014.

89　薛延. 骨质疏松症诊断与治疗指南 [M]. 北京：科学出版社，1999.

90　刘忠厚. 骨质疏松学 [M]. 北京：科学出版社，1998.

91　Marcus R，Feldman D，Kelsey J. Osteoporosis [M]. London：Academic Press Inc，1996.

92　丁桂芝. 内分泌代谢病学 [M]. 武汉：湖北科学技术出版社，1994.

93　D. 奥托森. 神经系统生理学 [M]. 吕国蔚，译. 北京：人民卫生出版社，1987.

94　韩济生. 神经科学纲要 [M]. 北京：北京医科大学、中国协和医科大学联合出版社，1993.

95　周建烈. 补钙与骨质疏松症防治研究的进展 [J]. 中国骨质疏松杂志. 2000，1 (6)：84 - 88.

96　刘新民. 实用内分泌学 [M]. 3 版. 北京：人民军医出版社，2004.

97　孙炜，金大地. 骨质疏松致病候选基因研究进展 [J]. 中华外科杂志. 2000 (38)：1.

98　Ross PD. Osteoporosis，frequency，consequences and risk factors [J]. Arch Intern Med，1996，156：1399 - 1411.

99　Ferrari SL，Rizzoli R，Slosman DO，et al. Do dietary calcium and age explain the controversy surrounding the relationship between bone mineral density and vitamin D receptor gene polymophisms? [J]. J Bone Miner Res，1998，13：363 - 370.

100　Ferrari S，Rizzoli R，Manen D，et al. Vitamin D receptor gene start codon polymorphisms (Fok Ⅰ) and bone mineral density：Interaction with age，dietary calcium，and 3′- end region polymorphisms [J]. J Bone Miner Res，1998，13：925 - 930.

101　郑建仙. 功能性食品 [M]. 2 版. 北京：中国轻工业出版社，2006.

102　中国营养学会. 中国居民膳食营养素参考摄入量 (2013 版) [Z]. 北京：科学出版社，2014.

103　文春晓，闫玉仙. 神经递质在学习记忆中的作用 [J]. 武警医学院学报，2009，18 (1)：65 - 67.

104　程明，朱熊兆. 学习记忆的行为学研究方法 [J]. 中国行为医学科学，2005，14 (1)：65 - 66.

105　薛承景，李建民. 学习和记忆研究的行为学方法论述 [J]. 河北医药，2007，29 (1)：77 - 78.

106　景洪江，程义勇，李树田，等. 谷氨酸和谷氨酰胺对大鼠学习记忆的影响 [J]. 卫生研究，2000，29 (1)：40 - 42.

107　张文革，王勇，仲崇斌，等. 牛磺酸对学习记忆影响的研究现状 [J]. 生物学杂志，2004，21 (1)：1 - 2.

108　刘燕强，顾景范，李树田，等. 缺锌对生长大鼠学习记忆功能及生长状况的影响 [J]. 营养学报，2001，23 (1)：21 - 24.

109　任榕娜，陈新民，孔祥英，等. 锌缺乏、锌过量对大鼠学习记忆能力的影响 [J]. 中国行为医学科学，1996，5 (4)：182 - 184.

110　葛华，赵安东，詹皓. 改善记忆功能的药物研究进展 [J]. 人民军医，2014，57 (11)：1251 - 1253.

111　赵莹，刘金平，卢丹，等. 人参皂苷 Re 促进自然衰老大鼠学习记忆作用及其机理的研究 [J]. 中药新药与临床药理，2007，18 (1)：20 - 22.

112　王卫霞，王巍，陈可冀. 人参皂苷对动物脑神经保护作用及其机理研究进展 [J]. 中国中西医结合杂志，2005，25 (1)：89 - 93.

113 陈兆耀，刘新峰，徐格林．人参皂苷改善认知功能作用的研究进展［J］．中国老年学杂志，2011，31（24）：4980－4982.

114 姜红柳，杨振，孟勤，等．人参皂苷 Re 对小鼠学习记忆障碍的作用［J］．中国药理学通报，2008，24（10）：1399－1340.

115 陈声武，王丽娟，王岩，等．人参皂苷 Rb1 和 Rd 对不同类型记忆障碍模型小鼠学习记忆功能的影响［J］．中国药理学与毒理学杂志，2001，15（5）：330－332.

116 刘颖，李玺，袁海峰．人参皂苷 Rg1 促进学习记忆作用研究进展［J］．中国中西医结合杂志，2006，26（10）：956－960.

117 R. F. 施密特，G. 特天斯．人体生理学［M］．北京：科学出版社，1991.

118 A. C. 盖顿．人体生理学基础——正常功能与疾病机理［M］．周佳音译．兰州：甘肃人民出版社，1980.

119 张镜如．生理学［M］.4 版．北京：人民卫生出版社，1996.

120 张景行．睡眠机制研究的某些进展［J］．生理科学进展，1988，19（1）：12－15.

121 徐丰彦，张镜如．人体生理学［M］．北京：人民卫生出版社，1989.

122 陈奇．中国药理研究方法学［M］.3 版．北京：人民卫生出版社，2011.

123 戴安·D. 博伊文．睡眠与健康［M］．黄纲，高翔，奚小冰译．北京：世界图书出版公司，2014.

124 慈书平．睡眠与睡眠疾病［M］．北京：军事医科出版社，2005.

125 刘泰．睡眠障碍的研究进展［J］//第六届全国中西医结合心身医学学术交流会论文集，南宁，2012.

126 赵忠新，黄继忠．临床睡眠障碍学［M］．上海：第二军医大学出版社，2003.

127 王宁宇，张罗．耳鼻咽喉头颈外科学［M］．北京：北京大学医学出版社，2014.

128 李学佩．耳鼻咽喉科学［M］．北京：北京大学医学出版社，2003.

129 戴昌芳，王立彬，张永慧．保健食品清咽润喉作用研究［J］．中国食品卫生杂志，2001，13（6）：14－17.

130 钟礼云，林蔚，林健．石斛清咽功能实验研究［J］．中国卫生检验杂志，2014，24（6）：814－815.

131 韩彦彬，彭亮，杨俊峰，等．余甘清润含片清咽润喉作用的研究［J］．应用预防医学，2010，16（6）：332－335.

132 黄丽晶，高文远，李霞，等．平贝雪梨保健饮料的研制及其清咽作用研究［J］．药物评价研究，2010，33（3）：201－205.

133 马征，易传祝，陈炜林．冬凌草水提物清咽功能动物实验研究［J］．实用预防医学，2008，15（6）：1940－1941.

134 王茂起，王竹天，包大跃，冉陆．中国 2000 年食品污染监测与分析［J］．中国食品卫生杂志，2002，14（2）：3－8.

135 American academy of pediatics. Lead poisoning：From screening to primary prevention［J］. Pediztrics，1993（92）：176－179.

136 West R. Childhood blood lead screening inArkansas：Recommendations for health care providers［J］. J Ark Med Soc，1999，125（4）：392－409.

137 Carbone R，Laforgia N，Crolla E，et al. Blood lead levels during pregnancy in the newborn period：Study of the population ofBari［J］. Ann Ist Super Sanita，1998，34（1）：117－119.

138 李凤芝．铅污染与儿童健康［J］．广东微量元素科学，2000，7（1）：1－5.

139 王永芳．铅与儿童健康［J］．中国食品卫生杂志，2000，12（1）：38－40.

140 姜文洁，张秀珍，李珏声．牛磺酸对低水平铅暴露大鼠神经行为与功能的影响［J］．营养学报，2002，24（1）：9－12.

141 贾陆．微量元素与儿童健康［M］．郑州：河南医科大学出版社，1999.

142　朱国君．排铅功能性食品研究进展［J］．粮食与油脂，2007（11）：46－49.
143　李彬．铅的神经发育毒性机制研究进展［J］．应用预防医学，2014，20（2）：124－127.
144　杨燕梅．铅中毒监测和排铅研究进展［J］．新疆医科大学学报，2008，31（8）：1102－1103.
145　齐婷婷，江元汝．天然食物排铅化学原理及应用［J］．当代化工，2011，40（7）：750－761.

CHAPTER 3

第三章 功能食品的安全性评价

内容提要

本章主要介绍了功能食品安全性评价的重要性以及功能食品安全性毒理学评价的程序和方法。

学习目标

掌握食品安全和安全性评价的概念；熟悉功能食品安全性毒性实验选择的原则；了解功能食品安全性评价的发展。

重要概念与名词

食品安全性与食品的安全性评价，功能食品的安全性毒理学评价程序和方法。

功能食品是食品的一个种类，具有一般食品的共性，能调节人体的机能，适用于特定人群食用，但不以治疗疾病为目的。功能食品作为当今食品领域最具活力的类型，越来越多地受到消费者的欢迎。未来10年将是功能食品发展的黄金阶段，因此大力开发安全的具有调节人体功能失调以及改善人体亚健康状况的功能食品具有重要的意义。功能食品的安全性，即长期服用且无不良反应，则成为衡量功能食品品质的重要内容。功能食品安全性评价的主要目的是评价某种功能食品是否可以被安全食用，即评价功能食品中的危害成分或者危害物质的毒性以及相应的风险程度。功能食品安全性评价在功能食品安全性研究、监控以及管理方面具有重要的意义。

第一节 食品的安全性及其控制

食品安全直接关系到人民群众的身体健康和社会稳定，关系到国家的形象和国际影响，是一项非常紧迫的公共卫生工作。我国是一个食品生产和消费大国，随着市场经济的快速发展和生活水平的提高，消费者对食品安全更加关注，食品安全与食品贸易的关系更为密切，因此提高我国食品安全水平的需求越来越迫切。

一、食品安全性的概念

1996 年，WHO 把食品安全性定义为对食品按其原定用途进行制作和/或食用时不会使消费者受害的一种担保，即食品中不应含有可能损害或威胁人体健康的有毒、有害物质或因素，引发消费者出现急性和慢性毒害或感染性疾病，或产生危及消费者及其后代健康的隐患。食品安全性涉及的内容十分广泛，食品的制作过程、食用方式、食用数量等均与食品安全性密切相关，同时还与食用者自身的因素如对某些食物有过敏症等因素有关。

二、影响食品安全性的因素

（一）微生物引起的食源性疾病

近年来，食物中毒事件大部分均由致病微生物引起。从影响消费者健康的角度来看，微生物危害是我国食品安全的最主要因素，也始终是各国行政部门和社会各界努力控制的重中之重。

（二）农用化学品和饲料添加剂

农药、兽药、化肥、饲料添加剂等化学成分对食品安全性产生的影响，已成为近年来人们关注的焦点。这些化学品性质稳定、不易降解，在食物链、环境和人体中可长期残留，对食品安全性以及人类健康构成了很大的威胁。

（三）环境污染

环境污染物通过食物链进入人体危及人类健康。有机污染物中的二噁英、多环芳烃、多氯联苯等工业化合物及副产物均具有在环境和食物链中富集且毒性作用强等特点，对食品安全性威胁极大。

（四）食品添加剂

在食品的加工、包装、运输以及储藏过程中使用的食品添加剂，如使用量过多、使用不当或使用禁用添加剂会影响食品的安全性，危害人体健康。

（五）食品加工与储藏

食品加工过程中的机械管道、烹饪器皿、储藏容器以及各种包装材料等也有可能将有毒物质带入食品。另外，食品储藏过程中产生的过氧化物、毒素等化合物也会给食品带来很大的安全性问题。

（六）食品新技术

随着食品工业的迅速发展，大量使用食品新原料、食品添加剂新品种以及新型包装材料，加上新工艺、现代生物技术和酶制剂等新技术的应用，食品业使用的化学物质日益增多，食品新技术的应用带来的食品安全隐患已经成为亟待重视和研究的问题。

三、 食品安全性的控制

世界各国为了保证食品安全性，陆续推出了 GMP 和 HACCP 等保证食品安全的质量控制标准，已得到世界各国的普遍重视并在逐步推广应用。

（一） GMP 对食品安全和质量的控制

GMP 是生产质量管理规范（good manufacturing practice）的缩写，1969 年由美国食品与药物管理局（FDA）建立，首先应用于药品行业，随后在食品行业加以应用。GMP 是一个基本准则，不同的企业应根据本企业的具体情况制定出适合于本企业的规则。它的内容包括以下几点：

（1）先决条件　包括加工环境、工厂建筑、道路、行程、地表排水系统、废物处理等。

（2）设施　包括制作、储藏、冷藏、冷冻空间的提供；排风、供水、排水、排污、照明等设施；合适的人员组成等。

（3）加工、储藏、分配操作　包括：①物质购买和储藏；②机器、机器配件、配料、包装材料、添加剂、加工辅助品的使用及合理性；③成品外观、包装、标签和成品保存；④成品仓库、运输和分配；⑤成品的再加工；⑥成品申请、抽检和实验，良好的实验室操作等。

（4）卫生和食品安全　包括：①特殊的储藏条件——热处理、冷藏、冷冻、脱水、化学保藏；②清洗计划、清洗操作、污水管理、害虫控制；③个人卫生和操作；④外来物控制、残留金属检测、碎玻璃检测以及化学物质检测等。

（5）管理职责　包括提供资源、管理和监督、质量保证和技术人员；人员培训；提供卫生监督管理程序；满意程度；产品撤销等。

（二） HACCP 对食品安全和质量的控制

1. HACCP 的概念

HACCP 是危害分析关键控制点（hazard analysis critical control point）的缩写。HACCP 是由食品的危害分析（hazard analysis，HA）和关键控制点（critical point，CCPs）两部分组成的一个系统管理模式。HA 就是分析鉴定从原材料经过加工过程到分配直到消费者手中这一整个过程中可能发生的所有微生物性、化学性、物理性危害。CCPs 是针对不同的危害采取不同的方法和手段进行控制。

HACCP 系统始于 20 世纪 60 年代美国宇航局为确保宇航员的食品安全，用“零缺陷”方法控制宇航员食物的卫生质量，用于美国人造空间计划的微生物安全系统。20 世纪 80 年代以来，WHO 和 FAO 积极推广 HACCP 系统。我国从 20 世纪 90 年代起开始应用此系统对加工出口的海产品和水果的卫生质量进行监测。

2. HACCP 系统的组成

HACCP 系统由 7 个原则组成，通过一系列步骤包括观察产品或过程、决定危害、控制检测、记录，确保工作连续有效。HACCP 的每一个步骤都是很复杂的过程，需要在充分掌握大量资料和实验数据的基础上才能最后确定和实施。

（1）食品的危害分析（hazard analysis，HA）　评价危害和危险，包括对食品原料的种植生长、收获、原料成分、食品加工、食品制造、食品分配、食品市场、食品烹调准备以及食品消费等一系列过程的准备和保护措施的阐述。

（2）决定关键控制点（critical point，CCPs）　在 HA 阐明了所有的危害和保护措施后，建立产品安全管理控制的关键点 CCPs，控制已确定的危害。

（3）建立和确定每一个关键控制点的临界极限（critical limits），即确定判断标准。

（4）确定监测过程来检测 CCPs。建立从检测结果来判定加工过程的管理和维持控制管理的技术程序。

（5）当检测的 CCPs 偏离所建立的临界极限时，必须采取准确的补救和校正措施。

（6）建立有效记录系统，为 HACCP 系统提供证据。

（7）建立系统过程系统以验证 HACCP 系统的正确性。验证过程必须基于维持 HACCP 系统和确保其工作连续有效。

在以上 7 个原则中，原则（1）清楚地表明了食品的危害及危险评价，是使用 HACCP 系统进行食品安全性评价的基础。原则（3）确定了每一个 CCPs 的临界极限，是 HACCP 系统中最重要的部分。

四、食品的安全性评价

食品的安全性评价的主要目的是评价某种食品是否可以安全食用。具体就是评价食品中有关危害成分或者危害物质的毒性以及相应的风险程度，这就需要利用足够的毒理学资料确认这些成分或物质的安全剂量。食品安全性评价在食品安全性研究、监控和管理方面具有重要的意义。食品安全性评价是在人体试验和判断识别的基础上发展起来的，是食品风险分析的基础。食品安全性评价中常采用毒理学评价实验来评价食品生产、加工、保藏、运输和销售过程中使用的化学和生物物质，在上述过程中产生的有害物质，以及食品中其他的有害物质。毒理学评价通常有 4 个阶段：急性毒性实验；遗传毒理学实验；亚慢性毒性实验（90d 喂养实验、繁殖实验、代谢实验）；慢性毒性实验（包括致癌实验）。

我国的食品卫生标准中对于有害化学物质的确定过程通常为：①动物毒性实验；②确定动物最大无作用剂量；③确定人体每日允许摄入量；④确定一日食物中的总允许量；⑤确定该物质在每种食品中的最高允许量；⑥制定食品中的允许标准。对微生物指标的制订程序基本相同，只是在制订时对采集样本的要求更为严格。

食品安全问题是关系到人民健康和国计民生的重大问题。而食品安全性毒理学评价则是针对某种食品的食用安全性展开的评价。通过对其急性毒性、遗传毒性、亚慢性毒性、慢性毒性、致畸性和致癌性的评估，为其是否能够安全食用、政府审批和上市或制定食品中污染物限量标准并进行监督和管理提供科学依据。因此食品毒理学安全性评价是保障食品安全和国民健康的重要手段。我国十分重视食品安全性毒理学评价工作。1983 年，卫生部颁布了《食品安全性毒理学程序（试行草案）》，并于 1994 年以国标形式颁布了《食品安全性毒理学评价程序》（GB 15193.1—1994），规定和制定了我国食品安全性毒理学检验的四阶段实验内容以及急性毒性实验、亚慢性毒性实验、慢性毒性实验、遗传毒性实验、致畸实验、繁殖毒性实验和代谢实验等各项毒理学实验的标准化方法。这标志着我国食品毒理学安全性评价工作的规范化和标准化。随着国际毒理学实验技术的发展，新的毒理学检测方法和手段的不断出现以及满足新的食品安全性问题的需求，卫生部组织专家对《食品安全性毒理学评价程序》（GB 15193.1—1994）进行了两次修订，制定和实施了《食品安全国家标准　食品安全性毒理学评价程序》（GB 15193.1—2014）。该标准规定了食品安全性毒理学评价的程序和方法，适用于评价食品生产、加工、保藏、运输和销售过程中所涉及的可能对健康造成危害的化学、生物和物理因素的安全性，评价对象包括食品添加剂（含营养强化剂）、食品新资源及其成分、新资源食品、辐照食品、食品容器与包装材料、食品工具、设备、洗涤剂、消毒剂、农药残留、兽药残留、食品工业用微生物等。

第二节　功能食品的安全性及其评价

当前国际上对保健食品有两种管理模式。欧洲、日本等将功能声称食品与一般声称食品看作两类产品，分别以不同的法规进行管理。而中国将功能声称食品和一般声称保健食品视为同一个概念，即我国将功能食品和保健食品采用同一套法规来进行管理。为了确保功能食品的食用安全，也需要对其产品进行安全性评价。功能食品一般可采用食品安全性评价的程序与方法进行安全学评价。但我国功能食品常由中草药、动植物以及其提取物等原料组成，其配方复杂，故在进行安全性评价时，在适用范围、对受试物以及受试物处理方面有特殊的要求。

一、功能食品安全性毒理学评价程序和方法制定

为加强保健食品的管理，我国卫生部于1996年颁布了《保健食品管理办法》，随后又制定了《保健食品评审技术规程》等一系列技术法规以及评价程序和方法。保健食品具有推荐量大毒性小的特点，依据《保健食品检验与评价技术规范》（2003年版）进行保健食品的安全性毒理学评价，在受试物处理、实验方法和结果判定等方面均存在一些特殊性，为此卫生部组织专家讨论并于2003年颁布了《保健食品安全性毒理学评价程序和检验方法规范》技术规范，针对不同原料组成的保健食品，规定了需要完成的毒理学实验项目。对受试物的处理也做了具体的要求。对某些毒理学实验方法和结果的判定原则也做了修订。至目前为止，我国保健食品的安全性毒理学检验均依据2003版《保健食品安全性毒理学评价程序和检验方法规范》进行。目前我国已批准的保健食品有8000多项，该技术规范的制定和颁布实施对保障保健食品的安全性作出了贡献。

二、功能食品的安全性毒理学评价程序

《保健食品安全性毒理学评价程序和检验方法规范》规定了保健食品安全性毒理学评价的内容与适用范围，制订了保健食品安全性毒理学评价的统一规程，适用于保健食品的安全性评价。

（一）受试物及受试物的处理

对受试物的要求：以单一已知化学成分为原料的受试物，应提供受试物（必要时包括其杂质）的物理、化学性质（包括化学结构、纯度、稳定性等）。含有多种原料的配方产品，应提供受物的配方，必要时应提供受试物各组成成分，特别是功效成分或代表性成分的物理、化学性质（包括化学名称、结构、纯度、稳定性、溶解度等）及检测报告等有关资料。提供原料来源、生产工艺、推荐人体摄入量、使用说明书等有关资料。受试物应是符合既定

配方和生产工艺的规格化产品，其组成成分、比例及纯度应与实际产品相同。

对受试物处理的要求：介质是帮助受试物进入实验系统或动物体内的重要媒介。应选择适合于受试物的溶剂、乳化剂或助悬剂。所选溶剂、乳化剂或助悬剂本身应不产生毒性作用，与受试物各成分之间不发生化学反应，且保持一定的稳定性。一般可选用蒸馏水、食用植物油、淀粉、明胶、羧甲基纤维素等。对于人体推荐量较大的样品，在按其推荐量设计试验剂量时，往往会超过动物的最大灌胃剂量或超过掺入饲料中的规定限量（10%重量），此时可允许去除既无功效作用又无安全问题的辅料部分（如淀粉、糊精等）后进行实验。对于袋泡茶类样品，可用该样品的水提取物进行实验，提取方法应与产品推荐饮用的方法相同。如产品无特殊推荐饮用方法，可采用以下提取条件进行：常压，温度80~90℃，浸泡时间30min，水量为样品重量的10倍或以上，提取2次，将提取液合并浓缩至所需浓度，并标明该浓缩液与原料的比例关系。对于膨胀系数较高的样品，应考虑样品的膨胀系数对样品给予剂量的影响，以此来选择合适的样品给予方法（灌胃或掺入饲料）。对于液体类样品，应采用不破坏其中有效成分的方法进行浓缩处理，如可使用温度60~70℃减压或常压蒸发浓缩、冷冻干燥等方法。对于含乙醇的样品，尤其是推荐量较大的含乙醇样品，在按其推荐量设计试验剂量时，如超过动物最大灌胃容量时，可以进行浓缩。乙醇浓度低于15%（*V/V*）的样品，浓缩后的乙醇应恢复至样品定型产品原来的浓度。乙醇浓度高于15%的样品，浓缩后应将乙醇浓度调整至15%，并将各剂量组的乙醇浓度调整一致。不需要浓缩的样品乙醇浓度>15%时，应将各剂量组的乙醇浓度调整至15%。当进行鼠伤寒沙门氏菌/哺乳动物微粒体酶实验（Ames实验）和果蝇伴性隐性致死实验时应将乙醇去除。在调整受试物的乙醇浓度时，原则上应使用该保健食品的酒基。对于含有毒性较大的人体必需营养素（如维生素A、硒等）的样品，如配方中含有某一毒性较大的人体必需营养素，在按其推荐量设计实验剂量时，如该物质的剂量达到已知的毒作用剂量，在原有剂量设计的基础上，则应考虑增加去除该物质或降低该物质剂量（如降至最大未观察到有害作用剂量，NOAEL）的受试物剂量组，以便对样品中其他成分的毒性作用及该物质与其他成分的联合毒性作用做出评价。对于益生菌等微生物类样品，应将微生物灭活后进行Ames实验或体外细胞实验。对于以鸡蛋等食品为载体的样品，在进行30d或90d喂养实验时，允许将其加入饲料，并按动物的营养需要调整饲料配方后进行实验。

（二）安全性毒理学评价实验的目的和内容

第一阶段：急性毒性实验，包括半数致死量（LD_{50}）测定实验、联合急性毒性实验、一次最大耐受量实验。急性毒性实验的目的是了解受试物的毒性强度、性质和可能的靶器官，为进一步进行毒性实验的剂量和毒性观察指标的选择提供依据，并根据LD_{50}进行毒性分级。

第二阶段：遗传毒性实验，包括30d喂养实验、传统致畸实验。遗传毒性实验的目的是对受试物的遗传毒性以及是否具有潜在致癌作用进行筛选。遗传毒性实验的组合应考虑原核细胞与真核细胞、体内实验与体外实验相结合的原则。基因突变实验应以Ames实验为首选，其次考虑选用V79/HGPRT基因突变实验，必要时可另选其他实验。骨髓细胞微核实验或哺乳动物骨髓细胞染色体畸变实验各选一项。TK基因突变实验或小鼠精子畸形分析/睾丸染色体畸变分析实验中各选一项。其他备选遗传毒性实验还包括显性致死实验、果蝇伴性隐性致死实验以及非程序性DNA合成实验等。30d喂养实验的目的是对只需进行第一、二阶段毒性实验的受试物，在急性毒性实验的基础上，通过30d喂养实验，进一步了解其毒性作用，观察其对生长发育的影响，并可初步估计最大未观察到的有害作用剂量。致畸实验的目的是了解受试物是否具有致畸作用。

第三阶段：亚慢性毒性实验，包括90d喂养实验、繁殖实验、代谢实验。90d喂养实验、繁殖实验的目的是观察受试物以不同剂量水平经较长期喂养后对动物的毒作用的性质和靶器官，了解受试物对动物繁殖及对子代的发育毒性，观察对生长发育的影响，并初步确定最大未观察到有害作用剂量，为慢性毒性和致癌实验的剂量选择提供依据。代谢实验的目的是了解受试物在体内的吸收、分布和排泄速度以及蓄积性，寻找可能的靶器官，为选择慢性毒性实验的合适动物种（species）、系（strain）提供依据，了解代谢产物的形成情况。

第四阶段：慢性毒性实验（包括致癌实验）。慢性毒性实验和致癌实验的目的是了解长期接触受试物后出现的毒性作用以及致癌作用；最后确定最大未观察到有害作用剂量和致癌的可能性，为受试物能否应用于保健食品的最终评价提供依据。

（三）选择毒理实验的原则要求

（1）以普通食品和原卫生部规定的药食同源物质以及允许用作保健食品的物质以外的动植物或动植物提取物、微生物、化学合成物等为原料生产的保健食品，应对该原料和用该原料生产的保健食品分别进行安全性评价。该原料原则上按以下四种情况确定实验内容：①国内外均无食用历史的原料或成分作为保健食品原料时，应对该原料或成分进行四个阶段的毒性实验。②仅在国外少数国家或国内局部地区有食用历史的原料或成分，原则上应对该原料或成分进行第一、二、三阶段的毒性实验，必要时进行第四阶段毒性实验。③若根据有关文献资料及成分分析，未发现有毒或毒性甚微，不致构成对健康损害的物质，以及较大数量人群有长期食用历史而未发现有害作用的动植物及微生物等，可以先对该物质进行第一、二阶段的毒性实验，经初步评价后，决定是否需要进行下一阶段的毒性实验。④凡以已知的化学物质为原料、国际组织已对其进行过系统的毒理学安全性评价、同时申请单位又有资料证明我国产品的质量规格与国外产品一致的物质，则可将该化学物质先进行第一、二阶段毒性实验。若实验结果与国外产品的结果一致，一般不要求进行进一步的毒性实验，否则应进行第三阶段毒性实验。在国外多个国家广泛食用的原料，在提供安全性评价资料的基础上，可进行第一、二阶段毒性实验，根据实验结果来决定是否进行下一阶段毒性实验。

（2）以卫生健康委（原卫生部）规定允许用于保健食品的动植物或动植物提取物或微生物（普通食品和卫生健康委规定的药食同源物质除外）为原料生产的保健食品，应进行急性毒性实验、三项致突变实验（Ames 实验或 V79/HGPRT 基因突变实验，骨髓细胞微核实验或哺乳动物骨髓细胞染色体畸变实验，TK 基因突变实验或小鼠精子畸形分析/睾丸染色体畸变分析实验中的任一项）、30d 喂养实验。必要时，进行传统致畸实验和第三阶段毒性实验。

（3）以普通食品和卫生健康委（原卫生部）规定的药食同源物质为原料生产的保健食品，按以下3种情况确定实验内容：①以传统工艺生产且食用方式与传统食用方式相同的保健食品，一般不要求进行毒性实验。②用水提物配制生产的保健食品，如服用量为原料的常规用量，且有关资料未提示其具有不安全性的，一般不要求进行毒性实验。如服用量大于常规用量时，需进行急性毒性实验、三项致突变实验和30d 喂养实验，必要时进行传统致畸实验。③用水提以外的其他常用工艺生产的保健食品，如服用量为原料的常规用量时，应进行急性毒性实验、三项致突变实验。如服用量大于原料的常规用量时，需增加30d 喂养实验，必要时进行传统致畸实验和第三阶段毒性实验。

(4) 用已列入营养强化剂或营养素补充剂名单的营养素的化合物为原料生产的保健食品，如其原料来源、生产工艺和产品质量均符合国家有关要求，一般不要求进行毒性实验。

(5) 针对不同食用人群和（或）不同功能的保健食品，必要时应针对性的增加敏感指标及敏感实验。

（四）安全性毒理学评价实验的结果判定

(1) 急性毒性实验　如 LD_{50} 小于人的可能摄入量的100倍，则放弃该受试物用于保健食品。如 LD_{50} 大于或等于100倍者，则可考虑进入下一阶段毒理学实验。如动物未出现死亡的剂量大于或等于10g/kg（bw）（涵盖人体推荐量的100倍），则可进入下一阶段毒理学实验。对人体推荐量较大和其他一些特殊原料的保健食品，按最大耐受量法最大给予剂量动物未出现死亡，也可进入下一阶段毒理学实验。

(2) 遗传毒性实验　如三项实验（Ames 实验或 V79/HGPRT 基因突变实验，骨髓细胞微核实验或哺乳动物骨髓细胞染色体畸变实验，及 TK 基因突变实验或小鼠精子畸形分析/睾丸染色体畸变分析实验中的任一项）中，体外或体内有一项或以上实验阳性，一般应放弃该受试物用于保健食品。如三项实验均为阴性，则可继续进行下一步的毒性实验。

(3) 30d 喂养实验　对只要求进行第一、二阶段毒理学实验的受试物，若 30d 喂养实验的最大未观察到有害作用剂量大于或等于人的可能摄入量的100倍，综合其他各项实验结果可初步做出安全性评价。对于人的可能摄入量较大的保健食品，在最大灌胃剂量组或在饲料中的最大掺入量剂量组未发现有毒性作用，综合其他各项实验结果和受试物的配方、接触人群范围及功能等有关资料可初步做出安全性评价。若最小观察到有害作用剂量小于人的可能摄入量的100倍，或观察到毒性反应的最小剂量组其受试物在饲料中的比例小于或等于10%，且剂量又小于人的可能摄入量的100倍，原则上应放弃该受试物用于保健食品。但对某些特殊原料和功能的保健食品，在小于人的可能摄入量的100倍剂量组，如果个别指标实验组与对照组出现差异，要对其各项实验结果和受试物的配方、理化性质及功能和接触人群范围等因素综合分析以判断是否为毒性反应后，决定该受试物可否用于保健食品或进入下一阶段毒性实验。

(4) 传统致畸实验　以 LD_{50} 或 30d 喂养实验的最大未观察到有害作用剂量设计的受试物各剂量组，如果在任何一个剂量组观察到受试物的致畸作用，则应放弃该受试物用于保健食品，如果观察到有胚胎毒性作用，则应进行进一步的繁殖实验。

(5) 90d 喂养实验、繁殖实验　国外少数国家或国内局部地区有食用历史的原料或成分，如最大未观察到有害作用剂量大于人的可能摄入量的100倍，可进行安全性评价。若最小观察到有害作用剂量小于或等于人的可能摄入量的100倍，或最小观察到有害作用剂量组其受试物在饲料中的比例小于或等于10%，且剂量又小于或等于人的可能摄入量的100倍，原则上应放弃该受试物用于保健食品。国内外均无食用历史的原料或成分，根据这两项实验中的最敏感指标所得最大未观察到有害作用剂量进行评价的原则是：最大未观察到有害作用剂量小于或等于人的可能摄入量的100倍者表示毒性较强，应放弃该受试物用于保健食品；最大未观察到有害作用剂量大于100倍而小于300倍者，应进行慢性毒性实验；大于或等于300倍者则不必进行慢性毒性实验，可进行安全性评价。

(6) 慢性毒性实验　根据慢性毒性实验所得的最大未观察到有害作用剂量进行评价的原则是：最大未观察到有害作用剂量小于或等于人的可能摄入量的50倍者，表示毒性较强，应放弃该受试物用于保健食品；未观察到有害作用剂量大于50倍而小于100倍者，经安全性评价后，决定该受试物是否可用于保健食品；最大未观察到有害作用剂量大于或等于100倍者，则可考虑允许用于保健食品。

（7）致癌实验　根据致癌实验所得的肿瘤发生率、潜伏期和多发性等进行致癌实验判定的原则如下所述。凡符合下列情况之一，并经统计学处理有显著性差异者，可认为致癌实验结果为阳性。若存在剂量反应关系，则判断阳性更可靠。①肿瘤只发生在实验组动物，对照组中无肿瘤发生。②实验组与对照组动物均发生肿瘤，但实验组发生率高。③实验组动物中多发性肿瘤明显，对照组中无多发性肿瘤，或只是少数动物有多发性肿瘤。④实验组与对照组动物肿瘤发生率虽无明显差异，但实验组中发生时间较早。

（8）若受试物掺入饲料的最大加入量（超过5%时应补充蛋白质至与对照组相当的含量，添加的受试物原则上最高不超过饲料的10%）或液体受试物经浓缩后仍达不到最大未观察到有害作用剂量为人的可能摄入量的规定倍数时，综合其他的毒性实验结果和实际食用或饮用量进行安全性评价。

（五）毒理学安全性评价时应考虑的问题

（1）实验指标的统计学意义和生物学意义　在分析实验组与对照组指标统计学上差异的显著性时，应根据其有无剂量反应关系、同类指标横向比较及与本实验室的历史性对照值范围比较的原则等来综合考虑指标差异有无生物学意义。此外如在受试物组发现某种肿瘤发生率增高，即使在统计学上与对照组比较差异无显著性，仍要予以关注。

（2）生理作用与毒性作用　对实验中某些指标的异常改变，在结果分析评价时要注意区分是生理学表现还是受试物的毒性作用。

（3）时间-毒性效应关系　对由受试物引起的毒性效应进行分析评价时，要考虑在同一剂量水平下毒性效应随时间的变化规律。

（4）特殊人群和敏感人群　对孕妇、乳母或儿童食用的保健食品，应特别注意其胚胎毒性或生殖发育毒性、神经毒性和免疫毒性。

（5）推荐摄入量较大的保健食品　应考虑给予受试物量过大时，可能影响营养素摄入量及其生物利用率，从而导致某些毒理学表现，而非受试物的毒性作用所致。

（6）含乙醇的保健食品　对实验中出现的某些指标的异常改变，在结果分析评价时应注意区分是乙醇本身还是其他成分的作用。

（7）动物年龄对实验结果的影响　对某些功能类型的保健食品进行安全性评价时，对实验中出现的某些指标的异常改变，要考虑是否因为动物年龄选择不当所致而非受试物的毒性作用，因为幼年动物和老年动物可能对受试物更为敏感。

（8）安全系数　将动物毒性实验结果外推到人时，鉴于动物、人的种属和个体之间的生物学差异，安全系数通常为100，但可根据受试物的原料来源、理化性质、毒性大小、代谢特点、蓄积性、接触的人群范围、食品中的使用量与使用范围、人的可能摄入量及功能等因素来综合考虑其安全系数的大小。

（9）人体资料　由于存在着动物与人之间的种属差异，在评价保健食品的安全性时，应尽可能收集人群食用受试物后反应的资料。必要时在确保安全的前提下，可遵照有关规定进行人体试食试验。

（10）综合评价　在对保健食品进行最终评价时，必须综合考虑受试物的原料来源、理化性质、毒性大小、代谢特点、蓄积性、接触的人群范围、食品中的使用量与使用范围、人的可能摄入量及保健功能等因素，确保其对人体健康的安全性。对于已在食品中应用了相当长时间的物质，对接触人群进行流行病学调查具有重大意义，但是对于新的受试物质只能主要依靠动物实验和其他实验研究资料。由于人类的种族和个体差异，即使有了完整和详尽的动物实验资料和一部分人类接触者的流行病学研究资料，也很难做出保证每个人都安全的评价，即绝对的安全实际上是不存在的。根据实验资料进行最终评价时，应全面权衡做出结论。

（11）保健食品安全性的重新评价　安全性评价的依据不仅是科学实验的结果，而且与当时的科学水平、技术条件以及社会因素均密切有关。因此，随着时间的推移，很可能结论也不同。随着情况的不断改变，科学技术的进步以及研究方法的不断发展，有必要对已通过评价的受试物进行重新评价，做出新的科学结论。

三、功能食品的安全性毒理学评价方法

安全性毒理学评价实验包括以下四个阶段。

（一）第一阶段：急性毒性实验

急性毒性实验是指一次给予或在短期内多次给予受试物，确定实验动物对受试物的毒性反应、中毒剂量或致死剂量的实验。致死剂量通常用半数致死量（LD_{50}）来表示。急性毒性实验的目的是测定 LD_{50}，了解受试物的毒性强度、性质和靶器官，为以后的蓄积毒性实验和亚慢性毒性实验的剂量和毒性判定指标的选择提供依据。实验动物为两种性别的小鼠和/或大鼠。

LD_{50}（median lethal dose）即半数致死量或称致死中量，它是指受试动物经口一次或在24h内多次染毒后，能使受试动物中有半数（50%）死亡的剂量。LD_{50}是衡量化学物质急性毒性大小的基本数据，可以用它的倒数对实验条件类似的许多化学物质的毒性强弱进行比较，其单位是每公斤体重所摄入受试物质的毫克数，即 mg/kg（bw）。LD_{50}的测定采用霍恩氏（Horn）几率单位法或寇氏法（Korbor）。我国卫生部1983年提出将各物质按其对大鼠经口半数致死量的大小分为极毒、剧毒、中等毒、低毒、实际无毒、无毒六大类，如表3-1所示。

表3-1　急性毒性（LD_{50}）剂量分级表

级别	大鼠口服 LD_{50} /［mg/kg（bw）］	相当于人的致死量 mg/kg（bw）	相当于人的致死量 g/人
极毒	<1	稍尝	0.05
剧毒	1~50	500~4 000	0.5
中等毒	51~500	4 000~30 000	5
低毒	501~5 000	30 000~250 000	50
实际无毒	5 001~15 000	250 000~500 000	500
无毒	>15 000	>500 000	2 500

一般来说，对动物毒性很低的物质，对人的毒性也很低。急性毒性实验有其局限性，即

不能评价对人类潜在的危害。因为很多物质其急性毒性虽然不大，但长期慢性危害却很严重，尤其是一些致癌物质，急性毒性较小，但长期少量摄入能诱发癌肿的产生。

（二）第二阶段：遗传毒性实验、传统致畸实验、短期喂养实验

1. 遗传毒性实验

突变是细胞的遗传物质发生改变所引起的一种生物学现象。发生变化的遗传物质在细胞分裂繁殖过程中可被传递到后代细胞，使后代细胞及生物具有新的特性。能引起生物细胞发生突变的物质称为致突变物。如果食物中某种物质能引起某些动物或人体细胞发生突变，不论其性质如何，均认为是一种毒性表现，应在食品中严格限制。致突变实验的基本原理是将受试物与一种生物系统相接触，观察该生物系统是否发生突变。凡是使生物系统发生突变者，即为致突变物。致突变实验所用生物系统包括细菌、真菌、昆虫、细胞株和哺乳动物等。

遗传毒性实验的目的是对受试物是否具有致癌作用的可能性进行筛选。遗传毒性实验的组合必须考虑原核细胞和真核细胞、生殖细胞与体细胞、体内和体外实验相结合的原则。遗传毒性实验包括细菌致突变实验、小鼠骨髓微核率测定或骨髓细胞染色体畸变分析、小鼠精子畸形分析和睾丸染色体畸变分析。其他备选遗传毒性实验包括 V79/HGPRT 基因突变实验、显性致死实验、果蝇伴性隐性致死实验、程序外 DNA 修复合成（UDS）实验等。

（1）细菌致突变实验　鼠伤寒沙门氏菌/哺乳动物微粒体酶实验（Ames 实验）为首选项目，必要时可另选和加选其他实验。这里介绍 Ames 实验。

原理：鼠伤寒沙门氏菌的突变型（即组氨酸缺陷型）菌株在无组氨酸的培养基上不能生长，在有组氨酸的培养基上可以正常生长。但如在无组氨酸的培养基中有致突变物存在时，则沙门氏菌突变型可回复突变为野生型（表现型），从而在无组氨酸培养基上也能生长。故可根据菌落形成数量，检查受试物是否为致突变物。某些致突变物需要代谢活化后才能使沙门氏菌突变型产生回复突变。代谢活化系统采用多氯联苯（PCB）诱导的大鼠肝匀浆（S-9）制备的 S-9 混合液。

实验设计：决定受试物最高剂量的原则是受试物对实验菌株的毒性和受试物的溶解度。对于纯的化学物质，一般最低剂量为每平皿 0.2 μg，最高剂量为 5mg，或溶解度允许，或饱和浓度，或对细菌产生最小毒性浓度。对于毒性很低、摄入量很大的定型产品，可根据其溶解度和对细菌的毒性采用可能的最大剂量。每种受试物在允许最高剂量下设 4 个以上剂量，每剂量间隔不超过 5 倍，每个剂量应做三个平皿。

受试物的配制及特殊受试物的处理：配制受试物的溶剂可选用水、二甲基亚砜（每皿不超过 0.4mL）或其他溶剂。无论选用什么溶剂均应无诱变性。对于含组氨酸的受试物，需根据受试物中测得的组氨酸含量，若能诱发回复突变率的增高可加设组氨酸平行对照组或将受试物经 XAD-Ⅱ树脂柱过滤洗脱预处理后进行实验。

对照组的设置：实验应同时设有阳性物对照组、溶剂对照组和未处理对照，均包括加 S-9和不加 S-9 两种情况。阳性对照物应根据菌株的类型进行选择或参考其他有关资料。

（2）小鼠骨髓细胞微核实验

原理：微核是指在细胞的有丝分裂后期，当染色体有规律地进入子细胞形成细胞核时仍然留在细胞质中的染色单体或染色体的无着丝粒断片或环，在细胞分裂末期以后形成的包含在子细胞胞质内的一个或几个规则的次核，由于比核小得多故称微核。这种情况的出现往往

是由于受到染色体断裂剂作用的结果。另外，也可能在受到纺锤体毒物的作用时，主核没有能够形成，代之以一组小核。此时小核往往比一般典型的微核稍大。

动物选择：通常选用小鼠进行，也可选用大鼠。通常用7~12周龄，体重25~30g的小鼠或体重150~200g的大鼠。每组用两种性别的动物至少各5只。

剂量分组：原则上以动物出现严重中毒症状和/或个别动物出现死亡为最高剂量，一般可取1/2 LD_{50}。低剂量组应不表现出毒性，分别取1/4和1/8 LD_{50}作为中、低剂量。急性毒性实验给予受试物最大剂量（最大使用浓度和最大灌胃容量）动物无死亡即求不出LD_{50}时，高剂量组选择的顺序为10g/kg（bw）、人的可能摄入量的100倍或一次最大灌胃剂量进行设计。然后再下设中、低剂量组。另设溶剂对照组和阳性对照组。阳性对照物可用环磷酰胺［40mg/kg（bw）］经口或腹腔注射（首选经口）给予。

（3）骨髓细胞染色体畸变分析

原理：染色体是细胞核中具有特殊结构和遗传功能的小体。当化学物质作用于细胞周期G_1期和S期时，诱发染色体型畸变。而作用于G_2期时则诱发染色体单体型畸变。给实验的大、小鼠腹腔注入秋水仙素，抑制细胞分裂时纺锤体的形成，以便增加中期分裂相细胞的比例，并使染色体丝缩短、分散，轮廓清晰。在显微镜下观察染色体数目和形态。

动物选择：常选用健康成年大鼠或小鼠。每组用两种性别的动物至少各5只。

剂量分组：同"小鼠骨髓细胞微核实验"。阳性对照物可用丝裂霉素C［1.5~2.0mg/kg（bw）］或环磷酰胺［40mg/kg（bw）］经口或腹腔注射（首选经口）给予。

（4）小鼠精子畸形实验

原理：小鼠精子畸形受基因控制，具有高度遗传性。许多常染色体及X、Y性染色体基因直接或间接地决定精子的形态。精子的畸形主要是指形态的异常。目前认为精子的畸形是决定精子形成的基因发生突变的结果。因此精子形态的改变提示有关基因及其蛋白质产物发生了改变。小鼠精子畸形实验可各种物质对精子生成以及发育的影响，而且对已知的生殖细胞致突变物有高度敏感性，故本实验可检测各种因子对生殖细胞的致突变作用。受试物如能影响实验动物的精子成熟过程，则可观察到精子头部或尾部的形态变化。

动物选择：6~8周龄雄性小鼠，体重25~35g。每组至少5只。

剂量分组：受试物应设3个剂量组，最高剂量组原则上为动物出现严重中毒表现和/或个别动物出现死亡的剂量，一般可取1/2 LD_{50}，低剂量组应不表现出毒性，分别取1/4和1/8 LD_{50}作为中、低剂量。急性毒性实验给予受试物最大剂量（最大使用浓度和最大灌胃容量）动物无死亡即求不出LD_{50}时，高剂量组选择的顺序为10g/kg（bw）、人的可能摄入量的100倍或一次最大灌胃剂量进行设计。然后再下设中、低剂量组。另设溶剂对照组和阳性对照组。阳性对照物可采用环磷酰胺［40~60mg/kg（bw）］、甲基磺酸甲酯（MMS）［50mg/kg（bw）］或丝裂霉素C（MMC）［1.0~1.5mg/kg（bw）］经口或腹腔注射（首选经口）给予。

（5）小鼠睾丸染色体畸变实验

原理：不同周期的雄性生殖细胞对化学物质的敏感性不同，多数情况下化学诱变剂诱发染色体畸变必须经过DNA复制期，故在前细线期处理。第12~14d采样，以观察作用于前细线期引起的精母细胞染色体畸变效应。

动物选择：健康成年雄性小鼠，体重25~30g，每组至少5只。

剂量分组：同"小鼠精子畸形实验"。阳性对照物可采用丝裂霉素C［1.5~2mg/kg

(bw)，腹腔注射，一次］或环磷酰胺［40mg/kg（bw），腹腔注射，每天一次，连续5d］。阴性对照组应给予溶剂或介质，方式与受试物组相同。如果有资料表明所使用的溶剂或介质无致突变作用，可不做未处理对照，否则应另设未处理对照。

观察项目：阅片时应在低倍镜下按顺序寻找背景清晰、分散良好、染色体收缩适中的中期分裂相，然后在油镜下进行分析。

观察项目主要为染色体的结构畸变包括裂隙、断片、微小体，此外还要分析相互易位、X－Y 和常染色体的单价体。相互易位涉及非同源染色体间末端断片的交换，它需要二次断裂和修复。有常染色体间的易位和性染色体与常染色体间的易位。常染色体易位时能产生环状的多价体，或链状多价体。如一次易位可形成环状四价体、链状四价体、三价体加上一个单价体（c Ⅲ + Ⅰ）；若二次、三次或四次易位，则可观察到六价体、八价体或十价体。性染色体的易位，可以有 X 染色体或 Y 染色体与常染色体易位，在对照成年动物中自发易位率极低（低于0.01%）。X－Y 和常染色体的单价体也称早熟分离，对照动物 X－Y 单价体较常见，有0%～10%。因 X 和 Y 染色体是长臂的远端，非同源的片段相接，X、Y 的分离常可引起不育。常染色体的单价体是由于不联会（同源片段间配对合子的缺失），或联会消失（由于交叉失败而分离）而造成，它们在对照组动物中较少见。因为交叉在双线期形成，正常配对的联合一直到中期Ⅰ末，常发生于最小一对常染色体中。

（6）V79/HGPRT 基因突变实验（体外哺乳类细胞基因突变实验）。

原理：细胞在正常培养条件下，对6－硫代鸟嘌呤（6－TG）的毒性作用敏感，不能生存。在致癌物和致突变物作用下，某些细胞 X 染色体上控制次黄嘌呤鸟嘌呤磷酸核糖转移酶（HGPRT）的结构基因发生突变，不能再产生 HGPRT，从而使突变细胞对6－TG 具有抗性作用。这些突变细胞在含有6－TG 的选择性培养液中能继续分裂并形成集落。根据突变集落形成数，计算突变率以判定受试物的致突变作用。

细胞：使用中国仓鼠肺（V79）细胞株。为了减少自发突变率，正式实验前先将野生型细胞群体中存在的自发 HGPRT 作为突变体选择性杀灭。方法是将野生型细胞接种于含次黄嘌呤及胸腺嘧啶、氨甲蝶呤、甘氨酸的 MEM（培养 V79 细胞株）培养液中培养1周，然后重新接种于 MEM 培养液中。

（7）显性致死实验

原理：致突变物可引起哺乳动物生殖细胞染色体畸变，以致不能与异性生殖细胞结合或导致受精卵在着床前死亡，或导致胚胎早期死亡。

动物选择：雄性成年小鼠（体重30g 以上）或大鼠（体重200g 以上）。雄鼠预先接触受试物再进行交配，雌鼠不接触受试物。雄鼠每组不少于10～15只，雌鼠数量为雄鼠的5～6倍量。雄鼠与雌鼠交配，每组至少产生30只受孕雌鼠。

剂量分组：实验至少设3个受试物剂量组。高剂量组应引起动物生育力轻度下降。各组受试物剂量可在1/10～1/3LD_{50}。急性毒性实验给予受试物最大剂量（最大使用浓度和最大灌胃容量）求不出LD_{50}时，则以10 g/kg（bw）、人的可能摄入量的100倍或受试物最大给予剂量为最高剂量，再下设2个剂量组，另设阴性对照组和阳性对照组。阳性对照物可用环磷酰胺［40mg/kg（bw）］。

（8）果蝇伴性隐性致死实验

原理：隐性基因在伴性遗传中的交叉遗传即雄蝇的 X 染色体传给 F_1 代雌蝇，又通过

F_1 代传给 F_2 代雄蝇。位于X染色体上的隐性基因能在半合型情况下在雄蝇中表现出来。因此，利用眼色性状由X染色体上的基因决定，并与X染色体的遗传相关联的特征来观察X染色体上的基因突变。以野生型雄蝇（红色圆眼，正常蝇）染毒，与Basc（Muller－5）雌蝇（淡杏色棒眼，在两个X染色体上各带一个倒位以防止 F_1 代把处理过的父系X染色体和母系X染色体互换）交配。如雄蝇经受试物处理后，在X染色体上的基因发生隐性致死，则可通过上述遗传规则在 F_2 代的雄蝇中表现出来，并借眼色性状为标记来判断实验的结果。即根据孟德尔定律产生四种不同表型的 F_2 代，有隐性致死时，F_2 代中没有红色圆眼的雄蝇。

动物选择：雄蝇为3～4d龄的野生型黑腹果蝇（*Drosophila melanogaster*），雌蝇为Basc（Muller－5）品系3～5d龄的处女蝇。

剂量分组：按常规方法求出 LC_{50} 或 LD_{50}。然后按1/2 LC_{50} 或 LD_{50} 为高剂量，1/5～1/10 LD_{50} 为低剂量，另设阴性（或溶剂）及阳性（2mmol/L甲基甲烷磺酸酯）对照组。如果受试物毒性较小，受试物加入饲料的最大剂量可占饲料的5%。阳性对照物也可用甲基磺酸乙酯、甲基磺酸甲酯、*N*－亚硝基二甲胺。

2. 传统致畸实验

原理：母体在孕期受到可通过胎盘屏障的某种有害物质作用，影响胚胎的器官分化与发育，导致结构和机能的缺陷，出现胎仔畸形。因此，在受孕动物的胚胎着床后，并已开始进入细胞及器官分化期时投与受试物，可检出该物质对胎仔的致畸作用。

动物选择：常用实验动物为大鼠。选用健康性成熟大鼠（90～100d），雌性未交配过的大鼠80～90只，雄性减半。

剂量分组：至少设3个实验组。高剂量原则上应使部分孕鼠（和/或胎鼠）出现毒性作用，如体重减轻等，低剂量组不应引起明显的毒性作用，各剂量组可采用1/4、1/16、1/64 LD_{50}；急性毒性实验给予受试物最大剂量（最大使用浓度和最大灌胃容量）动物无死亡时，以30d喂养实验的最大未观察到有害作用剂量为高剂量组，以下设两个剂量组。另设阴性对照组，对某种新的动物，初次实验可设一阳性对照组。每组至少12只孕鼠。常用阳性对照物有敌枯双［0.5～1.0mg/kg（bw）］、五氯酚钠［30mg/kg（bw）］、阿斯匹林［250～300mg/kg（bw）］及维生素A［7500～13000μg/kg（bw）视黄醇当量］等。

雌鼠受孕和受试物给予：性成熟雌、雄大鼠按1:1（或2:1）同笼后，每日早晨观察阴栓（或阴道涂片），查出阴栓（或精子），认为该鼠已交配，当日作为“受孕”零天。如果5d内未交配，应更换雄鼠。检出的“孕鼠”随机分到各组，并称重和编号，在受孕的第7～16d，每天一次经口给予受试物［按5～10mL/kg（bw）计］。受孕的0、7、12、16、20d称体重，并计算给予受试物的量。

孕鼠处死和胎鼠检查：于大鼠妊娠第20天直接断头处死。剖腹取出子宫称重，记录并检查吸收胎、早死胎、晚死胎及活胎数，并逐一记录胎仔性别、体重、体长、检查胎鼠外观有无异常。传统致畸实验胎鼠体表检查项目如表3－2所示，胎鼠骨骼检查项目如表3－3所示，胎鼠内脏检查项目如表3－4所示。

表3-2　　传统致畸实验胎鼠体表检查项目

头部	躯干部	四肢
无脑症	胸骨裂	多肢
脑膨出	胸部裂	无肢
头盖裂	脊椎裂	短肢
脑积水	脊椎侧弯	半肢
小头症	脊椎后弯	多指
颜面裂	脐疝	无指
小眼症	尿道下裂	并指
眼球突出	无肛门	短指
无耳症	短尾、卷尾	缺指
小耳症	无尾	
耳低位	腹裂	
无颚症		
小颚症		
下颚裂		
口唇裂		

表3-3　　传统致畸实验胎鼠骨骼检查项目

骨骼	检查结果
枕骨	骨化中心、发育不全
脊柱骨	数目、形状、融合、纵裂、部分裂开、骨化中心数、发育不全、缩窄、脱离
骨盆	弓数目、骨化中心数、形状异常、融合、裂开、缩窄、脱离
四肢骨	数目、形状
腕骨	骨化中心数
掌骨	形状
趾骨	形状
肋骨	数目、形状、融合、分叉、缺损、发育不全
胸骨	形状、完全缺损、胸骨节融合、裂开、形状异常、发育不全

表 3－4　　传统致畸实验胎鼠内脏检查项目

头部（脊髓）	胸部	腹部
嗅球发育不全	右位心	肝分叶异常
侧脑室扩张	房中隔缺损	肾上腺缺失
第三脑室扩张	室间隔缺损	多囊肾
无脑症	主动脉弓	马蹄肾
无眼球症	食管闭锁	膀胱缺失
小眼球症	气管狭窄	睾丸缺失
角膜缺损	无肺症	卵巢缺失
单眼球	多肺症	卵巢异位
	肺叶融合	子宫缺失
	膈疝	子宫发育不全
	气管食管瘘	肾积水
	内脏异位	肾缺失
		输卵管积水

结果判定：实验结果应能得出受试物是否具有母体毒性和胚胎毒性、致畸性。最好能找出最小致畸剂量。为比较不同有害物质的致畸强度，可计算致畸指数，如式（3－1）所示。

$$致畸指数 = \frac{雌鼠LD_{50}}{最小致畸剂量} \qquad 式（3-1）$$

致畸指数在 10 以下为不致畸，10～100 为致畸，100 以上为强致畸。

为表示有害物质在食品中存在时人体受害几率，可计算致畸危害指数，如式（3－2）所示。

$$致畸危害指数 = \frac{最大不致畸剂量}{最大可能摄入量} \qquad 式（3-2）$$

如畸危害指数大于 300 则该物对人危害小，100～300 对人危害中等，小于 100 对人危害大。

3. 短期喂养实验

采用 30d 喂养实验，如受试物需要进行第三、四阶段毒性实验则可不进行此项实验。

原理：当评价某受试物的毒作用特点时，在了解受试物的纯度、溶解特性、稳定性等理化性质和有关毒性的初步资料后，可进行 30d 喂养实验，以提出较长期喂饲不同剂量的受试物对动物引起有害效应的剂量、毒作用性质和靶器官，估计亚慢性摄入的危害性。

动物选择：选择急性毒性实验已证明为对受试物敏感的动物种属和品系，一般选用啮齿类动物大鼠。为了观察受试物对生长发育的影响，使用雌、雄两种性别的离乳大鼠（出生后 4 周）。实验开始时动物体重的差异应不超过平均体重的 ±20%。

剂量分组：至少设 3 个剂量组和 1 个对照组。每个剂量组至少 20 只动物，雌、雄各 10

只。原则上高剂量组的动物在喂饲受试物期间应出现明显中毒表现，但不造成死亡或严重损害；低剂量组不引起毒性作用，估计或确定出最大未观察到有害作用剂量。在两个剂量间可以再设一至几个剂量组，以期获得比较明确的剂量－反应关系。剂量的设计可参考以下原则：能求出LD_{50}的受试物，以LD_{50}的10%～25%作为实验的最高剂量组，此LD_{50}百分比的选择主要参考LD_{50}剂量反应曲线的斜率。然后在此剂量下设几个剂量组，最低剂量组至少是人的可能摄入量的3倍。对于求不出LD_{50}的受试物，实验应尽可能涵盖人的可能摄入量100倍的剂量组。对于人体摄入量较大的受试物，高剂量可以按最大灌胃剂量或在饲料中的最大掺入量进行设计。

受试物给予：首选将受试物掺入饲料中喂养（应注意受试物在饲料中的稳定性）。如有困难，也可加入饮水中或灌胃。动物单笼饲养。当受试物掺入饲料时，需将受试物剂量按每100g体重的摄入量折算为饲料的量［mg/kg（bw）］，30d喂养实验按体重的10%折算。如采用灌胃，体积一般不超过每天1mL/100g（bw）。各剂量组的灌胃体积应一致，每天灌胃的时间点应相同。

观察指标：因受试物及研究目的有差异，一般可包括以下各项。

（1）一般情况观察　每天观察并记录动物的一般表现、行为、中毒表现和死亡情况。每周称一次体重和两次食物摄入量，计算每周及总的食物利用率。均为必须观察和测定的项目。

（2）血液学指标　测定血红蛋白、红细胞计数、白细胞计数及分类，依受食物情况，必要时测定血小板数和网织红细胞数等。

（3）血液生化指标　谷丙转氨酶（ALT或SGPT）、谷草转氨酶（AST或SGOT）、尿素氮（BUN）、肌酐（Cr）、血糖（Glu）、血清清蛋白（Alb）、总蛋白（TP）、总胆固醇（TCH）和甘油三酯（TG）均为必测指标。

（4）病理检查　包括大体解剖、脏器称量、组织病理学检查及其他指标。

①大体解剖：实验结束时必须对所有动物进行大体检查，并将重要器官和组织固定保存。

②脏器称量：肝、肾、脾、睾丸的绝对重量和相对重量（脏/体比值）为必测指标。必要时可称取其他脏器重量。

③组织病理学检查：在对各剂量组动物作大体检查未发现明显病变和生化指标未改变时，可以只进行最高剂量组及对照组动物主要脏器的组织病理学检查，发现病变后再对较低剂量组相应器官及组织进行检查。肝、肾、脾、胃肠、睾丸及卵巢的组织病理学检查为必测项目，其他组织和器官的检查则需根据不同情况确定。

④其他指标：必要时，根据受试物的性质及所观察的毒性反应，增加其他敏感指标。

数据处理：所有观察到的结果（计数资料、计量资料）都应以适当的统计学方法给予评价。实验设计时即应选妥所采用的统计方法，计量资料采用方差分析或t检验，计数资料采用χ^2检验、泊松分布等。

（三）第三阶段：亚慢性毒性实验包括90d喂养实验、繁殖实验、代谢实验

第三阶段实验一是观察受试物以不同剂量水平较长期喂养，确定动物的毒性作用性质和靶器官，并初步确定最大无作用剂量；二是了解受试物对动物繁殖及对仔代的致畸作用；三是为慢性毒性和致癌实验的剂量选择提供根据；四是为评价受试物能否应用于食品提供依

据。凡属已知的化学物质，WHO 已公布每人每日容许摄入量（ADI，以下简称日许量）者，同时申请单位又有资料证明我国产品的质量规格与国外产品一致，则可先进行第一、二阶段毒性实验，若实验结果与国外产品的结果一致，一般不要求进行进一步的毒性实验，否则应进行第三阶段毒性实验。

1. 90d 喂养实验

原理：通过 90d 喂养实验，较长期喂饲动物不同剂量的受试物，观察对动物引起的有害效应、毒作用性质和靶器官，估计亚慢性摄入的危险性。90d 喂养实验所确定的最大无作用剂量可为慢性毒性实验的剂量选择和观察指标提供依据，为确定人食用的安全剂量提供依据。

动物选择：首选品种为大鼠。使用雌、雄两种性别的离乳大鼠，实验开始时动物体重的差异应不超过平均体重的 ±20%。

剂量分组：同“短期喂养实验（30d 喂养实验）”。90d 喂养实验可根据 30d 喂养实验结果来确定剂量，或者以人的可能摄入量的 100 ~ 300 倍作为最大未观察到有害作用剂量，然后在此剂量以上设几个剂量组，必要时亦可在此剂量以下增设剂量组。

受试物给予：同“短期喂养实验（30d 喂养实验）”。不同之处，当受试物掺入饲料时，需将受试物剂量按每 100g 体重的摄入量折算为饲料的量（mg/kg），90d 喂养实验按体重的 8% 折算。

观察指标：同“短期喂养实验（30d 喂养实验）”。

数据处理：同“短期喂养实验（30d 喂养实验）”。

2. 繁殖实验

原理：凡受试物能引起生殖机能障碍，干扰配子的形成或使生殖细胞受损，其结果除可影响受精卵或孕卵的着床而导致不孕外，尚可影响胚胎的发生及胎儿的发育。如胚胎死亡导致自然流产、胎儿发育迟缓以及胎儿畸形。如果对母体造成不良影响会出现妊娠、分娩和乳汁分泌的异常，亦可出现胎儿出生后发育异常。

动物选择：选用 5 ~ 9 周龄大鼠，实验开始时动物体重的差异应不超过平均体重的 ±20%。每组应有足够的雌鼠和雄鼠配对，产生约 20 只受孕雌鼠。为此，一般在实验开始时两种性别每组各需要 30 只（F_0）；在继续的实验中用来交配的动物每种性别每组需要 25 只（至少每窝雌雄各取 1 只，最多每窝雌雄各取 2 只）。选用的亲代雌鼠应为非经产鼠、非孕鼠。

剂量分组：至少设 3 个剂量的受试物组和 1 个对照组。健康的动物随机分为处理组和对照组。某些受试物的高剂量组设计应考虑其对营养素平衡的影响，对于非营养成分受试物剂量不应超过饲料的 5%。其剂量设计可选最大耐受剂量或有胚胎毒性的剂量作为高剂量，低剂量组对亲代动物应不产生全身毒性或繁殖毒性（可按最大未观察到有害作用剂量的 1/30 或可能摄入量的 100 倍）。同时设对照组，对照组的饲养和处理方式与受试物组相同。根据情况，对照组可以是未处理对照、假处理对照。如果给予受试物时使用某种介质，还应设介质对照组。如果受试物通过加入饲料的方式给予并引起食物摄入量和利用率的降低，需要考虑使用配对饲养的对照组。

受试物配制与动物处理：一般用蒸馏水作溶剂，如受试物不溶于水，可用食用油、医用淀粉、羧甲基纤维素等配成乳浊液或悬浊液。受试物应于灌胃前新鲜配制，除非有资料表明以溶液（或悬浊液、乳浊液等）保存具有稳定性。同时应考虑使用的介质可能对受试物的吸收、分布、代谢或潴留的影响，对理化性质的影响以及由此而引起的毒性特征的影响，对摄食量、饮水量或动物营养状况的影响。受试物可加入饲料中，也可加到饮水中或灌胃给予。如果受试物是灌胃给予，应每周称体重两次，根据体重计算给予受试物的体积。亲代和子代接受的受试物剂量按动物体重给予［mg/kg（bw）或 g/kg（bw）］，饲料和饮水相同。F_1 代的雌鼠和雄鼠在断乳后每日给予。两种性别的大鼠（亲代和 F_1 代）在交配前应每日给予受试物至少连续 10 周，并继续给予受试物至实验结束。实验期间，所有动物应采用相同的方式给予受试物，连续给予受试物，每周 7d。

交配：每次交配时，每只雌鼠应与从同一剂量组随机选择的单个雄鼠同笼（1∶1 交配），直到检测到阴栓，或者经过 3 个发情期或两周。查到阴栓后应尽快将雌、雄鼠分开，如果经过 3 个发情期或两周还未进行交配，也应将雌、雄鼠分开，不再继续同笼。配对同笼的雌、雄鼠应作标记。所有雌鼠在交配期应每天检查精子或阴栓，直到证明已交配为止。查到阴栓的当天为受孕 0d。预计已怀孕的雌鼠应分开放入繁殖笼中，孕鼠临产时应提供筑巢的垫料。

每窝仔鼠数量的标准化：将每窝仔鼠于出生后第 4 天调整至相同数量（一般每窝 8 ~ 10 只，不应少于 8 只），尽量做到每窝内雌、雄数量相等，也可以窝内雌、雄数量不等，但各窝之间两性别的仔鼠数应分别相同。原窝中多余的仔鼠应随机取出，不应按体重选择。

观察代数：观察代数随受检目的而异，可作一代、二代、三代或多代观察。如果在两代繁殖实验中观察到受试物对子代有明显的生殖、形态或毒性作用，则需要进行第三代繁殖实验，确定受试物的蓄积作用。

①一代繁殖实验（图 3 –1）

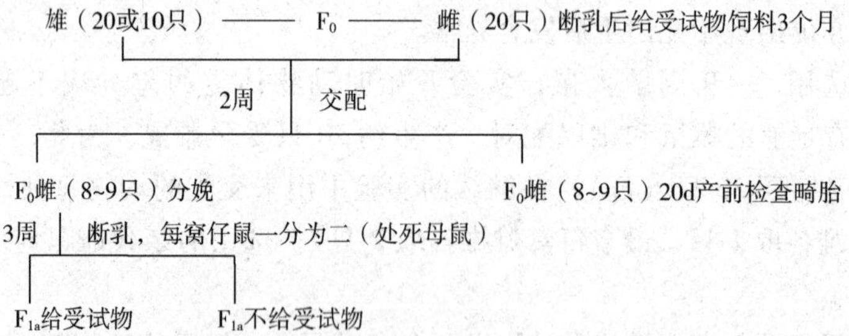

图 3 –1　一代繁殖实验示意图

②二代繁殖实验（图 3 –2）

亲代（F_0）断乳后，喂含受试物饲料 3 个月，雌、雄即可交配，所产仔鼠为 F_{1a}。F_{1a} 断乳后饲以不含受试物的基础饲料，观察 3 个月。

F_{1a} 断乳后 10d 将 F_0 再次交配。所产仔鼠为 F_{1b}。将 20 只孕鼠（F_0）中，5 只产前 2 ~ 3d 剖腹检查胎鼠有无畸形；5 只自然分娩观察产后仔鼠情况；10 只孕鼠自然分娩，所产仔鼠 F_{1b} 继续繁殖。

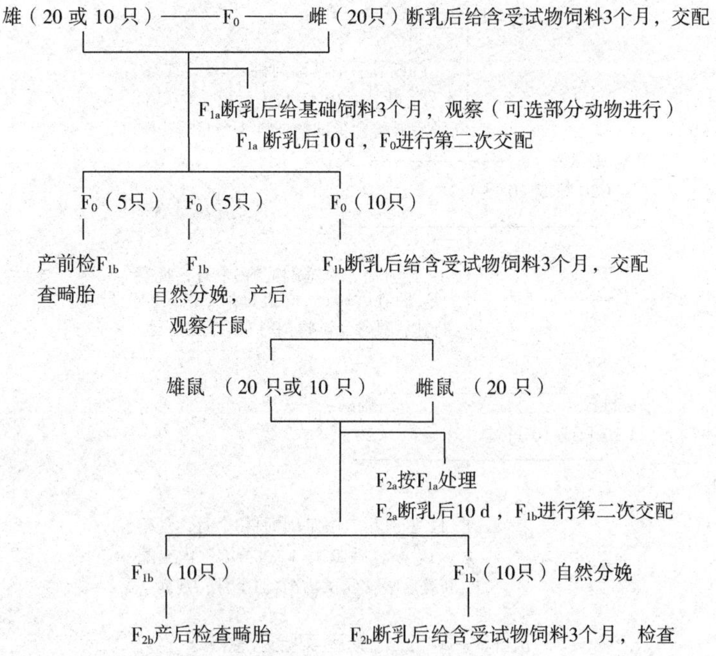

图3－2　两代繁殖实验示意图

F_{1b}断乳后喂含受试物饲料 3 个月，进行交配，所产仔鼠 F_{2a} 在断乳后喂不含受试物的饲料，观察 3 个月。

仔鼠 F_{2a} 断乳后 10d 与 F_{1b} 再次交配，产 F_{2b} 前将 F_{1b} 孕鼠分两群，每群 10 只，同前步骤再进行实验 。

③三代繁殖实验（图 3－3）

进行亲代、一代、二代、三代繁殖实验可参考两代繁殖实验法进行。可根据情况繁殖两窝以上。

观察指标：

①一般情况观察：包括全面的临床检查，记录一般健康状况、受试物的所有的毒性和功效作用所产生的症状、相关的行为改变、分娩困难或延迟的迹象、所有的毒性指征及死亡率，通过每日检查（F_0、F_1雌鼠）阴栓估计性周期长短和正常状态。

②称动物体重：包括亲代动物（F_0、F_1和 F_2，根据繁殖的代数确定）给予受试物的第 1 天称重、每周称重。母鼠应在受孕的 0、7、14 和 21d 分别称重，在哺乳期应同时称仔鼠的窝重。

③称食物消耗量：在交配前及受孕期至少每周称一次食物消耗量，如受试物掺在饮水中喂养，则至少每周量一次饮水消耗量。

④精子检查：实验结束时，所有亲代（F_0）和一代（F_1）（F_2、F_3，根据繁殖的代数确定）雄鼠均应对附睾的精子进行检查，包括对精子的活动性、形状及数量进行评价，每个动物至少检查 200 个精子。

⑤子代观察指标：包括分娩后（哺乳 0d）每窝仔鼠的数量、性别、死产数、活产数及肉眼可见的异常等。在出生当天死亡的，应尽可能检查其缺陷和死亡原因。记录活产数量、

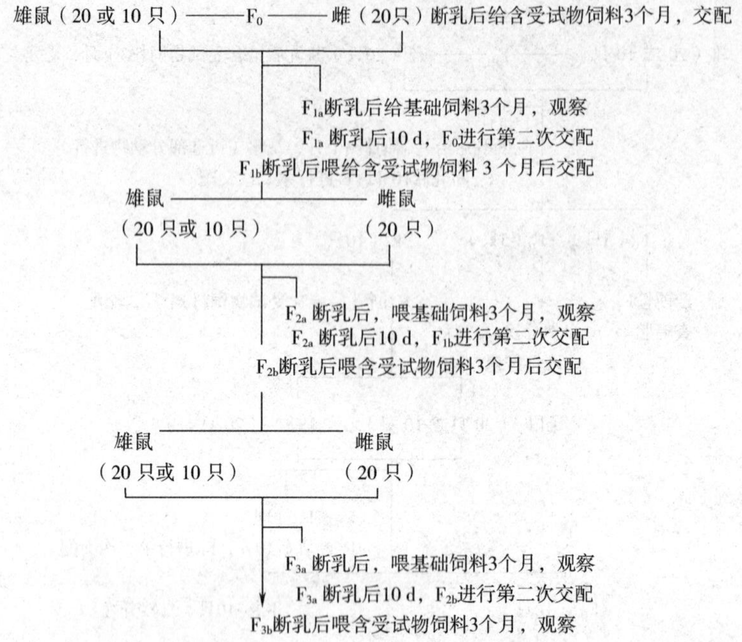

图 3－3　三代繁殖实验示意图

性别，并在出生时（或尽快）对单个活产仔鼠称重，以后至少在哺乳期的第 4、7、14 和 21 天，阴道开放或龟头包皮分开以及实验结束时称重。用来进行交配的一代（F_1）断乳鼠应记录其阴道开放或包皮分开的年龄，观察性别比例及性成熟情况。

⑥器官称重：在实验结束时对所有亲代（F_0）、一代（F_1）亲本动物称重以及器官称重。器官包括子宫（包括输卵管和子宫颈）、卵巢、睾丸、附睾（两侧总重量）、脑、肝、肾、脾或已知的靶器官。

⑦病理检查：实验结束时对所有亲代动物以及实验期间死亡的动物应做大体解剖并在显微镜下检查，观察各种形态结构异常及病理改变，特别注意生殖器官的形态结构异常及病理改变。如果每窝仔鼠的数量足够，一代（F_1）、二代（F_2）［和三代（F_3）］每窝每种性别至少取 3 只进行同样检查。应检查的器官及组织有包括子宫、卵巢、睾丸、附睾、靶器官（如果已知其靶器官）。

数据处理：

受孕率（%）＝怀孕动物数/交配雌性动物数×100%　　式（3－3）

妊娠率（%）＝分娩有活体幼仔的窝数①/怀孕动物数×100%　　式（3－4）

出生活仔率（%）＝出生时活的仔鼠数/出生时仔鼠总数×100%　　式（3－5）

出生存活率（%）＝产后 4d 仔鼠存活数/出生时活仔数×100%　　式（3－6）

哺乳存活率（%）＝21d 断乳时仔鼠存活数/出生 4 天后仔鼠存活数×100%　　式（3－7）

性别比＝仔鼠成熟时雄鼠数/雌鼠数　　式（3－8）

3. 代谢实验

原理：受试物在体内可发生一系列复杂的生化变化。受试物经胃肠道吸收后通过血液转

---

① 分娩活体幼仔的窝数：每窝只要有一个活体幼仔或以上，均应计数。

运到全身各组织器官，再经过生物转化，由各种途径排出体外。因此，受试物原形物在逐渐被代谢降解，而其代谢产物不断生成。测定灌胃后不同时间内受试物原形物或其代谢物在血液、组织或排泄物中的含量，以了解该受试物在动物体内的毒代动力学特征，包括吸收、分布、消除的特点，组织蓄积及可能作用的靶器官等，根据数学模型求出各项毒代动力学参数。同时采用分离纯化方法确定主要代谢产物的化学结构，测试其毒性并推测受试物在体内的具体代谢途径。通过本实验的观察，对受试物在体内的过程可作出正确评价，为阐明该受试物的毒作用性质与程度提供科学依据。

动物选择：一般选用两种性别、体重为22～28g的成年小鼠或170～200g成年大鼠。实验开始时动物体重的差异应不超过平均体重的±20%。

剂量分组：选用低于最大未观察到有害作用剂量，需要时可用高、低两种剂量。可单次或多次给予受试物。如采用标记化合物，除确定化学剂量外，放射性剂量一般小鼠为10～20μCi/只（0.4～0.8MBq/只），大鼠为100～250μCi/只（4～9MBq/只）。

实验方法：进行代谢实验前，需建立测定生物样品中受试物含量的微量化学分析方法或标记受试物的放射性核素示踪方法。

①血浆中受试物含量或放射性水平的测定：于动物灌胃后6～10个不同的时相采血，每个时相的动物数不应少于3只。结果以每毫升（mL）血浆中受试物含量或放射性强度为纵坐标，时间为横坐标，在半对数纸上作药－时曲线。如以化学分析方法测定受试物含量，用已编制的药代动力学计算机程序进行曲线拟合，按房室模型求出毒代动力学方程及各项代谢动力学参数。如用放射性核素示踪法测定血浆总放射性水平，作代谢动力学分析时应谨慎。

②胃肠道吸收：于灌胃后不同时间处死动物，取出胃肠道及其内容物（包括粪）制作成匀浆，测定受试物含量或放射性水平。以灌胃后即刻处死动物的胃肠道回收量为100%，分别观察不同时相的各组动物中受试物或放射性自胃肠道消失的情况。以上述不同时相回收量的百分数为纵坐标，时间为横坐标，在半对数纸上作图，求得受试物或放射性在胃肠道的消失速率。为确定受试物在胃肠道的消失速率是否能反映在体内的吸收情况，需进行离体胃肠道温孵实验，即将受试物注入离体胃肠道后结扎两端，于37℃ Kreb's液中振荡温孵1h，测定受试物的回收率，以观察受试物在胃肠道内有无受到破坏，由此估计受试物在胃肠道的吸收速率。

③主要器官和组织中的分布：于灌胃后取2～3个不同时相处死动物，对肝、肾、脑等器官和组织进行受试物含量或放射性测定，以找出受试物含量最高的组织和时间。

④排泄：为尿、粪排泄（主要）：给动物用受试物灌胃后放入有机玻璃代谢笼内，于3～7d内按规定时间收集尿和粪。如发现尿粪互混，则把标本弃去再另收集。作代谢产物结构分析时应把收尿容器放在冰浴中并注意避光。胆汁排泄：轻度乙醚麻醉下给动物施行胆道插管，待动物清醒后以受试物灌胃，收集不同时间的胆汁（不少于24h）。从不同时间收集的尿、粪、胆汁标本中的受试物含量或放射性强度，分别计算其累积排出量（占灌胃剂量的百分数）。

⑤生物转化：按受试物的化学结构和文献资料，估计可能产生的代谢产物。给动物以受试物后，收集尿、胆汁等标本，或在体外代谢条件下采用肝微粒体、酶活性系统和受试物于37℃振荡培养，以提取、纯化后进行代谢物的结构鉴定。分析手段包括薄层色谱、气相色谱、液相色谱、质谱、红外光谱等。要有预测的代谢物纯品作标准。如采用标记化合物，样

品经薄层色谱分离后用放射性薄层扫描仪或分段刮下硅胶测定放射性，由 Rf 值判定并测量受试物的量及可能的代谢产物，再作进一步分析。从代谢物的分离与鉴定，对受试物在体内的可能代谢途径作出推断。

（四）第四阶段：慢性毒性和致癌实验

1. 原理

在动物的大部分生命期间，经过反复给予受试物后观察其呈现的慢性毒性作用及其剂量－反应关系，尤其是进行性的不可逆毒性作用及肿瘤疾患。并确定受试物的未观察到有害作用剂量（NOAEL），作为最终评定受试物能否应用于保健食品的依据。

2. 动物选择

原则上选用接近人体代谢特点的实验动物。目前已掌握大、小鼠各品系的特点及诱发肿瘤的敏感性，可优先用于慢性毒性和致癌实验。慢性毒性实验啮齿类动物用大鼠，致癌实验大小鼠均可。对活性不明的受试物，则宜用两种性别的啮齿类和非啮齿类动物。一般采用雌、雄两种性别的断乳大鼠或小鼠。动物个体体重的变动范围不超出各性别平均体重的20%。动物每组至少 50 只，雌雄各半，雌鼠应为非经产鼠、非孕鼠。非啮齿类动物每组每一性别至少 4 只，如计划在实验期间定期剖杀，动物数要作相应增加。当慢性毒性和致癌实验结合在一起进行时，每组动物雌雄均以 50 只以上为宜，如计划在实验期间定时剖杀，动物数要作相应增加。实验动物的自然肿瘤发生率原则是控制到越低越好，但实验结束评价时主要是以在相同条件下观察对照组与各剂量组的肿瘤发生率及其剂量－反应关系作为依据。

3. 剂量分组

一般设对照组及 3～5 个实验组。高剂量应引起一些毒性表现或损害作用，但不影响其正常生长、发育和寿命，高剂量组的设计根据 90d 喂养实验确定。低剂量组不引起任何毒性作用。对照组除了不给予受试物外，其他各方面都应与实验组相同，如果受试物使用了某种毒性不明的介质，则应同时设未处理对照和介质对照。

4. 实验方法

①受试物的给予方式：经口给予，可加入饲料、饮水中或灌胃。如果受试物是灌胃给予，应每周称体重两次，根据体重计算给予受试物的体积。

②受试物的配制及存放：一般用蒸馏水作溶剂，如受试物不溶于水，可用食用植物油、医用淀粉、羧甲基纤维素等配成乳浊液或悬浊液。受试物应于灌胃前新鲜配制，除非有资料表明以溶液（或悬浊液、乳浊液等）保存具有稳定性。同时应考虑使用的介质可能对受试物的吸收、分布、代谢或潴留的影响，对理化性质的影响及由此而引起的毒性特征的影响，对摄食量、饮水量或动物营养状况的影响。非营养性受试物加入饲料中的量不能大于饲料量的5%；营养成分受试物应尽可能采用高剂量，应保证实验动物的营养平衡或采用对饲方法。受试物制备或存放时，要求不影响饲料的营养成分含量和性质。饲料中加入受试物的量很少时，宜先将受试物加入少量饲料中充分混匀后，再加入一定量饲料后再混匀，如此反复 3～4 次。

③实验期限：一般情况下，小鼠致癌实验的实验期定为 18 个月，大鼠定为 24 个月。个别生命期较长和自发性肿瘤率较低的动物可适当延长。实验期中，当最低剂量组或对照组存活的动物数仅为开始时的 25% 时，可及时中止实验。但因明显的受试物毒性作用造成高剂量组动物过早死亡，则应继续进行实验。如因管理不善所造成的动物死亡大于 10% 及小鼠在实

验期为18个月或大鼠为24个月时，各组存活率均小于50%也应终止进行。

5. 观察指标

①对实验动物的一般观察：对实验动物的一般健康状况每天至少有一次认真的观察和记录。对死亡动物要及时剖检，对有病或濒死的动物需分开放置或处死，并检测各项指标。动物出现异常时，需详细记录肉眼所见、病变性质、时间、部位、大小、外形和发展等情况，对濒死动物要详细描述。实验期的前13周即前3个月，每周要对全部动物分别称量体重，以后每4周1次，每周要检查和记录一次每只动物的饲料食用量。如以后健康状况或体重无异常改变，可以每3个月检查一次。

②血液学检查：于实验的第3、6个月及以后每半年常规检查一次血红蛋白、血细胞比容、红细胞计数、白细胞计数及分类、血小板及血凝实验等指标。大、小鼠每组各性别分别检查10只，且每次检查尽可能安排为同一动物。非啮齿类动物则全部检查。

③血液生化检测：谷丙转氨酶（ALT）、谷草转氨酶（AST）、尿素氮（BUN）、肌酐（Cr）、血糖（GLU）、血清清蛋白（ALB）、总蛋白（TP）、总胆固醇（TCH）和甘油三酯（TG）等为必测指标。此外还可考虑测定碱性磷酸酶（ALP）、乳酸脱氢酶（LDH）、胆酸等指标。

④病理检查

大体检查：包括所有实验动物、实验中死亡或濒死而处死的动物以及实验期满处死的动物都应进行解剖和全面系统的肉眼观察，观察到的可疑病变和肿瘤部位均应留样，进一步做组织病理学检查。

脏器测定：包括测定重要脏器的绝对重量和脏体比值，至少包括肝、肾、肾上腺、脾、睾丸、附睾、卵巢、子宫、脑、心等脏器，必要时还应选择其他脏器。

生物显微镜检查：是慢性毒性实验的主要必检项目，凡在实验过程中濒死处理的动物及实验期满处死的动物均应进行该项检查。对消化系统包括食管、胃、十二指肠、空肠、回肠、盲肠、结肠、直肠、胰腺、肝；神经系统包括脑、脑垂体、周围神经、脊髓、眼。腺体包括肾上腺、甲状腺（包括甲状旁腺）、胸腺；呼吸系统包括气管、肺、咽、喉、鼻子；心血管系统及造血系统包括主动脉、心、骨髓、淋巴结、脾；泌尿及生殖系统包括肾、膀胱、前列腺、睾丸、附睾、精囊、子宫、卵巢、雌鼠的乳腺等，应保存以便需要时作进一步检测。其他包括有损害的组织、肿块、皮肤等也应进行该项检查。有条件和需要时可酌情进行电镜检查。

6. 资料搜集

有关动物、饲料、饲养的日常观测、气象、人员变动及实验过程中发生的情况均应详细记载和妥善保存。要累积常用动物的肿瘤发生数据，为今后制定相应自然肿瘤发生率提供依据。

7. 数据处理

按各阶段的实验资料和数据进行汇总。并按相关的统计学方法，统计分析对照组与各剂量组动物间各项指标的差异。

8. 实验报告

报告应阐明实验设计、动物毒性表现以及受试物的食用可行性评价。

思考题

1. 什么是功能食品安全性毒理学评价？
2. 进行功能食品安全性评价时需要考虑的因素有哪些？

参考文献

金宗濂. 保健食品的功能评价与开发［M］. 北京：中国轻工业出版社，2001.

第四章

CHAPTER 4

功能食品的原材料

内容提要

本章主要介绍功能因子的主要类别、生理作用及其来源，功能性食品添加剂和配料，药食两用原材料以及可用于功能食品的物品。

学习目标

1. 掌握功能因子的概念，掌握功能因子的主要类别，了解其生理作用及其来源；
2. 熟悉功能性食品添加剂和配料；
3. 了解药食两用原材料以及可用于功能食品的物品。

重要概念与名词

功能因子、功能性天然色素、功能性天然甜味剂、功能性食品配料、药食两用原材料、可用于功能食品的物品。

第一节　功能因子

根据功能食品通用标准，功能因子为能通过激活酶的活性或其他途径，调节人体机能的物质。一般而言，对功能因子的分类有化学结构和生理功能两种方法。本教材参照《营养功能成分应用指南》一书，将功能因子分为10种类别：氨基酸、肽和蛋白质类，脂肪酸和磷脂类，糖类，维生素和矿物质类，有机酸类，生物碱和含氮、含硫化合物类，类黄酮类，酚类，萜类，真菌、益生菌和藻类。

一、氨基酸、肽和蛋白质

（一）γ-氨基丁酸

γ-氨基丁酸（γ-aminobutyric acid，GABA），又称氨酪酸、哌啶酸，是由谷氨酸经谷氨酸脱酸酶催化而来，是哺乳动物中枢神经系统中一种重要的抑制性神经递质。其分子式 $C_4H_9NO_2$，相对分子质量 103.1，化学结构式如图 4-1 所示。

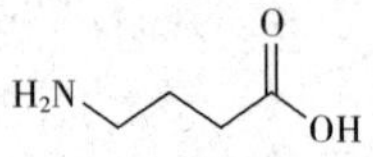

图 4-1 γ-氨基丁酸的化学结构式

GABA 是目前研究较为深入的一种重要的抑制性神经递质，它参与多种代谢活动，具有很高的生理活性。根据目前的研究，发现GABA的生理作用主要表现在以下几方面：①抗焦虑和参与镇痛的作用：GABA 与抗焦虑的脑受体结合并使之激活，阻止与焦虑相关的信息抵达脑中枢。镇痛作用可通过 GABA 受体介导，抑制神经元，在伤害信息处理和疼痛调节中发挥作用。②治疗癫痫：癫痫患者脑脊髓中 GABA 较正常人明显降低，且其程度与发病类型有关。GABA 可提高抗惊厥阈值，是治疗顽固性癫痫的特效药物。③神经营养作用：最近研究发现，GABA 是神经系统发育过程中的营养因子，对神经元的增殖分化有调节作用。④降低血压：GABA 能作用于脊髓的血管运动中枢，有效促进血管扩张，达到降低血压的目的。⑤其他：最新的研究表明，GABA 还具有防止皮肤老化、消除体臭、改善脂质代谢、促进酒精代谢、防止动脉硬化、辅助治疗哮喘等功能。

鉴于 GABA 的神经抑制作用，一些厂家生产出 γ-氨基丁酸片，睡前服用，可改善老年人睡眠。

卫生部 2009 年批准 GABA 为新食品原料，并允许其应用于饮料、可可制品、巧克力和巧克力制品、糖果、焙烤食品、膨化食品，每日食用量≤500mg。但 GABA 不能应用于婴幼儿食品。

GABA 天然存在于哺乳动物大脑皮层、海马和小脑神经组织，为一种神经递质，也是广泛分布于植物界的天然氨基酸，如番茄、葡萄、马铃薯、茄子、南瓜。

（二）酪蛋白磷酸肽

酪蛋白磷酸肽（casein phosphopeptides，CPP）是一种以牛乳蛋白为原料，经过单一或复合蛋白酶的水解，由 20~30 个氨基酸残基组成的具有生物活性的多肽，其活性中心是成簇的磷酸丝氨酰和谷氨酸簇。

CPP 作为一种活性肽，稳定性好，安全，具有多种生理功能。①促进矿物质的吸收：CPP 是一种金属结合肽，在小肠中能与钙、铁、镁、锌等二价阳离子结合，增加肠道内可溶性矿物浓度，从而促进矿物质的吸收利用，尤其是促进钙的吸收。②促进骨骼对钙的利用：动物实验表明，CPP 能减弱破骨细胞作用及抑制骨的再吸收，促进钙的吸收和利用。③防止龋齿：CPP 中的丝氨酸-丝氨酸-丝氨酸-谷氨酸-谷氨酸片段的肽，能通过络合作用稳定非结晶磷酸钙，并使之集中在牙斑部位，发挥抗龋齿的功能，并称为抗龋齿 CPP（anticariogenic casein phosphopeptides，ACPP）。过去认为，餐后咀嚼乳酪能刺激唾液分泌，使碱性的唾液缓冲牙斑上的酸性物质对牙釉质的腐蚀，有助于防止龋齿的发生。近年研究发现，乳酪中含有的 CPP 能将食物中的钙离子结合在龋齿处，减轻釉质的去矿物化，从而达到抗龋目的。④其他：CPP 还有增强机体免疫力、提高精子和卵细胞的受精率、诱导肿瘤细胞凋亡等作用。

美国早在 1998 年就认为 CPP 为 GRAS 物质，规定在终产品中的含量≤150mg 或者≤2.14mg/kg；澳大利亚/新西兰食品标准局添加剂名单中也有 CPP，并且可以用于健康食品原料；在我国 CPP 也是功能食品的原料，并已批准其作为食品营养强化剂，可用于调制乳、风味发酵乳、粮食及其粮食制品和饮料类食品，其最大使用量为 1.6g/kg。

（三）牛磺酸

牛磺酸（taurine），又名牛胆碱、牛胆酸、牛胆素，是一种含硫非蛋白氨基酸，在体内以游离状态存在，不参与蛋白质的生物合成。化学名为 2－氨基乙磺酸，分子式 $C_2H_7NO_3S$，相对分子质量 125.15，化学结构式如图 4－2所示。

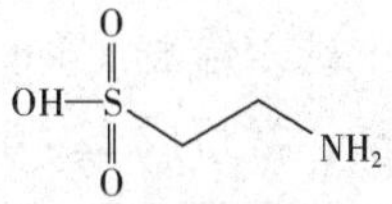

图4－2　牛磺酸的化学结构式

牛磺酸具有广泛的生物学作用，牛磺酸是神经系统中含量最多的游离氨基酸之一，在动物大脑皮层、小脑和视觉等区域含量相当丰富。牛磺酸能明显促进神经系统的生长发育和细胞的增殖、分化，在婴幼儿神经系统和大脑发育过程中具有神经营养因子和神经保护性因子的作用。此外，牛磺酸可以保护视网膜，有利于视觉感受器的发育，改善视力。在循环系统中牛磺酸可以抑制血小板凝集，降低血脂，保护人体正常血压和防止动脉粥样硬化，对心肌细胞有保护作用。牛磺酸还能与胆汁酸结合，可促进脂肪乳化和脂类吸收。

我国于 1993 年批准牛磺酸为食品添加剂，《食品安全国家标准 食品营养强化剂使用标准》（GB 14800—2012）规定了牛磺酸作为营养强化剂可用于多种食品类别，并规定了其在不同类别食品中的使用剂量。美国 FDA 食品添加剂修正案中规定其添加量≤0.054%，欧盟对其添加于强化饮料进行了综合评价，澳大利亚/新西兰在 2002 年的食品标准中规定了牛磺酸在婴幼儿食品中的应用标准。

牛磺酸广泛存在于动物的神经、肌肉和腺体等组织中，特别是海洋生物中含量最高，如贝类、章鱼以及鱼类等。在豆科植物籽实和坚果中含量也较高，而在蛋类及植物性食物中未检出。

（四）精氨酸

精氨酸（arginine）在自然界中存在 D－型和 L－型两种异构体，动物体内具有营养生理作用的是 L－型精氨酸。其化学名为 2－氨基－5－胍基戊酸，分子式 $C_{10}H_{14}N_4O_2$，相对分子质量 174.20，化学结构式如图 4－3所示。

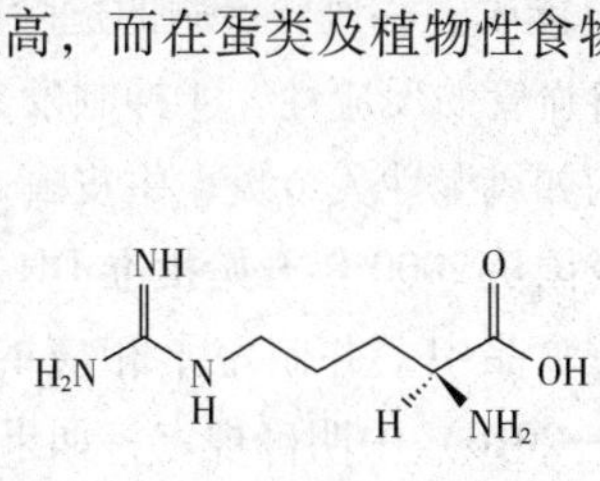

图4－3　精氨酸的化学结构式

精氨酸在肌酸合成、伤口愈合、调节免疫、生成一氧化氮、尿素合成等方面都发挥生理功能。精氨酸是合成一氧化氮的前体，可以刺激血管内皮细胞的一氧化氮合成酶，增加一氧化氮的合成和释放。一氧化氮作为一种很强的舒血管物质，可降低全身平均动脉血压，增加局部血流和维持血管张力的恒定并可调节血压的稳定。精氨酸还能维持巨噬细胞、中性粒细胞、单核细胞及杀伤细胞的活性，增强机体免疫力。此外，一氧化氮在体内还具有抗菌、抗病毒、抑制癌细胞增殖等作用。

2002 年食品法典委员会食品添加剂联合专家委员会（JECFA）将精氨酸归为风味调节剂类，认为每人每天摄入少于 90μg 不会引起安全问题。FDA 将 L－精氨酸归为 GRAS 物质；我国的《食品安全国家标准 食品添加剂使用标准》（GB 2760—2014）规定 L－精氨酸为允许使用的食品用香料，使用量≤250mg/kg。

含精氨酸较多的食物有鳝鱼、黑鱼、黑巧克力、核桃和花生等。

二、脂肪酸和磷脂类

（一）二十二碳六烯酸

二十二碳六烯酸（docosahexaenoicacid，DHA），又称鱼油酸，为含有 6 个双键的不饱和 $n-3$脂肪酸，常写成 22∶6（$n-3$），是一种对人体非常重要的不饱和脂肪酸。其分子式 $C_{22}H_{32}O_2$，相对分子质量 328.488，化学结构式如图 4－4 所示。

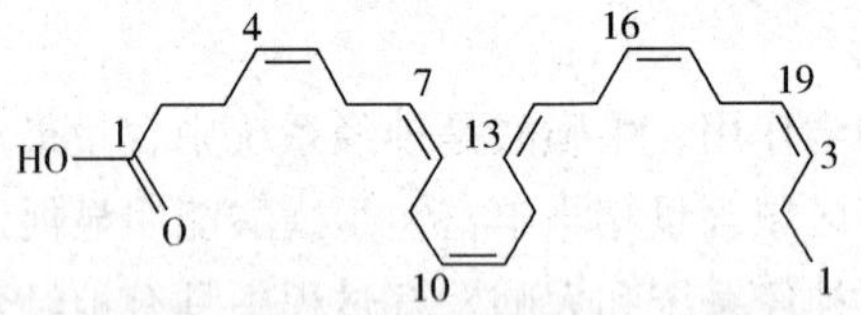

图 4－4　二十二碳六烯酸的化学结构式

DHA 是人体必需的多不饱和脂肪酸，是大脑、神经和视觉细胞中重要的脂肪酸成分，对人体生理功能的正常发挥及多种疾病的防治有重要作用，特别是在婴幼儿大脑和视觉系统发育过程占有非常重要的地位。①促进胎儿大脑发育：DHA 是人脑神经细胞膜中主要的脂质成分，胎儿自身并不能合成 DHA，必须通过胎盘从母体中获得，因此孕妇应摄入足量的 DHA，以促进胎儿大脑发育和脑细胞增殖。②促进视网膜光感细胞的成熟：DHA 在视网膜中含量丰富，研究发现在食物中添加 DNA 的婴儿视觉与机动能力的成熟较早。③预防心血管疾病：摄食富含 DHA 和 EPA 的鱼或鱼油与心血管疾病的发生呈负相关。每天摄入 DHA 和 EPA 大于 3g，能改善心血管疾病的危险因素，包括降低血甘油三酯、血压、血小板聚集、炎症，同时改善血管的反应性。④抑制发炎：研究表明，DHA 可以降低致炎因子活性，对防治某些炎症疾病如风湿性关节炎、牛皮癣、溃疡性结肠炎等有疗效。

我国从 2000 年开始批准 DHA 双鞭甲藻来源作为营养强化剂应用于婴幼儿及学龄前儿童的配方食品中，并制定了相应的添加标准。《食品安全国家标准 婴儿配方食品》（GB 10765—2010）中明确规定：如果婴儿配方食品中添加了 DHA［22∶6（$n-3$）］，至少要添加相同量的二十碳四烯酸［20∶4（$n-6$）］。长链不饱和脂肪酸中二十碳五烯酸［20∶5（$n-3$）］的量不应超过二十二碳六烯酸的量。

自然界的 DHA 主要来源于海洋生物、藻类和真菌，深海鱼类如金枪鱼、三文鱼、鲸鱼等及海贝的脂肪中。一些低级的真菌中也含有较多的 DHA，其中藻状菌类的 DHA 含量尤为丰富。海藻如金藻类、隐藻类、绿藻类、褐藻类、红藻类等也含有大量 DHA，某些藻类中 DHA 含量可达 30% 以上。

（二）二十碳五烯酸

二十碳五烯酸（eicosapentaenoic acid，EPA），属于 $n-3$ 系列多不饱和脂肪酸，分子式 $C_{20}H_{30}O_2$，相对分子质量 302.451，常写成 20∶5（$n-3$），化学结构式如图 4－5 所示。

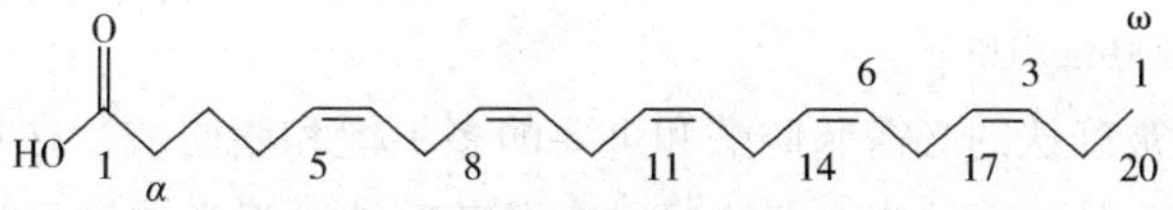

图4-5 二十碳五烯酸的化学结构式

EPA在抗血小板凝集、抑制肿瘤生长、抗炎、降血脂及防止动脉硬化等方面都发挥重要的生理功能。①抗血小板凝集：EPA可以产生前列环素（PG_{12}）的类似物PG_{13}，具有PG_{12}的类似功能，从而抑制血小板凝集，减少血栓素A_2形成，预防心肌梗死、脑梗死的发生。②抗肿瘤：研究发现，EPA对包括胃癌、乳腺癌、子宫癌在内的多种肿瘤都有抑制作用，其机制可能与对恶病因子、脂质过氧化等的影响有关。③降血脂和防止动脉硬化：EPA能增加胆固醇的排泄，抑制内源性胆固醇的合成，降低血清甘油三酯等。④抗炎作用：动物实验表明，EPA可以增加肺部抗炎细胞的表面活性。临床试验也发现风湿性关节炎患者摄入含EPA和DHA的抗炎饮食可使关节炎肿胀程度明显降低。

早在1997年美国FDA已经将含有DHA和EPA的鲱鱼油列入GRAS名单，可以直接用于食品配料，剂量不超过3g/d。2007年又将磷虾油列入GRAS名单。欧盟和澳/新的相关法规中规定婴幼儿配方乳中EPA含量不应超过DHA含量。我国卫生部2009年批准以食用油为原料的鱼油和鱼油提取物为新资源食品，可以应用于多种食品中，其使用量每天≤3g。

日常饮食中EPA主要来源于冷水鱼，主要以甘油酯的形式存在于海鱼的肉、脂肪中，金枪鱼中EPA含量最丰富。某些浮游藻类如金藻、卡氏菌沟藻、中肋骨条藻等中的含量也很高。

（三）亚油酸

亚油酸（leinoleic acid，LA）又名十八碳二烯酸，分子式$C_{18}H_{32}O_2$，相对分子质量280.44，化学结构式如图4-6所示。

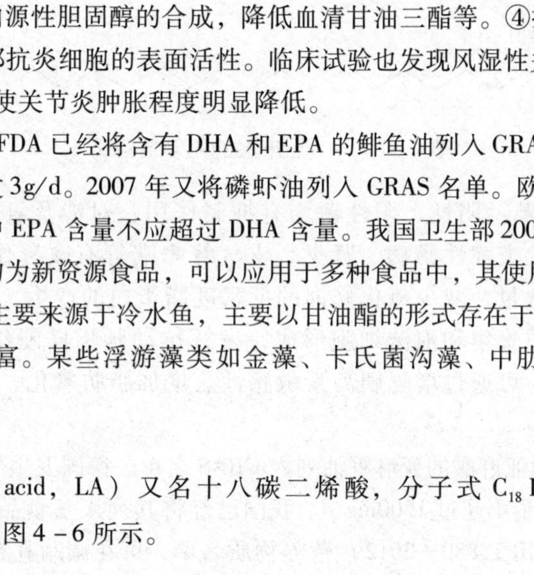

图4-6 五油酸的化学结构式

亚油酸是人体必需脂肪酸，是一系列特殊生物活性化合物类二十烷酸的前体，具有调节血压、血脂、血管反应性及促进微循环等作用，可预防或减少心血管病的发病率。多项研究发现，$n-6$多不饱和脂肪酸含量与冠心病的发病率呈负相关，高亚油酸摄入量与急性心肌梗死的发病呈负相关。亚油酸还能抑制细胞因子、黏附分子、趋化因子等的产生，发挥抗炎作用。研究发现，用多不饱和脂肪酸（主要是$n-6$脂肪酸）替代碳水化合物能够改善甘油三酯（TC）和高密度脂蛋白（HDL-C）的比例，发挥调节血脂的作用。一项随机对照实验发现，摄入亚油酸5周可以改善胰岛素敏感性。

亚油酸为GRAS物质，在美国可用于膳食补充剂原料，我国《食品添加剂卫生管理办法》规定，亚油酸可作为食品添加剂。我国婴幼儿配方食品国标规定婴幼儿配方乳粉中亚油酸的含量不得低于3000mg/100g。

亚油酸作为最早被确认的必需脂肪酸和重要的多不饱和脂肪酸，在日常食用的植物油中普遍存在，在红花油、月见草油中含量丰富，在葵花籽油、玉米油、豆油中的含量也较为丰富。动物脂肪中亚油酸含量一般较低。

（四）γ－亚麻酸

γ－亚麻酸（γ－linolenic acid，GLA）最初是从月见草的种子油中发现的一种多不饱和脂肪酸，是α－亚油酸的异构体。在碱性条件下，γ－亚麻酸的双键易发生异构化反应，形成共轭多烯酸。其化学式为6，9，12－十八碳三烯酸，分子式 $C_{18}H_{30}O_2$，相对分子质量278，化学结构式如图4－7所示。

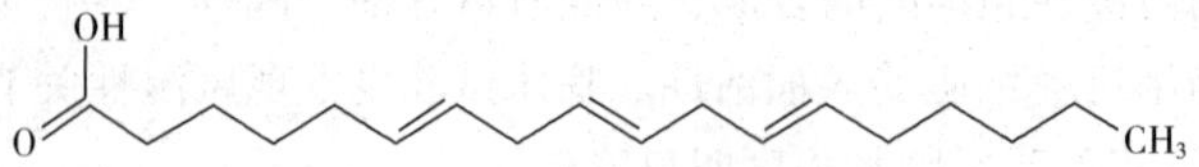

图4－7　γ－五麻酸的化学结构式

γ－亚麻酸对多种革兰阴性、阳性菌均有抑制作用，对涉及氧化应激的多种炎症性疾病如风湿性关节炎、炎症性肠病、肾炎、支气管哮喘等有改善作用。γ－亚麻酸能显著降低低密度脂蛋白含量，减少氧化修饰的低密度脂蛋白的产生，进而减少血管内皮损伤，避免引起胞内脂质聚集和泡沫细胞形成，发挥抗动脉粥样硬化的作用。γ－亚麻酸转化为花生四烯酸后，可通过增强胰岛素敏感性、增加脂肪氧化、减少脂肪分布，改善外周血糖分布。

美国FDA批准富含亚麻酸的亚麻籽油列入GRAS名单。德国卫生部允许月见草油在德国生产和销售，但使用剂量不超过1500mg/d。我国已经将其列入《食品安全国家标准 食品营养强化剂使用标准》（GB 14880—2012）营养物质名单，可在调制乳粉、植物油、饮料类食品中使用，使用量为20～50g/kg。我国食品药品监督管理局批准月见草及其油为功能食品原料。

γ－亚麻酸主要来源于植物和微生物，目前已知全球约有80余种高等植物种子中含有γ－亚麻酸，如月见草、玻璃苣、黑加仑、微孔草等。γ－亚麻酸的微生物来源主要是微藻和真菌，如背孢霉属、根酶属以及小球藻、兰丝藻等。

（五）植物甾醇

植物固醇（phytosterol）是以环戊烷多氢菲为基本骨架的一大类化合物，结构与胆固醇相似，仅是支链结构不同。目前已发现的植物固醇已有百余种，其中最常见的是β－谷固醇、菜油固醇和豆固醇。

植物固醇的生理功能主要表现在四个方面：①降低血清胆固醇：植物固醇是很好的降低胆固醇药物，其结构与胆固醇相似，在体内以同样的方式被吸收，可抑制胆固醇的合成和吸收，促进胆固醇的异化，而且植物固醇在降低低密度脂蛋白的同时对高密度脂蛋白和甘油三酯几乎没有影响。②预防肿瘤：植物固醇可以促进胆固醇的排除，减少其微生物分解代谢产物，从而对胆固醇肠道代谢产物诱发的结肠癌及炎症有预防作用。研究发现，谷固醇能抑制人结肠癌细胞HT29的增殖及化学致癌物诱导的大鼠结肠肿瘤。③类激素作用：植物固醇在结构上类似于雌激素，具有一定的雌激素作用。β－谷固醇对子宫内物质代谢有类似于雌性激素作用，给金鱼腹膜内注射β－谷固醇后，发现雄性金鱼的睾丸激素和11－睾丸酮含量显著降低，雌性金鱼的睾丸激素和17β－雌二醇水平也显著降低。④消炎、退热作用：植物固醇能抑制细菌、真菌等繁殖，具有明显的消炎、退热、治溃疡的功效。β－谷固醇具有类似于氢化可的松和羟基保泰松这些药物的抗炎作用，且无副作用。β－谷固醇还具有类似于阿司匹林的退热作用，用量高达300mg/kg时，也不会引起溃疡。

美国批准添加植物固醇的食品可以使用"有益健康"的标签，FDA建议每日摄入1.6g植物固醇可起到降低血脂的作用，但没有限定每日最高摄入量。欧盟在含植物固醇的标签上推荐植物固醇的摄入量每日不超过3g。2010年我国卫生部批准植物固醇作为新资源食品，但不得应用于婴幼儿食品中。最新版的《中国居民膳食营养素参考摄入量》中规定植物固醇特定建议值（SPL）为0.9g/kg，可耐受最高摄入量（UL）为2.4g/kg。

植物固醇广泛存在于各种植物油、坚果和植物种子中，其中植物油和油料种子中含量最高。坚果、豆类中含量也较多。植物固醇的另一来源是妥尔油，妥尔油是松树和其他树木用于造纸产生的副产物，其中含有植物固醇，主要是谷固醇和菜油固醇，比例为92∶8。

三、碳水化合物

（一）氨基葡萄糖

氨基葡萄糖（glucosamine）又称氨基葡糖、葡萄糖胺或葡糖胺，是葡萄糖的一个羟基被氨基取代后的化合物，主要存在于甲壳类动物的外骨骼中。其分子式$C_6H_{13}NO_5$，相对分子质量179.17，化学结构式如图4－8所示。

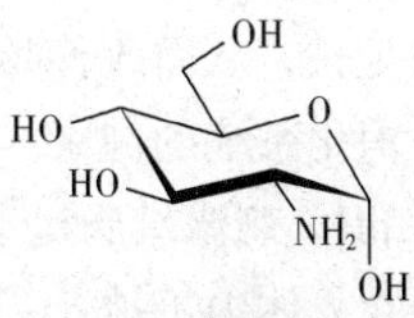

图4－8　氨基葡萄糖的化学结构式

由于氨基葡萄糖是葡糖胺多糖的前体，葡糖胺多糖是关节软骨的主要成分，因此补充的氨基葡萄糖可能帮助重建软骨和辅助治疗骨关节炎。外源性摄入氨基葡萄糖，可使关节内氨基葡萄糖含量恢复平衡状态，刺激软骨细胞合成蛋白多糖和胶原纤维，生成软骨基质，修复破损软骨，使关节软骨自身修复能力提高，催生关节滑液，减缓膝关节炎患者的关节退变。

目前，临床和膳食补充剂中应用的较多的是氨基葡萄糖盐酸盐（glucosamine hydrochloride）和氨基葡萄糖硫酸盐（glucosamine sulphate）。最新版的《中国居民膳食营养素参考摄入量》中规定氨基葡萄糖的特定建议值（SPL）为1000mg/kg，硫酸或磷酸氨基葡萄糖的特定建议值（SPL）为1500mg/kg。

氨基葡萄糖可作为功能食品，功能为增强骨密度，国家食品药品监督管理总局批准氨基葡萄糖的盐酸盐和硫酸盐也可作为药物使用，美国将其作为膳食补充剂，澳大利亚/新西兰将其批准为新资源食品。

（二）低聚果糖和菊粉

低聚果糖（fructooligosaccharides，FOS），又称寡果糖或蔗果低聚糖，是一种由短链和中长链的β－D－果聚糖（fructan）与果糖基（fructosyl）单位通过β－2，1糖苷键连接而成聚合度为2～9的混合物。低聚果糖主要来源于菊苣、洋葱、香蕉、大蒜和韭葱等植物中。化学结构式如图4－9所示。

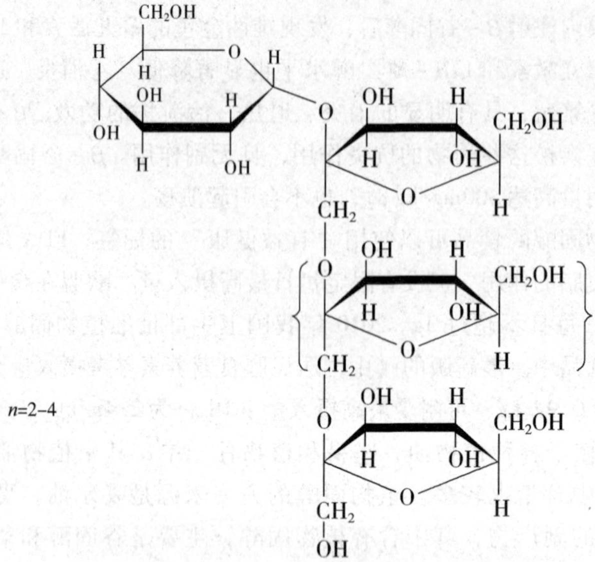

图4－9　低聚果糖的化学结构式

低聚果糖不能在人体内被消化吸收，属于低相对分子质量的水溶性膳食纤维，其主要的生理作用包括以下几点：①改善肠道菌群，促进双歧杆菌增殖：低聚果糖通过刺激结肠中有益菌的生长，从而改善肠道微生态平衡，并抑制胺、硫化氢、吲哚、酚等有害物质的产生，来促进消化系统的健康。②润肠通便：低聚果糖能被肠道菌群分解和发酵，产生有机酸，降低肠道 pH，刺激结肠运动，并能使粪便变稀，以促进排便。③低热量，不升高血糖值：低聚果糖在人体内不被 α－淀粉酶、蔗糖转化酶和麦芽糖酶分解，不能作为能源被人体利用，不会使血糖值升高，每克低聚果糖中仅含 6.3kJ 的热量。④促进矿物质的吸收：研究表明，低聚果糖具有截留矿物质元素如 Ca、Mg、Fe、Zn 的能力。低聚果糖不能被消化酶分解，在到达大肠后，随着低聚果糖被双歧杆菌发酵分解，释放出矿物质离子。另外，低聚果糖经双歧杆菌等发酵，产生的短链脂肪酸降低了肠道 pH，在酸性环境中，许多矿物质溶解速度增加，因而有利于吸收。由于短链脂肪酸能刺激结肠膜细胞生长，因而提高了对矿物质的吸收能力。⑤抗龋齿：低聚果糖不是口腔微生物的作用底物，也没有菌体凝结作用，因此不会引起牙齿龋变。

低聚果糖可广泛地应用于乳制品、饮料、糖果糕点等食品中和功能食品中。

低聚果糖是卫生健康委（原卫生部）批准的营养强化剂，被批准使用于婴儿配方食品、较大婴儿和幼儿配方食品中作为益生元类物质的来源之一，该类物质在婴儿配方食品、较大婴儿和幼儿配方食品中总量不超过 64.5g/kg。还可用于化妆品，在化妆品中最大允许使用浓度为5%（中华人民共和国卫生部公告，2008 年第16 号）。美国在2000 年5 月将低聚果糖批准为 GRAS 物质，允许在酸乳、牛乳、冰淇淋、冻酸乳、营养棒、饼干、蛋糕、糕点、薯片、果冻、糖果等多种食品中添加，添加量不需要限制。日本厚生省批准其应用于功能食品中，可以声称使用不可消化低聚糖、膳食纤维等维护胃肠道功能，如整肠作用、肠内菌群改善、大便性状改善、抑制肠内有害生成物质。含量可高达 37.5g/100g。

菊粉（inulin）是一种由短链和中长链的 β－D－果聚糖（fructan）和果糖基（fructosyl）

单位通过$\beta 2-1$糖苷键连接而成的果糖聚合物的混合物，聚合度可高达60。多来源于菊科植物，耶路撒冷洋蓟和菊苣所含的菊粉可用作提取的商业来源。其化学结构式如图4－10所示。

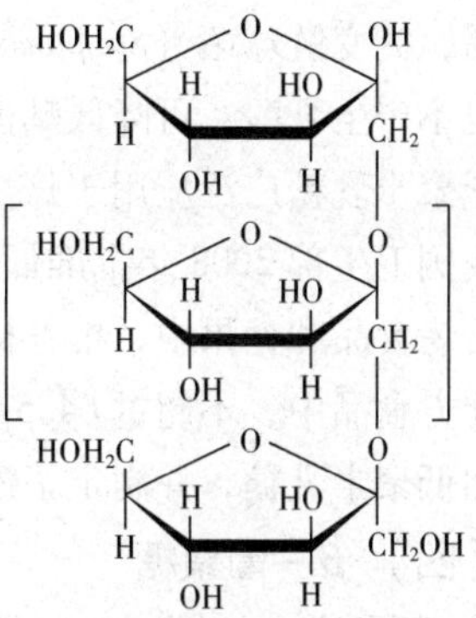

图4－10　菊粉的化学结构式

菊粉的生理功能包括以下几点：①调节肠道菌群平衡：菊粉通过刺激结肠中有益菌的生长，从而改善肠道微生态平衡来促进消化系统的健康及调节便秘的作用。②促进骨骼健康：菊粉可以促进钙吸收，进而维持骨骼的强韧性。临床研究显示，菊粉对于青少年和绝经后妇女的钙吸收均有促进作用。③低热量，不易消化：菊粉不易消化，有助于维持餐后的饱腹感，同时能量值较低，长期使用可以帮助控制体重。④调节血脂水平：研究表明，每天摄入18g的菊粉，可以出现明显的LDL－C和胆固醇水平的下降。

菊粉可广泛应用于食品中，如巧克力制品代糖品，替代奶油及冰淇淋的油脂，改进低脂干酪的特性和口感，生产低脂肉制品、低能量食品等。

我国将菊粉批准为新资源食品，食用量≤15g/d，可用于除婴幼儿食品外的各类食品。美国在2003年5月将菊粉批准为GRAS（一般认为安全）物质。

（三）低聚半乳糖

低聚半乳糖（galactooligosaccharides，GOS）是一组具有天然属性的功能性低聚糖，其分子结构是在半乳糖或葡萄糖分子上连接1～7个半乳糖基，即Gal－$(Gal)_n$－Glc/Gal（n为0～6），主要来源于牛乳。其分子式$(C_6H_{11}O_5)_n$，n为2～8，相对分子质量300～2000，化学结构式如图4－11所示。

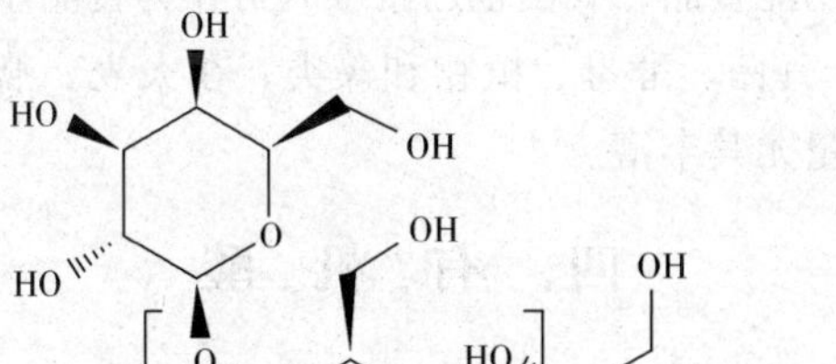

图4－11　低聚半乳糖的化学结构式

根据目前的研究，发现低聚半乳糖主要具有以下作用：①调节肠道菌群平衡，促进双歧杆菌增殖：摄入低聚半乳糖可促进双歧杆菌的增殖，抑制有害细菌的生长，从而改善肠道微生态平衡，并产生一系列功能，如增强机体免疫力，改善便秘等。②低热量，消化慢：每克低聚半乳糖含热量6.2802kJ，而且人体胃肠内没有水解低聚半乳糖的酶系统，不被消化吸收而直接进入大肠，可产生减缓血糖升高速率和缓解便秘的现象。③降低龋齿发生率：体外实验表明，突变链球菌（*Streptococcus mutans*）等口腔细菌不能利用低聚半乳糖生成不溶性葡聚糖，也不产生乳酸，可降低龋齿发生率。

低聚半乳糖广泛应用于焙烤食品、乳品、糖果、清凉饮料、乳酸菌饮料等食品中。

我国卫生部2008年批准低聚半乳糖为新资源食品，可应用于婴幼儿食品、乳制品、饮料、焙烤食品和糖果中，推荐摄入量≤15g/d，并可作为营养强化剂应用于婴儿配方食品和幼儿配方食品中，不超过64.5g/kg。美国将其批准为GRAS物质。欧盟批准了在婴幼儿食品中添加低聚半乳糖，并制定了添加的安全剂量为8g/L。

（四）β-葡聚糖

β-葡聚糖（β-glucan）是一种天然提取的多糖，相对分子质量大约在6500以上，它不同于一般常见的糖类，最主要的差别在于糖苷键的连接方式不同，一般糖类以α-1，4-糖苷键结合而成，而β-葡聚糖以β-1，3-糖苷键为主体，且含有一些β-1，6-糖苷键的支链。β-葡聚糖由于其特殊的键连接方式和分子内氢键的存在，使其分子结构呈螺旋形，这种独特的构形很容易被免疫系统接受。

研究表明，β-葡聚糖能提高机体的免疫功能，是一种很好的免疫激活剂。β-葡聚糖可选择性地与巨噬细胞、粒细胞以及自然杀伤细胞上的特异性受体结合，这些细胞释放的细胞因子可激活T细胞，继而激活B细胞，激活的淋巴细胞产生大量的抗体对抗细菌和毒素。此外，β-葡聚糖可降低胆固醇的水平，FDA建议每日服用3g β-葡聚糖，可以降低高胆固醇患者的胆固醇含量0.41mmol/L，降低正常人胆固醇含量0.13mmol/L。而且，从燕麦中提取的β-葡聚糖也可以降低总胆固醇和低密度脂蛋白水平。还有研究发现，4g的β-葡聚糖能显著降低正常机体的葡萄糖和胰岛素反应，并且大麦β-葡聚糖比燕麦β-葡聚糖具有更好的葡萄糖和胰岛素反应调节功能。

在45个国家已经批准使用葡聚糖，如美国FDA已批准葡聚糖为安全食品添加剂，日本厚生省确定葡聚糖为一种功能食品，我国也已批准其可作为食品添加剂。

β-葡聚糖主要来源于真菌、酵母、植物和藻类，在大麦、燕麦、高粱、大米和小米等谷类的胚乳细胞壁中德含量尤其丰富。

四、有 机 酸

（一）绿原酸

绿原酸（chlorogenic acid）亦称咖啡鞣酸，是由咖啡酸（caffeic acid）与奎尼酸（quinic acid）形成的缩酚酸，属于芳香族有机酸。分子式 $C_{16}H_{18}O_9$，相对分子质量354.31，化学结构式如图4-12所示。

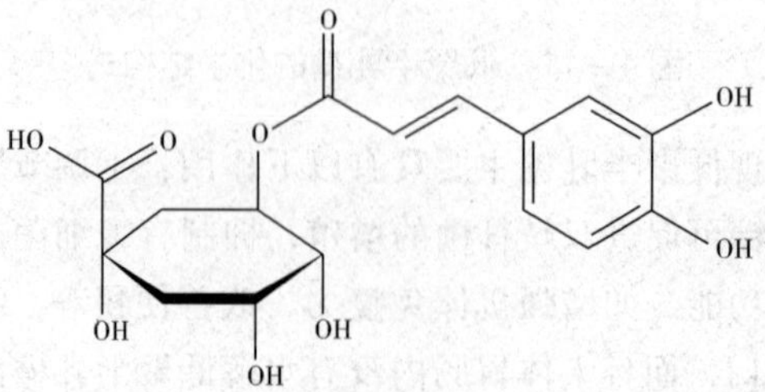

图4-12 绿原酸的化学结构式

绿原酸具有广泛的生物活性，现代科学对绿原酸生物活性的研究已深入到食品、保健、医药和日用化工等多个领域。根据目前的研究发现，绿原酸的生理功能主要包括以下几个方面：①抗氧化作用：绿原酸分子中的活性羟基可以形成具有抗氧化作用的氢自由基，从而消除羟基自由基的活性，保护组织免受氧化作用的损伤，进而在防治动脉粥样硬化和糖尿病等方面发挥作用。②抑菌及抗病毒作用：绿原酸抑制肠沙门氏菌的IC_{50}为4.8mg/mL，并且研究表明绿原酸对合胞病毒、柯萨奇B_3型、腺病毒7型、川型等病毒具有显著的抑制作用，对腺病毒3型和柯萨奇B_5型病毒也有一定的抑制作用。

目前，对于绿原酸在食品中的应用尚未有明确的规定。但在美国，一些咖啡、金银花提取物可用于食品中，并带有条件声称。在英国和挪威，绿原酸作为食物活性成分被加入咖啡、口香糖和薄荷糖中。

绿原酸广泛存在于植物中，尤其是忍冬科、蔷薇科、菊科、茜草科和杜仲科等植物中，是咖啡中的主要酚类化合物。

（二） 阿魏酸

阿魏酸（ferulic acid），化学名为3－（4－羟基－3－甲氧基苯基）2－丙烯酸，4－羟基－3－甲氧基肉桂酸，分子式$C_{10}H_{10}O_4$，相对分子质量194.19，化学结构式如图4－13所示。

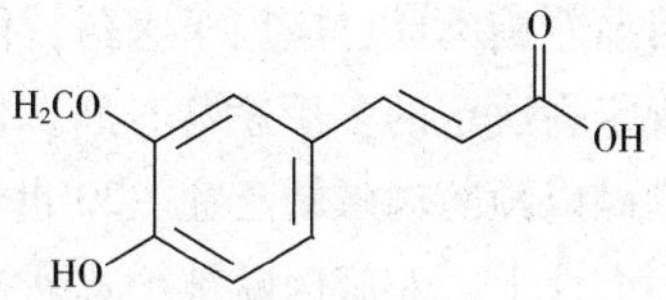

图4－13　阿魏酸的化学结构式

阿魏酸是一种广泛存在于植物中的酚酸，在细胞壁中与多糖和蛋白质结合成为细胞壁的骨架。研究发现，阿魏酸具有多种生理功能，主要表现在以下几个方面：①抗氧化作用：阿魏酸能清除自由基，保护膜脂质不受氧化，对于肝P_{450}酶具有选择性抑制作用，对紫外线照射和辐射引起的氧化损伤也有很好的保护作用。②抑制血小板聚集：阿魏酸可选择性抑制血栓素合成酶，有拮抗血栓素的作用，还可通过抑制磷脂酶A_2（PLA_2）阻止花生四烯酸游离，从而阻断血栓素（TXA_2）的生成，并可增加c－AMP水平和抑制磷酸二酯酶的活性，从而抑制血小板聚集。③抗菌抗病毒作用：阿魏酸能抑制宋内氏志贺菌、肺炎杆菌、肠杆菌、大肠埃希菌、柠檬酸杆菌、铜绿假单胞菌等的繁殖，对感冒病毒、呼吸道合胞体病毒（RSV）和艾滋病病毒也有显著的抑制作用。④其他：阿魏酸具有防治心血管疾病、预防阿尔茨海默病、解痉和抗肿瘤等作用。

阿魏酸在国内尚未批准使用。美国FDA和国立营养食品协会（National Nutritional Foods Association，NNFA）将阿魏酸列入1994年10月15日以前使用的膳食补充剂名单中。日本也批准将阿魏酸作为食品添加剂使用。

阿魏酸主要存在于伞形科植物阿魏、川穹的根茎，石松科植物卷柏状石松的全草，木贼科植物木贼的全草，毛茛科植物升麻根茎，禾本科植物稻的种皮，百合科植物洋葱的根、球茎和叶，十字花科植物莱菔的根，紫葳科植物梓树的树皮，菊科植物白花春黄菊的花，紫茉莉科植物光叶子花样的根等中。

五、生　物　碱

（一） 左旋肉碱

左旋肉碱（L－carnitine），又称维生素BT，化学名为3－羟基－4－三甲胺基丁酸内酯，

分子式 $C_7H_{15}NO_3$，相对分子质量为 161.20，化学结构式如图 4－14 所示。

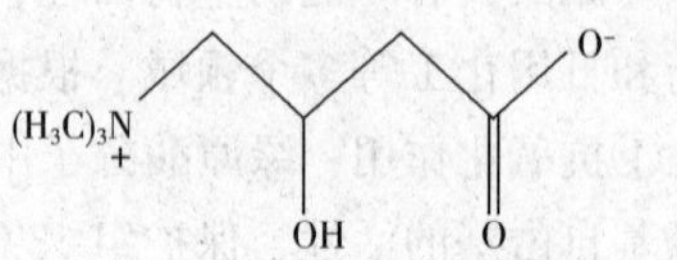

图 4－14　左旋肉碱的化学结构式

1958 年 Fritz 发现左旋肉碱能加速细胞（线粒体）对脂肪的消耗，确立了左旋肉碱对人体脂肪酸氧化的重要作用。肉碱有 L－型和 D－型两种形式，其中 L－型具有生理活性，而 D－型则是其竞争型抑制剂。

左旋肉碱最重要的功能是作为载体以酰基肉碱的形式将长链脂肪从线粒体外运送到膜内，促进脂肪酸的 β－氧化，产生能量并降低血清胆固醇及甘油三酯的含量，提高机体耐受力。左旋肉碱也能将过量的酯酰 CoA 排出体外，避免其在体内的过量积累，起到防止代谢性酸中毒的作用。左旋肉碱还可通过增加与尿素的结合促进体内氨的排出，解除氨的毒性，而氨作为蛋白质代谢的副产物是运动后致疲劳的主要因素。此外，左旋肉碱可以有效降低运动后血中乳酸的浓度。

目前左旋肉碱已应用于医药、保健和食品等领域，并已被瑞士、法国、美国和世界卫生组织规定为法定的多用途营养剂。目前世界上已有 22 个国家和地区允许在婴儿乳粉中加入左旋肉碱以预防肉碱缺乏症。20 世纪 80 年代左旋肉碱作为商品上市，1985 年在芝加哥召开的国际会议上，左旋肉碱被正式列为“特定条件的必需营养品”。1988 年法国规定肉碱可作为营养强化剂，1989 年法国又重申肉碱可作为多用途营养剂。1993 年，左旋肉碱获得 WHO 和美国 FDA 认可，左旋肉碱及其制剂（片、胶囊、口服液）已被收入《美国药典》（22 版），德国卫生部规定使用左旋肉碱无需最高上限。我国的 GB 14880—2012 规定了左旋肉碱为食品营养强化剂，可应用于果蔬汁、含乳饮料、特殊用途饮料、风味饮料和固体饮料中。

左旋肉碱来源有两种途径：一是从膳食中摄取，以肉类和乳制品最丰富，如瘦肉、肝、心、酵母、羊肉、鸡肉、兔肉、牛乳和乳清等，而蔬菜、谷类和水果含量极少甚至没有；二是内源性合成，在维生素 C、烟酸、维生素 B_6 和还原铁的参与下，由赖氨酸、甲硫氨酸经过五步反应合成。

左旋肉碱是类维生素的营养素，同时是食物的组成成分，安全稳定性好、保健功效明显，在食品行业有着巨大的前景。左旋肉碱作为功能性食品添加剂、饲料添加剂和药物已有广泛应用。在欧美发达国家，左旋肉碱的应用较为广泛，添加左旋肉碱的运动食品，减肥食品，婴幼儿乳粉及功能食品。

（二）褪黑素

褪黑素（melatonin），即 *N*－乙酰－5－甲氧基色胺（*N*－acetyl－5－methoxytryptamine），又称为美拉酮宁、抑黑素、松果腺素，是一种由松果体分泌的一种内源性吲哚胺类物质。分子式 $C_{13}N_2H_{16}O_2$，相对分子质量 232.27，化学结构式如图 4－15 所示。

图 4－15　褪黑素的化学结构式

褪黑素是体内重要的神经内分泌激素，因其可以使青蛙皮肤颜色变浅而得名，它在生物内的含量每天按规律变化。研究发现除松果体外，视网膜、眼部晶状体、胃肠道等也分泌褪黑素。

褪黑素独特的生理功能之一就是将内源性生物节律的周期位相调整到与日照长短同步，进而引发机体的生理功能和行为变化。诸如睡眠－觉醒、体温、进食饮水、季节性生殖以及能量和物质代谢节律等。褪黑素可能是与SCN上相应受体结合而发挥调节生物节律的作用。另外，褪黑素与脑功能、个体发育、生殖系统和内分泌系统等都密切相关。生理状态下，褪黑素是维持内环境稳定状态的重要因素之一。内源性褪黑素水平异常与神经精神失调、癫痫发作和疼痛密切相关。褪黑素还是一种强大高效的自由基清除剂，既可与自由基结合直接清除自由基，又可以通过提高细胞内抗氧化酶活性间接清除自由基，对自由基引起的核DNA、膜脂质及细胞质蛋白的氧化损伤起保护作用。自由基是许多衰老相关疾病的诱因，由于褪黑素具有强大的清除自由基功能，因此被称之为机体内源性的寿命保障因子。褪黑素对神经内分泌也具有调节作用。通过下丘脑－垂体－性腺轴，调控青春期的启动、性腺的发育和生殖行为。通过阿片受体网络、下丘脑－垂体－靶腺轴或作用于淋巴组织等，直接或间接影响机体内分泌活动。研究发现，松果腺对某些神经内分泌和免疫系统具有高位调节点的作用。褪黑素亦可对心血管活动、消化功能和血小板聚集等生理过程产生影响。

褪黑素于1993年开始在市场上以健康食品方式出售，消费者对此类产品予以认同并热衷购买。褪黑素相关产品有康普利特褪黑素片、益寿堂褪黑素软胶囊、美澳健褪黑素片、清华紫光金奥力褪黑素胶囊和绿线褪黑素软胶囊等。

（三）蒜素

蒜素（allicin）是呈油状的液体，是由蒜氨酸在蒜氨酸酶作用下生成的硫代亚磺酸酯类化合物。此类化合物不稳定，又会迅速降解为挥发性的含硫化合物。学名二烯丙基硫代亚磺酸酯［$CH_2=CH—CH_2—S(=O)—S—CH_2—CH=CH_2$］，属硫代亚磺酸［R—S（=O）—S—R］一族。化学式 $C_6H_{10}OS_2$，相对分子质量162.28，化学结构式如图4－16所示。

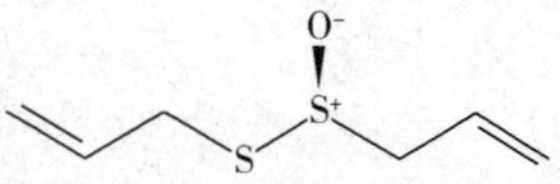

图4－16　蒜素的化学结构式

蒜素具有多方面的医疗和保健作用。它对多种细菌、病毒、真菌等病原微生物及肿瘤都有不同程度的抑制或杀灭作用。蒜素可以抑制肝脏中胆固醇的合成，进而达到降低血胆固醇的效果。蒜素可以抑制血管内皮细胞中腺核酸，增加一氧化氮（NO）在内皮细胞的浓度，使血管松弛，可阻断细胞钙离子信道，使血管扩张，以达到血管松弛、降低血压的作用。蒜素具强力抗血栓活性，作用对于心肌梗塞、动脉硬化及静脉瘤都具有令人满意的防治效果。另外，它还具有防止汞中毒、增强机体免疫力及抗氧化等药理活性。

以目前市面上蒜精补充剂的剂型来看，大致可分为蒜油软胶囊、填装蒜物的硬式胶囊，以及将蒜素前体蒜氨酸（alliin）与蒜氨酸裂解酶（alliin lyase）分开存在于片中，再以肠溶片（只溶于小肠不溶于胃中）包覆。

大蒜具有一种特殊的气味，即蒜臭味，使大蒜制品的应用受到限制。因此生产无臭大蒜制品，对大蒜进行脱臭处理，具有非常重要的意义。有研究者采用不同的反应条件进行脱臭实验，开发出了脱臭蒜素原液、脱臭蒜素保健饮料、脱臭蒜素多糖等诸多蒜素产品，如脱臭蒜素啤酒。另有研究根据大蒜氨酸的性质，采用升温杀酶或低温及纯乙醇条件下的提取方法，再按照糯米酒的常规酿制工艺，研制了出脱臭蒜素糯米酒。

六、类 黄 酮

（一）绿茶多酚 EGCG

绿茶多酚是绿茶的主要活性物质，约占茶叶干重的 30%，其主要成分包括表儿茶素（cis - catechin，epicatechin，EC）、表没食子儿茶素（cis - gallocatechin，epigallocatechin，EGC）、表儿茶素没食子酸酯（epicatechin - 3 - gallate，ECG）和表没食子儿茶素没食子酸酯（epi - gallocatechin - 3 - gallate，EGCG）。其中，EGCG 是在儿茶素中含量最高，而且是最有效的活性成分。化学结构式如图 4 - 17 所示。

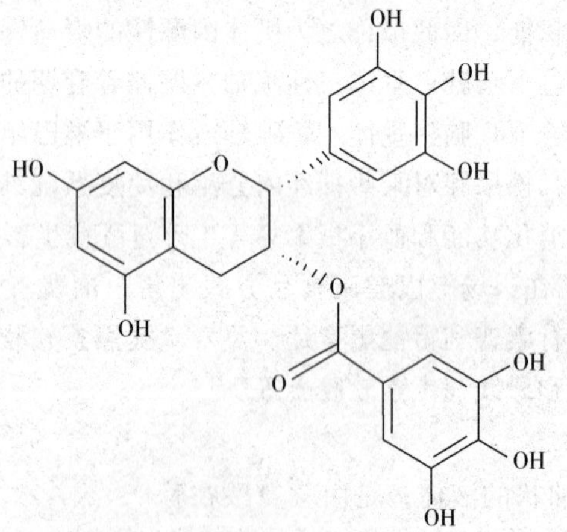

图 4 - 17 绿茶多酚的化学结构式

大量动物实验和临床实践已证明 EGCG 具有多种生物学效应，其生理作用主要表现在以下几方面：①抗氧化，清除自由基：EGCG 具有多个酚羟基结构，有很强的抗氧化作用，可对抗氧自由基对组织细胞的损伤。研究表明，茶多酚及其单体对氧自由基的清除率可达 98%，在一定浓度范围内呈剂量效应关系。而且 EGCG 是儿茶素中抗氧化作用最强的一种成分，属非酶抗氧化剂。它的抗氧化活性是维生素 E 的 20 倍、过氧化歧化酶的 6 倍。②抗肿瘤：研究表明，EGCG 在包括皮肤癌、乳腺癌、卵巢癌、前列腺癌、肺癌、肝癌等在内的各种癌症的发生发展过程中均具有一定的疗效，且 EGCG 能与多种抗癌药物产生协同抗肿瘤作用，增强化疗及放疗的敏感性。③防治心血管疾病：许多的流行病学、临床试验和动物实验资料均表明茶多酚化合物具有降血脂、预防肝脏及冠状动脉粥样硬化、降血压、防治脑中风等心血管疾病的作用。一项临床试验表明，心血管病患者口服 95% 纯度茶多酚 4 周，症状消失或缓解有效率达 90%，说明茶多酚治疗能改善患者的临床症状。④对肾脏的保护：EGCG 能使系膜细胞周期调控蛋白适当表达，抑制肾脏系膜细胞的增殖，减缓肾小球毛细血管血流动力学阻力，从而改善肾小球基底膜的通透性，降低蛋白质的滤过，改善血脂代谢及肾脏功能，延缓肾脏病理慢性进展。⑤其他：研究发现，EGCG 还具有抗病毒、保护肝脏、抗紫外线等功能。

目前，在美国儿茶素可用于补充剂。JECFA 已经将以儿茶素为主体的茶多酚列为安全物质。在我国，茶多酚作为食品添加剂－抗氧化剂，可用于多种加工食品。

（二）大豆异黄酮

大豆异黄酮是指以3－苯并吡喃酮为母核的一类化合物，是大豆生长过程中形成的一种次生代谢产物。迄今为止从大豆中分离出的大豆异黄酮异构体共有12种，分为结合型的糖苷（glucosides）和游离型的苷元（aglycons）两大类。结合型糖苷由苷元衍生而成，主要以染料木苷（genistin）、大豆苷（daidzin）和6－甲氧基大豆苷类（glycitin）等形式存在，苷元包括染料木素（genistein）、大豆素（daidzein）和黄豆黄素（glycitein）三种。天然状态下，糖苷为大豆异黄酮的主要存在形式，占总量的97%～98%，苷元占总量的2%～3%。化学结构式如图4－18所示。

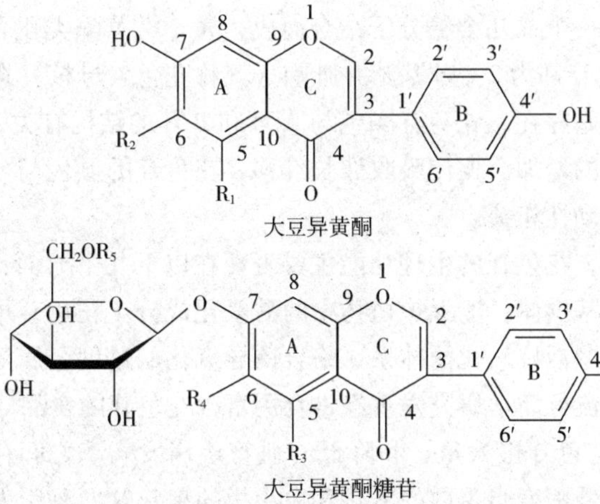

图4－18　大豆异黄酮及其糖苷的化学结构式

大豆异黄酮糖苷是大豆中主要的活性物质，其生理活性主要取决于苷元的活性。大豆异黄酮糖苷需经酶水解作用成苷元才能被人体吸收利用。因此大豆异黄酮的生物活性不仅取决于其含量，更重要的是异黄酮存在的结构与形式。大豆异黄酮的生物活性主要包括以下几个方面：①雌激素活性：大豆异黄酮具有弱雌激素活性，可与雌激素受体竞争性地结合。当体内或细胞内雌激素活性较强时，大豆异黄酮表现为抗雌激素活性；而当体内或细胞内雌激素水平低下时，可表现为雌激素样活性。大豆异黄酮对妇女更年期综合征有一定缓解作用。②抗肿瘤作用：大豆异黄酮对多种不同来源的肿瘤具有良好的防治作用，近年来的研究发现，大豆的高消费量是亚洲居民的乳腺癌、前列腺癌和结肠癌的发病率显著低于西方发达国家的主要原因。亚洲人移居美国并接受西方饮食方式后，其乳腺癌和前列腺癌的发病率都明显升高。③对心血管的防护作用：大豆异黄酮具有降低血脂、预防心脏病的功效。大豆异黄酮能降低低密度脂蛋白（LDL）胆固醇和甘油三酯的含量而不降低高密度脂蛋白（HDL）胆固醇含量，并通过抑制血小板和凝血酶间的相互作用来减少血栓的形成，降低心血管疾病的发生几率。另外，低密度脂蛋白（LDL）胆固醇的氧化也是造成动脉硬化的主要原因，异黄酮作为黄酮类化合物，具有显著的抗氧化作用。④其他：大豆异黄酮还具有维持骨代谢平衡、抗炎抗菌、调节免疫等作用。

早在1998年FDA已经将大豆异黄酮批准为GRAS物质，发现其具有抗癌作用，并在

1999 年允许对大豆异黄酮进行如下的健康声称：“大豆异黄酮是从大豆中提取的最具生物活性的物质，是一种植物雌激素，与女性雌激素结构相似，有助于维持女性雌激素水平的平衡”，并批准其作为膳食补充剂。欧盟推荐大豆异黄酮的摄入量为 40～100mg/d。日本厚生省已将含大豆异黄酮的食品列入“特定保健用食品”名单。我国近年来批准了多种含大豆异黄酮的功能食品，并在国标中规定了功能食品中大豆异黄酮的测定方法。

大豆异黄酮在大豆中主要分布在大豆种子的子叶和胚轴中，不同国家地区的大豆，由于其品系、种植地域及生长的地理环境等的差异，大豆异黄酮的含量也存在一定的变化。日本和美国大豆品种的异黄酮含量分别为 1.2%～2.3% 和 2.1%～4.2%，我国大豆品种的异黄酮含量一般为 1.2%～2.5%。

（三）花色苷

花色苷是由花青素与一个或几个糖分子结合而成，属于类黄酮类化合物，其基本碳骨架为 $C_6—C_3—C_6$，所有花色苷都为 2－苯基苯并吡喃（又称花色素母核）阳离子的衍生物。花色苷 A 环、B 环上都有羟基存在，花色苷颜色与 A 环和 B 环的结构有关，羟基数目增加使蓝紫色增强，而甲氧基数目的增加会促使吸收波长红移，花色苷的颜色与分子被激发的难易程度和分子结构中电子的活动性相关。

根据目前的研究可知，花色苷的生理功能主要表现在以下几个方面：①抗氧化：花色苷含有多个酚羟基，属于羟基供体，能保护植物中的易氧化成分。花色苷可通过抑制自由基的产生或通过清除自由基、激活抗氧化酶体系、络合诱导氧化的过度金属等作用发挥抗氧化作用。②预防心血管疾病：流行病学研究发现经常食用富含花色苷的食品（例如红酒和某些品种的浆果类），可增加总花色苷摄入量，和降低心血管疾病发病率之间存在一定关系。体外实验表明，花色苷能抑制低密度脂蛋白的氧化和血小板的聚集这两种引发动脉粥样硬化的主要因素。③保护肝脏：花色苷可以明显降低丙氨酸和天冬氨酸转氨酶的水平，从而减小氧化性肝脏损伤。④其他：花色苷还具有抗肿瘤、抗突变、降血压、改善视力等作用。

到目前为止，已经发现的天然花青素有 18 种，在高等植物中，普遍存在的有 6 种花青素，即天竺葵色素（Pg）、矢车菊色素（Cy）、飞燕草色素（Dp）、芍药色素（Pn）、牵牛色素（Pt）和锦葵色素（My），其中在自然界分布最广泛的是 Cy、Dp 和 Pg，他们分别占花中总色素的 50%，叶中总色素的 80%，果中总色素的 69%。在自然状态下，花色素的性质极不稳定，极少以游离的花色素的形式存在，多与一个或多个糖分子通过糖苷键结合形成花色苷。

七、酚　类

原花青素属于缩合单宁，是广泛存在于植物界当中的一大类多酚类化合物，根据分子的聚合程度，原花青素可分为单体、寡聚体、多聚体，目前研究最广的葡萄籽提取物以寡聚体（OPC）为主。

原花青素的生理功能主要表现在以下几个方面：①抗氧化作用：原花青素含有多个酚羟基结构，在体内被氧化后能释放出氢离子，能竞争性地与自由基和氧化物结合，具有较强的清除自由基能力和预防脂质过氧化能力，尤其是其体内抗氧化活性较强，是维生素 C 的 20 倍、维生素 E 的 50 倍。②保护心血管作用：原花青素可通过抑制动脉壁中低密度脂蛋白（LDL）的氧化，发挥抗动脉粥样硬化的作用；此外，原花青素还可通过降低血液中胆固醇水平，减少血管壁上胆固醇的沉积，预防心脑血管疾病的发生。③降低毛细血管通透性、抗炎、抗水肿：原花青素通过抑制由炎症介质（组胺、缓激肽、前列腺素、白三烯等）引起的毛细血管通透性增高，使毛细血管的脆性和张力减小，毛细血管内的物质转运受到保护，而发挥抗炎作用。④抗肿瘤活性：原花青素对乳腺癌、前列腺癌、皮肤癌、结肠癌等多种肿瘤都有不同程度的杀伤作用。⑤其他：原花青素还有调节免疫、抗菌、抗突变、抑制酶活性及保护肝脏等作用。

美国批准两个葡萄籽提取物和葡萄果肉提取物为GRAS物质，并允许了一个健康声称“葡萄籽中原花青素类黄酮可增加血抗氧化能力”。在我国批准注册的含原花青素功能食品中，每日用量范围主要集中在50～250mg/d。

原花青素在葡萄、山楂、松树皮、银杏、花生、野生刺葵、番荔枝、野草莓、可可豆、贯叶金丝桃和白桦树等植物中含量丰富。目前研究最多的是葡萄籽和葡萄皮中的原花青素，其中葡萄籽中含5%～8%的原花青素。

八、萜　　类

（一）番茄红素

番茄红素（lycopene）是成熟番茄的主要色素，是一种不含氧的类胡萝卜素。其分子式$C_{40}H_{56}$，相对分子质量536.85，纯品为针状深红色晶体，在分子结构上有11个共轭双键和2个非共轭双键组成的直链型碳氢化合物。化学结构式如图4－19所示。

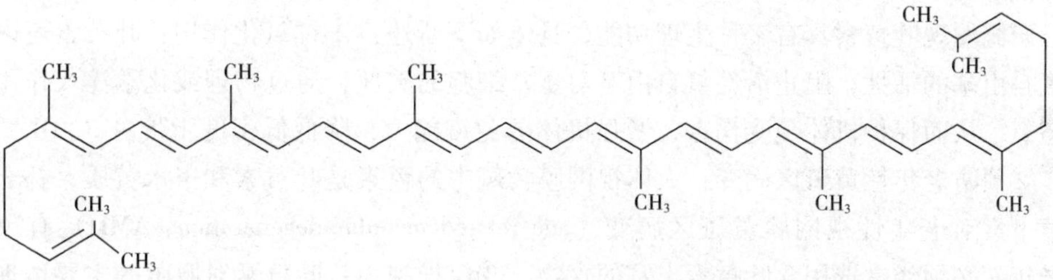

图4－19　番茄红素的化学结构式

番茄红素是植物中所含的一种天然色素，广泛分布于各种植物中。研究发现番茄红素具有多种生理功能，主要包括以下几个方面：①抗氧化作用：番茄红素能够通过物理和化学方式淬灭单线态氧，捕捉过氧化自由基。目前，番茄红素是已知的最有效的抗氧化活性物质，其抗氧化能力是β－胡萝卜素的3.2倍，是维生素E的100倍。②降低血脂：番茄红素可以显著降低血清脂质水平、阻止低密度脂蛋白胆固醇的氧化破坏，从而降低动脉粥样硬化和冠心病的发病风险。③增强免疫力：番茄红素促进吞噬细胞和淋巴细胞间的相互作用，分泌细胞活化因子活化细胞，增强细胞吞噬能力，促进淋巴细胞转化，以增强免疫功能。研究发现，番茄红素可以增强体液免疫能力，提高老年人免疫力。同时，番茄红素对非特异性细胞免疫也有明显的促进作用。④抗癌作用：研究发现，番茄红素可抑制乳腺癌、肺癌及子宫内膜癌细胞的生长。⑤其他：改善皮肤过敏症状、抗辐射、降压等。

我国卫生部2008年第27号公告中批准番茄红素作为着色剂，可用于饮料（包装饮用水除外）、糖果、固体汤料、半固体复合调味料等食品中，最大使用量分别为15、60、390、

40mg/kg，均以纯番茄红素计。同时，番茄红素可以用于功能食品，可做抗氧化、增强免疫力的声称。美国、欧盟等也批准番茄红素作为食品着色剂。

番茄红素分布于番茄、西瓜、南瓜、李、柿、胡椒果、桃、木瓜、芒果、番石榴、葡萄、葡萄柚、红莓、云莓、柑橘等果实中，以及萝卜、胡萝卜、芜箐、甘蓝等的根部。

（二）叶黄素

叶黄素（lutein）是 α－胡萝卜素的衍生物，是目前已经发现的600 多种天然类胡萝卜素中的一种，属于光合色素，分子式 $C_{40}H_{56}O_2$，相对分子质量 568.85。叶黄素不具有维生素 A 活性。果蔬和人体血清或血浆中的叶黄素主要构型为 3R、3′R、6′R。其化学结构式如图 4－20所示。

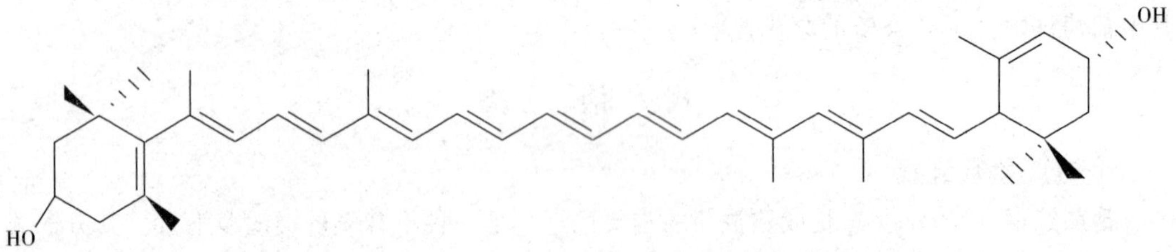

图 4－20　叶黄素的化学结构式

叶黄素是一种广泛存在于蔬菜、花卉、水果等植物中的天然物质，属于“类胡萝卜类”物质。研究发现叶黄素具有多种生理功能，具体如下所述：①抗氧化作用：叶黄素可以抑制活性氧自由基的活性，阻止活性氧自由基对正常细胞的破坏，通过物理或化学淬灭作用灭活单线态氧，从而保护机体免受伤害，增强机体的免疫能力，降低低密度脂蛋白（LDL）的氧化性。②预防老年性黄斑区病变：人体视网膜黄斑中的色素是叶黄素和玉米黄质，补充这些类胡萝卜素对老年性视网膜黄斑区病变（age related macular degeneration，AMD）有预防作用：老年人必须经常选用含叶黄素丰富的食物。③保护视力：叶黄素对眼睛的主要生理功能是作为抗氧化剂并具有光保护作用。叶黄素的抗氧化作用可抑制有害自由基的形成。叶黄素对视网膜中的黄斑有重要保护作用。眼睛中的叶黄素对紫外线有过滤作用，具有保护由日光、电脑等所发射的紫外线所导致的对眼睛和视力的伤害作用。④其他：研究发现，叶黄素对多种癌症有抑制作用，如乳腺癌、前列腺癌、直肠癌和皮肤癌等。在膳食中摄入叶黄素不仅能抑制肿瘤甚至还可以起到预防肿瘤发生的作用。

我国在 2007 年已批准叶黄素为着色剂和营养强化剂。可用作焙烤食物、饮料类、冷冻食品、果冻和果酱的着色剂，可用作婴儿配方食品、较大婴儿和幼儿配方食品、学龄前儿童配方食品的营养强化剂。此外，卫生部于 2008 年 12 号公告批准从万寿菊提取的叶黄素酯为新资源食品。

叶黄素在自然界分布广泛，含量也较高。叶黄素在甘蓝、羽衣甘蓝、菠菜等深绿色叶菜以及金盏花、万寿菊等花卉中含量最高。富含叶黄素的食物有玉米、菠菜、番茄、甘蓝、西蓝花、蛋黄、南瓜、胡萝卜等；以及芒果、猕猴桃、葡萄、橙子和橙汁、奇异果等水果。

九、益　生　菌

2002 年欧洲食品和饲料菌种协会对益生菌的定义是：益生菌是活的微生物，通过摄入充足数量，对宿主产生一种或多种特殊且经过论证的功能性健康益处。我国可用于食品和功能食品的益生菌包括 3 个属：乳杆菌属、双歧杆菌属及链球菌属。目前申报和批准的含益生菌的功能食品，主要为调节菌群、增强免疫力、通便等功能。益生菌的安全性评价按照 2005 年《益生菌类保健食品申报和审评规定（试行）》执行。

大多数益生菌的菌种来自人和动物的肠道和泌尿道，有些菌种也存在于人乳汁，以及食品如酸乳等乳制品、发酵肉制品和发酵蔬菜等。

（一）乳杆菌属

乳杆菌属属于厚壁菌门杆菌纲乳杆菌目乳杆菌科，迄今为止，已报道的乳杆菌属有 112 个种。我国 2010 年列入可用于食品的菌种名单中乳杆菌属共有 14 个，分别为嗜酸乳杆菌、干酪乳杆菌、卷曲乳杆菌、德氏乳杆菌保加利亚亚种、德氏乳杆菌乳亚种、发酵乳杆菌、格氏乳杆菌、瑞士乳杆菌、约氏乳杆菌、副干酪乳杆菌、植物乳杆菌、罗伊氏乳杆菌、鼠李糖乳杆菌、唾液乳杆菌。我国可用于功能食品的乳杆菌共 4 个种，即德氏乳杆菌保加利亚亚种、嗜酸乳杆菌、干酪乳杆菌干酪亚种和罗伊氏乳杆菌。

乳酸杆菌的细胞呈杆状，通常规则，革兰阳性，无芽孢，兼性厌氧，有时微好氧。乳酸杆菌需要营养丰富的培养基，菌落凸起、全缘和无色，直径 2 ~ 5mm；发酵分解糖代谢，终产物中 50% 以上是乳酸；不还原硝酸盐，不液化明胶，接触酶和氧化酶皆阴性；最适生长温度 30 ~ 40℃；广泛分布于环境中，特别是动物、蔬菜和食品中；通常栖息于鸟和脊椎动物的消化道及哺乳动物的尿道中。

乳酸杆菌的生理作用主要表现如下：①抑制致病菌：嗜酸乳杆菌的一些菌株能抑制常见致病菌的黏附，并替代这些致病菌。目前普遍认为，定植在胃肠道的微生物能保护机体免受病原菌的入侵，能抵抗已知的肠源性中毒的大肠杆菌，减少大肠杆菌的数量，并且能降低毒性菌株的侵袭力和细胞结合性。动物实验表明，鼠李糖杆菌可减少鼠伤寒沙门菌的数量，保护小鼠免受鼠沙门菌的感染。嗜酸乳杆菌的某些菌株能够对胃肠道的病原菌白色念珠菌产生抗性。②调节免疫：乳杆菌发酵制品可以使干扰素和白介素等非特异性免疫激活物增加，淋巴细胞数量增加。动物实验表明，在给予鼠李糖杆菌后，唾液、胆汁、尿液和粪便中可检出特异性免疫球蛋白 IgA。③减少腹泻：一项嗜酸乳杆菌某些菌株与其他两株益生菌配合使用进行的临床试验，已证实其可减缓腹泻发病率和腹泻偶发频率。④其他：乳酸杆菌的某些菌株还具有改善乳糖不耐受症、抗肿瘤、降低胆固醇、减肥、防治心血管疾病等功效。

2010 年我国公布的《可用于食品的菌种名单》规定了 14 种乳杆菌可用于食品（卫办监督发［2010］65 号）。2007 年将鼠李糖杆菌 GG 和鼠李糖杆菌列入进口新资源食品名单。

（二）双歧杆菌

双歧杆菌属属于放线菌纲科里氏杆菌亚纲双歧菌目双歧杆菌科，最初是由法国学者 Tissier在 1899 年从母乳喂养的健康婴儿粪便中分离出的专性厌氧菌，迄今为止已报道双歧杆菌属有 28 个种，我国 2010 年列入可用于食品的菌种名单中包括 6 种，分别为青春双歧杆菌、动物双歧杆菌、两歧双歧杆菌、短双歧杆菌、长双歧杆菌、婴儿双歧杆菌，除动物双歧杆菌外，均属于可用于功能食品的益生菌名单。

双歧杆菌属是革兰阳性，不产生芽孢的厌氧菌，菌种形态很不一致，常成弯、棒状和分支状，单生、成对或V形排列，抗酸染色阴性，接触酶阴性，最适生长温度37～41℃，发酵碳水化合物活跃，发酵产物主要为乙酸和乳酸，不产生丁酸和丙酸。

双歧杆菌的生理功能和作用主要为有以下几点。①改善乳糖不耐症：双歧杆菌乳制品发酵过程中可产生乳糖酶，帮助患者消化乳糖。乳糖酶缺乏者饮用益生菌发酵乳制品，既可获得牛乳中丰富的营养物质，又可以免受胃肠道反应之苦。②营养作用：双歧杆菌发酵过程中产生的乳酸和醋酸等，可以降低肠道的pH，有利于机体对某些矿物质的吸收。双歧杆菌还可以参与维生素 B_1、维生素 B_6、烟酸、叶酸等维生素的合成、吸收和利用。③改善腹泻及缓和便秘：双歧杆菌所产生的乙酸及乳酸等有机酸能促进胃排空，增加肠道蠕动，提高粪便中的水分，降低肠阻滞，使习惯性便秘者排便正常，从而减缓便秘。④增强免疫力：动物实验表明双歧杆菌能激活机体吞噬细胞的活性，促进IgA的产生，增强免疫系统功能，提高机体抗病能力。⑤其他：双歧杆菌还具有降低血脂、调节肠道内环境、抗癌、改善代谢综合征等作用。

1999年，双歧杆菌在美国作为膳食补充剂的一种成分，声称“可调节肠道菌群，有助于微量元素的吸收，维持肠道健康环境”。长双歧杆菌BB536和乳双歧杆菌BB12在美国被批准为GRAS物质。在我国可用于食品的菌种有6种，另外，2007年将动物双歧杆菌BB12、乳酸双歧杆菌HOWARU Bifido和乳双歧杆菌BI－07列入进口新资源食品名单。

第二节　功能性食品添加剂和配料

随着经济快速发展，居民生活水平提升，我国居民的膳食和营养状况有了明显改善，营养缺乏患病率持续下降，但同时，出现了营养过剩和营养结构失衡等新的问题。因此，新时代的食品不仅要有合理的营养结构，还要具有改善人体健康状况，而作为食品生产过程中重要成分的食品添加剂和食品配料的功能性在很大程度上决定了食品的功能性。

根据GB 2760—2014《食品安全国家标准 食品添加剂使用标准》（GB 2760—2014）将食品添加剂定义为：“为改善食品品质和色、香、味，以及防腐和加工工艺的需要而加入食品中的化学合成或者天然物质。营养强化剂、食品用香料、加工助剂也包括在内。”我国将食品添加剂分为23类，其中含功能性食品添加剂较多的为着色剂、甜味剂，例如许多植物中提取的天然色素，姜黄素、番茄红素、辣椒红素等，均在不同程度上有着防病抗病功能。食品配料是指经深加工过的或用量较小的食物，本身都是天然物质，而不是食品添加剂使用标准中所列品种，一般无用量限制，具有改善食品品质和提高加工性能的作用。如肉制品中的配料，油炸食品用的裹粉等。常用的食品配料有淀粉、酵母制品、低聚糖、膳食纤维等。其中低聚糖、膳食纤维等都具有一定功能性。

一、食品着色剂

食品着色剂又称食品色素，是以食品着色为主要目的的一类食品添加剂，按照性质分为合成色素和天然色素，其中天然色素主要指从动、植物和微生物中提取的着色剂，很多具有生物活性功能，如姜黄素、红花黄、辣椒红、菊花黄、高粱红、沙棘黄、玉米黄、红曲米、桑椹红、葡萄皮红、花生衣红、叶红素、叶黄素。

这里介绍几种近年来发展较快的功能性天然色素。姜黄素是一种略带酸性的二苯基庚烃物质，通常提到的姜黄素指姜黄素单体、去甲氧基姜黄素单体和双去甲氧基姜黄素单体的总称。姜黄素存在于姜科植物的块茎中，含量在3% ~6%范围内，其着色力强，广泛应用与糕点、糖果、饮料、肠类制品和罐头等食品。姜黄素具有抗炎、抗癌、抗氧化、抑菌、抗病毒等生理功能，对多种疾病的治疗有明显的功效。其中最受关注的还是其抗氧化和抗癌的功效，其抗氧化活性主要与其酚羟基和甲氧基有关，酚羟基是姜黄素中清除氧自由基的必须结构，甲氧基在此基础上增加了抗氧化活性。在抗肿瘤方面，姜黄素抑制肿瘤的生长主要表现在减少肿瘤的数目和缩小瘤体的体积，在肿瘤各个时期都能发挥抑制作用。吴裕丹等研究发现姜黄素对急性髓性白血病细胞 HL－60 的抑制作用具有选择性，当作用时间到达24h 时，抑制作用最好。但由于其溶解度较低，生物利用度也较差，因此，提高姜黄素的生物利用率，获得最佳的治疗效果将是广大学者重点研究的课题。

辣椒红素是一类四萜类天然色素，属于类胡萝卜素。辣椒红素色泽鲜艳、色价高，着色力强，可用于油性食品、调味汁、水产品、冰激凌、奶油等食品加工中。除了具有抗氧化的生理功能外，辣椒红素对某些疾病有预防功效，其可以防止人体一种有害的低密度脂蛋白的形成，而这种脂蛋白可以破坏血管壁上的细胞排列从而加速血栓的形成。目前，辣椒的开发利用已从传统的蔬菜调味品向色素等产品的深加工方向发展。辣椒红素应用领域广泛，作为功能食品和医药原料还要进行深入研究。另外，对高含量辣椒红素辣椒品种的筛选在我国还是空白，辣椒品种的选育和改良将是提高辣椒红素产量和质量的根本问题。

红曲色素是我国传统的红色色素之一，自唐代使用开始已有一千多年的历史。根据现代研究成果其主要活性成分有6种，分别是红曲素、红曲菌红素、红斑素、红曲菌黄素、红斑胺素和红曲菌红胺素。其中，红曲菌红素是一种强有力的抑制羟甲基戊二酰辅酶 A（HAM－COA）还原酶的抑制剂，是降低胆固醇的活性物质，红斑素则是降血压的活性成分 γ－氨基丁酸（GABA），而红曲菌黄素则有抗菌活性。目前市场上的红曲产品有红曲米、红曲红、功能红曲、红曲豆腐等。

二、 食品甜味剂

甜味是人们最为喜好的一种基本味感，被人类使用的历史久远。呈甜味的物质很多，由于组成和结构不同，产生的甜感也有很大不同，主要表现为在甜味强度和甜感特色两个方面。天然糖类一般是随碳链增长甜味减弱，单糖、双糖类都有甜味，但乳糖的甜味较弱，多糖大多无甜味。

食品甜味剂分为天然甜味剂和合成甜味剂。天然甜味剂包括糖的衍生物，例如糖醇、糖苷类和非糖天然甜味剂（如蛋白质甜味剂、肽衍生物等）；合成甜味剂如糖精钠、甜味素、安赛蜜。由于不参与机体代谢，大多数甜味剂不提供能量，适合糖尿病患者、肥胖症患者和老年人等特殊营养消费群使用。

糖醇是一类重要的天然甜味剂，包括木糖醇、赤藓糖醇、麦芽糖醇、山梨糖醇等。它们除了具有低热量，难消化的特性外，还能促进人体肠道内双歧杆菌的增殖，抑制病原菌的产生从而改善肠道功能，由于不能成为口腔微生物的作用底物，长期摄入也不会引起牙齿龋变。木糖醇是知名度最高的糖醇类甜味剂，其甜味高于其他多元醇，与蔗糖基本相同，可用于糖果、酸乳、果汁、巧克力和酒类中。由于木糖醇溶解时会吸收大量的热，因此加入木糖醇的食品在食用时都会有一股清凉感。木糖醇特有的分子结构和氨基酸不会发生美拉德反应，能够和氨基酸以任意比例调和添加到酸乳和一些饮料中。当木糖醇添加到酒类中，可使酒类香味细腻柔和、醇厚。添加0.15%～3%的木糖醇，能够充分提高酒的品质。例如威士忌酒中添加0.15%～2%的木糖醇，可使酒味芳香纯正，有减轻微生物败坏的特性；在白酒中加入1.15%的木糖醇，可使口味变的更香醇。糖苷类甜味剂也是一类重要的天然甜味剂，包括甜菊糖苷、甘草类甜味剂、罗汉果甜苷，这些甜味剂的甜度为蔗糖的200～500倍，除了拥有其他天然甜味剂的降血压、控制血糖的功效外，甜菊糖苷还特别适用于水产品的加工，它可以防止蛋白质变性，防止因酸败反应而引起的褐变，能调节湿润度以防止发霉；与蔗糖或山梨糖醇混合使用，甜味可以达到相乘的效果。除以上两种天然甜味剂外，还有蛋白质甜味剂，天然衍生物甜味剂都是很有发展前景的功能性天然甜味剂。

三、食品增稠剂

食品增稠剂是一类提高食品的黏稠度，赋予食品黏润、适宜口感的一类食品添加剂。在食品加工中增稠剂添加量很少，一般为千分之几，却能有效改善食品体系质构。很多食品增稠剂具有生理功能，例如高甲氧基果胶不仅能带走食物中的胆固醇，还能抑制内源性胆固醇的生成；瓜儿豆胶能调节血脂；黄原胶具有抗氧化和增强免疫功能。近年来，壳聚糖逐渐走进人们的视线，2005年美国FDA已认为壳聚糖安全可靠，可以添加到畜禽肉制品中；中国也在2007年批准壳聚糖作为食品增稠剂使用，壳聚糖具有降低胆固醇、降血脂、提高免疫力、抗肿瘤和促进伤口愈合和上皮细胞生长等功能。我国现已成为世界第一生产大国，年产量3万t以上，占世界总产量的75%，但由于制备工艺落后，产品附加值低，在生产过程中还会造成环境污染，如何增加壳聚糖产品的附加值以及减少环境污染是科学研究和生产工艺改进的方向。

四、食品乳化剂

食品乳化剂是指能使两种以上互不相溶的流体均匀地分散成乳状液的物质，是一种具有亲水基和疏水基的表面活性剂，在食品生产和加工过程中占有重要地位，可以说几乎所有的食品生产和加工均涉及乳化剂或乳化作用。

我国较早列入使用卫生标准的辛葵酸甘油酯，是一种乳化性能优良的用于乳化香精的食品添加剂。可应用于饮料、冰淇淋、糖果、巧克力、氢化植物油中。最高使用量不限，可按生产需要适量添加。经国家食品药品监督管理总局（CFDA）确认它是一种安全物质。在肠道内极易水解，吸收，吸收速度比一般油脂快4倍，并在肝脏和身体内不积累。由于它的黏度低、耐氧化性、低凝固点以及和各种溶剂、油脂、维生素的相容性好。在食品中尚有抑制微生物繁殖的防腐功效。故在食品工业中是一个多功能的食品添加剂。

由于辛葵的甘油酯是中碳链脂肪酸甘油酯，作为脂肪代用品在体内吸收代谢速度快，不会引起肥胖，可用作调节脂肪代谢紊乱症，且能降低胆固醇。又可作为预防和治疗高血脂和脂肪肝的功能成分。因它的口感近似脂肪，所以远胜于过去以变性淀粉或菊粉原料制取的脂肪代用品。

大豆磷脂是近年来研究较多的一种功能性食品乳化剂，在乳制品、肉制品、人造奶油、巧克力、果汁饮料的生产中都有添加。小鼠实验发现大豆磷脂会降低胆固醇含量，防止动脉粥样硬化和再生障碍性贫血疾病的发生，同时能保护肝脏，增强骨细胞，还可以促进其海马结构突触的增长，提高突触的可塑性，从而提高大鼠的空间辨别性学习记忆能力。

五、食品防腐剂

乳酸链球菌素（nisin），亦称乳链菌肽，虽然不是天然提取物，但它是以可用食用蛋白质原料经发酵法生成的。它是由 34 个氨基酸组成的肽，人体能消化、代谢，无任何毒性，可认为视同天然物。早在 1969 年就被联合国粮农组织和世界卫生组织（FAO/WHO）食品添加剂法规委员会推荐为安全的食品防腐剂。1988 年从欧洲引入我国，经中科院微生物研究所研究成功有自主知识产权的乳链菌肽 nisin Z；1994 年通过国家鉴定并和浙江天台银象生物工程有限公司合作，实现了工业化生产。Nisin 对革兰阳性菌，对葡萄球菌、链球菌、微球菌等有害菌有较强的抑制作用。它在乳制品和肉制品中使用，用量为 2 万 ~4 万单位，有较好的抑菌效果。而且在肉制品中使用，可降低杀菌温度，从而改善熟肉制品的口感。近年发现，乳酸链球菌素在口腔中能抑制糖类的发酵，从而能在食品中使用时发挥防龋齿功能。此外，新近发现乳链菌素对幽门螺杆菌，有明显的抑制作用，可替代某些抗菌素，而没有抗药性。荷兰 Utrecht University 科学家发现，天然防腐剂 nisin Z 有效抗菌力和万古霉素相当，两者均对细菌细胞膜的脂蛋白有攻击作用，可造成细胞破裂死亡。

六、食品抗氧化剂

氧化作用是食品加工和保藏过程中所遇到的最普遍的变质现象之一，虽然冷冻、真空包装等方法可延缓食品氧化变质，但使用抗氧化剂仍然是简便有效的手段，有些抗氧化剂还赋予食品新功能。如维生素 C、维生素 E、茶多酚、黄酮类物质、植酸等，都具有清除或抑制自由基活动的功能，能预防衰老，抑制肿瘤产生，防止心血管疾病，增强免疫功能。

七、功能性食品配料

（一）低聚糖

低聚糖由 2~10 个单糖通过糖苷键聚合而成，具有糖类的特性，可直接作为配料添加到食品中。低聚糖不被人体的胃酸和内源性消化酶降解，不被或很难被小肠吸收，具有促进双歧杆菌增殖等生理功能。低聚糖具有一定甜度、黏度等某些糖类的属性，作为食品配料易为食品加工企业和消费者接受，可广泛应用于低热量食品、减肥食品中。另外高纯度（95%）低聚糖可用于糖尿病患者食品和防龋齿食品。目前在功能食品中，我国卫生健康委（原卫生部）批准的改善肠道润肠通菌群和通便功能的功能食品中，已使用的低聚糖有低聚果糖、低聚异麦芽糖、低聚甘露糖、大豆低聚糖等。

我国低聚糖的研究始于 20 世纪 80 年代。但形成工业规模和商品化，是到“九五”期间。1995 年由无锡糖果厂完成了淀粉酶法生产低聚异麦芽糖的工业性试制。1996 年，由中科院微生物所和山东保龄宝生物股份有限公司合作，在山东禹城建成年产 2000t 的专业低聚异麦芽糖生产线。截至 2003 年，国内功能性低聚糖实现工业化生产达到 50000t，其中大规模生产的只有低聚异麦芽糖和低聚果糖两个品种。这之后的 10 年中，中国低聚糖产业快速发展，截至2013年年底总生产能力接近400000t，其中达到万吨级生产能力的品种有低聚异麦芽糖、低聚果糖、低聚木糖、大豆低聚糖、异麦芽酮糖、低聚半乳糖、壳寡糖，达到千吨级生产能力的有水苏糖和低聚甘露糖。

（二）活性多糖

多糖即多聚糖，是由10个以上单糖通过糖苷键聚合形成的一种天然生物大分子物质，相对分子质量可达数万甚至数百万。它广泛存在于动物、植物和微生物中，不仅为生物提供骨架结构和能量来源，还广泛参与细胞各种生理过程的调节。近年来活性多糖研究最广泛的是膳食纤维，根据美国谷物化学家协会的定义，膳食纤维指具有抗消化特性且在小肠中不能消化的碳水化合物或其类似物，包括一部分不能消化的多糖、低聚糖以及其他植物缔合物。膳食纤维的功效主要包括以下几方面：①控制体重：膳食纤维在大肠内发酵后在食物中吸水膨胀形成高黏度的溶胶或凝胶，易使人产生饱腹感，能抑制进食。②预防结肠癌：膳食纤维能束缚由细菌代谢胆酸和鹅胆酸产生的次生胆汁酸（致癌物质突变剂）。③预防糖尿病、高血压、心脏病和动脉硬化：在脂质代谢过程中，膳食纤维可抑制或延缓胆固醇与甘油三酯在淋巴中的吸收，从而维持体内血脂和蛋白质代谢的正常进行。降低血清和肝中的胆固醇，从而防止高血压、心脏病和动脉硬化等。④清除外源物质：膳食纤维可利用自身的一些基团清除有害物质如亚硝酸盐（NO_2^-）、汞、铅、镉和高浓度的铜、锌等。除了膳食纤维外，还有很多具有抗肿瘤、降血糖功能的多糖，如来源于植物的人参多糖、黄芪根多糖、银耳多糖、枸杞多糖等，来源于动物的硫酸软骨素、透明质酸、酸性黏多糖等，来源于真菌的灵芝多糖等。活性多糖降血糖的机制包括修复和刺激胰岛β细胞释放胰岛素；抑制α-葡萄糖苷酶，延缓葡萄糖在肠道的吸收；上调胰岛素受体数目或提高其亲和力，改善胰岛素抵抗；拮抗升糖激素，抑制糖原分解，促进糖原合成；抑制糖异生，促使糖的利用，增加葡萄糖的分解。其抗肿瘤的机制主要有通过提高宿主免疫功能间接抑制或杀灭肿瘤细胞，通过诱导肿瘤细胞分化或凋亡影响癌基因表达等发挥直接抗肿瘤作用。

（三）活性肽与活性蛋白质

生物活性肽相对分子质量小于6000，是由两个氨基酸到数十个氨基酸通过肽键连接而成的，这些多肽可通过磷酸化、糖基化或酰基化而被修饰。多数生物活性肽是以非活性状态存在于蛋白质的长链中，当用适当的蛋白酶水解时，其分子片段与活性被释放。其生理功能包括调解酶活性、促进免疫功能、抗氧化、结合矿物质、改善特殊人群的营养摄入。下面介绍几个重要的活性肽。

谷胱甘肽（GSH）是由谷氨酸、半胱氨酸和甘氨酸通过肽键缩合而成的三肽化合物，其结构中含有1个活泼的巯基（—SH），易被氧化脱氢，因而谷胱甘肽具有抗氧化性，可清除自由基，使生物大分子、生物膜免受损害。因它能与进入体内的有毒物、重金属、致癌物结合，促其排出体外，故谷胱甘肽具有对肝脏的解毒功能。国家食品药品监督管理总局将谷胱甘肽批准为治疗肝炎的辅助治疗药物。谷胱甘肽过氧化酶是一种含硒酶，它能消除脂类过氧化物，是重要的抗氧化剂。食物的风味和谷胱甘肽有关，特别是当谷氨酸钠、呈味核苷酸和谷胱甘肽共同混合加热时，具有强烈的肉类风味。由于传统生产方法从含谷胱甘肽的酵母中提取，一般活性干酵母含谷胱甘肽为1%。日本研发了高（8%）谷胱甘肽的酵母，可直接用其酵母提取物和糖类发生美拉德反应，制取高质量肉类风味剂。我国江南大学对谷胱甘肽的生物合成技术，大幅度降低生产成本。

酪蛋白磷酸肽（CPP）已列入《食品安全国家标准 食品添加剂使用标准》（GB 2760—2014）。CPP具有促进钙铁吸收、促进儿童生长发育、改善骨质疏松、促进骨折康复、预防儿童佝偻病等多种功能。调节血压的肽，是近年较受各方关注的肽。据报道有多种调节血压的多肽，包括酪蛋白的12肽、7肽和6肽，鱼贝类的11肽、8肽，植物原料的低相对分子质量（1000以下）的大豆蛋白肽、玉米醇溶蛋白的玉米蛋白肽等。

大豆肽的研究近些年在我国取得了较大进展，已开发了消化肽、降血脂肽、降血压肽等。据报道，由大豆蛋白经胰蛋白酶酶解，获得由3～6个氨基酸组成的肽，相对分子质量在1000以下，具有降胆固醇的功用。

（四）其他功能性配料

多不饱和脂肪酸（PUFAs），是指含有两个或更多个不饱和双键结构的脂肪酸，又称多烯脂肪酸，根据第一个不饱和键位置不同，可分为$n-3$、$n-6$、$n-7$、$n-9$等系列，其中$n-3$和$n-6$系列PUFAs与人类健康密切相关。$n-3$系列主要有α-亚麻酸（ALA）、二十碳五烯酸（EPA）、二十二碳五烯酸（DPA）和二十二碳六烯酸（DHA）等；$\omega-6$系列主要有亚油酸（LA）、二高-γ-亚麻酸（DHGLA），γ-亚麻酸（GLA）和花生四烯酸（AA）。其均在不同程度上具有降低中性脂肪、胆固醇、血压、血小板凝聚力和血黏度的作用。多不饱和脂肪酸可用于预防高血脂、动脉硬化及心脑血管疾病。这些多不饱和脂肪酸中的AA、ALA、EPA和DHA人体不能合成，需从食物中摄取，是人体必需脂肪酸，因此这四种不饱和脂肪酸更应该注意摄入。人体神经组织的多不饱和脂肪酸主要是AA和DHA，AA占40%～50%，AA和DHA还对大脑和视网膜发育有重要作用。母乳中与婴儿生长发育相关的多不饱和脂肪酸，主要是EPA、DHA、AA。母乳脂质中AA为0.6%～3%。虽然人体能使ALA转化成AA，但实际远远不足。FAO/WHO建议婴儿配方乳粉应含有婴儿体重60mg/kg的AA。

此外，开发的天然功能性提取物有番茄红素和大豆异黄酮。番茄红素有极强的消除自由基、抗氧化、延缓衰老的功能。大豆异黄酮具有预防心脑血管疾病、缓解妇女更年期综合征、促进钙吸收等功能。在我国资源条件优越，可以从豆粕中提取。目前国内有多家企业生产，有的已作为原料生产了功能食品。

总之，我国功能性食品添加剂和配料的发展，已有一定基础。它推动了我国食品添加剂向天然营养多功能的方向发展。我国有广大的地域，自然界给予我们极其丰富多彩的物种资源，加之我国有上千年食药同源和食疗的历史，古为今用，开发功能性的食品添加剂，有充分的物质基础。我们要加倍努力，为国家生产更多的功能性食品添加剂和配料。并使这些具有生理活性的添加剂和配料走向国际市场，造福于全人类。

第三节　药食两用材料

中医药学历来有“医食同源”或“药食同源”的说法。人们通过几千年的生活实践，发现食物与药物一样均来自于大自然，食物也具有预防保健、治疗、康复的作用。中医药学赋予这种食物双重性质是对医学的一大贡献，它扩大了食物应用范围。

在功能食品中也可以加入一些规定的药物，目的有三个：其一，使功能食品增进某些功能成分，而能使其发挥某些防治疾病的作用；其二，是为了增进功能食品的某些营养成分；其三，利用某些中药来调整食品的色、香、味，增强食品的感官功能。

我国卫生部2002年3月5日公布《关于进一步规范保健食品原料管理的通知》，明确了《既是食品又是药品的物品名单》（如下）。国家卫计委2014年10月曾发布《按照传统既是食品又是中药材的物质目录（2014版）》（征求意见稿），详见附录四。

丁香、八角茴香、刀豆、小茴香、小蓟、山药、山楂、马齿苋、乌梢蛇、乌梅、木瓜、火麻仁、代代花、玉竹、甘草、白芷、白果、白扁豆、白扁豆花、龙眼肉（桂圆）、决明子、百合、肉豆蔻、肉桂、余甘子、佛手、杏仁（甜、苦）、沙棘、牡蛎、芡实、花椒、赤小豆、阿胶、鸡内金、麦芽、昆布、枣（大枣、酸枣、黑枣）、罗汉果、郁李仁、金银花、青果、鱼腥草、姜（生姜、干姜）、枳椇子、枸杞子、栀子、砂仁、胖大海、茯苓、香橼、香薷、桃仁、桑叶、桑椹、桔红、桔梗、益智仁、荷叶、莱菔子、莲子、高良姜、淡竹叶、淡豆豉、菊花、菊苣、黄芥子、黄精、紫苏、紫苏籽、葛根、黑芝麻、黑胡椒、槐米、槐花、蒲公英、蜂蜜、榧子、酸枣仁、鲜白茅根、鲜芦根、蝮蛇、橘皮、薄荷、薏苡仁、薤白、覆盆子、藿香。

一、丁　香

【名称】丁香（常），丁子香、公丁香（别），*Caryophylli flos*（拉），clove、flowerbeds（英）。

【来源】桃金娘科植物丁香的干燥花蕾。当花蕾由绿色转为红色时采摘，晒干，备用。

【性味】丁香味辛、性温。

【归经】入脾胃、肺、肾经。

【功效】温中降逆，补肾助阳。

【应用】多用于脾胃虚寒、呃逆呕吐、食少吐泻、心腹冷痛、肾虚阳痿等症。

【研究】丁香中的主要产物为挥发油和色原酮类化合物，并含有三萜和黄酮等。同时含有维生素 B_1、维生素 B_2、维生素E、钙、磷、钾、钠、铁、锌、硒、铜等营养成分。

动物实验表明，丁香水提取物具有健胃、耐缺氧、镇静、抗菌、消炎和抗诱变抗癌等作用。临床多用于治疗食欲减退、消化不良、胃胀、呃逆、妊娠、呕吐、胃溃疡、慢性胃炎，以及外用于皮肤、耳、鼻、喉、口腔等疾病。

二、八角茴香

【名称】八角茴香（常），大茴香、八角、大料（别），*Anisi stellati fructus*（拉），star anise、star anise fruit（英）。

【来源】本兰科植物八角茴香的干燥成熟果实。秋、冬两季果实由绿变黄时采摘，置沸水中略烫后干燥或直接干燥备用。

【性味】八角茴香味辛，性温。

【归经】入肝、肾、脾、胃经。

【功效】温阳散寒，理气止痛。

【应用】多用于肾虚腰痛、胃寒呕吐、脘腹冷痛等症。

【研究】八角茴香的主要成分为挥发油，其他为少量类脂类化合物。挥发油中反式茴香醚是其主要成分。此外，还含有糖脂，磷脂等，并含有一定量的维生素和矿物质。

抗菌实验表明，八角茴香对金黄色葡萄球菌、肺炎球菌等多种革兰阳性细菌和大肠杆菌、痢疾杆菌等革兰阴性细菌有抑制作用。

三、刀　豆

【名称】刀豆（常），挟剑豆、刀豆子、大弋豆、大刀豆、关刀豆、刀鞘豆、刀巴豆、马刀豆、刀培豆（别），*Canavaliae semen*（拉），jack bean、sword bean、sword jackbean（英）。

【来源】豆科植物刀豆的种子。

【性味】味甘，性温。

【归经】入胃、肾经。

【功效】温中补肾，利肠止逆。

【应用】可用于脾肾虚寒所致的呃逆、呕吐、腹胀、腰痛，溃疡等症。

【研究】刀豆含黄酮类和尿素酶成分，具有抗肿瘤、抗病毒作用。

四、小　茴　香

【名称】小茴香（常），*Foeniculi fructus*（拉），fennel、fennel fruit（英）。

【来源】伞形科植物茴香的干燥成熟果实。

【性味】味辛，性热。

【归经】入肝、肾、脾、胃经。

【功效】止痛，理气，和胃。

【应用】常用于胃寒痛、呕吐少食、小腹冷痛、痛经、疝痛等症。

【研究】小茴香含挥发油（约3% ~6%）和脂肪油等成分，具有健胃、抗炎、镇痛、耐缺氧等作用。

五、小　蓟

【名称】小蓟（常），马蓟、虎蓟、刺蓟、山牛蒂、鸡项草、鸡脚刺、野红花、茨芥、鼓椎、鸡姆刺、恶鸡婆、大牛喳口、山萝卜、六月霜、蚁姆刺、牛口刺、刺秸子、马刺草、牛口舌、老虎刺、草鞋刺、刷把头（别），Cirsii *herba*（拉），herbof japanese thistle、root of japanese thistle（英）。

【来源】菊科植物蓟的干燥地上部分或根。

【性味】味甘，苦，凉。

【归经】入心、肝经。

【功效】凉血止血，祛瘀消肿。

【应用】用于衄血、吐血、尿血、便血、子宫出血、外伤出血、痈肿疮毒等症。

【研究】有抗菌消炎、止血作用。

六、山　药

【名称】山药（常），著芋、署预、薯蓣、山芋、诸署、署豫、玉延、修脆、儿草、著、山著、延草、王茅、薯药、淮山药、蛇芋、野山豆、山板术、白苕、九黄姜、野白薯、扇子薯、佛常薯、白药子（别），*Dioscoreae rhizoma*（拉），rhizome of common yam（英）。

【来源】薯蓣科植物薯蓣的块根。

【性味】味甘，性平。

【归经】入脾、肺、肾经。

【功效】补脾止泻，补肾收摄。

【应用】可用于脾虚食少、便溏泄泻、遗精尿频、遗尿白带等症。

【研究】山药含皂苷和聚糖成分，具有降血糖和抗衰老作用。

七、山　楂

【名称】山楂（常），鼠查、赤爪实、赤枣子、山里红果、酸枣、鼻涕团、山里果子、映山红果、海红、酸梅子、山梨、酸查（别），*Crataegi fructus*（拉），hawthorn fruit（英）。

【来源】蔷薇科植物小乔木山楂的成熟果实，生用或炒用。

【性味】味酸甘，性微温。

【归经】入脾、胃、肝经。

【功效】健胃消食，活血化瘀。

【应用】可用于肉食积滞、瘀血性疼痛等症。

【研究】山楂含黄酮成分，具有降血脂作用，多用于冠心病。

八、马齿苋

【名称】马齿苋（常），马齿草、马苋、五行草、马齿菜、马齿龙芽、五方草、长命菜、刀头狮子草、酸苋、安乐菜、瓜子菜、长命苋、酱瓣豆草、蛇草、酸味菜、猪母菜、狮子草、地马菜、马蛇子菜、蚂蚁菜、马踏菜、长寿菜（别），*Portulacae herba*（拉），herb of purslane（英）。

【来源】苋科植物马齿苋的茎叶。

【性味】味甘、性凉。

【归经】入肝、大肠经。

【功效】清热明目，止痢，解毒。

【应用】可用于肝火风热上扰所致目赤肿痛、头昏耳鸣、二便不利，以及胃肠热结、赤白痢疾、寒热不退等症。

【研究】马齿苋含黄酮类成分，具有抗菌、止泻作用。

九、乌梢蛇

【名称】乌梢蛇（常），剑脊乌肖、黑花蛇、乌峰蛇、青蛇、乌风蛇、黄风蛇、青大将、登脊蛇、黑乌梢、（别），*Zaocys*（拉），black - snake（英）

【来源】游蛇科动物乌梢蛇的干燥体。

【性味】味甘，性平。

【归经】入肝经。

【功效】祛风，通络，止痉。

【应用】可用于风湿顽痹、麻木拘挛、中风口眼歪斜、半身不遂、抽搐痉挛、破伤风、麻风疥癣、瘰疬恶疮等症。

【研究】乌梢蛇含胆酸、有机酸等成分，具有抗炎、镇痛、镇静等作用。

十、乌　梅

【名称】乌梅（常），梅实、熏梅、桔梅肉（别），*Mume fructus*（拉），smoked plum、dark plum（英）。

【来源】蔷薇科植物乔木梅的未成熟果实。

【性味】味酸涩，性平。

【归经】入肝、脾、肺、大肠经。

【功效】生津止渴，敛肺止咳，止泻止血，和胃安蛔。

【应用】可用于虚热消渴、肺虚久咳、久泻久痢和蛔虫腹痛，以及崩漏、尿血、便血等症。

【研究】乌梅含机酸、黄酮类等成分，具有抗氧、驱蛔、抗过敏等作用。

十一、木　瓜

【名称】木瓜（常），木瓜实、铁脚梨（别），*Chaenomelis fructus*（拉），fruit of common flowering quince（英）。

【来源】蔷薇科植物贴梗海棠的干燥成熟果实。

【性味】味酸，性温。

【归经】入肝、脾经。

【功效】平肝舒筋，和胃化湿。

【应用】可用于湿痹拘挛、腰膝关节酸重疼痛、吐泻转筋、脚气水肿等症。

【研究】木瓜含机酸、黄酮类等成分，具有调节免疫、抗肿瘤、保肝等作用。

十二、火　麻　仁

【名称】火麻仁（常），麻子、麻子仁、大麻子、大麻仁、白麻子、冬麻子、火麻子（别），*Cannabis fructus*（拉），hemp seed（英）。

【来源】桑科植物大麻的干燥成熟种子。

【性味】味甘，性平。

【归经】入脾、胃、大肠经。

【功效】润燥，滑肠，通便。

【应用】用于血虚津亏、肠燥便秘等症。

【研究】火麻仁含酚类、黄酮类等成分，具有通便、降压、调整血脂等作用。

十三、代　代　花

【名称】代代花（常），代代、代代圆、苏枳壳（别），*Aurantii fructus*（拉），bitter orange fruit（英）。

【来源】芸香科植物代代花的花蕾。

【性味】味甘微苦，性平。

【归经】入胃、肝经。

【功效】疏肝，和胃，理气。

【应用】可用于胸中痞闷、脘腹胀痛、呕吐、少食等症。

【研究】代代花含糖、烯类、苷类等成分，具有健胃作用。

十四、玉　竹

【名称】玉竹（常），荧、委萎、女萎、葳蕤、王马（别），*Polygonati odorati rhizoma*（拉），rhizome of fragrant solomonseal（英）。

【来源】百合科植物玉竹的根茎。

【性味】味甘，性平。

【归经】入肺、胃经。

【功效】养阴润燥，生津止渴。

【应用】可用于肺胃阴虚、燥热咳嗽、口干消渴等症。

【研究】玉竹含皂苷、黄酮类等成分，具有强心、降血糖、免疫调节等作用。

十五、甘　草

【名称】甘草（常），*Glycyrrhizae radix* et *rhizoma*（拉），liquorice root、licorice（英）。

【来源】豆科植物甘草的根及根茎，晒干生用。

【性味】味甘，性平。

【归经】入心、肺、脾、胃经。

【功效】补气润肺，泻火解毒，缓急止痛。

【应用】可用于气虚乏力、食少便溏、咳嗽气喘、咽喉肿痛、疮疡肿毒，以及脘腹四肢痉挛作痛等症。

【研究】甘草含甘草酸、黄酮等、萜类成分，具有抑制胃酸分泌、促进溃疡愈合与解痉作用。用于治疗胃及十二指肠溃疡可获较好疗效。另具有保肝、调节免疫、抗癌等作用。

十六、白　芷

【名称】白芷（常），美草、蜜甘、蜜草、国老、灵通、粉草、甜草、甜根子、棒草（别），*Angelicae dahuricae radix*（拉），root of dahurian angelica、root of taiwan angelica（英）。

【来源】伞形科植物白芷或杭白芷的根。

【性味】味辛，性温。

【归经】入肺、胃、大肠经。

【功效】祛风解表，散湿止痛，消肿排脓。

【应用】可用于风寒感冒、头痛、牙痛、眉棱骨痛、鼻渊、肠风痔漏、赤白带下等症。

【研究】白芷含醇、烯、酯类等成分，具有解热、抗炎、镇痛、抗菌等作用。

十七、白　果

【名称】白果（常），灵眼、佛指甲、佛指柑（别），*Ginkgo semen*（拉），ginkgo seed（英）。

【来源】银杏科植物乔木银杏的成熟种仁。

【性味】味甘苦涩，性平。

【归经】入肺经。

【功效】定痰喘，止带浊。

【应用】可用于喘嗽痰多、白带过多、小便白浊等症。银杏有毒，注意用量，不可多食。

【研究】白果含黄酮类成分，具有镇咳、排痰，解痉、扩张冠状动脉、抗衰老等作用。

十八、白扁豆

【名称】白扁豆（常），*Lablab semen album*（拉），white hyacinth bean、hyacinth dolichos（英）。

【来源】豆科植物扁豆的种子。

【性味】味甘，性平。

【归经】入脾、胃经。

【功效】健脾和中，消暑化湿。

【应用】可用于暑湿吐泻、脾虚呕逆、食少便溏、泄泻水肿、带下等症。

【研究】白扁豆含糖类、多种维生素和矿物质，具有健胃、止泻作用。

十九、白扁豆花

【名称】白扁豆花（常），*Flos lablab album*（拉）。

【来源】豆科植物扁豆的花。

【性味】味甘，性平。

【归经】入脾、胃经。

【功效】健脾和胃，清热化湿。

【应用】可用于暑湿吐泻、脾虚呕逆、食少便溏、泄泻水肿、带下等症。

【研究】白扁豆花含糖类、多种维生素和矿物质，具有健胃、止泻作用。

二十、龙眼肉（桂圆）

【名称】龙眼肉（常），益智、蜜脾、龙眼干、桂圆肉（别），*Longan arillus*（拉），dried longan pulp（英）。

【来源】无患子科植物龙眼树的成熟果肉。

【性味】味甘，性平。

【归经】归心、脾经。

【功效】补心脾，益气血。

【应用】可用于心脾气血亏虚之心悸、失眠、健忘等症。

【研究】龙眼肉含糖类，酸类和多种维生素成分，为良好的营养滋补剂。

二十一、决明子

【名称】决明子（常），草决明、羊明、羊角、马蹄决明、还瞳子、狗屎豆、假绿豆、马蹄子、千里光、芹决、羊角豆、野清豆、猪骨明、猪屎蓝豆、夜拉子、羊尾豆（别），*Cassiae semen*（拉），cassia seed（英）。

【来源】豆科植物决明的成熟种子。

【性味】味甘、苦、咸，性微寒。

【归经】入肝、大肠经。

【功效】清肝明目，润肠通便。

【应用】可用于肝胆郁热头眩目赤、目暗不明、肠燥便秘等症。近年来，多用治疗原发性高血压。

【研究】决明子含黄酮类、蒽醌类等成分，有降压、降血脂、泻下、调节免疫等作用。

二十二、百　合

【名称】百合（常），*Lilii bulbus*（拉），lily bulb（英）。

【来源】百合科植物百合的鳞茎。

【性味】味甘、淡，性微寒。

【归经】入肺、心、胃经。

【功效】润肺止咳，清心安神。

【应用】可用于肺热肺燥咳嗽、劳嗽咳血、低热虚烦、惊悸失眠等症。

【研究】百合含苷类和生物碱成分，具有强壮、耐缺氧、镇静、抗过敏等作用。

二十三、肉 豆 蔻

【名称】肉豆蔻（常），迦拘勒、豆蔻、肉果（别），*Myristicae semen*（拉），nutmeg（英）。

【来源】肉豆蔻植物乔木肉豆蔻的种仁。

【性味】味甘，性温。

【归经】入脾、胃、大肠经。

【功效】温脾开胃、行气止泻。

【应用】可用于肠胃虚寒气滞、脘腹胀痛、食少呕吐及久泻痢等症。

【研究】肉豆蔻含醇、烯、酚类等成分，具有抗菌、止痢作用。

二十四、肉　桂

【名称】肉桂（常），牡桂、紫桂、大桂、辣桂、桂皮、玉桂（别），*Cinnamomi cortex*（拉），cassia bark（英）。

【来源】樟科樟属植物肉桂的树皮。

【性味】味辛甘，性热。

【归经】入肾、脾、心、肝经。

【功效】温阳散寒，解毒。

【应用】可用于命门火衰、腰膝冷痛、小腹阴寒、肢冷肺微、久泄久痢、元阳虚脱，以及虚阳浮越、上热下寒、寒凝经闭、阴疽、流注等症。

【研究】肉桂含酯类、多糖、糖苷类等成分，具有镇痛、强心、降压、抗菌等作用。

二十五、余 甘 子

【名称】余甘子（常），*Phyllanthi fructus*（拉），fruit of emblic leaf flower（英）。

【来源】大戟科植物余甘子的干燥成熟果实。

【性味】味甘、酸、涩，性凉。

【归经】入肺、胃经。

【功效】清热凉血，消食健胃，生津止咳。

【应用】可用于血热血瘀、肝胆病、消化不良、腹痛、咳嗽、喉痛、口干等症。

【研究】余甘子含生物碱成分要，具有降血脂和抗诱变作用。

二十六、佛　手

【名称】佛手（常），佛手香橼、蜜罗柑、福寿柑、五指柑（别），*Citri sarcodactylis fructus*（拉），finger citron（英）。

【来源】芸香科柑橘属植物佛手柑的果实。

【性味】味辛、苦，性温。

【归经】入肝、脾、胃、肺经。

【功效】芳香健胃，清热利湿，宽胸利膈，镇咳祛痰。

【应用】可用于食欲不振、痞闷、胁下气痛的肝脏疾患，以及慢性胃病所致的消化不良。

【研究】佛手柑含苷类成分，具有肠胃解痉的作用。

二十七、杏仁（甜、苦）

【名称】杏仁（常），杏核仁、杏子、木落子、苦杏仁、杏梅仁（别），*Armeniacae semen amarum*（拉），bitter apricot seed（英）。

【来源】蔷薇科植物杏的种子。

【性味】苦杏仁味苦，性微温，有小毒；甜杏仁味甘，性平。

【归经】入肺、大肠经。

【功效】润肺，止咳，平喘。

【应用】苦杏仁可用于咳嗽气喘、肠燥便秘等症；甜杏仁有润肺止渴的功效，力量较缓。可用于肺虚久咳，津伤便秘等症。杏仁含苷类成分，用量3～10g。注意：内服不宜过量，以免中毒；婴儿慎用。

【研究】含苦杏仁苷和挥发性成分，具有镇咳、平喘、抗肿瘤等作用。

二十八、沙　棘

【名称】沙棘（常），*Hippophae fructus*（拉），fruit of seabuckthorn（英）。

【来源】胡颓子科植物沙棘的干燥成熟果实。

【性味】味酸、涩，性温。

【归经】入肝、脾、肺、胃经。

【功效】止咳祛痰，消食化滞，活血化瘀。

【应用】可用于咳嗽痰多、消化不良、食积腹痛等症。近年来，基于沙棘营养成分丰富，味美可口，多用做饮料原料。

【研究】沙棘含黄酮类、萜类成分，具有免疫调节、抗肿瘤、强心、保肝、抗氧化、抗过敏等作用。

二十九、牡　蛎

【名称】牡蛎（常），蛎蛤、古贲、左顾牡蛎、牡蛤、蛎房、海蛎子壳、海蛎子皮、左壳（别），*Ostreae concha*（拉），oyster shell（英）。

【来源】牡蛎科动物长特蛎的贝壳。

【性味】味咸，性微寒。

【归经】入肝、胆、肾经。

【功效】安神，补阴潜阳，软坚散结，收敛固涩。

【应用】可用于惊悸失眠、眩晕耳鸣、瘰疬痞块、自汗盗汗、遗精崩带、胃痛泛酸等症。

【研究】牡蛎含钙、磷、铁、硅等矿物质成分，具有止盗汗作用。

三十、芡　实

【名称】芡实（常），卯菱、鸡头号实、雁喙实、鸡头号、雁头号、乌头号、鸿头、水充黄、水鸡头、鸡头果、苏黄、黄实、鸡嘴莲、鸡头苞、刺莲蓬实（别），*Euryales semen*（拉），seed of gordon euryale（英）。

【来源】睡莲科水生植物芡的成熟种仁。

【性味】味甘，性平。

【归经】入脾、肾经。

【功效】健脾止泻，固肾涩精，祛湿止带。

【应用】可用于脾虚泄泻、肾虚遗精遗尿、湿热带下等症。

【研究】芡实含苷类和多种维生素成分，具有止泻、改善肾功能的作用。

三十一、花　椒

【名称】花椒（常），大椒、秦椒、蜀椒、南椒、巴椒、汗椒、陆拨、汉椒、川椒、点椒（别），*Zanthoxyli pericarpium*（拉），peel of peppertree pricklyash、peel of bunge prickl yash（英）。

【来源】云香科植物花椒的果皮，除去果柄和种子后使用。

【性味】味辛，性热。

【归经】入胃、大肠经。

【功效】散寒下气，益火杀虫。

【应用】可用于胸腹冷痛、下痢腹痛、呕吐蛔虫，以及肾虚肾寒痰喘、腰痛足冷等症。

【研究】花椒含醇、烯类、生物碱、内酯类等成分，具有镇痛、抗菌、健胃抗溃疡、保肝利胆等作用。

三十二、赤小豆

【名称】赤小豆（常），赤豆、红豆、红小豆、小红绿豆、朱赤豆、金红小豆、朱小豆（别），*Vignae semen*（拉），rice bean、adsuki bean（英）。

【来源】豆科植物赤小豆的成熟种子。

【性味】味甘，性平。

【归经】入心、小肠经。

【功效】利尿消肿，清热解毒。

【应用】可用于小便不利、水肿黄疸，以及疮疡肿毒等症。

【研究】赤小豆含多种维生素和矿物质等成分，具有利尿、消肿作用。

三十三、阿　胶

【名称】阿胶（常），傅致胶、分覆胶、驴皮胶（别），*Asini corii colla*（拉），ass - hide glue、donkey - hide gelatin（英）。

【来源】马科动物驴的皮去毛后熬制而成的胶块。

【性味】味甘，性平。

【归经】入肺、肝、肾经。

【功效】滋阴润肺，补血，止血，安胎。

【应用】可用于血虚、虚劳出血，如咯血、衄血、尿血、便血、崩漏、月经不调、肺燥咳嗽等症。

【研究】阿胶含骨胶原和多种氨基酸等成分，具有补血、强壮、免疫调节、改善肾功能等作用。

三十四、鸡内金

【名称】鸡内金（常），鸡肫内黄皮、鸡肫皮、鸡黄皮、鸡食皮、鸡合子、鸡中金、化石胆（别），Galli *gigerii endothelium corneum*（拉），membrane of chicken gizzard（英）。

【来源】雉科动物鸡的干燥沙囊内壁。

【性味】味甘，性平。

【归经】入脾、胃、小肠、膀胱经。

【功效】运脾消食，固精止遗。

【应用】可用于消化不良、食积不化、小儿疳积，以及遗尿、遗精等症。

【研究】鸡内金含胃激素、角蛋白，可促进胃分泌功能，治疗消化不良；并有化坚消石作用，可用于泌尿系结石及胆结石。

三十五、麦　芽

【名称】麦芽（常），大麦毛、大麦芽（别），*Hordei fructus germinatus*（拉），malt（英）。

【来源】禾本科大麦属植物大麦的成熟果实，经发芽而制成。

【性味】味甘，性温。

【归经】入脾、胃、肝经。

【功效】消食，回乳。

【应用】可用于食积不消、脘腹胀满、乳房胀痛等症。

【研究】麦芽含淀粉酶和多种维生素成分，具有健胃消食、止泻作用。

三十六、昆　布

【名称】昆布（常），纶布、海昆布（别），*Laminariae thllus*、*Eckloniae thllus*（拉），kelp、tangle（英）。

【来源】海带科植物或翅藻科植物鹅掌茉等的叶状体。

【性味】味咸，性寒。

【归经】入肝、胃、肾经。

【功效】消痰，软坚，行水。

【应用】可用于瘿瘤、瘰病、水肿、脚气、睾丸肿痛等症。

【研究】昆布含多糖类成分，具有免疫调节、抗肿瘤、调节血糖、调节血压等作用。

三十七、枣（大枣、酸枣、黑枣）

1. 枣

【名称】大枣（常），*Jujubae fructus*（拉）。

【来源】鼠李科植物枣树的成熟果实。

【性味】味甘，性温。

【归经】入脾、胃、心经。

【功效】补中益气，养血安神。

【应用】可用于体倦无力、食少便溏、血虚面黄、精神不安等症。现多用其治疗贫血症。腹胀者不宜多食。

【研究】大枣含生物碱、苷类、糖类等成分，具有镇静、保肝、增肌力、抗癌、抗变态反应等作用。

2. 酸枣

【名称】酸枣（常），小酸枣、山枣、棘（别），*Ziziphus jujuba* Mill. var. *spinosa*（Bunge）Hu ex H. F. Chow（拉）。

【来源】酸枣的果实。

【性味】酸、甘。

【归经】入心、肝经。

【功效】养肝，宁心，安神，敛汗。

【应用】可用于心悸、怔忡、不眠多梦、神魂不安等。

【研究】具有促进食欲、促进消化的作用。

3. 黑枣

【名称】黑枣（常），君迁子、乌枣、熏枣、紫晶枣、马牙枣、狗头枣（别），*Diospyros lotus* Linn.（拉）。

【来源】是鲜枣（红枣）经过特殊的加工（油煮、烟熏）之后制成的，属于鲜枣的干制品。颜色乌黑，因此又有“乌枣”之称。

【性味】味甘。

【归经】入肝经。

【功效】补益气血。

【应用】用于气血虚症。

【研究】黑枣含葡萄糖、黑糖、维生素和矿物质，能提高人体免疫力。

三十八、罗汉果

【名称】罗汉果（常），拉汗果、假苦瓜（别），*Siraitiae fructus*（拉），fruit of grosvenor momordica（英）。

【来源】葫芦科植物罗汉果的果实。

【性味】味甘辛，性凉。

【归经】入肝、大肠经。

【功效】清热，明目。

【应用】可用于咽喉肿痛、目赤多眵、目翳、牙周炎等症。

【研究】罗汉果含糖类、苷类成分，具有止咳、祛痰、解肠痉挛等作用。

三十九、郁　李　仁

【名称】郁李仁（常），郁子、郁里仁、李仁肉（别），*Pruni semen*（拉），seed of Chinese dwarf cherry、seed of bunge cherry、seed of dwarf floweryng cherry、seed of Chinese bushcherry、seed of downy cherry、seed of Manchu cherry、seed of Nanking cherry（英）。

【来源】蔷薇科植物欧李或郁李等的种子。

【性味】味辛苦甘，性平。

【归经】入脾、大肠、小肠经。

【功效】润肠通便，利尿消肿。

【应用】可用于肠燥便秘、小便不利、水肿等症。

【研究】郁李仁含苷类、有机酸、氰化物等成分，具有促肠蠕动，镇咳、利尿等作用。有一定毒性，应控制用量。

四十、金　银　花

【名称】金银花（常），忍冬花、银花、苏花、金花、金藤花、双花、双苞花、二花、二宝花（别），*Lonicerae japonic flos*（拉），honeysuckle flower（英）。

【来源】忍冬科忍冬属植物忍冬的花蕾或带初开的花蕾。

【性味】味甘，性寒。

【归经】入肺、胃、大肠经。

【功效】清热解毒。

【应用】可用于外感风热及温病、热毒血痢、痈疽、肿毒等症。

【研究】金银花含醇、烯、酚类和缘原酸等成分，具有抗炎、解热、免疫调节、降血脂等作用，对多种致病菌有较强的抑制作用，可用治上呼吸道感染、肺炎、肺脓肿、菌痢、急性乳腺炎等病。

四十一、青　　果

【名称】青果（常），*Canarii fructus*（拉），Chinese white olive（英）。

【来源】橄榄科植物橄榄的果实。

【性味】味甘酸涩，性平。

【归经】入肺、胃经。

【功效】清肺利咽、解毒。

【应用】可用于肺热咽喉肿痛、烦渴、咳嗽咳血，以及食河豚鱼、鳖中毒等症。

【研究】青果含有萜类成分，具有健胃、保肝、消炎等作用。

四十二、鱼腥草

【名称】鱼腥草（常），岑草、紫背鱼腥草、侧耳根、重药、狗贴耳、肺形草、鱼鳞真珠草、猪姆耳、秋打尾、狗子耳、臭草、野花麦、臭菜、热草、臭质草、臭腥草、臭牡丹、臭灵丹、辣子草、奶头草耳、草摄、红桔朝（别），*Houttuyniae herba*（拉），herb of heartleaf houttuynia（英）。

【来源】三白草科植物蕺菜的带根全草。

【性味】味辛，性寒。

【归经】入肺经。

【功效】清热解毒，利尿消肿。

【应用】可用于肺痈咳吐脓痰、疮疡肿毒、水肿小便不利及疮疡疥癣等症。

【研究】鱼腥草含醛、酮类成分。具有抗菌抗病毒作用，对多种细菌有抑制作用，对于肺部感染、上呼吸道感染等具有较好疗效。

四十三、姜（生姜、干姜）

1. 干姜

【名称】姜（常），*Zingbeiris rhizoma*（拉），dried ginger（英）。

【来源】姜科植物姜的干燥根茎。

【性味】味辛，性热。

【归经】入肺、脾、胃经。

【功效】温中散寒，温肺化痰。

【应用】可用于脾胃虚寒腹痛、呕吐、泄泻，以及肺寒咳嗽、痰多清稀等症。

【研究】干姜含醇、烯、醛类成分，具有健胃、抗炎、镇痛、耐缺氧等作用。

2. 生姜

【名称】姜（常），*Zingberis rhizoma recens*（拉）。

【来源】姜科植物姜鲜的根茎。

【性味】性微温，味辛。

【归经】入肺、脾、胃经。

【功效】解表止咳，温中止呕，解毒。

【应用】可用于风寒感冒、咳嗽多痰、胃寒呕吐，以及吃鱼蟹中毒吐泻等症。用量：3～10g。

【研究】生姜含醇、醛类成分，具有健胃、保肝、镇吐、利胆、强心等作用。

四十四、枳椇子

【名称】枳椇子（常），木蜜、树蜜、白石木子、蜜屈律、鸡距子、背洪子、兼穹、拐枣、天藤、还阳藤、木珊瑚、鸡爪子、鸡橘子、结留子、曹公爪、棘枸、白石枣、万寿果、鸡爪梨、甜半夜、龙爪、碧久子、金钩钩、酸枣、鸡爪果、枳枣、转钮子（别），*Fructus hoveniae*（拉），fruit of Japanese raisin tree（英）。

【来源】鼠李科植物枳椇的果实。

【性味】味甘、酸，性平。

【归经】入脾经。

【功效】利尿消肿，解酒毒。

【应用】可用于水肿尿少、饮酒过量等症。

【研究】枳椇子含有多量的葡萄糖，有利尿作用。

四十五、枸　杞　子

【名称】枸杞子（常），苟起子、甜菜子、杞子、红青椒、拘蹄子、狗奶子、枸杞果、地骨子、枸茄茄、红耳坠、血枸子、枸地芽子、枸杞豆、血杞子（别），*Ilicis fructus*（拉），fruit of chinese（英）。

【来源】茄科植物枸杞的成熟果实。

【性味】味甘，性平。

【归经】入肝、肾、肺经。

【功效】滋补肝肾，润肺，明目。

【应用】可用于肝肾亏损、腰膝酸软、头晕目眩、虚劳咳嗽、消渴、遗精等症。

【研究】枸杞子含多种维生素和多糖类成分，可增强非特异性免疫力，有造血、降血脂、降压、降血糖及保肝作用，可用于各种慢性疾患。

四十六、栀　　子

【名称】栀子（常），*Gardeniae fructus*（拉），fruit of cape jasmine（英）。

【来源】茜草科植物栀子的干燥成熟果实。

【性味】味苦，性寒。

【归经】入心、肺、三焦经。

【功效】泻火除烦，清热利尿，凉血解毒。

【应用】可用于吐血、鼻衄，尿血、崩漏、目赤肿痛、疮疡肿毒等症。

【研究】栀子含色素、黄酮类成分，具有保肝、利胆、降压、强心、抗菌消炎等作用。

四十七、砂　　仁

【名称】砂仁（常），*Amomi fructus*（拉），fruit of villous amomum（英）。

【来源】姜科植物阳春砂、缩砂的成熟果实。

【性味】味辛，性温。

【归经】入心、肺、三焦经。

【功效】有调中行气，醒脾和胃。

【应用】可用于胃脘胀痛、食滞呕吐、寒泻冷痢、妊娠胎动等症。

【研究】砂仁含烯、酯类成分，具有健胃、抗血小板凝集的作用。

四十八、胖　大　海

【名称】胖大海（常），安南子、大洞果、胡大海、大发、通大海、大海子（别），*Ster-*

culiae lychnophorae semen（拉），seed of boat - fruited sterculia（英）。

【来源】梧桐科植物胶大海的干燥成熟种子。

【性味】味甘，性寒。

【归经】入肺、大肠经。

【功效】清热润肺，利咽解毒，润肠通便。

【应用】可用于肺热声哑、干咳无痰、咽喉干痛、头痛目赤、便燥等症。

【研究】胖大海含糖类成分，具有抗病毒、抗炎、镇痛、解痉、利尿、降压和泻下等作用。

四十九、茯　苓

【名称】茯苓（常），茯菟、茯灵、伏苓、伏菟、松腴、云苓、松苓、松木薯（别），*Poria*（拉），Indian bread（英）。

【来源】多孔菌种植物茯苓的干燥菌核。

【性味】味甘淡，性平。

【归经】入心、脾、肾经。

【功效】健脾利湿，宁心安神。

【应用】可用于少食、呕哕、胀满、小便不利、浮肿、惊悸、失眠、健忘等症。

【研究】茯苓含多糖类、三萜类成分，具有免疫调节、抗肿瘤、强心等作用。同时具有较强的利尿作用，可用治肾炎、心衰水肿。另外茯苓还有镇静作用，对神经衰弱有效。

五十、香　橼

【名称】香橼（常），*Citri fructus*（拉），Citron Fruit（英）

【来源】芸香科植物香橼的成熟果实。

【性味】味辛苦，性温。

【归经】入肝、脾、肺经。

【功效】理气解郁，消痰利膈。

【应用】可用于胃脘胀痛、咳嗽、痰饮、气壅、呕哕少食等症。

【研究】香橼含醛、酯类、苷类等成分，具有健胃、祛痰作用。

五十一、香　薷

【名称】香薷（常），香菜、香茸、紫花香菜、蜜蜂草（别），*Moslae herba*（拉），herb of haichow elsholtzia（英）。

【来源】唇形科植物海州香薷的带花全草。

【性味】味辛，性温。

【归经】入肺、胃经。

【功效】发汗解暑，和胃除湿。

【应用】可用于夏季感寒、头痛发热、恶寒、无汗、胸腹胀痛、呕吐腹泻等症。

【研究】香薷含醇、酚类、黄酮类等成分，具有健胃、驱风作用。

五十二、桃 仁

【名称】桃仁（常），核桃仁（别），*Persicae semen*（拉），peach seed（英）。

【来源】蔷薇科植物桃或山桃的种仁。

【性味】味苦甘，性平。

【归经】入心、肝、肺、大肠经。

【功效】活血行瘀，润燥滑肠。

【应用】可用于痛经、闭经、产后瘀血腹痛、跌打损伤、癥瘕积聚、肺痈、肠燥便秘等症。

【研究】桃仁含酯类、黄酮类、糖苷类等成分，具有镇咳、抗炎、镇痛、抗过敏、抗氧化、免疫调节、保肝等作用。

五十三、桑 叶

【名称】桑叶（常），铁扇子（别），*Mori folium*（拉），mulberry leaf（英）。

【来源】桑科植物桑的叶。

【性味】味苦、甘，性寒。

【归经】入肺、肝经。

【功效】祛风清热，凉血明目。

【应用】可用于风热头痛、目赤、口渴、肺热咳嗽、风疹等症。具有较强的抗菌作用，可用于治疗上呼吸道感染、百日咳等症。

【研究】桑叶含固醇类、黄酮类成分，具有抗菌和降血糖作用。

五十四、桑 椹

【名称】桑椹（常），桑实、乌椹、文武实、黑椹、桑枣、桑葚子、桑果、桑粒（别），*Mori fructus*（拉），mulberry（英）。

【来源】桑科植物桑的成熟果。

【性味】味甘，性寒。

【归经】入肝、肾经。

【功效】补益肝肾，熄风滋液。

【应用】可用于肝肾阴亏、消渴、便秘、目暗耳鸣及须发早白等症。

【研究】桑椹含多种维生素和矿物质，以及亚油酸、油酸类等成分，是良好的功食食品。

五十五、桔 红

【名称】桔红（常），*Citri exocarpium rubrum*（拉），pummelo peel（英）。

【来源】橘皮的外层红色部分。

【性味】味辛苦，性温。

【归经】入脾、肺经。

【功效】理气宽中，消痰散结。

【应用】可用于风寒咳嗽、痰多难出、胸闷胀痛、呕吐水饮等症。

【研究】桔红含内酯、黄酮类成分，具有抗菌、消菌、消炎、止咳，镇痛等作用。

五十六、桔　梗

【名称】桔梗（常），白药、利如、梗草、房图、苦梗、苦桔梗、大药（别），*Platycodi radix*（拉），platycodon root（英）。

【来源】桔梗科植物桔根的根。

【性味】味辛苦，性平。

【归经】入肺经。

【功效】开宣肺气，祛痰排脓。

【应用】可用于外感咳嗽、咽喉肿痛、肺痈吐脓痰、胸满肋痛及泻痢等症。

【研究】桔梗含甾体、多聚糖、皂苷等成分，具有镇咳、祛痰、抗炎、免疫调节、抗溃疡、强心、解热、镇痛、降血糖、降胆固醇、抗肿瘤等作用。

五十七、益智仁

【名称】益智仁（常），益智子（别），*Alpiniae oxyphyllae fructus*（拉），fruit of shar pleaf galangal（英）。

【来源】姜科植物益智的果实。

【性味】味辛，性温。

【归经】入脾、肾经。

【功效】温脾摄涎，补肾缩尿。

【应用】可用于腹部冷痛、泄泻、多唾、遗精、尿浊、遗尿、尿频等症。

【研究】益智仁含醇、烯、酮类和萜类成分，具有强心、抗癌作用。

五十八、荷　叶

【名称】荷叶（常），*Nelumbinis folium*（拉），lotus leaf（英）。

【来源】睡莲科植物莲的叶。

【性味】味苦涩，性平。

【归经】入脾、肾、心经。

【功效】清暑利湿，升阳止血。

【应用】可用于暑湿泄泻、眩晕头痛、水气浮肿、吐血衄血、便血崩漏等症。

【研究】荷叶含生物碱、黄酮类和有机酸成分，具有祛痰、降血脂、减肥作用。

五十九、莱菔子

【名称】莱菔子（常），*Raphani semen*（拉），radish seed（英）。

【来源】十字花科植物萝卜的干燥成熟种子。

【性味】味辛、甘，性平。

【归经】入脾、胃、肺经。

【功效】消食除胀，降气化痰。

【应用】可用于饮食停滞、脘腹胀疼、大便秘结、痰多喘咳等症。

【研究】莱菔子含醇、醛、酯类、生物碱、黄酮类等成分，具有抗菌、抗炎、降压、健胃、解毒等作用。

六十、莲　子

【名称】莲子（常），藕实、水芝丹、莲实、泽芝（别），*Nelumbinis semen*（拉），lotus seed（英）。

【来源】睡莲科植物莲的果实或种子，去皮去心用。

【性味】味甘涩，性平。

【归经】入心、脾、肾经。

【功效】补脾涩肠，养心益智。

【应用】可用于脾虚泻痢、崩漏带下、夜寐多梦、遗精淋浊等症。

【研究】莲子含多糖类、生物碱类成分，具有降压、强心作用。

六十一、高　良　姜

【名称】高良姜（常），膏凉姜、良姜、蛮姜、佛手根、小良姜、海良姜（别），*Alpiniae officinarum rhizoma*（拉），rhizome of lesser galangal（英）。

【来源】姜科植物高良姜的根茎。

【性味】味辛，性温。

【归经】入脾、胃经。

【功效】温胃散寒，祛风行气。

【应用】可用于胃寒腹痛、反胃呕吐、食滞泄泻等症。

【研究】高良姜含醇、烯、酚类和黄酮类等成分，具有健胃、抗炎、镇痛等作用。

六十二、淡　竹　叶

【名称】淡竹叶（常），竹叶门冬青、迷身草、山鸡米、竹叶麦冬、金竹叶、长竹叶、山冬、地竹、野麦冬、淡竹米、林下竹、土麦冬（别），*Lophatheri herba*（拉），herb of common lophantherum（英）。

【来源】禾本科植物淡竹叶的全草。

【性味】味甘淡，性寒。

【归经】入心、胃、小肠经。

【功效】清心火，除烦热，利小便。

【应用】可用于热病口渴、心烦、小便赤热浑浊、口舌生疮、牙龈肿痛等症。

【研究】淡竹叶含醇类、三萜类成分，具有解热、利尿、抗肿瘤、抗菌、升高血糖等作用。

六十三、淡　豆　豉

【名称】淡豆豉（常），香豉、淡豉（别），*Sojae semen preparatum*（拉），fermented soybean（英）。

【来源】豆科植物大豆成熟种子加工品。

【性味】味平，性微温。

【归经】入肺、胃经。

【功效】解除烦闷。

【应用】可用于感冒发热、头痛无汗、胸中烦闷等症。

【研究】淡豆豉含淀粉酶和蛋白酶，以及多种维生素、矿物质成分。具有健胃、解热作用。

六十四、菊　花

【名称】菊花（常），节华、金精、甘菊、真菊、金蕊、家菊、馒头号菊、甜菊花、药菊（别），*Chrysanthemi flos*（拉），chrysanthemum（英）。

【来源】菊科植物菊的头状花序。

【性味】味甘苦，性凉。

【归经】入肝、肺经。

【功效】疏风清热，明目解毒。

【应用】可用于风热肝热头痛、眩晕、目赤、烦热及疮疡肿毒等症。

【研究】菊花含苷类、生物碱类成分，具有解热、抗菌、强心等作用。可扩张冠状动脉，增加其血流量，应用菊花煎剂可治疗冠心病。

六十五、菊　苣

【名称】菊苣（常），卡斯尼（别），*Cichorii herba*、*Cichorii radix*（拉），chicory herb（英）。

【来源】菊科植物菊苣的地上部分。

【性味】味微苦、咸，性凉。

【归经】入肺、肝经。

【功效】清肝利胆，健胃消食，利尿消肿。

【应用】可用于湿热黄疸、胃痛食少、水肿尿少等症。

【研究】菊苣含生物碱、苷类成分，具有健胃、强心作用。

六十六、黄芥子

【名称】黄芥子（常），*Sinapis semen*（拉）。

【来源】十字花科植物芥的成熟种子。

【性味】味辛，性温。

【归经】入肺经。

【功效】温肺祛痰，利气散结，通络止痛。

【应用】可用于寒痰壅滞、咳嗽气喘、胸满协痛、肢体关节疼痛、麻木等症。

【研究】黄芥子含油芥子苷、芥子酶、芥子酸、芥子碱、脂肪油等。

六十七、黄　精

【名称】黄精（常），龙衔、白及、兔竹、垂珠、鸡格、鹿竹、重楼、苘格、笔菜、黄芝、笔管菜、土灵芝、老虎姜、鸡头参、黄鸡菜，*Polygonati rhizoma*（拉），rhizome of king solomonseal、rhizome of siberian solomonseal（英）。

【来源】百合科植物黄精的根茎。

【性味】味甘，性平。

【归经】入脾、肺、肾经。

【功效】补脾，润肺，益精。

【应用】可用于脾虚乏力、食少口干、肺燥肺虚咳嗽、肾虚精亏、筋骨软弱等症。

【研究】黄精含多糖、皂苷成分，具有降血脂、强心、降血糖、抗衰老、免疫调节等作用。

六十八、紫　苏

【名称】紫苏（常），*Perillae folium*（拉）。

【来源】唇形科植物紫苏的叶。

【性味】味辛，性温。

【归经】入肺、脾经。

【功效】解表散寒，理气和中。

【应用】可用于感冒风寒、发热恶寒、咳嗽气喘、恶心呕吐，以及食鱼蟹中毒等症。用量：3～10g。

【研究】紫苏叶含醇、烯、酮类成分，具有抗菌、镇静止血作用。

六十九、紫 苏 籽

【名称】紫苏籽（常），苏子、黑苏子、野麻子、铁苏子（别），*Perillae fructus*（拉），perilla seed（英）。

【来源】唇形科植物紫苏的干燥成熟果实。

【性味】味辛，性温。

【归经】入肺、大肠经。

【功效】降气消痰，平喘，润肠，止咳。

【应用】可用于多痰、肠燥便秘等症。

【研究】紫苏籽含丰富的油脂，出油率高达45%，油中含较多的亚麻酸。

七十、葛　根

【名称】葛根（常），干葛、甘葛、粉葛、葛麻茹、葛子根、黄葛根、葛条根（别），*Puerariae lobatae radix*（拉），root of lobed kudzuvine、root of thomson kudzuvine（英）。

【来源】豆科葛属植物野葛甘葛藤的根。

【性味】味甘、辛，性平。

【归经】入脾、胃经。

【功效】解肌，退热，生津，透疔，止泻。

【应用】可用于温病发热、头痛、项背牵强、口渴泻痢、麻疹初起等症。

【研究】葛根含黄酮成分，具有解热、强心、降压、降血糖等作用。

七十一、黑　芝　麻

【名称】黑芝麻（常），*Sesami semen nigrum*（拉），root of roughleaf ironweed（英）。

【来源】胡麻科植物脂麻的黑色种子，干燥后食用或入药。

【性味】味甘，性平。

【归经】入肝、肾经。

【功效】补肝肾，润五脏。

【应用】可用于肝肾虚损、眩晕、瘫痪、须发早白、脱发、病后虚弱、产后奶少、肠燥便秘等症。

【研究】黑芝麻含糖类、磷脂类成分，具有降血糖、抗衰老作用。

七十二、黑　胡　椒

【名称】黑胡椒（常），*Piperis fructus*（拉），black pepper（英）。

【来源】胡椒科植物胡椒的未成熟的果实。

【性味】味辛，性温。

【归经】入胃、大肠经。

【功效】温中下气，开胃，消痰。

【应用】可用于脘腹寒痛、寒性痢疾等症。

【研究】胡椒碱有抗惊厥的作用，可用于癫痫症。

七十三、槐　　米

【名称】槐米（常），*Flos sophorae immaturus*（拉），flower bud of Japanese pagodatree（英）。

【来源】豆科植物槐的干燥花蕾（花未开时采收的花蕾）。

【性味】味微苦，性凉。

【归经】入肝、大肠经。

【功效】清热泻火，凉血止血。

【应用】可用于肠热便血、痔肿出血、高血压、眩晕等症。

【研究】槐米含芸香苷、槲皮素等成分。

七十四、槐　　花

【名称】槐米（常），*Flos sophorae immaturus*（拉），flower bud of Japanese pagodatree（英）。

【来源】豆科植物槐的干燥花（花开放时采收）。

【性味】味苦，性寒。

【归经】入肝、大肠经。

【功效】清热泻火，凉血止血。

【应用】可用于肠热便血、痔肿出血、高血压、眩晕等症。

【研究】槐花富含芸香苷、槲皮素等成分。槐花水浸剂能明显缩短出血的时间，制炭后促进凝血作用更强，其煎液有减少心肌耗氧量，保护心功能的作用。

七十五、蒲　公　英

【名称】蒲公英（常），蒲公草、仆公英、仆公罂、地丁、勃勃丁菜、黄花苗、黄花郎、婆婆丁、白鼓丁、黄花地丁、蒲公地丁、蒲公丁、狗乳草、奶汁草、残飞坠、黄狗头、双英卜地、黄花草、古古丁、茅萝卜、黄花三七（别），*Taraxaci herba*（拉），dandelion（英）。

【来源】菊科植物蒲公英的带根全草。

【性味】味苦甘，性寒。

【归经】入肝、胃经。

【功效】清热解毒，散结消痛。

【应用】可用于诸疮肿毒、散瘰疬结核、皮肤溃疡、乳痈及多种炎症。

【研究】蒲公英含固醇、糖类、胆碱类等成分，具有抗菌、解毒、抗炎、抗肿瘤作用。煎液可治疗扁桃腺炎、气管炎、传染性肝炎、胆囊炎、乳腺炎，以及外感发热、尿路感染等症。

七十六、蜂　　蜜

【名称】蜂蜜（常），*Mel*（拉），honey（英）。

【来源】蜂蜜科昆虫中华蜜蜂所酿的蜜。

【性味】味甘，性平。

【归经】入肺、脾、大肠经。

【功效】补中健脾，缓急止痛，润肠通便，解毒。

【应用】可用于脾胃虚弱、脘腹疼痛、肺虚久咳等症。

【研究】蜂蜜主要含有葡萄糖、果糖，具有增强免疫功能、通便、抗肿瘤，解毒等作用。

七十七、榧　　子

【名称】榧子（常），彼子、榧实、黑子、玉山果、赤果、玉榧（别），*Torreyae semen*（拉），seed of grand torreya、seed of Chinese torreya、seed of tall torreya（英）。

【来源】红豆杉科植物榧的种仁。

【性味】味甘涩，性平，无毒。

【归经】入肺、胃、大肠经。

【功效】杀虫消积，润肺滑肠。

【应用】可用于肠道寄生虫病。

【研究】榧子含醇、烯、酯类成分，具有驱杀钩虫和丝虫作用。

七十八、酸　枣　仁

【名称】酸枣仁（常），枣仁、酸枣核（别），*Ziziphi spinosae semen*（拉），seed of spine date（英）。

【来源】鼠李科植物酸枣的种子。

【性味】味甘，性平。

【归经】入心、肝经。

【功效】养心，安神，敛汗。

【应用】可用于虚烦不眠、惊悸怔忡，健忘虚汗等症。

【研究】酸枣仁含苷类、黄酮类成分，具有镇静催眠、镇痛、抗惊、强心、耐缺氧等作用，对神经衰弱所致失眠有效。

七十九、鲜白茅根

【名称】鲜白茅根（常），*Imperatae rhizoma*（拉）。

【来源】禾本科植物白茅的根茎。

【性味】味甘，性寒。

【归经】入肺、肾、膀胱经。

【功效】凉血止血，清热利尿。

【应用】可用于血热所致的各种出血症，以及热淋、小便不利、水肿、黄疸等症。

【研究】鲜白茅根含碳水化合物、单萜双内酯、白头翁素等成分，具有止血、抗菌、抗病、利尿等作用，可用于肾脏病、肝炎、泌尿系统感染。

八十、鲜芦根

【名称】鲜芦根（常），*Phragmitis rhizoma*（拉）。

【来源】禾本科植物芦苇的地下茎。

【性味】味甘，性寒。

【归经】入肺、胃经。

【功效】清热生津，止呕，除烦。

【应用】可用于热病伤津、烦热口渴、胃热呕逆、肺热咳嗽、外感咳嗽等症。也可以用于小变短赤、热淋涩痛之症。

【研究】鲜芦根含碳水化合物、黄酮类化合物、多种维生素，可用于肾脏病、肺脓疡。

八十一、蝮蛇

【名称】蝮蛇（常），反鼻蛇（别），*Agkistrodon*（拉）。

【来源】蝮蛇科蝮蛇去除内脏的全体。

【性味】味甘，性温。

【功效】具有驱风，攻毒的功效。

【应用】用于麻风、皮肤顽疾、痔瘌等症。

【研究】蝮蛇含有出血因子。

八十二、橘皮

【名称】橘皮（常），陈皮、贵老、黄橘皮、红皮（别），*Citri reticulatae pericarpium*（拉），peel of sweet orange（英）。

【来源】橘的成熟干燥果皮。

【性味】味辛苦，性温。

【归经】入脾、肺经。

【功效】理气健脾，燥湿化痰。

【应用】可用于脾胃气滞、脘腹胀痛、恶心呕吐、寒痰等症。

【研究】橘皮含陈皮素、橙皮苷、黄酮类等成分，具有利胆、抗菌、消炎、降血脂等作用。

八十三、薄　荷

【名称】薄荷（常），蕃荷菜、南薄荷、升阳菜、薄苛、夜息花（别），*Menthae haplocalycis herba*（拉），herb of wild mint（英）。

【来源】唇形科植物薄荷的全草或叶。

【性味】味辛，性凉。

【归经】入肺、肝经。

【功效】解表疏风，散热发汗。

【应用】可用于风热感冒、头痛目赤、咽喉肿痛、口疮牙痛、瘾疹疮疥等症。

【研究】薄荷含醇、酮、酯类成分，具有解热、抗菌、健胃、利胆、抗菌、抗病毒、兴奋神经等作用。

八十四、薏　苡　仁

【名称】薏苡仁（常），起实、感米、薏珠子、回回米、草珠儿、菩提、必提珠、芑实、薏米、米仁、薏仁、苡仁、苡米（别），*Coicis semen*（拉），coix seed、seed of jobstears（英）。

【来源】禾本科植物薏苡的干燥成熟种仁。

【性味】味甘、淡，性凉。

【归经】入脾、胃、肺经。

【功效】利水消肿，渗湿，健脾，除痹，清热排脓。

【应用】可用于脾虚湿盛之水肿腹胀、小便不利，或湿痹拘挛、肺痈胸痛、咳嗽浓痰等症。

【研究】薏苡仁含脂肪油，薏苡仁酯，薏苡仁内酯，薏苡仁多糖 A、B、C，氨基酸，维生素 B_1 等。煎剂有解热、镇痛等作用。

八十五、薤　白

【名称】薤白（常），薤根、大头菜子、野蒜、小独蒜、小蒜、宅蒜、薤白头（别），Allii *macrostemi bulbus*（拉），bulb of longstamen onion（英）。

【来源】百合科植物小根蒜的干燥鳞茎。

【性味】味辛、苦，性温。

【归经】入肺、胃、大肠经。

【功效】有通阳散结，行气导滞功效。

【应用】可用于胸痹疼痛，痰饮咳喘，泻痢等症。

【研究】薤白含硫化物、酚类、皂苷类等成分，具有强心、抗菌作用。

八十六、覆　盆　子

【名称】覆盆子（常），覆盆、小托盘（别），Rubi *fructus*（拉），fruit of palmleaf paspberry（英）。

【来源】蔷薇科植物掌叶覆盆子的果实。

【性味】味甘酸、性平。

【归经】入肝、肾经。

【功效】补肾固涩。

【应用】可用于肝肾不足、遗精、早泄、阳痿、尿频、遗尿等症。

【研究】覆盆子含萜类、固醇类成分，具有抗菌，改善蛋白尿，治疗小儿遗尿、精液异常、不育症等作用。

八十七、藿　　香

【名称】藿得（常），*Pogostemonis herba*（拉），herb of wrinkled gianthyssop（英）。

【来源】唇形科植物广藿香或藿香的全草。

【性味】味辛，性微温。

【归经】入脾、胃、肺经。

【功效】解暑化湿，理气和中。

【应用】可用于感冒暑湿、头痛、湿阻中焦、胸脘痞闷、食欲不振、恶心、呕吐、泄泻等症。

【研究】藿香含醇、烯、酮类成分，具有抗菌、抗病毒作用。

第四节　可用于保健食品的物品

我国卫生部2002年3月5日公布《关于进一步规范保健食品原料管理的通知》，明确了《可用于保健食品的物品名单》，如下所述：

人参、人参叶、人参果、三七、土茯苓、大蓟、女贞子、山茱萸、川牛膝、川贝母、川芎、马鹿胎、马鹿茸、马鹿骨、丹参、五加皮、五味子、升麻、天门冬、天麻、太子参、巴戟天、木香、木贼、牛蒡子、牛蒡根、车前子、车前草、北沙参、平贝母、玄参、生地黄、生何首乌、白及、白术、白芍、白豆蔻、石决明、石斛（需提供可使用证明）、地骨皮、当归、竹茹、红花、红景天、西洋参、吴茱萸、怀牛膝、杜仲、杜仲叶、沙苑子、牡丹皮、芦荟、苍术、补骨脂、诃子、赤芍、远志、麦门冬、龟甲、佩兰、侧柏叶、制大黄、制何首乌、刺五加、刺玫果、泽兰、泽泻、玫瑰花、玫瑰茄、知母、罗布麻、苦丁茶、金荞麦、金樱子、青皮、厚朴、厚朴花、姜黄、枳壳、枳实、柏子仁、珍珠、绞股蓝、胡芦巴、茜草、荜茇、韭菜子、首乌藤、香附、骨碎补、党参、桑白皮、桑枝、浙贝母、益母草、积雪草、淫羊藿、菟丝子、野菊花、银杏叶、黄芪、湖北贝母、番泻叶、蛤蚧、越橘、槐实、蒲黄、蒺藜、蜂胶、酸角、墨旱莲、熟大黄、熟地黄、鳖甲。

一、人　　参

【名称】人参（常），人衔、鬼盖、土精、神草、黄参、血参、地精、百尺杵、海腴、金井玉阑、孩儿参、棒棰（别），*Ginseng radix* et *rhizoma*（拉），ginseng、ginseng root（英）。

【来源】五加科植物人参的根，现多用栽培品种。

【性味】味甘，微苦，性微温。

【归经】入肺、脾、心经。

【功效】补气固脱，补益脾肺之气，生津止渴，安神益智。

【应用】可用于体衰脉微、冷汗肢凉，以及大失血后的虚脱症；也可用治心悸、气短、神衰、消渴等症。体壮无虚症者不宜服用。由于炮制方法不同，人参有生晒参、白人参、红人参、人参须等不同品种。

【研究】人参含苷类、多糖类成分，具有健脑、强心、耐缺氧、补血、免疫调节、抗肿瘤、抗衰老、抗疲劳、降血糖等作用。

二、人　参　叶

【名称】人参叶（常），参叶（别），*Ginseng folium*（拉），ginseng leaf（英）。

【来源】五加科植物人参的干燥叶。

【性味】味苦、甘，性寒。

【归经】入肺、胃经。

【功效】有补气，益肺，祛暑，生津功效。

【应用】可用于气虚咳嗽、暑热烦躁、津用力口渴、头目不清、四肢倦乏等症。用量：3~9g。注意：不宜与黎芦同用。

【研究】具有抗休克、抗疲劳作用。

三、人　参　果

【名称】人参果（常），人头七、（别），*Herminii herba*（拉），herb of monorchid herminium（英）。

【来源】五加科植物人参的成熟果实。

【性味】味微苦，性温。

【归经】入肺、胃经。

【功效】补脾益肺，生津，安神。

【应用】可用于肺虚喘咳、津伤口渴、久病虚弱、失眠心悸等症。

【研究】具有镇静安神、镇痛、抗休克、抗疲劳等作用。

四、三　　七

【名称】三七（常），山漆、金不换、血参、参三七、田三七、田漆、田七（别），*Notoginseng radix* et *rhizoma*（拉），sanchi、panax notoginseng（英）。

【来源】五加科植物三七的根。

【性味】味甘微苦，性温。

【归经】入肝、胃经。

【功效】散瘀止血，消肿定痛。

【应用】可用于一切出血症，或创伤瘀血肿痛等症。近年来，多用治冠心病心绞痛。

【研究】三七含三七皂苷和三七素成分，具有镇静、镇痛、强心、抗炎、降血脂、降血糖、免疫调节、抗氧化、抗衰老等作用。

五、土 茯 苓

【名称】土茯苓（常），禹余粮、白余粮、革禹余粮、刺猪苓、过山龙、硬饭、仙遗粮、冷饭团、山地栗、过冈龙、山牛、冷饭头号、山归来、毛尾薯、地胡苓、狗老薯、饭团根、硬饭头薯、狗朗头、尖光头、山硬硬、奇良（别），*Smilacis glabrae rhizoma*（拉），rhizome of glabrous greenbrier（英）。

【来源】百合科植物光叶菝葜的干燥根茎。

【性味】味甘、淡、性平。

【归经】入肝、肾经。

【功效】除湿解毒，通利关节。

【应用】可用于湿热淋浊、带下、痈肿及汞中毒所致的肢体拘挛、筋骨疼痛等症。

【研究】具有拮抗棉酚毒性作用。

六、大 蓟

【名称】大蓟（常），大刺儿菜、大刺盖（别），*Herba Cirsii japonici*、*Radix Cirsii japonici*（拉），Japanese thistle herb（英）。

【来源】菊科植物的干燥地上部分。

【性味】味甘、苦，性凉。

【归经】入心、肝经。

【功效】凉血止血，散瘀，解毒，消痈。

【应用】可用于血热出血证、热毒痈肿。

【研究】大蓟水煎剂能显著缩短凝血时间，其水浸剂、乙醇-水浸出液和乙醇浸出液均有降低血压的作用，乙醇浸剂对人型结核杆菌有抑制作用，水提物对单纯疱疹病毒有明显的抑制作用。

七、女 贞 子

【名称】女贞子（常），女贞实、冬青子、爆格蚤、白蜡树子、鼠梓子（别），*Ligustri lucidi fructus*（拉），fruit of glossy privet（英）。

【来源】木樨科植物女贞的果实。

【性味】味甘苦，性平。

【归经】入肝、肾经。

【功效】补肾滋阴，养肝明目。

【应用】可用于阴虚内热、腰膝酸软、头晕、目昏、耳鸣、遗精等症。

【研究】女贞子含三萜、黄酮糖苷成分，具有免疫调节、抗炎、抗癌、升高血细胞、降血糖、降血脂、保肝、耐缺氧、改善微循环等作用。

八、山 茱 萸

【名称】山茱萸（常），蜀枣、鸡足、山萸肉、实枣儿、肉枣、枣皮、萸肉、药枣（别），

Corni fructus（拉），fruit of Asiatic cornelian cherry、fruit of Japanese cornel dogwood（英）。

【来源】山茱萸科植物山茱萸的果肉。

【性味】味酸，性微温。

【归经】入肝、肾经。

【功效】补益肝肾，涩精止汗。

【应用】可用于眩晕、耳鸣、腰膝酸痛、遗精、尿频、虚汗不止等症。

【研究】山茱萸含醇、酯类、糖苷、苷元等成分，具有强心、降血糖、抗菌、免疫调节等作用。

九、川　牛　膝

【名称】川牛膝（常），*Cyathulae radix*（拉），root of medicinal cyathula（英）。

【来源】苋科植物川牛膝的干燥根。

【性味】味甘、微苦，性平。

【归经】入肝、肾经。

【功效】逐瘀通经，通利关节，利尿通淋。

【应用】可用于经闭肿瘤等症。注意：孕妇禁用。

【研究】促进蛋白质合成。

十、川　贝　母

【名称】川贝母（常），虻、黄虻、贝母、空草、贝父、勤母（别），*Fritillariae cirrhosae bulbus*（拉），bulb of tendrilleaf fritillary、bulb of unibract fritillary、bulb of przewalsk fritillary、bulb of delavay fritillary（英）。

【来源】百合科植物川贝母。

【性味】味苦、甘，性微寒。

【归经】入肺、心经。

【功效】清热润肺，化痰止咳。

【应用】可用于肺热燥咳、干咳少痰、阴虚劳嗽、咯痰带血等症。

【研究】具有镇咳祛痰、调节血压作用。

十一、川　芎

【名称】川芎（常），山鞠穷、香果、雀脑芎、京芎、贯芎、抚芎、台芎、西芎（别），*Chuanxiong rhizoma*（拉），rhizome of szechwan lovage（英）

【来源】伞形科植物川芎的根茎。

【性味】味辛，性温。

【归经】入肝、胆、心包经。

【功效】活血行气，祛风止痛。

【应用】可用于血瘀所致的月经不调、痛经、闭经、肢体麻木、跌打损伤、痈疮肿痛，以及头痛、风湿痹痛等症。

【研究】近年来常用于冠心病心绞痛及缺血性脑血管病。

十二、马 鹿 胎

【名称】马鹿胎（常），*Fetus cervi*（拉）。

【来源】鹿科动物马鹿的胎盘干燥品。

【性味】味甘，性咸。

【归经】入肾、肝经。

【功效】温补下元，固肾调经。

【应用】可用于月经不调、宫寒不孕等症。

【研究】马鹿胎含多种氨基酸、维生素、雌激素等成分，是一种强壮滋补剂。

十三、马 鹿 茸

【名称】马鹿茸（常），*Cervi cornu pcuntotrichum*（拉）。

【来源】鹿科动物马鹿雄鹿头上未骨的幼角。

【性味】味咸，性温。

【归经】入肾、肝经。

【功效】补气血，益精髓，强筋骨。

【应用】可用于肾虚阳痿、遗精、身体虚弱等。

【研究】能增强人体的免疫功能，改善睡眠，促进食欲。具有缓解肌肉疲劳、促进儿童生长发育和血液循环及伤口愈合等作用。

十四、马 鹿 骨

【名称】马鹿骨（常），*Os cervi*（拉）。

【来源】鹿科动物马鹿的骨头。

【性味】味咸，性温。

【归经】入肾、肝经。

【功效】温肾阳，强筋骨，行血消肿。

【应用】可用于阳痿遗精、腰脊冷痛、阴疽疮疡、乳腺炎初起、瘀血肿痛等症。

【研究】马鹿骨含较多的矿物质，尤其是钙较多。

十五、丹 参

【名称】丹参（常），丹参、木羊乳、山参、紫丹参、红根、紫党参、山红萝卜、活血根、靠山红、红参、烧酒壶根、血参根、朵朵花根（别），*Salviae miltiorrhizae radix* et *rhizoma*（拉），root of dan－shen（英）。

【来源】唇形科植物丹参的根。

【性味】味苦，性微寒。

【归经】入心、心包、肝经。

【功效】活血祛瘀，凉血消痈，养血安神。

【应用】可用于月经不调、产后瘀滞腹痛、疮痈肿痛等症。

【研究】丹参含丹参酮等成分。近年多用于冠心病、肝脾肿大、癌症的等方面，皆有一定的疗效。

十六、五 加 皮

【名称】五加皮（常），南五加皮（别），*Acanthopanacis cortex*（拉），root - bark of slenderstyle acanthopanax（英）。

【来源】五加科植物细柱五加的根皮。

【性味】味辛苦，性温。

【归经】入肝、肾经。

【功效】祛风湿，强筋骨。

【应用】可用于风湿痹痛、皮肤水肿、筋骨拘挛等症。五加皮有南北不同品种，北五加皮为萝藦科植物杠柳的根皮，有一定毒性，功能食品中不宜选用。

【研究】五加皮含糖苷、萜类成分，具有抗炎、免疫调节、镇痛健胃等作用。

十七、五 味 子

【名称】五味子（常），会及、五梅子（别），*Schisandrae chinensis fructus*（拉），fruit of Chinese magnoliavine（英）。

【来源】木兰科植物北五味子的成熟果实。

【性味】味酸，性温。

【归经】入肺、肾、心经。

【功效】敛气敛汗，益气生津，涩精止泻。

【应用】可用于肺肾不足之咳喘、气阴两伤所致的心悸、口渴、心烦、自汗，以及遗精、晨泻等症。

【研究】五味子含有机酸类、木脂素类成分，具有保肝、抗氧化、镇痛、抗溃疡、抗菌、免疫调节、改善肾功能等作用。

十八、升 麻

【名称】升麻（常），周升麻、周麻、鸡骨升麻、鬼脸升麻、绿升麻（别），*Cimicifugae rhizoma*（拉），rhizome of largetrifoliolious bugbane、rhizome of dahurian bugbane、rhizome of skunk bugbane、rhizome of skunk bugbane（英）。

【来源】毛茛科植物大三叶升麻的干燥根茎。

【性味】味辛、微甘，微寒。

【归经】入肺、脾、大肠、胃经。

【功效】发表透疹，清热解毒，升举阳气。

【应用】可用于风热头痛、齿痛、口疮、咽喉肿痛、麻疹、脱肛、子宫脱垂等症。用量：3～9g。

【研究】具有镇痛抗炎、抗惊厥、降压等作用。

十九、天 门 冬

【名称】天门冬（常），大当门根、天冬（别），*Asparagi radix*（拉），root of cochin Chinese asparagus（英）。

【来源】百合科植物天门冬的块根。

【性味】味甘，微苦，性寒。

【归经】入脾、肺经。

【功效】养阴润燥，清肺，止渴，祛痰。

【应用】可用于阴虚发热、干咳、咯血，以及热病伤阴、口渴、便秘等症。

【研究】天门冬含低聚糖、皂苷成分，具有抗菌、镇咳、祛痰、抗肿瘤等作用。

二十、天　麻

【名称】天麻（常），鬼督邮、明天麻、水洋芋（别），*Gastrodiae rhizoma*（拉），tuber of tall gastrodia（英）。

【来源】兰科植物天麻的根茎。

【性味】味甘，性平。

【归经】入肝经。

【功效】平肝，息风定惊。

【应用】可用于肝阳上亢上眩晕头痛，以及惊痫抽搐、中风瘫痪等症。近年来，多用于治疗高血压、中风后遗症。

【研究】天麻含真菌蛋白成分，具有镇静、强心、耐缺氧、免疫调节等作用。

二十一、太 子 参

【名称】太子参（常），孩儿参、童参（别），*Pseudostellariae radix*（拉）。

【来源】石竹科植物孩儿参的干燥块根。

【性味】味甘、微苦，性平。

【归经】入脾、肺经。

【功效】益气健脾，生津润肺。

【应用】可用于脾虚体倦、食欲不振、病后虚弱、气阴不足、自汗口渴、肺燥干咳等症。

【研究】调节免疫功能，增强人体物质代谢。

二十二、巴 戟 天

【名称】巴戟天（常），巴戟、鸡肠风、兔仔肠（别），*Morindae officinalis radix*（拉），root of medcinal indianmulberry（英）。

【来源】茜草科藤本植物巴戟天的根。

【性味】味辛甘，性微温。

【归经】入肾经。

【功效】补肾助阳，祛风除湿。

【应用】可用于阳痿、宫冷不孕、月经不调、少腹冷痛、腰膝疼痛或软弱无力等症。

【研究】巴戟天含碳水化合物、有机酸、强心苷等成分，可抗疲劳，增强免疫功能，对皮质酮分泌有促进作用。

二十三、木　香

【名称】木香（常），蜜香、青木香、五香、五木香、南木香、广木香（别），*Aucklandiae radix*（拉），costusroot（英）。

【来源】菊科植物木香的干燥根。

【性味】味辛、甘，性温。

【归经】入脾、胃、大肠、胆经。

【功效】行气止痛，健脾消食。

【应用】可用于胃胀痛、腹泻痢疾、消化不良、不思饮食等症。

【研究】木香含挥发油、生物碱等成分，具有对抗组织胺、抗菌作用。

二十四、木　贼

【名称】木贼（常），木贼草、锉草、节节草、节骨草、擦草、无心草（别），*Equiseti hiemalis herba*（拉），herb of common scouring rush、herb of dutch rushes、herb of rough horsetai、herb of scouring rush（英）。

【来源】木贼科植物木贼的干燥地上部分。

【性味】味甘、苦、性平。

【归经】入肺、肝经。

【功效】散风热，退目翳。

【应用】可用于风热目赤、迎风流泪、目生云翳等症。

【研究】木贼含咖啡酸、阿魏酸、鞣质、黄酮苷等成分。

二十五、牛　蒡　子

【名称】牛蒡子（常），恶实、鼠粘子、黍粘子、大力子、蝙蝠刺、毛然然子、黑风子、毛锥子、粘苍子、鼠尖子、弯巴钩子、万把钩、大牛子、牛子（别），*Arctii fructus*（拉），achene of great burdock（英）。

【来源】菊科植物牛蒡的干燥成熟果实。

【性味】味辛、苦，性寒。

【归经】入肺、胃经。

【功效】疏散风热，宣肺透疹，解毒利咽。

【应用】可用于风热感冒、咳嗽痰多、麻疹、风疹、咽喉肿痛、痈肿疮毒等症。

【研究】具有抗菌、降血糖作用。

二十六、牛　蒡　根

【名称】牛蒡根（常），恶实根、鼠粘根、牛菜（别），*Arctii radix*（拉），root of great burdock（英）。

【来源】菊科植物牛蒡的根。

【性味】味辛，性平。

【归经】入肺、胃经。

【功效】疏散风热，宣肺透疹，解毒。

【应用】可用于风热感冒、咳嗽痰多、咽喉肿痛、疮肿痈毒等症。

【研究】具有调节血糖、利尿、抑制癌细胞等作用。

二十七、车 前 子

【名称】车前子（常），车前实、虾蟆衣子、猪耳朵穗子、凤眼前仁（别），*Plantaginis semen*（拉），plantain seed（英）。

【来源】车前科植物车前的干燥成熟种子。

【性味】味甘，性微寒。

【归经】入肾、肝、肺经。

【功效】清热利尿，渗湿通淋，明目，祛痰。

【应用】可用于水肿胀满、尿赤涩痛、中暑泄泻、目赤肿痛、痰热咳嗽等症。

【研究】具有利尿、祛痰镇咳、抗菌消炎等作用。

二十八、车 前 草

【名称】车前草（常），*Plantaginis herba*（拉），plantain herb（英）。

【来源】车前科植物车前的干燥全草。

【性味】味甘，性寒。

【归经】入肾、肝、肺经。

【功效】清热利尿，祛痰，凉血，解毒。

【应用】可用于水肿尿少、热淋涩痛、暑湿泻痢、痰热咳嗽、吐血衄血、痈肿疮毒等症。

【研究】对于胃溃疡有一定治疗效果。

二十九、北 沙 参

【名称】北沙象（常），海沙参、银条参、莱阳参、辽沙参、野香菜根、真北沙参（别），*Glehniae radix*（拉），root of coastal glehnia（英）。

【来源】伞形科植物珊瑚菜的干燥根。

【性味】味甘、微苦，性微寒。

【归经】入肺、胃经。

【功效】养阴清肺，益胃生津。

【应用】可用于肺热燥咳，劳嗽痰血，热病津伤口渴等症。

【研究】北沙参含挥发油、三萜酸、多糖、生物碱等成分，具有解热镇痛、免疫抑制、抗突变等作用。

三十、平 贝 母

【名称】平贝母（常），*Fritillariae* ussuriensis *bulbus*（拉），bulb of Ussuri fritillary（英）。

【来源】百合科植物平贝母的干枣鳞茎。

【性味】味苦，性微寒。

【归经】入肺经。

【功效】清肺，化痰，止咳。

【应用】可用于肺热咳嗽、多痰、咽喉肿痛等症。

【研究】含有平贝母碱，具有祛痰、降血压作用。

三十一、玄　参

【名称】玄参（常），重台、鬼藏、正马、鹿肠、端、玄台、逐马、黑参、元参（别），*Scrophulariae radix*（拉），figwort root（英）。

【来源】玄参科植物玄参的根。

【性味】味苦、甘、咸，性寒。

【归经】入心、肝、肾经。

【功效】清热，解毒，养阴。

【应用】可用于温热病、咽喉肿痛、痈肿疮疡等症。

【研究】玄参含萜类、苷类、微量挥发油等成分，具有降压、抗菌、抗炎、镇痛等作用。

三十二、生 地 黄

【名称】生地黄（常），*Rehmanniae radix*（拉），dried rhizome of rehmannia、diredrhizome of adhesive rehmannia（英）。

【来源】玄参科植物地黄的根。

【性味】味甘、苦，性寒。

【归经】入心、肝、肾经。

【功效】清热凉血，养阴生津。

【应用】可用于温热病、血热致的各种出血、糖尿病烦渴多饮等症。

【研究】生地黄含萜类、有机酸、多种矿物质成分，具有降压、止血、调血糖、抗炎、镇静等作用。

三十三、生何首乌

【名称】生何首乌（常），*Polygoni multiflori radix*（拉），root of tuber fleeceflower（英）。

【来源】蓼科植物何首乌的块根，经晒干或烘干而成的制品。

【性味】味苦、甘、涩，性微温。

【归经】入心、肝、肾大肠经。

【功效】补益精血，截疟，解毒，润肠通便。

【应用】可用于精血亏虚、疲乏无力、遗精、久疟、痈疽、肠燥便秘等症。用量：10g。

【研究】生何首乌含蒽醌苷类化合物，还有卵磷脂等成分。具有抗衰老、增强免疫功能、降血脂、保肝等作用。

三十四、白　及

【名称】白及（常），甘根、白根、白给、白芨、冰球子、白乌儿头、地螺丝、羊角七、千年棕、君球子、一兜棕、白鸡儿、皲口药、利知子（别），*Bletillae rhizoma*（拉），tuber of common bletilla、tuber of hyacinth bletilla（英）。

【来源】兰科植物白及的干燥块茎。

【性味】味甘、甘、涩，性微寒。

【归经】入肺、胃、肝经。

【功效】收敛止血，消肿生肌。

【应用】可用于咳血吐血、外伤出血、疮疡肿毒、皮肤皲裂、肺结核咳血、溃疡病出血等症。

【研究】白及含挥发油、黏液质、白及甘露聚糖等成分，具有止血、抗溃疡、抗菌等作用。

三十五、白　术

【名称】白术（常），野黄皮、鸡卵黄、小柑、小郎伞、搽散、野辣椒（别），*Atractylodis macrocephalae rhizoma*（拉），rhizome of largehead atractylodes（英）。

【来源】菊科草本植物白术的根茎。

【性味】味苦、甘，性温。

【归经】入脾、胃经。

【功效】补气健脾，燥湿利水，止汗安胎。

【应用】可用于脾虚湿困而偏于虚证者，以及体虚、汗多出、胎动不安、食欲不振等症。

【研究】白术含挥发油、多种炔类化合物，还含有维生素 A。具有保肝、利胆、促进胃肠运动、利尿、抗肿瘤、降血糖等作用。

三十六、白　芍

【名称】白芍（常），*Paeoniae radix* Alba（拉），white peony root（英）。

【来源】毛茛科草本植物芍药的根。

【性味】味苦、酸，性微寒。

【归经】入肝、脾经。

【功效】养血敛阴，柔肝止痛。

【应用】可用于月经不调、痛经、崩漏、自汗、盗汗，以及肝气不和所致的胁肋脘腹胀痛，肝阳上亢所致的头晕、头痛等症。

【研究】白芍含芍药苷、芍药内酯苷、挥发油等成分，具有增强免疫功能、抗病毒、抗菌、镇痛、抗惊厥、解痉、抑制血栓形成、耐缺氧等作用。

三十七、白豆蔻

【名称】白豆蔻（常），多骨、壳蔻、白蔻（别），*Amomi fructus rotundus*（拉），catjang cowpea（英）。

【来源】姜科植物白豆蔻的干燥成熟果实。

【性味】味辛，性温。

【归经】入肺、脾、胃经。

【功效】化湿消痞，行气温中，开胃消食。

【应用】可用于不思饮食、低热、呕逆、胸腹胀痛、消化不良等症。

【研究】白豆蔻含挥发油等成分，具有促进胃液分泌、兴奋肠道蠕动等作用。

三十八、石决明

【名称】石决明（常），*Haliotidis concha*（拉），sea - ear shell（英）。

【来源】鲍科动物杂包鲍的贝壳。

【性味】味咸，性寒。

【归经】入肝经。

【功效】平肝潜阳，清肝明目。

【应用】可用于头痛眩晕、目赤翳障、视物昏花、青光眼、夜盲等症。

【研究】石决明含碳酸钙及微量元素，具有抗感染、抗凝作用。

三十九、石斛（需提供可使用证明）

【名称】石斛（常），林兰、禁生、杜兰、金钗华、千年润、黄草（别），*Dendrobii caulis*（拉），dendrobium stem（英）。

【来源】兰科植物石斛或广东石斛、细茎石斛的茎。

【性味】味甘，淡，性微寒。

【归经】入肺、心经。

【功效】滋阴养胃，清热生津，助消化，止痛退热。

【应用】可用于热病伤阴、口干燥渴、病后虚热等症。

【研究】石斛含生物碱成分，具有免疫调节、抗氧化、解热和治疗白内障等作用。

四十、地骨皮

【名称】地骨皮（常），杞根、地骨、地辅、地节、枸杞根、敬起根、枸杞根皮、山杞子根、甜齿牙根、红耳堕根、山枸杞根、狗奶子根皮、红榴根皮、狗地芽皮（别），*Lycii cortex*（拉），root - bard of Chinese wolfberry、root - bark of barbary wolfberry、root - bark of matrimonyvine（英）。

【来源】茄科植物枸杞的根皮。

【性味】味甘，性寒。

【归经】入肺、胃经。

【功效】清虚热，清肺火，凉血止血。

【应用】可用于虚劳骨蒸低热、肺热咳喘，以及血热性吐血、尿血等症。地骨皮有降血压和抗过敏作用，可用治高血压、荨麻疹、药疹、过敏性紫癜、接触性皮炎等症。

【研究】地骨皮含多酚类和生物碱类成分，具有解热、强心、降血糖、降血脂、免疫调节、抗菌等作用。

四十一、当归

【名称】当归（常），干归（别），*Angelicae sinensis radix*（拉），Chinese angelica（英）。

【来源】伞形科植物当入的根。

【性味】味甘辛、性温。

【归经】入肝、心、脾经。

【功效】补血活血，行气止痛。

【应用】可用于血虚血瘀性疼痛、创伤疼痛、闭经痛经、月经不调等症。

【研究】当归含醇、烯、酮、酚、酯和固醇类等成分，具有降血脂、抗血栓、抗辐射、免疫调节、抗炎、镇痛、抗肿瘤等作用。

四十二、竹　茹

【名称】竹茹（常），竹皮、青竹茹、淡竹皮茹、淡竹茹、麻巴、竹二青（别），*Bambusae caulis* in *taeniam*（拉），bamboo shavings（英）。

【来源】禾本科植物青竹茹或淡竹茹的秆的中间层。

【性味】味甘，性微寒。

【归经】入肺、胃、胆经。

【功效】清热化痰，除烦止呕。

【应用】可用于肺热咳嗽、胃热呕吐等症。

【研究】竹茹含生物碱、鞣质、皂苷、氨基酸、有机酸等成分，具有抗菌消炎作用，可治疗胃脘痛、眩晕等症。

四十三、红　花

【名称】红花（常），红蓝花、刺红花、草红花（别），*Carthami flos*（拉），safflower（英）。

【来源】菊科植物红花的花。

【性味】味辛，性温。

【归经】入心、肝经。

【功效】活血通络，消肿止痛。

【应用】可用于血寒性闭经痛经、瘀血性疼痛等症。

【研究】红花含黄酮类、聚糖类成分，具有耐缺氧和增加冠脉流量、抑制血栓形成的作用，可用于冠心病及血管栓塞性疾病。

四十四、红景天

【名称】红景天（常），扫罗玛尔布（别），*Rhodiolae crenulatae radix* et *rhizoma*（拉），root of kirilow rhodiola（英）。

【来源】景天科植物的干燥全草。

【性味】入脾、肺经。

【归经】味甘、涩，性寒。

【功效】清肺止咳，止血化瘀。

【应用】可用于咳血、咯血、崩漏、带下等症。

【研究】具有调节神经中枢、抗疲劳作用。

四十五、西洋参

【名称】西洋参（常），西洋人参、洋参、西参、花旗参、广东人参（别），*Panasis*

quinquefolii radix（拉），American ginseng（英）。

【来源】五加皮植物西洋参的根。

【性味】味苦、微甘，性寒。

【归经】入心、肺、肾经。

【功效】补气养阴，清火生津。

【应用】可用于阴虚火旺、喘咳痰血、热病烦渴、肠燥便秘等症。

【研究】西洋参含人参皂苷、挥发油、低聚糖、氨基酸、微量元素等成分，具有镇静安神、耐缺氧、抗疲劳、抗应激、抗强免疫功能等作用。

四十六、吴　茱　萸

【名称】吴茱萸（常），吴萸、左力（别），*Evodiae fructus*（拉），fruit of medicinal evodia（英）。

【来源】芸香科植物吴茱萸的干燥将近成熟果实。

【性味】味辛、苦，性热。

【归经】入肝、脾、胃经。

【功效】散寒止痛，降逆止呕，止泻。

【应用】可用于腹痛、腹胀痛、呕吐等症。

【研究】吴茱萸含挥发油、生物碱等成分，具有止呕、调节肠道运动、镇痛、降压、抗菌等作用。

四十七、怀　牛　膝

【名称】怀牛膝（常），*Achyanthis bidentatae radix*（拉）。

【来源】苋科植物牛膝的干燥根。

【性味】味苦、酸，性平。

【归经】入肝、肾经。

【功效】补肝肾，强筋骨，逐瘀通经。

【应用】可用于腰膝酸痛、筋骨无力、眩晕等症。注意：孕妇慎用。

【研究】怀牛膝含三萜类、多糖类、微量元素等成分，具有兴奋子宫、抗生育、抗炎、利尿、加强心脏收缩的作用。

四十八、杜　　仲

【名称】杜仲（常），思仙、木棉、思仲、石思仙、丝连皮、丝楝树皮、扯丝皮、丝棉皮（别），*Eucommiae cortex*（拉），eucommia bark（英）。

【来源】杜仲科植物杜仲的树皮。

【性味】味甘微辛，性温。

【归经】入肝、肾经。

【功效】补肝肾，强筋骨，安胎。

【应用】可用于腰脊酸疼、足膝痿弱、小便余沥、胎漏欲堕、高血压等症。

【研究】杜仲含醇、酚类、糖类等成分，具有强心、降压、降血脂、降血糖、镇静、镇痛、抗炎、免疫调节、抗衰老等作用。

四十九、杜　仲　叶

【名称】杜仲叶（常），*Eucommiae folium*（拉），eucommia leaf（英）

【来源】杜仲科乔木植物杜仲树的叶子。

【性味】味甘，性温。

【归经】入肝、肾经。

【功效】补肝肾，强筋骨，安胎。

【应用】可用于肝肾不足、腰细酸软、阳痿、胎动不安等症。

【研究】具有增强免疫功能、降压、利尿、抗菌等作用。

五十、沙　苑　子

【名称】沙苑子（常），沙苑蒺藜、同州白蒺藜、沙苑白蒺藜、沙苑蒺藜子、潼蒺藜、沙蒺藜、夏黄草（别），*Astragali complanati semen*（拉），seed of flatstem milkvetch（英）。

【来源】豆秋植物扁茎黄芪的干燥成熟种子。

【性味】味甘，性温。

【归经】入肾、脾经。

【功效】温补肝肾，固精，缩尿，明目。

【应用】可用于腰痛、遗精早泄、小便不利、眩晕目昏等症。

【研究】沙苑子含三萜类、黄酮、多种糖苷、异黄酮等成分，具有适应原样作用、抗炎、保肝、降血脂等功能。

五十一、牡　丹　皮

【名称】牡丹皮（常），牡丹根皮、丹皮、丹根（别），*Moutan cortex*（拉），tree peony bark（英）。

【来源】毛茛科灌木植物牡丹的根皮。

【性味】味苦、辛，性微寒。

【归经】入心、肝、肾经。

【功效】清热凉血，活血散瘀。

【应用】可用于温热病、闭经、痛经、肿瘤、痈肿疮疡等症。

【研究】牡丹皮含牡丹酚、牡丹酚苷、芍药苷等成分，具有降低心输出量、抗动脉硬化、抗炎、抗变态等作用。

五十二、芦　　荟

【名称】芦荟（常），卢会、讷会、象胆、奴会、劳伟（别），*Aloe*（拉），aloes（英）。

【来源】百合科植物芦荟的鲜品或干燥叶。

【性味】味苦、性寒。

【归经】入肝、胃、大肠经。

【功效】清肝，通便，杀虫。

【应用】可用于小儿疳积和热结便秘等症。注意：孕妇忌用。

【研究】芦荟含羟基恩醌衍生物、芦荟大黄素苷、芦荟大黄素等成分，具有泻下、抗菌、抗肿瘤、健胃保肝、调节免疫功能等作用。

五十三、苍　术

【名称】苍术（常），赤术、马蓟、青术、仙术（别），*Atractylodis rhizoma*（拉），rhizome of swordlike atractylodes、rhizome of Chinese atractylodes（英）。

【来源】菊科植物茅苍术的干燥根茎。

【性味】味辛、苦，性温。

【归经】入肝、肾经。

【功效】燥湿健脾，祛风，散寒，明目。

【应用】可用于胃部胀满、泄泻、水肿、风湿痛、风寒感冒、夜盲等症。

【研究】苍术含苍术醇、茅术醇、苍术酮等成分，具有促进胃肠蠕动、促进血液循环、降血糖、利尿、抗缺氧、抑制癌瘤细胞等作用。

五十四、补　骨　脂

【名称】补骨脂（常），胡韭子、婆固脂、破故纸、补骨鸱、黑故子、胡故子、吉固子（别），*Psoralae fructus*（拉），fruit of malaytea scurfpea（英）。

【来源】豆科植物补骨脂的干燥成熟果实。

【性味】味辛、苦。性温。

【归经】入肾、脾经。

【功效】温肾助阳，纳气，止泻。

【应用】可用于阳痿遗精、遗尿尿频、腰膝冷痛、肾虚作喘、五更泄泻；外用于白癜风、斑秃等症。

【研究】补骨脂含香豆素、黄酮类、异黄酮、单萜酚、皂苷等成分，具有抗心肌缺血、抗肿瘤、抗衰老、升高白细胞、止血等作用。

五十五、诃　子

【名称】诃子（常），*Chebulae fructus*（拉），fruit of medicine terminalia（英）。

【来源】君子科乔木植物诃子的成熟果实。

【性味】味苦、酸、涩，性平。

【归经】入肺、大肠经。

【功效】涩肠，敛肺，下气，利咽。

【应用】可用于久泻、久痢、脱肛、肺虚咳嗽或久咳失音等症。

【研究】诃子主要含有诃子鞣质，具有抗菌、强心、抗肿瘤等作用。

五十六、赤　芍

【名称】赤芍（常），*Paeoniae radix rubra*（拉），red peony root（英）

【来源】毛茛科植物芍药的干燥根。

【性味】味苦，性微寒。

【归经】入肝经。

【功效】清热凉血，散瘀止痛。

【应用】可用于温毒发斑、吐血鼻出血、目赤肿痛、胸郁胁痛、经闭痛经等症。

【研究】赤芍含芍药苷、芍药内酯苷、芍药酮等成分，具有扩张冠状动脉、增加血液循环、抑制血小板凝集、镇静、解痉、抗菌等作用。

五十七、远　志

【名称】远志（常），苦远志（别），*Polygalae radix*（拉），root of thinleaf milkwort（英）。

【来源】远志科植物远志的干燥根。

【性味】味甘、辛，性温。

【归经】入肺、心经。

【功效】安神益智，祛痰，消肿。

【应用】可用于失眠多梦、健忘、咳嗽不爽等症。

【研究】远志含远志苷、远志酮，具有祛痰、镇静、抗惊厥、抗突变、抗菌、益智等作用。

五十八、麦 门 冬

【名称】麦门冬（常），麦冬（别），*Ophiopogonis radix*（拉），tuber of dwarf lilyturf（英）。

【来源】为百合科植物沿阶草的小块根。

【性味】味甘微苦，性微寒。

【归经】入肺、心、胃经。

【功效】清肺养阴，益胃生津，清心除烦。

【应用】可用治燥咳痰黏、吐血咯血、舌干口渴、心烦不安、肠燥便秘等症。

【研究】麦冬含糖类、甾体、异黄酮成分，具有强心、耐缺氧、免疫调节、降血糖、抗菌等作用。

五十九、龟　甲

【名称】龟甲（常），龟板、神屋、龟壳、败龟甲、败将、败龟板、龟筒、龟下甲、龟底甲、龟腹甲、元武板、坎板、拖泥板（别），*Testudinis carapax* et *plastrum*（拉）。

【来源】龟科动物乌龟的腹甲。

【性味】味甘、咸，性寒。

【归经】入肾、肝、心经。

【功效】滋阴潜阳，益肾健骨，养血补心。

【应用】可用于阴虚阳亢、阴虚发热、热病伤阴虚风内动，以及肾虚筋骨痿软无力等症。

【研究】龟甲主要含有动物胶，还有角蛋白、磷酸钙、碳酸钙等成分。具有抗肿瘤、强壮、免疫促进等作用。

六十、佩　兰

【名称】佩兰（常），兰、兰草、水香、都梁香、大泽兰、燕尾香、香水兰、孩儿菊、千金草、省头草、女兰、香草、醒头草、石瓣、针尾凤（别），*Eupatorii herba*（拉），herb of fortune eupatorium（英）。

【来源】菊科植物佩兰的干燥地上部分。

【性味】味辛，性平。

【归经】入脾、胃经。

【功效】芳香化湿，解暑。

【应用】可用于脘痞呕恶、口中甜感、口臭、多涎、中暑湿、头胀胸闷等症。

【研究】佩兰含挥发油、三萜类化合物，具有抗菌、祛痰、抗肿瘤等作用。

六十一、侧 柏 叶

【名称】侧柏叶（常），柏叶、丛柏叶（别），*Platycladi cacumen*（拉），leafy twigs of Chinese arborvitae（英）。

【来源】柏科植物侧柏的干燥枝梢及叶。

【性味】味苦，涩，性寒。

【归经】入肺、肝、脾经。

【功效】凉血止血，生发乌发。

【应用】可用于吐血、衄血、咯血、便血、崩漏下血、血热脱发，须发早白等症。

【研究】侧柏叶含侧柏烯、侧柏酮、小茴香酮、黄酮类化合物及多种微量元素等成分、具有止血、镇咳、平喘、祛痰、抗菌、镇静等作用。

六十二、制 大 黄

【名称】制大黄（常），*Radix* et Rhizoma Rhei Preparata（拉）。

【来源】蓼科植物大黄的根茎炮制加工品。

【性味】味苦，性寒。

【归经】入脾、胃、大肠、肝、心包经。

【功效】泻火通便，破积滞，行淤血。

【应用】可用于实热便秘、牙龈肿痛、口舌生疮、痈肿疮毒等症。

【研究】制大黄含大黄素、大黄酸等成分，具有泻下、抗菌、抗病毒、止血等作用。

六十三、制何首乌

【名称】制何首乌（常），*Polygoni multiflori radix preparata*（拉），prepared root of tuber fleece flower（英）。

【来源】何首乌的炮制加工品。

【性味】味甘、涩，性温。

【归经】入肝、肾经。

【功效】补肝肾，益精血，乌须发，强筋骨。

【应用】可用于眩晕耳鸣、须发早白、腰膝酸软、肢体麻木、子宫出血、体虚、高脂血症等症。

【研究】制何首乌含有蒽醌苷类化合物（主要成分是大黄酚和大黄素），还有卵磷脂等成分。具有抗衰老、增强免疫功能、降血脂、保肝等作用。

六十四、刺五加

【名称】刺五加（常），*Acanthopanacis senticosi radix* et *rhizoma* seu *caulis*（拉），root of manyprickle acanthopanax（英）。

【来源】五加科植物刺五加的根和根茎叶。

【性味】味辛，微苦，性温，无毒。

【归经】入脾、肺、心、肾经。

【功效】益气健脾，补肾安神。

【应用】可用治脾肾旭虚、腰膝酸软、体虚乏力、失眠多梦、食欲不振等症。

【研究】刺五加含苷类、多糖类等成分，具有抗疲劳、耐缺氧、镇静、强心、抗炎、抗肿瘤等作用。

六十五、刺玫果

【名称】刺玫果（常），蔷薇果（别），*Fructus rosae davuricae*（拉），fruit of dainty petal rose（英）。

【来源】蔷薇科植物刺玫的果实。

【性味】味酸、甘。

【归经】入肝、脾、胃、膀胱经。

【功效】健脾益气，养血调经。

【应用】可用于脾气虚弱所致的消化不良、腹泻、腹痛、胃脘痛、月经不调、淋症。

【研究】刺玫果有人体所必需的多种氨基酸、28 种微量元素、大量维生素，其中维生素 C 含量是其他水果的数百倍。动物实验表明，刺玫果能改善脂蛋白的代谢，降低胆固醇，可以预防和治疗坏血病、夜盲症、心血管疾病、脑血管疾病、性功能减退等。

六十六、泽兰

【名称】泽兰（常），虎兰、龙枣、虎蒲、小泽兰、地瓜儿苗、红梗草、风药、奶孩儿、蛇王草、蛇王菊、捕斗蛇草、接古草、地环秧、甘露秧、草泽兰（别），*Lycopi herba*（拉），herb of hirsute shiny bugleweed（英）。

【来源】唇形科植物毛叶地瓜苗的干燥地上部分。

【性味】味苦、辛，性微温。

【归经】入肝、脾经。

【功效】活血化瘀，行水消肿。

【应用】可用于月经不调、经闭、痛经、产后瘀血腹痛、水肿等症。

【研究】泽兰主要含有挥发油，还有黄酮类、酚类、氨基酸、有机酸、皂苷等成分。具有抗血栓、改善血流变、强心等作用。

六十七、泽泻

【名称】泽泻（常），水泻、芒芋、鹄泻、泽芝、及泻、天天秃（别），*Alismatis rhizoma*

（拉），rhizome of oriental water plantain（英）。

【来源】泽泻科植物泽泻的干燥块茎。

【性味】味甘，性寒。

【归经】入肾、膀胱经。

【功效】利小便，清湿热。

【应用】可用于小便不利、水肿胀满、泄泻尿少、痰饮眩晕、尿赤热感涩痛、高脂血症等症。

【研究】泽泻含三萜类化合物、挥发油、生物碱、胆碱等成分，具有降血脂、抗脂肪肝、降压、利尿等作用。

六十八、玫　瑰　花

【名称】玫瑰（常），徘徊花、笔头号花、湖花、刺玫花（别），*Rosae rugosae flos*（拉），rose（英）。

【来源】蔷薇科植物玫瑰的花。

【性味】味甘微苦，性温。

【归经】入肝、脾经。

【功效】理气解郁，和血散瘀。

【应用】可用于气滞腹痛、吐血咯血、月经不调、带下、痢疾、疮疡肿毒等症。

【研究】玫瑰花含醇、酚、酯、黄酮类等成分，具有利胆、解毒、保肝等作用。

六十九、玫　瑰　茄

【名称】玫瑰茄（常），*Calyx hibisci sabdariffae*（拉），roselle calyx（英）。

【来源】锦葵科植物玫瑰茄的干燥花萼。

【性味】味酸，性凉。

【归经】入肺、肾经。

【功效】清热解渴，敛肺止咳。

【应用】可用于咳嗽、中暑、酒醉等症。

【研究】玫瑰茄含糖类、具有降血压、抗痉挛等作用。

七十、知　　母

【名称】知母（常），*Anemarrhenae rhizoma*（拉），rhizome of common anemarrhena（英）。

【来源】百合科植物知母的干燥根茎。

【性味】味苦、甘，性寒。

【归经】入肺、胃、肾经。

【功效】清热泻火，生津润燥。

【应用】可用于外感热病、高热烦渴、燥咳、骨低热蒸潮热、热消渴、肠燥便秘等症。

【研究】知母含皂苷、多糖、黄酮类、生物碱、有机酸、多种微量元素等成分，具有解热、抗菌、降血糖、抗肿瘤等作用。

七十一、罗 布 麻

【名称】罗布麻（常），吉吉麻、泽漆麻、红漆麻、红花草、野茶、罗布欢的尔（别），*Apocyni veneti folium*（拉），leaf of dogbane、leaf of indian hemp（英）。

【来源】夹竹桃科植物罗布麻的叶。

【性味】味甘辛，性凉。

【归经】入肝、大肠经。

【功效】明目，平肝安神，清热利水。

【应用】可用于原发性高血压、神经衰弱、肾炎浮肿、咽喉肿痛、目赤多眵、目翳、牙周炎等症。

【研究】罗布麻含苷类成分，具有强心、降压、安神、抗过敏、利尿及抗衰老等作用，可用于治疗多种老年慢性疾病。

七十二、苦 丁 茶

【名称】苦丁茶（常），*Folium ilicis* latifoliae（拉），leaf of broadleaf holly（英）。

【来源】冬青科植物苦丁茶的叶子。

【性味】味苦、甘，性凉。

【归经】入肝经。

【功效】清热解暑，清热解毒。

【应用】可用于头痛、齿痛、目赤、热病烦渴、痢疾等症。

【研究】苦丁茶含皂苷、鞣质、苦味素，具有增加冠状动脉血流量、加强心肌收缩力的作用。

七十三、金 荞 麦

【名称】金荞麦（常），*Fagopyri dibotryis rhizoma*（拉），rhizome of wild buckwheat（英）。

【来源】蓼科植物野荞麦的根经及块根。

【性味】味苦，性微寒。

【归经】入肺、脾、胃经。

【功效】清肺化痰，清热解毒，健脾消食。

【应用】可用于肺痈、肺结核、痈肿疮疡、咽喉肿痛、消化不良等症。

【研究】金荞麦含香豆素、阿魏酸、芸香苷等成分。现代临床可用于肺脓疡、细菌性痢疾、化脓性感染等病。

七十四、金 樱 子

【名称】金樱子（常），刺榆子、刺梨子、金罂子、山石榴、山鸡头子、糖莺子、棠球、糖果、黄刺果、蜂糖罐、槟榔果、金壶瓶、野石榴、糖橘子、螳螂果、糖刺果、灯笼果（别），*Rosae laevigatae fructus*（拉），fruit of cherokee rose（英）。

【来源】蔷薇科植物金樱子的干燥成熟果实。

【性味】味酸、甘、涩，性平。

【归经】入肾、膀胱、大肠经。

【功效】固精缩尿，涩肠止泻。

【应用】可用于遗精滑精、遗尿尿频、崩漏带下、久泻久痢等症。

【研究】金樱子含苹果酸、枸橼酸、鞣酸、皂苷、碳水化合物等成分，具有抗菌、抗动脉硬化等作用。

七十五、青　皮

【名称】青皮（常），青橘皮、青柑皮（别），*Citri reticulatae pericarpium viride*（拉），green tangerine peel（英）。

【来源】芸香科植物橘的果皮。

【性味】味苦、辛，性温。

【归经】入肝、胆、胃经。

【功效】疏肝理气，消积化滞。

【应用】可用于胸胁胀痛、乳腺增生、乳腺炎、食积腹痛等症。

【研究】青皮含挥发油，以及多种氨基酸。具有解痉、升压、祛痰、平喘等作用。

七十六、厚　朴

【名称】厚朴（常），厚皮、重皮、赤朴、烈朴（别），*Magnoliae officinalis cortex*（拉），bark of officinal magnolia、bark of twolobed officinal magnolia（英）。

【来源】木兰科植物厚朴的干燥干皮、根皮及枝皮。

【性味】味苦、辛，性温。

【归经】入脾、胃、肺、大肠经。

【功效】改善消化，行气除满。

【应用】可用于消化不良、腹部胀满吐泻、食积气滞、便秘等症。

【研究】厚朴含厚朴酚、异厚朴酚、丁香脂素、生物碱等成分，具有抗菌、抗溃疡、降压、抑制肿瘤细胞等作用。

七十七、厚朴花

【名称】厚朴花（常），调羹花（别），*Magnoliae officinalis flos*（拉），flower of officinal magnolia、flower of twolobed officinal magnolia（英）。

【来源】木兰科植物厚朴的干燥花蕾。

【性味】味苦、性微温。

【归经】入脾、胃、肺、大肠经。

【功效】理气，助消化。

【应用】可用于胸腹胀满、食欲不振等症。

【研究】厚朴花含挥发油，临床用于肝炎、胃肠炎、消化不良等病。

七十八、姜　黄

【名称】姜黄（常），宝鼎香、黄姜（别），*Curcumae longae rhizoma*（拉），turmeric（英）。

【来源】姜科植物姜黄的干燥根茎。

【性味】味辛、苦，性温。

【归经】入肝、脾经。

【功效】破血行气，通经止痛。

【应用】可用于胸胁刺痛、闭经、肿瘤、风湿肩臂疼痛、外伤肿痛等症。

【研究】姜黄含姜黄素、挥发油、多种微量元素等成分，具有降低血液黏稠度、抗肿瘤、降血脂、抗炎、利胆等作用。

七十九、枳　壳

【名称】枳壳（常），*Aurantii fructus*（拉），bitter orange（英）。

【来源】芸香科植物酸橙及其栽培变种的干燥未成熟果实。

【性味】味苦、辛、酸，性温。

【归经】入脾、胃、大肠经。

【功效】理气宽中，行滞消胀。

【应用】可用于胸胁气滞、胀满疼痛、消化不良、胃下垂、脱肛、子宫脱垂等症。注意：孕妇慎用。

【研究】现代临床用于肝炎、胃肠道疾病。

八十、枳　实

【名称】枳实（常），*Aurantii fructus immaturus*（拉），immature bitter orange（英）。

【来源】芸香科植物酸橙的干燥幼果。

【性味】味苦、辛、酸，性温。

【归经】脾、胃、大肠经。

【功效】行气消积，化痰。

【应用】可用于胸腹胀痛、泻痢、便秘、胃下垂、脱肛、子宫脱垂等症。注意：置阴凉干燥处，防蛀。

【研究】枳实含橙皮苷、黄酮类化合物、多种维生素和矿物质，具有增强心收缩力、抑制血脂增加、调节胃肠道功能、抗变态、利尿等作用。

八十一、柏 子 仁

【名称】柏子仁（常），柏实、柏子、柏仁（别），*Platycladi semen*（拉），seed of Chinese arborvitae、seed of oriental arborvitae（英）。

【来源】柏科植物侧柏的干燥成熟种仁。

【性味】味甘、性平。

【归经】入肺、肝、大肠经。

【功效】养心安神，止汗，润肠。

【应用】可用于失眠、心律异常、虚盗汗、肠燥便秘等症。

【研究】柏子仁含脂肪油、挥发油、皂苷等成分，具有镇静安神、润肠通便、止汗等作用。

八十二、珍　珠

【名称】珍珠（常），真朱、真珠、蚌珠、珠子、濂珠（别），*Margarita*（拉），pearl（英）。

【来源】珍珠贝科动物马氏珍珠贝、蚌科动物三角帆蚌等双壳类动物受刺激形成的珍珠。

【性味】味甘、感，性寒。

【归经】入肝、心经。

【功效】安神定惊，明目消翳，解毒生肌。

【应用】可用于惊悸失眠、惊风癫痫、目生云翳等症。

【研究】珍珠主要含有碳酸钙，以及多种无机元素、氨基酸等成分。具有抗衰老、抗心律失常、清除自由基、抗肿瘤、修复创伤等作用。

八十三、绞　股　蓝

【名称】绞股蓝（常），*Gynostemmae herba*（拉）。

【来源】葫芦科植物绞股蓝的全草。

【性味】味甘、微苦，性寒。

【归经】入脾、肺经。

【功效】益气养阴，清肺化痰，养心安神。

【应用】可用于病后体虚、肺热咳嗽、心悸失眠、肾虚遗精等症。

【研究】绞股蓝主要含绞股蓝皂苷，以及多种微量元素。具有抗衰老、抗疲劳、抗缺氧、耐高温、降血脂、降血糖、增强免疫功能等作用。

八十四、胡　芦　巴

【名称】胡芦巴（常），胡芦巴、苦豆、芦巴、胡巴、季豆、小木夏、香豆子（别），*Trigonellae semen*（拉），seed of commno fenugreek（英）。

【来源】豆科植物胡芦巴的干燥成熟种子。

【性味】味苦，性温。

【归经】入肝、肾经。

【功效】温肾，祛寒，止痛。

【应用】可用于小腹冷痛、尿频等症。

【研究】胡芦巴含多糖、皂苷等成分，具有降血压、抗炎、利尿、抗肿瘤等作用。

八十五、茜　草

【名称】茜草（常），*Rubiae radix* et *rhizoma*（拉），root of India madder（英）。

【来源】茜草科植物茜草的干燥根及根茎。

【性味】味苦，性寒。

【归经】入肝经。

【功效】凉血，止血，祛瘀，通经。

【应用】可用于吐血、鼻出血、子宫出血、外伤出血、闭经阻、关节疼痛等症。用量：6 ~ 9g。

【研究】茜草含恩醌类、糖苷、微量元素等成分，具有止血、升高白细胞、降血压、抑制血小板凝集、镇咳祛痰、抗菌等作用。

八十六、荜　茇

【名称】荜茇（常），荜拨、荜拨梨、椹圣、蛤蒌、鼠尾（别），*Piperis longi fructus*（拉），long pepper（英）。

【来源】胡椒科植物荜茇的干燥近成熟或成熟果穗。

【性味】味辛，性热。

【归经】入肝、肾经。

【功效】温中散寒，下气止痛。

【应用】可用于冷痛、呕吐、泄泻、偏头痛等症。

【研究】荜茇含胡椒碱、挥发油、脂肪油等成分，具有抗溃疡抗心律失常、改善心肌供血、抗缺氧、降血脂、降血压、抗菌等作用。

八十七、韭　菜　子

【名称】韭菜子（常），韭菜仁（别），*Allii tuberosi semen*（拉），seed of tuber onion（英）。

【来源】百合科植物韭菜的干燥成熟种子。

【性味】味辛、甘，性温。

【归经】入肝、肾经。

【功效】温补肝肾，壮阳固精。

【应用】可用于阳痿遗精，遗尿尿频，白带过多等症。

【研究】韭菜子含生物碱、皂苷，具有祛痰、抗菌等作用。

八十八、首　乌　藤

【名称】首乌藤（常），*Polygoni multiflori caulis*（拉），stem of tuber fleeceflower（英）。

【来源】蓼科植物何首乌的干燥藤茎。

【性味】味甘，性平。

【归经】归肝、肾经。

【功效】养血安神，祛风通络。

【应用】可用于失眠多梦、血虚身痛、风湿痹痛等症。

【研究】首乌藤含蒽醌类化合物（主要有大黄素、大黄酚、大黄素甲醚）和β-谷固醇。可镇静催眠，对实验性动脉粥样硬化有一定的预防作用，并能提高免疫功能。

八十九、香　附

【名称】香附（常），*Cyperi rhizoma*（拉），rhizome of nutgrass galingale（英）。

【来源】莎草科植物莎草的干燥根茎。

【性味】味辛、微苦、微甘，性平。

【归经】入肝、脾、三焦经。

【功效】行气解郁，调经止痛。

【应用】可用于肝郁气滞，胸、胁、腹胀痛，消化不良，乳房胀痛，月经不调，经闭痛经等症。

【研究】香附含挥发油、生物碱、强心苷等成分，具有抑制子宫收缩、降压、抗炎、抗菌等作用。

九十、骨 碎 补

【名称】骨碎补（常），*Dryanariae rhizoma*（拉），rhizome of fortune' s drynaria（英）。

【来源】水龙骨科植物槲蕨的干燥根茎。

【性味】味苦，性温。

【归经】入肾、脾经。

【功效】补肾，强骨。

【应用】可用于肾虚腰痛、耳鸣耳聋、牙齿松动等症。

【研究】骨碎补含柚皮苷、黄酮类、骨碎补酸等成分，具有降血脂、促进钙吸收、镇静、镇痛等作用。

九十一、党 参

【名称】党参（常），上党人参、黄参、狮头参、中灵草（别），*Codonopsis radix*（拉），tangshen、root of pilose asiabell（英）。

【来源】为桔梗科植物党参的根。

【性味】味甘，性平。

【归经】入脾、肺经。

【功效】补中，益气，生津。

【应用】可用于脾虚气弱、倦怠乏力、食少口渴、久泻脱肛等症。

【研究】党参含糖类、苷类、生物碱等成分，具有抗溃疡、免疫调节、强心、提高机体适应性等作用。

九十二、桑 白 皮

【名称】桑白皮（常），桑根白皮、桑根皮、桑皮、白桑皮（别），*Mori cortex*（拉），root－bark of white mulberry（英）。

【来源】桑科植物桑的干燥根皮。

【性味】味甘，性寒。

【归经】入肝经。

【功效】清肺平喘，利水消肿。

【应用】可用于肺热喘咳、水肿胀满尿少、面目肌肤浮肿等症。

【研究】桑白皮含多种黄酮衍生物，具有降压、利尿、镇静、镇痛、抗惊厥、抗菌等作用。

九十三、桑 枝

【名称】桑枝（常），桑条（别），*Mori ramulus*（拉），mulberry twig（英）。

【来源】桑科植物桑的干燥嫩枝。

【性味】味微苦，性平。

【归经】入肝经。

【功效】祛风湿，利关节。

【应用】可用于关节酸痛麻木等症。用量：9～15g。

【研究】桑枝含鞣质、蔗糖、果糖、水苏糖、葡萄糖、麦芽糖、棉子糖、阿拉伯糖、木糖等。具有较强的抗炎活性，可提高人体淋巴细胞转化率，增强免疫功能。

九十四、浙　贝　母

【名称】浙贝母（常），土贝母、名胜贝、浙贝、象贝母、大贝母（别），*Fritillariae thunbergii bulbus*（拉），bulb of thunberg fritillary（英）。

【来源】百合科植物浙贝母的干燥鳞茎。

【性味】味苦，性寒。

【归经】入肺、心经。

【功效】清热化痰，开郁散结。

【应用】可用于风热、肺热、腺火、淋巴结核、外科感染疾患等症。

【研究】浙贝母主要含有生物碱，具有镇咳去痰、降血压作用。

九十五、益　母　草

【名称】益母草（常），*Leonuri herba*（拉），motherwort herb（英）。

【来源】唇形科植物益母草的干燥地上部分。

【性味】味苦、辛，性微寒。

【归经】入心、肝、膀胱经。

【功效】活血调经，利尿消肿。

【应用】可用于月经不调、痛经、经闭、急性肾炎、水肿等症。

【研究】益母草主要含有益母草碱，具有兴奋子宫、改善心肾供血、改善血循环、抑制血小板凝集、抗菌等作用。

九十六、积　雪　草

【名称】积雪草（常），连钱草、地钱草、马蹄草、老公根、崩口碗、大马蹄草、土细辛、崩大碗、钱凿口、铜钱草、遍地香、牛浴菜、野荠菜、马脚迹、遍地金钱草、半边月、老鸦碗、酒杯菜、破铜钱、半边钱、地浮萍、野冬、苋菜、盘龙菜、酒杯菜、盘龙草、大叶伤筋草、戎瓜草、落地梅花（别），*Centellae herba*（拉），herb of asiatic pennywort（英）。

【来源】伞形科植物积雪草的干燥全草。

【性味】味苦、辛，性寒。

【功效】清热利湿，解毒消肿。

【应用】可用于湿热黄疸、中暑腹泻、尿液混浊、尿血、痈肿疮毒等症。

九十七、淫　羊　藿

【名称】淫羊藿（常），刚前、仙灵脾、仙灵毗、千两金、干鸡筋、黄连祖、三枝九叶草、牛角花、铜丝草、铁打杵、三叉骨、肺经草、铁菱角（别），*Epimedii herba*（拉），herb of shorthorned epimedium、herb of sagittate epimedium、herb of pubescent epimedium、herb of Korean epimedium（英）。

【来源】小檗科植物淫羊藿的干燥地上部分。

【性味】味辛、甘，性温。

【归经】入肝、肾经。

【功效】补肾阳，强筋骨，祛风湿。

【应用】可用于阳痿遗精、筋骨痿软、风湿痹痛、麻木拘挛、更年期高血压等症。

【研究】淫羊藿主要含有黄酮类化合物，还有生物碱、挥发油等成分。具有调节内分泌、促进蛋白质合成、调节免疫功能、抗衰老、降血压、耐缺氧等作用。

九十八、菟　丝　子

【名称】菟丝子（常），菟丝实、吐丝子、无娘藤米米、黄藤子、龙须子、萝丝子、缠龙子、黄湾子、黄网子、豆须子（别），*Cuscutae semen*（拉），dodder seed（英）。

【来源】旋花科植物菟丝子的干燥成熟种子。

【性味】味甘，性温

【归经】入肝、肾经。

【功效】滋补肝骨，固精缩尿，安胎，明目，止泻。

【应用】可用于阳痿遗精、尿有余沥、遗尿尿频、腰膝酸软、目昏耳鸣、先兆流产、虚性腹泻等症。

【研究】菟丝子含槲皮素、皂苷、生物碱、恩醌类、鞣质等成分，具有增强生殖系统功能、抗白内障、增强免疫功能、抗衰老等作用。

九十九、野　菊　花

【名称】野菊花（常），*Chrysanthemi indici flos*（拉），flower of Indian dendranthema（英）。

【来源】为菊科植物菊的头状花序。

【性味】味甘、苦，性凉。

【归经】入肝、心经。

【功效】散风清热，明目解毒。

【应用】可用于风热肝热头痛、眩晕、目赤、烦热及疮疡肿毒等症。

【研究】菊花含苷类、生物碱类等成分，具有解热、抗菌、强心作用，并有扩张冠状动脉，增加其血流量的作用，菊花煎剂可治疗冠心病。

一零零、银　杏　叶

【名称】银杏叶（常），*Ginkgo folium*（拉），ginkgo leaf（英）。

【来源】银杏科乔木银杏树的叶子。

【性味】味甘、苦、涩，性平。

【归经】入肺经。

【功效】敛肺，平喘，止痛。

【应用】可用于肺虚咳喘等症。

【研究】具有降压、降脂、增加血流速度等作用。现代用于高血压、高血脂、冠心病等疾病。

一零一、黄　芪

【名称】黄芪（常），*Astragali radix*（拉），root of mongolian milkvetch、root of membranous milkvetch（英）。

【来源】豆科植物黄芪的根。

【性味】味甘，性微温。

【归经】入脾、肺经。

【功效】补气升阳，摄血行滞，固表止汗，托疮生肌，利尿退肿，生津止渴。

【应用】可用于气虚神倦、少食、自汗、便溏、崩漏、小便不利、浮肿、疮口不敛及内伤消渴等症。

【研究】黄芪含苷类、多糖、黄酮类等成分，具有免疫调节、强心、降压、抗疲劳、耐缺氧、抗衰老、保肝、镇静等作用。

一零二、湖北贝母

【名称】湖北贝母（常），*Fritillariae hupehensis bulbus*（拉），bulb of hupeh fritillary（英）。

【来源】百合科植物湖北贝母的鳞茎。

【性味】味微苦，性凉。

【归经】入肺、心经。

【功效】清热化痰，止咳，散结。

【应用】可用于热痰咳嗽、痰核瘰疬、痈肿疮毒等症。

【研究】湖北贝母含生物碱，具有镇咳作用。

一零三、番泻叶

【名称】番泻叶（常），*Sennae folium*（拉），senna leaf（英）。

【来源】豆科植物狭叶番泻的干燥小叶。

【性味】味甘、苦，性寒。

【归经】入大肠经。

【功效】通便，利水消肿。

【应用】可用于热结积滞、便秘腹痛、水肿胀满等症。

【研究】番泻叶含番泻叶苷、恩醌类物质，具有抗菌、止血、致泻、解痉等作用。

一零四、蛤　蚧

【名称】蛤蚧（常），蛤蟹、仙蟾、大壁虎、蚧蛇、德多、握儿、石牙（别），*Cecko*（拉），tokay（英）。

【来源】壁虎科动物蛤蚧的干燥体。

【性味】味咸，性平。

【归经】入肺、肾经。

【功效】补肺益肾，纳气定喘，助阳益精。

【应用】可用于虚喘气促、劳嗽咳血、阳痿遗精等症。

【研究】蛤蚧含甾体化合物、多种氨基酸、硫酸钙等成分，具有增强免疫功能、抗应激、抗炎促肾上腺皮质激素样等作用。

一零五、越　橘

【名称】越橘（常），*Vaccinii fructus*（拉）。

【来源】杜鹃花科植物越橘的成熟果实。

【性味】味甘，性平。

【功效】明目，开胃

【应用】有改善视力的功能。

【研究】越橘含花青素、酚类等成分。临床用于改善视力，维护眼部微血管健康。

一零六、槐　实

【名称】槐实（常），Sophorae fructus（拉）。

【来源】豆科植物乔木槐树的成熟果实。

【性味】味苦，性寒。

【归经】入大肠经。

【功效】凉血止血，清肝泻火。

【应用】可用于各种出血症、肝火上炎等症。

【研究】槐实含黄酮类和异黄酮类物质，具有抗葡萄球菌、大肠杆菌的作用。

一零七、蒲　黄

【名称】蒲黄（常），*Typhae pollen*（拉），cattail pollen（英）。

【来源】香蒲科植物水烛香蒲的干燥花粉。

【性味】味甘，性平。

【归经】入肝、心包经。

【功效】止血，化瘀，通淋。

【应用】可用于吐血、鼻出血、咯血、子宫出血、外伤出血、经闭痛经等症。用量：5~9g。

【研究】蒲黄含黄酮类化合物、甾体、酸性物质、多种氨基酸、无机盐等成分，具有降血脂、防止动脉粥样硬化、促进血小板凝集等作用。

一零八、蒺　藜

【名称】蒺藜（常），*Tribuli fructus*（拉），fruit of puncturevine caltrop（英）。

【来源】蒺藜科植物蒺藜的干燥成熟果实。

【性味】味辛、苦，性微温。

【归经】入肝经。

【功效】平肝解郁，活血祛风，明目，止痒。

【应用】可用于头号痛眩晕、胸胁胀痛、乳腺炎、目赤翳障、风疹瘙痒等症。

【研究】蒺藜含皂苷、黄酮类化合物、少量生物碱等成分，具有降血压作用。

一零九、蜂　胶

【名称】蜂胶（常），*Propolis*（拉）。

【来源】工蜂采集的树脂与上颚腺分泌物的缓和物。

【性味】味甘涩，性平。

【功效】敛肺，止痛。

【应用】可用于消炎镇痛、软化角质，有促进伤口愈合的作用。

【研究】有很强的抗菌作用。

一一零、酸　角

【名称】酸角（常），酸饺、酸梅、曼姆、通血香（别），*Frutus tamarind indicae*（拉），fruit of tamarind（英）。

【来源】豆科植物酸角的果实。

【性味】味甘，酸，性凉。

【归经】入心、胃经。

【功效】清暑热，化积滞。

【应用】可用于暑热食欲不振、妊娠呕吐、小儿疳积等症。

【研究】具有轻泻作用。

一一一、墨旱莲

【名称】墨旱莲（常），八月瓜（别），*Ecliptae herba*（拉），herb of yerbadetajo（英）。

【来源】菊科植物鳢肠的全草。

【性味】味甘酸，性寒。

【归经】入肝、肾经。

【功效】凉血止血，养阴乌发。

【应用】可用于阴虚血热性各种出血症，以及肝肾阴亏、须发早白等症。

【研究】墨旱莲含醇、酯、噻吩类化合物，具有保肝、耐缺氧、强心、止血、镇静、镇痛等作用。

一一二、熟大黄

【名称】熟大黄（常），*Radix rhizoma rhei* Preparata（拉）。

【来源】蓼科植物掌叶大黄的干燥根及根茎，经过黄酒蒸制品为熟大黄。

【性味】味苦、性寒。

【归经】入脾、胃、大肠、肝、心包经。

【功效】泻热通肠，凉血解毒。

【应用】可用于逐瘀疗疮、瘀血经闭、外伤、上消化道出血等。用于泻下不宜久煎。注意：孕妇慎用。

【研究】熟大黄主要含恩醌苷衍生物，具有泻下、利胆、促进胰腺分泌、抗菌、抗病毒、抗肿瘤作用。

一一三、熟 地 黄

【名称】熟地黄（常），*Rehmanniae radix*（拉），prepared rhizome of adhesive rehmannia（英）。

【来源】玄参科植物地黄或怀庆地黄的根茎。

【性味】味甘，性微温。

【归经】入肝、肾经。

【功效】滋阴，补血。

【应用】可用于肝肾阴虚、骨蒸、盗汗、遗精、消渴、腰膝酸软、眩晕耳鸣、血虚萎黄、心悸、失眠、月经不调、崩漏等症。

【研究】熟地黄含糖类、萜类、苷类等成分，具有降血糖、免疫调节、抗炎、镇静、抗肿瘤等作用。

一一四、鳖 甲

【名称】鳖甲（常），上甲、团鱼甲、鳖壳、鳖盖子（别），*Trionycis carapax*（拉），*turtle shess*（英）。

【来源】鳖科动物中华鳖的干燥背甲。

【性味】味咸，性平。

【归经】入肝、肾经。

【功效】滋阴潜旭，软坚散结。

【应用】可用于阳虚潮热、骨蒸盗汗、高血压病、久疟、胸胁作痛、经闭、癥瘕积聚等症。注意：孕妇忌用。

【研究】鳖甲主要含动物胶，其中骨胶原为主要成分，还含有磷酸钙、碳酸钙等。具有抗癌、强壮、增强免疫功能等作用。

思考题

1. 试举出一个类黄酮类化合物，通过查阅科技文献描述其主要的生物学功能及其作用机制。
2. 试举出一个功能性天然色素，通过查阅科技文献描述其主要的生物学功能及其作用机制。
3. 了解药食两用原材料以及可用于保健食品的物品，试从中选择2~3个原料研发一款功能食品，简述研发依据。

参考文献

1 杨月欣，李宁．营养功能成分应用指南［M］．北京：北京大学医学出版社，2010.

2 Cross KJ, Huq NL, Reynolds EC. Casein phosphopeptides in oral health – chemistry and clinical applications [J]. Curr Pharm Des, 2007, 13 (8): 793 – 800.

3 Böger RH. The pharmacodynamics of L – arginine [J]. Altern Ther Health Med, 2014, 20 (3): 48 – 54.

4 Popovic P J, Zeh III H J, Ochoa J B. Arginine and immunity [J]. J Nutr, 2007, 137 (6): 1681S – 1686S.

5 Harri WS, Mozaffarian D, Rimm E, el al. Omega – 6 fatty acids and risk for cardiovascular disease: A science advisory from the American Heart Asoociation Nutrition Subcommittee of the Council on Nutrition, Physical Activily, and Mctabolism; Council on Cardiovascular Nursing; and Council On Epidemiology and Prevention [J]. Circulation, 2009, 119 (6): 902 – 907.

6 Riserus U, Willett WC, Hu FB. Dietary fats and prevention of type 2 diabetes [J]. Prog Lipid Res, 2009, 48 (1): 44 – 51.

7 Woyengo TA, Ramprasath VR, Jones PJH. Anticancer effects of phytosterols [J]. European J. Clin Nutr, 2009, 63 (7): 813 - 20.

8 汪永利，卫蕴绩，宋卫平，等. 8 支国家运动队 64 例国家运动员服用“蓝湾高纯硫酸氨基葡萄糖”治疗骨关节炎的临床疗效观察 [J]. 中外医疗, 2012, 33: 95 – 97.

9 Rodriguez – Cabezas ME, Camuesco D, Arribas B, et al. The combination of fructooligosaccharides and resistant starch shows prebiotic additive effects in rats [J]. Clin Nutr, 2010, 29 (6): 832 – 839.

10 CHOI J S, KIM H, HO J, et al. Consumption of barley β – glucan ameliorates fatty liver and insulin resistance in mice fed a high – fat diet [J]. Molecular Nut. and Food Res, 2010, 54 (7): 1004 – 1013.

11 毕伟建，黄金发. 左旋肉碱在食品中的应用 [J]. 广西轻工业，2010 (8): 16 – 17.

12 刘畅. 褪黑素在自噬介导的小鼠肝癌 H22 细胞存活中的作用 [D]. 重庆：第三军医大学，2012.

13 许晓伍. 基于线粒体途径探讨安寐汤抑制失眠大鼠皮质神经元兴奋机制 [D]. 广州中医药大学，2013.

14 孙桂琳. 大蒜生理活性物质的提取及其抗菌和抗黑色素瘤细胞作用的研究 [D]. 乌鲁木齐：新疆大学，2008.

15 张媛媛，侯卫平，袁发. EGCG 对肾脏疾病保护作用的研究进展 [J]. 中国中西药结肾病杂志，2013，(11): 1022 – 1024.

16 Favretto DC, Pontin B, Moreira TR. Effect of the consumption of a cheese enriched with probiotic organisms (*Bifidobacterium lactis* bi – 07) in improving symptoms of constipation [J]. Arq Gastroenterol, 2013, 50 (3): 196 – 201.

17 Ashraf R1, Shah NP. Immune system stimulation by probiotic microorganisms [J]. Crit Rev Food Sci Nutr, 2014, 54 (7): 938 – 56.

18 金宗濂. 功能食品教程 [M]. 北京：中国轻工业出版社，2005.

19 潘蓓蕾，张莉. 2010 中国食品工业与科技发展报告 [M]. 北京：中国轻工业出版社，2010.

第五章

CHAPTER 5

功能食品的制备技术

内容提要

本章主要介绍原料中功能成分的分离技术以及功能食品的生产加工技术。

学习目标

熟悉原料中功能成分的分离技术；了解功能食品的生产加工技术。

重要概念与名词

分子蒸馏技术、超临界流体萃取技术、膜分离技术、超微粉碎技术、浓缩与干燥技术、微胶囊技术、冷杀菌技术。

第一节 功能成分的分离技术

分离是食品工程领域中的一个重要操作单元，它根据被分离物料物化性质的不同，采用相应的技术手段，实现食品中不同组分的分离。传统的分离手段主要包括机械分离和传质分离两种，存在成本较高、产率较低或反应周期长等缺点。近年来，随着新材料、新工艺以及新技术的迅速发展，一些新型的分离技术不断涌现，并逐步向食品工业领域渗透，现已在农产品深加工、食品添加剂和食品工业废弃物处理中得到广泛的应用。

一、分子蒸馏技术

分子蒸馏是一种特殊的液－液分离技术，它不同于传统蒸馏依靠沸点差分离原理，而是靠不同物质分子运动平均自由程的差别实现分离。目前分子蒸馏技术已广泛应用于食品、色素提取与精制、医药、油脂加工等工业中，具有广阔的应用前景。

分子蒸馏技术是在高真空下进行的特殊蒸馏技术，它不同于常规真空蒸馏技术中依靠沸点差分离物质的原理，而是利用不同物质分子运动平均自由程的差别来实现物质的分离的。鉴于其在远远低于沸点的温度下和极高的真空下运行以及设备结构形式特点，分子蒸馏具有操作温度低、蒸馏压力低、受热时间短和分离程度高等特点。因此，该技术已经成为分离目的产物最温和的蒸馏方法，能大大降低高沸点的分离成本，极好地保护热敏性物料的品质。该项技术已广泛应用于高纯物质的提取，特别适用于天然物质的提取与分离。

（一）分子蒸馏原理

一个分子在相邻两次碰撞之间所经过的路程称作分子的自由程。在某时间间隔内，自由程的平均值称为平均自由程。由分子平均自由程的公式可以看出，不同种类的分子，由于其分子有效直径不同，其平均自由程也不同，即不同种类的分子从蒸发面溢出后所移动的距离是不同的。在一定条件下，某一分子的平均自由程与该分子所处体系的温度成正比，而与体系的压力和该分子的有效直径成反比。

从理想气体的分子动力学理论可推导出分子平均自由程的定义，如式（5-1）所示。

$$\lambda = \frac{RT}{\sqrt{2}\pi d^2 N_A P} \qquad \text{式（5-1）}$$

式中 λ——分子平均自由程，m；

d——分子直径，m；

T——蒸发温度，K；

P——蒸馏压力，Pa；

R——气体常数，8.314；

N_A——阿佛加德罗常数，6.02×10^{23}。

液体混合物在高真空度下受热，能量足够的分子在低于沸点的温度下逸出液面，由于轻、重分子的自由程不同，因此若能恰当地在小于轻分子的平均自由程而大于重分子平均自由程处设置一冷凝板，则轻分子达到冷凝板被冷凝排出，而重分子则因达不到冷凝板而返回原来液面。这样，就可实现物质分离的目的。分离过程如图5-1所示。

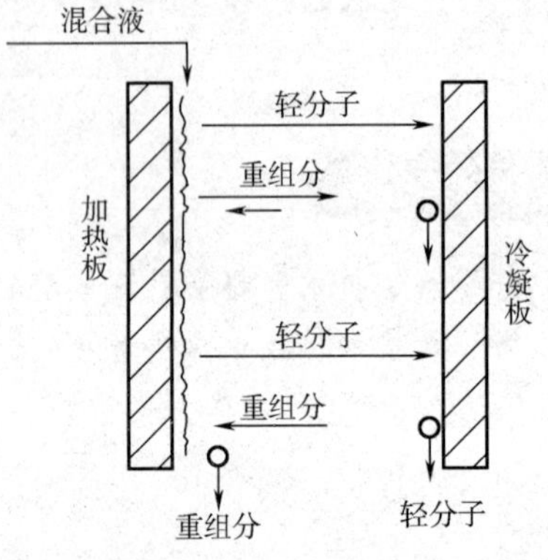

图5-1 分子蒸馏过程

（二）分子蒸馏的特点

（1）分子蒸馏的优点 蒸馏压强低、操作温度低、受热时间短、分离程度及产品收率高、产品品质高。

（2）分子蒸馏的缺点 生产能力小、设备结构复杂、制造技术要求高、设备投资大。

（三）分子蒸馏在食品工业上的应用

分子蒸馏作为一种新型的高效分离纯化技术，与传统蒸馏技术相比具有明显的优势，已被国内外科研工作者所认可。由于分子蒸馏技术具有保持食品的纯天然性、操作温度低、无毒、无害、无残留物、无污染、分离效率高等特点，特别适用于高沸点和热敏性及易氧化物料的分离，在食品行业中得到了广泛的应用。

1. 天然维生素 E 的提取

维生素 E 是一种脂溶性维生素，又名生育酚，是体内最重要的抗氧化剂之一。维生素 E 可抑制眼睛晶状体内的过氧化脂反应，使末梢血管循环，预防近视的发生和发展，同时可用作脂肪和含油食品的抗氧化剂，保持加工食品稳定持久的新鲜风味。目前，天然维生素 E 的提取方法有多种，利用化学处理法得到的产品中有机物残留难以去除，限制了产品的应用；溶剂萃取法操作简单，但产品的提取率和纯度较低；超临界萃取技术操作条件比较温和，容易分离，但设备要求高，投资大，管道和容器清洗困难；利用分子蒸馏法提纯维生素 E，设备简单，操作容易，效率高，不会引入其余杂质，具有广阔的应用前景。Jiang 等采用分子蒸馏法从菜籽油脱臭馏出物中提取维生素 E，在蒸馏温度 200℃、刮膜速率 150r/min、进料流速 90mL/h、压力 2.66Pa 的条件下，可把维生素 E 含量提纯到 50% 以上。宋志华等采用刮膜式分子蒸馏设备对大豆油脱臭馏出物进行提纯，经过三次分子蒸馏，产品维生素 E 含量可达 74.55%。Posada 等经过三次连续分子蒸馏对棕榈油脂肪酸馏出物进行精制，所得产品维生素 E 含量高达 6.63%。Shao 等利用分子蒸馏技术纯化菜籽油脱臭馏出物，维生素 E 回收率可接近 90%。

2. 天然精油分离、纯化

芳香油的主要成分化合物沸点高，属热敏性物质。使用传统的水蒸气法蒸馏，因受热时间长，温度高，易使芳香成分遭受破坏。利用分子蒸馏可在不同操作压力下，将不同的组分提纯并除去带色杂质和异味，保证了芳香油的品位和质量。刘克海等采用分子蒸馏技术对甜橙油特征香气进行分离纯化，得到的馏出物中葵醛、辛醛、芳樟醇和巴伦西亚桔烯四种有效成分的含量分别比甜橙原油提高了 3.4、15.4、8.2 和 33.2 倍。Chen 等利用分子蒸馏技术对茴香油分离提纯枯茗醛工艺技术条件进行了研究，实验表明在蒸馏温度 30℃、压力为 19Pa 的条件下，枯茗醛质量分数从原料的 22.02% 提高到 38.93%。王文渊等采用分子蒸馏法从橘皮油中提取高品质柠檬烯，通过两次蒸馏分离可获得纯度高达 99%、得率达到 86.54% 的柠檬烯。

3. 高浓度甘油酯的制备

甘油二酯是天然植物油脂的微量成分及体内脂肪代谢的内源中间产物，具有减少内脏脂肪、抑制体重增加、降低血脂的作用，因而受到广泛的关注。Wang 等采用分子蒸馏法从豆油水解馏出物中提取甘油二酯，通过两次蒸馏分离可获得纯度高达 80% 以上的甘油二酯。

4. 天然色素的提取和分离

天然色素以其无毒、安全和有营养等特点，得到广泛应用和快速发展。但由于天然色素色泽不稳定，在其使用过程中容易受各种因素的影响而发生褪色、变色等方面的变化，因此传统的蒸馏方法并不适用于天然色素的提取。Batistella 等用分子蒸馏技术可从棕榈油中分离出类胡萝卜素，产量高达 3000mg/kg。王芳芳等运用分子蒸馏技术对溶剂提取法获得的辣椒红素粗制品进行精制处理的同时，还兼有脱辣、脱臭、脱溶剂等效果，这不仅提高了产品质量，还大大降低了生产成本。

5. 不饱和脂肪酸的分离纯化

不饱和脂肪酸对人体具有重要的生理功效，可以降低血液中的胆固醇和甘油三酯、改善血液微循环、增强记忆力和免疫力、保证细胞的正常生理功能。神经酸为顺 - 15 - 二十四碳烯酸，是一种 $n-9$ 型长链单不饱和脂肪酸，是大脑和脑神经发育的重要营养成分，对提高神经的活跃，防止脑神经衰老有显著作用。目前，神经酸的分离方法主要有薄层层析法、金属盐沉淀法、尿素包合法、结晶法、低温冷冻法等。这些分离方法虽各有优势，但都难于实现工业化。呼晓姝等采用四级分子蒸馏法从元宝枫种籽油中提取神经酸，其含量由最初的6.07%提纯浓缩至39.02%。

α-亚麻酸是十八碳三烯酸，为多不饱和脂肪酸，研究表明α-亚麻酸对人体具有多种生理调节功能。李婷婷等利用分子蒸馏技术对猕猴桃籽油中的α-亚麻酸进行富集，四级分子蒸馏后α-亚麻酸的质量分数达到86.27%。邱英华等采用多级分子蒸馏技术从尿素包合预处理的蚕蛹毛油α-亚麻酸作进一步提纯，α-亚麻酸纯度从71.3%提高到91.2%。

海狗油中富含全顺式高度不饱和脂肪酸，典型的代表物是n-3型不饱和脂肪酸中的二十碳五烯酸（EPA）和二十二碳六烯酸（DHA），此成分具有很好的生理活性，不仅具有降血脂、降血压、抑制血小板凝集、降低血液黏度等作用，还具有抗炎、抗癌、提高免疫力等功效，被认为是很有潜力的天然药物和功能食品。另外海狗油中还含有一种其特有的多烯不饱和脂肪酸，即二十二碳五烯酸（DPA），被认为对心血管系统具有特殊的保健功效。徐世民等研究了分子蒸馏法富集海狗油中多不饱和脂肪酸的工艺方法，通过刮膜速率、进料流速、蒸馏温度和压力的控制得到不同多不饱和脂肪酸含量的各级鱼油产品，得到EPA、DHA和DPA的总含量为54.86%的海狗油产品。

6. 高碳醇的精制

高碳脂肪醇是指二十碳以上的直链饱和醇，具有多种生理活性。目前最受关注的是二十八烷醇和三十烷醇，它们具有降血脂、抗疲劳、美容、护肝等功效，可作为营养保健剂，某些国家也作为降血脂药物，发展前景看好。Chen等对米糠蜡中二十八烷醇和三十烷醇精制工艺进行了研究，实验表明在蒸馏温度150℃、压力0.5Torr的条件下，二十八烷醇和三十烷醇含量从原料的25.4%、51.5%分别提高到37.6%（蒸馏物）和72.6%（残留物）。

7. 油脂脱酸

在油脂的生产过程中，从油料中提取的毛油中含有一定量的游离脂肪酸，因此影响油脂的色泽和风味以及保质期。传统工业生产中物理蒸馏或化学碱炼的脱酸方法有一定的局限性。由于油品质酸值高，化学碱炼工艺中需要添加大量的碱，碱在与游离脂肪酸的中和过程中，也皂化了大量中性油使得精炼得率偏低；物理精炼用水蒸气脱酸，油脂需要在较长时间的高温下处理，影响油脂的品质，一些有效成分会随水蒸气溢出，从而降低其保健营养价值。姜绍通等利用分子蒸馏技术对酸值为30.95mg/g KOH高酸值稻米油进行脱酸后，油脂的酸值下降到1.01mg/g KOH。Martinello等利用分子蒸馏技术对葡萄籽油进行脱酸处理，研究表明在物料流速1.5mL/min、蒸馏温度220℃的条件下，原料中游离脂肪酸含量由最初的3%降低到0.1%。

二、超临界流体萃取技术

超临界流体萃取（supercritical fluid extraction，SFE）是利用流体（溶剂）在临界点附近某一区域（超临界区）内与待分离混合物中的溶质具有异常相平衡行为和传递性能，且对溶质溶解能力随压力和温度改变而在相当宽的范围内变动这一特性而达到溶质分离的一项技术。

（一）超临界流体的萃取原理

汽液平衡相图中物质汽液平衡线在一定的温度或压强下是呈水平变化的，但当系统处于某个特殊温度或压强之上时，气液平衡线将消失，即气相和液相的界面消失。此时的特殊温度和压强分别被称为临界温度和临界压强，此时的状态被称为超临界状态，处于超临界下的流体被称为超临界流体。超临界流体是独立于气、夜、固三种聚集态但又介于气液之间的一种特殊聚集态，其基础理论研究尚处于发展阶段。

作为一种特殊聚集态的超临界流体当然具有若干特殊物理性质，超临界流体的密度比气体的密度要大数百倍，其数值与液体的密度相当；其黏度仍接近气体，但与液体相比要小两个数量级；扩散系数介于气体和液体之间，但都相差很大，大约是气体的0.01，比液体的要大数百倍，具体参数如表5-1所示。因此，超临界流体既具有液体溶解度大的特点又具有气体易扩散和运动的特性，其传质速率很大。

表5-1 气体、液体和超临界流体的性质

性质	气体	超临界流体		液体
	101.325kPa，15~30℃	t_c，p_c	t_c，$4p_c$	15~30℃
密度/（g/mL）	（0.6~2）×10^{-3}	0.2~0.5	0.4~0.9	0.6~1.6
黏度/[g/（cm·s）]	（1~3）×10^{-4}	（1~3）×10^{-4}	（3~9）×10^{-4}	（0.2~3）×10^{-2}
扩散系数/（cm^2·s）	0.1~0.4	0.7×10^{-3}	0.2×10^{-3}	（0.2~3）×10^{-5}

考虑到溶解度、选择性、临界点数据及化学反应的可能性等一系列因素，可作为超临界萃取溶剂的流体并不是太多。目前，超临界流体有CO_2、C_6H_6、CH_4、C_2H_6、C_3H_8、C_2H_5O等含碳低相对分子质量化合物以及H_2O和NH_3等，工业上使用较多的超临界流体主要是CO_2和H_2O，常用的超临界流体临界性质如表5-2所示。由表5-2可知水的临界温度和临界压力较高，操作和经济上不如CO_2有竞争力。超临界CO_2具有以下优点：①临界温度31.06℃非常接近室温，临界压强适中，工业化易于实现；②原材料价廉易得，无毒无污染，环境友好型溶剂；③超临界CO_2密度比较大，溶解能力强，传质速率快；④可重复利用，符合可持续发展战略的需求。因此超临界CO_2得到广泛应用与研究。

表5-2 部分超临界流体溶剂的临界数据

物质	沸点/℃	临界点数据		
		临界温度 t_c/℃	临界压力 P_c/MPa	临界密度 ρ_c/（g/cm^3）
二氧化碳	-78.5	31.06	7.39	0.448
甲烷	-164.0	-83.0	4.6	0.16
乙烷	-88.0	32.4	4.89	0.203
乙烯	-103.7	9.5	50.7	0.20
丙烷	-44.6	97	4.26	0.22
丙烯	-47.7	92	4.67	0.23
正丁烷	-0.5	152.0	3.80	0.228

续表

物质	沸点/℃	临界点数据		
		临界温度 t_c/℃	临界压力 P_c/MPa	临界密度 ρ_c/（g/cm^3）
正戊烷	36.5	196.6	3037	0.232
正己烷	69.0	234.4	2.97	0.234
甲醇	64.7	240.5	7.99	0.272
乙醇	78.2	243.4	6.38	0.276
异丙醇	82.5	235.3	4.76	0.27
苯	80.1	288.9	4.89	0.302
甲苯	110.6	318	4.11	0.29
氨	-33.4	132.3	11.28	0.24
水	100	374.2	22.0	0.344

（二）超临界流体萃取的特点

目前使用较多的超临界流体是二氧化碳，与常规的提取方法相比较，超临界二氧化碳萃取有以下优点。

（1）适用于热敏性及易氧化物质的提取分离　在接近室温条件下和缺氧的萃取系统中，可有效防止热敏性物质和化学不稳定性成分的高温分解和氧化，特别适用于热敏性物质以及易氧化性物质的提取和分离。

（2）提取率高，无残留　通过改变极性和控制萃取的温度和压力，能选择性提取有效成分，大大提高产品质量和利用率。提取物中无溶剂残留，便于下一步的富集、精制。

（3）工艺简单，操作方便，时间短　萃取工程中只需控制温度和压力就可达到萃取目的，萃取工艺流程简单，操作参数易控制，提取速度快，生产周期短，一般提取 10min 后便会有有效成分析出，2～4h 则可以完全提取分离。

（4）节省能源，成本低，安全　溶剂能与被提取物自然分离，不需回收溶剂，节省劳力；溶剂又能反复使用，节约了大量有机溶剂。此外，所使用的二氧化碳价廉易得，不易燃，不易爆，避免有机溶剂萃取时的危险，同时有利于劳动保护。

（5）萃取有效成分的选择性强　超临界二氧化碳的萃取能力取决于流体的密度，可以通过改变压力和温度等操作条件而改变其溶解度，而实现选择性的萃取。SFE 技术可同时完成蒸馏和萃取两个过程，可分离较难分离的有机混合物，特别对于同系物的分离，精制更具优势。

超临界萃取也有一定的局限性，如下所述。

（1）对分子质量大的物质萃取选择性差　SFE 比较适合萃取脂溶性、分子质量小的物质，对极性大、分子量太大的物质要加入夹带剂或在很高的压力下进行，这就给工业化生产带来一定的难度。

（2）超临界流体萃取的理论还有待提高　夹带剂的使用尚缺乏足够的理论指导，高压技术还不十分清楚，临界区内的技术数据也有限等。

（3）投资高　与常规萃取设备相比，超临界萃取所需设备的投资较高，成本回收期较长。

(4) 设备技术要求高　分离过程必须在高压下进行，设备及工艺技术要求高，连续化生产较为困难。

（三） 超临界流体萃取技术的应用

就食品工业而言，超临界萃取技术主要应用于食用天然色素（如辣椒红素、叶黄素、胡萝卜素等）的提取；天然香料（如芹菜子油、姜油等）的提取；油脂（如小麦胚芽油、米糠油、玉米胚芽油等）的提取；天然活性成分（如多不饱和脂肪酸 EPA 和 DHA、维生素 E 等）的分离提取；农产品中的有害物质（如牛脂或牛肉、鱿鱼内脏油中的胆固醇等）的去除。

三、 膜分离技术

膜分离技术的工程应用是从 20 世纪 60 年代海水淡化开始的，1960 年加利福尼亚大学洛杉矶分校的加拿大学者 Loeb 和 Souridjan 教授研制成了世界上具有历史意义的第一张高性能（高脱盐率和高透过水量）非对称的醋酸纤维素反渗透膜，并首次用于海水和苦咸水的淡化工作，从而使反渗透从实验室走向工业化应用阶段，其后各种新型膜陆续问世。

膜分离技术由于兼有分离、浓缩、纯化和精制的功能，又有高效、节能、环保、分子级过滤及过滤过程简单、易于控制等特征，因此目前已广泛应用于食品、医药、生物等领域，产生了巨大的经济效益和社会效益，成为当今分离科学中最重要的手段之一。

（一） 膜分离的特点

膜分离是指借助膜的选择渗透作用，对混合物中的溶质和溶剂进行分离、分级、提纯和富集的方法。具有以下特点：膜分离过程的能耗比较低、适合热敏性物质分离、分离装置简单、操作方便、分离系数大、应用范围广、工艺适应性强、便于回收、没有二次污染。

（二） 膜分离技术在食品工业中的应用

1. 微滤技术的应用

(1) 微滤除菌　采用孔径范围为 1 ~ 1.5μm 的微滤器，以错流方式处理脱脂乳，结果显示能截留 99.6% 以上的细菌，而且无明显的渗透通量下降；采用 0.5μm 的陶瓷微滤器对生啤进行过滤，能达到完全除菌的要求。经过陶瓷膜微滤后的生啤酒，其酒精度、原麦汁浓度和实际发酵度均保持不变，而总酸、色度、浊度和双乙酰含量均有所下降。因此，滤酒比原酒更清亮、透明。

(2) 发酵产品的澄清　酒类生产过程需要经过多次澄清处理，采用膜过滤技术使酒类澄清既简单经济，又能保持酒的醇香风味。白酒、啤酒的生产都已经采用了膜技术。

2. 超滤技术的应用

(1) 乳清蛋白的分离　乳酪生产中每 10kg 牛乳要产生 8 ~ 9kg 乳清，由于乳清的固形物含量较低，其中的乳糖、蛋白质回收利用困难，40% ~ 50% 的乳清被倒掉，造成很严重的排放问题。膜分离技术应用于乳酪生产中可同时用于分离、纯化、浓缩乳清。

(2) 在制糖业中的应用　甜菜或甘蔗的糖渗出汁中含有大量杂质如多糖、木质素、蛋白质、淀粉、胶质以及其他黏性杂质，在结晶过程中产生色素或气味，降低了产品品质。生产实践表明，截留相对分子质量在 10000 ~ 30000 的超滤膜最适用于糖汁澄清，操作温度在 60℃ 的透过速率比 30℃ 时提高 1 倍，操作的平均压强在 0.4 ~ 0.6MPa 为好。

3. 纳滤技术的应用

（1）浓缩、脱盐　纳滤膜具有在截留较大分子质量物质的同时，又可使较小分子质量物质（如盐类）透过的双重作用，因此在食品工业中蔬菜汁及果汁的高浓度浓缩、葡萄汁的浓缩、糖溶液的浓缩、单糖的精制等都要用到纳滤膜技术。

（2）多肽的浓缩和分离　由于肽浓度过低，只有0.1%～0.5%，蒸发过程持续时间过长，有可能会破坏提纯的产品，同时还将消耗大量的有机/水淋洗液。当采用纳滤技术时，可通过调节溶液的pH，对某些多肽和氨基酸混合体系进行分离，在浓缩纯化时，还可将非常小的有机污染物和低分子质量的盐分除去，过程可低温高效进行、操作简便。

（3）维生素B_{12}的回收和纯化　用纳滤膜技术可使萃取剂达到循环使用，从而减少溶剂向环境的排放量，同时还可提高维生素B_{12}产品的收率。

（4）氨基酸的分离和纯化　不同的氨基酸在等电点时，其pH不同，所以通过调节pH，使用纳滤技术可以分离和纯化氨基酸。其应用还可包括环糊精、乳酸酯、酵母、有机酸等的生产或副产品的回收。

（5）脱色方面的应用　纳滤膜可用于去除90%以上的COD高色度物质、生产低盐淡色酱油、脱除焦糖色素中的亚铵盐和不良气味等方面。

4. 反渗透技术的应用

功能性低聚糖的分离纯化：大豆低聚糖是大豆中所含寡糖类化合物的总称，主要成分为水苏糖、棉籽糖及蔗糖，是从大豆乳清中分离提取的。大豆乳清液中含有大量的残留蛋白质会影响浓缩，并与糖类发生美拉德反应而使得大豆低聚糖浆色黑味苦，质量极差。通过用超滤去除残留蛋白质、反渗透除盐、纳滤精制分离低聚糖的分批操作，可将废液浓度从10%浓缩到22%，废液的COD也可达到排放标准。

第二节　功能食品的生产加工技术

生产加工技术是功能食品产品研制的一个重要环节，功能食品生产技术研究应以国家功能食品注册管理办法为指导，对产品配方的配伍关系、保健功能、功效成分等进行分析，并应用现代科学技术及生产方法进行剂型选择、工艺路线设计、工艺技术条件筛选与中试生产等系列研究，使生产加工技术做到科学、合理、先进、可行，同时还需按功能食品注册申报资料的规定与要求进行研究资料的整理与总结，使申报资料做到规范和完整，使产品达到安全、有效、可控和稳定。

一、超微粉碎技术

粉碎是用机械力的方法来克服固体物料的内聚力使之破碎达到一定粒度的大小，粉碎可分为粗粉碎、中粉碎、微粉碎和超微粉碎4种类型，如表5－3所示。超微粉碎技术是指将直径5mm以上的物料颗粒粉碎至10～25μm以下的过程。由于颗粒向微细化方向发展，导致物料表面积和孔隙率大幅度增加，使超微粉体具有独特的物理和化学性质，如良好的溶解性、发散性、吸附性和化学活性等，具有广泛的应用领域。在功能食品的生产中某些微量活性成分（如硒）的添加量很小，如果颗粒稍大就可能带来毒副作用，在这种工艺操作中超微粉碎技术就是一种非常有效的手段，能保证产品有足够小的粒度分布。因此，超微粉碎技术已经成为功能食品生产的重要高新技术之一。

表5-3　粉碎的分类

粉碎类型	原料粒度	成品粒度
粗粉碎	40~1500mm	5~50mm
中粉碎	10~100mm	5~10mm
微粉碎	5~10mm	<100μm
超微粉碎	0.5~5mm	10~25μm

（一）超微粉碎技术特点

（1）速度快，可低温粉碎。

（2）粒径细且分布均匀。

（3）节省原料且提高利用率。

（4）减少污染。

（二）超微粉碎技术的优势

研究表明，超微粉碎技术的主要优势在于经超微粉碎的食品在人体内的吸收较快。一般功能食品和药材中的有效成分通常分布于细胞内与细胞间质，并以在细胞内为主。若采用常规方式粉碎，其单个颗粒通常由几个或几十个细胞所组成，细胞的破壁率较低，相应的有效成分难以被人体充分吸收。由于有效成分颗粒的粒子较大，吸附在肠壁上的可能性较小，小肠的蠕动方式造成了有效成分在细胞周围的浓度会高于小肠壁上的浓度，使细胞壁内外的浓度差难以提高，减缓了释放速度。其中相当一部分粒子的有效成分在未完全释放出来之前就被排出体外，使功能食品或药物的生物利用率降低。

相比之下，植物原料经过超微粉碎后，显微镜下观察结果显示，仅有极少量完整细胞存在。细胞破壁后，细胞内的有效成分被充分暴露出来，其释放速率及释放量会大幅度提高，人体吸收则较为容易。物料进入胃后，可溶性成分在胃液的作用下溶解，进入小肠后溶解的成分开始被吸收。由于物料为超细粒子，其不溶性成分易附着在肠壁上，有效成分会很快地通过肠壁吸收，进入血液。而且这些超微粒子因附着力的影响排出体外所需的时间会较长，提高了有效成分的吸收率。

（三）超微粉碎的分类

微粒化技术有化学合成法和机械粉碎法两种。化学合成法能够制得微米级、亚微米级甚至纳米级的粉体，但产量低，加工成本高，应用范围窄。机械粉碎法成本低、产量大，是制备超微粉体的主要手段，现已大规模应用于工业生产。

机械法超微粉碎可分为干法粉碎和湿法粉碎，如表5-4所示。根据粉碎过程中产生粉碎力的原理不同，干法粉碎有气流式、高频振动式、旋转球（棒）磨式、锤击式和自磨式等几种形式；湿法粉碎主要是用于胶体磨和均质机进行粉碎。

表 5－4　　机械法超微粉碎的形式

方法	类型	基本原理	典型设备
干法	气流式	利用气体通过压力喷嘴的喷射产生剧烈的冲击、碰撞和摩擦等作用力实现对物料的粉碎	环形喷射器、圆盘式、对嘴式、超音速式和叶轮式气流粉碎机
	高频振动式	利用球形或棒形磨介的高频振动时产生冲击、摩擦和剪切等作用力实现对物料的粉碎	间歇式和连续式振动磨
	旋转球（棒）磨式	利用球形或棒形磨介在水平回转时产生冲击力和摩擦等作用力实现对物料的粉碎	球磨机、棒磨机、管磨机和球棒磨机
	转辊式	利用磨辊的旋转产生摩擦、挤压和剪切等作用力粉碎物料	悬辊式盘磨机、弹簧辊式磨盘机、辊磨机和精磨机
	锤（盘）击式	利用高速旋转的锤头产生冲击、摩擦和剪切等作用力粉碎物料	锤击式和盘击式粉碎机
	自磨式	利用物料间的相互作用力产生的冲击或摩擦力粉碎物料	一般自磨机、砾磨机和半自磨机
湿法	胶体磨	通过转子的急速旋转，产生急剧的速度梯度使物料受到强烈的剪切、摩擦和湍动来粉碎物料	卧式和立式胶体磨
	均质机	由于急速的速度梯度产生强烈的剪切力，使滴液或颊粒发生变形和破裂来达到微粒化目的	均质机
	搅拌磨	在离心力作用下产生强烈的剪切、摩擦、冲击和挤压作用力使浆料粉碎	密闭型立式和卧式搅拌磨
	超声波乳化	乳化液中悬浮的液滴受到巨大应力而分散为更细的液滴，形成更为稳定的乳化系统	超声波乳化器

（四）超微粉碎在功能食品生产中的应用

超微粉碎技术在部分功能食品配料（如膳食纤维、脂肪替代品等）的制备中起重要作用。超微粉体可提高功能物质的生物利用度，降低在食品中的用量；其微粒子在人体内的缓释作用，又可延长功效。采用超微粉碎技术对葡萄籽进行处理，结果表明与普通粉碎对比，经超微粉碎处理后葡萄籽粉中的原花青素含量达到 8.74mg/g 以上，其增加了 28.5%，而超微粉碎处理对葡萄籽中不饱和脂肪酸的影响较小，保留率较高。

膳食纤维被现代医学界称为“第七营养素”。膳食纤维虽不被人体直接消化，但它可增加肠道蠕动，作为有毒物质的载体及无能量的填充剂，可平衡膳食结构、防治现代“文明病”。但是纤维素的可食性差，直接补充难被人体消化吸收。通过超微粉碎将其制成超微粉后添加到食品中可有效解决这一难题。高志明等研究表明通过超微粉碎，荸荠皮总膳食纤维质量分数提高 8.57%，不溶性膳食纤维质量分数下降 21.19%，可溶性膳食纤维质量分数增加 137.84%。因此超微粉碎能提高荸荠皮膳食纤维质量分数，改变荸荠皮膳食纤维组成，提高荸荠皮可溶性膳食纤维的溶出速度。

中医学中许多药食同源的动植物被作为功能性食品或其配料正在进行广泛开发，人们关注的焦点是其所含的生物活性成分如活性多糖、必需脂肪酸、功能性低聚糖、黄酮类、特殊有机酸、皂苷、蒽醌类、某些生物碱等。一般植物细胞多在 10～100μm 范围内。常规粉碎的中草药粉粒径多为 125～180μm，它们都是完整细胞的集合。要提取植物细胞中的物质，就必须使其穿越 n 个细胞胞壁溶出，物质的溶解度、体系的浓度梯度、组织结构的特性等共同影响着溶出过程。超微粉碎技术问世后，立即引起医药界的注意。如宋丽丽等的研究结果表明，超微细粉碎后，蒲公英药材粒度达 5～20μm，显微观察发现细胞基本破壁，其代表性药效成分咖啡酸在水中和甲醇中的溶出速度明显快于普通粉碎者。苏瑞强等以普通粉碎和超微粉碎的药材分别制备六味地黄丸，观察指标成分丹皮酚的溶出速度，结果后者极显著（$p<0.01$）高于前者。李晓明等报道，相同质量、不同粒度的超微细决明子粉，其药效成分之一黄酚的提取率在一定范围内随粒度下降而增加。上述研究表明，物料超微细化后有效成分的溶出加快、增多。以药食两用原料开发功能性食品时，采用超微细粉原料作为功能性添加剂，既能充分发挥功能因子的作用，又可减少物料的消耗，这对于稀缺、贵重药材有特别的意义。

二、 浓缩和干燥技术

浓缩与干燥应根据物料的性质以及影响浓缩与干燥效果的因素进行实验，优选出较适宜的方法与条件，使其达到一定的相对密度或含水量，并以浓缩干燥物的收率及功效（指标）成分含量来评价本工艺过程的合理性和可行性。

（一） 浓缩技术

浓缩是功能食品生产中常用的工艺之一。用溶剂进行有效成分或营养成分提取后，回收溶剂一般用浓缩方法。物质的提取液由于固体物含量过低，需要经过浓缩达到一定的含量。提取液进行后续处理时，也常需要提高浓度，如结晶、喷雾干燥等，这些都需要设计浓缩这道工艺。在实际生产中用到的浓缩方法主要有蒸发浓缩、常压浓缩、真空浓缩、冷冻浓缩、反渗透膜浓缩等。

1. 蒸发浓缩

凡是液体或水果、蔬菜压汁均可用蒸发的方法进行浓缩。现代蒸发多用低温、低压蒸发的方法，以免损坏有效成分。

蒸发器主要由加热室（器）和分离室（器）两部分组成。加热室的作用是利用水蒸气为热源来加热被浓缩的料液。加热室的形式随着技术的改进而不断发展，最初采用的是夹套式和管式，其后有卧式短管加热室和竖式短管加热室。为了强化传热过程，采用强制循环代替自然循环，也有采用带叶片的刮板薄膜蒸发器等。蒸发器分离室的作用是将二次蒸气中夹带的雾沫分离出来。为使这些雾滴下落回到液体中，分离室须具有足够大的直径和高度以降低蒸气流速，并有充分机会使其返回液体中。分离室的形式，最初是将其置于加热室之上并与后者成为一体，其后出现了外加热型加热室，分离器也就独立成为分离室。

2. 冷冻浓缩

冷冻浓缩是利用冰与水溶液之间的固液相平衡原理的一种浓缩方法。采用冷冻浓缩方法，溶液在浓度上是有限度的。当溶液中所含溶质浓度低于共熔浓度时，溶剂水分成冰晶析出，余下溶液中的溶质浓度就提高了，这是冷冻浓缩的基本原理。因此，冷冻浓缩分为两个阶段，即形成结晶和分离。首先是部分水分从水溶液中结晶析出，而后将冰晶与浓缩液加以分离。例如，在 -7 ~ -3℃的作业温度下，果蔬原汁的温度低于冰点，水分以纯冰形式不断结晶出来，液体的固形物含量增高，直到达到浓缩要求。原汁中的各种生物化学反应和化学反应受到很大抑制，因此不会出现风味和滋味的变化，不会产生非酶褐变和维生素损失等。

冷冻浓缩方法特别适用于热敏性食品的浓缩。因溶液中的水分的排除不是用加热蒸发的方法，而是靠从溶液到冰晶的相间传递，所以可以避免芳香物质因加热所造成的挥发损失（如甜橙汁等果汁），除成本外，要比蒸发和反渗透法都好，可在同一设备中或不同的设备中进行。对新鲜茶叶水提取液进行冷冻浓缩的研究发现冷冻浓缩引起的茶多酚损失与冷冻温度及结冰速率有关，冷冻温度高于 -8℃及结冰速率小于 2.3kg/（h·m^2），则茶多酚损失小于 7%。近些年，悬浮结晶冷冻浓缩技术在中药水提取液制备抗病毒口服液方面进行了中试研究，结果表明，该冷冻浓缩制得的冰晶粒径小于 1mm；分离后得到的冰晶色泽与冰块无异；与三效真空浓缩相比，可改善口服液的口感。为了更好地使操作时形成的冰晶不混有溶质，分离时又不致使冰晶中带溶质，防止造成过多的溶质损失，结晶操作要尽量避免局部过冷，分离操作要很好地加以控制。

冷冻浓缩的主要缺点是设备昂贵、作业成本高、细菌和霉菌活性得不到抑制、制品还必须再经热处理或冷冻保藏、原汁中的低分子成分含量略有下降。采用这种方法，不仅受到溶液浓度的限制，而且还取决于冷晶与浓缩液可能分离的程度。一般而言，溶液黏度越高，分离就越困难。到目前为止，冷冻浓缩法尚有许多技术问题未获满意解决，特别是在成本高、溶质损失严重这些问题上，致使这项新技术还不能得到广泛的应用。

3. 常压浓缩

常压浓缩是在常压下使溶液进行蒸发。如果溶剂为有机溶剂，常常进行冷凝回收，以便回收利用并防止污染空气。

浓缩设备一般由加热器、蒸发器、冷凝器和溶剂接收器组成。常压浓缩设备比较简单，操作方便，但由于蒸发温度高，能耗较大。尤其在浓缩后期，溶液浓度升高，沸点进一步上升，溶液中的许多成分容易在高温条件下焦化、分解、氧化，使产品质量下降。因此，在实际生产中常压浓缩已经用得越来越多。

4. 真空浓缩

真空浓缩又称减压浓缩，在工业生产中应用极为普通，功能食品生产中也采用最多。陈迪等研究表明采用真空浓缩的普洱熟茶茶膏的总体儿茶素、茶多酚、单体儿茶素含量都高于传统的水浴浓缩方法，尤其是没食子酸酯（EGCG）的含量尤其显著。

真空浓缩具有很多优点。液体物质在沸腾状态下溶剂的蒸发很快，其沸点因压力而变化，压力越大，沸点升高，压力越小，沸点降低。由于在较低温度下蒸发，可以节省大量能源。同时，由于物料不受高温影响，避免了热不稳定成分的破坏和损失，更好地保存了原料的营养成分和香气。特别是某些氨基酸、黄酮类、酚类、维生素等物质，可防止受热而破坏。而一些糖类、蛋白质、果胶、黏液质等黏性较大的物料，低温蒸发可防止物料焦化。

5. 反渗透浓缩

在膜分离中，如通过半透膜的只是溶剂，则溶液获得了浓缩，此过程成为膜浓缩。反渗透膜是一类具有表层非对称的复合膜，它与一般渗透或超滤不同，不是纯溶剂向溶液方向渗透，而是在外压下溶液的溶剂向非溶剂方向渗透，因此称为反渗透。

反渗透能否得到实际应用，关键是膜材料的选择。目前主要有醋酸纤维素膜和芳香聚酰胺纤维膜。醋酸纤维素膜表面结构致密，空隙很小，厚度1～10μm，孔隙直径0.8～2.0nm；下层结构疏松，孔隙大，其厚度约占膜厚的99%，孔隙直径在0.1～0.4μm，膜的厚度可薄到0.1μm，能保证较高的水分流动速度，维持紊流流动，防止膜表面淤积某些果蔬成分而降低膜的渗透率。反渗透与蒸发浓缩相比，设备投资仅为后者的1/3左右，生产成本仅1/5左右。在国外，反渗透已用于牛乳、水果汁、氨基酸溶液的浓缩。

总体来看，目前用于功能食品浓缩的方法还是以真空蒸发为主，而反渗透浓缩技术在不远的将来有可能以其突出的优点，在许多方面获得应用。

（二）干燥技术

干燥是将固体、半固态或浓缩液等物料的水分除去的过程，故也称为“去湿”或“脱水”。干燥的主要目的是提高产品的稳定性，使之易于保存和运输。

1. 喷雾干燥

喷雾干燥技术是用喷雾的方法，使物料以雾滴状态分散于热气流中，物料与热气体充分接触，在瞬间完成传热和传质的过程，使溶剂（包括水和有机溶媒）迅速蒸发为气体，达到干燥的目的。喷雾干燥技术在我国食品、药品行业中应用广泛，在功能食品生产领域，常用于高热敏性物料和料液浓缩过程中易分解物料的干燥。所得产品粒度细小、均匀、流动性和速溶性好。

（1）喷雾干燥的特点　①干燥速度快，时间短。②干燥温度低。③能使最终产品具有良好的分散性、溶解性和疏松性。④由于干燥室有一定负压，可以在保证生产中的卫生条件，避免粉尘在车间内飞扬的同时，提高产品纯度。⑤生产过程简单，操作和控制方便，适宜连续化、自动化大规模生产。⑥操作人员少，生产效率高。⑦喷雾干燥设备较复杂，占地面积大。

（2）喷雾干燥设备及工作过程　喷雾干燥装置是由加热器、干燥塔、旋风分离器、袋滤器、风机、喷嘴、导向板等部分组成。

被干燥的物料自导向板经流量计流至喷头后，进入喷嘴的压缩空气将料液自喷嘴经涡流器，利用离心力增速成雾滴，喷入干燥室。当鼓风机开动后，空气经滤过器、预热器被加热至280℃左右后，自干燥室上部沿切线方向也进入干燥室（干燥室内温度一般保持120℃以下），进入干燥室的物料即与热气流混合进行热交换，被干燥的物料细粉落入收集桶内，部分干燥的粉末随热空气流进入分离室后捕集于布袋中，物料即被干燥，热废气自排气口排出。

（3）影响喷雾干燥的因素　影响喷雾干燥的主要因素有被干燥物料料液的相对密度、喷雾干燥温度（进口温度、出口温度）、喷雾流量、压缩空气压力、干燥时间等。对于天然产物，经提取浓缩后的物料相对密度应控制在1.10（60℃热测）左右；温度多为室温，为了增加物料的流动性，必要时可适当加热；喷雾干燥温度需控制进口温度和出口温度，进口温度一般控制在170～175℃；出口温度一般控制在75～80℃；压缩空气压力一般控制在$2kg/cm^2$左右。

此外，为增加被干燥物料的流动性，需加入一定量的辅料，防止因为流动性差而引起黏壁的现象，一般常用的辅料有糊精、淀粉、硬脂酸镁、滑石粉等。

2. 冷冻干燥

冷冻干燥又称为真空冷冻干燥，冷冻升华干燥、分子干燥等。它是将湿物料先冻结至冰点以下，使水分冻结成冰，然后在低温下抽真空，使冰直接升华转化为气体除去，物料被干燥，即通过升华排除冻结原料的水分。

（1）冷冻干燥的特点　①冷冻干燥特别适合于热敏性及易氧化食品的干燥，可保留食品原有的色、香、味及维生素营养物质，也适用于对热非常敏感而有较高价值的酶的干燥。②干燥后的产品不失原有的结构，保持原有的形状。③干燥后的产品具有良好的复水性，极易恢复原有的形状、性质和色泽。④热量利用经济，可用常温或稍高温度的液体、气体为加热剂。⑤由于冷冻干燥是在高真空和低温下进行，需要一整套真空及制冷设备，投资大，成本高。

（2）冷冻干燥的用途　冷冻干燥技术在国内外的应用发展迅速。由于冷冻干燥后的食品可长期保藏，便于携带和运输，特别是良好的即时复水性，使其具有良好的发展前景。

冷冻干燥是功能食品生产中常用的干燥方法，如蜂王浆冻干粉的生产。为防止蛋白质变性，目前广泛应用冷冻干燥技术，用这种方法制造的药品所希望的特征是结构稳定、生物活性基本不变、药物中的易挥发性成分和受热易变性成分损失很少、呈多孔状、药效好。

（3）冷冻干燥装置　包括间歇式冷冻干燥装置、多箱间歇式和隧道式冷冻干燥装置、连续式冷冻干燥装置。冷冻干燥装置由制冷系统、真空系统、加热系统、干燥系统等组成。

3. 真空干燥

当前，功能食品加工技术的一个重要发展趋势是最大限度地保存食品的有效成分和口感，而干燥工艺和设备的选择对功能食品产品的功效成分及口味有很大影响。真空干燥技术已广泛应用于功能食品的生产中，尤其是天然产物的提取物干燥，因天然产物中很多功效成分不耐高温而广泛采用真空干燥。

（1）真空干燥的特点　功能食品等物料的真空干燥与常压干燥的原理相同，只是水分在真空状态下蒸发温度较常压低。真空度越高，蒸发温度越低，因此整个干燥过程可以在较低温度下进行。主要特点：①真空干燥适用于热敏性物料，或高温下易氧化的物料，或排出的气体有价值或有毒害、有燃烧性的物料。②干燥时所采用的真空度和加热温度范围较大，通用性较好。③干燥的温度低，无过热现象，水分易于蒸发，干燥时间短，干燥速度快。④减少物料与空气的接触机会，能避免污染或氧化变质。⑤干燥产品可形成多孔结构，呈松脆的海绵状，易于粉碎，有较好的溶解性、复水性，有较好的色泽和口感。⑥挥发性液体可以回收利用，但生产能力小，需间歇操作，劳动强度大。⑦设备投资和动力消耗高于常压热风干燥。

（2）真空干燥设备　真空干燥器由干燥柜、冷凝器与冷凝液收集器组成的冷凝系统与真空泵三部分组成。将湿物料置浅盘内，放到干燥柜的搁板上，加热蒸气由蒸气入口引入，通过夹层搁板，冷凝水自干燥箱下部出口流出经冷凝管至冷凝液收集器中；冷冻系统通过管道与阀门与真空泵系统相连，组成一个完整的密闭系统，使干燥操作连续进行。

目前，真空干燥的设备也随着现代机械制造技术以及电气化技术的发展而不断更新，出现了真空盘式连续干燥机、双锥回转真空干燥机、真空耙式干燥机、板式真空干燥机、低温带式连续真空干燥机、连续式真空干燥机等多种形式的真空干燥设备。

（3）真空干燥的影响因素　影响真空干燥的因素主要有浓缩液的相对密度、真空干燥温度、真空干燥真空度、真空干燥时间等。

对于天然物料提取浓缩液的相对密度宜控制为1.30～1.35（60℃热测）的稠膏；真空干燥温度一般不高于70℃，常控制在60℃左右；真空干燥真空度一般控制在－0.08MPa左右，真空度太低干燥速度会很慢，真空度太高物料易爆溅；真空干燥时间一般以完全干燥为度，或以水分含量进行控制，不同物料干燥时间相差很大。

此外，浸膏等黏稠物料干燥时，装盘量不宜太多，以免起泡溢出盘外，污染干燥器，浪费物料，影响干燥效果；操作时真空管路上的阀门应徐徐打开，否则也易发生泡溢现象。

4. 流化床干燥技术

流化床干燥是由加热器、流化床（干燥塔）、分离器、袋滤器、鼓风机等部件组成。流化床干燥的原理是利用从流化床底部鼓入热空气流，使湿颗粒吹起悬浮，流化翻滚，呈流态化，跳动的物料使蒸发面增大，加快了水分的蒸发速度。并且由于热空气在湿颗粒间通过，在动态下与湿颗粒进行热交换，迅速带走水汽，所以干燥效率非常高。

（1）流化床干燥的特点　①适于湿粒性物料，如片剂、颗粒剂制备过程中湿粒的干燥和水丸的干燥。②流化床干燥的气流阻力较小，物料与干燥介质接触面积大，热容量大，热传导效果好，物料磨损较小，热利用率较高。③干燥速度快，产品质量好，一般湿颗粒流化干燥时间为20min左右，颗粒干湿度均匀，没有杂质带入。④干燥速度快，物料在设备内停留时间短，适宜于对热敏性物料的干燥。⑤物料在干燥室内的停留时间可由出料口控制，故容易控制物料的含水率。⑥密封性能好，机械运转部分不直接接触物料，适宜对卫生指标要求较高的食品干燥。⑦干燥时不需翻料，且能自动出料，节省劳动力。⑧装置简单，设备低廉，保养容易，维修费用低。⑨适用于大规模生产，如片剂生产的流水线作业。⑩流化床干燥热能消耗大，清洁设备较麻烦，尤其是干燥有色颗粒后清洁较困难。⑪对被干燥物料的颗粒粒度有一定的限制，一般要求颗粒为小于30μm，而又不大于6mm，故限制了其使用范围。⑫对易结块物料因容易产生与设备壁间黏结而不宜使用。⑬单层流化床难以保证物料干燥均匀，需设置多层，使设备的高度增加。后三点是流化床干燥的最大缺点。

（2）流化床干燥设备

①按被干燥的物料形态可分为：用于粒状物料、用于膏状物料、用于悬浮液或溶液等具有流动性物料的流化床干燥器。

②按操作方式可分为：间歇式和连续式。

③按设备结构形式可分为：单层流化床干燥器、多层流化床干燥器、卧式分室流化床干燥器、喷动床干燥器、脉冲流化床干燥器、振荡流化床干燥器、惰性粒子流化床干燥器、锥形流化床干燥器等。

（3）流化床干燥的影响因素　影响流化床干燥的因素主要有空气预热温度、沸腾时的温度、风速与风量。对于天然产物的提取物空气预热温度应控制在80～100℃；沸腾时的温度应控制在50～80℃；风速与风量以设备的动能标准决定；喷液温度应控制在50～80℃；物料相对密度为1.30～1.35（60℃热测）的稠膏，喷雾流量一般根据干燥的速度决定，且可以随时调节，用于颗粒状固态物料的干燥则可直接投料进入干燥器内；干燥时间一般以达到干燥要求为度，不同物料干燥时间相差很大。

三、微胶囊技术

微胶囊技术是当今世界上的一种发展迅速、用途广泛而又比较成熟的高新技术。目前已成为食品加工领域的研究热点之一，微胶囊技术在食品工业上的应用，极大地推动了食品工业由低级的农产品初加工业向高级产业转变，是我国21世纪重点研究开发的食品加工高新技术之一。

（一）基本概念

微胶囊技术（microencapsulation）是利用天然的或者是合成的高分子包囊材料（壁材），将固体、液体甚至是气体的微小囊核物质（芯材）包覆形成为直径在1～5000μm（通常是在5～400μm）的一种具有半透性或密封囊膜的微型胶囊技术。

微胶囊可呈现各种产品形状，如粒状、球状、长条状、块状等不同几何形状。囊壁有单层和多层结构。

微胶囊整体包括两部分，即外层的囊壁和包在里面的物质囊心。微胶囊造粒的基本原理是根据不同被包埋物的性质和用途，选用一种或几种复合壁材进行包埋。一般来讲，油溶性包埋物应采用水溶性壁材，而水溶性包埋物应采用油溶性壁材。

（二）微胶囊的构成材料

1. 微胶囊的芯材

微胶囊的芯材又称为“芯料”“核料”。大多数的固体或液态主料（甚至气体）均可进行微胶囊化。但芯材的性质不同，则所采用的微胶囊化工艺的要求也不同。如采用水相分离工艺，芯材的直径大小与成囊后的外形和稳定性关系甚大。液态芯材用复凝聚法包成的微胶囊多为圆球形，不规则的大颗粒芯材包成的微胶囊与主料颗粒形态相似。制得的微胶囊可以为单核，也可以是数万个多核。一般要求芯材的直径不宜过大。芯材除主料外，还可以加稳定剂、稀释剂以及控制释药速度的阻滞剂或加速剂等附加剂，以使制得的微胶囊达到预定的设计要求。

2. 微胶囊的壁材

微胶囊的壁材一般为成膜物质，既有天然多聚物，也有合成多聚物。壁材的组成决定工艺和产品的性质。理想的壁材应具有以下性质。

①在食品加工、储存中，将芯材密封在其结构之内，与外界环境相隔绝。

②具有适当的渗透性、吸湿性、溶解性和可食性。

③良好的稳定性，不与芯材发生化学反应。

④在适当条件下溶解且释放芯材。

⑤良好的操作性，如溶于水或乙醇等食品工业中允许采用的溶剂中；高浓度下具备良好的流变性质。

⑥经济性。

但是，几乎没有一种壁材能同时满足以上所有性质。在实际应用中，它们往往与其他壁材或抗氧化剂、表面活性剂、整合剂等联合使用。

微胶囊的壁材主要是天然高分子化合物、合成高分子化合物及其衍生物。在食品添加剂微胶囊产品中，供作壁材的纤维素类有CMC、乙基纤维素、甲基纤维素；动植物胶类有明胶、阿拉伯胶、卡拉胶、海藻酸钠、络蛋白等；碳水化合物类有麦芽糊精、β-环糊精、糊精、淀粉、多糖等；脂类有石蜡、硬脂酸等；其他类有聚丙烯、聚乙烯醇、聚乙二醇等。

一般根据所制备微胶囊的要求选择适合的壁材。例如，需快释放的微胶囊可制成明胶膜，网孔比较大；为了防止渗油的密封式微胶囊，可选用明胶——阿拉伯胶膜，另在油相中加乙基纤维素沉积油胶之间，形成密闭性良好的囊膜。所以，选用壁材时应考虑壁材的黏度、渗透性、吸湿性、溶解性、稳定性及透明度等。而且，为了微胶囊具有一定的可塑性，通常在壁材中还加入了适宜的增塑剂。如明胶做壁材时，可加入体积的10% ~20%的甘油或丙二醇。另外，在微胶囊化时，囊心物与壁材的比例适当，囊心物太少可使囊中无物，即空囊。

（三） 微胶囊的功能特性

1. 隔离物料间的相互作用，保护敏感性物质

物料通过胶囊化后，可避免受环境中氧气、光线、高温、水汽、紫外线等外界不良因素的干扰，提高其在加工时的稳定性并延长产品的货架寿命。

2. 掩盖不良气味，降低挥发性

将带有异味或色泽的食品添加剂微胶囊化，可掩盖其不良气味、色泽，改变其在食品加工中的使用性。

3. 降低食品添加剂的毒理作用

利用控制释放的特点，可通过适当的设计，控制芯材的生物可利用性。

4. 改变物料的存在状态、质量和体积

液体芯材经胶囊化后可转变为固体颗粒，以便于加工、贮藏和运输。物料经胶囊化后，其质量有所增加，也可制成含有空气的空气胶囊而使其体积增加。

5. 控制释放

物料经胶囊化后，可控制其释放时间和释放速率。

（四） 微胶囊的制备方法

（1） 物理方法　喷雾干燥法、喷挤压法、离心挤压法等。

（2） 物化方法　凝聚法、复相乳液法等。

（3） 化学方法　界面聚合法、原位聚合法、包结络合物法等。

（五） 微胶囊技术在功能 （保健） 食品中的应用

1. 微胶囊化营养强化剂

各种氨基酸胶囊；维生素C、维生素E胶囊；各种矿物质如硫酸亚铁、葡萄糖酸锌（钙）胶囊。

2. 微胶囊化生理活性物质

各种膳食纤维胶囊；六烯酸（DHA）胶囊；必需脂肪酸（亚油酸、亚麻酸、花生四烯酸、EPA）胶囊；各种活性多糖胶囊；各种活性肽胶囊；各种活性蛋白质胶囊；各种硒化物胶囊。

3. 香精香料的粉末化

橘子香精、柠檬香精、樱桃香精、薄荷油、冬青油、芝麻油、辣椒油、姜油、酱油、食醋微胶囊等。

4. 食用油脂的粉末化

几乎所有油脂均可制成微胶囊。

5. 饮料的粉末化 - 固体饮料

各种水果粉末冲剂、蔬菜粉末冲剂、碳酸饮料、麦乳精、各种冲剂胶囊等。

6. 酒的粉末化

白酒、葡萄酒等。

7. 胶囊化食品添加剂

微胶囊化酸味剂、微胶囊化甜味剂、微胶囊化防腐剂、微胶囊化乳化剂、微胶囊化膨松剂、微胶囊化活性小麦面筋（谷朊粉）。

8. 微胶囊化微生物细胞

乳酸菌、酵母菌、黑曲霉等。

9. 微胶囊固定化酶及固定化细胞

淀粉酶、蛋白酶、果胶酶、氧化酶、异构酶、转化酶、脂肪水解酶、过氧化氢酶、乳糖酶、酒化酶等。

四、冷杀菌技术

冷杀菌是指不用热能来杀死微生物。冷杀菌虽然起步较晚，但由于消费者要求营养、原汁原味食品的呼声日益高涨，冷杀菌日益受到重视并进展很快。冷杀菌不仅能保证食品在微生物方面的安全性，而且能较好的保持食品的固有营养成分、质构、色泽和新鲜程度。

国内外在冷杀菌方面的研究主要包括超高压低温杀菌、辐射杀菌、超高压脉冲电场杀菌、脉冲强光杀菌、磁力杀菌、紫外线杀菌和二氧化钛光催化杀菌等。

（一）超高压杀菌技术

1. 超高压杀菌原理

极高的静压会改变细胞的形态，包括细胞外形变长、细胞壁脱离细胞质膜、无损结构细胞壁变薄。高压对细胞膜、细胞壁都有影响，在压力作用下，细胞膜双层结构的容积随着每一个磷脂分子横切面积的缩小而收缩。300～400MPa下，啤酒酵母的核膜和线粒体外膜受到破坏，加压的细胞膜常常表现出通透性的变化，压力引起的细胞膜功能劣化导致氨基酸摄取受到抑制。20～40MPa的压力能使较大的细胞因受应力作用细胞壁机械断裂而松解，在200MPa的压力下，细胞壁遭到破坏。上述过程是一个纯物理过程，它与传统的食品加热处理工艺机理完全不同。当食品物理在液体介质中体积被压缩之后，形成高分子物质立体结构的氢键、离子键和疏水键等非共价键发生变化，结构导致蛋白质、淀粉等变性，酶失去活性，细菌等微生物被杀死。但在此过程中，高压对形成蛋白质等高分子物质以及维生素、色素和风味物质等小分子物质的共价键无任何影响。因此，高压食品很好地保存原有的营养价值、色泽和天然风味。

2. 超高压处理的优势

热处理是当今食品加工领域的核心技术，是一种根据经验确定的加工技术，特别是近130年的研究发展，已经确立了雄厚的科学理论基础和成熟的加工技术基础，当前的食品加工、食品卫生法规、食品加工设备设计都是以热处理技术为基础的。但是热处理技术并不是食品加工最完美的加工技术，食品在热处理时由于受高热的影响会产生许多重大的缺陷。与传统的热处理方法相比，超高压技术可实现杀菌均匀、瞬时、高效、酶失活，而形成蛋白质的氨基酸构造不发生变化；使原物质的维生素、色素、香味成分等小分子化合物不会发生变化及产生异臭物等，保持其原有性质；蛋白质、淀粉类物质超高压处理后可获得新特性的食品，延长食品的保藏时间。

3. 超高压食品处理的影响因素

（1）压力大小和加压时间　在一定范围内，压力越高，灭菌效果越好。保压时间越长，处理压力越高，细菌菌落直径越小。

（2）温度　沙门菌在20℃、200MPa压力下仍有少量存活；当温度为－20℃时，在相同压力下可全部杀灭。

（3）pH　每一种微生物生长繁殖所适应的pH都有一定的范围。

（4）加压装置及施压方式　直接加压和间接加压灭菌效果的差异，因加压方法、加温方法和压力容器的类型不同而不同。

（5）水分活度（*A*w）　当水分活度减至0.94，酵母失活不足两个数量级；当水分活度低于0.91，几乎没有失活现象。

（二）辐照杀菌技术

辐照灭菌是运用X射线、γ射线或高速电子射线照射食品，引起食品中的生物体产生物理或化学反应，抑制或破坏其新陈代谢和生长发育，甚至使细胞组织死亡从而达到杀菌消毒，延长食品储存、销售时间的目的。

辐照灭菌的射线具有很强的穿透性，可以在装袋后杀菌。世界卫生组织（WHO）已经将辐射法纳为安全有效的食品处理方法并制定了相应的标准。辐照灭菌已在许多国家得到政府的认可并批准使用和推广。

1. 辐照杀菌的原理

辐照灭菌是利用电离辐照作用于微生物细胞内的DNA，使其分子键断裂，或产生自由基和过氧化物，破坏细胞代谢有关的酶，使微生物失去活性，从而具有光谱杀菌作用。经过辐照后，对于一个微生物群体，微生物存活数与辐照剂量之间存在着相关性，辐照剂量越大，微生物存货量越小，随着辐照剂量的增加被辐照物趋于无菌。由于电离辐照穿透力强，可以对包装好的产品进行消毒灭菌，因此辐照灭菌是功能食品消毒灭菌的最佳方法。

2. 辐照杀菌的特点与优势

辐照保藏食品技术与传统食品保藏技术相比较有很多的优点：①辐照可以杀菌、消毒、降低食品的病原体污染。②食品辐照通常又称“冷巴氏杀菌”，辐照处理的食品温度几乎不会升高（<2℃）。③辐照食品不会留下任何残留物，也无污染，有助于促进国际贸易。④射线穿透力强。⑤可以杀死果蔬上的害虫，延缓瓜果的衰老，抑制根茎类果蔬的发芽，减少腐烂和损失。⑥辐照食品节约能源。

^{60}Co γ射线辐照处理技术，是目前较长使用的辐照杀菌技术，具有最大限度地保持食品的品质和减少风味的损失、较好地防止食品腐败变质、延长货架期、节约能源、降低成本、提高产品质量等优越性。这种既可以有效地消除产品中的病菌和不良微生物，延长其保质期，又不会破坏原有营养成分的辐照技术，应当在功能食品加工领域中得到更为广泛的推广应用。

3. 辐照技术在功能食品中的应用

我国辐照食品的主要领域为功能食品。其中辐照大蒜占总产量的70%，其他为脱水蔬菜、调味品及各种保健营养品。由于生产规模及工艺的原因，我国的部分功能食品的卫生状况并不乐观，而这些产品是不宜采用常规的高温高压方法进行灭菌保鲜的。利用射线进行辐照处理不仅可以有效杀灭寄生虫和肠道致病菌，而且可以为人们提供鲜美可口、富有营养、安全卫生的功能食品。我国每年都有上万吨的辐照食品在山东、四川、上海等地进行市场试销。辐照大蒜、调味品、脱水蔬菜已真正进入流通市场，实现了商业化。

4. 辐照功能食品的发展前景

随着人们生活水平的逐渐改善，人们对生活质量的要求越来越高。功能食品的增长率成为人类食物水平提高的重要标志之一。功能食品是根据人们的某种特殊需要而开发研制的，且针对性强，产品价格高，利润也大。如黄豆发酵提取后生产的功能食品，价格往往达到成本的100倍。采用高新技术生产的此类功能食品，虽然价格不菲，但很受欢迎。高回报率为功能食品的开发及推广提供了较大的发展空间。

某些功能食品是必须采用冷加工杀菌技术来保证其质量的。冷加工杀菌技术目前采用 ^{60}Co γ 辐照是最适合的。例如螺旋藻，富含维生素、氨基酸，是近年来开发的功能食品。在其生产加工过程中，喷雾干燥不能100%消灭其中的污染微生物和各种水生寄生虫卵。要达到卫生标准，必须采用辐照进行灭菌杀虫处理。某些功能食品本身就是未经加工的生粉，比如虫草粉、蛇粉、灵芝孢子及蜂产品等，这些生粉具有较高的活性，且不耐高温。采用 ^{60}Co γ 辐照处理不仅杀虫灭菌彻底，而且可以保持其原有的理化指标、功能和药效不变。

（三）高压脉冲电场杀菌技术

1. 高压脉冲电场杀菌的基本原理

关于高压脉冲电场杀菌的机理，现有多种假说，主要有电解产物效应、细胞膜穿孔效应、电磁机制模型、黏弹极性形成模型等。大多数研究者倾向于认同电磁场对细胞膜的影响，并以此为基础对抑菌动力学进行探索。

电磁机制理论是建立在电极释放的电磁能量互相转化的基础上的。电磁理论认为电场能量与磁场能量是相互转换的，在两个电极反复充电与放电的过程中，磁场起了主要的杀菌作用，而电场能向磁场的转换保证了持续不断的磁场杀菌作用。这样的放电装置在放电端使用电容器与电感线圈直接相连，细菌放置在电感线圈内部，可受到强磁场作用。

2. 高压脉冲电场杀菌技术特点

（1）高压脉冲电场杀菌技术目前已成功地用于液体食品的有效杀菌。

（2）利用高电压脉冲是提取细胞内容物的有效成分的新技术方法。

（3）高压脉冲的杀菌效果不仅取决于电场强度、脉冲宽度等，还与液体食品的电阻率、pH等有关。

（四）脉冲强光杀菌技术

脉冲强光杀菌是利用脉冲的强烈白光闪照，使惰性气体灯发出与太阳光谱相近但强度更强的紫外线至红外线区域光，来抑制食品和包装材料表面、固体表面、气体和透明饮料中的微生物的生长繁殖的。

研究表明，脉冲强光对多数微生物有致死作用，脉冲强光技术对微生物和钝化酶的效果显著，残余菌数明显减少。枯草芽孢杆菌起始浓度 2×10^5 个/mL时，输入190V电压，闪照间隔为6s，高压脉冲触发宽度为20μs，闪照30次后，残余菌数为0。

脉冲强光对微生物致死作用明显，可进行彻底杀菌。对不同的食品、不同种类的微生物，需要控制不同的条件。光照脉冲还可钝化液态淀粉酶和蛋白酶，其活力随闪照次数的增加而降低。

（五）紫外线杀菌技术

1. 紫外线杀菌的基本原理

紫外线之所以能杀菌，是由于其辐射性能可以破坏有机物的分子结构，促使细胞质变性。紫外线的能量级较小，虽不能像 γ 射线、X 射线那样能使物质的原子产生电离现象，但却可以使原子的电子处于不稳定的激发状态，从而破坏有机物分子间的某些特有的化学结合。紫外线对食品进行杀菌时，菌体必须吸收紫外线后才能起到一定的杀菌作用。微生物细胞内含有一定的蛋白质氨基酸和核酸，能吸收紫外线，可诱导 DNA 中的胸腺嘧啶二聚体的形成，从而抑制 DNA 的复制和细胞分裂，乃至使其受伤甚至死亡。

紫外线的杀菌效果与其他辐照射线相比，虽菌种不同但效果差别不大。与细菌相比，酵母菌和丝状菌的抗紫外线照射能力较大，而对病毒则杀菌效果基本相同。紫外线的杀菌效果还与紫外光源的波长、强度、光源与被照物的距离、照射时间等有关。例如，波长在 200 ~ 300nm 的紫外线杀菌效果最强，要比近紫外线（波长为 300 ~ 400nm）大 1000 倍以上。

2. 紫外线杀菌在食品工业中的应用

由于紫外线的穿透力不强，故紫外线主要用于食品表面的杀菌。如固体食品表面杀菌，食品包装材料表面杀菌，食品加工车间、设备、工具、操作台、车间空气的消毒杀菌；也可用于水和液体仪器的杀菌，控制一定空间内和一定的物体表面达到少菌或无菌状态。在上述场合，紫外线对霉菌类没有什么杀菌效果，往往需要用酒精消毒的方法来配合杀菌。

紫外线对食品表面虽然有一定的杀菌作用，但不适用于含脂肪和蛋白质较高的食品杀菌。因紫外线会促使脂肪氧化，产生异臭味；使蛋白质变性，产生变色等不良现象。一些食品的营养成分如纤维素、叶绿素等易受紫外线照射而分解。上述原因都使紫外线的应用受到一定限制。

单一的杀菌技术尚存在某一方面的欠缺或不足。因此，为了进一步提高杀菌效率，把对食品的营养成分、风味、感官的有害作用降到最低，将两种或两种以上的杀菌方式串联或并联使用又或将天然杀菌剂配合使用是今后杀菌技术研究的一个重要方向。

思考题

1. 试述原料中功能成分的主要分离技术及其特点。
2. 试述功能食品生产中的主要加工技术及其特点。

参考文献

1 金宗濂. 功能食品教程［M］. 北京：中国轻工业出版社，2005.

2 Tovar L P T, Maciel M R W, Pinto G M F, et al. Factorial design applied to concentrate bioactive component of cymbopogon citratus essential oil using short path distillation [J] . Chemical Engineering Research and Design, 2010 (88): 239 – 244.

3 Azcan N, Yilmaz O. Microwave assisted transesterification of waste frying oil and concentrate methyl ester content of biodiesel by molecular distillation [J] . Fuel, 2013 (104): 614 – 619.

4 Wu W L, Wang C, Zheng J X. Optimization of deacidification of low – calorie cocoa butter by molecular distillation [J] . LWT – Food Science and Technology, 2012 (46): 563 – 570.

5 Guo Z G, Wang S R, Gu Y L, et al. Separation characteristics of biomass pyrolysis oil in molecular distillation [J] . Separation and Purification Technology, 2010 (76): 52 – 57.

6 刘克海，陈秋林，谢晶，等. 分子蒸馏法富集甜橙油特征香气成分［J］. 食品科学，2012，33 (10)：200 – 203.

7 Chen Q Q, Hu X F, Wang Y, et al. Enrichment of cuminaldehyde and p－menthe－1, 4－dien－7－al in cumin（*cuminum cyminum* L.）oil by molecular distillation［J］. Separation and Purification Technology, 2012, 31（17）: 23－29.

8 王文渊，张芸兰，龙红萍，等．分子蒸馏技术分离纯化橘皮油中苧烯的研究［J］．香料香精化妆品，2010（3）: 9－12.

9 Wang Y, Zhao M, Song K, et al. Separation of diacylglycerols from enzymatically hydrolyzed soybean oil by molecular distillation［J］. Separation and Purification Technology, 2010（75）: 114－120.

10 邱英华，王玉海，秦志喧，等．分子蒸馏法提纯蚕蛹 α－亚麻酸［J］．粮油与油脂，2012（2）: 23－25.

11 胥佳，魏佳颐，李锦麟，等．超微粉碎处理对葡萄籽中原花青素和脂肪酸成分的影响［J］．中国农学通报，2011, 27（17）: 92－97.

12 高志明，陈振林，罗杨合，等．超微粉碎对荸荠皮膳食纤维的影响［J］．湖北农业科学，2012, 51（2）: 364－366.

13 陈迪，杨柳．普洱茶熟茶茶膏的制备及主要成分分析［J］．安徽农业科学，2012, 40（1）: 116－117.

14 严滨，林丽华，叶茜，等．反渗透技术在鼻炎康等中药提取液浓缩中的应用［J］．膜科学与技术，2012, 32（4）: 70－74.

15 朱雅雯，王家发．食品杀菌新技术——辐照［J］．化学教育，2013（3）: 4－7.

16 杨文鸽，茅宇虹，徐大伦，等．适宜电子束辐照延长醉泥螺货架期及蛋白质保持［J］．农业工程学报，2013, 29（13）: 255－262.

17 Maftei, N. A., Ramos－Villarroel, A. Y., & Nicolau, A. L., et al. Influence of processing parameters on the pulsed－light inactivation of *Penicillium expansum* in apple juice［J］. Food Control, 2014（41）: 27－31.

第六章 营养素补充剂

CHAPTER 6

内容提要

本章主要介绍营养素补充剂及其相关概念、营养素补充剂中维生素和矿物质的生理功能及缺乏症状，以及未来营养素补充剂的发展方向。

学习目标

1. 掌握营养素补充剂的概念，理解其与营养素、营养强化剂、功能食品、特殊膳食用食品、膳食补充剂、非处方（OTC）营养素类药品等概念的区别。
2. 掌握营养素补充剂中维生素和矿物质的生理功能及缺乏症状。
3. 了解营养素补充剂未来的管理及发展趋势

重要概念与名词

营养素补充剂、营养素、营养强化剂、功能食品、特殊膳食用食品、膳食补充剂、非处方（OTC）营养素类药品、钙（Ca）、镁（Mg）、钾（P）、铁（Fe）、锌（Zn）、硒（Se）、铜（Cu）、锰（Mn）、视黄醇（retinol）、维生素D、维生素E、维生素K、维生素B_1、维生素B_2、维生素PP、维生素B_6、叶酸（folacin、folic acid）、维生素B_{12}、泛酸（pantothenic acid）、胆碱（choline）、生物素（blotin）、维生素C

随着营养学研究的不断深入，膳食与健康、营养与疾病之间的关系逐渐明晰，人们逐渐地认识到，微量营养素不仅对于维持人体基本的新陈代谢和生理功能非常重要，同时对于预防和减少某些慢性退行性疾病的发生发展有重要意义。不同地区、不同膳食结构的人，其单纯通过日常膳食难以获得足够数量的满足其营养需要和维持其生理功能的营养素，所以营养素补充剂（nutrient supplement）便应运而生了。

我国营养素补充剂的管理始于1996年的《保健食品管理办法》，该办法中对营养素补充剂作了明确的界定。此后，2002 年 7 月卫生部公布《关于营养素补充剂管理有关问题的通知》，对营养素补充剂的管理又作了一些补充规定。2005 年 5 月国家食品药品监督管理总局又印发了《营养素补充剂申报与审评规定（试行)》，随同该规定，还一同公布了《维生素、矿物质的种类和用量》《维生素、矿物质化合物名单》。2016 年《保健食品注册与备案管理办法》实施后，国家食品药品监督管理总局会同国家卫生计生委和国家中医药管理局联合发布《保健食品原料目录（一)》和《允许保健食品声称的保健功能目录（一)》的公告（2016 年第 205 号)，制定了营养素补充剂原料和保健功能目录。

第一节　营养素补充剂的定义及其与相关概念的区别

一、营养素补充剂的定义和要求

营养素补充剂是指以补充维生素、矿物质而不以提供能量为目的的产品。其作用是补充膳食供给的不足，预防营养缺乏和降低发生某些慢性退行性疾病的危险性。营养素补充剂的主要要求如下。

（1）在确保备案营养素补充剂产品食用安全、对人体不产生任何健康危害、达到补充营养素预期效果的前提下，目录中的化合物（原料）可以根据需要进行复配，复配营养素补充剂需合理选择、严格控制工艺条件，避免化合物间发生化学反应、产生实质性变化。

（2）备案营养素补充剂产品所用化合物，必须符合原料目录要求。使用原料目录范围以外的化合物的，需按照《保健食品功能目录原料目录管理办法》的相关规定申请纳入原料目录，待该化合物列入原料目录后，再申请营养素补充剂产品备案。

（3）适宜人群包括幼儿的营养素补充剂产品，仅可选用《营养素补充剂原料目录》中适用范围为所有人群的化合物为原料。

（4）备案营养素补充剂产品每日食用的总量应当较小，并不以提供能量为目的。其主要形式为片剂、胶囊剂、颗粒剂、粉剂或口服液等，固体剂型每日食用总量不得超过 20g，口服液每日食用的总量不得超过 30mL。缓释制剂、控释制剂、舌下吸收制剂、肠溶制剂、喷雾剂等不得作为备案营养素补充剂产品剂型。

（5）备案营养素补充剂产品标示值及产品技术要求中营养素含量范围值均不得超过各营养素允许的补充量范围。

二、营养素补充剂与其他营养和保健类食品的区别

（一）营养素补充剂与营养素

通常，营养素是指食物中具有特定生理作用，能维持机体生长、发育、活动、繁殖以及正常代谢所需的物质，包括蛋白质、脂肪、碳水化合物、矿物质、维生素等。

营养素补充剂仅限于以补充维生素和矿物质为目的的制剂，不包括蛋白质、脂肪、碳水化合物等与提供能量有关的营养素。

（二）营养素补充剂与营养强化剂

根据《食品安全国家标准 食品营养强化剂使用标准》（GB 14880—2012），营养强化剂是指为了增加食品的营养成分（价值）而加入到食品中的天然或人工合成的营养素和其他营养成分。其中的其他营养成分是指除营养素以外的具有营养和（或）生理功能的其他食物成分。如表 6－1 所示。

表 6－1　　营养素补充剂与营养强化剂的异同

项目	营养素补充剂	营养强化剂
目的	补充膳食供给的不足，预防营养缺乏和降低发生某些慢性退行性疾病的危险性	改善因某一种或某几种营养素摄入水平低或缺乏导致的健康影响
营养物质种类	仅限于补充维生素和矿物质	除维生素、矿物质外，还包括蛋白质、脂肪、碳水化合以及其他营养成分
营养物质用量	适用于成人的，规定了每种维生素、矿物质的每天摄入量的上限和下限。适宜人群为孕妇、乳母以及 18 岁以下人群，其维生素、矿物质每日推荐摄入量应控制在我国该人群该种营养素推荐摄入量（RNIs 或 AIs）的 1/3～2/3 水平	规定了各种营养物质在每公斤的各类食品中可加入的上限和下限
载体	不能以食物为载体，有专门的产品剂型（如片剂、胶囊、颗粒剂或口服液等）	必须以适当的食物为载体
效果与时间	短期可达到怕补充营养素的相应营养指标，产生效果快	产生效果慢一些，中、长期效果好
投放方式	个体性较强，需要在医药卫生系统的相关专业人员的指导下食用	无特别要求
覆盖率	覆盖率低，一般只涉及可以得到服务的地区或部分人群	一般覆盖率较高，能涉及所有目标人群
维持费用	高	低
可持续性	需要目标个体的依从性和补充的持续性	目标人群无意识地接受，容易长期进行

（三）营养素补充剂与功能食品

功能食品是指声称具有特定保健功能或者以补充维生素、矿物质为目的的食品。即适宜于特定人群食用，具有调节机体功能的作用，不以治疗疾病为目的，并且对人体不产生任何急性、亚急性或者慢性危害的食品。

营养素补充剂虽然对于预防营养缺乏和降低发生某些慢性退行性疾病的危险性有作用，但它并不是真正意义上的功能食品。但由于技术要求较高，故自 1996 年“保健食品管理办法”实行以来它一直被纳入功能食品进行管理，需经过注册方可。但只能宣传补充营养素，不得声称其具有保健功能。

除营养素补充剂之外的功能食品，需要进行功能验证，并经过注册，经审查合格后，必须做相应的保健功能声称。

（四）营养素补充剂与特殊膳食用食品

特殊膳食用食品是指为满足特殊的身体或生理状况和（或）满足疾病、紊乱等状态下的特殊膳食需求，专门加工或配方的食品。这类食品的营养素和（或）其他营养成分的含量与可类比的普通食品有显著不同。

特殊膳食用食品所涉及的营养素种类可能涉及维生素与矿物质，也可能涉及除此之外的其他营养素，也可能二者都有；并且在食品中的用量也与营养素补充剂的用量不同。

（五）营养素补充剂与膳食补充剂

"营养素补充剂"在我国是一个正式的明确的法律名词，而"膳食补充剂"一词在法律上则没有依据。

"膳食补充剂（dietary supplement）"是美国的法律定义，1994 年美国国会颁行了《膳食补充剂健康与教育法》（DSHEA），将"膳食补充剂"定义为："是一种旨在补充膳食的产品（而非烟草），可能含有一种或多种如下膳食成分：维生素、矿物质、草本（草药）或其他植物、氨基酸、以增加每日总摄入量而补充的膳食成分，或是以上成分的浓缩品、代谢物、提取物或组合产品等"。在标签上需要标注"Dietary Supplement"，可以丸剂、胶囊、片剂或液态等形态口服，但不能代替普通食物或作为膳食的替代品。

类似的名称还有"食品补充剂"（food supplement）。这一名称源于欧盟《食品补充剂法令》（Directive 2002/46/EC），这是欧盟对此类产品的称谓。根据 Directive 2002/46/EC 规定，食品补充剂是指补充正常膳食的食品、浓缩的营养素或其他具有营养或生理效应的物质，可以是单一成分或混合物，以胶囊、片剂、丸剂和其他相似的形式出现，也可以是一些液体或粉末。食品补充剂可包括（但不限于）下述一种或几种成分：维生素、矿物质、氨基酸、必需脂肪酸、纤维、各种植物及草药提取物。

需要指出的是，这些名称虽然相近，但由于是不同国家采用的称谓，其概念内涵也相差甚远，使用时还应注意。

（六）营养素补充剂与非处方（OTC）营养素类药品

二者均为补充维生生或矿物质等营养素，但在使用目的和用量上存在着一定程度的差异。营养素补充剂是用于补充膳食供给的不足，预防营养缺乏和降低发生某些慢性退行性疾病的危险性。而 OTC 营养素也是用于补充膳食供的不足，但它是以治疗和预防疾病为目的，基本上是根据药典的含量标准执行，用量普遍较大，可以宣传疗效。但长期服用发生副作用的可能性增加，例如维生素 A 等。所以，营养素补充剂和营养素类药品也不能等同。

第二节　营养素补充剂中矿物质和维生素的生理功能及缺乏症状

下面简单介绍一些营养素补充剂中所使用营养素的生理功能及缺乏症状。各种维生素和矿物质的参考摄入量，参见附录二《保健食品原料目录（一）》（《营养素补充剂原料目录》）中的相关内容。

一、矿物质（常量元素、微量元素）

1. 钙（Ca）

钙是体内含量最多的元素之一，次于水、碳、氧（非水）、氢（非水）、氮，居第五位，是人体内含量最多的无机元素，占成人体重的1.5%～2.0%。

钙是构成机体的骨骼和牙齿的重要物质。正常的成年人体内含1000～1200g的钙，其中99.3%集中在骨骼和牙齿组织中，其重要成分是羟磷灰石［$Ca_{10}(PO_4)_6(OH)_2$］。其余的钙以结合或游离态存在于细胞外液、血液及软骨组织中，并与骨钙形成动态平衡。骨骼中的钙占瘦体重的25%和总灰分的40%，骨骼的正常发育和骨健康的维持，都需要钙的参与。

钙在人体内的其他功能是由分布在骨和牙组织之外的体液和其他组织中的钙来承担的，这部分钙虽然不到体内钙总量的1%，但在体内多方面的生理活动和生物化学过程中起着重要的调节作用。正常人血钙离子浓度为2.25～2.75mmol（90～110mg）/L，离子钙的功能涉及多个方面：参与调节神经、肌肉的兴奋性；影响毛细血管的通透性，并参与调节生物膜的完整性和质膜的通透性及其转换过程；参与调节多种激素和神经递质的释放；还能激活多种酶的调节代谢过程及一系列的细胞内生命活动。另外，钙离子还参与细胞的吞噬、分泌、分化过程；并作为因子Ⅳ激活凝血酶原，参与凝血过程。

钙缺乏是我国较普遍的营养性疾病，主要表现为骨骼的病变。儿童时期如果长期钙摄入不足，并伴随有维生素D的缺乏，可引发佝偻病。成年人在35～40岁之后，骨质开始逐渐丢失，骨密度下降。而绝经妇女由于缺乏雌激素，则骨质丢失更为严重。骨密度降至一定程度后，易引发骨质疏松症。由于长时间的钙摄入不足，血钙浓度降低，神经肌肉兴奋性增强，可引起手足抽搐。

钙无明显毒作用，但若长期摄入大于相应参考摄入量则有可能增加患肾结石的危险性、引起奶碱综合征及干扰其他元素摄入等副作用。

2. 镁（Mg）

镁是人体必需的常量元素之一。正常成人身体总含镁量约25g，其中60%～65%的镁存在于骨骼、牙齿中，约27%的镁存在于软组织中。肌肉、心、肝、胰含镁量相近，约为200mg/kg（湿重）。镁主要分布于细胞内，细胞外液的镁不超过1%。红细胞含镁2.2～3.1mmol/L，血清镁含量为0.75～0.95mmol/L。其存在方式有三种形式：游离镁（Mg^{2+}）、复合镁与蛋白结合镁。

在体内许多重要的酶促反应中，镁起着重要决定性作用。它能与细胞内许多重要成分如三磷酸腺苷等形成复合物而激活酶系，或直接作为酶的激活剂，例如腺苷酸环化酶、Na^+-K^+依赖式ATP酶、磷酸转移酶等。镁还可对细胞膜上钾、钙通道产生影响，防止其顺浓度梯度流动。由于机体内镁约有55%存在于骨骼中，它也是骨骼生长和维持所必需的元素。镁在神经肌肉系统中与钙存在拮抗作用。低浓度的镁还可减少肠壁的张力和蠕动，有解痉作用。

与钙类似，镁缺乏也会引起骨骼和神经肌肉兴奋性的病变，出现骨质疏松和神经肌肉兴奋性亢进，常见的有肌肉震颤、手足抽搐、反射亢进等，严重时出现谵妄、精神错乱、定向力失常，甚至惊厥、昏迷。同时由于它对钾、钙通道的作用，镁缺乏时也会引起心脏功能失调。

正常情况下，肠、肾及甲状旁腺等均能调节镁代谢。只要保持正常膳食，一般情况下不会发生镁中毒。但在某些病理状况下，或同时伴有一些镁剂治疗时，会引发血镁升高，导致中毒。

3. 钾（P）

钾是人体中重要的阳离子之一。正常成人体内钾含量约为50mmol/kg，体内的钾主要存在于细胞内液中，占总量98%。其余广泛分布于各种体液中，各种体液内都含有钾。钾在体内的分布与器官的大小及其细胞的数量和质量有关。正常人血浆钾浓度为3.5～5.3mmol/L。

由于钾主要用于维持细胞的正常电兴奋活动，故其生理功能均与各种细胞组织的电活动有关。例如维持神经肌肉的应激性和正常功能、维持心肌的正常功能、维持细胞内外正常的酸碱平衡与电离子平衡、维持细胞内的正常渗透压；还通过 Na^+-K^+ 依赖式 ATP 酶的作用参与一些物质的主动运输，例如葡萄糖或氨基酸等。许多研究已经发现，血压与膳食钾、尿钾、总体钾或血清钾呈负相关。补钾对高血压及正常血压者有降低作用。

由于钾广泛存在于各种食物中，正常进食的人一般不易发生摄入不足。但若由于某些原因长时间限制饮食则可出现摄入不足而造成一些钾缺乏症状，如肌无力及瘫痪、心律失常、横纹肌裂解及肾功能障碍等。

但钾不同于钙，过量的钾是有毒的，当血钾超过5.5mmol/L的毒性反应称为高钾血症。细胞外 K^+ 浓度升高，可导致静息膜电位下降使细胞电兴奋性下降，并出现胞内碱中毒和胞外酸中毒等。

4. 铁（Fe）

铁属于必需微量元素。随年龄、性别、营养状况和健康状况等的不同，正常人体内含铁量有较大的差异，总量有4～5g。体内铁可分为功能性和储存性两种。功能性铁是体内铁的主要存在形式，大多数功能性铁是以血红素蛋白质、肌红蛋白及一些酶的形式存在的，即带有铁卟啉辅基的蛋白质，约为70%。储存的铁有两种基本形式，即铁蛋白和血铁黄素，主要存在于肝脏、网状内皮细胞和骨髓。

铁对于机体生命活动的重要性是广泛和多方面的。它是血红蛋白、肌红蛋白、细胞色素A以及一些呼吸酶的成分，参与体内氧与二氧化碳的转运、交换和组织呼吸过程。铁与红细胞形成和成熟有关，铁在骨髓造血组织中进入幼红细胞内，与卟啉结合形成正铁血红素，后者再参与合成血红蛋白。铁还具有参与催化促进 β－胡萝卜素转化为维生素A、嘌呤与胶原的合成、抗体的产生、脂类从血液中转运以及药物在肝脏的解毒等重要功能。

铁虽然是微量元素，但铁缺乏却是世界各国均常见的营养缺乏病，特别是在婴幼儿和育龄妇女中发生率较高。发展中国家30%～40%的幼儿和育龄妇女缺铁。铁缺乏症最常见的疾病是缺铁性贫血，患者血红蛋白过低，严重贫血可增加儿童和母亲的死亡率。同时缺铁还可引起心理活动和智力发育的损害以及行为改变，还可不可逆转地损害儿童的认知能力。

铁的致死剂量很大，为200～250mg/kg。急性铁中毒最明显的症候是胃肠道出血性坏死。慢性铁中毒常见于血红蛋白沉着症（铁储存过多），可引起脏器损害。

5. 锌（Zn）

锌广泛分布于人体所有组织、器官、体液及分泌物中。锌含量高的组织有肝脏、骨骼肌、皮肤、毛发、指甲、眼睛、前列腺等，血液中含量很少。成年女子锌总量约1.5g，成年男子锌总量约为2.5g。其中60%存在于肌肉中，30%存在于骨骼中。锌在体内的主要存在方式是作为酶的成分之一。

锌是许多酶的活性中心，是生物膜的成分，也是 RNA、DNA 和核糖体稳定所必需的物质，也是许多激素受体的结合物，也对微管蛋白聚合物起调和作用。目前已经得到鉴定确认的含锌酶已超过 200 多种，它的功能可归纳为催化、结构和调节作用。

锌广泛参与核酸和蛋白质的代谢，因此对细胞分化，尤其是细胞复制等基本生命过程产生影响。结合锌能稳定 RNA、DNA 和核糖核蛋白体的结构，核酸合成和降解的控制均与锌依赖酶有关。在细胞膜上，锌主要结合在细胞膜含硫、氮的配基上，少数结合在含氧的配基上，可形成牢固的复合物，从而维持细胞膜的稳定，以减少毒素吸收和组织损伤。

味觉素是一种与味觉有关的蛋白质，它具有营养和促使味蕾生长的作用，也可作为介质影响味觉和食欲。而锌是味觉素的结构成分，且对有味物质结合到味蕾特异膜受体上的过程更是必需的。

锌作为一个调节基因表达的因子，对机体免疫功能也具有调节作用，可控制干扰素 $-\gamma$、白细胞介素 -1 和白细胞介素 -6、肿瘤坏死因子 $-\alpha$ 等免疫调节因子的分泌。锌除对激素受体的效能和靶器官的反应产生影响外，还在激素的产生、储存和分泌中起作用。

锌缺乏引起的各种体征也是一种或多种锌的生物学功能降低的结果。锌缺乏可引起味觉障碍、生长发育不良、胃肠道疾患、皮肤疾患、免疫力减退等。

6. 硒（Se）

我国认识硒是人体必需微量元素始于 20 世纪 70 年代防治克山病的研究成果。在动物机体内，硒存在于所有细胞与组织中，其浓度与膳食的摄入量有一定的关系。各种器官中肝与肾的硒浓度最高，而肌肉、骨骼与血液的硒浓度中等，脂肪组织的硒浓度最低。

硒的第一个生物活性形式是发现其是谷胱甘肽过氧化物酶的必需组分，没有硒则这个酶就没有活性。现已证实，进入体内的硒绝大部分与蛋白质结合，被称之为“硒蛋白”，只有硒蛋白是有生物学功能的。首先是它起着抗氧化作用，硒是一些抗氧化酶活性维持的必须组分，有助于维持维生素 C 及其他分子还原态作用。其次，硒几乎存在于所有免疫细胞中，补充硒可以明显提高机体免疫力。此外，硒蛋白还具有调节甲状腺激素代谢、控制病毒向致病性突变、维持正常生长发育、延缓衰老等作用。有报道硒化物还可拮抗某些重金属的毒性作用。

硒与克山病有关。克山病是一种以多发性灶状心肌坏死为主要病变的地方性心肌病。克山病病区的人群，其体内外环境均处于低硒状态。因此通过补硒可有效预防克山病的发生。另一方面硒缺乏症还可诱发大骨节病，主要发生于青少年，是一种变形性骨关节病，严重地影响骨发育和日后劳动生活能力。

我国营养素补充剂中补充的最低量为 15μg/d，最高不超过 100μg/d。一般补硒量为 50μg/d 为宜，超过 100μg/d 很容易引发硒中毒。硒中毒体征主要是头发脱落和指甲变形，常见于急性中毒（摄入量达到 38mg/d）和慢性中毒（摄入量平均为 4.99mg/d）。

7. 铜（Cu）

人体含铜量为 50 ~ 120mg，其中有 50% ~ 70% 存在于肌肉和骨骼中。人血液中的铜主要分布于细胞和血浆之间，红细胞中约 60% 的铜存在于铜 - 锌金属酶中（超氧化物歧化酶，SOD），其余 40% 与其他蛋白质和氨基酸松弛地结合。血浆中的铜约有 93% 牢固地结合于铜蓝蛋白中，其余 7% 与清蛋白和氨基酸结合。

铜的主要生理功能包括维持正常造血机能、促进结缔组织形成、维护中枢神经系统的健康、促进正常黑色素形成及维护毛发正常结构、保护机体细胞免受超氧阴离子的损伤（主要作为 SOD 的辅因子而发挥作用）。此外，铜对胆固醇代谢、葡萄糖代谢、心脏功能、免疫功能、激素分泌等也有影响。

铜参与铁的代谢，缺铜时红细胞生成受到障碍，可发生不同程度的贫血；还可见于骨质疏松；此外还有厌食、腹泻、肝脾肿大、生长停滞、肌张力减退和精神萎靡等表现。同时，铜缺乏可引起赖氨酰氧化酶活力下降，使弹性蛋白和胶原的生物合成减少；还可见到关节炎、色素消失、神经改变、糖耐量下降、血清中胆固醇增加及心律不齐。

铜对于大多数哺乳动物是相对无毒的。人体急性铜中毒主要是由于误食铜盐或食用与铜容器接触的食物或饮料引发的。体征反映为口腔有金属味、上腹疼痛、恶心呕吐及严重腹泻。

8. 锰（Mn）

人体含锰量甚微，为 12～20mg。骨骼、肝脏、胰腺和肾脏中锰的含量为 20～50nmol/g，脑、心、肺和肌肉中锰的含量低于 20nmol/g，全血和血清中锰的浓度分别为 200 和 20nmol/L。锰在线粒体中的浓度高于在细胞浆和其他细胞器中的浓度，所以含线粒体多的组织含锰量高。

锰的主要生理功能：一部分作为金属酶的组成成分，一部分作为酶的激活剂而在体内发挥作用。含锰酶包括精氨酸酶、丙酮酸羧化酶、锰超氧化物歧化酶。精氨酸酶是细胞浆中催化尿素合成的酶。

锰缺乏会影响生长，造成骨骼畸形、共济失调、生殖机能紊乱；引起脂肪、糖代谢的紊乱，胆固醇合成障碍；还可能出现体重下降、毛发色素减少、皮炎等现象。锰缺乏可能是人类的一个潜在营养问题，被认为是关节疾病、骨质疏松、先天畸形等疾患的潜在致病因素。我国营养素补充剂中，成人补充的最低量为 1mg/d，最高不超过 4mg/d。

口服锰的毒性小，很少见到经口摄入锰而发生中毒的报道。但锰中毒可引起中枢神经系统异常，严重锰中毒时可发生重度精神病症状，包括高激惹性、暴力行为和幻觉，被称为锰狂症。

二、维生素（脂溶性维生素、水溶性维生素）

1. 视黄醇（retinol）

维生素 A 亦称视黄醇。视黄醇只存在于动物性食物中，植物性食物只能提供维生素 A 前体，即胡萝卜素。长期以来，各国膳食维生素 A 的供给量都是以视黄醇当量（RE）表示的。化学结构式如图 6－1 所示。

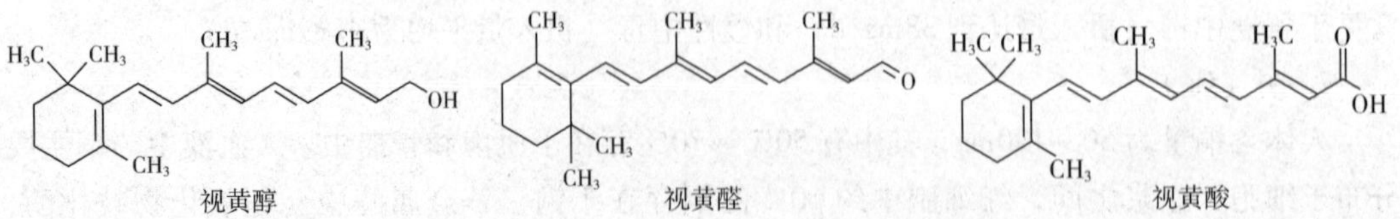

图 6－1 视黄醇及其衍生物的化学结构式

维生素 A 的生理功能主要表现为：①维持皮肤黏膜层的完整性。维生素 A 是调节糖蛋白合成的一种辅酶，对上皮细胞的细胞膜起稳定作用，维持上皮细胞的形态完整和功能的健全。②构成视觉细胞内的感光物质，维持暗适应能力。在视觉功能方面，视黄醇的功能形式为氧化产物——视黄醛，迄今对暗适应功能的检查仍被广泛用于维生素 A 营养状况的评价。③促进生长发育和维护生殖功能。维生素 A 参与细胞的 RNA、DNA 的合成，对细胞的分化、组织更新有一定影响。维生素 A 还参与骨骼和牙齿的发育。另外，维生素 A 对机体免疫系统有重要作用。

缺乏维生素 A，可引起皮肤黏膜改变（如毛囊角化、角膜软化等），影响视网膜上视紫红质更新引发夜盲症，还会出现免疫功能损伤，易感性增强。

维生素 A 的安全摄入范围较小，大量摄入有明显的毒性。其毒副作用主要取决于视黄醇及视黄酰酯的摄入量，并与机体的生理及营养状况有关。胡萝卜素是维生素 A 的安全来源。普通膳食，除非大量食用维生素 A 含量很高的食物（如动物肝脏），一般不至于发生维生素 A 过多症。过量摄入维生素 A，会出现眩晕、易激怒、头痛以及呕吐等症状。给予实验动物大量维生素 A 甚至可以引起实验动物死亡。

2. 维生素 D

维生素 D 是维持高等动物生命所必需的营养素。它是钙磷代谢的最重要调节因子之一，可维持钙和磷的正常水平。这对正常骨骼的矿化、肌肉收缩、神经传导以及体内所有细胞的功能是必需的。维生素 D 有两种形式，即胆钙化醇（维生素 D_3）和麦角骨化醇（维生素 D_2）。化学结构式如图 6－2 所示。

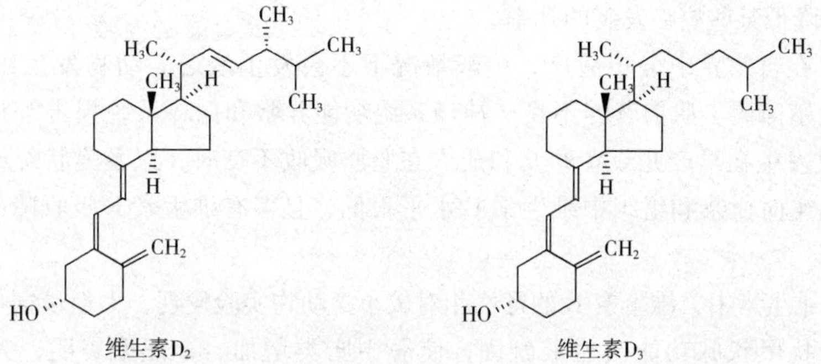

图 6－2 维生素 D 的化学结构式

维生素 D 与甲状旁腺素共同作用，可维持血钙水平的稳定。当血钙水平降低时，促进钙在肾小管的重吸收，将钙从骨骼中动员出来，在小肠中促进结合蛋白的合成，增加钙的吸收；当血钙过高时，可促进甲状旁腺产生降钙素，阻止钙从骨骼中的动员，增加钙磷经尿中排出。维生素 D 还具有免疫调节功能，可改变机体对感染的反应。

人体维生素 D 缺乏以婴幼儿较为多见。发生维生素 D 缺乏的两大主要原因是由于膳食中缺乏维生素 D 和日光照射不足。婴幼儿发生维生素 D 缺乏易引起佝偻病，成年人维生素 D 缺乏症表现为骨质软化症和骨质疏松症。多数食物中维生素 D 的含量甚微，所以通过食物来源的维生素 D 一般不会过量，因此关于由于食物引起维生素 D 中毒的报道很罕见。但长期过多摄入会引起毒副作用，如由于钙吸收增加，可出现高钙血症、高尿钙症，使钙沉积在心脏、血管、肺和肾小管等软组织中，出现肌肉乏力、关节疼痛、弥漫性骨质脱矿化及一般定向能力障碍，严重时可导致死亡。

3. 维生素 E

维生素 E 是所有具有 α－生育酚活性的生育酚和三烯生物酚及其衍生物的总称。其中生物活性最高、自然界分布最广的形式为 α－生育酚。另外还有 β－生育酚、γ－生育酚、δ－生育酚和三烯生育酚。化学结构式如图 6－3 所示。

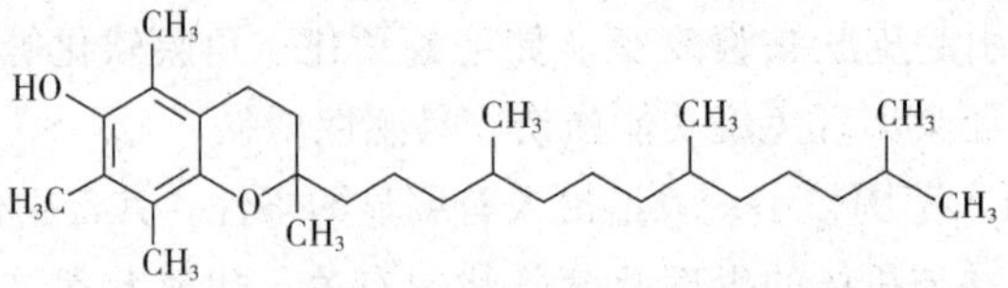

图 6－3　α－生育酚的化学结构式

维生素 E 是抗氧化剂，其潜在的生理学效应与其抗氧化活性有关。在动物组织细胞膜中，它保护膜中多不饱和脂肪酸、细胞骨架及其他蛋白质的巯基及细胞内的核酸免受自由基的攻击。维生素 E 缺乏，可使机体内的抗氧剂机制发生功能障碍，引起细胞氧化损伤。这一功能与机体的免疫、神经和骨骼肌、心血管、胚胎发育和生殖等许多系统的正常运行密切关联。例如，维生素 E 的抗氧化作用可以减少氧化型低密度脂蛋白的形成，而后者的形成则被认为是动脉粥样硬化发病的一个关键。同时维生素 E 还可以阻止血小板在血管壁表面的聚集，保护血管内皮，具有抗动脉粥样硬化的作用。同时，流行病学调查显示血浆中维生素 E 含量较高可以降低某些癌症发病的几率。

维生素 E 在自然界中分布甚广，一般情况下不会发生缺乏。动物发生维生素 E 缺乏时，会出现生殖障碍、肌肉营养不良、神经系统功能异常和循环系统损害等症状。人体维生素 E 缺乏仅发生在早产儿或者幼儿和成人在脂肪吸收不良时，以及囊状纤维症患者等人群。早产儿出生时血浆和组织中维生素 E 水平很低，且多有维生素 E 吸收障碍，易出现溶血性贫血。

在脂溶性维生素中，维生素 E 的毒性相对较小。动物实验发现，大剂量饲喂维生素 E 可抑制生长、干扰甲状腺功能及血液凝固，使肝中脂类增加。有证据表明，人体长期摄入 1000mg/d 以上的维生素 E，有可能出现中毒症状，如出现视觉模糊、头痛和极度疲乏等。维生素 E 过量最令人担忧的副作用是凝血机制损害而导致某些个体的出血倾向。使用抗凝药物或有维生素 K 缺乏的人，在没有密切医疗监控情况下不宜使用维生素 E 补充剂，因为有增加出血的危险。

4. 维生素 K

维生素 K 是含有 2－甲基－1，4－萘醌基团的一组化合物。植物来源的维生素 K 为叶绿醌（phylloquinone，K_1），是人类食物中维生素 K 的主要来源。化学结构式如图 6－4 所示。

维生素 K 的生理功能主要集中在凝血功能和骨钙代谢等方面。维生素 K 作为维生素 K 依赖羧化酶的辅酶，在将蛋白质分子中的谷氨酸羧化成 γ－羧基谷氨酸残基的过程中转移谷氨酸 γ 位的氢原子，反应产物 γ－羧基谷氨酸有高特异的钙结合活性。这一反应所涉及的蛋白质包括凝血酶原（凝血因子Ⅱ）以及凝血因子Ⅶ、Ⅸ、Ⅹ，蛋白 C、S、Z 和骨钙素等。凝血因子在羧化反应以后具有钙的结合能力，才能启动凝血机制。缺乏维生素 K 时，组

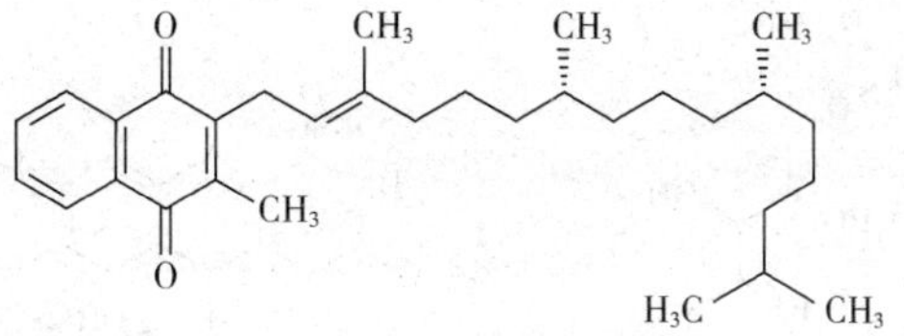

图6－4　维生素 K_1 的化学结构式

织仍能合成这些蛋白质，但由于缺乏γ－羧基谷氨酸残基，合成的蛋白质分子没有钙结合能力，并会使概率发生凝血障碍。而血浆中未羧化的骨钙素水平的升高可使骨折的相对危险度增加。

因维生素K广泛分布于植物和动物组织中，维生素K的物质循环也保存了维生素K，正常肠道内微生物菌丛能够合成甲萘醌，所以维生素K缺乏一般不会发生在健康成人身上，但可见于经受外伤、长期接受胃肠外营养而只接受最低限度膳食摄入量的成人。维生素K缺乏可引起低凝血酶原血症和其他维生素K依赖凝血因子浓度的下降，表现为凝血缺陷和出血。

相对而言，在脂溶性维生素中，维生素K的安全程度很高。食物来源的甲萘醌毒性很低，有报道维生素K的无毒副反应水平（NOAEL）为30mg，最低毒副反应水平（LOAEL）尚未建立。

5. 维生素 B_1

维生素 B_1 也称硫胺素（thiamin）和抗神经炎素（aneurine），它的发现是与预防和治疗脚气病（beriberi）的过程分不开的。化学结构式如图6－5所示。

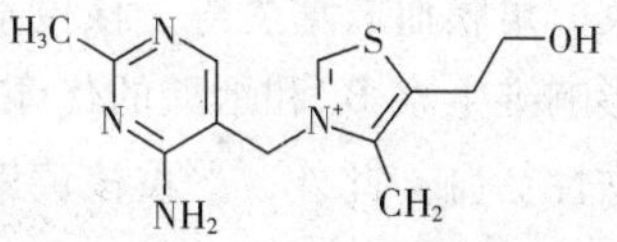

图6－5　维生素 B_1 的化学结构式

维生素 B_1 主要是作为一些生化反应酶的辅酶发生重要作用，例如丙酮酸、α－酮酸等的氧化脱羧作用的酶；磷酸戊糖途径中的转酮醇酶等。神经冲动可使硫胺素磷酸化合物去磷酸化，并使其在膜上移位，Na^+ 才可以自由通过膜。但有神经活性的硫胺素衍生物是三磷酸衍生物。硫胺素还与心脏功能有关，影响血液进入组织的量。维生素 B_1 还可抑制胆碱酯酶的活性，促进肠蠕动。

成人硫胺素缺乏表现出的脚气病症状为前驱症状有下肢软弱无力、沉重感、体重下降、消化不良和便秘。此外，可伴有头痛、失眠、不安、易怒、健忘等神经系统症状。而在婴儿硫胺素缺乏表现出的脚气病的症状与成年人不同，它多发生于出生数月的婴儿，主要以心血管症状为主，其特点常伴有喉水肿而失音。

由于摄入过量的维生素 B_1 很容易从肾脏随尿液排出，因此罕见有人体经口摄入维生素 B_1 导致中毒的报道。

6. 维生素 B_2

维生素 B_2 又称核黄素（riboflavin）。在体内主要以黄素腺嘌呤二核苷酸（FAD）、黄素单核苷酸（FMN）的形式参与氧化还原反应。化学结构式如图6－6所示。

核黄素的氧化还原功能是最明显的。它是以辅酶形式参与许多代谢中的氧化还原反应，在细胞的呼吸链中的能量产生过程中发挥作用，或直接参与氧化反应，或参与复杂的电子传

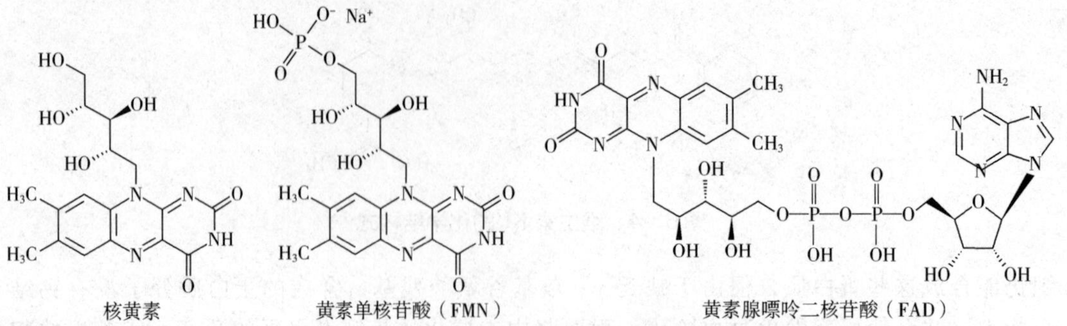

图6-6 维生素 B_2 的化学结构式

递系统。核黄素在氨基酸、脂肪酸和碳水化合物的代谢中均起重要作用。其在体内的功能可归纳为以下几点。

①参与体内的生物氧化与能量生成；②FAD 和 FMN 分别作为辅酶参与色氨酸转变为烟酸、参与维生素 B_6 转变为磷酸吡哆醛的过程；③FAD 作为谷胱甘肽的辅酶，参与体内抗氧化防御系统，维持还原性谷胱甘肽的浓度。另外，还与细胞色素 P_{450} 结合，参与药物代谢，并有助于提高机体对环境的应激适应能力。

人类核黄素缺乏后，早期表现为疲倦、乏力、口腔疼痛、眼睛出现瘙痒、烧灼感，继而出现口腔和阴囊病变，称作“口腔生殖系统综合征”，包括唇炎、口角炎、舌炎、皮炎、阴囊皮炎、角膜血管增生等。核黄素缺乏一般往往伴有其他 B 族维生素的缺乏，因为核黄素缺乏会影响维生素 B_6 和烟酸的代谢，由于核黄素缺乏影响铁的吸收，因此核黄素缺乏可以继发缺铁性贫血。此外，严重核黄素缺乏可引起免疫功能低下和胎儿畸形。

人体对核黄素的吸收有上限，吸收率较低。另外，过量吸收的核黄素会很快从尿中排出，目前尚未见毒副作用报道。

7. 维生素 PP

烟酸（niacin）又名尼克酸、抗癞皮病因子，在体内还包括其衍生物烟酰胺或尼克酰胺。化学结构式如图 6-7 所示。

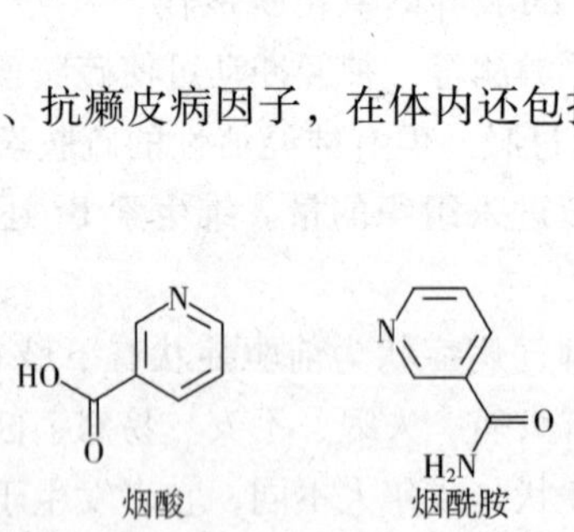

图6-7 烟酸及烟酰胺的化学结构式

烟酸在体内主要以辅酶Ⅰ（NAD^+）、Ⅱ（$NADP^+$）的形式作为脱氢酶的辅酶发挥作用，参与呼吸链组成，在生物氧化还原反应中起电子载体或递氢体作用。以辅酶Ⅰ形式参与蛋白质核糖基化过程，与 DNA 复制、修复和细胞分化有关。临床上，烟酸还被用于治疗高胆固醇血症，但烟酰胺无此作用。烟酸还是葡萄糖耐量因子的组成成分。

烟酸缺乏会引起癞皮病，典型症状为皮炎（dermatitis）、腹泻（diarrhoea）及痴呆（dementia），又称 3D 症状。烟酸缺乏常与硫胺素、核黄素缺乏同时存在。

目前尚未见到因所食用食物中烟酸过多引起中毒的报道，所见烟酸的毒副作用多系临床大剂量使用烟酸制疗高脂血症病人所致。当口服剂量为30～1000mg/d，有些人出现血管扩张的症状，如颜面潮红、皮肤红肿、头晕眼花、皮肤瘙痒等。还可伴有胃肠道反应，如恶心、呕吐、腹泻等。当口服剂量为3～9g/d时，可引起黄疸和血清转氨酶升高。严重者可出现肝炎、肝性错迷、脂肪肝等。也有报告指出，大剂量服用烟酸能引起葡萄糖耐量变化、视觉模糊、血清尿酸浓度升高，诱发痛风发作等。

8. 维生素 B_6

维生素 B_6 又称吡哆醇，实际上包括吡哆醇（pyridoxin）、吡哆醛（pyridoxol）、吡哆胺（pyridoxamine）三种衍生物。在动物组织内多以吡哆醛和吡哆胺存在，而植物则以吡哆醇为多。化学结构式如图6－8所示。

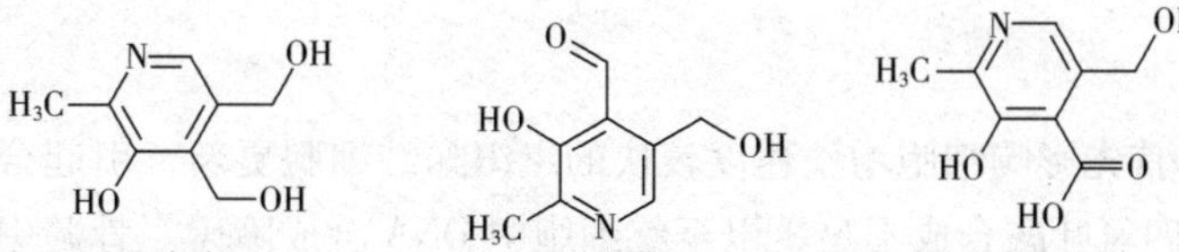

图6－8　维生素 B_6 的化学结构式

维生素 B_6 是一组含氮化合物，其活化后的辅酶形式PLP参与神经递质、糖原、神经鞘磷脂、血红素、类固醇和核酸的代谢，还参与所有氨基酸的代谢。

维生素 B_6 还参与一碳单位、维生素 B_{12} 和叶酸盐的代谢，可增强免疫系统的功能。给老年人补充充足的维生素 B_6，有利于淋巴细胞的增殖。维生素 B_6 还与5－羟色氨等神经递质的升高有联系。另外，高摄入量维生素 B_6 有助于降低心肌梗死（MI）致死性冠心病（CHD）的发病率。

严重的临床维生素 B_6 缺乏已罕见，但是临界轻度缺乏较多见，通常与其他B族维生素缺乏同时存在。人体缺乏维生素 B_6 可致眼、鼻与口腔周围皮肤脂溢性皮炎，并可扩展至面部、前额、耳后、阴囊及会阴等处。其体征包括前臂和膝部色素沉着、口炎、唇干裂、舌炎、小细胞性贫血，个别患者有神经精神症状，易受刺激、抑郁以及神志错乱等。

经食物摄入大量维生素 B_6 没有副作用。通过补充品给予大剂量维生素 B_6 会引起严重的副作用，表现为感觉神经疾患。

9. 叶酸（folacin，folic acid）

叶酸是一组同类化合物的通用名称，化学名称为喋酰谷氨酸，化学结构式如图6－9所示。

叶酸在肠壁、肝脏及骨髓等组织中，经叶酸还原酶作用，还原成具有生理活性的四氢叶酸。四氢叶酸的主要生理作用在于它是体内生化反应中一碳单位转移系的辅酶，起着一碳单位传递体的作用，借此参与多种生理生化过程，主要包括：①参与嘌呤和胸腺嘧啶的合成，进一步合成DAN、RNA；②作为一碳单位的主要供体作用于氨基酸间的相互转变；③参与血红蛋白及重要的甲基化合物合成，如肾上腺素、胆碱、肌酸等。叶酸对于细胞分裂和组织生长具有极其重要的作用。体内叶酸缺乏，则一碳单位传递受阻，核酸合成及氨基酸代谢等均

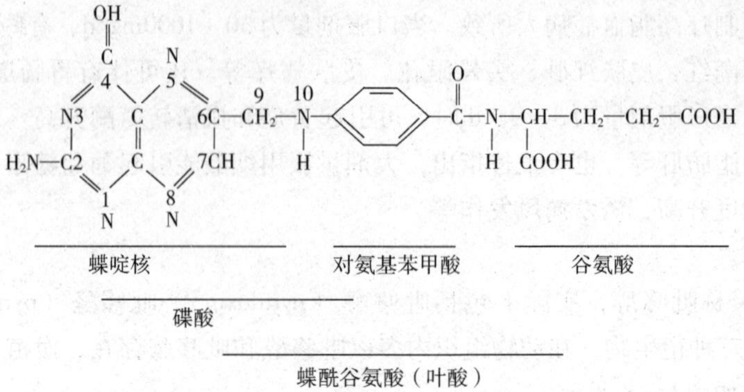

图6-9　叶酸的化学结构式

受影响。

叶酸缺乏时，首先影响细胞增殖速度较快的组织如红细胞更新，引起合成胸腺嘧啶所需的5，10-亚甲基四氢叶酸合成不足，以至红细胞中DNA合成障碍。骨髓中幼红细胞分裂增殖速度减慢，停留在巨幼红细胞阶段使成熟受阻，细胞体积增大，血红蛋白的合成减少，表现为巨幼红细胞贫血。叶酸缺乏引起5-甲基四氢叶酸合成不足，同型半胱氨酸转换为蛋氨酸发生障碍，造成血液中同型半胱氨酸堆积，形成高同型半胱氨酸血症。高浓度同型半胱氨酸对血管内皮细胞会产生损害，并可激活血小板的黏附和聚集，因而被认为可能是心血管疾病的危险因素。孕妇缺乏叶酸可引起胎儿神经管畸形、早产及新生儿低出生体重。

叶酸是水溶性维生素，一般超出成人最低需要量（50μg/d）20倍也不会引起中毒。服用大剂量叶酸可能产生的毒性作用包括：①干扰惊厥药物的作用，诱发患者惊厥发作；②可影响锌的吸收而导致锌缺乏；③可掩盖维生素 B_{12} 缺乏的早期表现而导致神经系统受损害。

10. 维生素 B_{12}

维生素 B_{12} 俗称钴胺素（cobalamins 或 cabamide）。它是一组含钴的类咕啉化合物，全名是α-5，6二甲基苯并咪唑-氰钴酰胺，是一种预防和治疗由于内因子（促进红细胞生成因子之一）缺乏活性以至吸收障碍而引起的致死性贫血即恶性贫血的维生素。化学结构式如图6-10所示。

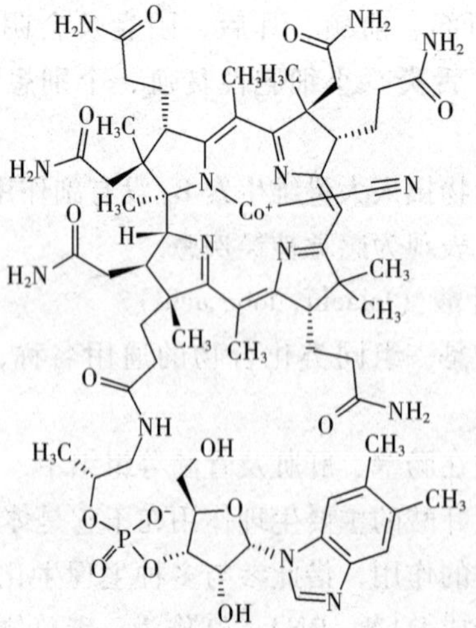

图6-10　维生素 B_{12} 的化学结构式

维生素 B_{12} 在体内以两种辅酶形式存在，即甲基 B_{12}（甲基钴胺素）和辅酶 B_{12}（5-脱氧腺苷钴胺素），其参与生化反应所发挥的作用也与这两种形式有关。甲基 B_{12} 作为蛋氨酸合成酶的辅酶参与同型半胱氨酸甲基化转变为蛋氨酸，从而有利于减少同型半胱氨酸的浓度，预防由于同型半胱氨酸过高引起的心血管疾病。辅酶 B_{12} 作为甲基丙二酰辅酶 A 异构酶的辅酶参与甲基丙二酸 - 琥珀酸的异构化反应。

维生素 B_{12} 缺乏时的一个首要表现是造成巨幼红细胞贫血。原因是造成 5 - 甲基四氢叶酸脱甲基转变成四氢叶酸的过程无法进行，进而引起合成胸腺嘧啶所需的 5，10 - 亚甲基四氢叶酸合成不足，以致红细胞中 DNA 合成障碍，诱发巨幼红细胞贫血。同时维生素 B_{12} 缺乏还会导致同型半胱氨酸不能转变为蛋氨酸而在血中堆积，造成高同型半胱氨酸血症。这不仅是心血管疾病的危险因素，也可对脑细胞产生毒性作用而造成神经系统损害。据报道，每日口服高达 100μg 维生素 B_{12}，未见明显反应。

11. 泛酸（pantothenic acid）

泛酸曾被称为维生素 B_3。因为泛酸是广泛存在于自然界的一种 B 族维生素，故被命名为泛酸。它是许多动物包括人类所必需的维生素。化学结构式如图 6 - 11 所示。

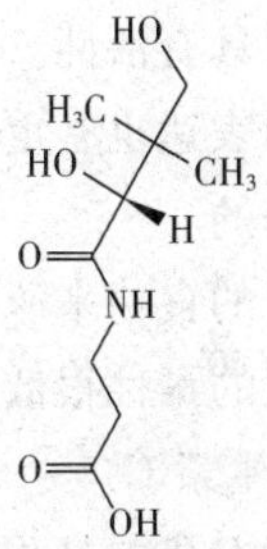

图 6 - 11　泛酸的化学结构式

泛酸的主要生理功能是构成辅酶 A 和酰基载体蛋白，并通过它们在代谢中发挥作用。泛酸以乙酰辅酶 A（CoA）的形式参加代谢过程，是二碳单位的载体，也是体内乙酰化酶的辅酶。在糖类、脂肪、蛋白质代谢中的乙酰转移过程中，占有十分重要的地位。酰基载体蛋白作为脂肪酸合成酶复合体的组成部分，参与脂肪酸的合成。当体内缺乏泛酸时，机体可利用辅酶 A 合成酰基载体蛋白，因此辅酶 A 含量明显下降，而酰基载体蛋白含量却无明显改变。

泛酸缺乏会导致机体代谢受损，包括脂肪合成减少和能量产生不足。不同动物的泛酸缺乏症状表现不同，通常影响皮肤、肝、肾和神经系统，同时也可造成对某些病毒的易感性。因泛酸广泛存在于自然界，所以泛酸缺乏相当罕见。泛酸缺乏的原因通常与三大营养素和维生素摄入不足伴随发生。

泛酸的毒性很低，青年男性每日摄入 10g 泛酸持续 6 周，未见毒副反应。

12. 胆碱（choline）

胆碱是一种强有机碱，它是磷脂酰胆碱和鞘磷脂的重要组成部分。磷脂酰胆碱广泛存在于动植物体内，在动物的脑、精液、肾上腺及细胞中含量尤多，以禽卵卵黄的含量最为丰富。鞘磷脂是神经醇磷脂的典型代表，在高等动物组织中含量最丰富，它由神经氨基醇、脂肪酸、磷酸及胆碱组成。胆碱的化学结构式如图 6 - 12 所示。

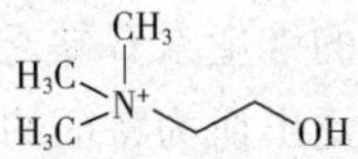

图 6 - 12　胆碱的化学结构式

胆碱在体内的作用涉及多个方面：①促进脑发育和提高记忆能力；②保证信息传递；③调控细胞凋亡；④构成生物膜；⑤促进脂肪代谢；⑥促进体内转甲基代谢；⑦降低血清胆固醇。胆碱的多种生理功能和磷脂的作用有着密切的联系。

由于机体内能合成相当数量的胆碱，故没有观察到胆碱的缺乏症状。长期摄入缺乏胆碱膳食的主要后果可包括肝、肾、胰腺、记忆和生长紊乱和障碍。迄今为止，未发现正常剂量的氯化胆碱、巴比妥胆碱、双氢柠檬酸胆碱以及磷脂酰胆碱等具有潜在的毒性。

13. 生物素（blotin）

生物素也称维生素 B_7、维生素 H、辅酶 R，它存在于各种食物中，也可由人及许多动物胃肠道内的细菌合成。在代谢中作为许多羧化酶的辅因子而发生作用。化学结构式如图 6－13 所示。

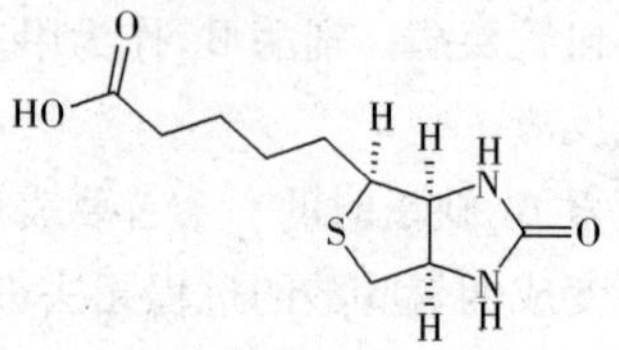

图 6－13　生物素的化学结构式

在代谢中生物素是乙酰辅酶 A 羧化酶的必不可少的辅因子，也是下列酶的辅因子，包括丙酰 CoA 羧化酶、丙酮酸羧化酶、β－甲基巴豆酰 CoA 羧化酶、牛儿酸 CoA 羧化酶，以及甲基丙二酸单酰 CoA 转羧酶。当生物素缺乏时，这些羧化酶的活性下降。在微生物中，生物素也能激活尿酰胺酶。上述这些酶都需要 ATP 及镁的存在才具有活性。生物素对于细胞生长、葡萄糖代谢平衡、DNA 的生物合成和唾液酸糖蛋白受体的表达也有重要作用。同时也有实验证明，生物素对于各种免疫细胞正常功能的发挥也是必需的。

生物素的食物来源相当广泛，并且还能由肠道内细菌合成，故单纯的生物素缺乏症很少见。生物素的毒性很低，至今尚未见生物素毒性反应的报道。

14. 维生素 C

维生素 C 即抗坏血酸（ascorbic acid）。它是一种水溶性维生素，具高度的还原性质而有抗氧化的生理作用。化学结构式如图 6－14 所示。

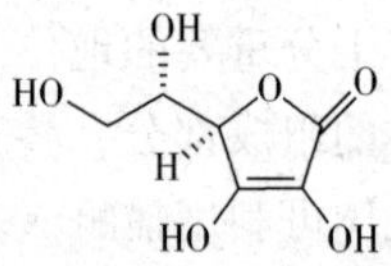

图 6－14　维生素 C 的化学结构式

维生素 C 具有多个方面的作用：①维生素 C 可参与羟化反应，胶原蛋白合成过程中重要的赖氨酸羟化酶与脯氨酸羟化酶均需要维生素 C，神经递质 5－羟色胺及去甲肾上腺素从氨基酸合成时需要维生素 C 的羟化，还参与类固醇的羟化及一些有机物或毒物的羟化解毒。②维生素 C 具有还原作用，它可还原超氧化物、羟基、次氯酸及其他活性氧化物，具有较强的清除自由基的功能，保护细胞内大分子免受攻击。其还原性还能够促进抗体形成、铁的吸收、四氢叶酸的形成。③维生素 C 还有助于某些重金属的解毒、预防某些癌症等。

典型的维生素 C 缺乏症状即坏血病，是一种以胶原结构受损害的疾病。它是一种以合并毛细管广泛出血为特征的严重疾患。临床症状有牙龈肿胀出血、眼球结膜出血、毛囊角化、皮下淤斑、紫癜和关节疼痛等。病情发展可发生身体不同部位的疼痛，尤其是胸部疼痛及全身鳞状样的皮肤损伤。晚期患者常因发热、痢疾、水肿、麻痹或肠坏疽而死亡。

尽管维生素 C 的毒性很小，但服用量过大仍可产生一些不良反应。当超过 1g 时，尿酸排出量就明显增加。长期摄入过多，可由于草酸排泄增多而形成尿结石。摄入超过 2g 时，可引起高渗性腹泻。当每日摄入量在 2～8g 以上时，可出现恶心、腹部痉挛、铁吸收过度、红细胞破坏及泌尿道结石等副作用。此外，长期服用大剂量维生素 C 后，一旦突然停用，尽管仍保持正常合理膳食，仍可出现坏血病的症状。小儿生长时过量服用，容易患骨骼疾病。

第三节　营养素补充剂对健康影响的不确定性

一、长期服用营养素补充剂对健康影响的质疑

营养学研究已发现了各种已知营养素的营养健康作用（可能还不是全部），并且将很多种营养素列入人体必需营养素的范畴，提倡人们通过服用营养素补充剂来弥补日常膳食摄入相应营养素的不足，以改善身体的营养健康状况，预防营养缺乏和降低某些慢性退行性疾病的发生几率。但近年来，对于营养素补充剂效果的长期观察研究也陆续有报道，内容涉及营养素补充剂与某些癌症、与心血管疾病、与总死亡风险等的相关性，研究结果对于营养素补充剂的一些健康效果提出了质疑。下面举几个研究实例，供参考。

许多流行病学研究都表明，摄食β-胡萝卜素食物的人群，许多癌症尤其是肺癌发病率较低。但是几项干预试验却得出相反的结果。最典型的试验是，在芬兰开展的有关各胡萝卜素防癌的大规模长期干预试验，此试验已于1994年完成。参加者是吸烟多年的肺癌高危男性，服用β-胡萝卜素（20mg/d）和维生素E（50mg/d）或安慰剂共6年。在此人群中未观察到β-胡萝卜素对预防慢性病有有益作用，却发现服用β-胡萝卜素的受试者肺癌发病率增加了18%，总死亡率上升了8%，并且具有统计学上的显著性。

早期的随机对照临床试验和流行病学调查研究均提示硒和维生素E对前列腺癌具有潜在的预防作用。Lippman SM等2009年报道，选择健康男性35533人，采用双盲、随机、安慰剂对照临床试验，分别研究硒、维生素E、硒+维生素E、安慰剂对健康男性是否具有预防前列腺癌的作用。在平均随访5.46年时，该研究组提前发布研究结果，认为单独应用硒或维生素E，或者两者联合应用，在该研究采用的剂量和方式下对健康男性不具有预防前列腺癌的作用。

日本学者Kubota Y等于2011年报道，通过对于膳食中抗氧化维生素（即维生素A、维生素E和维生素C）与心血管疾病死亡的关系研究中发现，在日本男性中均未发现有显著影响；对于日本女性而言，富含维生素C膳食与心脑血管疾病死亡存在负相关关系。

美国学者Mursu J等于2011年报道，其研究小组采用前瞻性、大样本队列研究，纳入38772例老年女性，观察时间延续19年，评估了15种维生素和矿物质补充剂应用与总死亡率间的相关性。结果发现，在多变量校正比例回归模型中，应用复合维生素绝对风险增加2.4%，维生素B_6绝对风险增加4.1%，叶酸绝对风险增加5.9%，铁绝对风险增加3.9%，镁绝对风险增加3.6%，锌绝对风险增加3.0%，铜绝对风险增加18.0%，均与总死亡风险升高相关。研究中仅发现，应用钙剂与总死亡风险呈负相关，绝对风险降低3.8%。在独立的短期分析（为期10年、6年和4年随访）中，有关铁剂和钙剂的研究结果具可重复性。

可见，长期服用各种营养素（维生素或者矿物质）补充剂是否可以降低癌症、心脑血管病等慢性疾病的发生或者降低总死亡风险，仍存在不同意见。营养素补充剂，在某种程度上，可能是一把双刃剑。所以，对于各种营养素补充剂产品，应仔细了解产品中所包含的各种维生素、矿物质的含量，并在充分考虑通过日常膳食能够摄入这些营养素数量的基础上酌

量食用。那种不考虑自己日常膳食中的营养素摄入量，而盲目食用的做法，是不可取的。当然，更不鼓励超量摄入。应该指出的是，营养素补充剂只能作为通过日常膳食摄入营养素不足时的补充，而不能代替平衡膳食。通过合理搭配日常膳食，获得平衡、合理的营养才是根本。

二、营养素补充剂中维生素的衰减

营养素补充剂中的某些维生素、矿物质的含量并不是一成不变的。由于受周围环境中诸多条件的影响以及营养素补充剂中的维生素和矿物质之间的相互作用，会对某些维生素和矿物质造成一定程度的衰减。

有报道，绝大多数功能食品与营养素补充剂在37℃、相对湿度75%的条件下储存3个月后，所含的维生素C都会有不同程度的衰减，特别是添加了微量元素补充剂的功能食品。铁离子和钙离子可明显降低其维生素C的含量，而锌离子对维生素C稳定性的影响较小。除营养素补充剂之外，其他食品中的维生素、矿物质也存在衰减现象。婴儿配方乳粉经过24个月后，营养强化剂平均衰减率为9.38%，其中维生素平均衰减率为13.29%，矿物质平均衰减率为8.44%。

所以，了解营养素补充剂中某些维生素、矿物质的衰减现象，一方面可提示加工企业改进加工技术和产品剂型，另一方面可指导营养素补充剂使用者合理使用营养素补充剂。

三、不同维生素和矿物质之间的相互影响

一些矿物质元素之间、矿物质元素与一些维生素之间在吸收和利用上也存在一定的相互影响。

钙和铁、锌、镁和磷等元素存在着相互作用，高钙摄入能影响这些必需矿物质的生物利用率。在一些膳食补充剂和较高膳食铁摄入水平的研究中，铁摄入量过高可影响锌的吸收利用。无机锌与无机铁之间有较强的竞争作用，比例相差过大时，互有干扰吸收作用，当一种过多时，就可干扰另一种的吸收。铜参与铁的代谢，缺铜时铁生成受到障碍。维生素A与β-胡萝卜素在肠道内可能与铁络合，保持较高的溶解度，对铁的吸收有利。维生素B_{12}可促进铁的吸收、转运和储存。维生素C也有利于铁的吸收。维生素C可促进叶酸还原为四氢叶酸，提高叶酸的作用效果。聚谷氨酸叶酸可被锌依赖的酶水解，可使叶酸的生物利用率显著提高。

因此，营养素补充剂的合理搭配，不仅需要考虑目标人群的营养状况，还要考虑营养素之间在吸收与利用方面的交互作用。

四、营养素补充剂的管理

对于营养素补充剂的管理，各国政府也都在根据科学认识上的进步，不断完善。以我国为例，国家食品药品监督管理总局安全监管三司于2014年11月5日发布了关于征求《营养素补充剂管理规定（征求意见稿）》和《营养素补充剂资料要求（征求意见稿）》意见的函（食药监食监三便函〔2014〕174号），在该征求意见稿中，包含了四个附件，分别是《营养素补充剂种类和用量》《营养素补充剂化合物名单及质量要求》《营养素补充剂名单及质量要求（婴幼儿）》《保健食品允许使用的辅料名单》，对不同年龄段人群的营养素补充剂量、

营养补充剂物质的质量要求，都做了明确的规定，目的在于完善法律依据，保障安全。

思考题

1. 试比较营养补充剂和营养强化剂的异同。
2. 简述钙、铁的生理功能，机体钙缺乏、铁缺乏将引发哪些疾病和症状。
3. 简述维生素 A 的生理功能，机体缺乏维生素 A 将引发哪些疾病和症状。
4. 简述叶酸的生理功能，孕妇缺乏叶酸将引发怎样的后果。

参考文献

1　金宗濂．功能食品教程［M］．北京：中国轻工业出版社，2005.
2　中国营养学会．中国居民膳食营养素参考摄入量［M］．北京：中国轻工业出版社，2000.
3　中国营养学会．中国居民膳食营养素参考摄入量速查手册（2013 版）［M］．北京：中国标准出版社，2014.
4　何志谦．人类营养学［M］．2 版．北京：人民卫生出版社，2002.
5　葛可佑．中国营养科学全书（上册）［M］．北京：人民卫生出版社，2004.

第七章 世界各国对功能食品的管理

CHAPTER 7

内容提要

本章主要介绍世界各国对功能食品的监管措施和方式。

学习目标

1. 掌握我国功能食品的管理方式；
2. 掌握美国、日本功能食品的管理方式；
3. 了解欧盟和加拿大有关功能食品的管理措施和方式。

重要概念与名词

我国的功能食品、营养素补充剂、美国带有特定声称的常规食品（conventional foods with claims）、美国膳食补充剂（dietary supplements）、日本特定保健用食品（foods for specified health uses）、日本营养素功能食品（food with nutrient function claims，FNFC）、日本功能性标识食品、日本健康辅助食品、加拿大天然健康产品（natural health product）、欧盟膳食补充剂、欧盟新食品、欧盟特殊营养用途食品、欧盟强化食品。

当前，功能食品产业已成为全球范围内增速发展的特殊食品产业，世界各国对功能食品一般均实行有别于普通食品的特殊管理：一是把这类食品作为一种特殊食品类型，对其进行安全、功效验证等上市前审批的管理方法；二是采取产品注册备报代替上市前审批；三是采用不作为特定的食品类别，而是对食品标签中健康声称进行管理的方法。无论上述哪种方式，各国政府对功能食品的监管均有符合本国国情的管理措施。

第一节 我国对功能食品的管理

中国对功能食品的管理采用注册与备案并行的方式，涉及功能食品的审批、生产监管、市场监督三个环节，药监、卫生、工商、质检四个部门，具有较为完整的监管体系。

在我国，“功能食品”和“保健食品”同属于一个概念，以一套法规予以管理，并赋予保健食品标志及保健食品批准文号。

一、我国功能食品管理的相关法规与标准

我国功能食品管理体系的建立始于1995年，《中华人民共和国食品卫生法》（简称《食品卫生法》）的颁布首次明确了功能食品的法律地位。1996年3月，卫生部根据《食品卫生法》制定颁布了《保健食品管理办法》，明确了功能食品的定义、审批、生产经营、标签、说明书及广告宣传和监督管理等内容，从而使功能食品产业的发展有章可循，有法可依。

2003年5月卫生部公布了《保健食品检验与评价技术规范》，受理27项功能项目。这27项功能可分为两大类：一类是与增进健康、增强体质相关的保健功能，有11项；另一类16项是与降低疾病风险、辅助药物治疗等相关的保健功能。就此规范而言，其中的部分评价方法存在技术上的缺陷与漏洞，不能客观、科学、严谨地反映产品的功能特性，国家食品药品监督管理总局（CFDA）于2012年更新了其中9项的评价方法。2003年9月，国家食品药品监督管理总局与卫生部进行了功能食品的管理移交，并于2003年10月10日开始开展功能食品的受理审批工作。2005年4月，CFDA颁布《保健食品注册管理办法（试行)》，明确了对功能食品的申请与审批、研发报告、原料与辅料的安全性、标签与说明书、试验与检验、再注册、复审、法律责任等的要求。2016年2月，CFDA颁布了《保健食品注册与备案管理办法》，并于2016年7月1日起实施。目前，我国关于功能食品管理的法规如表7－1所示。

表7－1 我国现行功能食品管理法规

分类	法规名称
正在生效的法律法规	《中华人民共和国食品安全法》
	《保健食品注册与备案管理办法》
	《食品安全国家标准 保健食品》（GB 16740—2014）
	《食品生产许可管理办法》
	《食品生产许可审查通则》
	《保健食品生产许可审查细则》
	《食品经营许可管理办法》
	《食品经营许可审查通则》

续表

分类	法规名称
注册与备案规则	《保健食品注册审评审批工作细则》
	《保健食品注册申请服务指南》
	《保健食品备案工作指南》
	《保健食品原料目录（一）》
	《允许保健食品声称的保健功能目录（一）》
	《保健食品备案产品可用辅料及其使用规定（试行）》
	《保健食品备案产品主要生产工艺（试行）》
	《特殊食品验证评价技术机构工作规范》

二、功能食品的范畴

我国的“保健食品”与国际上的“健康（功能）食品”“营养药品”“特定保健用食品”以及“膳食补充品”等概念相似，都是强调食品的传统功能以外的其他生理功效，并且将“保健食品”与“功能食品”视为同一概念。营养素补充剂作为功能食品的一种特殊形式，也被纳入功能食品的管理范畴。

（一） 功能食品

功能食品是指声称具有特定保健功能或者以补充维生素、矿物质为目的的食品。即适宜于特定人群食用，具有调节机体功能，不以治疗疾病为目的，并且对人体不产生任何急性、亚急性或者慢性危害的食品。

功能食品是食品的一个种类，具有一般食品的共性，可以是普通食品的形态，也可以使用片剂、胶囊等特殊剂型；功能食品标签说明书可以标示声称保健功能以区别于普通食品。功能食品与药品的主要区别是：功能食品不能以治疗疾病为目的，可以长期使用而没有不良副反应；而药品应当有明确的治疗目的，并有确定的适应症和功能主治，可以有不良反应，并在医生指导下服用。

自 1996 年 6 月实施《保健食品管理办法》以来，我国一直将功能食品作为一项单独的产品进行管理，并给予特定标识和批准证书。

（二） 营养素补充剂

营养素补充剂是指以补充维生素和矿物质而不以提供能量为目的的产品。其作用是补充膳食供给的不足，预防营养缺乏和降低发生某些慢性退行性疾病的危险性。营养素补充剂包括 8 种矿物质和 14 种维生素，必须符合《保健食品原料目录（一）》（营养素补充剂原料目录）、《允许保健食品声称的保健功能目录（一）》（营养素补充剂保健功能目录）的规定。

三、 注册与备案

国家食品药品监督管理总局负责功能食品注册管理，以及首次进口的属于补充维生素、矿物质等营养物质的功能食品备案管理，省、自治区、直辖市食品药品监督管理部门负责本行政区域内功能食品的备案管理，并配合国家食品药品监督管理总局开展功能食品注册现场核查等工作。

申请功能食品注册或备案时，需要提交产品研发报告（包括目录外原料及产品安全性、保健功能、质量可控性的论证报告和相关科学依据，以及根据研发结果综合确定的产品技术要求）、产品配方材料（原料或辅料的质量标准等）、产品生产工艺、安全性和保健功能评价材料、包装材料、产品标签或说明书样稿等等多种材料。受理后3个工作日内受理机构将申请材料一并送交审评机构。审评机构组织审评专家对申请材料进行审查，并根据实际需要组织查验机构开展现场核查，组织检验机构开展复核检验，在60个工作日内完成审评工作，并向国家食品药品监管管理总局提交综合审评结论和建议。其后，国家食品药品监督管理总局应自受理之日的20个工作日内对审评程序和结论的合法性、规范性以及完整性进行审查，并作出准予注册或者不予注册的决定。予以注册的产品给予注册证书和特定的“蓝帽子”标识。

图7－1　保健食品的标识图

四、功能与安全性评价

根据《保健食品注册与备案管理办法》，对于使用《保健食品原料目录》以外原料的功能食品均需进行毒理学安全性评价。按照2003年修订的《食品安全性毒理学评价程序》（GB 15193.1—2003），功能食品可依照其成分原料进行急性毒性、三项致突变试验以及30d喂养试验等不同阶段的评价试验。在保健功能评价方面，产品声称的保健功能应当已经列入《允许保健食品声称的保健功能目录》。2003年5月卫生部公布了《保健食品检验与评价技术规范》，涉及27种保健功能的检验项目与检测方法、试验原则及结果判断。2012年，国家食品药品监督管理总局更新了其中抗氧化、对胃黏膜损伤有辅助保护、辅助降血糖、辅助降血脂、缓解视疲劳、改善缺铁性贫血、促进排铅、减肥、清咽等9项功能的评价方法。

五、标签与声称

《中华人民共和国食品安全法》第五十一条规定，声称具有特定保健功能的食品不得对人体产生急性、亚急性或者慢性危害，其标签、说明书不得涉及疾病预防、治疗功能。

根据《保健食品注册与备案管理办法》，功能食品产品标签、说明书样稿应当包括产品名称、原料、辅料、功效成分或者标志性成分及含量、适宜人群、不适宜人群、保健功能、食用量及食用方法、规格、贮藏方法、保质期、注意事项等内容及相关制定依据和说明等。内容不得涉及疾病预防、治疗功能，并声明“本品不能代替药物”。严禁虚假、夸大或者绝对化的词语，严禁明示或者暗示预防、治疗功能的词语，严禁其他误导消费者的词语。

六、基本要求

功能食品的原料是指与功能食品功能相关的初始物料，辅料是指生产功能食品时所用的赋形剂及其他附加物料。卫生部曾发布了《关于进一步规范保健食品原料管理的通知》，对功能食品涉及的各种原料物质的管理作了明确的规定。可用于功能食品的原辅料包括或符合：①食物成分；②《食品安全国家标准 食品添加剂使用标准》（GB 2760—2014）；③《新资源食品管理办法》中涉及的食品新资源；④《关于进一步规范保健食品原料管理的通知》中规定的 87 种既是食品又是药品的原料以及 114 种可用于功能食品的原料。

目前，国家食药总局正在制订《保健食品功能目录与原料目录管理办法》，已于 2016 年颁发《保健食品原料目录（一）》，其后将陆续发布保健食品原料目录。

功能食品的生产方面，需符合《食品生产许可管理办法》、《食品安全国家标准 保健食品》（GB 16740—2014）、《保健食品生产许可审查细则》。1998 年卫生部发布的《保健食品良好生产规范》（GB 17405—1998）是强制性国家标准，不仅针对卫生操作方面作了具体要求，而是涉及了功能食品生产的全过程，使功能食品生产中发生差错和失误、各类污染的可能性降到最低程度，是功能食品生产全过程的质量管理制度。功能食品具有功效成分，是一类介于药品和普通食品之间的一种食用种类，制定和实施《保健食品良好生产规范》，对于保证我国功能食品生产的质量，规范我国功能食品生产经营活动，具有重要的意义。

七、监督管理

《中华人民共和国食品安全法》第一章第四条规定：国务院设立食品安全委员会，其工作职责由国务院规定。国务院卫生行政部门承担食品安全综合协调职责，负责食品安全风险评估、食品安全标准制定、食品安全信息公布、食品检验机构的资质认定条件和检验规范的制定，组织查处食品安全重大事故。国务院质量监督、工商行政管理和国家食品药品监督管理部门依照本法和国务院规定的职责，分别对食品生产、食品流通、餐饮服务活动实施监督管理。

对于有证据表明保健食品可能存在安全隐患的，对于备案材料虚假的、备案产品生产工艺或产品配方等存在安全性问题、生产企业的生产许可被依法吊销或注销的、备案人申请取消备案的等情况，食品药品监督管理部门可注销或取消保健食品的注册与备案。

八、我国功能食品管理中存在的主要问题

从以上对管理体系的论述中可以看出，我国对功能食品的管理存在一些问题，主要表现在：①法律法规不完善，主要管理法规——《保健食品注册与备案管理办法》是一个产品注册与备案管理办法，缺乏新功能、新原料等配套的管理办法，缺乏系统的检验检测技术规范；②监管体系缺位，监管过程中存在多头管理的局面，各部门之间缺乏沟通与信息交流，未能建立起从行政许可到市场监督一体化的管理体制；③生产方面，研发投入不足，新产品开发慢，低水平重复现象严重，个别企业违规生产，食品安全问题突出；④经营方面，功能声称不规范，夸大宣传影响行业整体信誉，营销模式缺乏创新。上述诸方面的问题已成为制约产业发展的瓶颈问题，因此有必要与国外发达国家的管理体制进行比较，寻找国内外功能食品在管理方面的差距，以推动我国功能食品行业步向稳定、健康的发展轨道。

目前，我国对功能食品实行注册与备案准入制度，但关于生产、流通等环节的监管法律法规相对较少，存在功能食品重审批、轻监管的不足。功能食品市场问题不断，如在减肥、抗疲劳、促进生长发育、调节血糖、调节血脂类功能食品中非法添加违禁物品问题时有发

生，非法生产经营问题屡禁不止，功能食品不实宣传问题严重，使消费者对功能食品的信任度下降。当今世界各国均对食品安全高度重视，尤其对功能食品的管理更为严格。为了我国功能食品产业的有序健康发展，应尽快出台功能食品的监管条例，对功能食品的监管科学化、制度化。

第二节 日本对功能食品的管理

日本是较早开始研究功能食品科学依据的国家之一。为了应对因人口老龄化、生活方式性疾病等因素而日益加重的医疗负担，在1984—1986年，文部省就已将“食品机能的系统性分析与拓展”列为特定研究项目。这一课题以研究人类健康为目的，以最新的科学视角和现代医学、生物学理论为基础，探讨饮食与人类健康的关系，并积极开发功能食品。1984年7月，厚生省生活卫生局成立了健康食品对策室，以加强宣传由治疗疾病向预防疾病转化的健康理念，并着手规划机能性食品的市场导入体系。1997年7月，厚生省对“营养改善法”进行了修订，提出了“特定保健用食品”（foods for specified health uses，FOSHU）的概念，将其归列于“特别用途食品”中，并颁布了《特定保健用食品许可指南及处理要点》。随后，厚生省又对一些法规性文件进行了修订，于2001年建立了“保健功能食品制度”，在此基础上2015年又设立了“功能性标示食品制度”。2002年，日本废止了《营养改善法》，开始实施《健康增进法》。

一、日本功能食品的范畴

（一）特定保健用食品

1991年，日本修改了《营养改善法》，提出了“特定保健用食品”（FOSHU）。FOSHU的定位归属于“特别用途食品”中的“特殊膳食用食品”。其定义：在日常饮食生活中因特定保健目的而摄取，摄取后能够达到该保健目的，并加以标示的食品。这类食品应具备以下特征：①食品中的某种成分具有特定的保健作用；②食品中的致敏物质已被去除，无论是添加了功效成分、还是去除了致敏物质的食品都必须经过科学论证；③产品的功效声称经过厚生省批准，同时产品不得有健康和卫生方面的危险。从此，日本对功能食品开始了制度化管理，目的是向消费者提供具有健康益处的食品。

2009年9月起，FOSHU产品的许可权由厚生省移交消费者厅。

（二）营养素功能食品

2001年4月，厚生省又建立了“保健功能食品制度”，提出了“营养素功能食品”（FNFC），并将其和FOSHU一并纳入“保健功能食品制度”内管理。FNFC包括了12种维生素和2种矿物元素，但在2005年对“保健功能食品制度”修订时将矿物质元素扩充至5种。这12种维生素分别是维生素A（或β-胡萝卜素）、维生素D、维生素E、维生素B_1、维生素B_2、维生素B_6、维生素B_{12}、维生素C，烟酸、生物素、泛酸、叶酸；5种矿物元素包括钙、锌、铁、镁、铜。这类产品可以在标识上标明其中营养素的功能声称，使用量都规定有允许摄取量范围的上下限标准（表7-2）。

表 7－2　营养素功能食品允许摄取量范围的上下限标准

营养家	每日摄入量	
	下限	上限
钙	210mg	600mg
铁	2. 25mg	10mg
锌	2. 10mg	15mg
铜	0. 18mg	6mg
镁	75mg	300mg
烟酸	3. 3mg	60mg
泛酸	1. 65mg	30mg
生物素	14μg	500μg
维生素 A	135μg	600μg
维生素 B_1	0. 30mg	25mg
维生素 B_2	0. 33mg	12mg
维生素 B_6	0. 30mg	10mg
维生素 B_{12}	0. 60μg	60μg
维生素 C	24mg	1000mg
维生素 D	1. 50μg	5. 0μg
维生素 E	2. 4mg	150mg
叶酸	60μg	200μg

（三）功能性标识食品

在“保健功能食品制度”的基础上，2015 年起，消费者厅增设了“功能性标识食品”，创立“功能性标识食品制度”，如图 7－2 所示。

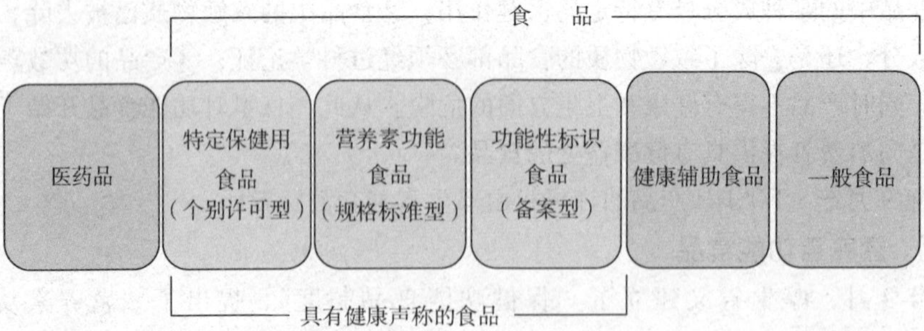

图 7－2　功能性标识食品制度

功能性标识食品主要是突出食品中含有的功能性成分，这些功能性成分起到维持、增进健康的作用，并有科学依据，可标示于产品包装上，如“改善肠道状况”“轻度吸收脂肪”等。适宜人群并非病患，而是普通健康人群。

这类产品与FOSHU不同，是生产商全方位负责，不需要国家审批。只在上市前向消费者厅提交其安全性、功效性的科学依据，对健康损害情况的信息追踪系统，产品包装说明以及其他必要材料即可；实行备案制。这类产品包括生鲜食品在内，所有的食品都可以备案成为功能性标识食品。

“功能性标识食品制度”的建立，一是为了给消费者提供准确、贴切的食品信息，使消费者更好地了解各类食品的特性，能够根据自身饮食结构的现状，合理地选择适合自己的产品；二是契合了近年来FAO和WHO共同提出的发展营养导向型农业和食品体系（Nutrition-Sensitive Agriculture and Food-System）的倡导，强调了营养与健康关系；三是参考了其他国家对营养补充剂的管理法规。总体上，“功能性标识食品制度”设置了既具有日本特色又与其他国家有一定共性的管理体制。

二、 健康辅助食品

健康辅助食品是以补充营养成分，达到保健目的而摄取的食品。这类产品由日本健康·营养食品协会（Japan Health Food & Nutrition Food Association，JHFA）管理。JHFA对其安全性、标签表示的内容进行规格基准型审批，获批的产品可以标注JHFA的特殊标志，但不能有降低疾病危险性或增进健康的功能声称。JHFA已批准的产品主要包括蛋白质类、脂类、糖类、维生素类、矿物质类、草药等植物成分、发酵产品、藻类、蜂产品、菌菇类及其他。

三、 标签与声称

对于FOSHU产品，除了标注健康声称外，标签上还必须包括每日推荐摄入量、营养信息、食用方法及注意事项、过量服用警告等，不得有任何误导消费者的信息。在管理体系中，FOSHU属于食品范畴，因此不能强调治疗效果。如有关高血压的健康声称不能是“改善高血压”，而只能是“该食品适用于高血压人群”。可以看出，日本对健康声称的表述有严格的措词规定，以避免误导消费者。

到目前为止，日本已批准的FOSHU产品主要涉及八大类：有整肠作用的食品、适合于高胆固醇人群的食品、适合于高血压人群的食品、适合于高血糖人群的食品（可减缓餐后血糖值的升高）、能提高矿物质吸收的食品、对维持牙齿健康有帮助的食品、适合于高中性脂肪高体脂人群的食品（不易使餐后血液中中性脂肪含量上升或不易使脂肪在体内积聚）、对维持骨骼健康有帮助的食品。这八大类健康声称产品涉及到的功能因子主要包括寡糖、乳酸菌、膳食纤维、糖醇、多不饱和脂肪酸、多肽和蛋白质、矿物质、胆碱、醇和酚类、配糖、类异戊二烯和维生素以及其他。

对于17种FNFC产品，标签上需要标注：营养成分的含量、热量、每日推荐摄取量、食用方法及注意事项、营养成分的功能声称等信息。另外，所有FNFC产品特别要醒目标注的是：本产品并非厚生省的个别许可产品、大量摄取并不能增进健康。17种营养素的功能声称如下所述：钙：骨骼和牙齿形成的必要营养素；锌：维持味觉正常、皮肤和黏膜健康、参与蛋白质、核酸代谢、维持健康；铁：有助于红细胞生成；铜：维持酶的正常功能、有助于红细胞和骨骼形成；镁：有助于骨和牙形成、有助于产能、维持酶的正常功能、保持血液循环正常；维生素A：维持暗视力、保持皮肤和黏膜健康；维生素B_1：有助于糖类产生能量、维持皮肤和黏膜健康；维生素B_2：维持皮肤和黏膜健康；维生素B_6：有助于蛋白质产能、维持皮肤和黏膜健康；维生素 B_{12}：有助于红细胞生成；维生素 C：抗氧化、维持皮肤和黏膜健康；维生素 D：有助于肠道对钙的吸收、利于骨骼生成；维生素 E：抗氧化、防止脂质氧化、维持细胞健康；烟酸、生物素、泛酸：维持皮肤和黏膜健康；叶酸：有助于红细胞生成、胚胎正常发育。

四、审批机制

根据《健康增进法》和《食品卫生法》，FOSHU 和 FNFC 虽然都属于保健功能食品，但彼此的审批形式不同。

FNFC 的审批形式为规格基准型，12 种维生素和 5 种矿物元素的使用量都规定有允许摄取量范围的上下限。只要产品中营养素的含量在此范围内，即可申请为营养素功能食品，采取“事先备案，事后监督”的管理模式。国家只对营养素的标示内容做出具体细致的规定，而将大部分的精力都放到市场监管当中，较大程度地节约了人力、物力和财力，也为生产企业节约了申报成本。

FOSHU 产品需要经过厚生省的严格审批，属个别许可型，耗时半年。需要提交许可申请书、审查申请书及其支撑资料、样品分析结果等材料，经过药事·食品卫生审议会和食品安全委员会对产品的有效性、安全性进行综合评定。样品分析需由国立健康·营养研究所或其他登录在册的机构完成。近几年，日本对审批过程做了一些修改，但并没有放松安全性评价，而是适当放宽了功效评价标准。FOSHU 管理关注的是产品的健康声称，产品标签上需标注 FOSHU 的特殊标志，进口的产品也必须有许可证标识。

（一）功效审批

为了鼓励产业发展，也为了给消费者提供正确的保健功能食品资讯，以指导消费者选择出适合自己的产品，日本政府自 2003 年起就开始重新研讨保健功能食品的管理制度，于 2005 年 2 月实施健康增进法、食品卫生法以及营养表示标准等的修订规则，将个别许可型的 FOSHU 范围扩大，增添了“附带条件的 FOSHU”“规格基准型的 FOSHU”以及“降低疾病风险标示的 FOSHU”，如图 7－3 所示。

FOSHU
FOSHU（规格标准）
FOSHU（降低疾病风险）

FOSHU（附带条件）

图 7－3　特定保健用食品的标识区分

1. 附带条件的 FOSHU

安全性审查没有改变，但作用机制与功效性的审查标准比原本的 FOSHU 要宽松。一方面，由原来的显著性差异比较必须小于 5%，放宽到 10%；另一方面，作用机制不够明确，但在有限的科学依据下，也可认为产品具有保健功效。在标签上可以描述为“本品含有某种成分，可能是适用于某种生理状态”。这类产品的特殊标志与原本的 FOSHU 产品有所区别，带有“附带条件”的字样。

2. 规格基准型的 FOSHU

规格基准型的 FOSHU 是从已获得批准的 FOSHU 中筛选出的，必须满足以下三个条件：某保健用途的产品已超过 100 个、其中某功效成分获得许可已超过 6 年、有多个企业的该功效成分获得批准。只要满足上述三个条件，表示获准的产品较多、积累的科学根据较为充分；则此类产品不需要在药事·食品卫生审议会上进行个别审查，只需在厚生省医药食品局食品安全部基准审查科的新开发食品保健对策室进行简单的规格基准审查即可获得批准。目前，已有膳食纤维、寡糖等多种成分被批准为规格基准型。规格基准型 FOSHU 的安全性临床实验的标准并未改变。

3. 降低疾病风险标示的 FOSHU

当食品中的功效成分在医学、营养学上已被广泛证实具有降低疾病风险时，允许其在标签上使用降低疾病风险的标示。已获批准的有钙能降低女性患骨质疏松症的风险、叶酸能降低胎儿神经管畸形的风险，并给出了每日摄取钙和叶酸的范围，分别是：300 ~ 700mg、400 ~ 1000μg。

（二）安全性审批

日本消费者厅要求 FOSHU 产品及有关成分须经安全毒理学评价证实安全无害方可。但其需要提供的安全资料远远少于食品添加剂和药品所需提供的资料数量及要求。

五、基本要求

日本对 FOSHU 进行研究时突出的一点是明确具有保健功能的活性成分，并确保这类食品是安全有效的。按照消费者厅要求，由生产商制定产品质量标准，明确标出功效成分含量。在产品的生产管理过程中，按照两个指南执行，一个是《GMP 指南》，针对生产和品控，从各程序的标准、责任人等多方面进行管理；另一个是《原料安全性自检指南》，涉及到两个要点：必须收集基础原料的安全性毒性信息，根据当前的饮食经验对安全性不能确保的原料必须进行毒性实验。

剂型：片剂、胶囊、软胶囊、粉剂、饮液；薄片或条棒状或普通食品剂型。

安全性：须经安全毒理学评价证实安全无害，提供安全性证实资料。

功效：功效声称须符合“保健功能食品制度”中的相关规定。

标识：需标注 FOSHU 的特殊标志，还要表明注意事项和警示的内容。

六、监督管理

首先，要求企业实施自行管理，包括确定标准、审核标签和声明，并于 2007 年 6 月由 JHFA 向生产商发出了“正确进行特定保健用食品广告宣传的自主准则”，要求企业在标示许可的范围内进行产品宣传，以达到稳定市场、普及特定保健用食品的目的，从而在行业自律方面起到积极的作用；其次，各地方政府每年都会制定（修订）监督指导规划，聘有食品卫生监督员，现场检查违规情况；第三，实行举报制，一旦发现产品有问题，可以及时向消费者厅举报，以便对策室采取相应措施。对于违规情况，可以处以 1 ~ 3 年的监禁、50 万 ~ 300 万日元（重者 1 亿日元以下）的罚款。

综上，20 世纪 80 年代日本就提出了“功能食品”的概念，于 1991 年将功能食品定名为“特定保健用食品”（FOSHU），产品上市前须严格审批，标签上标有 FOSHU 的特殊标志和健康声称。2001 年，建立了“保健功能食品制度”，增加了“营养素功能食品”（FNFC）。2015 年起，消费者厅又增设了“功能性标识食品”，创立“功能性标识食品制度”，一并将 FNFC、FOSHU 和功能性标识食品纳入“功能性标识食品制度”管理。还有一类“健康辅助食品”的产品，不能声称功能，采用规格基准型管理模式，由日本健康·营养食品协会（JHFA）管理。可见，日本是将功能食品和保健（或健康）食品看成两概念，进行双轨制管理。突出的特点是采用了疏导的方式，不仅提高了 FOSHU 的审批门槛，而且促进了“健康食品”的大力发展。在 FOSHU 产品的健康声称方面进行了分类，扩展了规格基准型 FOSHU、有条件的个别许可型 FOSHU 和降低疾病风险标示的 FOSHU 三类，并在标识上有所区分。在监督管理方面，企业与行业协会的自律对保障产品的安全和质量起到了重要作用。

第三节　美国的健康食品及其管理

1938 年美国国会颁布了《联邦食品、药品和化妆品法》（*Federal Food, Drug, and Cosmetic Act*, FD&C Act），赋予美国食品与药物管理局（FDA）管理食品、食品成分的权利，以确保食品安全。除 FD&C Act 外，美国联邦法规（Code of Federal Regulation, CFR）第 21 卷收纳了 FDA 的食品和药物行政法规。为了改进对食品标识与声称的管理，20 世纪 90 年代，FD&C Act 被多次补充与修订，国会于 1990 年 11 月 8 日颁布了《营养标签与教育法》（NLEA），于 1994 年 10 月 26 日颁布了《膳食补充剂健康与教育法》（DSHEA），于 1997 年 11 月 21 日颁布了《食品与药物管理局现代化法》（FDAMA）。这些法规法案的相继出台，使得食品标识与健康声称的管理逐渐清楚、细化，有利于健康食品产业的健康发展。

一、美国健康食品的范畴

美国并无“功能食品”的法律定义，市场上的健康食品是通过现有的食品法规框架进行监管的。根据美国现有食品法律和法规框架，健康食品主要包括下述五大类产品：带有特定声称的常规食品（conventional foods with claims）、膳食补充剂（dietary supplements）、强化食品（fortified, enriched or enhanced foods）、特殊膳食食品（foods for special dietary use）和疗效食品（medical foods）。这些产品一般都在标签上声称食品（或食物成分）与健康的关系，其健康声称归属 NLEA、DSHEA 和 FDAMA 管理。其中，与我国的功能食品类似的是膳食补充剂。

（一）膳食补充剂的定义

上述五类产品中，膳食补充剂的市场份额最大、品种最多。DSHEA 将膳食补充剂定义为：“它是一种旨在补充膳食的产品（而非烟草），可能含有一种或多种如下膳食成分：维生素、矿物质、草本（草药）或其他植物、氨基酸、以增加每日总摄入量而补充的膳食成分，或是以上成分的浓缩品、代谢物、成分、提取物或组合产品等”。

在标签上需要标注“膳食补充剂”，可以丸剂、胶囊、片剂或液态等形态口服，但不能代替普通食物或作为膳食的替代品。

（二）DSHEA 的制定背景

1994 年美国的医疗保健费用已达 1 万亿美元，相当于国民生产总值的 12%，并且这个数目将继续增长。因此，美国联邦政府越来越清晰地认识到提高美国国民的健康状况应为联邦政府的头等大事。同时，科学研究的结果也显示出营养的重要性以及膳食补充剂对促进健康和预防疾病的益处，提示健康饮食可以减少慢性病的发病率，减轻医疗保健费用。从政府的视角考虑，降低医疗保健费用对国家的未来以及国民经济的健康发展至关重要。

而事实上，在 1994 年 DSHEA 出台之前，根据美国全国性的调查，已有约 50% 的美国人经常使用维生素、矿物质、草药等膳食补充剂以改善营养状况，公众越来越希望获得营养与身体健康相互关联的知识。在一定程度上，营养补充剂产业已经成为了美国经济不可分割的一部分。加之，一些生产企业认为 NLEA 的部分内容不适宜管理膳食补充剂，而游说政府对 NLEA 进行修订。

因此，在这样的大背景下，为了促进公众健康，保护消费者获得安全的膳食补充剂，也为当时有关膳食补充剂方面的政策法规缺乏的问题，必须制订一个合理的联邦法规。于是，1994 年 10 月 26 日国会颁布了 DSHEA。

二、标签与声称

2008 年 4 月，FDA 发布了最新版本的《食品标签指南》（*Guidance for Industry - A Food Labeling Guide*，以下简称《指南》）。2016 年 5 月，FDA 又发布了《食品标签：修改营养成分表标签》法规的终稿。《指南》由营养产品、标签和膳食补充剂办公室（Office of Nutritional Products, Labeling, and Dietary Supplements）编写，该办公室设在 FDA 的食品安全和应用营养中心（Center for Food Safety and Applied Nutrition, CFSAN）里。《指南》概括了根据相关法律法规而出现在食品标签上的规定信息、声称及其表达方式。

美国食品标签上的声称可分为三类：健康声称（Health Claim）、营养素含量声称（Nutrient Content Claim）以及结构/功能声称（Structure/Function Claim）。其中，健康声称是对一种食品、食品组分、膳食成分或膳食补充剂与某种疾病风险之间关系的说明，包括具有明确科学共识的健康声称、具有权威声明的健康声称、有条件的健康声称三类。

（一）健康声称（Health Claim）

1. 具有明确科学共识的健康声称（Health Claims That Meet Significant Scientific Agreement, SSA）

根据 NLEA 和 DSHEA，这类健康声称必须符合一定的标准，FDA 经过对申请者送报材料中的科学证据进行严格审查后，方可授权。FDA 依据的主要标准是“显著的科学一致性标准”（significant scientific agreement standard），包括两个基本要点：具有完整的、可公开获取的和能够支持健康声称的科学（文献）证据，这些科学证据的有效性必须在有资质的专家中得到普遍的共识或具有显著的科学一致性。

FDA 已批准的具有明确科学共识的健康声称已有：钙与骨质疏松；钠与高血压；膳食脂肪与癌症；膳食饱和脂肪酸、胆固醇与冠心病；含纤维的水果、蔬菜、谷制品与癌症；含可溶性纤维的水果、蔬菜、谷制品与冠心病；富含抗氧化维生素的水果蔬菜与癌症；叶酸与神经管畸形；含非致龋齿性糖类的膳食和龋齿；膳食中的可溶性纤维（如全麦和亚麻籽壳）与冠心病；大豆蛋白和冠心病；植物固醇或酯与冠心病。

2. 具有权威声明的健康声称［FDA Modernization Act of 1997（FDAMA）Health and Nutrient Content Claims］

1997 年颁布的《食品与药物管理局现代化法》（FDAMA）规定了用于食品健康声称授权的第二条途径。这类声称以美国政府或国家科学院的科学团体所提出的“权威声明”为基础，将研究结果提交给 FDA，由 FAD 最终确认。FDA 已出版了企业如何使用基于权威声明的健康声称使用指南。FDAMA 的条款中不包括膳食补充剂，因此该健康声称不适用于膳食补充剂。

FAD 已批准的具有权威声明的健康声称：钾与高血压和中风；全谷类食物与心脏病和癌症、膳食脂肪与心脏病；含氟化物的饮水与龋齿；含胆碱食品的营养素含量声称。

3. 有条件的健康声称（Qualified Health Claims，QHC）

1999 年的 Pearson v. Shalala 案件和 2002 年的 Whitaker v. Thompson 案件中，涉及到的共同问题都是有些食物成分可能具有降低疾病风险的作用，但是又不完全符合“显著科学一致性标准”。这使得 FDA 不得不开始考虑可以承认并批准其为符合适当条件的健康声称。于是，“2003 年 FDA 较好营养的消费者健康信息计划”（2003 FDA Consumer Health Information for Better Nutrition Initiative）即对有条件的健康声称作出了规定。有条件的健康声称的批准准则是根据科学证据的权重，在食品成分与疾病之间的关系中，有利的科学证据要多于不利的证据，但不需要达到“显著科学一致性标准”。此类声称必须被限定在保证其表述正确并且不误导消费者的基础上。常规食品和膳食补充剂都可使用限定的健康声称。FDA 已出版关于有条件的健康声称的暂行程序和支持该声称的证据的强度分级指南。

FAD 已批准的具有条件的健康声称包括：0.8mg 叶酸与神经管畸形；维生素 B 族（B_6、B_{12}和叶酸）与血管疾病；硒与癌症；磷脂酰丝氨酸与认知障碍和痴呆；抗氧化维生素（C 和 E）与癌症；坚果与心脏病；核桃与心脏病；$n-3$ 脂肪酸（EPA 和 DHA）与冠心病；橄榄油中的单不饱和脂肪酸与冠心病；绿茶与乳腺癌和前列腺癌；钙与直肠癌；钙与高血压；甲基铬与胰岛素抵抗或Ⅱ型糖尿病；番茄或番茄酱与前列腺癌、卵巢癌、胃癌和胰腺癌；Canola 油中的不饱和脂肪酸与冠心病；玉米油及其制品与降低心脏病风险。

此外，具有健康声称的食品还必须符合一些基本要求，其所涉及的成分或营养素（强化前）必须在该食品中含量达到 10% 或多于每日摄取量，每份食品（按标签指示）所含脂肪要少于 13g、饱和脂肪少于 4g、胆固醇少于 60mg、钠少于 480mg。因此，凡含有过量脂肪、饱和脂肪、胆固醇、钠的产品不能做健康声称。

（二）营养素含量声称（Nutrient Content Claims）

根据 NLEA，营养素含量声称是对产品中的某种营养素或膳食补充剂成分的含量进行描述，使用“无（free）、高（high）、低（low）”等术语来描述产品中营养素或膳食成分的水平，使用“加量（more）、减量（reduced）、微量（lite）”等术语来比较一种食品与另一种食品的营养素水平，使用“有益健康（healthy）、瘦（lean）、精瘦（extra lean）”等术语来含蓄地表述营养素含量声称。FDA 允许的营养素含量声称内容包括以下十类：热量、脂肪、饱和脂肪、胆固醇、钠、糖、维生素、矿物质、纤维素和蛋白质。

常规食品和膳食补充剂都可以使用营养素含量声称，大多数营养素含量声称规章适用于已确定每日摄取量的营养素或膳食成分。但也可以有另一种类别，即膳食补充剂通常使用的百分比声称（percentage claims），适用于尚未建立每日摄取量的膳食补充剂成分的百分比水平，如“40%$n-3$脂肪酸，每粒胶囊中含有10mg”。

与健康声称类似，FDAMA也为营养素含量声称提供了第二种方法，即可以根据“权威声明”来确定声称，如在2.2中涉及的“含胆碱食品的营养素含量声称”。

（三）结构/功能声称（Structure/Function Claim）

依据FD&C Act，结构/功能声称是陈述某一特定物质在维持人体正常结构或功能方面所起作用的声明，适用于常规食品、膳食补充剂以及药品。常规食品的结构/功能声称主要侧重于从营养价值的角度来说明其对机体结构或功能的影响，而膳食补充剂则侧重于营养和非营养的角度来说明其影响和效果。

在膳食补充剂的结构/功能声称方面，DSHEA从以下三点对FD&C Act进行了增补：①在标签上或标识中使用结构/功能声称的膳食补充剂生产商必须保证声称的准确性、真实性以及不误导消费者；②产品标签上必须注明“FDA没有对该声称进行评估”以及“该膳食补充剂并不适用于诊断、处理、治疗或预防疾病”等“免责声明”（disclaimer）；③产品上市的30d之内向FDA送报含结构/功能声称文本的告知。DSHEA还为膳食补充剂建立了一些特定的结构/功能声称，主要包括：结构/功能声称可以针对某种营养素或膳食补充剂成分对机体结构或功能的作用和影响进行说明，如“钙能强健骨骼”；可以针对某种营养素或膳食补充剂成分具有维持机体结构/功能的特性进行说明，如“抗氧化剂维持细胞的完整性”；可以针对某种营养素缺乏症（如维生素C与坏血病），但声称中必须指出在美国这类疾病发生的普遍程度；还可以描述某一营养素或膳食成分在总体上有利于维护人体健康。

结构/功能声称与健康声称的不同之处在于，健康声称必须有两个基本要素，即某种物质（食品或膳食成分等）以及某种疾病或健康的相关状况，而结构/功能声称只具有第一要素（某种物质），不可以明确或含蓄地与疾病或健康相关状况相联系。另外，结构/功能声称不需要FDA的审查与授权。

FDA不要求常规食品生产商对其结构/功能声称向FDA进行通报，也不需要对其进行免责声明。

三、审批机制

FDA对产品的审批包括成分安全性审批和标签声称审批两个方面，批准的声称具有联邦规则代码（CFR）或由FDA备案。

（一）安全性审批

根据FD&C Act，一般被认为安全的物质进行GRAS（Generally Recognized As Safe）登记即可，如不属于GRAS的食品成分，企业须向FDA递交有关其安全性认可的申请资料，类似于食品添加剂的审批，程序烦琐且昂贵。

而DSHEA的颁布，使膳食补充剂无需上市前的安全性审批，只要生产商提出上市要求，向FDA提供通告和安全性证实资料以表明产品成分“有理由看作是安全的”75d后即可出售产品。另外，在1994年10月15日之前，未曾在美国上市的膳食成分称为“新膳食成分”，凡含有新成分的膳食补充剂，生产商必须在上市前75d向FDA提供资料，证明其是安全的、对人体无致病与危害作用。同时，生产商也可以委托FDA请有关单位对新原料制定一个安全使用条例。可见，DSHEA摒弃了“GRAS”概念，为确保膳食补充剂及其成分的安全性创立了一个由企业进行自我约束的新机制。

虽然FDA不对膳食补充剂进行评审，但对食品补充剂的安全性有质疑的权利。一旦FDA发现产品存在安全问题，FDA会通知生产商进行口头或书面解释。如安全性确实存在问题，FDA可宣布该膳食补充剂为伪劣产品。

（二）标签声称的审批

根据NLEA，FDA进行产品标签声称的审批，主要采取审查备案制，一般只涉及产品的功效，而FDA没有在任何法规中明确健康声称的评价指标。因此，申请者需提供尽可能多的科学研究资料，使FDA认可该声称所表达的内容。

生产商申请某个健康声称时一般需提供以下资料：①证明该物质是一种食品，或一种GRAS物质，或一种食品添加剂；②列出提供营养成分的物质（即健康声称的主体）及其分析方法；③拟选择的健康声称形式（claim model）；④支持有关健康声称的各种科学研究结果；⑤其他相关资料，如健康声称所涉及的疾病的患病率、针对的特殊人群及其饮食习惯和营养水平等。另外，根据NLEA，在申请某一项"食物成分与疾病关系"的健康声称时，一般需进行4个方面的科学验证：临床试验、动物实验、体外实验以及流行病学研究，重点侧重在降低慢性病风险的研究方面。审批的具体要求是：①健康声称必须是基于联邦科学机构，包括：国家卫生研究所（NIH）、疾病控制中心（CDC）以及国家科学院（NAS）等负责公众健康保护或营养研究的机构所提出的公开、权威且具有现实意义的观点；②上市前120d，生产商须向FDA提交有关健康声称的具体内容和依据；③120d后，FDA或批准该声称的使用，或禁止该种声称或修改声称。

而对于膳食补充剂，大多数生产商选择使用结构/功能声称。因为依据DSHEA，选用结构/功能声称的膳食补充剂不需要FDA的审批，只需在产品上市的30d之内向FDA送报含结构/功能声称文本的告知，无需提交结构/功能声称的证明材料。但是需要在产品标签上注明"FDA未对该声称进行评估，本品不适用于诊断、处理、治疗或预防疾病"等免责声明。FDA对膳食补充剂的这种管理方式相当宽松，使得一些声称因无法获知其详实的科学依据而引发争议。

总体而言，NLEA对普通食品健康声称的审批与管理较严格，而DSHEA对膳食补充剂的声称管理则较宽松。

四、基本要求

（一）生产管理

在产品的生产管理方面，要求符合食品GMP法规。

2003年3月，FDA发布了一项行政规则建议《膳食补充剂和膳食成分的制造、包装或保存的现行生产质量管理规范》（*Current Good Manufacturing Practice in Manufacturing, Packing, or Holding Dietary Ingredients and Dietary Supplements*, cGMP）。2007年7月，颁布了cGMP的标准，并针对大中小型生产商分3个阶段执行。对于有实力的大型生产商，cGMP已于2008年6月起实施并生效，对于雇员少于500人的中型生产商则将于2009年6月执行，而对于雇员少于20人的小企业则推后于2010年6月执行。可见，FDA还是顾及了小企业的实际情况，充分考虑了市场的稳定性。

这一标准的执行，可以帮助消费者获得准确标示的非假冒的膳食补充剂，确保企业进行质量控制，保证不同批次产品之间的一致性，使生产的膳食补充剂不被污染或掺假。cGMP

适用于所有制造、包装或保存膳食补充剂或膳食成分的机构，包括参与检测、质量控制、包装和标示以及批发销售产品的单位，也适用于产品出口美国的各国公司。

（二）其他要求

作为不同于传统食品的特殊类别，膳食补充剂在剂型、安全性、功效和标识等方面有一些特殊规定。

剂型：片剂、胶囊、软胶囊、粉剂、饮液；薄片或条棒状或普通食品剂型。

安全性：属于 GRAS，如含有 GRAS 以外的新膳食成分，企业在销售前 75d 向 FDA 通报并提供安全性证实资料。

功效：功效声称须符合 NLEA 和 DSHEA 中的相关规定。

标识：均需标注“膳食补充剂”，不能作为餐食、总膳食或普通食品的替代品。

五、监督管理

主要的监管部门之一是 FDA，负责产品安全和标签上的声明，包括包装和其他促销材料的管理。监管的实施主要依靠现场监督员和消费者对企业的投诉。FDA 现场监督员发现不符合规定的标签内容即可实施监督处罚，FD&C Act 的 303 条款是处罚条例，对各种违规情况给出了具体的处罚细则。同时，同类产品的生产商以及消费者也在实施日常监督，发现问题及时向 FDA 通报，FDA 会采取行政行动。FDA 的调查显示绝大部分产品的生产销售与标签声称能够符合 NLEA 和 DSHEA 的规定，生产商守法相对自觉。

另一监管部门是联邦贸易委员会（Federal Trade Commission，FTC），主要负责管理产品广告中的健康声明。即如果产品不是通过食品标签而是通过散发广告的形式进行健康宣传，就属于 FTC 的管理范畴。FTC 有关准许产品“健康宣传”的标准较 FDA 要宽松，因而也产生了一些管理方面的不一致与不协调。

美国的膳食补充剂类似于我国的功能食品。由于美国企业与行业协会的自律性较高，消费市场也相对成熟，因此，与其他国家相比较，美国对膳食补充剂的管理有着鲜明的宽松特点。虽然膳食补充剂同时受 DSHEA 和 NLEA 的管理，但 FDA 并不对产品进行注册管理，而是实行备案制，无需上市前的审批，也不发给批准文号。由企业负责成分的安全性和产品功能声称的科学性，FDA 则负责市场监督管理。在标签管理方面比较严格，涉及新膳食成分的健康声称必须获得批准，当标签上声称产品对人体结构 - 功能或整体具有作用时，必须同时注明该声称未经审评、该产品不可用于诊断、治疗或预防任何疾病。在生产管理方面，已逐步开始实施膳食补充剂的 cGMP。可见，美国在立法理念、监督管理模式、科学依据的提供等方面均显现出了成熟市场才具有的特性。

总而言之，美国对膳食补充剂采取了一种较宽松的监督管理方式，而企业与行业协会的自律对保障产品的安全性和质量起到了重要作用。

第四节　加拿大的健康食品及其管理

在加拿大，功能食品被称为“天然健康产品”（natural health product），由隶属于加拿大卫生部的天然健康产品管理司负责管理。近年来，加拿大对功能食品的使用呈明显的上升趋势。2003 年的一份调查报告显示，半数以上的加拿大人会定期服用如维生素、矿物质、草药制品、顺势疗法制剂等天然健康产品。而 2010 年的一份调查报告显示，73% 的加拿大人会定期服用维生素、矿物质、中草药产品和顺势疗法药物等天然健康产品。考虑到天然健康产品的安全性、有效性及高品质等问题时，加拿大政府于2004 年 1 月 1 日起正式实施了《天然健康产品管理办法》(*Natural Health Products Regulations*)。该法规的颁布实施，对天然健康产品的生产、销售、包装、标签、进口、储存等活动都作了全面系统的规定。但该法规颁布至今已有 11 年时间，在此期间，加拿大卫生部对存在的问题又采取了一些具体措施。因此，全面了解加拿大对天然健康产品的管理，不仅有助于我国相关法规的建立，同时也为我国功能食品在加拿大上市提供一定的参考。

一、 天然健康产品

在《天然健康产品管理办法》指导下，对天然健康产品的定义有两层含义：①产品的功效；②产品的原料。天然健康产品的功效包括以下三方面的内容：①用于诊断、治疗、减轻和预防疾病、精神失调等；②用于恢复或矫正人体器官功能；③用于其他调整人体器官功能，维持或促进健康。

天然健康产品的原料包括：①植物、藻类、细菌、真菌或动物（非人体）来源的原料；②上述原料的提取物或分离物，但其主要分子结构在提取或分离前后未改变；③氨基酸；④基本脂肪酸；⑤维生素；⑥上述②~⑤原料的人工合成品；⑦矿物质；⑧益生菌。

另外，天然健康产品不可使用的原料：①从藻类、微生物或真菌中制备的抗生素或人工合成的抗生素、通过注射给药途径的药物；②一些属于《烟草法》(*Tobacco Act*) 中管制的原料；③《食品药品法》(*Food and Drug Regulations*) 所列的原料，如放射药剂、生物制剂和药物。

值得一提的是，如果天然健康产品与药品、食品、化妆品、医疗器械等相混合而组成的产品，则主要依据其功效相区别管理，但药品与天然健康产品组成的产品仍按药品进行管理，不再属于天然健康产品的管辖范围。

二、 天然健康产品的管理

随着加拿大人民对天然健康产品的关注越来越多，在尊重自由选择基础上，为了保证人们所使用天然健康产品的安全性、有效性及高品质，经过 5 年左右的酝酿和起草，加拿大政府于 2004 年 1 月 1 日起正式实施了《天然健康产品管理办法》。随后，对出现的具体问题加拿大卫生部又做了一些新的调整。表 7－3 详细列出了天然健康产品管理起草的过程及最新进展。

表 7－3　　加拿大天然健康产品相关法规

时间	内容
1997 年 5 月	人们开始关注草药的法规、安全性及可接受性，加拿大卫生部创立了天然健康产品顾问小组

续表

时间	内容
1997 年 10 月—1999 年 3 月	加拿大卫生部广泛调查国内外的相关研究，并参考了社会各界的意见，初步形成了对天然健康产品管理的框架
1999 年 3 月 26 日	加拿大卫生部宣布成立天然健康产品办公室，即现在的天然健康产品管理司。两年多来，该办公室为天然健康产品的管理做了大量工作
1999 年 5 月—2002 年 5 月	在全国范围内对天然健康产品立法框架进行开放式咨询，收到社会各界人士的广泛参与，为天然健康产品的管理奠定了基础
2002 年 6 月—2002 年 7 月	天然健康产品管理司完成了全国性的《天然健康产品 GMP 指导文件》（*Good Manufacturing Practices for Natural Health Products Guidance Document*）讨论会
2003 年 6 月	天然健康产品管理司在《加拿大公报》（*Canada Gazette*，Part Ⅱ）上刊登了《天然健康产品管理办法》（*Natural Health Products Regulations*），经过短期的过渡将生效
2004 年 1 月 1 日	《天然健康产品管理办法》正式实施，所有在加拿大生产销售的天然健康产品都必须符合该法规，同时规定了对于生产许可证的申请有 2 年的过渡期限，对于顺势疗法药物过渡为天然健康产品期限为 6 年
2007 年 2 月	加拿大政府为了兑现当初所承诺的，在《天然健康产品管理办法》实施后的 3 ~5 年内需对法规作出复审，因此启动了《管理复审》（*Regulatory Review*）
2010 年 8 月	由于产品执照申请的积压，加拿大卫生部公布了《天然健康产品（未加工产品执照申请）管理办法》［*Natural Health Products*（*Unprocessed Product Licence Applications*）*Regulations*］，这一新法规的发布，允许还没有生产执照的但已通过了产品信息和安全标准初步评估的豁免产品的销售，这样给加拿大卫生部充裕的时间来全面评估它们
2013 年 2 月	临时的《天然健康产品（未加工产品执照申请）管理办法》将被终止。届时将不会再发行新的豁免编号（以 ENs 标示）
2014 年 7 月	天然健康产品许可证申请表用户手册、天然健康产品在线系统标准术语指南
2014 年 6 月	网站许可指导性文件、质量保证报告形式、良好生产规范指导性文件
2014 年 12 月	实施了修订标签标准（局部麻醉剂，止痛，止痒剂）等

三、《天然健康产品管理办法》基本内容

《天然健康产品管理办法》对天然健康产品的生产、销售、包装、标签、储存等活动都作了全面系统的规定，同时还对产品的临床试验、安全性、有效性和不良反应等提出具体要求。归结起来这些内容可分为五大部分：产品许可、经营场所许可、GMP、安全性和有效性证明，以及标签与包装。

（一）产品许可和不良反应报告

1. 产品许可

《天然健康产品管理办法》规定，所有的天然健康产品在上市前，申请人须向天然健康

产品管理司（NHPD）递交关于产品的详细信息，包括药用成分、来源、剂量、效价、非药用成分及推荐使用等。NHPD 将对提交的信息进行审核和评估，符合要求的，将颁发产品许可证，同时在标签上授予一个八位数的天然产品编码“NPN”；对顺势疗法药品，在标签上标明“DIN－HM”（药品认证号码，顺势药品）。通过标签的信息，消费者可知该产品已经通过了联邦卫生部的安全性和有效性审查和许可。

对新产品上市审批，通常需经历 4 个阶段，如图 7－4 所示。

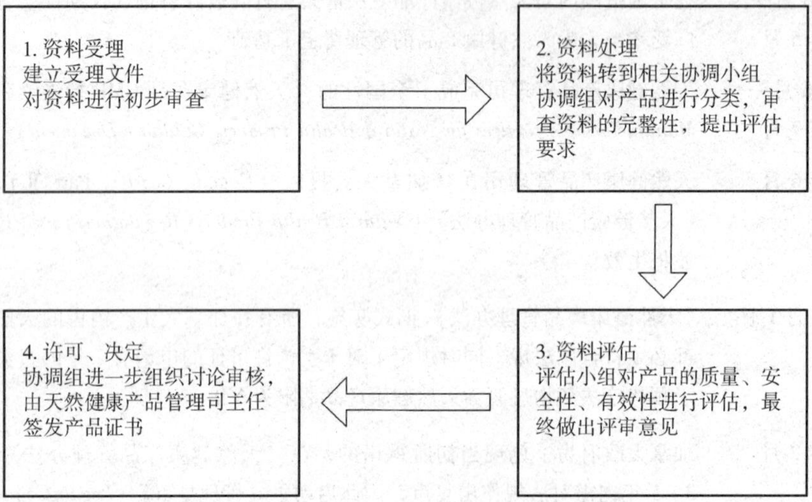

图 7－4　天然健康产品上市程序

另外，由于加拿大卫生部还没有对所有提交的天然健康产品的信息进行评估和审核，因此加拿大卫生部于 2010 年 8 月，实施了《天然健康产品（未加工产品执照申请）管理办法》，允许有豁免编号（在标签上以“EN－XXXXXX”的形式标示）的产品在加拿大销售。但该法规只适用于所提交的申请已被加拿大卫生部备案但未做出接受或拒绝该产品申请的情况。具体又分以下两种情形：一是 2010 年 2 月 1 日之前提交的且加拿大卫生部没有做出同意或拒绝该申请的情况；二是申请者在提交申请后的 180d 内，加拿大卫生部没有做出接受或拒绝该申请的情况。因此，以上两种情况申请者均可向加拿大卫生部申请豁免编号。同时，申请者将有 60d 的时间去准备是否同意加拿大卫生部在网上公布其产品信息和提供产品安全标准报告。如果申请者同意卫生部公布其产品的信息且提供了安全标准报告，经加拿大卫生部验证申请者所提供的安全标准确实符合要求，则豁免编号连同产品品牌和申请者姓名都将公布于加拿大卫生部网站，而一旦豁免编号公布于加拿大卫生部网站，意味着申请者有产品许可证，可从事天然健康产品的销售；如果申请者未提供安全标准报告、不同意公布该产品的信息或所提交的产品安全标准未达到要求，均不能获得豁免编号，申请者则被认为没有产品许可证，因而不能从事天然健康产品的销售。

由于这些产品还没有得到加拿大卫生部的全面评估，但已通过了产品信息和安全标准的初步评估，能够确保产品的安全、质量及有效。这样既可以保证加拿大人民继续使用他们习惯用的产品，也使加拿大卫生部有充裕时间全面评估每一项产品。但截至 2013 年 2 月，该法规已终止了新的豁免编号的申请。同时，加拿大卫生部有一个过渡计划使天然健康产品企业逐步淘汰包括豁免产品在内的不能满足当前人们需要的产品，但消费者可继续使用之前发行的有豁免编号的产品。

截止到2015年1月，加拿大卫生部对产品的更新更加全面详细。例如，2014年4月23日—5月22日对新开发的专论“黑胡桃木”进行了为期一个月的意见征求，在征求意见期间所有评论必须有明确的科学证据，一旦征求意见完成，新的专论将添加到天然健康产品材料数据库（Natural Health Products Ingredients Database，NHPID），此专论于2015年1月20日公布于NHPID数据库，这将有利于企业有效的准备产品执照申请和天然健康产品市场授权标签，而不是作为一个全面审查的药用成分。2014年5月21日—6月20日对新开发的专论“红三叶草异黄酮提取”进行了为期一个月的征求意见咨询，且于2015年1月20日公布于NHPID数据库。2014年6月17日—7月17日对新开发的专论“认知功能产品和蜂王浆”进行了征求意见处理，目前仅蜂王浆于2015年1月20日公布于NHPID数据库，而认知功能产品还未公布。2014年8月26日-9月25日对新开发的专论“芦荟叶凝胶（口服）”“非洲野生芒果”和“薄荷蓝”及修订的专论“抗菌洁肤产品”进行了意见咨询；目前，除抗菌洁肤产品外，其余三种产品于2015年1月20日添加到NHPID数据库。2015年1月20日—2月18日对新开发的专论“蘑菇”和修订的专论“云苓”和“灰树花”进行了意见咨询。从这些产品的开发及修订中可以看出，加拿大政府正尽快对天然健康产品的原料进行完善，以利于新产品的研发。

值得注意的是，2014年2月天然健康产品管理司对修订的专论“传统中药成分的发展”进行了意见咨询。在该修订版中，通过提交产品许可申请的相关引用文献，申请者需要证实在完全遵守推荐条件的情况下药物的概述，包括相关文献提到的传统中药的发现。使用条件包括：制备方法、材料来源、剂量、使用的持续时间、药用成分、风险申明和中医理论。如果申请加拿大天然健康产品的相关中药成分，需详细了解NHPID数据库中有关中药成分的描述。

2. 不良反应报告

《天然健康产品管理办法》指出，产品许可证持有者必须监控与其产品相关的不良反应；加拿大居民也可向其医疗服务人员或直接向卫生部报告出现的不良反应。

报告不良反应是非常重要的，因为它可以帮助加拿大卫生部证实某些罕见的或严重的不良反应，以便加拿大卫生部及时对该类产品的安全信息作出更改，发出公众警告信息，以及和/或从加拿大市场上撤回不安全产品。

（二）经营场所许可

《天然健康产品管理办法》规定，所有天然健康产品的生产商、经销商和进口商都应获得经营场所许可证（site license），否则不允许从事天然健康产品的生产、销售等活动。场所应有批签发记录和相关的产品召回程序及处理、储存和运输程序等。同时，还需说明他们遵守GMP的规定。

申请者可向加拿大卫生部申请经营场所许可证，申请时所需信息包括申请者姓名、地址、联系方式、将要从事天然健康产品的具体活动（包括生产、包装、贴标签或进口）、上述活动的地点（对于进口产品，则为储存地点），同时质保人员需证明以上活动所用厂房、设备等的文件规定及过程等都符合GMP要求。

（三）GMP（Good Manufacturing Produce）

GMP是为了确保天然健康产品的检验、生产、存储、操作、经销等过程有适合的标准可以参考。对天然健康产品来说，GMP包括四大部分内容，分别为地点、人员、加工过程和产品。地点的要求是为了确保所选的厂房位置和设备能够满足天然健康产品生产的要求；对人员的要求是，从事天然健康产品的人员必须有适当的教育背景、具有相关的从业资格证及参加过一定的培训；对加工过程的要求是，应有适当的环境卫生条件、健康和卫生程序，同时也应有标准操作规程。另外，GMP也规定了产品的召回程序。

GMP的目的是确保产品能够达到所要求的标准且具有稳定性。在质量体系上，既保障生产商、标签商、包装商、进口商和经销商能够灵活地选择他们的生产线或销售途径，又能保证产品的安全和质量。

（四）安全性和有效性证明

天然健康产品的安全性和有效性均需合理的证据所证实，这样消费者和加拿大卫生部才能有理由相信产品确实是安全和有效的。安全性证据主要是提交一份安全性综述报告，具体包括以下内容：产品已知的不良反应、动物毒性实验报告、与其他药物等的相互作用情况、是否需要在执业医师的指导下使用、是否会造成药物滥用或依赖等。

有效性证据包括5类：①通过设计良好的随机对照临床试验的荟萃分析，或至少设计良好的随机对照临床试验得出的结论。②通过其他类型的临床试验得出的结论。③完整的描述或观察研究，例如对比研究和个案分析等。④已公开发表的同行间的述评文章、以往产品上市经历、专家委员会报告或其他具有声誉的药品监督管理机构得出的结论。⑤传统使用的有关证据资源。但如果证据是传统使用的有关证据资源则该产品必须连续使用超过50年，还必须提供两份独立的证明材料。事实上，所需证据的类型和数量主要取决于该产品的健康声称和整体风险。

1. 临床试验

正如前边提到的，所有的天然健康产品在上市前必须提供产品的有效性和安全性的相关证据。如果没有相关的人类方面数据的存在，通过临床试验则可以提供产品的有效性和安全性证据。《天然健康产品管理办法》对临床试验实施的也提出具体要求，目的是确保临床试验的安全性。

要想进行临床试验，申请者必须向天然健康产品管理司提交临床试验申请（clinical trial application），临床试验申请的资料包括临床试验协议、调研者手册、知情同意有关文件、临床试验机构有关信息、药用成分的化学结构及生产细节、质量方面数据（包括数据内容和参考文献）等。法规同时详细规定了记录的保留、临床协议的修订、协议的中止等内容。

临床试验的意义：①发现或核实产品的功效；②确定与使用相关的不良反应；③研究天然健康产品的吸收、分布、代谢和排泄机制；④检验产品的安全性和有效性。

2. 健康声称

天然健康产品的定义中包含了功能的组成，实质上也是产品的目的所在。在《天然健康产品管理办法》未发布实施前，天然健康产品可通过两种途径上市：一是作为药物，按药品审评程序；另一种是按食品上市，但功效宣传受到严格限制。

《天然健康产品管理办法》的发布实施，为天然健康产品提供了一种有别于药品和食品的新的监督管理模式。天然健康产品的功效声称有下列3种类型，如表7－4所示。

表7-4　　天然健康产品功效声称的类型及实例

功效声称类型	具体说明	举例
治疗功效声称（Therapeutic Claims）	该功效可宣传具有诊断、治疗、减轻或预防人体疾病、功能失调等症状	如能有效减轻关节疼痛
降低风险声称（Risk Reduction Claims）	可宣传该产品的使用与降低某种疾病的风险之间的关系；此功效的声称通常源于流行病学观察研究结果	如某种天然健康产品的使用能降低骨质疏松症的发病风险
结构/功能声称（Structure/Function Claims）	该声称描述某种产品对人体功能或结构的影响情况，即可针对某一具体情况，也可泛泛而谈某种功效。另外，加拿大卫生部准许天然健康产品按某种传统医学理论宣传其功效，如补气、补肺等中医药概念，这对中药出口加拿大是非常有利的。但加拿大同时要求，如果该传统医学理论并非西方国家的传统医学理论，应该在产品的标签中注明该传统医学理论的名称，如“传统中医药理论用于补气”	如保持牙龈健康、降低血液中的胆固醇、具有补气和滋补作用、具有免疫调节作用

（五）天然健康产品的标签和包装

1. 标签

在加拿大境内销售的所有天然健康产品的标签和包装都必须符合《天然健康产品管理办法》中规定的对标签和包装的要求。天然健康产品标签应标注产品的详细信息，包括产品名称、产品号（NPN 号或 DIN－HM 号）、包装瓶中产品的数量、药用和非药用成分一览表、推荐使用条件、推荐储存条件、产品的剂型、服用方法、推荐服用剂量，以及宣称、警告、副作用及可能的不良反应等。

2. 包装

天然健康产品必须用安全的包装材料进行包装，确保产品在消费者购买前是未被打开或使用过的。安全包装应该包括封印、透明封套、打开前有封印的医用棉衬垫和盖子。另外，如果产品的外包装上未注明产品的安全性特征，则需在标签上注明。

自 2004 年 1 月 1 日《天然健康产品管理办法》实施以来，截至 2010 年 6 月底，已有 52363 份天然健康产品的产品许可申请递交于加拿大卫生部，其中 41412 份（占总数的 79%）产品许可的评估工作得以完成，22820 份产品许可证得以正式下发（代表 29758 种产品）。其余的 18592 份产品许可申请，有的是由于产品本身存在的问题而被加拿大卫生部否决，有的则是申请人自动撤销了其申请，使得这些产品最终均未获得生产许可证。在此期间，我国的一些传统中药也已成功在加拿大上市，如早在 2008 年由天士力集团研发生产的复方丹参滴丸和柴胡滴丸两个品种就已顺利通过了加拿大卫生部的各项审评，获得了加拿大卫生部颁发的传统药注册证书，可作为非处方药在加拿大销售。同时，随着加拿大法规的不断完善，我国中药在加拿大的上市审批也会更为严格。只有加强自身的技术水平和管理水平，才能迎接更多的机遇和挑战。

因此，在全球功能食品迅速发展的大背景下，了解和借鉴其他国家和地区对功能食品的立法思路和经验总结，对促进我国的功能食品产业健康稳定发展、加快我国功能食品的国际化和现代化进程具有重要意义。

第五节　欧盟的健康食品及其管理

欧洲联盟（European Union）简称欧盟（EU），位于欧亚大陆西部比利时首都布鲁塞尔法律大街200号一座十字形大厦内。欧盟的前身是“欧洲共同体”（European Communities），简称欧共体（EC）。欧共体创始国为法国、德国、意大利、荷兰、比利时、卢森堡，丹麦、爱尔兰和英国于1973年，希腊于1981年，西班牙和葡萄牙于1986年，奥地利、芬兰、瑞典于1995年先后加入。之后又经过几次扩大，目前欧盟成员国共有28个国家，总人口约5亿，总面积超过400万km^2，正式语言是28个成员国使用的23种官方语言，生产总值逾10万亿欧元。

欧盟是一个超国家的组织，既有国际组织的属性，又有联邦的特征。欧盟成员国自愿将部分国家主权转交欧盟，欧盟在机构的组成和权利的分配上，强调每个成员国的参与，其组织体制以“共享”“法制”“分权和制衡”为原则。

与欧盟运转相关的有5个主要机构：欧盟委员会、欧盟理事会、欧洲议会、法院、审计院。其中欧盟委员会主要负责提出立法动议，因此欧盟委员会也是食品立法的主要部门。另外，经济和社会委员会在食品立法中经常发挥着重要的的作用。欧盟委员会下设36个总司和与之相当的部构成，在食品立法方面最重要的总司为健康与消费者保护总司，它的任务是保护欧盟消费者的健康、安全和经济利益。

欧共体最初建立时特别强调减少和消除成员国之间的贸易壁垒。食品行业是最需要将各种法规进行统一的一个领域，尤其是健康食品、多种形式的膳食补充剂、营养食品就陷入了欧盟各成员国间不同法律法规的限制，使得这些食品即使在欧盟成员国之间也不能进行自由流通和公平竞争。

随着健康食品和营养补充食品市场的不断扩大，健康声称已成为一种重要的营销手段。尤其在20世纪90年代后期，健康声称在食品营销和发展当中愈显重要，特别是在抗氧化物质、益生菌和益生素等一些功能性食品概念的宣传中。立法总是落后于创新，欧洲在有关食品的健康声称方面情形一直如此。从1980年开始，欧盟委员会就认识到在食品声称方面需要各成员国间协调一致，因而欧盟委员会为推动在全欧洲对健康声称进行立法作出了许多努力，但都半途而废了。因食品的健康声称没有统一的法律规定，各国法律仍有效，结果在欧盟并存各种各样的做法。例如，对食品进行健康声称时，在比利时，仅仅要求厂商将健康声称的科学数据保留存档，以备食品检验机构检查，而英国和荷兰则明确要求对健康声称的科学数据进行独立评估。经过几十年的努力，欧盟委员会于2006年底宣布于2007年开始执行《食品中营养与健康声称法规》以及《食品中添加维生素、矿物质及其他物质法规》（即《强化食品法规》），各成员国之间的相关食品法规逐步统一，使这些食品具有了实现自由贸易的基础。

迄今，欧盟对于功能食品还没有立法定义或官方定义，也没有将功能食品列为一个独立的条目，仍将其归于食品条目下管理。因此，在欧洲，功能食品必须遵守所有与食品相关的法律法规，包括组成、标签以及声称等。除了上述《食品中营养与健康声称法规》（*Regulation on Nutrition and Health Claims Made on Foods*）以及《食品中添加维生素、矿物质及其他物质法规》（即《强化食品法规》）（*Regulation on the Additional of Vitamins and Minerals and of Certain Other Substances to Foods*）外，与功能食品密切相关的法律法规还有《膳食补充剂指令》（*Directive on the Approximation of the Laws of Member States Relating to Food Supplements*）、《新食品管理法规》（*Regulation Concerning Novel and Novel Ingredients*）以及《特殊营养用途食品的管理指令》（*Directive on Substances That May by Added for Specific Nutritional Purposes in Foods for Particular Nutritional Uses Food for Particular Nutritional Use*，PARNUTS）等。

一、欧盟健康食品的范畴

欧盟现有的功能食品包括以下几类：膳食补充剂、新食品、特殊营养用途食品、强化食品，也包括有营养声称和健康声称的普通食品。

（一）膳食补充剂的定义

在欧盟 2002/46/EC 关于膳食补充剂指令的第 2 章，膳食补充剂被定义为：补充正常膳食食品、浓缩的营养素或其他具有营养或生理效应的物质，单一成分或混合物，胶囊、片剂、药片、药丸和其他相似的形式，盛装于能够准确计量小单位液体或粉末的容器中。

（二）新食品的定义

欧盟新食品管理法规（EC）No 258/97 对新食品（novel food）的定义为：在 1997 年 5 月 15 日在欧盟还没有被大量消费的食品或食品成分（如 Noni 果汁）。法规中规定了 6 种类型新食品：①含有或由转基因组织组成的食品；②由转基因组织生产；③由微生物、真菌或藻类组成或从微生物、真菌或藻类中分离的食品；④由植物或动物组成或从植物和动物组织中分离的食品（不包括安全的传统种植和饲养的动植物）；⑤拥有新的分子结构或定向修饰分子结构的食品；⑥经过新工艺生产的食品，新的生产过程导致食品或食品成分发生了组成和结构上的显著变化，从而影响到营养价值、代谢或不良物质水平的改变。从 2004 年 5 月 1 日起，前两种类型将归转基因食品条例（EC）No 1829/2003 管理。

（三）特殊营养用途食品的定义

在指令 89/398/EEC 中特殊营养用途食品被定义为满足特殊营养功能而设计的食品，是为特殊人群设计和销售的食品。在随后指令 96/84/EC 和指令 99/41/EC 的补充修正后，最终确定 PARNUTS 的范围分为五大类：即新生儿配方乳粉和较大婴儿配方乳粉；谷物食品和幼儿食品；控制体重的食品；特殊医疗用途的食品；为满足肌肉剧烈运动的需要，特别是为运动员生产的运动食品。

（四）强化食品的定义

欧盟于 2006 年底公布了关于食品中添加维生素、矿物质或其他物质的 No. 1925/2006 号法规即《强化食品法规》。从中可看出强化食品包括微生物、矿物质，以及除了维生素和矿物质以外的具有营养或生理学效应的其他物质。因此，该法规涵盖了某些功能食品，特别是植物来源的功能食品。

二、健康食品的相关管理法规

（一）通用食品法规

欧盟委员会于 2002 年 1 月 28 日通过了《通用食品法规》——（EC）No. 178/2002 法规。在该法规中提出了食品的官方定义、有关食品法律的原则和要求、建立欧盟食品安全局、确定食品安全的立法程序等内容。（EC）No. 178/2002 法规将食品定义为：不管处理过、部分处理或者未处理的，有意或适合人类摄取的任何物质或产品。食品包括饮料，口香糖及在生产、储藏或加工过程中有意加入食品的其他物质，也包含水。它的目的是在食品方面为较高水平地保护人类健康和消费者利益提供一个法律基础。该法规被大大简化，所有食品都适用该法规，而且新法规将不再把食品安全和贸易混为一谈，只关注食品安全问题；该法规要求实行食品供应链（即从农场到餐桌）的综合管理，对食品生产者提出了更多要求；该法规具有责任可追溯性，问题食品将被召回。该法规适用于所有食品，其通用的原则同样涵盖了添加了含有功能性成分的食品（如功能食品、保健食品、食疗食品和食品添加剂）。一般食品法律的许多条款与这些食品类型相关。

（二）食品营养与健康声称法规

欧盟于 2006 年 10 月公布的关于食品营养及健康声称的（EC）No. 1924/2006 法规，已于 2007 年 1 月 19 日起生效，并于 2007 年 7 月 1 日起实施。NO. 1924/2006 法规共 5 章 29 款，对营养与健康声称的定义、适用范围、申请注册、一般原则、科学论证等内容作出了明确的规定。该法规适用于在欧盟市场出售、供人食用的任何食品或饮品，旨在确保食品包装上向消费者提供的营养、健康资料准确可靠，以避免使消费者产生误解。该法规是对欧盟主要的食品标签指令 2000/13/EC 的一般原则的补充，并重点关注对食品的营养和健康声称。

该法规的基本宗旨是对欧盟成员国间食品及相关功能食品的营养和健康声称在标签、介绍、广告等方面提供法律法规的协调，使相关食品在各成员国之间能够自由流通。

1. 营养概况

该法规强调对诸如“低热量”“低脂”“高纤”甚至“降低胆固醇”的声称具有明确的规定。根据营养概况第 4 款规定，任何食品中的盐、糖和脂肪的比例要以欧盟食品安全局（EFSA）提供的恰当比例为准。任何有关营养和健康声称的食品必须遵守法规中的营养框架中的条款。营养框架主要基于饮食、营养素与健康的关系的科学知识而定。营养框架必须在该法规两年后强制执行前建立。

2. 营养和健康声称的条件和一般原则

根据法规第 5 款规定，允许营养和健康声称的条件为食品中的活性成分的含量必须足以产生声称的营养和生理学效果，并且该声称必须被普遍接受的科学证据所证实。声称的宣传要易于被普通消费者理解并且不能引起消费者误解。法规第 10 条强调了均衡多样的饮食的重要性，并规定当过量摄入该食品中某种成分（如维生素 A）时要对可能出现的健康危害进行提示和警告。未加工过的新鲜食品例如水果、蔬菜和面包不能进行营养和健康声称。其他一般规定如下：声称不得鼓励或纵容过量食用某种食品；不得令消费者以为均衡及多样化的饮食不能提供适当分量的营养（若干情况除外）；不得提及可能引起消费者恐慌的身体功能变化。

3. 声称的分类

（1）营养声称（nutrition claims） 酒精含量超过1.2%的饮品，不得标示健康及营养声称，只有表示"酒精含量或热量有所减低"者除外。

（2）一般性健康声称（generic health claims） （EC）No.1924/2006法规第十三条规定了要在法规进入强制执行前的12个月内，由各成员国向欧盟委员会提出一般健康声称名单申请。欧盟委员会将会有条件地采纳这些名单。其遵循的原则是声称要建立在新的科学证据或专利数据的保护之下。欧洲各国的相关部门必须于2008年1月31日前向欧盟委员会提交允许使用的健康声称建议名单及使用条件、相关的科学证据，在征求EFSA的意见后，欧盟委员会将宣布欧洲允许使用健康声称的名单。在2008年7月和2010年3月期间，欧盟委员会向EFSA提交了4637项申请，其中331项声明被撤销，1548项关于"植物学的"声称已经被搁置，等待委员会对其进行进一步的审议。欧盟委员会要求EFSA对截至2011年6月的2758项与食品相关的一般功能的健康声称作出了评估，以确定它们是否有可靠的科学证据支持，从而协助欧盟委员会和成员国建立食品授权的声称清单。

被认可通过的声明将帮助欧洲的消费者对他们的日常饮食做出明智的选择。当有足够的证据支持声明时，评价的结果是有利的。其中，获得支持的声称涉及到的主要情形包括：①维生素和矿物质；②有关用来控制血糖、血脂和体重的特殊膳食纤维；③活性乳酸菌和乳糖的消化；④橄榄油中多酚物质的抗氧化作用；⑤核桃与改善血管功能；⑥代餐与控制体重；⑦脂肪酸与心脏功能；⑧食糖替代品的范围与作用（如木糖醇和山梨醇），以保持牙齿矿化或降低饭后血糖增加的水平；⑨碳水化合物的电解质饮料或肌氨酸与运动量。

而一旦提供的信息在食品与其声称效果之间不能建立良好的对应关系，专家便会发布反对其声称的意见。反对的原因主要包括：①缺乏识别声称依据的物质信息（例如，声称含有"益生菌"，或者没有指定的特定纤维"膳食纤维"）；②缺乏证据证明声称的效果确实有利于维持或者改善身体的功能（例如，具有"抗氧化性功能"的食品和关于肾脏的"排水功能"声称）；③缺乏关于对已宣布的健康声明的准确性（例如，涉及"能量"和"活力"的声称，或者对妇女的健康或者精神能力的声称）；④缺乏对健康有益声明采取可靠性措施的人体研究；⑤声称所涉及的食品类别，概念过于宽泛（例如"水果和蔬菜"与"乳制品"被视为具体影响效果）。由于收到大批数量的声称，EFSA在展开这项工作时，采取了分阶段的方法，并要求在收到声称后尽快公布意见信息，以确保信息的透明度。EFSA同时将类似声称进行归类处理，以方便风险评估程序和确保做法一致。

（3）特殊产品健康声称（Product Specific/Other Health Claims） （EC）No.1924/2006法规第十四条规定降低疾病风险声称与促进少年儿童生长与健康及其他特殊的相关声称必须经过欧盟委员会行政许可后才能进行。

为帮助申请人准备申报资料，规范健康声称的行政许可行为，欧盟委员会委托EFSA起草了《健康声称申请注册科学与技术指南》，于2007年6月开始征求各方面意见。该指南对所需提交资料的内容、要求、格式等作出规定。

2008年8月21日，EFSA公布了《与儿童健康及减少疾病有关的食品申请》的若干评估意见。欧盟食品安全局NDA专家组（FSA' s Panel on Dietetic Products, Nutrition and Allergies）根据各地呈报上来的"与儿童健康及减少疾病有关的食品"的申请，依据科学事实及科研证据，在规定的5个月内作出评审、核实，并公布一份意见。首批采纳的建议有8项，其中5项关于“儿童健康”，3项关于“降低疾病风险”，具体如下：①联合利华公司旗下的UNILEVER PLC（英国）和UNILEVER N. V.（荷兰）经瑞典主管当局提出的“植物固醇与降低血胆固醇、降低冠心病风险”的申请。②Enzyme. pro. ag经德国主管当局提出的“regulat®. pro. kid IMMUN与儿童免疫系统”的申请（regulat®. pro. kid IMMUN是一种食品增补剂）。③UNILEVER PLC/ N. V. 经荷兰主管当局提出的“α-亚麻酸和亚油酸与儿童生长发育”的申请。④Se-Cure制药公司经奥地利主管当局提出的“Femarelle®与诱导骨组织形成、增加骨组织矿物质密度、降低骨质疏松症及其他骨组织发育紊乱症”的申请。⑤Pierre Fabre Dermo化妆品集团公司经法国主管当局提出的“Elancyl Global Silhouette®与人体合成代谢调控以求缓解超重体重”的申请。⑥BIO SERAE经法国主管当局提出的“NeOpuntia®与改善血脂参数，特别是HDL-胆固醇”的申请。⑦爱尔兰国家乳制品协会经爱尔兰主管当局提出的“乳制品（牛乳、干酪）与口腔卫生健康”的申请。⑧爱尔兰国家乳制品协会经爱尔兰主管当局提出的“乳制品与健康体重”的申请。

（三）强化食品管理法规

欧盟于2006年底公布了关于食品中添加维生素、矿物质或其他物质的（EC）No. 1925/2006号法规。该强化营养食品法规旨在保护消费者利益，统一各成员国所实行的不同食品法规，允许含有维生素、矿物质或其他物质的营养强化食品在欧盟自由流通。该法规已于2007年1月19日起生效，并于2007年7月1日起实施。已于2007年7月1日前上市的该类食品，最迟要于2009年12月31前遵守该法规的要求。

（EC）No. 1925/2006号法规主要针对食品中补充维生素和矿物质作出新的规定，同时包括了植物在内的其他物质。该法规规定：①对添加到食品中的维生素和矿物质，作出大量限制了规定，要求该法规生效两年内由欧委会提出，同时规定添加的维生素和矿物质必须是生物利用率高的bio-available（必须是身体可以吸收的）。②列出一个多达100多种营养强化食品配方的肯定列表，这种食品配方的肯定列表对食品中添加维生素和矿物质在欧盟的成员国是受限制的，而对其他成员国却是允许的。③依据强化营养食品法规，添加维生素和矿物质的食品对消费者健康无害，即可在食品中添加这两样物质。但对新鲜蔬菜、水果及肉类禁止添加此类物质，应在其自然状态进行保存。④在提供给消费者的信息方面，信息必须是“易懂且实用”，必须提供所有必要的、相关的细节来防止过量摄入维生素和矿物质。⑤它不能用于特殊营养用途的食品，如婴儿食品配方、新食品、新食品原料或食品添加物等。

（四）膳食补充剂指令

欧盟（EC）No. 2002/46关于膳食补充剂指令所关注的主要是维生素和矿物质。该指令与上述强化食品法规的区别主要在于该指令所指为单独补充并且浓缩的维生素、矿物质及其他物质，而强化食品法规所指为添加于食品中的维生素、矿物质及其他物质。该指令首先对微生物与矿物质进行规定并给出使用的上限。对于在食品补充剂中使用的其他物质种类，最迟到2007年7月12日，欧盟委员会必须向欧洲议会和国会递交建立特定规则的可行性报告，报告内容包括、适当的地点、准许进口货单、具有营养和生理效应的营养品或物质分类，伴随欧盟委员会认为对增补此指令必要的任何提议。

（五）新食品管理法规

欧盟新食品管理法规（EC）No 258/97对新食品的授权程序作出了明确规定。欧盟委员会于2008年1月14日采纳了一项提议对新食品管理法规进行修订，主要为了保护消费者利益提高了新食品在欧盟市场的准入门槛。在条例草案中，提出新食品在欧盟市场的授权程序应当更简化、更高效。如指出许多新食品在第三世界国家有很长的安全历史但在欧盟市场还不允许上市。

（六）特殊营养用途食品（PARNUTS）指令

2001 年 2 月，欧委会通过了《关于允许加入到特殊营养用途食品中的营养物质的指令》（EC）No. 2001/15，对 PARNUTS 产品的营养物质实行准许列表制度。

如果功能食品为了特殊营养目的，PARNUTS 指令可适用于这些产品。但关于食品营养及健康声称的法规生效后，更多的功能食品也许倾向于后者的管理。因 PARNUTS 的定义中规定必须是为特殊人群设计和销售的食品，否则都不认为是 PARNUTS 产品，这就局限了食品的用途。但是，生产商可以根据所生产产品的定位，选择归属于食品营养和健康声称管理法规管理，还是 PARNUTS 指令管理。

三、审批及监督管理

（一）管理机构

欧盟委员会是欧盟的执行机构，欧盟委员会是提出各项法规且在法规通过后负责监督法规在各成员国的执行情况。有关食品方面的法规也不例外，所以食品法规的监督管理由欧盟委员会负责。

欧盟委员会下设 36 个总司和与之相当的部。在食品法律领域最重要的总司是健康和消费者保护总司，它的任务是保护欧盟消费者的健康、安全和经济利益，是欧盟委员会下属具体负责欧盟食品安全法规、政策执行和协调的机构。

欧洲食品安全局（Europe Food Safety Authority, EFSA）是欧盟食品安全技术方面的咨询机构。EFSA 的主要任务是在科学、独立、公开和透明的工作原则下，对食品安全有影响的所有领域向欧盟委员会和欧洲议会等欧盟决策机构提供科学的评估和建议，并向民众提供食品安全方面的科学信息等。

食品链和动物健康常务委员会（SCFCAH）是欧盟的食品法规、决策的支持机构。该委员会是一个监管委员会。欧盟委员会只有在获得该委员会成员国有条件多数同意时才可以采取执行措施。

（二）审批程序

（EC）No. 1924/2006 法规第十四条规定降低疾病风险声称与促进少年儿童生长与健康及其他特殊的相关声称必须经过欧盟委员会行政许可后才能进行。申请人需按照 EFSA 提供的指南的要求准备资料并提交给本国的相关管理部门，再由该部门转交给 EFSA，EFSA 据此给出技术建议并上报欧盟委员会，最终由欧盟委员会作出该健康声称是否可用或是否列入允许使用健康声称名单的决定。整个审批过程大约要经过 1 年左右。其他功能食品如新食品的食品生产商或相关利益组织向 EFSA 提交含有证明食品所含成分在其使用条件下服用安全的科学数据资料。食物链和动物健康常立委员会在收到 EFSA 科学风险评价意见后决定是否同意使用。如果批准，将由食品生产商来证明它的安全性及预见最高限量使用的后果。特定营养用途食品采用通告程序，即生产商上市前必须通知各成员国有关部门。生产商必须出示有关文件证明该产品作为特殊用途食品的适宜性和安全性。特殊营养用途食品也受通用食品法规的约束。

四、标签与声称

目前，欧盟各成员国执行统一的食品标签指令——2000/13/EC。如果提到营养和健康声明，则遵守“食品营养及健康声称法规”或“特殊营养用途食品指令”。

食品标签指令规定要标注以下信息：食品名称、成分列表、某些成分的数量、净含量、保质期、任何特殊的储存和使用条件、制造商、包装商和销售商的名称和地址、产地（如果这条信息省略将会造成误导的话）、任何必要的使用说明、单位体积所含酒精度超过 1.2% 的饮料须注明酒精具体的浓度。

“食品营养及健康声称法规”对食品标签上营养资料的可靠性提出了非常严格的要求。规例中要求标示必须按照成分重量的顺序列出所有成分。对特定食品还制定了附加的法规，如对食品营养成分的标注，欧盟作了明确规定，要求必须标明食品的能量指标和蛋白质、碳水化合物、脂肪、糖、饱和物、纤维和钠的含量等。淀粉、糖醇、胆固醇、维生素和矿物质达到一定量之上，也需提供其含量。至于许多由来已久的健康声称，欧盟委员会将根据成员国提交的声称制订一份清单。只要生产商能证实声称与产品确有关联，食品本身亦和营养资料相符，则食品标签即可使用该健康声称。某些健康声称的应用将视个别情况而定，例如声称食品可减低患上某种疾病的风险，生产商需向 EFSA 呈交科学文件。含糊不清或不准确的食品营养健康标签及广告将一律被禁止；类似于降低血脂的预期成效和个别医生推介的声称，亦会被禁止；酒精含量超过 1.2% 的饮品，不得标示健康及营养声称，只有表示“酒精含量或热量有所减低”者除外。其他一般规定如下：声称不得鼓励或纵容过量食用某种食品；不得令消费者以为均衡及多样化的饮食不能提供适当分量的营养（若干情况除外）；不得提及可能引起消费者恐慌的身体功能变化。该法规中还规定，使用降低疾病风险声称时，在产品标签、广告或宣传品上还需注明声称中所述疾病具有多种危险因素，降低其中一个危险因素可能会带来益处。

“特殊营养用途食品指令”中规定，适宜的 PARNUTS 产品可标注“食疗”或“规定饮食”。该指令禁止医疗声称，在食品的标识和销售中不应该宣称或暗示该产品具有可以预防或治疗疾病的特性。除非生产商提供具有说服力的证据，申请不受该禁令约束的特许。

五、基本要求

1. 生产管理

无论何种食品，均要求符合食品生产企业的一般良好操作规范要求。

在《通用食品法规》——（EC）No. 178/2002 中欧盟首次对食品生产提出了可溯性的概念，以法规形式，明文规定食品在生产、加工、流通等各个阶段强制实行溯源制度，为此，相关生产程序必须保全记录以供查询。2004 年，欧盟开始实施《食品卫生法》，该法对食品卫生进行了较为严格的规定。根据欧盟的《食品卫生法》，食品生产者应承担确保欧盟消费者获得安全食品的责任。而且食品生产商必须进行验证程序，接着进行危害分析和关键控制点规定的有关程序。该规定非常有预见地对欧盟或成员国食品生产商的生产进行了指导，并要求所有食品生产商必须进行登记。2006 年，欧盟正式实施了“食品及饲料安全管理法规”，进一步完善了“从农场到餐桌”的全程控制管理，对各个生产环节提出了更为具体更为明确的要求，确保食品的“零风险”。法规要求把食品安全的初级责任加给商业经营者，要求生产商有适当追回产品的体系和足够从市场撤回产品的程序（当他们认为产品不符合食品安全时），生产商还有加强通报责任，如果他们认为或有原因相信在市场上销售的产品对人体健康有害，应立即通知主管当局。

2. 成分

必须由下述一种或几种膳食成分组成：维生素、矿物质、草本植物、氨基酸、微生物来源的产品、藻类来源的产品、动物组织等。

3. 剂型

膳食补充剂指令中规定为胶囊、片剂、药片、药丸和其他相似的形式。其他法规中未作规定。

4. 安全性

符合一般食品的安全性要求。

5. 功效

功能声称符合“食品营养与健康声称法规”中有关“营养声明”和“健康声明”的规定或“特殊营养用途食品指令”中有关的规定。

6. 许可制度

“食品营养与健康声称法规”中规定实施一般营养和健康声称的列表制度和特殊产品的行政许可制度。

7. 对进口产品的规定

要求符合欧盟的各项法规要求。

综上，随着功能食品和营养补充食品市场的不断扩大，健康声称已成为一种重要的营销手段。尤其在20世纪90年代后期，健康声称在食品营销和发展当中愈显重要，特别是在抗氧化物质、益生菌和益生元等一些功能性食品概念的宣传中。并且美国、日本等国家都在立法中允许健康声称。立法总是落后于创新，欧洲在有关食品的健康声称方面情形一直如此。尽管欧洲关于功能食品及健康声称的关注与研究虽起步较晚，但在立法理念、管理制度、科学论证等方面均有自己的特色，符合欧盟食品工业的实际和市场的需要。其营养和健康声称采取列表制度与行政许可相结合的管理制度可有效地提高行政管理效率，并节约社会资源。这点特别值得我们借鉴。

思考题

1. 简述我国对功能食品的管理模式及特点。
2. 简述美国对功能食品的管理模式及特点。
3. 简述日本对功能食品的管理模式及特点。
4. 试比较我国和美国、日本等国家对功能食品管理模式，并对我国功能食品的监管未来的发展方向给出建议。

参考文献

1 金宗濂．我国保健（功能）食品产业的创新［J］．食品与药品，2009，11（3）：65－67.

2 日本厚生劳动省．食品标示许可等业务向消费者厅移交相关事宜的通告［Z］，2009.

3 日本消费者厅．特定保健用食品的许可审查手续相关说明资料［Z］，2010.

4 日本厚生劳动省．栄养改善法施行规则の一部改正について（卫新第64号）［Z］．1991.

5 健康增进法．（法律第103号）［Z］．2002.

6 日本厚生劳动省．保健机能食品制度の创设について（医薬発第244号）［Z］．2001.

7 日本厚生劳动省，栄养机能食品の表示に（する基准）（厚生労働省告示第97号）［Z］．2001.

8 日本厚生劳动省．栄养机能食品［Z］．http：//www－bm. mhlw. go. jp/topics/bukyoku/iyaku/syoku－anzen/hokenkinou/hyouziseido－3. html.

9 日本健康・营养食品协会（JHFA）．健康补助食品［Z］．http：//www. jhnfa. org/.

10 日本健康・营养食品协会（JHFA）．特定保健用食品［Z］．http：//www. jhnfa. org/.

11 日本厚生劳动省．特定保健用食品［Z］．http：//www－bm. mhlw. go. jp/topics/bukyoku/iyaku/syoku－anzen/hokenkinou/hyouziseido－1. html#kikaku.

12 日本厚生劳动省．特定保健用食品における疾病リスク低減表示について（食安新発第0201003号）［Z］．2005.

13 日本厚生劳动省「锭剤、カプセル状等食品の适正な制造に系る基本的考え方について」及び「锭剤、カプセル状等食品の原材料の安全性に関する自主点検ガイドライン」について（食安発第201003号）［Z］．2005.

14 日本健康・营养食品协会（JHFA）．「特定保健用食品」适正広告自主基准［Z］．http：//www. jhnfa. org/.

15 日本厚生劳动省．食品として贩売に供する物に関して行う健康保持增进効果等に関する虚伪誇大広告等の禁止及び広告等适正化のための监视指道等に［する指针（ガイドライン）に系る留意事项について］（食安监発第829005号）［Z］．2003.

16 FDA/PCFSAN USA. Nutrition labeling and education act［Z］．Public Law，1990：101－535.

17 FDA/PCFSAN USA. Dietary supplement health and education act［Z］．Public. Law，1994：103－417.

18 FDA. Food and drug administration modernization act of 1997（FDAMA）［Z］．Public Law：105－115.

19 史晓伟．美国FDA对功能食品的法律法规界定［J］．中国食品报，2008.

20 FDA/CFSAN. Guidance for industry－A food labeling guide，Ⅷ. Claims［Z］．2008.

21 FDA/CFSAN. Health claims that meet significant scientific agreement（SSA）［Z］．http：//www. cfsan. fda. gov/－dms/lab－ssa. html.

22 FDA/CFSAN. Qualified health claims（QHC）［Z］．http：//www. foodsafety. gov/~dms/lab－qhc. html.

23 FDA/CFSAN. Nutrient content claims［Z］．http：//www. cfsan. fda. gov/~dms/lab－nutr. html.

24 FDA/CFSAN. Structure/function claim［Z］．http：//www. cfsan. fda. gov/~dms/labstruc. html.

25 FDA/CFSAN. Dietary supplement current good manufacturing practices（CGMPs）and interim final rule（IFR）facts［Z］．http：//www. foodsafety. gov/~dms/dscgmps6. html.

26 Health Canada. Natural health products in Canada－a history［EB/OL］．http：//www. hc－sc. gc. ca/dhp－mps/prodnatur/about－apropos/history－historique－eng. php.

27 刘洪宇、邓少伟，等．日本保健功能食品管理制度及特定保健用食品批准情况概要［J］．中国药事，2012，26（5）：521－525.

28 刘艳芳. 我国发展营养产业正当时［J］. 农产品加工（创新版），2012（6）：31－32.

29 Ipsos－Reid survey［EB/OL］. http：//www. hc－sc. gc. ca/dhp－mps/alt－formats/hpfb－dgpsa/pdf/pubs/eng－cons－survey－e. pdf.

30 翁新愚. 加拿大《天然健康产品管理办法》简要分析［J］. 国外医学中医中药分册，2005，27（2）：67－70，101.

31 Health Canada. Natural health products regulations，Canada gazette part Ⅱ［EB/OL］. http：//www. hc－sc. gc. ca/dhp－mps/prodnatur/acts－lois/prodnatur/index－e. html.

32 Health Canada. Natural health products regulations，exempted products.［EB/OL］. http：//www. hc－sc. gc. ca/dhp－mps/prodnatur/legislation/acts－lois/exemption/index－eng. php.

33 Health Canada. Archived——natural health products（unprocessed product licence applications）regulations［EB/OL］. http：//gazette. gc. ca/rp－pr/p2/2010/2010－08－18/html/sor－dors171－eng. html.

34 魏锋. 林瑞超. 加拿大天然健康产品管理概况［J］. 中国药事，2007，21（3）：214－216.

35 Health Canada. Canada gazette part Ⅱ. Natural health products regulations［EB/OL］. http：//gazette. gc. ca/archives/p2/2003/2003－06－18/html/sor－dors196－eng. html.

36 Health Canada. Natural health products drugs and health products［EB/OL］. http：//www. hc－sc. gc. ca/dhp－mps/prodnatur/about－apropos/prog－rep－rap－etap－eng. php.

37 赵利斌，白剑，等. 加拿大的中药监管及面临的机遇和挑战［J］. 国际中医中药杂志.，2009，31（1）：68－70.

38 http：//www. hc－sc. gc. ca/dhp－mps/prodnatur/new－neuf－eng. php.

39 http：//webprod. hc－sc. gc. ca/nhpid－bdipsn/monosReq. do? lang＝eng&monotype＝product.

40 赵丹宇，张志强. 国内外保健食品管理法规、标准比较研究（待续）［J］. 中国食品卫生杂志，2004，16（4）：301－307.

41 赵丹宇，张志强. 国内外保健食品管理法规、标准比较研究（续完）［J］. 中国食品卫生杂志，2004，16（5）：404－409.

42 Kaarin Goodburn. 欧盟食品法应用指南［M］. 刘中学，等，译. 北京：中国轻工业出版社，2008.

43 兰洁，王谨瑾，王森，杨明. 国际保健品管理的比较研究（上）［J］. 亚太传统医药，2008，4（7）：3－6.

44 Patrick Coppens，Miguel Fernandes da Silva and Simon Pettman. European legislation on dietary supplements and functional foods：Safety is key［M］// Debasis Bagchi. Nutraceutical and functional food regulations in the United States and around the world. USA：Elserier，2008：173－198.

45 Om P. Gulati and Peter B. Ottaway. Botanical nutraceuticals（food supplements，fortified and functional foods）in the European Union with main focus on nutrition and health claims regulation［M］// Debasis Bagchi. Nutraceutical and functional food regulations in the United States and around the world. USA：Elserier，2008：199－220.

46 Stephen A. Ruckman. Regulations for nutraceuticals and functional foods in Europe and the United Kingdom［M］// Debasis Bagchi. Nutraceutical and functional food regulations in the United States and around the world. USA：Elserier，2008：221－238.

47 Regulation（EC）No 178/2002 of the European Parliament and of the Council of 28th January 2002 laying down the general principles and requirements of food law，establishing the European Food Safety Authority and laying down procedures in matters of food safety［Z］. Official Journal，2002（L31）：0001－0024.

48 Regulation（EC）No 1924/2006 of the European Parliament and of the Council of 20th December 2006 on nutrition and health claims made on foods［Z］. Official Journal，2006（L404）：0009－0025.

49 Regulation（EC）No 1925/2006 of the European Parliament and of the Council of 20th December 2006 on the additional of vitamins and minerals and of certain other substances to foods［Z］. Official Journal，2006（L404）：0026－0038.

50 Directive 2002/46/EC of the European Parliament and of the Council of 10th June 2002 on the approximation of the laws of member states relating to food supplements [Z]. Official Journal, 2002 (L183): 0051-0057.

51 Regulation (EC) No 258/97 of the European Parliament and of the Council of 27th January 1997 concerning novel and novel ingredients [Z]. Official Journal, 1997 (L43): 0001-0007.

52 European Commission. Proposal for a regulation of the European Parliament and of the Council on Novel food amending Regulation EC (Common Procedure) COM (2007), [Z]. 2008.

53 Directive 2001/15/EC of the European Parliament and of the Council of 15th February 2001 on substances that may by added for specific nutritional purposes in foods for particular nutritional uses [Z]. Official Journal, 2001 (L52): 0019-0025.

CHAPTER 8

第八章 我国功能食品的未来发展

内容提要

本章主要介绍我国功能食品的发展趋势。

学习目标

了解我国功能食品的研发趋势。

重要概念与名词

功能食品基础的主要研究内容。

随着社会进步和经济发展，健康已成为人们生活关注的主题。2016年中共中央、国务院印发了《“健康中国2030”规划纲要》（简称《纲要》），这是今后十几年中推进健康中国建设的行动纲领。《纲要》中提到，普及健康生活，引导合理膳食，深入开展农产品、食品营养功能评价研究，对重点区域、重点人群实施营养干预，重点解决微量营养元素缺乏等问题，推进健康中国建设。在国家的大健康战略背景下，我国正迎来新一轮消费升级浪潮，食品消费加速向吃得营养、吃得健康转变，这给功能食品的发展提供了不可估量的市场。

当前世界食品强国几乎都进入我国市场，国外功能性食品在我国的销售量每年以10%以上的速度增长。我国食品工业科技水平虽然不断提高，但与发达国家相比，仍有较大差距，特别是缺少拥有自主知识产权的技术和设备。另一方面，我国功能食品种类繁多，且绝大多数为第二代产品，成分复杂，监管困难，产品功能又过于集中，整体行业状况纷繁复杂。究其根本原因是功能食品应用基础研究薄弱。而欧美、日本等国家市场上，大部分是第三代产品。许多发达国家只承认第三代功能食品。因此，我们必须加强功能食品应用基础研究，积极开发功能因子结构、效果、量效关系、作用机理研究清楚的第三代功能性食品，充分利用我国中草药和天然产品自身的优势，研发具有中国特色的产品，降低国民患病风险，减少国家医疗卫生经费投入，提高人民生活质量。

一、加强功能食品的基础研究

日本、美国等发达国家在功能食品降低疾病风险的基础研究方面都比较深入，非常注重功能食品作用机制、功能因子构效、量效关系、安全性以及以食品为载体等方面的研究工作。而我国在上述基础研究方面亟待开展深入研究。

（一）安全性研究

功能食品中的生物活性物质首先要有安全性，其次才是有效性，所以生物活性物质安全性研究是功能食品原料及产品的一个重要研究方向。国内外的研究主要集中在植物内源性毒性和过敏原问题上，涉及功能因子和功能食品的毒作用机制和安全风险评估，需要明确功能因子的有效剂量和最大安全剂量，剂量不仅是体现功能的关键因素，同时也是毒理学研究的重心。尤其含生物活性物质的功能食品，不仅需要从体外和动物水平研究其对健康的促进作用，还需要进行人体干预研究，从横断面研究、生态研究、病例对照研究和队列研究，对功能食品乃至更加具体的生物活性物质进行科学的安全性评价。

（二）功能学研究

功能食品的功能性是依靠严格、科学的实验设计来充分证明的，需将功能食品作用机制的研究深入到分子营养学的水平，探讨生物活性物质对靶基因表达的影响，在功能食品的营养组学、代谢组学和基因组学研究上亟待开展深入的研究工作。并需进一步探究功能成分之间或功能成分与各类营养素之间的协同作用及其作用机制，研发快速评价、筛选功能因子的体外检测方法。另一方面，目前国家食品药品监督管理总局受理的有 27 项功能，但关于改善妇女更年期综合征、保护牙齿、降低过敏性反应、改善骨关节、减轻电磁对机体的损害、缓解精神疲劳等有市场需求项目的基础研究有待开展。

（三）功能因子快速检测和鉴伪研究

目前，发达国家已经将免疫方法、实时荧光 PCR、生物芯片、分子标记等现代分子生物学技术，以及气相色谱 - 质谱（GC - MS）和高效液相色谱 - 质谱（HPLC - MS）等现代仪器分析技术应用于功能食品中有效成分的快速检测方面。我国虽然已经建立了一些真伪鉴别技术体系，但需要加强样品快速前处理方法的研究。

功能食品科学已发展成为有别于传统的食品科学和营养的新学科，它涉及植物学、食品工程学、营养学、生理学、生化学、细胞生物学、遗传学、流行病学、分析化学等诸多领域。我国功能食品的研究也将打破独立部门或独立专业的束缚，开展院校、科研机构和企业的联合研发进行深入系统的功能食品基础研究。

总之，我国未来功能食品基础研究应包括功能学研究（功能食品与降低疾病风险、新功能、作用机制、蛋白质组学、代谢组学）、植物资源与功能成分研究、功能因子及检测技术研究、功能食品原料及产品安全性研究等。

二、开展功能食品资源的分析评估

功能食品中，有相当一部分是以植物为原料开发的，无论是发达国家还是发展中国家都在重视植物源性功能食品的研究，如韩国、巴西、泰国、印度等都特别注重开发本国本地区特有的资源优势，从安全性和功效性两方面进行研究。目前，欧洲一些国家已经建立了植物源性生物活性物质与功效作用关系的数据库，用于指导功能食品的研究与开发。另外，由于对功能食品按照原料进行分类管理，日本也建有相应的功能食品资源库和功能因子数据库，并在应用这两个数据库的基础上设立了“规格基准型特定健康用食品”产品的审批制度。

我国缺乏功能食品资源及其分布情况的详细数据，更缺少功能食品资源、功能因子、功效作用三者之间关系的数据，而这些数据库的建立将有助于指导功能食品的研发与管理，也有益于了解我国功能食品生产的资源可靠性和可持续发展状况。

建立功能食品资源、功能因子及相关的数据库，及时有效地整合国内现有资源，为全社会提供迅捷、高效的功能因子资源信息和功能食品实物共享服务平台，实现资源共享。进一步满足人民生活质量不断提高的要求和我国工农业可持续发展的需要，为发挥我国的资源优势，增强我国农副产品的国际竞争力提供了强有力的科技支撑。

三、 发展食品形态功能食品

目前，我国市场上绝大多数功能食品不是食品形态，主要是胶囊、片剂、冲剂类等形态。功能食品生产者尚未充分认识到产品风味的重要性，功能食品更接近于药，而不是食品，产品口味更是无法令消费者满意。这极大地降低了功能食品的可接受程度，影响了功能食品的发展。

因此，未来功能食品发展中，有一部分产品形态将逐渐回归食品属性，即采用普通食品形态，部分新产品开发须注重食品的色、香、味三个基本属性，这是开发大众化功能食品的前提条件。

目前市场上较多见的食品形态功能食品是功能性茶饮料，不少厂商在开发功能性茶市场取得成功。随着我国经济的发展，居民休闲娱乐消费的增加，可能将功能性食品引入到休闲方便食品的领域，年轻人对减肥健美产品，老年人对保护心血管、延缓衰老等产品的需求大增。所以，休闲方便产品、减肥健美产品、老年保健产品将是未来我国功能食品的发展趋势之一。

四、 利用中医药资源优势开发中国特色功能食品

中医药是中华民族优秀传统文化的重要组成部分，具有特定的文化内涵，是中国人民几千年来丰富经验的积累和集体智慧的结晶。“药食同源”是中医药学的瑰宝，是发展各种保健食品的基础和理论依据。

我国有万余种药用植物资源，应在战略上高度重视中医中药的保健功能，把握“巨大市场、优势资源、传统中医药文化”的优势，开发中国特色的功能食品新原料。不仅研究其中的功能因子，还研究分离、保留其活性和稳定性的工艺技术，包括去除原料中一些有害、有毒物质的工艺技术。

在传统中医“食养”“食疗”的基础上，发挥现代多学科综合研究的优势，使用先进的提取、分离、纯化、富集和制备技术与食品加工技术，依据生理学、生物化学等多种学科的基本理论，结合现代营养学的理念与技术，开发出具有中国特色的功能食品。不仅使有限的资源得以充分利用，还增进了国民健康，减少了疾病的发生，促进我国功能食品走上一条健

康发展的道路。同时将使中医药这一中华民族的绚丽瑰宝为人类文明和科学进步放射出更加灿烂的光芒。

思考题

试述我国功能食品今后的研发趋势。

附录一

保健食品注册与备案管理办法

第一章　总　　则

第一条　为规范保健食品的注册与备案，根据《中华人民共和国食品安全法》，制定本办法。

第二条　在中华人民共和国境内保健食品的注册与备案及其监督管理适用本办法。

第三条　保健食品注册，是指食品药品监督管理部门根据注册申请人申请，依照法定程序、条件和要求，对申请注册的保健食品的安全性、保健功能和质量可控性等相关申请材料进行系统评价和审评，并决定是否准予其注册的审批过程。

保健食品备案，是指保健食品生产企业依照法定程序、条件和要求，将表明产品安全性、保健功能和质量可控性的材料提交食品药品监督管理部门进行存档、公开、备查的过程。

第四条　保健食品的注册与备案及其监督管理应当遵循科学、公开、公正、便民、高效的原则。

第五条　国家食品药品监督管理总局负责保健食品注册管理，以及首次进口的属于补充维生素、矿物质等营养物质的保健食品备案管理，并指导监督省、自治区、直辖市食品药品监督管理部门承担的保健食品注册与备案相关工作。

省、自治区、直辖市食品药品监督管理部门负责本行政区域内保健食品备案管理，并配合国家食品药品监督管理总局开展保健食品注册现场核查等工作。

市、县级食品药品监督管理部门负责本行政区域内注册和备案保健食品的监督管理，承担上级食品药品监督管理部门委托的其他工作。

第六条　国家食品药品监督管理总局行政受理机构（以下简称受理机构）负责受理保健食品注册和接收相关进口保健食品备案材料。

省、自治区、直辖市食品药品监督管理部门负责接收相关保健食品备案材料。

国家食品药品监督管理总局保健食品审评机构（以下简称审评机构）负责组织保健食品审评，管理审评专家，并依法承担相关保健食品备案工作。

国家食品药品监督管理总局审核查验机构（以下简称查验机构）负责保健食品注册现场核查工作。

第七条　保健食品注册申请人或者备案人应当具有相应的专业知识，熟悉保健食品注册管理的法律、法规、规章和技术要求。

保健食品注册申请人或者备案人应当对所提交材料的真实性、完整性、可溯源性负责，并对提交材料的真实性承担法律责任。

保健食品注册申请人或者备案人应当协助食品药品监督管理部门开展与注册或者备案相关的现场核查、样品抽样、复核检验和监督管理等工作。

第八条　省级以上食品药品监督管理部门应当加强信息化建设，提高保健食品注册与备案管理信息化水平，逐步实现电子化注册与备案。

第二章　注　　册

第九条　生产和进口下列产品应当申请保健食品注册：

（一）使用保健食品原料目录以外原料（以下简称目录外原料）的保健食品；

（二）首次进口的保健食品（属于补充维生素、矿物质等营养物质的保健食品除外）。

首次进口的保健食品，是指非同一国家、同一企业、同一配方申请中国境内上市销售的保健食品。

第十条　产品声称的保健功能应当已经列入保健食品功能目录。

第十一条　国产保健食品注册申请人应当是在中国境内登记的法人或者其他组织；进口保健食品注册申请人应当是上市保健食品的境外生产厂商。

申请进口保健食品注册的，应当由其常驻中国代表机构或者由其委托中国境内的代理机构办理。

境外生产厂商，是指产品符合所在国（地区）上市要求的法人或者其他组织。

第十二条　申请保健食品注册应当提交下列材料：

（一）保健食品注册申请表，以及申请人对申请材料真实性负责的法律责任承诺书；

（二）注册申请人主体登记证明文件复印件；

（三）产品研发报告，包括研发人、研发时间、研制过程、中试规模以上的验证数据，目录外原料及产品安全性、保健功能、质量可控性的论证报告和相关科学依据，以及根据研发结果综合确定的产品技术要求等；

（四）产品配方材料，包括原料和辅料的名称及用量、生产工艺、质量标准，必要时还应当按照规定提供原料使用依据、使用部位的说明、检验合格证明、品种鉴定报告等；

（五）产品生产工艺材料，包括生产工艺流程简图及说明，关键工艺控制点及说明；

（六）安全性和保健功能评价材料，包括目录外原料及产品的安全性、保健功能试验评价材料，人群食用评价材料；功效成分或者标志性成分、卫生学、稳定性、菌种鉴定、菌种毒力等试验报告，以及涉及兴奋剂、违禁药物成分等检测报告；

（七）直接接触保健食品的包装材料种类、名称、相关标准等；

（八）产品标签、说明书样稿；产品名称中的通用名与注册的药品名称不重名的检索材料；

（九）3 个最小销售包装样品；

（十）其他与产品注册审评相关的材料。

第十三条　申请首次进口保健食品注册，除提交本办法第十二条规定的材料外，还应当提交下列材料：

（一）产品生产国（地区）政府主管部门或者法律服务机构出具的注册申请人为上市保健食品境外生产厂商的资质证明文件；

（二）产品生产国（地区）政府主管部门或者法律服务机构出具的保健食品上市销售一年以上的证明文件，或者产品境外销售以及人群食用情况的安全性报告；

（三）产品生产国（地区）或者国际组织与保健食品相关的技术法规或者标准；

（四）产品在生产国（地区）上市的包装、标签、说明书实样。

由境外注册申请人常驻中国代表机构办理注册事务的，应当提交《外国企业常驻中国代表机构登记证》及其复印件；境外注册申请人委托境内的代理机构办理注册事项的，应当提交经过公证的委托书原件以及受委托的代理机构营业执照复印件。

第十四条 受理机构收到申请材料后，应当根据下列情况分别作出处理：

（一）申请事项依法不需要取得注册的，应当即时告知注册申请人不受理；

（二）申请事项依法不属于国家食品药品监督管理总局职权范围的，应当即时作出不予受理的决定，并告知注册申请人向有关行政机关申请；

（三）申请材料存在可以当场更正的错误的，应当允许注册申请人当场更正；

（四）申请材料不齐全或者不符合法定形式的，应当当场或者在5个工作日内一次告知注册申请人需要补正的全部内容，逾期不告知的，自收到申请材料之日起即为受理；

（五）申请事项属于国家食品药品监督管理总局职权范围，申请材料齐全、符合法定形式，注册申请人按照要求提交全部补正申请材料的，应当受理注册申请。

受理或者不予受理注册申请，应当出具加盖国家食品药品监督管理总局行政许可受理专用章和注明日期的书面凭证。

第十五条 受理机构应当在受理后3个工作日内将申请材料一并送交审评机构。

第十六条 审评机构应当组织审评专家对申请材料进行审查，并根据实际需要组织查验机构开展现场核查，组织检验机构开展复核检验，在60个工作日内完成审评工作，并向国家食品药品监管管理总局提交综合审评结论和建议。

特殊情况下需要延长审评时间的，经审评机构负责人同意，可以延长20个工作日，延长决定应当及时书面告知申请人。

第十七条 审评机构应当组织对申请材料中的下列内容进行审评，并根据科学依据的充足程度明确产品保健功能声称的限定用语：

（一）产品研发报告的完整性、合理性和科学性；

（二）产品配方的科学性，及产品安全性和保健功能；

（三）目录外原料及产品的生产工艺合理性、可行性和质量可控性；

（四）产品技术要求和检验方法的科学性和复现性；

（五）标签、说明书样稿主要内容以及产品名称的规范性。

第十八条 审评机构在审评过程中可以调阅原始资料。

审评机构认为申请材料不真实、产品存在安全性或者质量可控性问题，或者不具备声称的保健功能的，应当终止审评，提出不予注册的建议。

第十九条 审评机构认为需要注册申请人补正材料的，应当一次告知需要补正的全部内容。注册申请人应当在3个月内按照补正通知的要求一次提供补充材料；审评机构收到补充材料后，审评时间重新计算。

注册申请人逾期未提交补充材料或者未完成补正，不足以证明产品安全性、保健功能和质量可控性的，审评机构应当终止审评，提出不予注册的建议。

第二十条　审评机构认为需要开展现场核查的，应当及时通知查验机构按照申请材料中的产品研发报告、配方、生产工艺等技术要求进行现场核查，并对下线产品封样送复核检验机构检验。

查验机构应当自接到通知之日起30个工作日内完成现场核查，并将核查报告送交审评机构。

核查报告认为申请材料不真实、无法溯源复现或者存在重大缺陷的，审评机构应当终止审评，提出不予注册的建议。

第二十一条　复核检验机构应当严格按照申请材料中的测定方法以及相关说明进行操作，对测定方法的科学性、复现性、适用性进行验证，对产品质量可控性进行复核检验，并应当自接受委托之日起60个工作日内完成复核检验，将复核检验报告送交审评机构。

复核检验结论认为测定方法不科学、无法复现、不适用或者产品质量不可控的，审评机构应当终止审评，提出不予注册的建议。

第二十二条　首次进口的保健食品境外现场核查和复核检验时限，根据境外生产厂商的实际情况确定。

第二十三条　保健食品审评涉及的试验和检验工作应当由国家食品药品监督管理总局选择的符合条件的食品检验机构承担。

第二十四条　审评机构认为申请材料真实，产品科学、安全、具有声称的保健功能，生产工艺合理、可行和质量可控，技术要求和检验方法科学、合理的，应当提出予以注册的建议。

审评机构提出不予注册建议的，应当同时向注册申请人发出拟不予注册的书面通知。注册申请人对通知有异议的，应当自收到通知之日起20个工作日内向审评机构提出书面复审申请并说明复审理由。复审的内容仅限于原申请事项及申请材料。

审评机构应当自受理复审申请之日起30个工作日内作出复审决定。改变不予注册建议的，应当书面通知注册申请人。

第二十五条　审评机构作出综合审评结论及建议后，应当在5个工作日内报送国家食品药品监督管理总局。

第二十六条　国家食品药品监督管理总局应当自受理之日起20个工作日内对审评程序和结论的合法性、规范性以及完整性进行审查，并作出准予注册或者不予注册的决定。

第二十七条　现场核查、复核检验、复审所需时间不计算在审评和注册决定的期限内。

第二十八条　国家食品药品监督管理总局作出准予注册或者不予注册的决定后，应当自作出决定之日起10个工作日内，由受理机构向注册申请人发出保健食品注册证书或者不予注册决定。

第二十九条　注册申请人对国家食品药品监督管理总局作出不予注册的决定有异议的，可以向国家食品药品监督管理总局提出书面行政复议申请或者向法院提出行政诉讼。

第三十条　保健食品注册人转让技术的，受让方应当在转让方的指导下重新提出产品注册申请，产品技术要求等应当与原申请材料一致。

审评机构按照相关规定简化审评程序。符合要求的，国家食品药品监督管理总局应当为受让方核发新的保健食品注册证书，并对转让方保健食品注册予以注销。

受让方除提交本办法规定的注册申请材料外，还应当提交经公证的转让合同。

第三十一条 保健食品注册证书及其附件所载明内容变更的，应当由保健食品注册人申请变更并提交书面变更的理由和依据。

注册人名称变更的，应当由变更后的注册申请人申请变更。

第三十二条 已经生产销售的保健食品注册证书有效期届满需要延续的，保健食品注册人应当在有效期届满6个月前申请延续。

获得注册的保健食品原料已经列入保健食品原料目录，并符合相关技术要求，保健食品注册人申请变更注册，或者期满申请延续注册的，应当按照备案程序办理。

第三十三条 申请变更国产保健食品注册的，除提交保健食品注册变更申请表（包括申请人对申请材料真实性负责的法律责任承诺书）、注册申请人主体登记证明文件复印件、保健食品注册证书及其附件的复印件外，还应当按照下列情形分别提交材料：

（一）改变注册人名称、地址的变更申请，还应当提供该注册人名称、地址变更的证明材料；

（二）改变产品名称的变更申请，还应当提供拟变更后的产品通用名与已经注册的药品名称不重名的检索材料；

（三）增加保健食品功能项目的变更申请，还应当提供所增加功能项目的功能学试验报告；

（四）改变产品规格、保质期、生产工艺等涉及产品技术要求的变更申请，还应当提供证明变更后产品的安全性、保健功能和质量可控性与原注册内容实质等同的材料、依据及变更后3批样品符合产品技术要求的全项目检验报告；

（五）改变产品标签、说明书的变更申请，还应当提供拟变更的保健食品标签、说明书样稿。

第三十四条 申请延续国产保健食品注册的，应当提交下列材料：

（一）保健食品延续注册申请表，以及申请人对申请材料真实性负责的法律责任承诺书；

（二）注册申请人主体登记证明文件复印件；

（三）保健食品注册证书及其附件的复印件；

（四）经省级食品药品监督管理部门核实的注册证书有效期内保健食品的生产销售情况；

（五）人群食用情况分析报告、生产质量管理体系运行情况的自查报告以及符合产品技术要求的检验报告。

第三十五条 申请进口保健食品变更注册或者延续注册的，除分别提交本办法第三十三条、第三十四条规定的材料外，还应当提交本办法第十三条第一款（一）、（二）、（三）、（四）项和第二款规定的相关材料。

第三十六条 变更申请的理由依据充分合理，不影响产品安全性、保健功能和质量可控性的，予以变更注册；变更申请的理由依据不充分、不合理，或者拟变更事项影响产品安全性、保健功能和质量可控性的，不予变更注册。

第三十七条 申请延续注册的保健食品的安全性、保健功能和质量可控性符合要求的，予以延续注册。

申请延续注册的保健食品的安全性、保健功能和质量可控性依据不足或者不再符合要求，在注册证书有效期内未进行生产销售的，以及注册人未在规定时限内提交延续申请的，不予延续注册。

第三十八条　接到保健食品延续注册申请的食品药品监督管理部门应当在保健食品注册证书有效期届满前作出是否准予延续的决定。逾期未作出决定的，视为准予延续注册。

第三十九条　准予变更注册或者延续注册的，颁发新的保健食品注册证书，同时注销原保健食品注册证书。

第四十条　保健食品变更注册与延续注册的程序未作规定的，可以适用本办法关于保健食品注册的相关规定。

第三章　注册证书管理

第四十一条　保健食品注册证书应当载明产品名称、注册人名称和地址、注册号、颁发日期及有效期、保健功能、功效成分或者标志性成分及含量、产品规格、保质期、适宜人群、不适宜人群、注意事项。

保健食品注册证书附件应当载明产品标签、说明书主要内容和产品技术要求等。

产品技术要求应当包括产品名称、配方、生产工艺、感官要求、鉴别、理化指标、微生物指标、功效成分或者标志性成分含量及检测方法、装量或者重量差异指标（净含量及允许负偏差指标）、原辅料质量要求等内容。

第四十二条　保健食品注册证书有效期为5年。变更注册的保健食品注册证书有效期与原保健食品注册证书有效期相同。

第四十三条　国产保健食品注册号格式为：国食健注G+4位年代号+4位顺序号；进口保健食品注册号格式为：国食健注J+4位年代号+4位顺序号。

第四十四条　保健食品注册有效期内，保健食品注册证书遗失或者损坏的，保健食品注册人应当向受理机构提出书面申请并说明理由。因遗失申请补发的，应当在省、自治区、直辖市食品药品监督管理部门网站上发布遗失声明；因损坏申请补发的，应当交回保健食品注册证书原件。

国家食品药品监督管理总局应当在受理后20个工作日内予以补发。补发的保健食品注册证书应当标注原批准日期，并注明“补发”字样。

第四章　备　　案

第四十五条　生产和进口下列保健食品应当依法备案：

（一）使用的原料已经列入保健食品原料目录的保健食品；

（二）首次进口的属于补充维生素、矿物质等营养物质的保健食品。

首次进口的属于补充维生素、矿物质等营养物质的保健食品，其营养物质应当是列入保健食品原料目录的物质。

第四十六条　国产保健食品的备案人应当是保健食品生产企业，原注册人可以作为备案人；进口保健食品的备案人，应当是上市保健食品境外生产厂商。

第四十七条　备案的产品配方、原辅料名称及用量、功效、生产工艺等应当符合法律、法规、规章、强制性标准以及保健食品原料目录技术要求的规定。

第四十八条　申请保健食品备案，除应当提交本办法第十二条第（四）、（五）、（六）、（七）、（八）项规定的材料外，还应当提交下列材料：

（一）保健食品备案登记表，以及备案人对提交材料真实性负责的法律责任承诺书；

（二）备案人主体登记证明文件复印件；

（三）产品技术要求材料；

（四）具有合法资质的检验机构出具的符合产品技术要求全项目检验报告；

（五）其他表明产品安全性和保健功能的材料。

第四十九条　申请进口保健食品备案的，除提交本办法第四十八条规定的材料外，还应当提交本办法第十三条第一款（一）、（二）、（三）、（四）项和第二款规定的相关材料。

第五十条　食品药品监督管理部门收到备案材料后，备案材料符合要求的，当场备案；不符合要求的，应当一次告知备案人补正相关材料。

第五十一条　食品药品监督管理部门应当完成备案信息的存档备查工作，并发放备案号。对备案的保健食品，食品药品监督管理部门应当按照相关要求的格式制作备案凭证，并将备案信息表中登载的信息在其网站上公布。

国产保健食品备案号格式为：食健备 G+4 位年代号 +2 位省级行政区域代码 +6 位顺序编号；进口保健食品备案号格式为：食健备 J+4 位年代号 +00 +6 位顺序编号。

第五十二条　已经备案的保健食品，需要变更备案材料的，备案人应当向原备案机关提交变更说明及相关证明文件。备案材料符合要求的，食品药品监督管理部门应当将变更情况登载于变更信息中，将备案材料存档备查。

第五十三条　保健食品备案信息应当包括产品名称、备案人名称和地址、备案登记号、登记日期以及产品标签、说明书和技术要求。

第五章　标签、说明书

第五十四条　申请保健食品注册或者备案的，产品标签、说明书样稿应当包括产品名称、原料、辅料、功效成分或者标志性成分及含量、适宜人群、不适宜人群、保健功能、食用量及食用方法、规格、贮藏方法、保质期、注意事项等内容及相关制定依据和说明等。

第五十五条　保健食品的标签、说明书主要内容不得涉及疾病预防、治疗功能，并声明“本品不能代替药物”。

第五十六条　保健食品的名称由商标名、通用名和属性名组成。

商标名，是指保健食品使用依法注册的商标名称或者符合《商标法》规定的未注册的商标名称，用以表明其产品是独有的、区别于其他同类产品。

通用名，是指表明产品主要原料等特性的名称。

属性名，是指表明产品剂型或者食品分类属性等的名称。

第五十七条　保健食品名称不得含有下列内容：

（一）虚假、夸大或者绝对化的词语；

（二）明示或者暗示预防、治疗功能的词语；

（三）庸俗或者带有封建迷信色彩的词语；

（四）人体组织器官等词语；

（五）除“®”之外的符号；

（六）其他误导消费者的词语。

保健食品名称不得含有人名、地名、汉语拼音、字母及数字等，但注册商标作为商标名、通用名中含有符合国家规定的含字母及数字的原料名除外。

第五十八条　通用名不得含有下列内容：

（一）已经注册的药品通用名，但以原料名称命名或者保健食品注册批准在先的除外；

（二）保健功能名称或者与表述产品保健功能相关的文字；

（三）易产生误导的原料简写名称；

（四）营养素补充剂产品配方中部分维生素或者矿物质；

（五）法律法规规定禁止使用的其他词语。

第五十九条　备案保健食品通用名应当以规范的原料名称命名。

第六十条　同一企业不得使用同一配方注册或者备案不同名称的保健食品；不得使用同一名称注册或者备案不同配方的保健食品。

第六章　监督管理

第六十一条　国家食品药品监督管理总局应当及时制定并公布保健食品注册申请服务指南和审查细则，方便注册申请人申报。

第六十二条　承担保健食品审评、核查、检验的机构和人员应当对出具的审评意见、核查报告、检验报告负责。

保健食品审评、核查、检验机构和人员应当依照有关法律、法规、规章的规定，恪守职业道德，按照食品安全标准、技术规范等对保健食品进行审评、核查和检验，保证相关工作科学、客观和公正。

第六十三条　参与保健食品注册与备案管理工作的单位和个人，应当保守在注册或者备案中获知的商业秘密。

属于商业秘密的，注册申请人和备案人在申请注册或者备案时应当在提交的资料中明确相关内容和依据。

第六十四条　食品药品监督管理部门接到有关单位或者个人举报的保健食品注册受理、审评、核查、检验、审批等工作中的违法违规行为后，应当及时核实处理。

第六十五条　除涉及国家秘密、商业秘密外，食品药品监督管理部门应当自完成注册或者备案工作之日起20个工作日内根据相关职责在网站公布已经注册或者备案的保健食品目录及相关信息。

第六十六条　有下列情形之一的，国家食品药品监督管理总局根据利害关系人的请求或者依据职权，可以撤销保健食品注册证书：

（一）行政机关工作人员滥用职权、玩忽职守作出准予注册决定的；

（二）超越法定职权或者违反法定程序作出准予注册决定的；

（三）对不具备申请资格或者不符合法定条件的注册申请人准予注册的；

（四）依法可以撤销保健食品注册证书的其他情形。

注册人以欺骗、贿赂等不正当手段取得保健食品注册的，国家食品药品监督管理总局应当予以撤销。

第六十七条　有下列情形之一的，国家食品药品监督管理总局应当依法办理保健食品注册注销手续：

（一）保健食品注册有效期届满，注册人未申请延续或者国家食品药品监管总局不予延续的；

（二）保健食品注册人申请注销的；

（三）保健食品注册人依法终止的；

（四）保健食品注册依法被撤销，或者保健食品注册证书依法被吊销的；

（五）根据科学研究的发展，有证据表明保健食品可能存在安全隐患，依法被撤回的；

（六）法律、法规规定的应当注销保健食品注册的其他情形。

第六十八条　有下列情形之一的，食品药品监督管理部门取消保健食品备案：

（一）备案材料虚假的；

（二）备案产品生产工艺、产品配方等存在安全性问题的；

（三）保健食品生产企业的生产许可被依法吊销、注销的；

（四）备案人申请取消备案的；

（五）依法应当取消备案的其他情形。

第七章　法 律 责 任

第六十九条　保健食品注册与备案违法行为，食品安全法等法律法规已有规定的，依照其规定。

第七十条　注册申请人隐瞒真实情况或者提供虚假材料申请注册的，国家食品药品监督管理总局不予受理或者不予注册，并给予警告；申请人在 1 年内不得再次申请注册该保健食品；构成犯罪的，依法追究刑事责任。

第七十一条　注册申请人以欺骗、贿赂等不正当手段取得保健食品注册证书的，由国家食品药品监督管理总局撤销保健食品注册证书，并处 1 万元以上 3 万元以下罚款。被许可人在 3 年内不得再次申请注册；构成犯罪的，依法追究刑事责任。

第七十二条　有下列情形之一的，由县级以上人民政府食品药品监督管理部门处以 1 万元以上 3 万元以下罚款；构成犯罪的，依法追究刑事责任。

（一）擅自转让保健食品注册证书的；

（二）伪造、涂改、倒卖、出租、出借保健食品注册证书的。

第七十三条　食品药品监督管理部门及其工作人员对不符合条件的申请人准予注册，或者超越法定职权准予注册的，依照食品安全法第一百四十四条的规定予以处理。

食品药品监督管理部门及其工作人员在注册审评过程中滥用职权、玩忽职守、徇私舞弊的，依照食品安全法第一百四十五条的规定予以处理。

第八章　附　　则

第七十四条　申请首次进口保健食品注册和办理进口保健食品备案及其变更的，应当提交中文材料，外文材料附后。中文译本应当由境内公证机构进行公证，确保与原文内容一致；申请注册的产品质量标准（中文本），必须符合中国保健食品质量标准的格式。境外机构出具的证明文件应当经生产国（地区）的公证机构公证和中国驻所在国使领馆确认。

第七十五条　本办法自 2016 年 7 月 1 日起施行。2005 年 4 月 30 日公布的《保健食品注册管理办法（试行）》（原国家食品药品监督管理局令第 19 号）同时废止。

APPENDIX

附录二

保健食品原料目录（一）

营养素补充剂原料目录

原料名称				每日用量				功效
营养素	化合物名称	标准依据	适用范围	功效成分	适宜人群	最低值	最高值	
钙	碳酸钙	GB 1886.214《碳酸钙（包括轻质和重质碳酸钙）》	所有人群	Ca（以 Ca 计，mg）	1～3 岁	120	500	补充钙
	醋酸钙	GB 15572《乙酸钙》	4 岁以上人群		4～6 岁	150	700	
	氯化钙	GB 1886.45《氯化钙》	所有人群		7～10 岁	200	800	
	柠檬酸钙	GB 17203《柠檬酸钙》	所有人群		11～13 岁	250	1000	
	葡萄糖酸钙	GB 15571《葡萄糖酸钙》	所有人群					
	乳酸钙	GB 1886.21《乳酸钙》	4 岁以上人群		14～17 岁	200	800	
	磷酸氢钙	GB 1886.3《磷酸氢钙》	所有人群		成人	200	1000	
	磷酸二氢钙	GB 25559《磷酸二氢钙》	4 岁以上人群		孕妇	200	800	
	磷酸三钙（磷酸钙）	GB 25558《磷酸三钙》	所有人群					
	硫酸钙	GB 1886.6《硫酸钙》	所有人群		乳母	200	1000	
	L－乳酸钙	GB 25555《L－乳酸钙》	所有人群					
	甘油磷酸钙	中国药典《甘油磷酸钙》	4 岁以上人群					
镁	碳酸镁	GB 25587《碳酸镁》	所有人群	Mg（以 Mg 计，mg）	4～6 岁	30	200	补充镁
	硫酸镁	GB 29207《硫酸镁》	所有人群		7～10 岁	45	250	
					11～13 岁	60	300	
	氧化镁	GB 1886.216《氧化镁（包括重质和轻质）》	所有人群		14～17 岁	65	300	
					成人	65	350	
	氯化镁	GB 25584《氯化镁》	所有人群		孕妇	70	350	
					乳母	70	400	
	L－苏糖酸镁	卫生计生委公告 2016 年第 8 号	所有人群					

续表

原料名称				每日用量				
营养素	化合物名称	标准依据	适用范围	功效成分	适宜人群	最低值	最高值	功效
钾	磷酸氢二钾	GB 25561《磷酸氢二钾》	所有人群	K(以K计,mg)	4~6岁	250	1200	补充钾
	磷酸二氢钾	GB 25560《磷酸二氢钾》	所有人群		7~10岁	300	1500	
					11~13岁	400	2000	
	氯化钾	GB 25585《氯化钾》	所有人群		14~17岁	400	2200	
	柠檬酸钾	GB 1886.74《柠檬酸钾》	所有人群		成人	400	2000	
					孕妇	400	2000	
	碳酸钾	GB 25588《碳酸钾》	4岁以上人群		乳母	500	2400	
锰	硫酸锰	GB 29208《硫酸锰》	所有人群	Mn(以Mn计,mg)	4~6岁	0.3	1.5	补充锰
					7~10岁	0.5	2.5	
					11~13岁	0.6	3.5	
	葡萄糖酸锰	GB 1903.7《葡萄糖酸锰》	所有人群		14~17岁	0.8	3.8	
					成人	1.0	4.0	
					孕妇	1.0	4.0	
					乳母	1.0	4.0	
铁	葡萄糖酸亚铁	GB 1903.10《葡萄糖酸亚铁》	所有人群	Fe(以Fe计,mg)	1~3岁	1.5	7.0	补充铁
	富马酸亚铁	中国药典《富马酸亚铁》	所有人群		4~6岁	2.0	8.0	
	硫酸亚铁	GB 29211《硫酸亚铁》	所有人群		7~10岁	2.5	10.0	
	乳酸亚铁	GB 6781《乳酸亚铁》	4岁以上人群		11~13岁	3.5	15.0	
					14~17岁	3.5	15.0	
	琥珀酸亚铁	国家药品标准WS1-(X-005)-2001Z《琥珀酸亚铁》	4岁以上人群		成人	5.0	20.0	
					孕妇	5.0	20.0	
					乳母	5.5	20.0	
锌	硫酸锌	GB 25579 硫酸锌	所有人群	Zn(以Zn计,mg)	1~3岁	0.8	3.0	补充锌
	柠檬酸锌	中国药典《枸橼酸锌》	所有人群		4~6岁	1.0	5.0	
	柠檬酸锌（三水）	卫生计生委公告2013年第9号	所有人群		7~10岁	1.5	6.0	
	葡萄糖酸锌	GB 8820《葡萄糖酸锌》	所有人群		11~13岁	1.5	8.0	
					14~17岁	2.0	10.0	
	氧化锌	GB 1903.4《氧化锌》	所有人群		成人	3.0	15.0	
					孕妇	2.0	10.0	
	乳酸锌	GB 1903.11《乳酸锌》	所有人群		乳母	2.0	10.0	

续表

原料名称				每日用量				功效
营养素	化合物名称	标准依据	适用范围	功效成分	适宜人群	最低值	最高值	
硒	亚硒酸钠	GB 1903.9《亚硒酸钠》	所有人群	Se（以 Se 计，μg）	4～6 岁	5	30	补充硒
	富硒酵母	国家药品标准 WS1－(x－005)－99Z《硒酵母》	4 岁以上人群		7～10 岁	8	40	
					11～13 岁	10	50	
	L－硒－甲基硒代半胱氨酸	GB 1903.12《L－硒－甲基硒代半胱氨酸》	4 岁以上人群		14～17 岁	10	60	
					成人	10	100	
					孕妇	10	60	
					乳母	15	80	
铜	硫酸铜	GB 29210《硫酸铜》	所有人群	Cu（以 Cu 计，mg）	4～6 岁	0.1	0.3	补充铜
					7～10 岁	0.1	0.4	
					11～13 岁	0.1	0.5	
	葡萄糖酸铜	GB 1903.8《葡萄糖酸铜》	所有人群		14～17 岁	0.2	0.6	
					成人	0.2	1.5	
					孕妇	0.2	0.7	
					乳母	0.3	1.0	
维生素 A	醋酸视黄酯	GB 14750《维生素 A》	所有人群	维生素 A（以视黄醇计，μg）	1～3 岁	50	300	补充维生素 A
					4～6 岁	60	400	
	棕榈酸视黄酯	GB 29943《棕榈酸视黄酯（棕榈酸维生素 A）》	所有人群		7～10 岁	80	500	
					11～13 岁	100	700	
	β－胡萝卜素	GB 8821《β－胡萝卜素》	所有人群		14～17 岁	130	800	
		GB 28310《β－胡萝卜素》（发酵法）			成人	160	800	
		卫生计生委 2012 年第 6 号公告			孕妇	120	800	
					乳母	200	1200	
维生素 D	维生素 D_2	GB 14755《维生素 D_2（麦角钙化醇）》	所有人群	维生素 D_2（以麦角钙化醇计，μg）维生素 D_3（以胆钙化醇计，μg）	1～3 岁	2.0	10.0	补充维生素 D
					4～6 岁	2.0	15.0	
					7～10 岁	2.0	15.0	
					11～13 岁	2.0	15.0	
	维生素 D_3	中国药典《维生素 D_3》	所有人群		14～17 岁	2.0	15.0	
					成人	2.0	15.0	
					孕妇	2.0	15.0	
					乳母	2.0	15.0	

续表

原料名称				每日用量				功效
营养素	化合物名称	标准依据	适用范围	功效成分	适宜人群	最低值	最高值	
维生素 B_1	盐酸硫胺素	GB 14751《维生素 B_1（盐酸硫胺素）》	所有人群	维生素 B_1（以硫胺素计，mg）	1～3岁	0.1	0.6	补充维生素 B_1
					4～6岁	0.2	1.5	
					7～10岁	0.2	1.5	
					11～13岁	0.3	2.0	
	硝酸硫胺素	中国药典《硝酸硫胺》	所有人群		14～17岁	0.3	2.0	
					成人	0.5	20.0	
					孕妇	0.3	2.5	
					乳母	0.3	2.5	
维生素 B_2	核黄素	GB 14752《维生素 B_2（核黄素）》	所有人群	维生素 B_2（以核黄素计，mg）	1～3岁	0.1	0.6	补充维生素 B_2
					4～6岁	0.2	1.5	
					7～10岁	0.2	1.5	
					11～13岁	0.3	2.0	
	核黄素5'－磷酸钠	GB 28301《核黄素5'－磷酸钠》	所有人群		14～17岁	0.3	2.0	
					成人	0.5	20.0	
					孕妇	0.3	2.5	
					乳母	0.3	2.5	
维生素 B_6	盐酸吡哆醇	GB 14753《维生素 B_6（盐酸吡哆醇）》	所有人群	维生素 B_6（以吡哆醇计，mg）	1～3岁	0.1	0.6	补充维生素 B_6
					4～6岁	0.2	1.5	
					7～10岁	0.2	1.5	
					11～13岁	0.3	2.0	
					14～17岁	0.3	2.0	
					成人	0.5	10.0	
					孕妇	0.3	2.5	
					乳母	0.3	2.5	
维生素 B_{12}	氰钴胺	中国药典《维生素 B_{12}》	所有人群	维生素 B_{12}（以钴胺素计，μg）	1～3岁	0.2	1.0	补充维生素 B_{12}
					4～6岁	0.2	1.5	
					7～10岁	0.3	2.0	
					11～13岁	0.4	2.5	
					14～17岁	0.5	3.0	
					成人	0.5	10	
					孕妇	0.6	5.0	
					乳母	0.6	5.0	

续表

原料名称				每日用量				功效
营养素	化合物名称	标准依据	适用范围	功效成分	适宜人群	最低值	最高值	
烟酸(尼克酸)	烟酸	GB 14757《烟酸》	所有人群	烟酸(以烟酸计,mg)	1～3岁	1.0	5.0	补充烟酸
					4～6岁	1.5	7.5	
					7～10岁	2.0	10.0	
					11～13岁	2.5	12.0	
					14～17岁	3.0	15.0	
					成人	3.0	15.0	
					孕妇	2.5	15.0	
					乳母	3.0	15.0	
	烟酰胺	中国药典《烟酰胺》	所有人群	烟酰胺(以烟酰胺计,mg)	1～3岁	1.0	7.0	
					4～6岁	1.5	9.0	
					7～10岁	2.0	13.0	
					11～13岁	2.5	15.0	
					14～17岁	3.0	18.0	
					成人	3.0	50.0	
					孕妇	2.5	15.0	
					乳母	3.0	18.0	
叶酸	叶酸	GB 15570《叶酸》	所有人群	叶酸(以叶酸计,μg)	1～3岁	30	150	补充叶酸
					4～6岁	40	200	
					7～10岁	50	250	
					11～13岁	70	350	
					14～17岁	80	400	
					成人	80	500	
					孕妇	110	500	
					乳母	110	500	
生物素	D－生物素	国家药品标准 WS－10001－(HD－1052)－2002《D－生物素》	所有人群	生物素(以生物素计,μg)	1～3岁	3	15	补充生物素
					4～6岁	4	25	
					7～10岁	5	30	
					11～13岁	7	45	
					14～17岁	8	50	
					成人	10	100	
					孕妇	8	50	
					乳母	10	60	

续表

原料名称				每日用量				功效
营养素	化合物名称	标准依据	适用范围	功效成分	适宜人群	最低值	最高值	
胆碱	酒石酸胆碱	国家药品标准 WS－10001－(HD－1250)－2002《重酒石酸胆碱》	所有人群	胆碱(以胆碱计,mg)	1～3岁	40	240	补充胆碱
					4～6岁	50	300	
					7～10岁	60	400	
					11～13岁	80	500	
					14～17岁	90	600	
					成人	100	1000	
					孕妇	80	500	
					乳母	100	700	
维生素C	L－抗坏血酸	GB 14754《维生素C(抗坏血酸)》	所有人群	维生素C(以L－抗坏血酸计,mg)	1～3岁	6	60	补充维生素C
					4～6岁	10	100	
	L－抗坏血酸钠	GB 1886.44《抗坏血酸钠》	所有人群		7～10岁	10	100	
					11～13岁	15	150	
	L－抗坏血酸钙	GB 1886.43《抗坏血酸钙》	所有人群		14～17岁	20	200	
					成人	30	500	
	抗坏血酸棕榈酸酯	GB 1886.230《抗坏血酸棕榈酸酯》	4岁以上人群		孕妇	25	250	
					乳母	30	300	
维生素K	维生素K_1	中国药典《维生素K_1》	所有人群	维生素K(以植物甲萘醌计,μg)	4～6岁	10	60	补充维生素K
					7～10岁	10	70	
					11～13岁	15	90	
					14～17岁	15	100	
					成人	15	100	
					孕妇	15	100	
	维生素K_2(发酵法)	卫生计生委公告2016年第8号	所有人群		乳母	15	100	
泛酸	D－泛酸钙	中国药典《泛酸钙》	所有人群	泛酸(以泛酸计,mg)	1～3岁	0.4	2.0	补充泛酸
					4～6岁	0.5	5.0	
					7～10岁	0.7	7.0	
					11～13岁	0.9	9.0	
					14～17岁	1.0	10.0	
					成人	1.0	20.0	
					孕妇	1.0	10.0	
					乳母	1.0	10.0	

续表

<table>
<tr><th colspan="4">原料名称</th><th colspan="4">每日用量</th><th rowspan="2">功效</th></tr>
<tr><th>营养素</th><th>化合物名称</th><th>标准依据</th><th>适用范围</th><th>功效成分</th><th>适宜人群</th><th>最低值</th><th>最高值</th></tr>
<tr><td rowspan="6">维生素E</td><td>D-α-生育酚</td><td rowspan="3">GB 1886.233《维生素 E》</td><td>所有人群</td><td rowspan="6">维生素 E（以 d-α-生育酚计，mg）</td><td rowspan="2">4~6 岁</td><td rowspan="2">1.5</td><td rowspan="2">9.0</td><td rowspan="6">补充维生素 E</td></tr>
<tr><td>D-α-醋酸生育酚</td><td>所有人群</td></tr>
<tr><td>D-α-琥珀酸生育酚</td><td>所有人群</td><td>7~10 岁
11~13 岁</td><td>2.0
3.0</td><td>14.0
25.0</td></tr>
<tr><td>dl-α-醋酸生育酚</td><td>GB 14756《维生素 E（dl-α-醋酸生育酚）》</td><td>所有人群</td><td>14~17 岁
成人</td><td>3.0
5.0</td><td>25.0
150</td></tr>
<tr><td>dl-α-生育酚</td><td>GB 29942《维生素 E（dl-α-生育酚）》</td><td>所有人群</td><td>孕妇</td><td>3.0</td><td>25.0</td></tr>
<tr><td>维生素 E 琥珀酸钙</td><td>GB 1903.6《维生素 E 琥珀酸钙》</td><td>4 岁以上人群</td><td>乳母</td><td>4.0</td><td>30.0</td></tr>
</table>

APPENDIX

附录三

允许保健食品声称的保健功能目录（第一批）

营养素补充剂保健功能目录

保健功能	备注
补充维生素、矿物质	包括补充:钙、镁、钾、锰、铁、锌、硒、铜、维生素 A、维生素 D、维生素 B_1、维生素 B_2、维生素 B_6、维生素 B_{12}、烟酸(尼克酸)、叶酸、生物素、胆碱、维生素 C、维生素 K、泛酸、维生素 E

APPENDIX

附录四

按照传统既是食品又是中药材物质目录（2014 版，征求意见稿）

按照传统既是食品又是中药材物质目录

序号	物质名称	植物名/动物名	拉丁学名	所属科名	使用部分	备注
1	丁香	丁香	*Eugenia caryophyllata* Thunb.	桃金娘科	花蕾	
2	八角茴香	八角茴香	*Illicium verum* Hook. f.	木兰科	成熟果实	在调味品中也称“八角”
3	刀豆	刀豆	*Canavalia gladiata*(Jacq.)DC.	豆科	成熟种子	
4	小茴香	茴香	*Foeniculum vulgare* Mill.	伞形科	成熟果实	用于调味时还可用叶和梗
5	小蓟	刺儿菜	*Cirsium setosum*(Willd.) MB.	菊科	地上部分	
6	山药	薯蓣	*Dioscorea opposita* Thunb.	薯蓣科	根茎	
7	山楂	山里红	*Crataegus pinnatifida* Bge. var. *major* N. E. Br.	蔷薇科	成熟果实	
		山楂	*Crataegus pinnatifida* Bge.	蔷薇科		
8	马齿苋	马齿苋	*Portulaca oleracea* L.	马齿苋科	地上部分	
9	乌梅	梅	*Prunus mume* (Sieb.)Sieb. et Zucc.	蔷薇科	近成熟果实	
10	木瓜	贴梗海棠	*Chaenomeles speciosa*(Sweet) Nakai	蔷薇科	近成熟果实	
11	火麻仁	大麻	*Cannabis sativa* L.	桑科	成熟果实	
12	代代花	代代花	*Citrus aurantium* L. var. *amara* Engl.	芸香科	花蕾	果实地方常用作枳壳
13	玉竹	玉竹	*Polygonatum odoratum* (Mill.) Druce	百合科	根茎	
14	甘草	甘草	*Glycyrrhiza uralensis* Fisch.	豆科	根和根茎	
		胀果甘草	*Glycyrrhiza inflata* Bat.	豆科		
		光果甘草	*Glycyrrhiza glabra* L.	豆科		

续表

序号	物质名称	植物名/动物名	拉丁学名	所属科名	使用部分	备注
15	白芷	白芷	*Angelica dahurica* (Fisch. ex Hoffm.) Benth. et Hook. f.	伞形科	根	
		杭白芷	*Angelica dahurica* (Fisch. ex Hoffm.) Benth. et Hook. f. var. *formosana* (Boiss.) Shan et Yuan	伞形科		
16	白果	银杏	*Ginkgo biloba* L.	银杏科	成熟种子	
17	白扁豆	扁豆	*Dolichos lablab* L.	豆科	成熟种子	
18	白扁豆花	扁豆	*Dolichos lablab* L.	豆科	花	
19	龙眼肉（桂圆）	龙眼	*Dimocarpus longan* Lour.	无患子科	假种皮	
20	决明子	决明	*Cassia obtusifolia* L.	豆科	成熟种子	需经过炮制方可使用
		小决明	*Cassia tora* L.	豆科		
21	百合	卷丹	*Lilium lancifolium* Thunb.	百合科	肉质鳞叶	
		百合	*Lilium brownie* F. E. Brown var. *viridulum* Baker	百合科		
		细叶百合	*Lilium pumilum* DC.	百合科		
22	肉豆蔻	肉豆蔻	*Myristica fragrans* Houtt.	肉豆蔻科	种仁、种皮	种皮仅作为调味品使用
23	肉桂	肉桂	*Cinnamomum cassia* Presl	樟科	树皮	在调味品中也称“桂皮”
24	余甘子	余甘子	*Phyllanthus emblica* L.	大戟科	成熟果实	
25	佛手	佛手	*Citrus medica* L. var. *sarcodactylis* Swingle	芸香科	果实	
26	杏仁（苦、甜）	山杏	*Prunus armeniaca* L. var. *ansu* Maxim	蔷薇科	成熟种子	苦杏仁需经过炮制方可使用
		西伯利亚杏	*Prunus sibirica* L.	蔷薇科		
		东北杏	*Prunus mandshurica* (Maxim) Koehne	蔷薇科		
		杏	*Prunus armeniaca* L.	蔷薇科		
27	沙棘	沙棘	*Hippophae rhamnoides* L.	胡颓子科	成熟果实	
28	芡实	芡	*Euryale ferox* Salisb.	睡莲科	成熟种仁	
29	花椒	青椒	*Zanthoxylum schinifolium* Sieb. et Zucc.	芸香科	成熟果皮	花椒果实可作为调味品使用
		花椒	*Zanthoxylum bungeanum* Maxim.	芸香科		
30	赤小豆	赤小豆	*Vigna umbellata* Ohwi et Ohashi	豆科	成熟种子	
		赤豆	*Vigna angularis* Ohwi et Ohashi	豆科		
31	麦芽	大麦	*Hordeum vulgare* L.	禾本科	成熟果实经发芽干燥的炮制加工品	

续表

序号	物质名称	植物名/动物名	拉丁学名	所属科名	使用部分	备注
32	昆布	海带	*Laminaria japonica* Aresch.	海带科	叶状体	
		昆布	*Ecklonia kurome* Okam.	翅藻科		
33	枣（大枣、黑枣）	枣	*Ziziphus jujuba* Mill.	鼠李科	成熟果实	
34	罗汉果	罗汉果	*Siraitia grosvenorii* （Swingle.）C. Jeffrey ex A. M. Lu et Z. Y. Zhang	葫芦科	果实	
35	郁李仁	欧李	*Prunus humilis* Bge.	蔷薇科	成熟种子	
		郁李	*Prunus japonica* Thunb.	蔷薇科		
		长柄扁桃	*Prunus pedunculata* Maxim.	蔷薇科		
36	金银花	忍冬	*Lonicera japonica* Thunb.	忍冬科	花蕾或带初开的花	
37	青果	橄榄	*Canarium album* Raeusch.	橄榄科	成熟果实	
38	鱼腥草	蕺菜	*Houttuynia cordata* Thunb.	三白草科	新鲜全草或干燥地上部分	
39	姜（生姜、干姜）	姜	*Zingiber officinale* Rosc.	姜科	根茎（生姜所用为新鲜根茎，干姜为干燥根茎）	
40	枳椇子	枳椇	*Hovenia dulcis* Thunb.	鼠李科	药用为成熟种子；食用为肉质膨大的果序轴、叶及茎枝	
41	枸杞子	宁夏枸杞	*Lycium barbarum* L.	茄科	成熟果实	
42	栀子	栀子	*Gardenia jasminoides* Ellis	茜草科	成熟果实	
43	砂仁	阳春砂	*Amomum villosum* Lour.	姜科	成熟果实	
		绿壳砂	*Amomum villosum* Lour. var. *xanthioides* T. L. Wu et Senjen	姜科		
		海南砂	*Amomum longiligularg* T. L. Wu	姜科		
44	胖大海	胖大海	*Sterculia lychnophora* Hance	梧桐科	成熟种子	
45	茯苓	茯苓	*Poria cocos*（Schw.）Wolf	多孔菌科	菌核	
46	香橼	枸橼	*Citrus medica* L.	芸香科	成熟果实	
		香圆	*Citrus wilsonii* Tanaka	芸香科		
47	香薷	石香薷	*Mosla chinensis* Maxim.	唇形科	地上部分	
		江香薷	*Mosla chinensis*“jiangxiangru”	唇形科		

续表

序号	物质名称	植物名/动物名	拉丁学名	所属科名	使用部分	备注
48	桃仁	桃	*Prunus persica*(L.) Batsch	蔷薇科	成熟种子	
		山桃	*Prunus davidiana*(Carr.) Franch.	蔷薇科		
49	桑叶	桑	*Morus alba* L.	桑科	叶	
50	桑椹	桑	*Morus alba* L.	桑科	果穗	
51	桔红（橘红）	橘及其栽培变种	*Citrus reticulata* Blanco	芸香科	外层果皮	
52	桔梗	桔梗	*Platycodon grandiflorum* (Jacq.) A. DC.	桔梗科	根	
53	益智仁	益智	*Alpinia oxyphylla* Miq.	姜科	去壳之果仁，而调味品为果实	
54	荷叶	莲	*Nelumbo nucifera* Gaertn.	睡莲科	叶	
55	莱菔子	萝卜	*Raphanus sativus* L.	十字花科	成熟种子	
56	莲子	莲	*Nelumbo nucifera* Gaertn.	睡莲科	成熟种子	
57	高良姜	高良姜	*Alpinia officinarum* Hance	姜科	根茎	
58	淡竹叶	淡竹叶	*Lophatherum gracile* Brongn.	禾本科	茎叶	
59	淡豆豉	大豆	*Glycine max*(L.) Merr.	豆科	成熟种子的发酵加工品	
60	菊花	菊	*Chrysanthemum morifolium* Ramat.	菊科	头状花序	
61	菊苣	毛菊苣	*Cichorium glandulosum* Boiss. et Huet	菊科	地上部分或根	
		菊苣	*Cichorium intybus* L.	菊科		
62	黄芥子	芥	*Brassica juncea*(L.) Czern. et Coss	十字花科	成熟种子	
63	黄精	滇黄精	*Polygonatum kingianum* Coll. et Hemsl.	百合科	根茎	
		黄精	*Polygonatum sibiricum* Red.	百合科		
		多花黄精	*Polygonatum cyrtonema* Hua	百合科		
64	紫苏	紫苏	*Perilla frutescens*(L.) Britt.	唇形科	叶（或带嫩枝）	
65	紫苏子（籽）	紫苏	*Perilla frutescens*(L.) Britt.	唇形科	成熟果实	
66	葛根	野葛	*Pueraria lobata* (Willd.) Ohwi	豆科	根	
67	黑芝麻	脂麻	*Sesamum indicum* L.	脂麻科	成熟种子	在调味品中也称“胡麻、芝麻”
68	黑胡椒	胡椒	*Piper nigrum* L.	胡椒科	近成熟或成熟果实	在调味品中称“白胡椒”

续表

序号	物质名称	植物名/动物名	拉丁学名	所属科名	使用部分	备注
69	槐花、槐米	槐	*Sophora japonica* L.	豆科	花及花蕾	
70	蒲公英	蒲公英	*Taraxacum mongolicum* Hand. – Mazz.	菊科	全草	
		碱地蒲公英	*Taraxacum borealisinense* Kitam.	菊科		
		同属数种植物		菊科		
71	榧子	榧	*Torreya grandis* Fort.	红豆杉科	成熟种子	
72	酸枣、酸枣仁	酸枣	*Ziziphus jujuba* Mill. var. *spinosa* (Bunge) Hu ex H. F. Chou	鼠李科	果肉、成熟种子	
73	鲜白茅根（或干白茅根）	白茅	*Imperata cylindrical* Beauv. var. *major* (Nees) C. E. Hubb.	禾本科	根茎	
74	鲜芦根（或干芦根）	芦苇	*Phragmites communis* Trin.	禾本科	根茎	
75	橘皮（或陈皮）	橘及其栽培变种	*Citrus reticulata* Blanco	芸香科	成熟果皮	
76	薄荷	薄荷	*Mentha haplocalyx* Briq.	唇形科	地上部分	仅作为调味品使用
		薄荷	*Mentha arvensis* L.	唇形科	叶、嫩芽	
77	薏苡仁	薏苡	*Coix lacryma – jobi* L. var. *mayuen.* (Roman.) Stapf	禾本科	成熟种仁	
78	薤白	小根蒜	*Allium macrostemon* Bge.	百合科	鳞茎	
		薤	*Allium chinense* G. Don	百合科		
79	覆盆子	华东覆盆子	*Rubus chingii* Hu	蔷薇科	果实	
80	藿香	广藿香	*Pogostemon cablin* (Blanco) Benth.	唇形科	地上部分	
81	乌梢蛇	乌梢蛇	*Zaocys dhumnades* (Cantor)	游蛇科	剥皮、去除内脏的整体	仅限获得林业部门许可进行人工养殖的乌梢蛇
82	牡蛎	长牡蛎	*Ostrea gigas* Thunberg	牡蛎科	贝壳	
		大连湾牡蛎	*Ostrea talienwhanensis* Crosse	牡蛎科		
		近江牡蛎	*Ostrea rivularis* Gould	牡蛎科		
83	阿胶	驴	*Equus asinus* L.	马科	干燥皮或鲜皮经煎煮、浓缩制成的固体胶。	

续表

序号	物质名称	植物名/动物名	拉丁学名	所属科名	使用部分	备注
84	鸡内金	家鸡	*Gallus gallus domesticus* Brisson	雉科	沙囊内壁	
85	蜂蜜	中华蜜蜂	*Apis cerana* Fabricius	蜜蜂科	蜂所酿的蜜	
		意大利蜂	*Apis mellifera* Linnaeus	蜜蜂科		
86	蝮蛇（蕲蛇）	五步蛇	*Agkistrodon acutus*（Güenther）	蝰科	去除内脏的整体	仅限获得林业部门许可进行人工养殖的蝮蛇
新增中药材物质						
1	人参	人参	*Panax ginseng* C. A. Mey	五加科	根和根茎	为5年及5年以下人工种植的人参；食用量≤3g/d；孕妇、哺乳期妇女及14周岁以下儿童不宜食用
2	山银花	华南忍冬	*Loniceraconfuse* DC.	忍冬科	花蕾或带初开的花	
		红腺忍冬	*Lonicera hypoglauca* Miq.	忍冬科		
		灰毡毛忍冬	*Lonicera macranthoides* Hand. – Mazz.	忍冬科		
		黄褐毛忍冬	*Lonicera fulvotomentosa* Hsu et S. C. Cheng	忍冬科		
3	芫荽	芫荽	*Coriandrum sativum*L.	伞形科	果实、种子	
4	玫瑰花	玫瑰	*Rosa rugosa* Thunb 或 *Rose rugosa* cv. Plena	蔷薇科	花蕾	
5	松花粉	马尾松	*Pinus massoniana*Lamb.	松科	干燥花粉	
		油松	*Pinus tabuliformis* Carr.	松科		
		同属数种植物		松科		
6	粉葛	甘葛藤	*Pueraria thomsonii* Benth.	豆科	根	
7	布渣叶	破布叶	*Microcos paniculata*L.	椴树科	叶	仅作为凉茶饮料原料；使用量≤15g/d
8	夏枯草	夏枯草	*Prunella vulgaris* L.	唇形科	果穗	仅作为凉茶饮料原料；使用量≤9g/d
9	当归	当归	*Angelica sinensis*（Oliv.）Diels.	伞形科	根	仅限用于香辛料；使用量≤3g/d

续表

序号	物质名称	植物名/动物名	拉丁学名	所属科名	使用部分	备注
10	山柰	山柰	*Kaempferia galanga* L.	姜科	根茎	仅作为调味品使用;使用量≤6g/d;在调味品中标示“根、茎”
11	西红花	藏红花	*Crocus sativus* L.	鸢尾科	柱头	仅作为调味品使用;使用量≤1g/d;在调味品中也称“藏红花”
12	草果	草果	*Amomum tsao - ko* Crevost et Lemaire	姜科	果实	仅作为调味品使用;使用量≤3g/d
13	姜黄	姜黄	*Curcuma Longa*L.	姜科	根茎	仅作为调味品使用;使用量≤3g/d;在调味品中标示“根、茎”
14	荜茇	荜茇	*Piper longum* L.	胡椒科	果实或成熟果穗	仅作为调味品使用;使用量≤1g/d

《按照传统既是食品又是中药材物质目录》新增物质纳入依据：

一、人参。卫生部2012年第17号公告批准人参（人工种植）为新资源食品；《中国药典》记载；基源植物和使用部分与《中国药典》记载一致。

二、山银花。金银花列入2002年卫生部公布《既是食品又是药品的物品名单》，金银花来源为忍冬 *Lonicera japonica* Thunb.、红腺忍冬 *Lonicera hypoglauca* Miq.、山银花 *Lonicera confuse* DC.、毛花柱忍冬 *Lonicera dasystyla* Rehd.，金银花和山银花在《中国药典》中二者未分开，遵循药典的处理方法；经查阅文献和实地调研，山银花在南方种植时间悠久，在当地有食用历史，且无毒副反应报道。

三、粉葛。《中国药典》（2005版）为甘葛藤葛根基源之一。

四、玫瑰花。卫生部2010年第3号公告将玫瑰花作为普通食品；《中国药典》记载；基源植物和使用部分与《中国药典》记载一致。

五、松花粉。卫生部2004年第17号公告将松花粉作为新资源食品；《中国药典》记载；基源植物和使用部分与《中国药典》记载一致。

六、布渣叶、夏枯草。卫生部2010年第3号公告允许夏枯草、布渣叶作为凉茶饮料原料使用；《中国药典》记载；基源植物和使用部分与《中国药典》记载一致。

七、当归。美国联邦法典21CFR 182.10欧盟食品安全局（EFSA）将当归作为香辛料（每天食用3~15g的当归根或3~6g的根粉）；日本将当归列入“源自植物或动物的天然香料名单”作为食品的香辛料使用；《中国药典》记载；基源植物和使用部分与《中国药典》记载一致。

八、山柰、西红花、草果、姜黄、荜茇。列入《香辛料和调味品标准》（GB/T 12729.1—2008）；《中国药典》记载；基源植物和使用部分与《中国药典》记载一致。

附录五

关于征求将党参等9种物质作为按照传统既是食品又是中药材物质管理意见的函

国卫办食品函【2018】278号

各有关单位：

为进一步做好按照传统既是食品又是中药材物质（以下简称食药物质）管理工作，按照《食品安全法》规定，我委正会同有关部门和单位研究调整食药物质目录，拟在前期工作基础上，再增补一批物质。本轮增补主要结合我国传统饮食习惯，综合考虑地方需求，同时参考相关国际管理经验，拟将党参、肉苁蓉、铁皮石斛、西洋参、黄芪、灵芝、天麻、山茱萸、杜仲叶等9种物质按照食药物质管理（附件）。

现征求你单位意见，请于2018年5月30日前将书面意见反馈国家食品安全风险评估中心。

电话：010－52165564、010－52165561（传真）

电子邮箱：foodrisk@ cfsa. net. cn

党参等9种物质按照食药物质管理要求

新增						
序号	名称	来源			使用部分	备注
		植物名/动物名	拉丁学名	所属科名		
1	党参	党参	*Codonopsis pilosula*(Franch.)Nannf.	桔梗科	根	使用量≤9g/d，孕妇、婴幼儿不宜食用
		素花党参	*Codonopsis pilosula* Nannf. var. *modesta* (Nannf.) *L. T. Shen*			
		川党参	*Codonopsis tangshen*Oliv.			
2	肉苁蓉（荒漠）	肉苁蓉	*Cistanche deserticola* Y. C. Ma	列当科	肉质茎	使用量≤3g/d，孕妇、哺乳期妇女及婴幼儿不宜食用
3	铁皮石斛	铁皮石斛	*Dendrobium officinale*Kimura et Migo	兰科	茎	使用量≤3.5g/d，孕妇不宜食用
4	西洋参	西洋参	*Panax quinquefolium* L.	五加科	根	使用量≤3g/d，孕妇、哺乳期妇女及婴幼儿不宜食用
5	黄芪	蒙古黄芪	*Astragalus membranaceus* (Fisch.) Bge. var. *mongholicus*(Bge.)Hsiao	豆科	根	使用量≤9g/d
		膜荚黄芪	*Astragalus membranaceus*(Fisch.)Bge.			
6	灵芝	赤芝	*Ganoderma lucidum*(leyss. ex Fr.)Karst.	多孔菌科	子实体	使用量≤6g/d，孕妇不宜食用
		紫芝	*Ganoderma sinense* Zhao, Xu et Zhang			
7	山茱萸	山茱萸	*Cornus officinalis* Sieb. et Zucc.	山茱萸科	果实	使用量≤6g/d，孕妇、哺乳期妇女及婴幼儿不宜食用
8	天麻	天麻	*Gastrodia elata* B1.	兰科	块茎	使用量≤3g/d，孕妇、哺乳期妇女及婴幼儿不宜食用
9	杜仲叶	杜仲	*Eucommia ulmoides* Oliv.	杜仲科	叶	使用量≤7.5g/d，孕妇、哺乳期妇女及婴幼儿不宜食用

注：相关技术解读材料

党参在《中国药典》（2015版）收载，为桔梗科植物党参［*Codonopsis pilosula*（Franch.）Nannf.］、素花党参［*Codonopsis pilosula* Nannf. var. *modesta*（Nannf.）L. T. Shen］和川党参（*Codonopsis tangshen* Oliv.）的干燥根。党参在山西省、甘肃省等地区有作为食品原料使用历史，主要方法为煲汤、煮粥、蒸米饭、煮菜、火锅用料、泡酒、制作党参脯等；按照传统习惯正常使用，未见不良反应报道。

肉苁蓉在《中国药典》（2015版）收载，肉苁蓉（荒漠）为列当科植物肉苁蓉（*Cistanche deserticola* Y. C. Ma）的带鳞叶肉质茎。在内蒙古自治区有作为食品原料使用历史，主要方法为炖肉、炒菜、泡茶、泡酒等；按照传统习惯正常使用，未见不良反应报道。

铁皮石斛在《中国药典》(2015 版) 收载，为兰科植物铁皮石斛 (*Dendrobium officinale* Kimura et Migo) 的茎。铁皮石斛在云南省和浙江省等地区有作为食品原料使用历史，主要方法为即食、煲汤、做菜、榨汁、泡茶、泡酒等；按照传统习惯正常使用，未见不良反应报道。

西洋参在《中国药典》(2015 版) 收载，为五加科植物西洋参 (*Panax quinquefolium* L.) 的干燥根。西洋参在山东省等地区有作为食品原料使用历史，主要方法为切片泡水饮用、加工成细粉添入粥中食用、煲汤或直接烹制各种菜肴等；按照传统习惯正常使用，未见不良反应报道。

黄芪在《中国药典》(2015 版) 收载，为豆科植物膜荚黄芪 [*Astragalus membranaceus* (Fisch.) Bge] 和蒙古黄芪 [*Astragalus membranaceus* (Fisch.) Bge. var. *mongholicus* (Bge.) Hsiao] 的干燥根。黄芪在山西省和甘肃省等地区有作为食品原料使用历史，主要方法为炖汤、炖肉、煮粥、蒸米饭、煮菜、加入火锅中直接食用，或用于泡酒、泡水、混合蜂蜜食用等；按照传统习惯正常使用，未见不良反应报道。

灵芝在《中国药典》(2015 版) 收载，为多孔菌科真菌赤芝 [*Ganoderma lucidum* (Leyss. ex Fr.) Karst.] 和紫芝 (*Ganoderma sinense* Zhao, Xu et Zhang) 的干燥子实体。灵芝在安徽省与山东省等地区有作为食品原料使用历史，主要方法为煲汤、泡茶、泡酒等；按照传统习惯正常使用，未见不良反应报道。

天麻在《中国药典》(2015 版) 收载，为兰科植物天麻 (*Gastrodiaelata* Bl.) 的块茎。天麻在贵州省和云南省等地区有作为食品原料使用历史，主要方法为炖肉、炖鸡、素炒、加入火锅、天麻泡蜂蜜等；按照传统习惯正常使用，未见不良反应报道。

山茱萸在《中国药典》(2015 版) 收载，为山茱萸科植物山茱萸 (*Cornus officinalis* Sieb. et Zucc.) 的成熟果肉。山茱萸在陕西省和河南省等地区有作为食品原料使用历史，主要方法为煲汤、做菜或制作果酒、保健醋、果汁、蜜饯果脯、糕、果冻等；按照传统习惯正常使用，未见不良反应报道。

杜仲叶在《中国药典》(2015 版) 收载，为杜仲科植物杜仲 (*Eucommia ulmoides* Oliv.) 的叶片。杜仲叶在湖南省和河南省等地区有作为食品原料使用历史，主要方法为杜仲嫩叶做菜、煮粥、杜仲茶或用杜仲叶汁做面条等；按照传统习惯正常使用，未见不良反应报道。

经安全性评估认为，上述9种物质按照传统习惯使用是安全的。鉴于上述物质均具有药用功效，建议食用时按照传统习惯和公示信息使用。